8535　OVERSIZED
Life Nature Lib.　570　LI
A GUIDE TO THE NATURAL WORLD

LIFE NATURE LIBRARY

A GUIDE TO THE NATURAL WORLD

LIFE WORLD LIBRARY	THE LIFE BOOK OF CHRISTMAS
LIFE NATURE LIBRARY	LIFE'S PICTURE HISTORY OF WESTERN MAN
LIFE SCIENCE LIBRARY	THE LIFE TREASURY OF AMERICAN FOLKLORE
THE LIFE HISTORY OF THE UNITED STATES	AMERICA'S ARTS AND SKILLS
GREAT AGES OF MAN	300 YEARS OF AMERICAN PAINTING
LIFE PICTORIAL ATLAS OF THE WORLD	THE SECOND WORLD WAR
THE EPIC OF MAN	LIFE'S PICTURE HISTORY OF WORLD WAR II
THE WONDERS OF LIFE ON EARTH	PICTURE COOK BOOK
THE WORLD WE LIVE IN	LIFE GUIDE TO PARIS
THE WORLD'S GREAT RELIGIONS	TIME READING PROGRAM

TIME-LIFE BOOKS

EDITOR
Norman P. Ross
EXECUTIVE EDITOR
Maitland A. Edey
TEXT DIRECTOR   ART DIRECTOR
William Jay Gold   Edward A. Hamilton
CHIEF OF RESEARCH
Beatrice T. Dobie
Assistant Text Director: Jerry Korn
Assistant Art Director: Arnold C. Holeywell
Assistant Chief of Research: Monica O. Horne

•

PUBLISHER
Rhett Austell
General Manager: Joseph C. Hazen Jr.
Business Manager: John D. McSweeney
Circulation Manager: Joan D. Manley

LIFE MAGAZINE

EDITOR: Edward K. Thompson
MANAGING EDITOR: George P. Hunt
PUBLISHER: Jerome S. Hardy

LIFE NATURE LIBRARY

EDITOR: Maitland A. Edey
Associate Editor: Percy Knauth
Assistants to the Editor: Robert Morton, John Paul Porter
Designer: Paul Jensen
Staff Writer: Dale Brown
Chief Researcher: Martha Turner
Researchers: Jane Alexander, Peggy Bushong, Yvonne Chan,
Nancy Jacobsen, Paula Norworth, Carol Phillippe,
Susan Rayfield, Roxanna Sayre, Nancy Shuker,
Iris Unger, John von Hartz

EDITORIAL PRODUCTION
Color Director: Robert L. Young
Copy Staff: Marian Gordon Goldman, Muriel Kotselas,
Dolores A. Littles
Picture Researchers: Margaret K. Goldsmith, Barbara Sullivan
Art Assistants: Douglas B. Graham, Mark A. Binn,
John Newcomb

The following individuals and departments of Time Incorporated were helpful in producing this book: Alfred Eisenstaedt and Nina Leen, LIFE staff photographers; Doris O'Neil, Chief of the LIFE Picture Library; Richard M. Clurman, Chief of the TIME-LIFE News Service; and Content Peckham, Chief of the Time Inc. Bureau of Editorial Reference.

LIFE NATURE LIBRARY

A GUIDE TO THE NATURAL WORLD

and Index to the LIFE Nature Library

08535

by The Editors of LIFE

TIME INCORPORATED
NEW YORK

Editor's Note

With this, the 25th volume in the LIFE Nature Library, we bring to a close an editorial enterprise that has spanned nearly five years. At the outset we planned to publish only seven books, and had a staff of three people. We very quickly discovered that both figures were hopelessly inadequate for the goals we began to realize were possible. The natural world was simply too interesting and too varied to be covered in seven books, and the editorial demands on our staff of three were so heavy that we soon grew to more than 25.

Now complete, the series sets some impressive bench marks. It runs to well over a million words and nearly 4,000 pictures. It has been translated into eight different languages and is sold in more than 90 countries around the world.

We have received enormous quantities of mail from readers, much of it complimentary, some of it critical. Our favorite letter was from a reader who reported that he had lost his false teeth and would pay for the current book as soon as a new set of teeth had been paid for. Our most helpful letter was a carefully argued one suggesting a book on ecology. Many of its ideas were used when we published a book on that subject a year later.

To me, as editor, the most distressing letters are those that criticize us for our acceptance of the theory of evolution. I take issue with them on two grounds. First, in a rapidly changing world where truth and knowledge are becoming increasingly important for the survival of us all, it is painful to see any educated person reject scientific evidence without giving it a hearing. If he weighs the evidence in favor of evolution and finds it wanting, that is one thing; but to turn his back on it is immoral. Second, evolution and religion are not mutually exclusive; it is possible to believe in both, as many able and devout scientists can attest.

By far the greatest reward for working on this series has been the opportunity for our staff to associate with some of the world's ablest scientists who have served as our authors or consultants. All told, we have called on nearly 300 specialists from all six continents, many of whom have come to New York to work in our offices as the various books have gone to press. These men are extraordinarily stimulating. Their interest in what we are doing, their devotion and enthusiasm, their occasional dashes of cold water, have made all the difference in our books. We are grateful to them for their part in producing a series of which we ourselves are proud.

MAITLAND A. EDEY
Editor, LIFE Nature Library

© 1965 Time Inc. All rights reserved.
Published simultaneously in Canada.
Library of Congress catalogue card number 65-22668.
School and library distribution by Silver Burdett Company.

Contents

	Page
Editor's Note	4
The World of Nature in 25 Volumes	7
Classification: The Science of Sorting	11
The Four Living Kingdoms	23
Kingdoms of the Monerans and Protistans	24
Kingdom of the Plants	34
Kingdom of the Animals	38
The Fifth Kingdom— the Rocks and the Minerals	83
The Rocks: Products of Change	100
Appendix	108
Index to the LIFE Nature Library	115
Credits	210

The World of Nature in 25 Volumes

I T MAY seem startling to suggest that the natural world has expanded enormously within the last century; yet in a very real sense this is so. This of course is not to say that our planet has grown larger, but simply that our awareness and knowledge of the earth and what lives on it has vastly increased. Man has dwelt on this earth for many hundreds of thousands of years; he has knowingly exploited and developed its natural resources for some tens of thousands of years, but he has been really successful in his efforts to understand the nature and the history of the living and nonliving things in his environment only for a period that can be measured in decades. In this very brief span of time his horizons have been extended so greatly that the world appears to him today as a place far richer and more densely populated with all manner of creatures great and small than it could possibly have appeared to even the most knowing scientist a few generations ago. And no one can predict precisely how many plant and animal species remain to be discovered, in remote and wild regions like

Probing the living laboratory of Pacific tidal flats, a small boy pores over a choice specimen: a marine worm.

New Guinea or in the depths of that vast, still largely unexplored realm, the sea.

This knowledge and this awareness come none too soon—for man, always the pioneer in the animal world, is today the uneasy arbiter of the world's destiny. He not only has the power to wipe it out almost instantaneously with nuclear bombs; he is already dangerously eroding the foundations of the environment on which all life depends. And this is happening at a time when man's own numbers are relentlessly increasing to the point where a fatally overcrowded planet is a distinct possibility within the lifetime of our children.

But, one may ask, what does this have to do with natural history? The answer is simple: if man is to survive, he must learn to manage the world he lives in; and to manage it, he must know it. He must be able to make an intelligent assessment of the natural world—where it came from, how it evolved, where it is going and what laws govern its continued growth. This is what natural history is all about—and this is the story contained in the 24 other volumes of the LIFE Nature Library.

The intent of this series of individual books is to give the reader a clear and orderly picture of the natural world. For ease of treatment and understanding, this large and complex subject is broken down into what amounts to four distinct groups of books within the main series itself.

THE first group concerns the major life zones of the earth—what they are, where they are, how they got that way and what lives in them. The series starts logically with *The Sea*, where life itself began, and examines in order *The Forest*, *The Desert*, *The Mountains* and *The Poles*. Then *The Earth* as a whole is examined, which leads naturally to a consideration of its place in a larger scheme of things, *The Universe*. At this point it is appropriate to consider where the fantastic variety of life so far encountered came from. This question is answered in a summary volume, *Evolution*, which shows how Darwin's theory of the origin of species has been buttressed and broadened, particularly within the last few decades, by the incontrovertible evidence of fossil finds discovered in increasing numbers all over the world.

Thus grounded in the basic principles of natural history, the reader is now offered the opportunity to look at the world in a different way, through the major groups of living things. *The Insects*, *The Fishes*, *The Reptiles*, *The Birds*, *The Mammals* and *The Plants* are considered in a second group of volumes within the series. Here, the emphasis is quite different than in the first group—while the fishes, for example, were discussed in *The Sea*, they were treated as part of a larger phenomenon; in *The Fishes* they are considered by themselves with detailed explanations of how they swim, breathe, reproduce and how they evolved from ancient forms of life eons ago.

A bridge volume, *Ecology*, summarizes this group and introduces the next one. Itself one of the more recent of the natural sciences—it has been recognized for perhaps 70 years—ecology cuts across all the others in its complex and fascinating study of the interrelationships of all living things. This brings the reader logically to the geography of the living world, a subject that is discussed in the third group of books.

This group, too, is made up of six volumes, which describe in detail the six major biological realms of the earth with all of their flora and fauna. *Eurasia*, *Australia*, *South America*, *Africa*, *Tropical Asia* and *North America* are all considered here from the point of view of the animals and plants found there and how these relate to each other and to similar living things elsewhere. Each area is, of course, different and each has its own fundamental story about the evolution of its own particular kinds of life, told in terms of geology, land forms, climate, isolation and the other factors which made and molded the environment. Here, too, there are strong overtones of the complex problems of conservation which play so important a role in the over-all question of the survival of species, human as well as nonhuman, today.

There remains now only that most recent of newcomers to the family of the natural sciences: animal behavior. This, in essence, is the study of what makes animals tick—why and how they react to all the many and variegated stimuli of their environment. The first in this group of three volumes discusses *Animal Behavior* in general. The second book is devoted to a detailed look at just one group of higher animals, *The Primates;* and this leads logically to the final volume of the series, *Early Man*. Here is the story of how man himself evolved, from his earliest known ancestors to the beginnings of agriculture and the domestication of animals—the two accomplishments that enabled him to adopt a settled way of life and produce the culture which ever since has systematically exploited the natural world.

The student may ask at this point: where are the natural sciences? How does the LIFE Nature Library acquaint its readers with biology, zoology, botany and all of the other interrelated fields of study? Our reply is that these volumes have not been conceived and written as textbooks and they should not be approached as such. All science, after all, has developed from man's natural powers of observation and reason as he has applied them to the phenomena of the world he lives in; and this is the attitude of the Nature Library. The principles of all the natural sciences are clearly enunciated in these books in the context of a living world: how birds fly, how plants grow, the many-sided role of insects in the balance of nature, why some creatures stayed in water while others crawled forth to find a way of life on land and how all living things, in their own separate niches on this crowded planet, manage to survive.

WHAT does this all add up to? It is the intent and purpose of the LIFE Nature Library to provide its readers, above all, with an intelligent assessment of the natural world, a useful reference work which can be continuously consulted and explored. To that end, this final volume has been compiled—*A Guide to the Living World and Index to the LIFE Nature Library*. It falls into two main parts. The first explains the principles by which all living and nonliving things are classified and gives a summary of the major groups within the five natural kingdoms —the recently defined kingdoms of the moneran and protistan organisms, the animal kingdom, the plant kingdom and the kingdom of rocks and minerals. The second part is a general index to all the volumes of the Nature Library, by book and by subject, making it possible to use the series as a whole as an effective natural history encyclopedia.

Sir Julian Huxley, the eminent naturalist-philosopher, perhaps best summed up the attitude man must take toward nature at this time when he stands forth as the unquestioned agent of the world's future welfare or destruction. "Only if we know and face the truth about the world," he once wrote, "whether the world of physics and chemistry, or of geology and biology, or of mind and behaviour, shall we be able to see what is our own true place in that world. Only as we discover and assimilate the truth about nature shall we be able to undertake the apparently contradictory but essential task of re-establishing our unity with nature while at the same time maintaining our transcendence over nature."

The Science of Sorting

IN its many and various manifestations, nature can easily stagger the imagination. The birds in the air, the fishes in the sea, the insects in the forest appear in their millions. Plants in untold numbers blanket much of the rock and mineral crust of the earth. A world of living things lurks in a drop of water. Confronted by this vast and teeming panorama, how does the student of natural history keep from being overwhelmed by the earth's infinite diversity? How does he go about studying it? Where does he begin?

His solution is classification. As its name implies, this is the science of sorting—of arranging the many kinds of living and nonliving things into groups which can then be studied separately. Classification provides a systematic inventory of the components of nature. With a knowledge of this inventory, the scientist can better study the natural laws which govern their existence and investigate their history and their relationships to each other. Moreover, because he is operating within a system of classification known to and used by other scientists, he can better pool his knowledge with that of many others working in the same or adjacent fields.

While classification serves the same function for all scientists, there is con-

Sorting skunk skins, mammalogist Richard Van Gelder groups seven species at The American Museum of Natural History.

siderable difference between the methods used to sort out living and non-living things. Although the remainder of this essay deals with the classification of living organisms, the basic classification lists that are presented later in this volume include also the rocks and minerals. The purpose of these lists is not only to supply the reader with an elementary road map, as it were, which will serve to guide him through the labyrinth of the natural world but also to show how the sorting process works.

Classification of living organisms is such a basic part of natural history that it is considered a specialized science in itself and is known as taxonomy. The man who does the classifying is called a taxonomist. He may be either a botanist sorting out plants, a zoologist working with animals, or a microbiologist scrutinizing the invisible world with the electron microscope.

THE earliest known scientific classification of living organisms was attempted by Aristotle 2,300 years ago. From his time until today some 375,000 different kinds of plants and more than 1,250,000 kinds of animals have been described, and these figures do not include the many thousands more of fossil species which have been discovered. But the task of recognizing and sorting is still far from complete. Each year almost 5,000 hitherto unrecognized plants and approximately 10,000 new animals are described. Of animals alone, experts calculate that only about one third have been catalogued so far; the total number is expected to exceed three million.

The majority of animals are insects; there are over 276,000 described kinds of beetles alone. But despite their ubiquity, the insects are relatively unknown taxonomically; even in North America many await description, and many that have been described have proven, upon further study, actually to consist of several rather similar species. By contrast, the taxonomy of a group like the birds is far advanced, and there is little likelihood of a new species turning up in North America, the last having been discovered almost 80 years ago. Chances of finding a new mammal anywhere in the world are also quite slim.

The basic unit with which the taxonomist works is the species. This, of course, is what we mean when we speak of different kinds of animals and different kinds of plants. The concept of a species, however, involves more than a difference in appearance. After all, there are roses of many colors and dogs of many breeds, and these are not necessarily separate species. What, then, determines whether the kinds of living things are actually species?

By definition, a species is a population of individuals. The bats may be taken as an example: there are millions of individual bats in the world but there are only some 900 species. Each of the 900 species represents a population of bats. Each population exists over a certain geographical area—what the scientist calls the species range—and within that area the population lives in a certain type of environmental situation—its habitat. For example, the fish-eating Mexican bulldog bat is found only in tropical America (its range) where it lives along the water's edge (its habitat).

All the individuals of a species population are similar to each other even though they may be spread over a range of thousands of miles; and the very things they have in common make them different from the individuals of other species populations. As a rule, they are clearly alike in physical structure—so much so, in fact, that an individual (a specimen) is easily recognized wherever found or collected. Moreover, they live in the same type of habitat, feed in the same way, breed at the same time of year and have the same internal chemistry. They are the creatures of their genes—that is, they share a common and a unique inheritance, which determines not only their internal and external make-up, but the way they do things.

As a population of genetically similar individuals, a species is reproductively isolated from other populations. The individuals composing one species interbreed with each other but not with members of other species. This reproductive isolation, or prevention of interbreeding, may be maintained by various barriers, such as geography and ecology. Two species populations may be geographically isolated, as are the Chinese and American alligators; or, like Darwin's famous Galápagos finches, they may occupy divergent habitats.

Another barrier may consist of time—the different periods at which two similar populations that live in the same area arrive at maturity and mate. Still another barrier may be courtship behavior—innate patterns determined by heredity, which, in their outward manifestations, provide the sights and sounds that stimulate two animals of the same species to mate but fail to stir animals of a different species to do likewise. There are, for example, five different species of thrushes in North America, all belonging to the same genus, some of which resemble each other so closely that only an experienced ornithologist can identify them by sight. They are kept from mating with each other by their distinctive courtship songs, which are so effective as isolating mechanisms that not a single hybrid has ever been found.

In the rare cases where it is possible for two different species to mate, genetic differences usually ensure that the offspring will be sterile. Thus, for example, in the cross between the horse and the ass, the mule that results from their union is incapable of reproducing itself. The commonest barrier to interbreeding is anatomical, for most organisms are structurally too different to mate.

To make sense out of the great diversity of living organisms, the taxonomist must be able to do more than merely recognize species, he must group them together in some sort of orderly system. In other words, he must classify them. The way he does this is to arrange them according to their degree of kinship. Although species are reproductively isolated, it is obvious that some species are more alike than are others, and some so much alike that it is all but impossible to tell them apart except under microscopic examination. The degree of similarity depends largely upon evolutionary relationship. Theoretically, all species can be traced to common ancestors. If two species evolved relatively recently from some common ancestor we would expect them to be more similar than if their common ancestor existed in the more remote past.

Common ancestry, then, is the theoretical basis of taxonomy today. But unfortunately, direct proof of common lineage is rarely available to the taxonomist and so, instead, he must use the indirect evidence of similarities and differences. He can only assume that this evidence indicates an evolutionary relationship and hope that proof of it will come later, as it often has.

The taxonomist organizes his material according to rank in a pre-established hierarchy. The hierarchy builds upward from the species level, expanding with each progressive step until finally it encompasses all those living organisms which have even the most remote taxonomic characteristics in common. The inference to be drawn is that all are—however remotely—related to each other by virtue of having evolved from a single common ancestor far back in the dim reaches of time. This evolutionary relationship of species, which a classification should reflect, is called phylogeny.

As it is commonly accepted today, the basic taxonomic hierarchy breaks down into the following major ranks:

PHYLUM
CLASS
ORDER
FAMILY
GENUS
SPECIES

Species whose similarities indicate that they have evolved from the same immediate common ancestor are grouped together in a genus. For example, all species of roses are grouped together within a single genus, *Rosa*. In like manner, the puma, the jaguar and the domestic cat are placed within the genus *Felis*. The number of species contained within a genus varies greatly. There may be but a single species or there may be well over a hundred.

In turn, similar related genera are grouped together as a family. The well-known cat family, the Felidae, contains, in addition to the genus *Felis*, the genera to which belong the lynxes, cheetahs, lions and others. Similarly, the rose family includes genera for roses (*Rosa*), apples (*Malus*), cherries and peaches (*Prunus*), strawberries (*Fragaria*) and many others.

To a biologist, the rank of family is one of the most useful in the hierarchy. Family characteristics are usually distinctive and easily recognizable the world over, and the members of any one family generally occupy a similar habitat and similar niches wherever they are found. These identifying features are so clear-cut that a British entomologist equipped with a knowledge of the 414 families of insects inhabiting Great Britain will be able, on a trip to Australia or South America, to spot all the members of the same families inhabiting this entirely different part of the world. This gives him an enormous potential —conceivably he could separate several thousand alien species into their proper families and weed out those species in which he has no interest.

Related families are grouped together in the next higher rank: the order. As an example, the families of hawk moths and swallowtail butterflies are included in the order Lepidoptera, and although they include species that display many colors and forms, they are patently more closely related than either is to the families of ladybugs and click beetles of another order, the Coleoptera.

ORDERS are grouped together in a still higher rank: the class. The class Mammalia includes such immensely diverse animals as the edentate anteaters, the marsupial kangaroos, the cetacean whales and the primate man, all of which share the basic characteristics of having hair and nursing their young.

Finally, the top category of the hierarchy is the phylum, under which various classes are grouped. Each phylum has certain taxonomic characteristics which distinguish it from all other phyla. Examples of some familiar phyla are the Coelenterata, which include jellyfishes and corals; the Mollusca, among which are the snails and clams; and the Echinodermata, the sea stars and their allies. In the classification lists which begin on page 41, distinguishing characteristics are shown in diagrams for each of the animal phyla and many of the classes.

The recognition and grouping of species represent an important part of the science of taxonomy, but in order for a biologist to be able to talk about or refer to a species with which he is working, he must of course give it a name. What he does, in fact, is give it two names, both Latin. The first is called the generic name, the second the trivial name. Thus the puma is *Felis concolor;*

man, *Homo sapiens;* a common wild rose, *Rosa virginiana*. One very distinct advantage of this binomial system is that the name also indicates precisely the genus to which the species belongs.

Latin is used to provide a common language for scientists of all nationalities. But one does not have to understand the Latin of scientific names any more than one must understand the etymology of the names Jones and Smith. They are simply labels which distinguish the species as names distinguish people.

Although rules have been formulated for labeling species, considerable freedom is permitted in the selection of names. Only numbers or formulas are prohibited. The words used may be descriptive of the species (*Lespedeza bicolor*, a bush clover); they may be the names of the native site or habitat of the species, as in *Rosa virginiana* and *Lumbricus terrestris*, the common earthworm; or they may be names of scientists or persons the taxonomist wishes to honor (*Scaphella schmitti*). Names from Greek and Roman mythology are often used. For example, the common edible Atlantic Coast clam is *Venus mercenaria*.

Not surprisingly, the liberal license in the selection of words has led to some virtuoso performances in the nomenclature field. One of the masters of the art was a distinguished South American paleontologist, Florentino Ameghino, who described and defined a large number of fossil mammals unearthed during the late 19th Century. Following the practice of creating a name to commemorate fellow scientists, Ameghino concocted the following: *Henricosbornia, Thomashuxleya, Oldfieldthomasia* and *Maxschlosseria*. Most modern taxonomists would not propose such jawbreakers.

Rarely has the International Commission on Zoological Nomenclature turned down proposed names for other than technical reasons. However, in 1904, an ebullient entomologist proposed a whole string of bug names along the lines of *Peggichisme* (pronounced "Peggy kiss me"), *Nanichisme, Marichisme, Dolichisme* and *Florichisme*. All were rejected.

Single Latin names are used for the higher categories or ranks of the classification hierarchy. As already indicated, the name of the genus is also the first name of all the species the genus contains.

Naming new species is all but the last step in a long process. First, the taxonomist must be sure that the new species is indeed new—that is, has not been described before. This is not always the awesome task that it might seem, even when several thousand related species are involved. The reason is that the taxonomist is generally a specialist, one who concentrates on a particular family, order or class of animals or plants. He knows—or should know—all the species that constitute his area of interest and is not likely to confuse his discovery with one that another scientist has already made.

Having determined that the species under consideration is new, the taxonomist proceeds to write a diagnosis of the species. This is, at heart, a description of the organism and a statement as to where the specimens were collected, and often it includes drawings of structures particularly useful in differentiating the species from its close relatives.

Within the last few decades, taxonomists have also included in their diagnoses ecological characteristics, which are often the only means of separating species with but a shade of difference between them. For example, two crickets may look exactly alike but in fact live in different habitats and sing different songs. Today, a diagnosis that fails to take into account the ecology of a species is considered incomplete.

In labeling new species, the taxonomist takes care not to use a trivial name that has already been used for any other species in the genus. Obviously, no two species can have the same name—that is, the same binomial combination. The name and description must then be published in a scientific journal. Only after the description has been published does the new species take its place in a listing of living organisms.

As a concluding step, the taxonomist-author selects one or a number of specimens of the species and places them in the research collections of a museum. These specimens are then known as type specimens and can be examined by any other taxonomist who wishes to study the new species.

Much of the work of taxonomy is carried out in the natural history museums of the world—almost all of it behind the scenes. To the public, the natural history museum is merely a place of exhibits and displays, designed to educate and please, with a special staff charged with their creation and maintenance. But to the scientist, the museum is a great deal more: it is a repository for great research collections, ranging from the skins, pelts and bones of all kinds of animals to specimens preserved in alcohol, pressed plants glued on standardized sheets of paper, and shells, rocks and minerals filed away in drawers.

These collections are not put on display and the general public rarely sees them. Yet they are available to any scientist who wishes to use them. The scientist may visit the museum and work with the collections there, or he may borrow material. Thus the collections of a museum function somewhat like the books in a library, and in a similar way they have their custodians. The museum has a permanent staff of taxonomists and assistants who are called curators, for, in addition to being engaged in research studies, they are responsible for the care of the collections. It is this part of the museum staff—all of the curators are specialists—which receives new specimens, identifies and catalogues them, and sees that they are properly preserved and stored.

How does a museum obtain its collections? It is true that some of the specimens have been collected by special expeditions sponsored by the museum, but many of them come as gifts. Scientists at universities, colleges and field stations in various parts of the world are continually engaged in various research studies that require the collecting of specimens of animals or plants. When the study is completed, the collection is commonly deposited in a museum where it can be cared for and made available for the use of other investigators.

THE science of taxonomy has come a long way since the 18th Century when the great Swedish naturalist Carl von Linné (better known by his Latinized name Linnaeus) published his monumental *Systema natura*. Here was one man's attempt to make order out of the disorder of the natural world. That Linnaeus only scratched the surface and was very often wrong does not matter. He introduced the two pillars of taxonomy—a consistent binomial nomenclature based on clear-cut species diagnoses, and the hierarchy concept. He made taxonomy possible. The past two centuries have seen a widening of the perspectives that he opened. Darwin's theory of evolution, the development of the fields of genetics, ecology and animal behavior have done much to contribute to the modern concepts of the science of taxonomy. More than ever, scientists realize that their understanding of how the natural world is ordered is nowhere near complete. In the continuing search for knowledge, taxonomy plays a central role. As the great American philosopher John Dewey said: "A classification is a repository of weapons for attack upon the future and the unknown."

In 1737, after botanizing in Lapland, Linnaeus was painted with plants and collector's tools.

Animal Architecture: Its Telling Differences

The most basic differentiation that can be drawn in the natural world is that between living and non-living things. Next is the separation of plants and animals; then, that of single-celled and multicellular organisms. From here on the differentiation becomes increasingly complex. Not only structural factors but biological, chemical, evolutionary and even behavioral differences separate the flora and fauna into their reproductively isolated species. Shown here are symbols of some basic characteristics used in this book to identify animal phyla.

LIVING HABIT

COLONIAL ANIMALS, like the coral polyps below, share tissue, reproduce by branching out or twinning, and are mostly stationary.

INDEPENDENT ANIMALS like the cat live separately, are largely free-moving and may have numerous and specialized structures.

SYMMETRY

RADIAL SYMMETRY usually reflects a stationary life—gravity fosters equal development of structures around a vertical central axis.

BILATERAL SYMMETRY is usually associated with a mobile life with organs, often paired, placed on either side of a fore-and-aft axis.

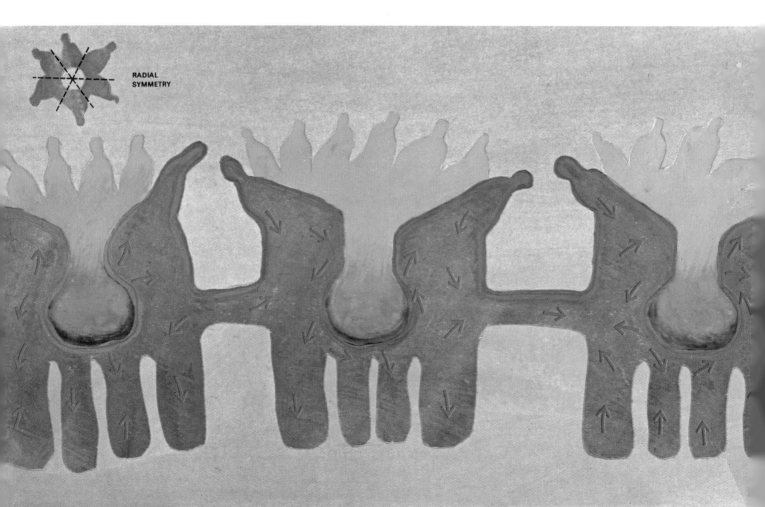

IN THE CORAL, examples of animal organization are colored as in the symbols above. Colonial habit is indicated by continuous body tissue: new polyps are formed simply by budding of the tissue. Radial symmetry is shown by a five-segmented top view; the sack-shaped gut with one opening is blue and diffusion of nutrients through cell walls is marked by red arrows.

IN THE CAT, structure and organs are highly specialized. It is bilaterally symmetrical. Its five body divisions reflect the segmentation of the spinal column: the neck supports the head; the thoracic vertebrae support the rib cage; the lumbar vertebrae anchor muscles supporting the abdomen; three fused vertebrae form a keystone for the hips, and finally comes the tail.

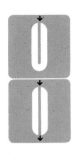
DIGESTIVE SYSTEM

GUT WITH ONE OPENING is largely characteristic of stationary animals which feed and expel waste matter through the same opening.

GUT WITH TWO OPENINGS permits organic specialization as well as simultaneous eating and digesting on an assembly-line basis.

CIRCULATORY SYSTEM

CIRCULATION BY DIFFUSION, a slow progression from cell to cell, serves small animals with low energy demands, limits body size.

VASCULAR CIRCULATION allows oxygen and nutrients to be sent full strength through tubes all over the body regardless of its size.

BODY INTERIOR

ABSENCE OF A BODY CAVITY is a primitive trait; organs embedded in tissue are fairly inflexible, tending to restrict movement.

PRESENCE OF BODY CAVITY in higher animals permits organs, suspended in liquid, to absorb the shocks of rapid locomotion.

SEGMENTATION

LACK OF SEGMENTATION is shown by the majority of all animal phyla, from microscopic organisms to big, complex animals.

SEGMENTATION marks three highly mobile phyla, the annelid worms, the arthropods and the chordates—to which man belongs.

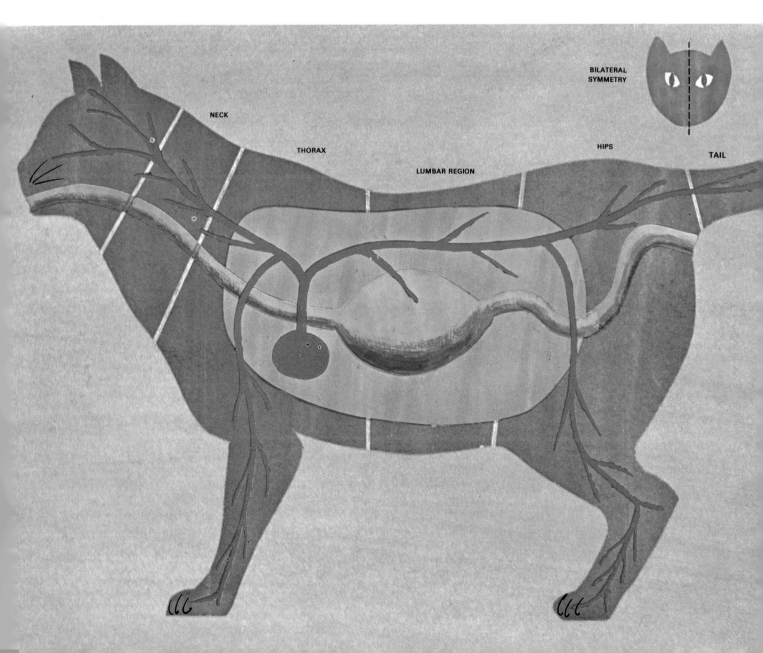

The ABC's of Classification

Here, in five consecutive panels below, are illustrated the principles by which an animal—in this case a human being—is classified. The first panel shows the body of a woman as a member of the phylum Chordata, with 10 other animals drawn

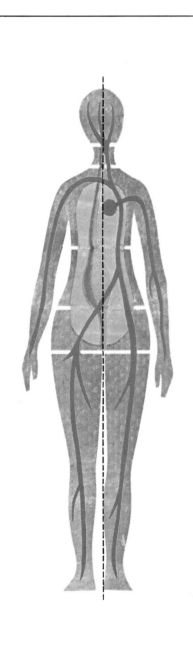

THE STRUCTURAL FEATURES of a human are those of a higher animal. Like the cats, humans have bilateral symmetry (*dotted line*), a one-way alimentary canal (*blue*), a body cavity (*yellow*), vascular circulation (*red*), a segmented body.

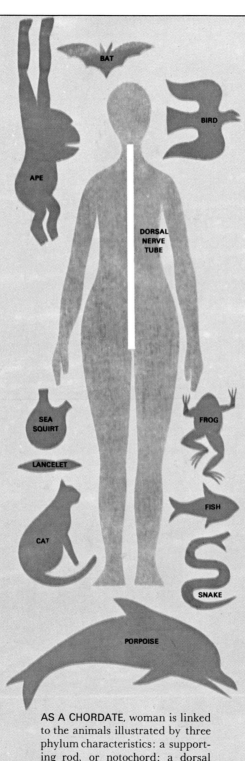

AS A CHORDATE, woman is linked to the animals illustrated by three phylum characteristics: a supporting rod, or notochord; a dorsal nerve tube; and gill slits, all found in the embryo. In adults, only the nerve tube remains (*white line*).

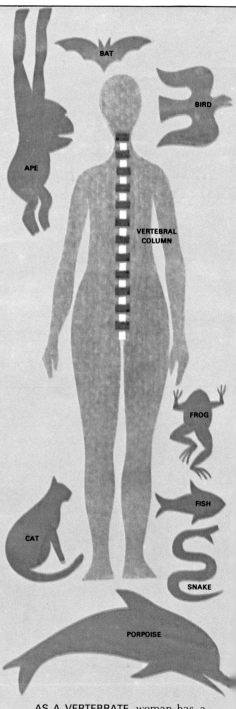

AS A VERTEBRATE, woman has a spinal column made up of individual vertebrae. So do the other animals still shown here. The sea squirt and lancelet, which lack vertebrae, cannot be included in this subphylum and have dropped out.

around her which share her chordate characteristics. The four following panels represent successively more restrictive ranks of classification—namely, subphylum, class, order and species. In each case, again, characteristics that relate the woman to the adjacent animals are singled out. As the ranks grow narrower, the numbers of included animals grow fewer, until at last the woman stands alone—a *Homo sapiens* of the phylum Chordata, subphylum Vertebrata, class Mammalia and the primate order.

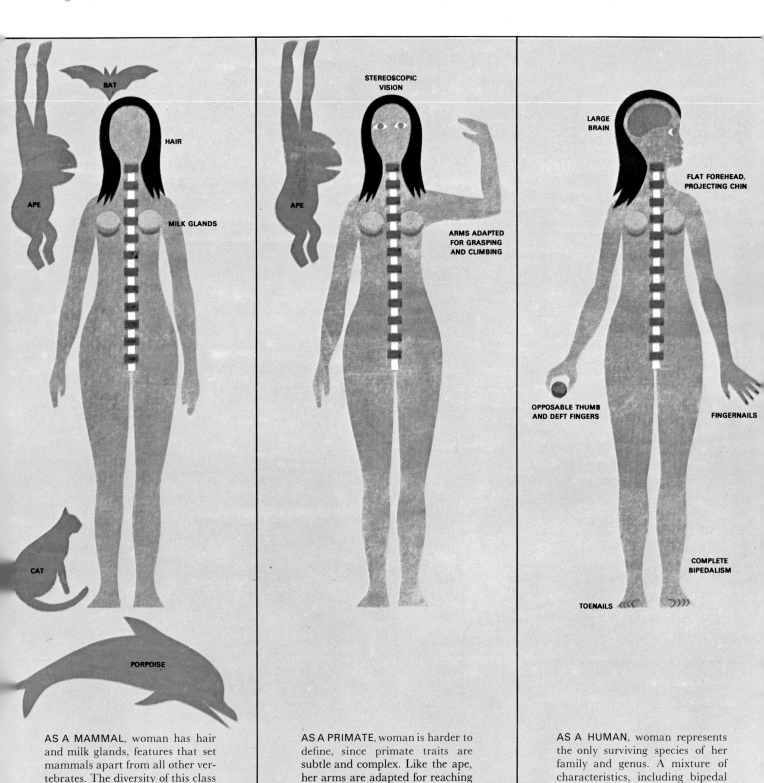

AS A MAMMAL, woman has hair and milk glands, features that set mammals apart from all other vertebrates. The diversity of this class is shown in the other animals depicted in the panel, ranging from flying bats to swimming porpoises.

AS A PRIMATE, woman is harder to define, since primate traits are subtle and complex. Like the ape, her arms are adapted for reaching and grasping. In addition, her eyes are protected by bony sockets and specialized for stereoscopic vision.

AS A HUMAN, woman represents the only surviving species of her family and genus. A mixture of characteristics, including bipedal locomotion, a large brain, an opposable thumb and nails on fingers and toes make her *Homo sapiens*.

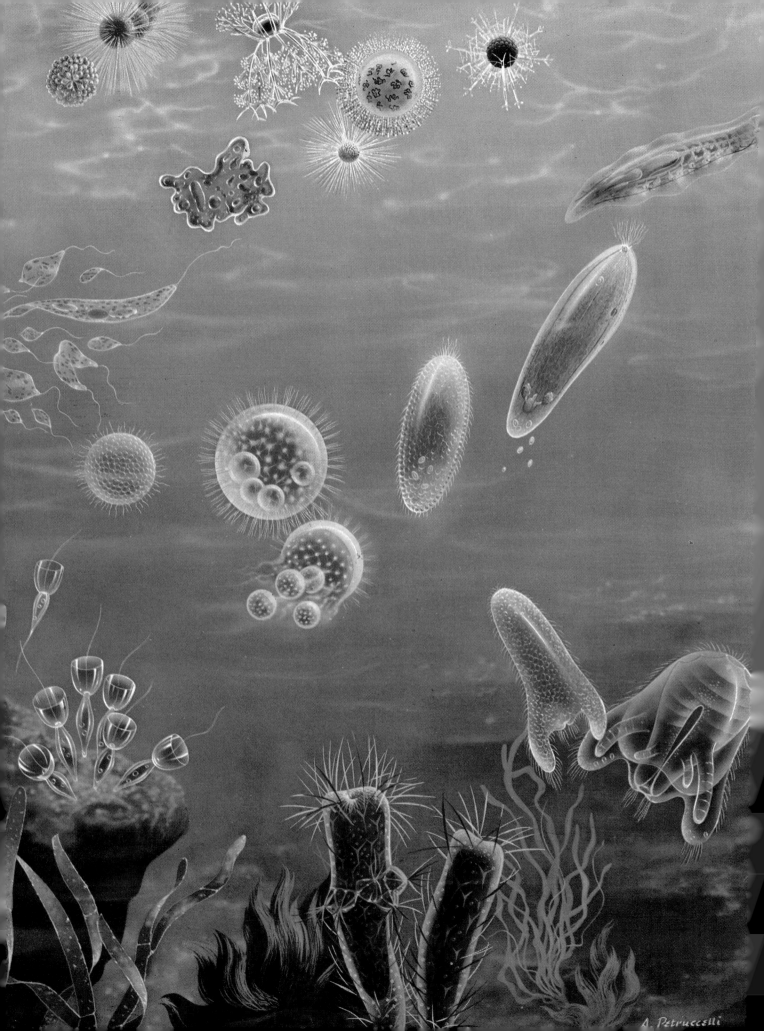

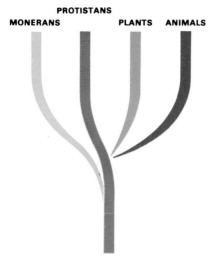

THE TREE OF LIFE in its most basic form has four branches. The living phyla of each kingdom branch out from these, as diagrams on subsequent pages will show.

The Four Living Kingdoms

From Linnaeus' day until recently, virtually all taxonomists have assigned living things to either the plant or the animal kingdom. This neat division of the natural world into two parts worked very well for organisms that were *recognizably* plants or animals. But when scientists were able to study smaller and simpler organisms more closely, they found many—like bacteria—that seemed to fit neither the plant nor the animal kingdom, and others—like slime molds—that could be put in either. Where did they belong?

Clearly, there could be many arguments on such subjects—and there were and still are. But taxonomy, like all science, is subject to constantly changing ideas. Today many biologists are beginning to support the belief that the living world should be divided into four kingdoms, adding two more, the monerans and the protistans. Monerans are tiny one-celled organisms, thought to be direct descendants of the most ancient and primitive living things. They have generally been classified with the plants, and consist of the bacteria and the blue-green algae. Protistans are somewhat more advanced. They can be either single-celled or multicelled, and include the other algae as well as the fungi, the slime molds and the protozoans.

Although the monerans and some of the protistans were classified as plants in LIFE Nature Library's *The Plants*, this new organization gives a clearer idea of the possible evolutionary relationships of these organisms. As the simplified taxonomic tree above shows, it is now generally believed that the protistans, and not the monerans, gave rise to the rest of life—both plant and animal.

Among these denizens of early seas are one-celled flagellates and groups of protozoans, leading to multicellular organisms.

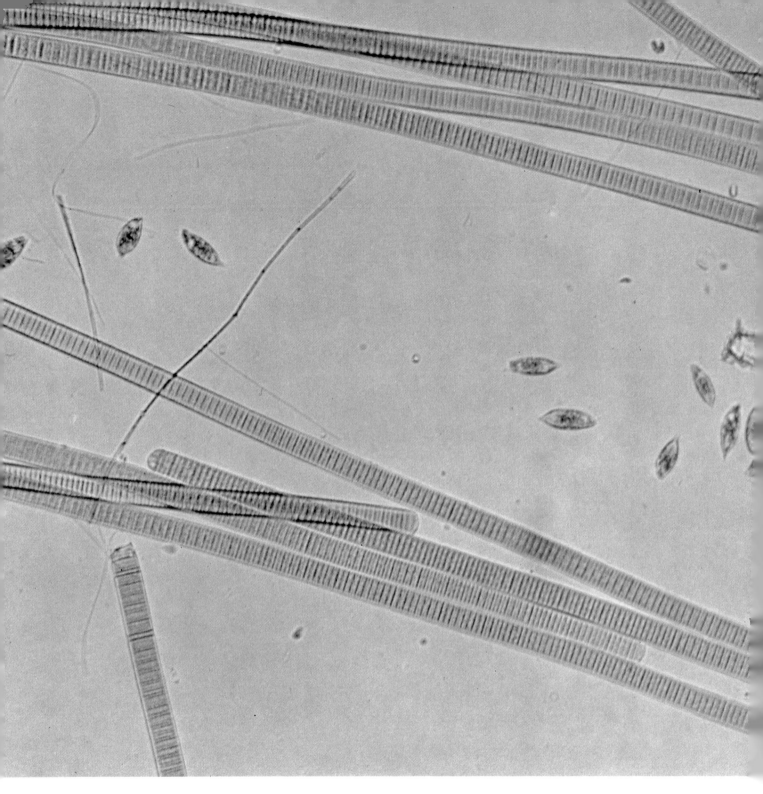

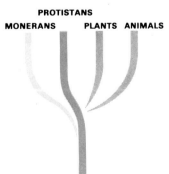

KINGDOMS OF THE
Monerans
AND
Protistans

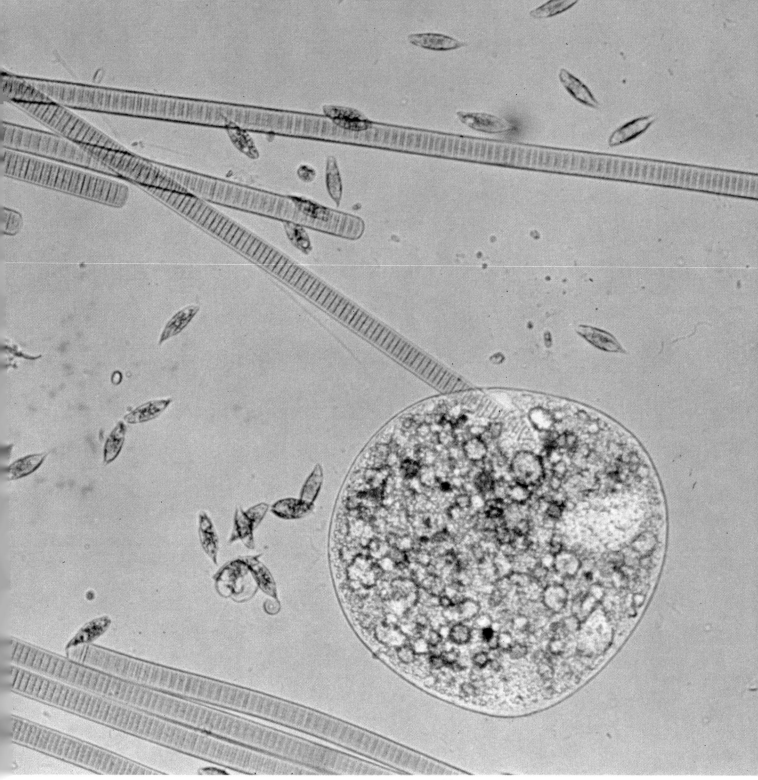

When magnified, the blue-green alga Oscillatoria appears as a sticklike colony. The round protistan Nassula (right) uses its cilia to swim.

OF the four kingdoms, the oldest, by far, are the monerans and the protistans—and of these two, the more important, from the standpoint of our lives today, is the kingdom of the protistans. For it was in this kingdom that many of the great evolutionary strides were made. The ancestral protistans not only evolved true nuclei but also chromosomes, chloroplasts and other cell structures; and from colonies of single-celled protistans the first multicellular organisms probably arose to develop increasingly specialized tissues and organs. Some were able to nourish themselves by feeding on other organisms as well as through photosynthesis. The diagram at the bottom of the next page shows how diversified the protistan kingdom is even today, as opposed to the moneran, which has only two phyla.

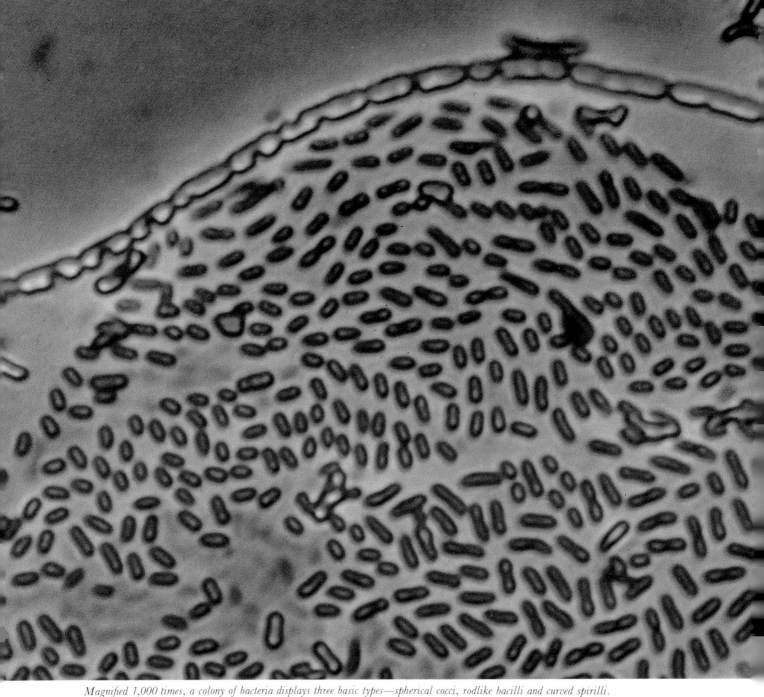
Magnified 1,000 times, a colony of bacteria displays three basic types—spherical cocci, rodlike bacilli and curved spirilli.

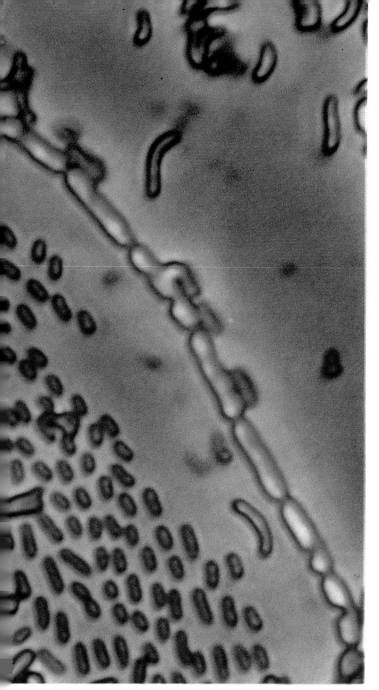

The 15 Phyla of Monerans and Protistans

THE MONERAN KINGDOM

Phylum SCHIZOPHYTA—bacteria (c. 2,000 species)

(From Greek *schizo*, or split, plus *phyton*, or plant)

One-celled schizophytes—spherical, rodlike or spiraled in shape—are the smallest living things known and probably outnumber all organisms on earth. So rapidly can they reproduce by cell fission, from which they get their name, that in seven hours a single specimen may produce a million offspring. In its normal condition the cell feeds, respires and divides; but for protection it may change to a dormant state by enclosing itself in a resistant membrane or wall and neither feeding nor reproducing until external conditions improve again. Some bacteria can remain dormant for as long as 35 years. Certain bacteria produce decay; some produce usable nitrogens for other organisms; many cause diseases.

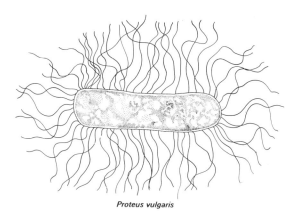

Proteus vulgaris

Phylum CYANOPHYTA—blue-green algae (c. 2,500 species)

(From Greek *kyanosis*, or dark blue, plus *phyton*, or plant)

Blue-green algae are found from the equator to the poles wherever there is dampness, in soil, on stream banks, tidal flats, tree trunks and sea-sprayed rocks, near hot springs or glaciers. They all contain a special blue-green pigment but appear to have different colors because the blue-green hue is commonly hidden by other pigments. One type with heavy red pigmentation abounds in, and gives the name to, the Red Sea. Many other species show black, purple, yellow or other intermediate hues. They are single-celled, and some move with a slow gliding motion. Their nutrition is plantlike, involving photosynthesis. They reproduce entirely by cell division, and many form colonies. They are important food for aquatic animals but sometimes foul the water in reservoirs by giving it a fishy taste.

Nostoc

PROTISTAN KINGDOM

Phylum **MASTIGOPHORA**—flagellates

(From Greek *mastix*, or whip, plus *phoros*, or bearing)

These unicellular species are the most primitive of the animal-like branch of the protistans, the protozoans. Like all protozoans, flagellates have lost the ability to manufacture food by photosynthesis. As a result, they feed on other microorganisms and debris in the water. They get about by lashing, whiplike hairs, or flagella. Some have a single hair; some have hundreds. A few are both flagellate and amoeboid at the same time, bearing a flagellum and also capable of putting out pseudopodia. Certain flagellates can survive as free-living species, but others live in symbiotic relationships with host animals; an example is the highly specialized species that dwells in the gut of termites and helps them digest their food. Still others are parasitic and harmful to their hosts, one such being the trypanosome shown below, which gets into the bloodstream of man and causes sleeping sickness.

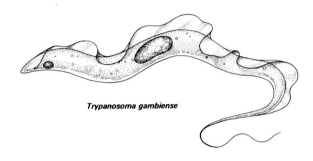
Trypanosoma gambiense

Phylum **RHIZOPODA**—amoebas and allies

(From Greek *rhiza*, or root, plus *pod*, or foot)

Rhizopods are among the simplest of the protozoans, yet they are found in various and changing forms. Some, like the amoeba (below), constantly change their body shape, flowing in one direction or another by putting out irregular extensions called pseudopodia which they use for movement or to engulf food. Many other species have shell-like skeletons with holes in them from which the pseudopodia can emerge. In some species the pseudopodia are stiff and needlelike, radiating from the body like sun rays. All rhizopods feed on smaller organisms like diatoms or algae, or other smaller protozoans. Those species with calcareous or siliceous shells have left a long fossil record, in some cases dating back more than 600 million years. These and other shell remains have created immense chalk deposits since uplifted by the earth's faulting. England's White Cliffs of Dover are an example.

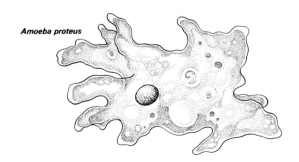
Amoeba proteus

Phylum **SPOROZOA**

(From Greek *spor*, or seed, plus *zoa*, or animal)

All these microscopic species are internal parasites living in blood cells, organs, muscle tissue or guts of their hosts. In most species the life cycle includes an immature stage when the cell is enclosed in a resistant wall, forming a spore. The species is distributed during this stage, often being carried by leeches, ticks, flies or mosquitoes. A typical life cycle is that of the malarial parasite Plasmodium (below). An anopheles mosquito bites a man, injecting the organism into the bloodstream as flagellate cells. Once in the red corpuscles, they engulf protoplasm and multiply rapidly by fission; when they are released by the corpuscles, they cause an attack of fever. Eventually, the amoeboid cells mature and may be withdrawn from the man by another biting mosquito. Sexual fusion of the cells takes place in the gut of the mosquito; from here they travel through the bloodstream to the salivary glands where they may be injected into the next man the mosquito bites.

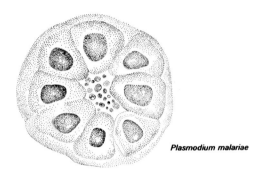
Plasmodium malariae

Phylum **CILIOPHORA**—ciliates (c. 6,000 species)

(From Latin *cilium*, or hair, plus Greek *phoros*, or bearing)

Ciliophora illustrate how complex one-celled organisms can be. They possess cilia, tiny hairlike processes that cover the body and from which the name of the phylum is derived. The oarlike motions of these cilia drive the creature through the water. In some species they also create currents to carry microorganisms into the mouth; other species engulf food without their aid. Though single-celled, ciliates have specialized parts. They possess a mechanism for coordinating the beat of the cilia, roughly corresponding to a nervous system, as well as mouth, gullet, anus and two distinct kinds of nuclei, one of which plays a major part in reproduction. The body forms are usually asymmetrical and are found in a variety of shapes.

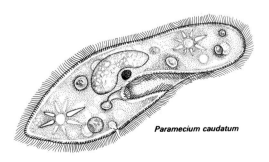
Paramecium caudatum

Seemingly immobile, these colonies of orange slime mold (right) actually creep along as they grow

Phylum **MYXOMYCETES**—slime molds
(From Greek *myxa*, or slime, plus *mykēs*, or fungus)

Slime molds go through complex life cycles that have the unusual characteristic of being plantlike at one stage and animal-like at another. Many of them start the animal stage as one-celled flagellates, then turn into amoebalike creatures. Reproducing rapidly by simple fission, these amoeboids begin to crawl together in large clumps. When this happens, the cell walls of the individual amoebae dissolve, and the result is a mass of jelly sometimes a foot in diameter and containing millions of nuclei. Such gelatinous masses form on the moist forest floor, usually on rotting logs or fallen leaves. Out of them comes the plant stage of the slime mold's cycle. This starts with the sprouting of tiny mushroomlike growths on the jelly mass. Their nuclei fuse sexually and form spores which, in turn, produce the animal-like flagellates, and the cycle repeats itself. Slime molds live by engulfing bacteria, yeasts and other microorganisms. They are found in damp, shady places all over the world except in the polar regions.

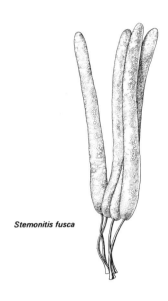

Stemonitis fusca

PROTISTAN KINGDOM (CONTINUED)

Phylum **MYCOPHYTA**—fungi (c. 57,500 species)

(From Greek *mykēs*, or fungus)

Fungi—including yeasts, mildews, mushrooms, rusts and truffles—are found in just about every possible habitat on earth. They differ from other plantlike protistans in that they cannot photosynthesize, subsisting instead by absorbing food from living or dead organisms. Basically the fungus consists of minute hairlike threads which can be organized in various ways. They may be intermeshed in an irregular network as in molds or they may pack together in more orderly patterns to form structured bodies like mushrooms. Reproduction can go through complex sexual steps but there is almost always an asexual stage, with the resulting spores generally carried by water and wind. Certain antibiotics, such as penicillin, are derived from fungi, and yeasts are instrumental in baking and beer-making.

Common field mushroom
Agaricus campestris

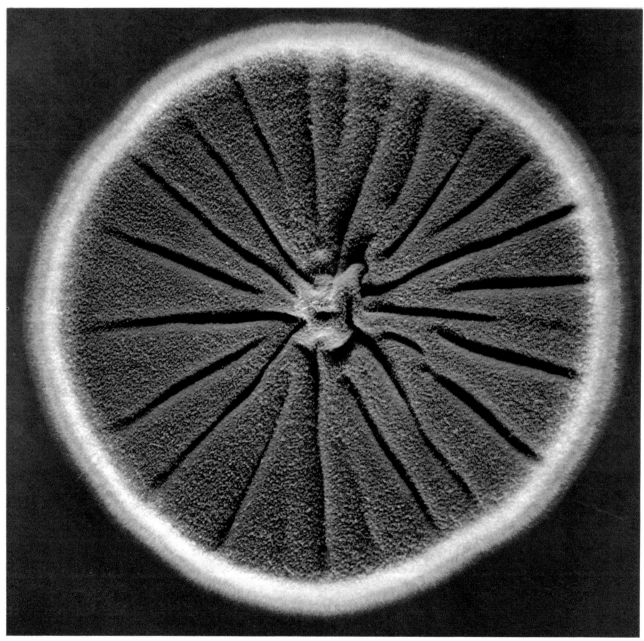

Penicillium molds like this yield modern antibiotics; other species give odor and flavor to cheese.

Phylum **CHLOROPHYTA**—green algae (c. 6,750 species)

(From Greek *chloros*, or green)

With the chlorophytes begins the list of the plantlike protistans which can produce food by photosynthesis—the algae. All contain chlorophyll, the green pigment which permits photosynthesis; but they also contain other pigments which give them distinct colors that help to organize them into various phyla. The chlorophytes, as their name suggests, are green and commonly live in fresh water, in damp spots in the soil, or on tree bark and stones. Although some green algae are stationary, others form large colonies which show a high degree of coordination; the flagella of their many cells beat together in a wavelike pattern to produce coordinated locomotion. Reproduction may be either asexual or sexual, and is often complex. The photosynthetic process of aquatic chlorophytes liberates oxygen into the water, making life possible for aquatic animals.

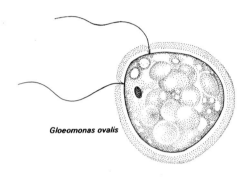
Gloeomonas ovalis

Phylum **CHAROPHYTA**—stoneworts (c. 250 species)

(From Latin *chara*, or plant)

Stoneworts, structurally the most complex of the algae, superficially appear to be the closest to being true plants. Green in color and ranging in size from a few inches to more than a foot in length, they possess structures resembling roots, branching stems and leaves. They live submerged in slow-moving fresh or brackish water; under certain conditions, the secretions of lime from their cell walls contribute to the formation of marl and sandstone deposits.

Chara vulgaris

Phylum **EUGLENOPHYTA** (c. 450 species)

(From Greek *glēnē*, or clean)

The minute, single-celled euglenophytes resemble all other green organisms in that they have chlorophyll, carried in bodies called chloroplasts, and thus can photosynthesize, but in other respects they seem more like one-celled animals than plants. They are spindle-shaped, with one, two, sometimes even three flagella, which propel them through the water. Because their cell walls are not rigid, they can change their body shape somewhat, swelling, contracting and bending in a rubbery sort of way. They may have gullets, eyespots and granules containing starch. Reproduction is generally asexual, the body dividing lengthwise. Like so many simple algae, euglenophytes abound in fresh water and are a source of food for fish and other aquatic animals.

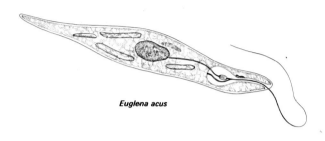
Euglena acus

Phylum **CHRYSOPHYTA**—(3 classes) (c. 12,500 species)

(From Greek *chrysos*, or gold)

The three classes of the microscopic chrysophytes include diatoms, golden-brown algae and the very small class of yellow-green algae. Enormously diversified, this phylum includes a great many different structural types. Diatoms are by far the most abundant of the chrysophytes, growing almost anywhere there is water and light. In the ocean, when diatoms decay or are eaten by animals, their intricately sculptured cell walls, which contain silicon, accumulate on the bottom; these deposits, known as diatomaceous earth, go back as far as 130 million years. Where ancient sea bottoms are now dry land, they are mined by man for their abrasive properties and used in such common polishers as toothpaste and silver polish. Less numerous than diatoms, the golden-brown algae live mainly in cold water and flourish only during the colder portions of the year.

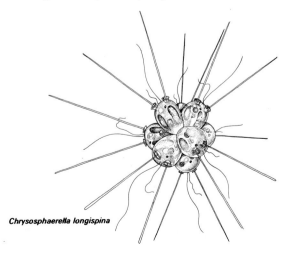
Chrysosphaerella longispina

PROTISTAN KINGDOM (CONTINUED)

The tough tissue of Fucus vesiculosus helps this brown alga resist waves.

Phylum **PYRROPHYTA**—fire algae (2 classes) (c. 1,300 species)

(From Greek *pyr*, or fire)

Some species of these tiny, simply structured algae have a reddish, fiery hue, thus providing the name for this small phylum. These are the organisms that occasionally cause the dreaded, fish-killing "red tide," which may occur in warm seas, usually after hot, windless days when the surface temperature of the water rises. In this still water, the algae proliferate on accumulated salts, notably phosphates, producing a toxin which is poisonous to many fish species. Most pyrrophytes are one-celled and have two flagella for locomotion; the common method of reproduction is by cell fission. The dinoflagellates, by far the larger of the two classes, contain nearly 1,000 species, many of which are components of plankton; some are parasitic, others photosynthesize and still others feed like animals. Many of the marine species are phosphorescent, glowing at night when the water is disturbed.

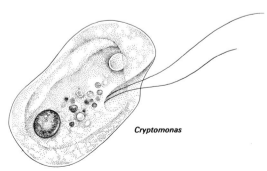

Cryptomonas

Phylum **PHAEOPHYTA**—brown algae (c. 1,750 species)

(From Greek *phaios*, or dusky)

Familiarly known as brown seaweeds or kelps, phaeophytes live mainly in the shallow waters of the intertidal zones, particularly on the rocky coasts of cold oceans. When the tide ebbs, they may be exposed to the air for hours at a time, but their coating of algin retains water to prevent their drying out. The rubbery strands of the giant kelp, found along the west coasts of North America, can reach a length of 300 feet, streaming with the tides and currents and anchored by holdfasts on the bottom. All species have an alternation of generations; that is, distinct asexual and sexual cycles. Man has found many substances in brown seaweeds useful, especially iodine, an algal concentrate, and algin, used in the manufacture of ice cream and certain cosmetics. Some brown algae are also used as food in the lands around the China Sea.

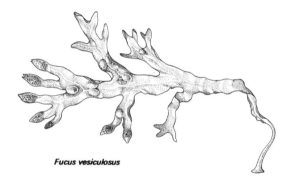

Fucus vesiculosus

Phylum **RHODOPHYTA**—red algae (c. 3,750 species)

(From Greek *rhodon*, or rose)

Rhodophytes are marine, except for about 50 species that grow in fresh water, and they abound in clear tropical waters. Their red color comes from a pigment called r-phycoerythrin whose particular function is to aid photosynthesis in the dimness of deep waters. Masking the green of the chlorophyll, the red pigment makes it possible for the plant to utilize the blue rays of the spectrum which penetrate to the lower zones—and thus the red algae growing deep down have the brightest hue. Those growing in the tidal zones have less red pigment and are duller, often olive or even black. Rhodophytes are almost all stationary and appear in a wide range of delicate, branched forms.

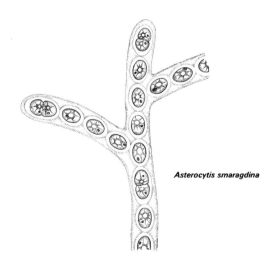

Asterocytis smaragdina

Rubbery branches of Nemalion, a red alga, grow upright in tidal waters, drawing energy from the sun.

PROTISTANS
MONERANS   PLANTS ANIMALS

KINGDOM

OF THE

Plants

Spiked and tough-skinned, this African succulent, Euphorbia grandicornis, reflects the dryness of its desert habitat.

THE plants, already the subject of an earlier volume in the Nature Library, are believed to be descended from the fresh-water green algae of the phylum Chlorophyta in the protistan kingdom. In this system of classification, discussed on page 23, they are organized into two phyla, or divisions, the bryophytes and the tracheophytes, or vascular plants. The bryophytes—the mosses, liverworts and the hornworts—cling to a more ancient way of life; relatively simple in structure, they have no true roots, leaves, stems or special vascular systems. In contrast to the bryophytes, the far more numerous vascular plants have two distinct conducting systems, one for food and one for water. Almost all of them can be additionally characterized by the possession of true organs—roots, stems and leaves.

PLANT KINGDOM (CONTINUED)

The Vascular Plants

The tracheophytes, or vascular plants, are shown here proliferating from a psilophyte, an ancestral form *(1)*. They form three groups: the primitive spore-bearing ferns and their allies *(2-5)*, the naked seed-bearing gymnosperms *(6-10)*, the flowering angiosperms *(11-36)*. The angiosperms in turn form two groups of their own, the dicots and the monocots, some familiar families of which are shown here.

1. **PSILOPHYTALES**—*order includes fossil psilophytes, possible ancestors of all vascular plants. Shown: Psilophyton.*
2. **PSILOTALES**—*order includes living psilophytes. Shown: Psilotum triquetrum.*
3. **FILICALES**—*order includes most modern ferns. Shown: Polystichum acrostichoides, Christmas fern.*
4. **LYCOPODIALES**—*order includes club mosses and allies. Shown: Lycopodium clavatum, running pine or club moss.*
5. **EQUISITALES**—*order includes horsetails. Shown: Equisetum arvense, field horsetail.*
6. **GINKGOALES**—*order consists of one modern representative— Ginkgo biloba, maidenhair tree.*
7. **GNETALES**—*small order of controversial taxonomic position. Shown: Welwitschia mirabilis.*
8. **CONIFERALES**—*order includes cone-bearing pines, cedars, firs. Shown: Picea rubra, red spruce.*
9. **CYCADALES**—*order consists of palmlike cycads. Shown: Cycas revoluta, sago palm.*
10. **CYCADOFILICALES**—*order consists of seed ferns, known only as fossils. Shown: Medullosa.*
11. **LILIACEAE**—*lily family. Includes asparagus, tulip, lily of the valley. Shown: Lilium philadelphicum, wood lily.*
12. **PALMAE**—*palm family. Shown: Phoenix dactylifera, date palm.*
13. **GRAMINEAE**—*grass family. Includes all cereals, bamboo, sugar cane. Shown: Agrostis alba, redtop.*
14. **IRIDACEAE**—*iris family. Includes gladiolus, freesia, crocus. Shown: Iris caroliniana, blue flag.*
15. **ORCHIDACEAE**—*orchid family. Shown: Laeliocattleya.*
16. **MUSACEAE**—*banana family. Shown: Musa rosacea.*
17. **RANUNCULACEAE**—*crowfoot family. Includes anemone, buttercup. Shown: Aquilegia caerulea, columbine.*
18. **ROSACEAE**—*rose family. Includes pear, firethorn, strawberry. Shown: Malus pumila, apple.*
19. **UMBELLIFERAE**—*parsley family. Includes dill, parsnip, celery, poison hemlock. Shown: Daucus carota, cultivated carrot.*
20. **CUCURBITACEAE**—*gourd family. Includes squash, melon, cucumber. Shown: Cucurbita pepo, field pumpkin.*
21. **CACTACEAE**—*cactus family. Shown: Chamaecereus silvestrii, peanut cactus.*
22. **LEGUMINOSAE**—*pea family. Includes peanut, clover, wisteria, locust, bean. Shown: Pisum sativum, garden pea.*
23. **COMPOSITAE**—*composite family. Largest family of flowering plants includes dandelion, marigold, lettuce, goldenrod. Shown: Chrysanthemum maximum, Pyrenees daisy.*
24. **CRUCIFERAE**—*mustard family. Includes cabbage, cauliflower, broccoli, candytuft. Shown: Raphanus sativus, radish.*
25. **ACERACEAE**—*maple family. Shown: Acer saccharinum, silver maple.*
26. **ULMACEAE**—*elm family. Shown: Ulmus americana, American elm.*
27. **BETULACEAE**—*birch family. Includes alder, hazelnut. Shown: Betula lenta, black birch.*
28. **SOLANACEAE**—*nightshade family. Includes potato, belladonna, deadly nightshade, tobacco. Shown: Lycopersicum esculentum, tomato.*
29. **EUPHORBIACEAE**—*spurge family. Includes poinsettia, rubber. Shown: Ricinus communis, castor-oil plant.*
30. **RUTACEAE**—*rue family. Includes citrus fruits. Shown: Citrus sinensis, sweet orange.*
31. **FAGACEAE**—*beech family. Includes chestnut. Shown: Quercus coccinea, scarlet oak.*
32. **SALICACEAE**—*willow family. Includes poplar. Shown: Populus tremuloides, quaking aspen.*
33. **JUGLANDACEAE**—*walnut family. Includes hickory, pecan, butternut. Shown: Juglans nigra, black walnut.*
34. **LABIATAE**—*mint family. Includes most cooking herbs. Shown: Mentha piperita, peppermint.*
35. **SCROPHULARIACEAE**—*figwort family. Shown: Digitalis purpurea, common foxglove.*
36. **ERICACEAE**—*heath family. Includes heather, wintergreen, azalea, rhododendron. Shown: Kalmia latifolia, mountain laurel.*

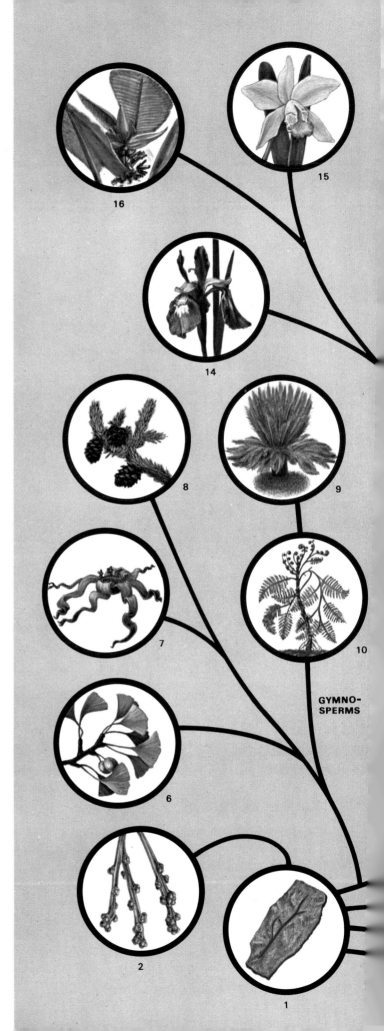

GYMNOSPERMS

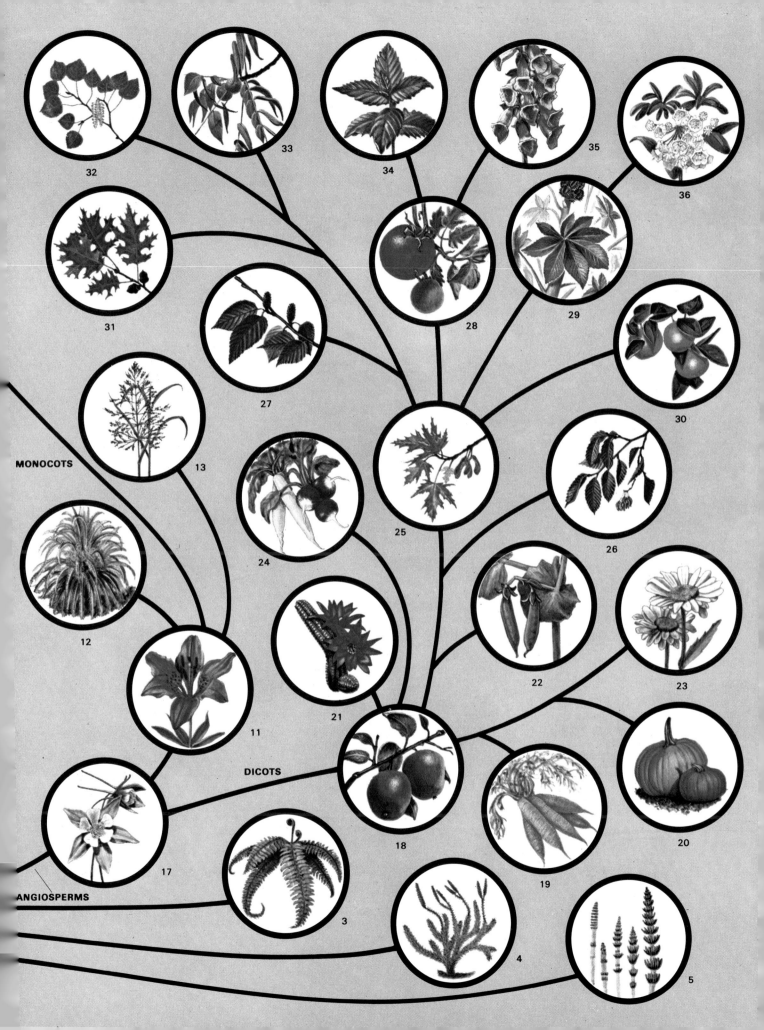

KINGDOM OF THE
Animals

38

Spadefish, representing one of some 20,000 species of bony fishes inhabiting the waters, school past a gorgonian coral.

DESPITE its wide representation on land, the largest population of the animal kingdom is made up of creatures that dwell in the world's primal environment, water. And many of these, as pages to come will show, scarcely even look like animals or, for that matter, behave like them. Some consist of little more than digestive tracts; some pump water instead of blood through their bodies; some lack heads. Yet animals they are, the criteria being that they are generally mobile and respond readily to stimuli, that they feed on other organisms, and that they all have multicellular bodies. Beyond this, their differences are legion, and in the constantly changing picture of taxonomy it is as difficult to give some of them clear-cut classifications as it is to trace their complex lineage to any one ancestral protistan.

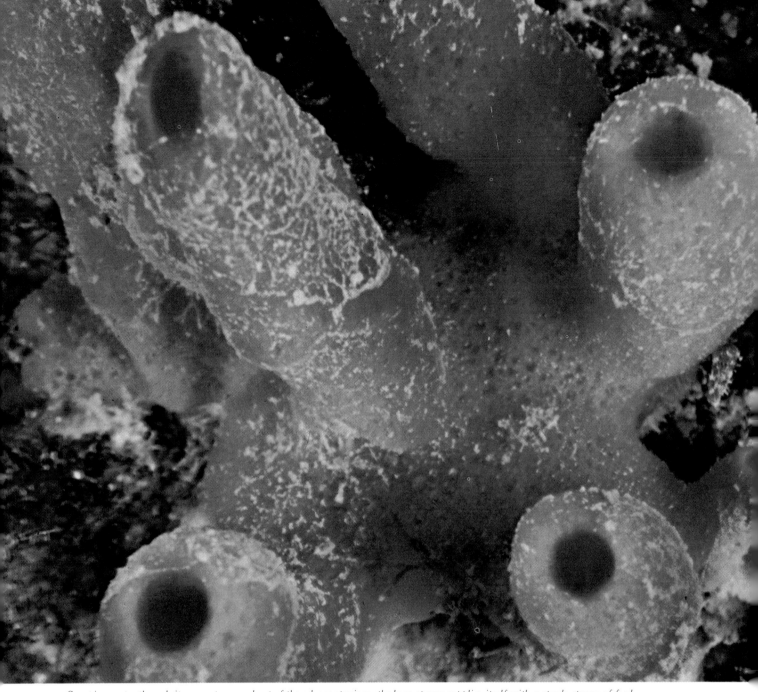

Sweeping water through its many pores and out of these large openings, the horn sponge supplies itself with a steady stream of food.

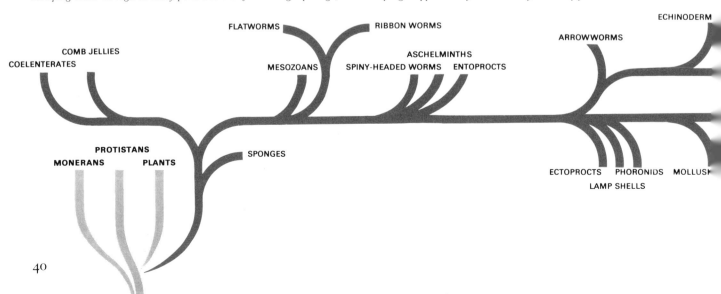

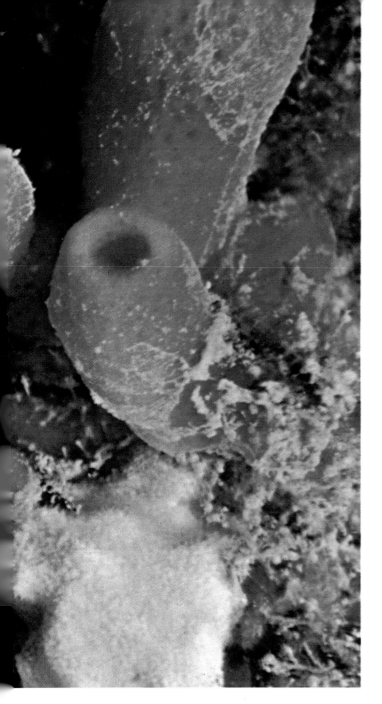

The 26 Animal Phyla

THE ANIMAL KINGDOM

Phylum **PORIFERA**—sponges (3 classes) (c. 5,000 species)

(From Latin *porus*, or pore, plus *ferre*, to bear)

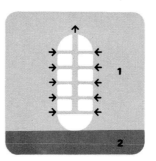

With neither true tissues nor organs, sponges are the most primitive of all multicellular animals.
CHARACTERISTICS: *(1) Body structure permeated with flagella-lined openings through which water is swept and food particles and oxygen extracted; (2) stationary as adults.*
SIZE: *From ¼ inch to six feet.*
HABITAT: *Marine, although one family does live in fresh water.*
OTHER CHARACTERISTICS: *Internal skeleton with varying structures made of calcareous and siliceous needles.*

CLASS DEMOSPONGIAE—horn sponges
This class has the greatest number of sponge species and includes the familiar household varieties as well as brilliantly colored fans, vases or spreading branches.

CLASS HEXACTINELLIDA—glass sponges
Skeletons composed of six-pointed bits of silica that in many species are formed into elaborate lattices like those of the Venus' flower-basket *(above).*

CLASS CALCAREA
All these sponges are small, with skeletons of calcium carbonate. Some are vase-shaped *(above);* others are irregular.

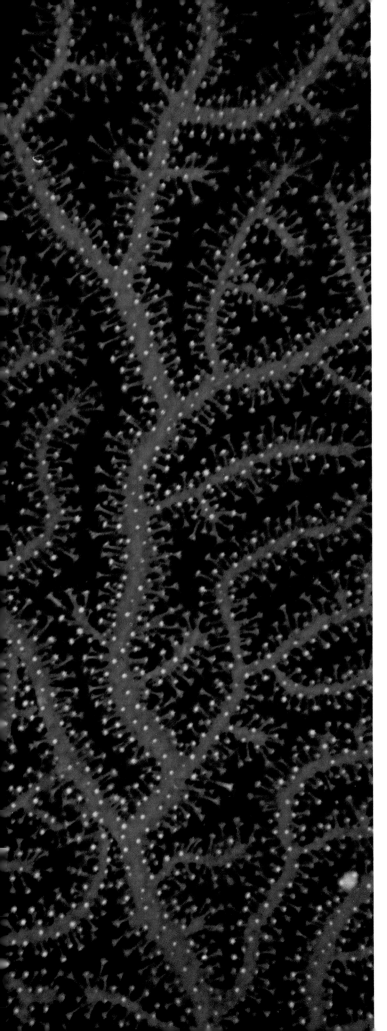

ANIMAL KINGDOM (CONTINUED)

Phylum **COELENTERATA** (3 classes)

(From Greek *koilos*, or hollow, plus *enteron*, or gut)

Jellyfish, sea anemones, corals, the Portuguese man-of-war are all included here.
CHARACTERISTICS: *(1) Radial symmetry; (2) tentacles with stinging cells; (3) gut with one opening; (4) no body cavity.*
SIZE: *Less than an inch to seven feet.*
HABITAT: *Mainly marine, with a few fresh-water species.*
OTHER CHARACTERISTICS: *Two- or three-layered body, also covered with stinging cells. Coloring is often spectacularly brilliant.*

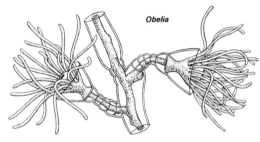

CLASS HYDRAZOA (c. 2,700 species)
Includes many of the common coelenterates, the Portuguese man-of-war and the fresh-water hydra *(above)*. The majority, called hydroids, are stationary and colonial.

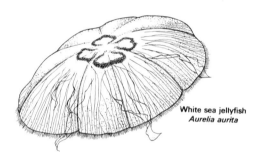

CLASS SCHYPHOZOA (c. 200 species)
Most of the larger jellyfish belong here. They range in size from less than an inch across to seven feet—and in shape from a saucer *(above)* to a helmet.

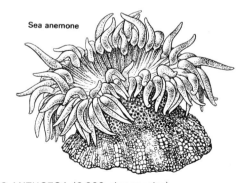

CLASS ANTHOZOA (6,000-plus species)
The largest class of coelenterates, the anthozoans include the sea anemones and corals. The corals have skeletons of calcium carbonate or a horny secretion, and are often brilliant in color.

Despite its plantlike look, Paramuricea chamaeleon is actually a coral.

The jellyfish Cotylorhiza tuberculato feeds by flushing microscopic organisms through its tentaclelike mouths.

Phylum **CTENOPHORA**—comb jellies
(80 species)

(From Greek *ktenos*, or comb, plus *phoros*, or bearing)

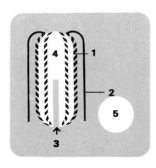

This small phylum is composed of marine animals somewhat similar to jellyfish.

CHARACTERISTICS: (1) Eight ciliated bands; (2) two tentacles; (3) gut with one opening; (4) no body cavity; (5) biradial symmetry.

SIZE: About ¼ inch to three feet.

HABITAT: All oceans; particularly coastal waters.

OTHER CHARACTERISTICS: Ctenophores eat only plankton, which the tentacles bring to the mouth (arrow). They are sensitive to the movements of the water; on a still day they may be seen near the surface, but a slight breeze is enough to start them moving to lower depths.

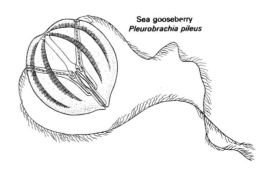

Sea gooseberry
Pleurobrachia pileus

ANIMAL KINGDOM (CONTINUED)

RED CORAL derives its color from scattered needles of its skeleton embedded in the branching tissue. White polyps covering the surface of the colony have tentacles that capture food.

SEA ANEMONE, seemingly well-rooted, actually glides from rock to rock. Stinging tentacles carry prey to its scarlet mouth. When the animal is disturbed, the tentacles quickly retract.

PINK-HEARTED HYDROIDS, growing in flowerlike clusters, are midget carnivores. Just two inches high, they paralyze crustacean victims with rows of stinging cells on their tentacles.

ANIMAL KINGDOM (CONTINUED)

Phylum **PLATYHELMINTHES**—flatworms (3 classes)

(From Greek *platys*, or flat, plus *helminthos*, or worm)

Included here are some of the most common parasitic worms, but also some free-living species.
CHARACTERISTICS: *(1) Flattened body; (2) gut with single opening; (3) no body cavity.*
SIZE: *Average under ½ inch.*
HABITAT: *Marine, fresh water, terrestrial; parasitic outside as well as inside many animals.*
OTHER CHARACTERISTICS: *Bilateral symmetry first seen here.*

Dugesia tigrina

CLASS TURBELLARIA (c. 1,600 species)
These free-living flatworms are carnivores and scavengers found in both salt and fresh water, and even on land. The body is at least partially covered with cilia, whose lashing movements aid in propulsion.

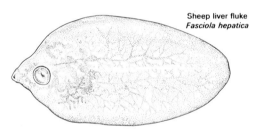

Sheep liver fluke
Fasciola hepatica

CLASS TREMATODA—flukes (c. 2,400 species)
These parasites have developed suckers for attaching, and a cuticle—or resistant outer coating—that protects them from the digestive juices and antibodies of the host.

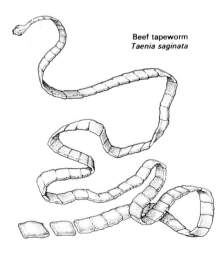

Beef tapeworm
Taenia saginata

CLASS CESTODA—tapeworms (c. 1,500 species)
As adults, these worms live almost exclusively in the intestines of vertebrates. They have neither mouth nor digestive system, but instead absorb their food directly through the body wall. Their segmented bodies may reach 60 feet in human beings.

Phylum **MESOZOA** (c. 45 species)

(From Latin *meso*, or middle, plus Greek *zōia*, or animals)

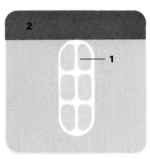

Minute, wormlike parasites, the mesozoans have an uncertain taxonomic position. They are considered by many zoologists to be degenerate flatworms.
CHARACTERISTICS: *(1) Small number of cells; (2) parasitic.*
SIZE: *Less than ¼ of an inch.*
HABITAT: *Within octopi, squid and other marine invertebrates.*
OTHER CHARACTERISTICS: *Solid, two-layered construction, with outer ciliated cell layer enclosing one or more reproductive cells. These animals have a complex life cycle.*

Pseudicyema truncatum

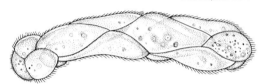

Phylum **NEMERTINEA**—ribbon worms (c. 550 species)

(From Greek *Nemertes*, a Nereid, or sea nymph)

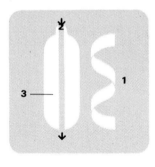

Included here are many of the familiar unsegmented worms of the seashore. They have a proboscis which turns inside out when projected.
CHARACTERISTICS: *(1) Ribbon-shaped; (2) gut with two openings; (3) no body cavity.*
SIZE: *Up to 6½ feet.*
HABITAT: *Mostly marine, with a few fresh-water and land-dwelling species.*
OTHER CHARACTERISTICS: *Many species have from two to six eyes; some have several hundred. Locomotion is gliding, on a trail of slime. Some species seize prey by stabbing with a barb at the tip of the proboscis; others coil the proboscis around the food, holding it fast with secretions.*

Cerebratulus lacteus

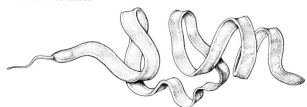

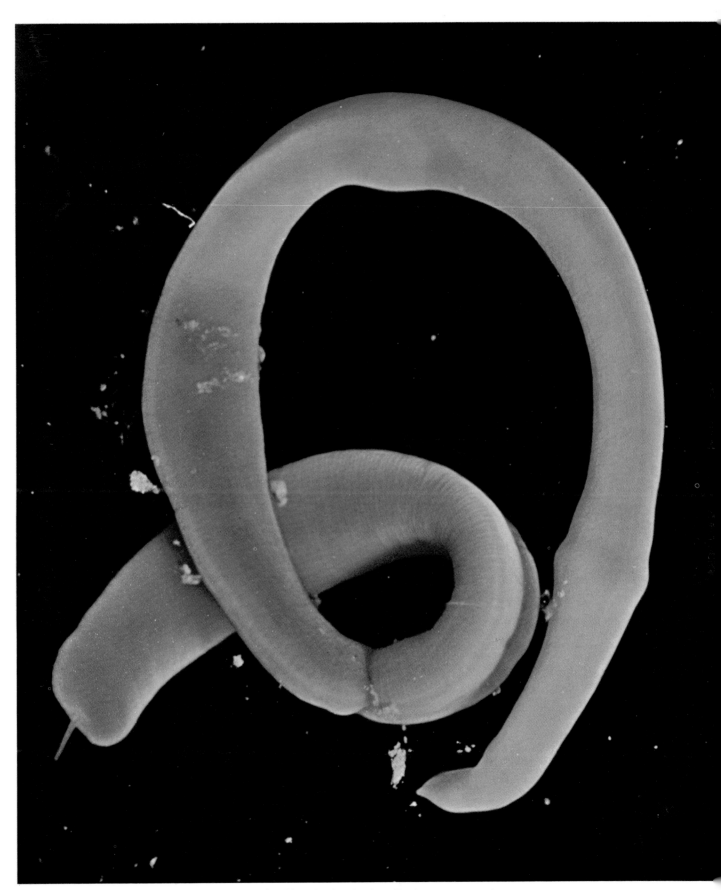
Micrura, a ribbon worm found in coastal waters, has a projectable proboscis and a tiny tail.

ANIMAL KINGDOM (CONTINUED)

Phylum ASCHELMINTHES (5 classes)

(From Greek *asco*, or cavity, plus *helminth*, or worm)

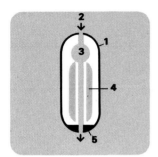

This is a diversified phylum of often wormlike animals.
CHARACTERISTICS: *(1) Body covered with cuticle; (2) gut with two openings; (3) specialized pharynx; (4) body cavity; (5) adhesive, holdfast glands.*
SIZE: *Microscopic to more than a foot in length.*
HABITAT: *Marine, fresh water, terrestrial; many dwell in or on living hosts.*

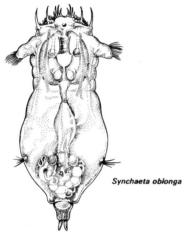

Synchaeta oblonga

CLASS ROTIFERA (c. 1,500 species)

Denizens mostly of fresh water, the rotifers have crowns of cilia *(above)*. In some, the crowns seem to rotate as the cilia make their beating movements. The females are larger than the males. Parthenogenetic reproduction is common, and some species are apparently without any males at all.

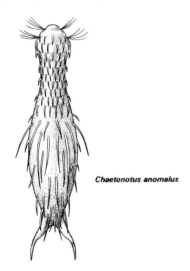

Chaetonotus anomalus

CLASS GASTRORICHA (c. 200 species)

These hermaphroditic animals can be characterized not only by the presence of a definite head and ventral cilia in almost all members, but also by a highly specialized cuticle, which is often modified into scales and commonly bears spines as shown in the drawing above.

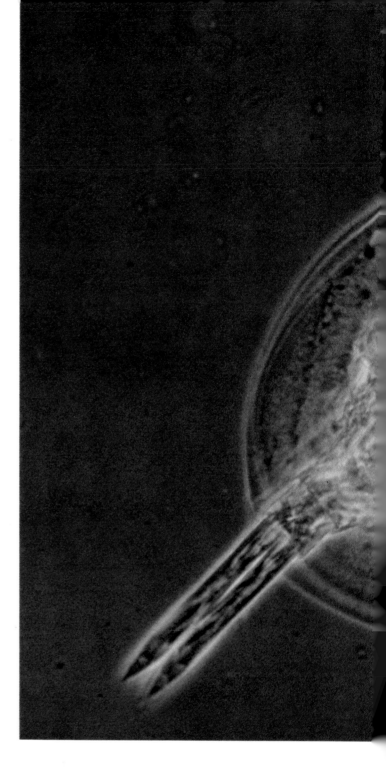

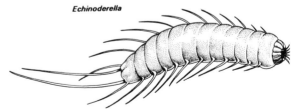

Echinoderella

CLASS KINORHYNCHA (c. 30 species)

Living on the bottom in coastal waters, these animals, named for their protrusible spiny snouts, move by extending and anchoring their heads in the mud with the spines, then slowly drawing their bodies forward.

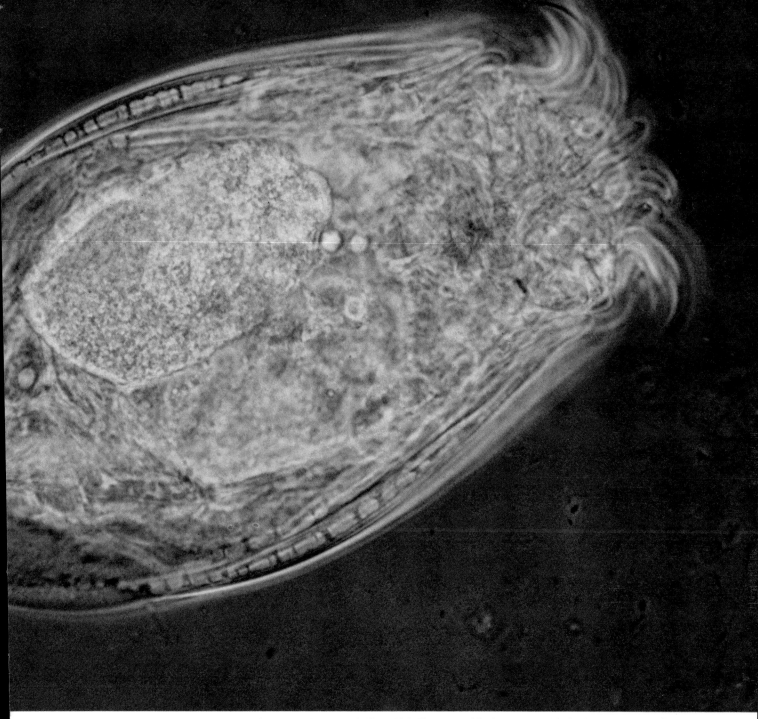

A microscopic rotifer displays its crown of cilia, which vibrate so rapidly they seem to spin when it is swimming or feeding.

Ascaris lumbricoides

Gordius

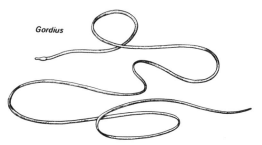

CLASS NEMATODA—roundworms (c. 10,000 species)
Found from pole to pole, in the sea, fresh water and the soil, the tapering nematodes are not only the most wormlike in appearance and the most widespread of the aschelminthes but also the most numerous. A square acre of good farmland contains millions upon millions of them; a single apple decomposing on the ground may swarm with as many as 90,000.

CLASS NEMATOMORPHA—hairworms (c. 80 species)
Parasites as larvae in insects or crustaceans, the long (a foot or more), thin Nematomorpha as adults are free-living in all types of fresh-water habitats, both temperate and tropical.

ANIMAL KINGDOM (CONTINUED)

Phylum **ENTOPROCTA** (c. 60 species)

(From Greek *entos*, or within, plus *prōktos*, or anus)

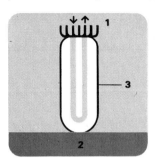

This small phylum is made up of tiny, aquatic animals.
CHARACTERISTICS: *(1) Crown of tentacles which surrounds both mouth and anus; (2) mostly stationary with a stalk; (3) outer covering.*
SIZE: *Never more than 1/5 of an inch long.*
HABITAT: *Marine, except for one fresh-water genus. Attach to shells, pilings, rocks, crabs, sponges and so on.*
OTHER CHARACTERISTICS: *Mostly colonial. Tentacles bear cilia which produce water current from which food is obtained.*

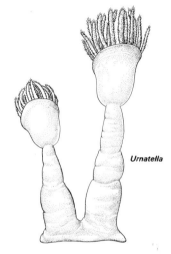

Urnatella

Phylum **ACANTHOCEPHALA**—spiny-headed worms (c. 500 species)

(From Greek *akantho*, or thorn, plus *kephalē*, or head)

These are parasitic, wormlike animals.
CHARACTERISTICS: *(1) Spiny proboscis, which can be drawn into trunk; (2) parasitic.*
SIZE: *Most are under an inch long, but some grow to a length of 26 inches.*
HABITAT: *Juveniles inhabit crustaceans and insects, adults dwell in digestive tract of vertebrates. (As many as 1,000 have been found in the intestine of a duck, 1,154 in that of a seal.)*
OTHER CHARACTERISTICS: *There is no mouth or digestive tract; food is absorbed directly.*

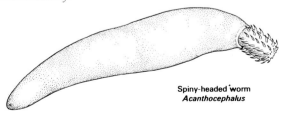

Spiny-headed worm
Acanthocephalus

Phylum **PRIAPULIDA** (3 species)

(From Greek *priapos*, or phallus-shaped)

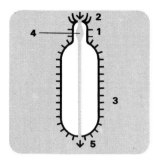

A small phylum of cucumber-shaped marine worms.
CHARACTERISTICS: *(1) Broad cylindrical trunk and proboscis; (2) mouth region with spines; (3) body is covered with small spines and tubercles; (4) muscular pharynx, with cuticle and teeth; (5) gut with two openings.*
SIZE: *Up to 3/10 of an inch.*
HABITAT: *Marine, buried in the mud and sand along the coasts of colder oceans. Some specimens have been found in Antarctic waters.*
OTHER CHARACTERISTICS: *Carnivorous, seizing soft-bodied, slow-moving invertebrate prey with mouth spines, which pass food to the pharynx.*

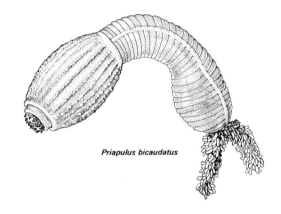

Priapulus bicaudatus

Phylum **CHAETOGNATHA**—arrowworms (c. 50 species)

(From Greek *chaitē*, or hair, plus *gnathos*, or jaw)

Marine carnivores, arrowworms are common in the plankton in all oceans.
CHARACTERISTICS: *(1) Arrow-shaped body; (2) grasping spines near the mouth; (3) side and tail fins for swimming.*
SIZE: *One to four inches.*
HABITAT: *Marine, in depths down to 3,000 feet or more; particularly abundant in tropical waters.*
OTHER CHARACTERISTICS: *Prey in the form of small planktonic animals is captured by the curved spines which carry food to a cavity leading to the mouth; a hood protecting the head and spines slides back when the animal feeds.*

Arrowworm
Sagitta elegans

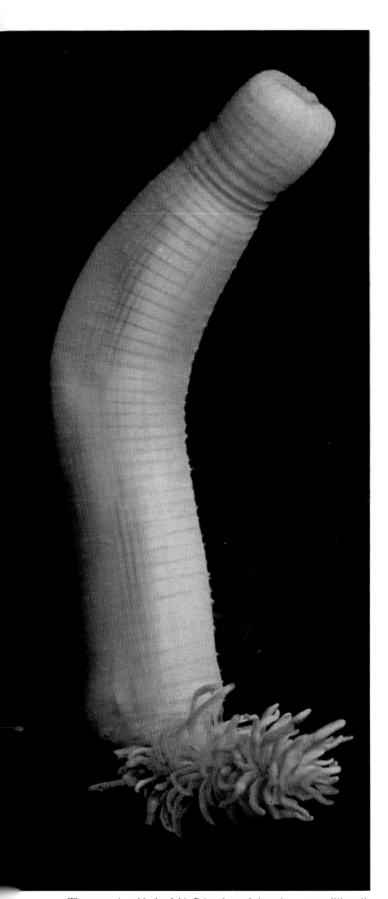

The many-ringed body of this Priapulus ends in a tiny, seaweedlike tail.

Phylum ECHIURIDA (60-plus species)

(From Greek *echis*, or adder)

A small phylum of shallow-water marine worms.
CHARACTERISTIC: A large, flattened proboscis containing the brain.
SIZE: One to 18 inches.
HABITAT: Marine, in burrows of mud or sand, or rock and coral crevices.
OTHER CHARACTERISTICS: The proboscis is extensible; food is trapped on the mucus of its surface and conducted by cilia to the mouth at its base. Color is generally drab but occasionally red, green or rose.

Echiurus pallasii

Phylum SIPUNCULIDA (c. 250 species)

(From Latin *siphunculus*, or little pipe)

This group of marine worms is found from tidal flats to ocean deeps.
CHARACTERISTICS: (1) Retractile front end bears mouth surrounded by (2) scalloped fringe, tentacles or lobes.
SIZE: From 1/10 of an inch to over two feet.
HABITAT: Marine.
OTHER CHARACTERISTICS: Some live in mucous-lined burrows, others in empty snail shells. Sipunculus, shown below, ingests the sand and silt through which it burrows.

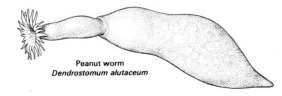

Peanut worm
Dendrostomum alutaceum

ANIMAL KINGDOM (CONTINUED)

Phylum MOLLUSCA (6 classes)

(From Latin *molluscus*, or soft)

Including such diverse animals as snails, oysters and octopuses, this is one of the most familiar of all the large animal groups.
CHARACTERISTICS: *(1) Calcareous shell with underlining mantle of tissue; (2) ventral, muscular foot; (3) gut with two openings; (4) body cavity.*
SIZE: *Less than an inch to 55 feet in the giant squid.*
HABITAT: *All waters and land.*

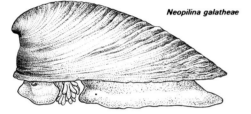

Neopilina galatheae

CLASS MONOPLACOPHORA—Neopilina (3 species)
Living members of this class, thought extinct for 300 million years, were first collected in 1952 from a deep ocean trench at 11,778 feet. Subsequent finds indicate their distribution may be worldwide in deep seas. Most species are a scant inch long, with a single cap-shaped shell and a broad, flat foot.

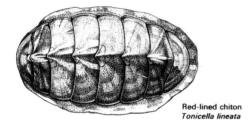

Red-lined chiton
Tonicella lineata

CLASS AMPHINEURA—chitons (c. 600 species)
With a large flat sucker-foot and heavy mantle margin, chitons cling to rocky shores, particularly in the Pacific Northwest, scraping up algae. One to 12 inches long, they are protected by a shell of eight overlapping plates.

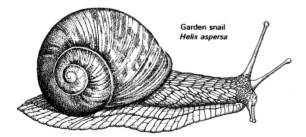

Garden snail
Helix aspersa

CLASS GASTROPODA—snails (c. 100,000 species)
This is the largest class of mollusks. Marine species include snails, conches and sea slugs. Fresh-water snails have both gillbearing and airbreathing species; the 19,000 species of land snails have a cavity beneath the mantle adapted as a lung. A broad, flat foot, a distinct head with tentacles and a spirally twisted shell are generally typical of the class.

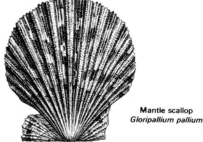

Mantle scallop
Gloripallium pallium

CLASS PELECYPODA—bivalves (c. 30,000 species)
Including the clams, oysters and scallops, the pelecypods have a laterally flattened body enclosed within two hinged shells. Most are marine, though some are found in fresh water.

The pattern of growth of a nautilus is shown in a cutaway, revealing the successively bigger chambers it occupies.

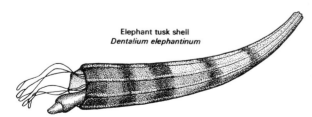

Elephant tusk shell
Dentalium elephantinum

Lesser octopus
Eledone cirrhosa

CLASS SCAPHOPODA—tusk shells (c. 200 species)
The one- to two-inch tusk shells burrow head first in the sea bottom. The tapered end of the shell projects above the sand surface, and water for respiration is pumped into and out of its opening. Scaphopods feed on small organisms caught by many little tentacles on the head.

CLASS CEPHALOPODA-octopus, squid, nautilus (c.1,000 species)
Eight or more suction-cupped tentacles enable cephalopods to seize prey. A water jet from a funnel propels them. Nautilus alone has an external shell. Most of the class are under two feet in length, but the Atlantic giant squid reaches 55 feet.

53

GASTROPODA 100,000 species

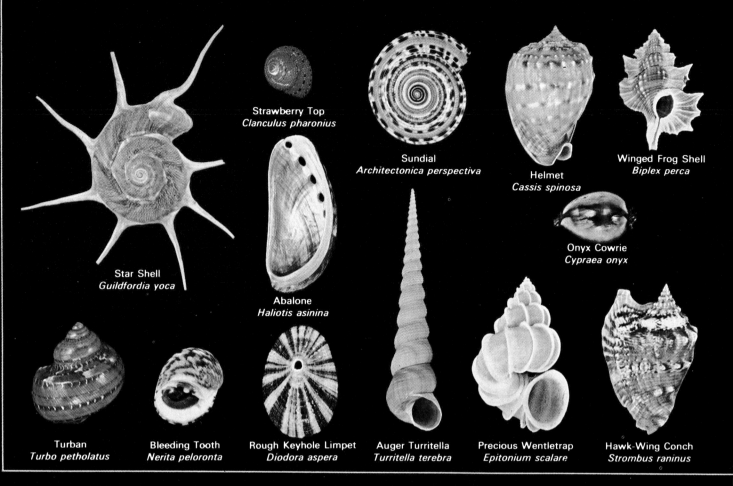

PELECYPODA 30,000 species

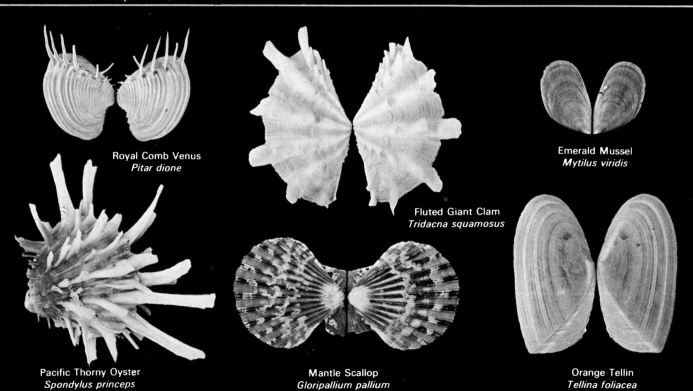

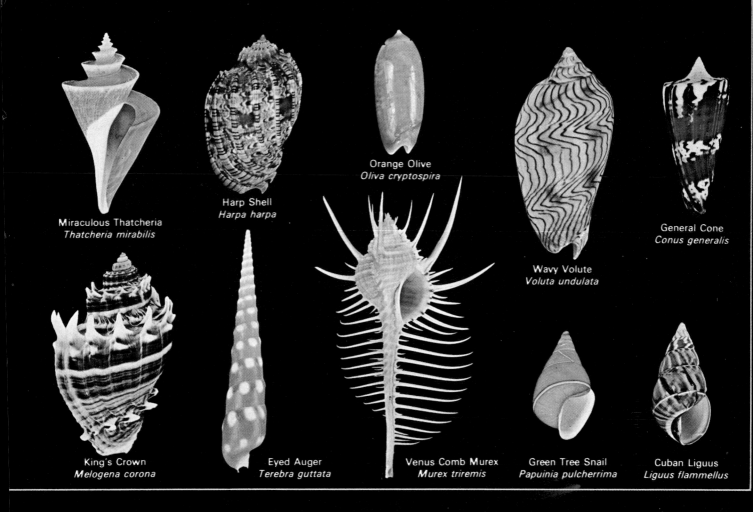

Miraculous Thatcheria — *Thatcheria mirabilis*
Harp Shell — *Harpa harpa*
Orange Olive — *Oliva cryptospira*
Wavy Volute — *Voluta undulata*
General Cone — *Conus generalis*
King's Crown — *Melogena corona*
Eyed Auger — *Terebra guttata*
Venus Comb Murex — *Murex triremis*
Green Tree Snail — *Papuinia pulcherrima*
Cuban Liguus — *Liguus flammellus*

The Many Shapes of Mollusks

Only a few of the hundreds of spectacular shapes and colors developed by mollusks can be demonstrated in this picture, which includes representatives of each of the six classes. The largest and most varied class, the Gastropoda *(above)* is characterized by the spiraling turns its shells take as they grow. Many are, in addition, elaborately ornamented, but what function such ornamentation serves is not always understood. Even the relatively uniform bivalves *(left)* of which the plain clam and mussel are members, can wear ornate spikes and ruffles.

MONOPLACOPHORA 3 species

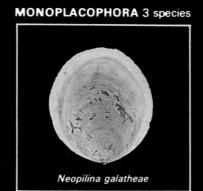

Neopilina galatheae

AMPHINEURA 600 species

Red-Lined Chiton — *Tonicella lineata*

SCAPHOPODA 200 species

Elephant Tusk Shell — *Dentalium elephantinum*

CEPHALOPODA 1,000 species

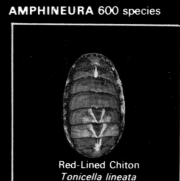

Chambered Nautilus — *Nautilus pompilius*

ANIMAL KINGDOM (CONTINUED)

Phylum **ANNELIDA** (3 classes)

(From Latin *annelus*, or ringed)

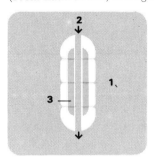

Earthworms and leeches, plus many other kinds of segmented worms, are included here.
CHARACTERISTICS: *(1) Segmented body; (2) digestive tract with two openings; (3) body cavity.*
SIZE: *Less than an inch to over 3 yards, with varied shapes.*
HABITAT: *Soil, also all waters and sandy shores.*
OTHER CHARACTERISTICS: *Segments often provided with bristles, or setae. The digestive tract, ventral nerve cord and major blood vessels run uninterrupted the length of the body; all other organs are placed within certain segments.*

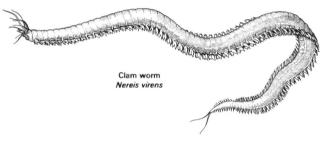

Clam worm
Nereis virens

CLASS POLYCHAETA— (c. 4,000 species)
Common but inconspicuous marine creatures, polychaetes burrow in the sand, crawl under rocks or live within tubes partially buried in sand or mud. Thousands of such tubes may be seen dotting a tidal flat at low tide. Polychaetes often have a well-developed head with eyes and antennae. A pair of lateral appendages on each segment aids in movement.

Earthworm
Lumbricus terrestris

CLASS OLIGOCHAETA—earthworms (c. 2,700 species)
Lacking appendages, these worms move by extending and contracting the body. They live in the bottoms of lakes, ponds and streams or burrow in soil. Certain body segments are sometimes swollen *(above)* by glands which secrete mucus for the construction of cocoons in which the hermaphrodite worms deposit their eggs. Most species run several inches in length but one Australian type may be as much as 10 feet long.

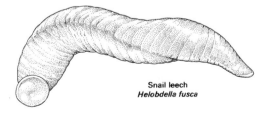

Snail leech
Helobdella fusca

CLASS HIRUDINEA—leeches (300-plus species)
These primarily fresh-water annelids have rather flattened bodies with a sucker at each end. Many are scavengers or feed on small invertebrate animals. A large number are bloodsuckers and attack snails, fish, turtles and other aquatic animals.

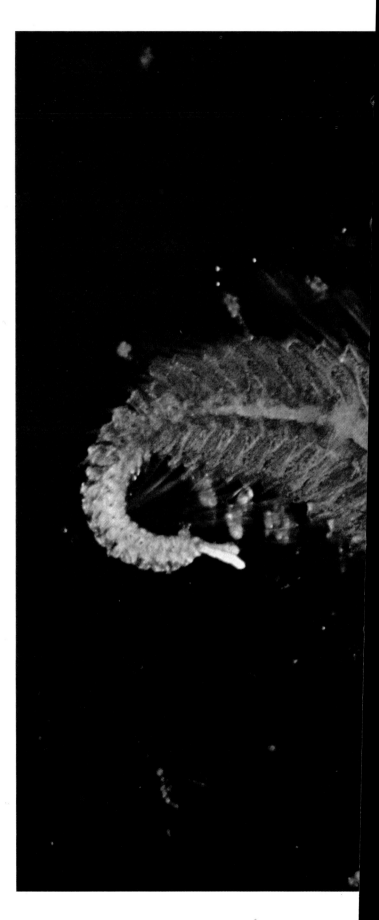

One of the polychaetes, this segmented worm bears the lateral appendages that characterize members of the class.

FEATHERY PLUMES extend from the tubes of these fan worms, collecting food with their beating rows of mucus-covered cilia. The tentacles also serve as gills, and rows of eyespots are sensitive to light. The worms respond to disturbance by whisking their tentacles back into the tubes (*above*). Segmented like all the annelids, fan worms spend their entire lives in the tubes.

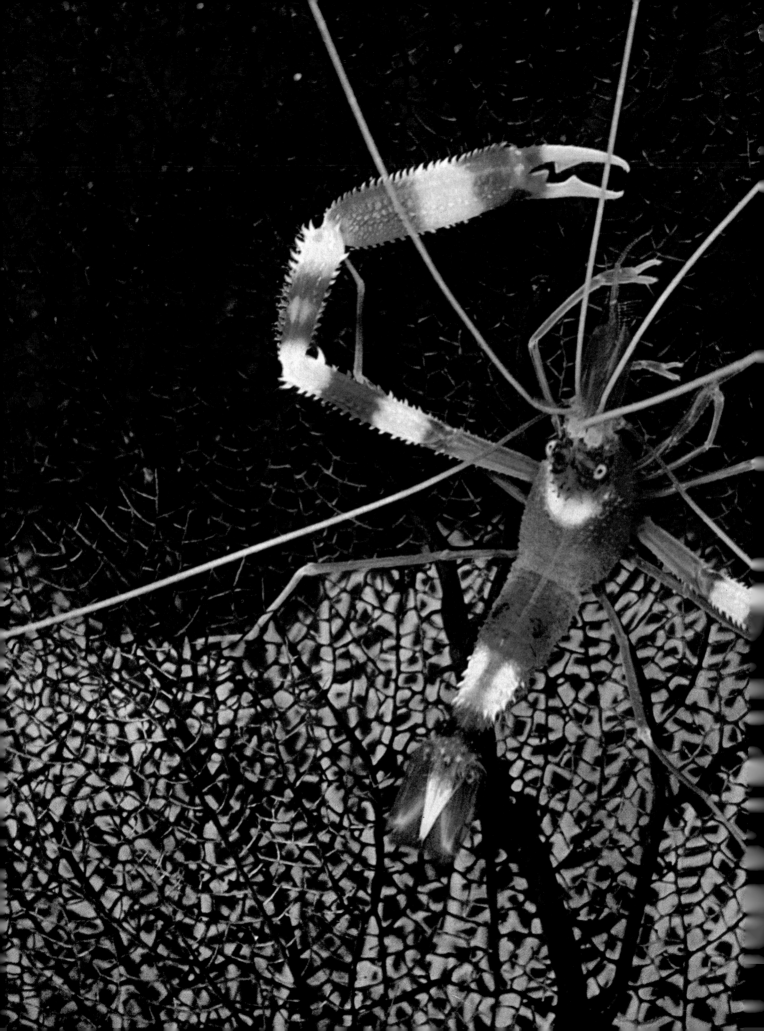

ANIMAL KINGDOM (CONTINUED)

Phylum **ARTHROPODA**—arthropods
(7 classes)

(From Greek *arthron*, or joint, plus *podos*, or foot)

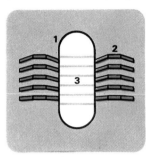

Arthropods make up about 80 per cent of all known animals. They include the largest of all animal classes, the insects, as well as the various crustaceans, centipedes and millipedes, plus the arachnids, sea spiders and king crabs.
CHARACTERISTICS: *(1) Chitinous skeleton; (2) jointed legs; (3) segmented body.*
SIZE: *Microscopic to over five feet.*
HABITAT: *Land, sea and air.*
OTHER CHARACTERISTICS: *Typically, the external skeleton of chitin is divided into connected plates and cylinders so that the animals can move with maximum freedom. The periodic shedding and secretion of a new skeleton, which is at first soft and pliable and can be stretched, enables the arthropods to increase in size.*

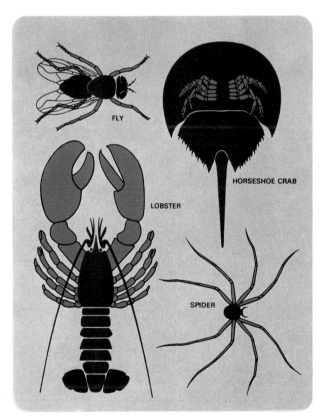

JOINTED APPENDAGES, shown above in red, are adapted for a wide variety of functions. They enable the housefly to crawl, while those of the horseshoe crab help it lumber along. The hind appendages of the lobster are flattened for swimming; the forelegs are well adapted for grasping prey. The spider's nimble spinnerets weave its silk into its often complicated webs. The seven classes of arthropods are shown in detail on the following pages.

The barbershop shrimp, like many crustaceans, is a scavenger.

CLASS ARACHNIDA

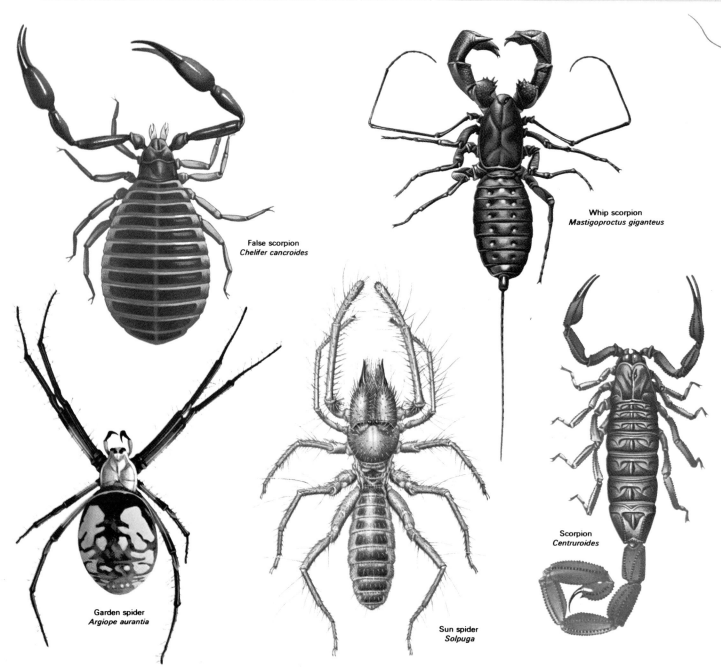

False scorpion
Chelifer cancroides

Whip scorpion
Mastigoproctus giganteus

Garden spider
Argiope aurantia

Sun spider
Solpuga

Scorpion
Centruroides

Phylum Arthropoda— Arachnids, Sea Spiders, Horseshoe Crabs

Arthropods can be found almost anywhere on earth, and the three classes shown here are common to a variety of habitats ranging from deserts to seas. Largest of the classes seen here is that of the arachnids. These, the spiders, scorpions, daddy longlegs, ticks and mites, are almost all terrestrial, have four pairs of walking legs, simple eyes and lack gills. The head has no antennae and, instead of mandibles, has a pair of appendages for handling prey—usually smaller arthropods.

A small group of marine animals known as sea

CLASS PYCNOGONIDA

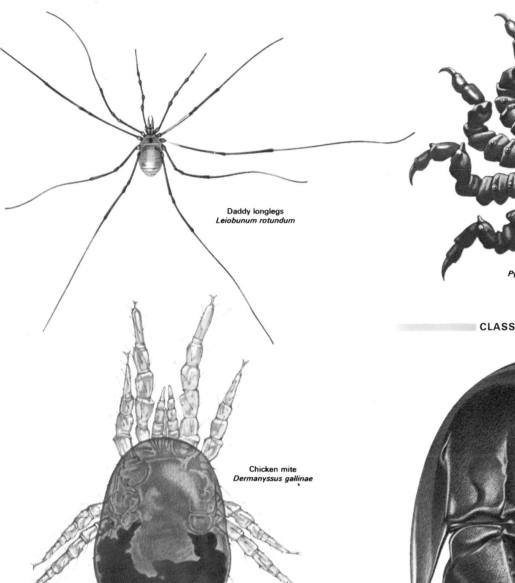

Daddy longlegs
Leiobunum rotundum

Sea spider
Pycnogonum littorale

Chicken mite
Dermanyssus gallinae

CLASS MEROSTOMATA

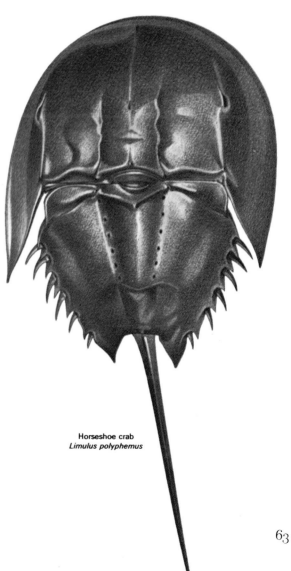

Horseshoe crab
Limulus polyphemus

spiders (*above, right*) form the class Pycnogonida. Not really spiders, they get their name from their spiderlike appearance. Though most coastal species do not grow larger than an inch and a half, there are sea spiders inhabiting the deep sea that have leg spans of two feet.

All members of the class Merostomata are called horseshoe crabs, known also as king crabs. These large-shelled scavengers (*right*) are found on the beaches of the northwest Atlantic coast and the Gulf of Mexico, as well as along most Asian shores.

ANIMAL KINGDOM (CONTINUED)

Phylum Arthropoda —Crustaceans, Centipedes, Millipedes

The crustaceans, shown here beside two smaller classes of arthropods, are primarily aquatic. Among their 30,000-odd species are shrimps, crabs and lobsters as well as smaller creatures like water fleas. Crustaceans possess two pairs of antennae, mandibles and other head appendages called maxillae which aid in feeding. The trunk usually bears pairs of appendages used for locomotion. They have

CLASS CRUSTACEA

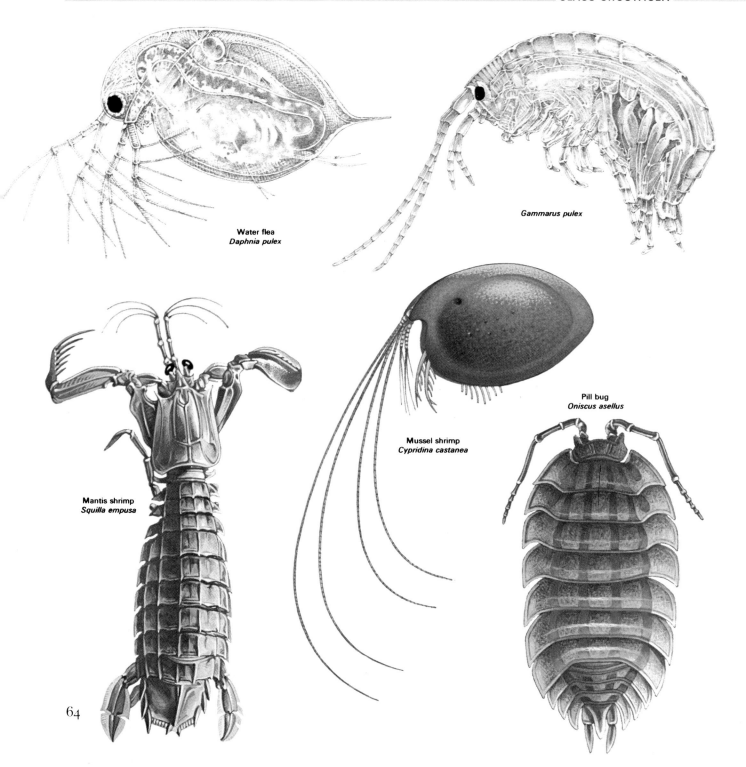

Water flea
Daphnia pulex

Gammarus pulex

Mantis shrimp
Squilla empusa

Mussel shrimp
Cypridina castanea

Pill bug
Oniscus asellus

64

compound eyes. Generally an abdomen and thorax, which may be covered by a carapace, are present, but the number of body segments is not the same for all groups. Plentiful in most seas, some crustaceans also inhabit fresh water and land.

The 3,000 to 5,000 species of centipedes, members of the class Chilopoda, have a pair of legs on almost every segment of the body *(below, right)*. Carnivorous and agile, they carry poison-bearing claws beneath the head, with which they kill small prey. The millipedes, class Diplopoda, have two pairs of legs on almost every segment *(below)*. Slow-moving creatures, living under stones, bark, piles of leaves and logs, some of the more than 8,000 known species curl up when threatened, while others may defend themselves by secreting a repelling fluid.

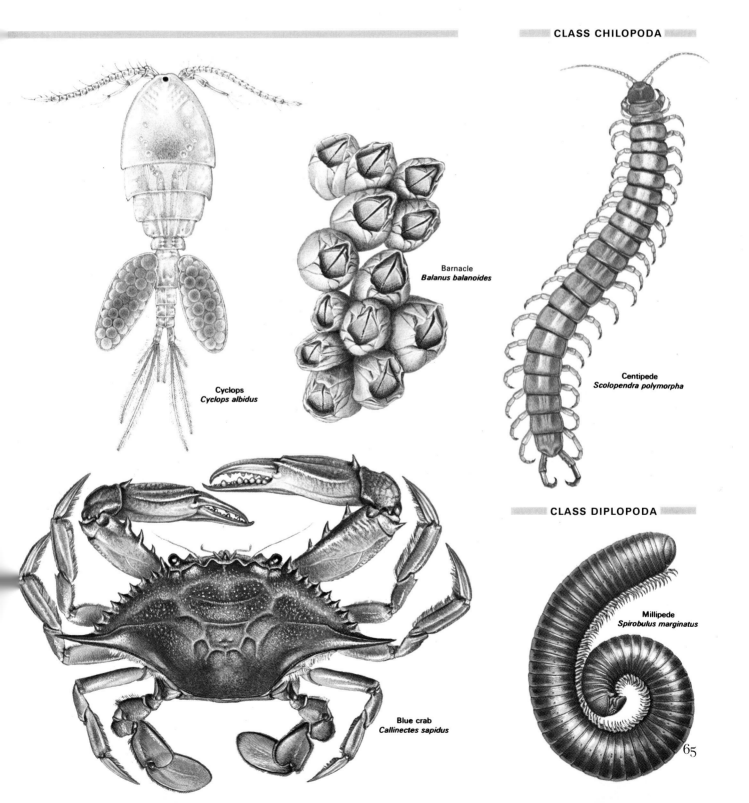

Cyclops
Cyclops albidus

Barnacle
Balanus balanoides

CLASS CHILOPODA

Centipede
Scolopendra polymorpha

CLASS DIPLOPODA

Millipede
Spirobulus marginatus

Blue crab
Callinectes sapidus

ANIMAL KINGDOM (CONTINUED)

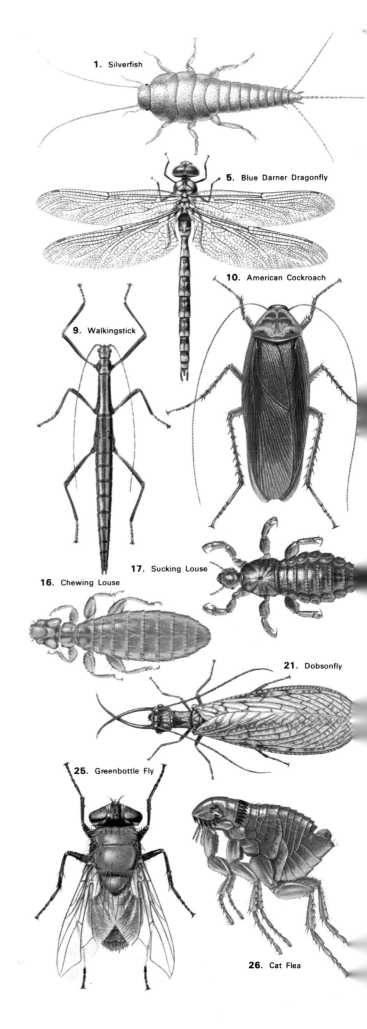

Phylum Arthropoda—Insects

Largest of all animal classes, the insects comprise about three quarters of all described species of animals living today. The painting at right includes representatives of each of the 29 orders and shows how varied the class Insecta is. Even within an order there may be enormous diversity: beetles are not only leaf eaters but also wood borers, leaf miners, fungus eaters, grain feeders, scavengers, parasites, predators and benevolent sharers of food. Though vastly different in their many adaptations, all insects possess certain basic characteristics, among them a single pair of antennae, a body that is divided into three major parts (head, thorax and abdomen) and three pairs of segmented legs. The skeleton forms the surface of the body, and the circulatory system does not rely upon blood to transport oxygen but consists of a series of hollow tubes that bring atmospheric oxygen from openings along the sides of the body directly to the tissues.

1. **THYSANURA**—*bristletails and silverfish (c. 700 species)*
2. **PROTURA**—*telsontails (c. 90 species)*
3. **COLLEMBOLA**—*springtails (c. 2,000 species)*
4. **EPHEMEROPTERA**—*mayflies (c. 1,500 species)*
5. **ODONATA**—*dragonflies and damselflies (c. 4,870 species)*
6. **PLECOPTERA**—*stoneflies (c. 1,500 species)*
7. **GRYLLOBLATTODEA**—*grylloblattids (c. 15 species)*
8. **ORTHOPTERA**—*locusts, grasshoppers, crickets, katydids, etc. (c. 15,800 species)*
9. **PHASMIDA**—*walkingsticks and leaf insects (c. 2,200 species)*
10. **DICTYOPTERA**—*mantids and cockroaches (c. 4,500 species)*
11. **DERMAPTERA**—*earwigs (c. 1,100 species)*
12. **EMBIOPTERA**—*webspinners (c. 150 species)*
13. **ISOPTERA**—*termites (c. 1,720 species)*
14. **ZORAPTERA**—*zorapterons (c. 20 species)*
15. **PSOCOPTERA**—*booklice, barklice, etc. (c. 1,000 species)*
16. **MALLOPHAGA**—*chewing lice or bird lice (c. 2,680 species)*
17. **ANOPLURA**—*sucking lice (c. 250 species)*
18. **HEMIPTERA**—*true bugs (c. 23,000 species)*
19. **HOMOPTERA**—*cicadas, aphids, scale insects, treehoppers, leafhoppers, etc. (c. 32,000 species)*
20. **THYSANOPTERA**—*thrips (c. 3,170 species)*
21. **NEUROPTERA**—*dobsonflies, alderflies, lacewings, ant lions, etc. (c. 4,670 species)*
22. **MECOPTERA**—*scorpionflies (c. 350 species)*
23. **LEPIDOPTERA**—*butterflies and moths (c. 140,000 species)*
24. **TRICHOPTERA**—*caddisflies (c. 4,450 species)*
25. **DIPTERA**—*true flies (c. 87,000 species)*
26. **SIPHONAPTERA**—*fleas (c. 1,100 species)*
27. **HYMENOPTERA**—*ants, bees, wasps, etc. (c. 115,000 species)*
28. **COLEOPTERA**—*beetles (c. 277,000 species)*
29. **STREPSIPTERA**—*stylopids or twisted-winged insects (c. 250 species)*

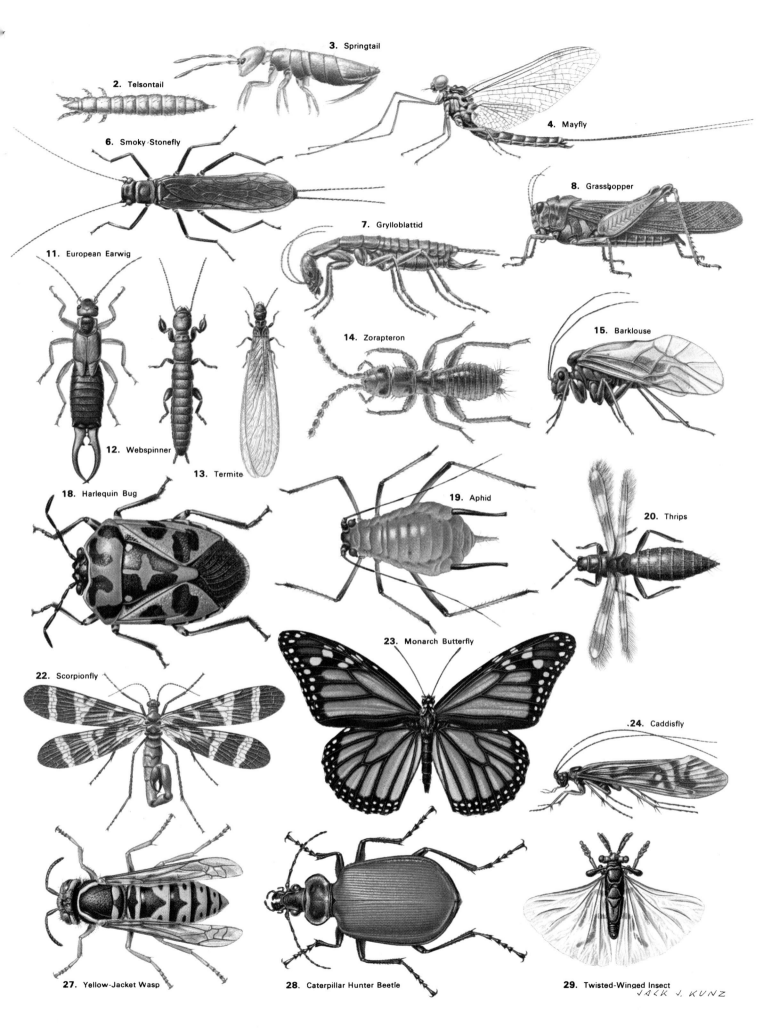

ANIMAL KINGDOM (CONTINUED)

Phylum **TARDIGRADA** (c. 350 species)
(From Latin *tardus*, or slow, plus *gradi*, to step)

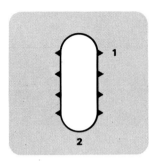

Short and plump, with cylindrical bodies, the microscopic, highly specialized invertebrates comprising this phylum are sometimes called water bears.
CHARACTERISTICS: *(1) Four pairs of stubby legs, ending in four single or two double claws, used to grab hold when crawling along; (2) covering of thin cuticle.*
SIZE: *Less than a millimeter.*
HABITAT: *Most live in water or in water films on the leaves of mosses and lichens.*
OTHER CHARACTERISTICS: *Majority have mouths equipped with a feeding apparatus for piercing the walls of plant cells to suck out the contents. Tardigrades can withstand desiccation and extremely low temperatures. During dry spells, for example, they lose water, grow smaller and shrivel up. In this state their metabolism slows down, enabling them to survive—some apparently for as long as seven years, others even after immersion in brine, ether, alcohol or liquid helium with a temperature of $-458°$ F.*

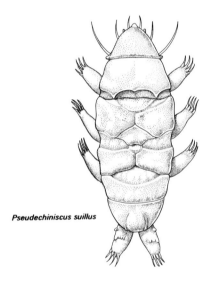

Pseudechiniscus suillus

Phylum **ONYCHOPHORA** (c. 65 species)
(From Greek *onycho*, or claw, plus *phoros*, or bearing)

Because they combine features of both the annelids and arthropods, the wormlike animals in this phylum are of particular interest to zoologists.
CHARACTERISTICS: *(1) Two rows of stubby legs along the sides of the body, with each leg terminating in a two-clawed lobe; (2) pair of large tentacles or antennae on the head; (3) covering of thin cuticle.*

SIZE: *A few inches long.*
HABITAT: *Tropics and subtropics, beneath leaves, stones, logs.*
OTHER CHARACTERISTICS: *Carnivorous, feeding on smaller arthropods. When disturbed or irritated, the onychophorans eject a miring slime as a means of defense against enemies.*

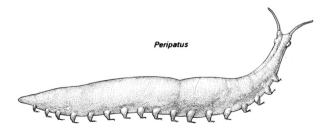

Peripatus

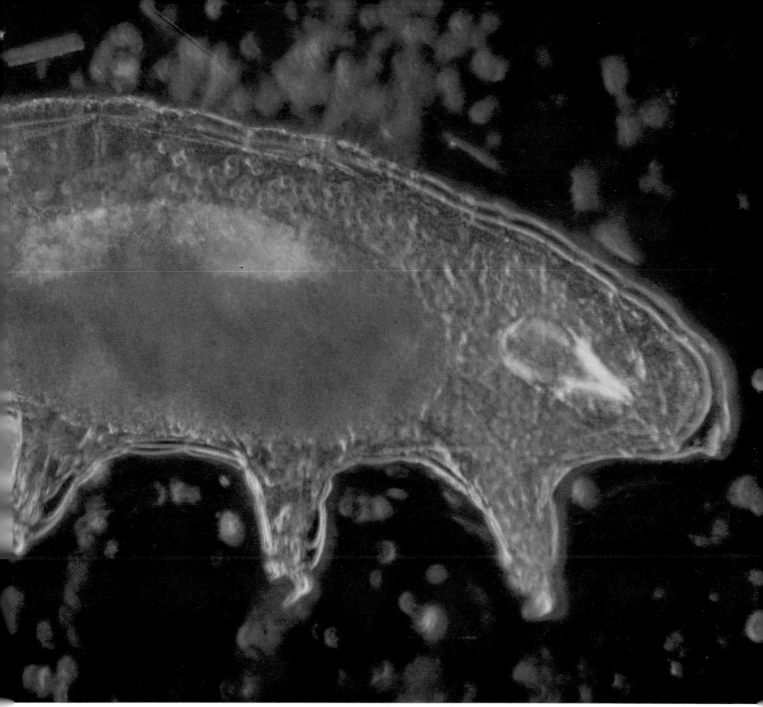

The chunky body and claws of the Tardigrada have earned members of the phylum the common name of water bears.

Phylum **PENTASTOMIDA** (c. 50 species)

(From Greek *penta*, or five, plus *stoma*, or mouth)

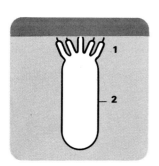

Related to the arthropods, these wormlike, bloodsucking parasites live in their hosts.
CHARACTERISTICS: *(1) Five protuberances at front end, four of which resemble legs and have claws for holding fast; the fifth is snoutlike and has a mouth; (2) covering of thick cuticle.*
SIZE: *From a fraction of an inch to more than six inches.*
HABITAT: *During the adult stage, most live in the lungs and air passages of reptiles and amphibians.*
OTHER CHARACTERISTICS: *Lack circulatory, respiratory or excretory organs, but have a digestive tract, the front end of which functions as a pump and draws in the host's blood. The larvae develop in an intermediate host and enter the primary host when the intermediate is eaten.*

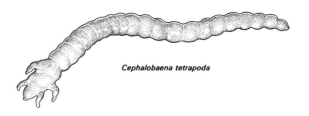

ANIMAL KINGDOM (CONTINUED)

Phylum **BRACHIOPODA** (c. 260 species)
(From Latin *brachio*, or arm, plus Greek *poda*, or foot)

Sometimes called lamp shells, these marine creatures resemble mollusks and were erroneously classified as such until the middle of the 19th Century.
CHARACTERISTICS: *(1) Double shell, with dorsal half typically larger than ventral; (2) stalk, present in most species, attaches the animal to the substratum; (3) tentacles, used for gathering plankton from the water.*
SIZE: *Shells range from 2/10 of an inch to over three inches.*
HABITAT: *Marine, worldwide, from tidal flats to moderately deep water.*

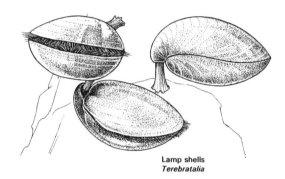

Lamp shells
Terebratalia

Phylum **ECTOPROCTA** (c. 4,000 species)
(From Greek *ektos*, or outside, plus *prōktos*, or anus)

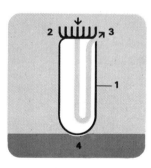

Although they are common and abundant animals and comprise one of the major animal phyla, the colonial ectoprocts are little known to laymen, chiefly because of their tiny size.
CHARACTERISTICS: *(1) Outer covering, often boxlike or vaselike; (2) crown of tentacles; (3) U-shaped digestive tract, anus outside crown; (4) stationary.*
SIZE: *Microscopic, although colonies may cover rocks.*
HABITAT: *Almost exclusively marine, in coastal waters, attached to rocks, shells, algae, pilings and other animals.*
OTHER CHARACTERISTICS: *The ectoprocts have no respiratory, excretory or circulatory organs; food, gases and wastes are transported by the body fluid.*

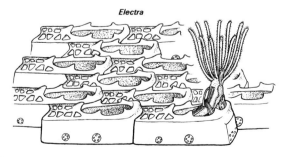

Electra

A photomicrograph shows individual ectoprocts in a branching colony.

Phylum **PHORONIDA** (c. 15 species)
(From the Latin *phoronis*, a priestess)

These wormlike animals are sedentary as adults.
CHARACTERISTICS: *(1) Tentacles, varying in number from about 20 to more than 300, which aid in feeding; (2) U-shaped gut with two openings; (3) chitinous tube, covered with tiny particles of sand or shell.*
SIZE: *Fraction of an inch.*
HABITAT: *Marine.*
OTHER CHARACTERISTICS: *Al-*

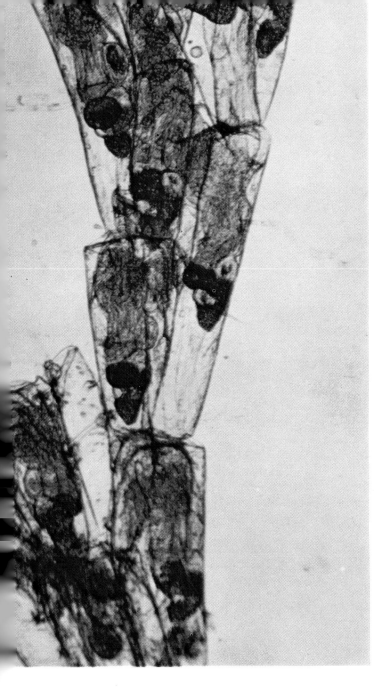

though the phoronids are in no way attached to their tubes, they never extend more than their front ends out of them. Occasionally, they congregate in interlaced, feltlike masses (below) on rocks, pilings or logs.

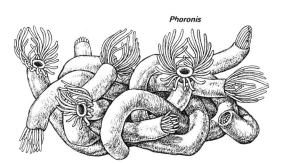

Phoronis

Phylum **HEMICHORDATA** (c. 100 species)

(From Greek *hemi*, or half, plus Latin *chorda*, or string)

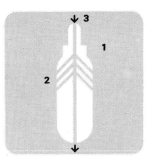

Until fairly recently the long, wormlike hemichordates were believed to be chordates.
CHARACTERISTICS: *(1) Body composed of proboscis, collar and long trunk; (2) gill slits; (3) straight gut with two openings.*
SIZE: *Four inches to two feet.*
HABITAT: *Shallow marine waters. Some live under stones and shells, and many burrow in sand or mud.*
OTHER CHARACTERISTICS: *Among the sluggish acorn worms (below), the most prevalent of the hemichordates, there are many that feed as they tunnel through mud, which they ingest and later deposit in coiled castings at the exits of their U-shaped burrows.*

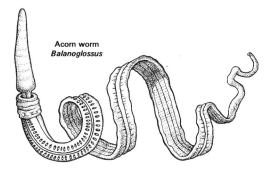

Acorn worm Balanoglossus

Phylum **POGONOPHORA** (c. 47 species)

(From Greek *pogon*, or beard)

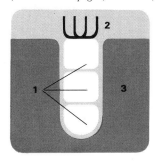

Creatures of the ocean depths, the pogonophores comprise the most recently discovered phylum.
CHARACTERISTICS: *(1) Tripart body; (2) tentacles; (3) tube-dwelling.*
SIZE: *From four inches to more than a foot.*
HABITAT: *Deep-sea bottoms.*
OTHER CHARACTERISTICS: *The complete absence of a digestive tract led the zoologists who examined the first specimen in 1900 to think that a part of the animal was missing. How the pogonophores actually feed remains a mystery. They may use their tentacles—from one to 223—to pick up organic matter suspended in the water, digesting or absorbing it externally.*

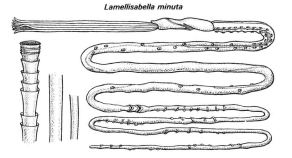

Lamellisabella minuta

ANIMAL KINGDOM (CONTINUED)

Phylum ECHINODERMATA (5 classes)

(From the Greek *echino*, or spiny, plus *derma*, or skin)

Includes such familiar marine creatures as starfish, sea urchins and sand dollars.
CHARACTERISTICS: *(1) Internal skeleton with spines often protruding through skin; (2) radial symmetry, usually with five areas; (3) gut with two openings.*
SIZE: *Many and varied sizes from a half-inch sea star to sea cucumbers up to a yard long.*
HABITAT: *Exclusively marine, mainly bottom-dwelling.*
OTHER CHARACTERISTICS: *A unique system of water-filled channels represents a division of the body cavity found in no other group of animals. It terminates externally in the form of hundreds of small, tubular feet which aid the creatures in moving, getting food, respiring and even act as sensory organs.*

Starfish like this Mediterranean species move on myriad tiny tube feet.

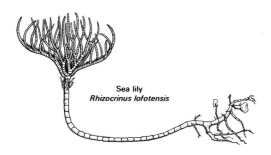

Sea lily
Rhizocrinus lofotensis

CLASS CRINOIDEA (c. 620 species)
The free-swimming feather stars and the attached bottom-dwelling sea lilies make up this ancient class. Unlike other living echinoderms, the mouth is directed upward. Suspended food particles in the surrounding water are collected by tube feet on the branching arms and conducted to the mouth in ciliated grooves.

Fringes on the arms of another Mediterranean species are sense organs.

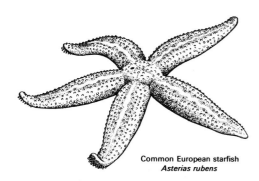

Common European starfish
Asterias rubens

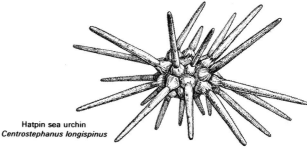

Hatpin sea urchin
Centrostephanus longispinus

CLASS ASTEROIDEA (c. 1,500 species)
The familiar starfish with their radiating arms are especially abundant on hard bottoms of rocky coasts. Many are brightly colored. Some starfish are scavengers; many others feed on small invertebrate animals, and some of these species are serious predators of oyster beds.

CLASS ECHINOIDEA (c. 860 species)
"Like a hedgehog," as their Latin name implies, the hard internal shells of these animals are covered with movable projecting surface spines. The spines are long and protective in the spherical sea urchins and very short and used for burrowing in the sand by the sand dollars and heart urchins.

Sinuous movements of its long, slender arms carry a brittle star across a many-branched coral.

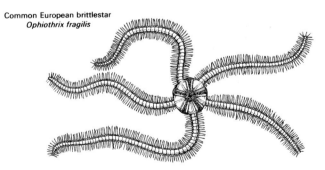

Common European brittlestar
Ophiothrix fragilis

CLASS OPHIUROIDEA (c. 1,900 species)
A rapid rowing motion of their long flexible arms makes the serpent stars or brittle stars highly mobile. The arms break off easily but can be regenerated. Ophiuroids are common inhabitants of rocky and shell-strewn bottoms.

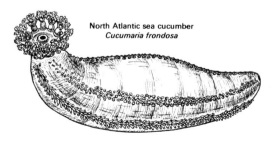

North Atlantic sea cucumber
Cucumaria frondosa

CLASS HOLOTHUROIDEA (c. 1,100 species)
These are the sluggish and elongated sea cucumbers, which range in length from an inch to a foot. They creep slowly on the sea bottom or burrow in the sand. The 10 to 30 tentacles surrounding their mouths rake in sediment, which serves as food.

Phylum **CHORDATA**—chordates (3 subphyla)

(From Latin *chorda*, or cord)

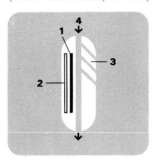

Not only does man, like all the vertebrates, belong to this extremely varied phylum but so do the entirely different tunicates, or sea squirts, and the lancelets (below). Simple or complex, all these animals are characterized by certain features which they show, in some cases, throughout their lifetimes and in others during only a single phase of their development—for example, in the embryonic stage.

CHARACTERISTICS: *(1) A flexible supporting rod, the notochord; (2) hollow, dorsal nerve tube; (3) gill slits; (4) gut with two openings.*
SIZE: *From microscopic sea squirts to whales more than 100 feet long.*
HABITAT: *Aquatic and terrestrial.*
OTHER CHARACTERISTICS: *In most vertebrates, including man, the notochord and gill slits are present only in embryos, the notochord being replaced, during further growth, by a vertebral column.*

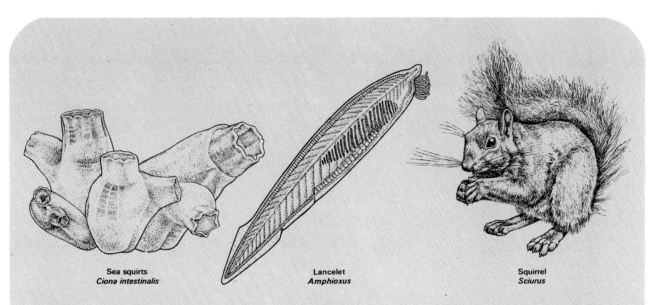

Sea squirts
Ciona intestinalis

Lancelet
Amphioxus

Squirrel
Sciurus

SUBPHYLUM UROCHORDATA—tunicates, or sea squirts (c. 2,000 species). During their free-swimming existence as tadpolelike larvae, the tunicates have a notochord and nerve tube, expanded at the front end into a primitive brain. In ancestral tunicates, the larvallike stage may have given rise to the two other subphyla *(right)*. As adults *(above)* the tunicates are stationary, the notochord has disappeared and the nerve cord has dwindled to a single nerve ganglion.

SUBPHYLUM CEPHALOCHORDATA—the lancelets, or amphioxus (c. 20 species). Pointed at both ends, the sand-dwelling lancelets have notochords extending the length of their bodies. The mouth, fringed with hairlike sensory appendages, opens into a large pharynx which takes up over half of the body. Scores of gill slits perforate the body wall. Although a circulatory system is present, there is no heart, and the colorless blood lacks cells of any sort.

SUBPHYLUM VERTEBRATA—vertebrates (c. 40,000 species). Named for their bony or cartilaginous vertebrae, the members of this subphylum can be broken down into seven classes, as will be demonstrated on the following pages. The vertebrates are believed to have evolved in fresh water, then to have invaded the sea and finally the land, where they developed into such highly specialized and complex creatures as the squirrels *(above)* and other mammals.

Tunicates, the most primitive of the chordates, feed on plankton swept directly into their transparent, barrel-shaped bodies.

ANIMAL KINGDOM (CONTINUED)

Phylum Chordata— Fishes, Amphibians and Reptiles

Beginning here with the cold-blooded classes and continuing for four pages is a classification of all the vertebrates.

THE FISHES

The living fishes are so numerous and so diversified that they are no longer grouped together in one class, but broken down into three. These are the Agnatha, or jawless fishes, represented by the lampreys and hagfishes, the Chondrichthyes, the sharks, skates, rays and chimaeras, and the Osteichthyes, or bony fishes. The Osteichthyes alone include nearly half the world's vertebrate species. They are divided into two subclasses, the Sarcopterygii which includes the lungfishes and the coelacanth, and the Actinopterygii, the ray-finned fishes. These latter in turn are generally divided into some 30 orders, of which the most familiar are the teleosts, the most advanced and the most numerous of all fishes.

THE AMPHIBIANS

Forming a class of their own, the amphibians fall between the fishes, from which they came, and the reptiles, to which they gave rise. They retain an ancient dependence upon water: some live in it most of the time; most need it to breed in, and all require it to keep from becoming dehydrated. During their larval stages, amphibians are fishlike, breathing through gills. As adults, they can be characterized by their skin, which is moist and scaleless.

THE REPTILES

Despite their extremely diversified forms, the members of the four orders of reptiles have in common a dry skin covered with horny plates or scales. In contrast to the amphibians from which they descend, reptiles are relatively independent of water, and even those that live in an aquatic environment, such as the sea turtles, come ashore to lay their eggs. All reptiles once had four legs like the lizards, but the snakes lost theirs and the sea turtles modified their crawling limbs into flippers.

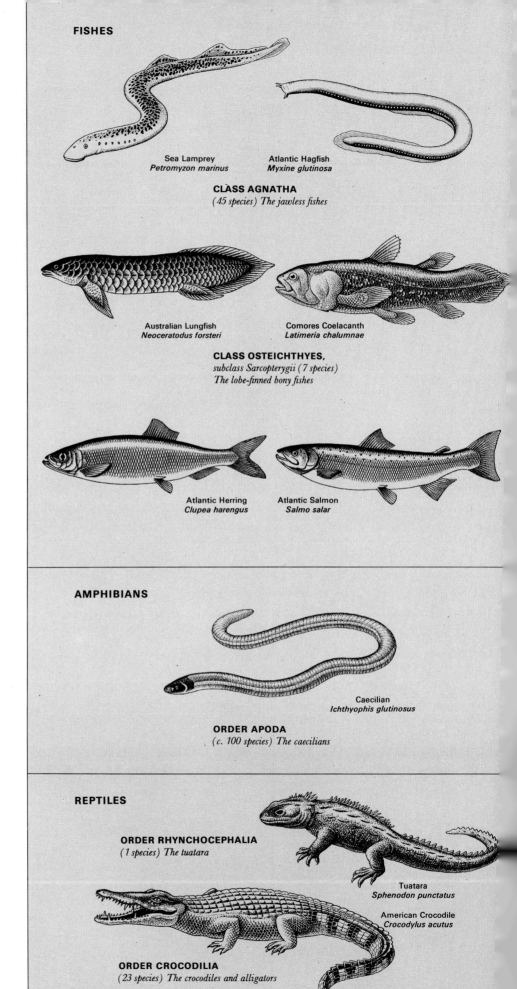

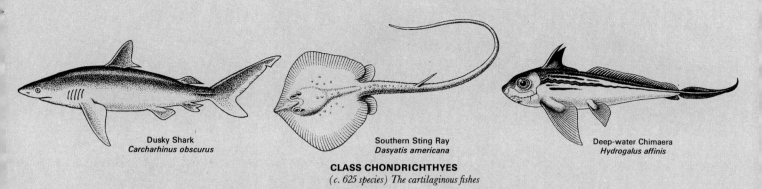

Dusky Shark
Carcharhinus obscurus

Southern Sting Ray
Dasyatis americana

Deep-water Chimaera
Hydrogalus affinis

CLASS CHONDRICHTHYES
(c. 625 species) The cartilaginous fishes

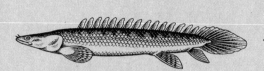
Nile Bichir
Polypterus bichir

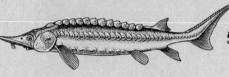
Atlantic Sturgeon
Acipenser oxyrhynchus

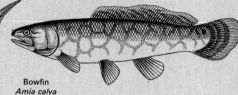
Bowfin
Amia calva

CLASS OSTEICHTHYES,
subclass Actinopterygii (c. 20,000
species) The ray-finned bony fishes

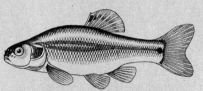
Fathead Minnow
Pimephales promelas

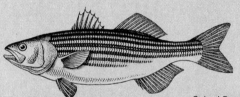
Striped Bass
Roccus saxatilis

Atlantic Mackerel
Scomber scombrus

CLASS OSTEICHTHYES,
subclass Actinopterygii
Teleosts—the higher bony fishes

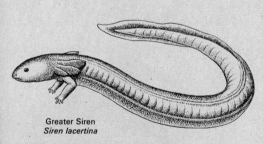
Greater Siren
Siren lacertina
ORDER TRACHYSTOMATA
(3 species) The sirens

Tiger Salamander
Ambystoma tigrinum
ORDER CAUDATA
(c. 280 species) The salamanders

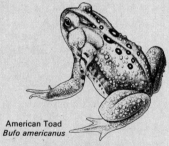
American Toad
Bufo americanus
ORDER ANURA
(c. 2,600 species) The frogs and toads

Box Turtle
Terrapene carolina
ORDER TESTUDINATA
(c. 200 species) The turtles

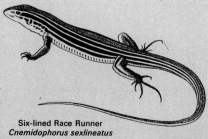
Six-lined Race Runner
Cnemidophorus sexlineatus

Common Garter Snake
Thamnophis sirtalis
ORDER SQUAMATA
(c. 5,700 species) The lizards and snakes

ANIMAL KINGDOM (CONTINUED)

Phylum Chordata —Birds

Birds are birds not just because they fly (several do not) but because they have feathers, forelimbs modified into wings, and no teeth. But nearly all of them do fly and they have to be built along sound aerodynamic principles, which gives them all a certain surface similarity. Thus there are fewer basic differences among the 27 orders *(right)* that make up the class Aves than is the general rule in the other vertebrate orders. And under their plumage, birds also continue to resemble in many ways the primitive reptiles from which they came, such as keeping the reptilian habit of laying eggs. Most vigorous from the standpoint of evolution today is the passerine order (here represented by a single song thrush) which contains some 5,000 species. All the 27 orders are treated in greater detail in an earlier volume in the Nature Library, *The Birds*.

Gentoo Penguin
Pygoscelis papua

SPHENISCIFORMES *(15 species)*
penguins

Ostrich
Struthio camelus

STRUTHIONIFORMES *(1 species)*
ostriches

Bennett's Cassowary
Casuarius bennetti

CASUARIIFORMES *(4 species)*
cassowaries, emus

Common Kiwi
Apteryx australis

APTERYGIFORMES *(3 species)*
kiwis

Common Rhea
Rhea americana

RHEIFORMES *(2 species)*
rheas

Rufescent Tinamou
Crypturellus cinnamomeus

TINAMIFORMES *(42 species)*
tinamous

Yellow-billed Loon
Gavia adamsii

GAVIIFORMES *(4 species)*
loons

Hoary-headed Grebe
Podiceps poliocephalus

PODICIPEDIFORMES *(18 species)*
grebes

White-chinned Petrel
Procellaria aequinoctialis

PROCELLARIIFORMES *(77 species)*
albatrosses, fulmars, petrels

Cape Gannet
Morus capensis

PELECANIFORMES *(50 species)*
tropic birds, pelicans, boobies, gannets, cormorants, anhingas, frigate birds

Saddle-billed Stork
Ephippiorhynchus senegalensis

CICONIIFORMES (119 species)
herons, storks, flamingos, etc.

Black-bellied Tree Duck
Dendrocygna autumnalis

ANSERIFORMES (147 species)
screamers, swans, geese, ducks

Aplomado Falcon
Falco femoralis

FALCONIFORMES (272 species)
vultures, hawks, eagles, falcons, etc.

Lineated Pheasant
Lophura leucomelaena

GALLIFORMES (240 species)
grouse, pheasants, quails, turkeys, etc.

Limpkin
Aramus guarauna

GRUIFORMES (186 species)
cranes, limpkins, rails, coots, bustards, etc.

Ringed Plover
Charadrius hiaticula

CHARADRIIFORMES (293 species)
jacanas, plovers, sandpipers, stilts, gulls, terns, auks, etc.

White-crowned Pigeon
Columba leucocephala

COLUMBIFORMES (302 species)
sandgrouse, pigeons

Coconut Lory
Tricholossus haematodus

PSITTACIFORMES (316 species)
parrots, parakeets, cockatoos, lories, lorikeets, macaws, lovebirds

Senegal Coucal
Centropus senegalensis

CUCULIFORMES (143 species)
coucals, touracos, cuckoos

Stygian Owl
Asio stygius

STRIGIFORMES (132 species)
owls

Red-necked Nightjar
Caprimulgus ruficollis

CAPRIMULGIFORMES (92 species)
frogmouths, nightjars

Ruby-topaz Hummingbird
Chrysolampis mosquitus

APODIFORMES (387 species)
swifts, hummingbirds

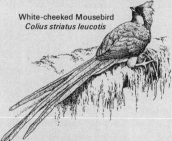

White-cheeked Mousebird
Colius striatus leucotis

COLIIFORMES (6 species)
mousebirds

Bar-tailed Trogon
Trogon collaris

TROGONIFORMES (35 species)
trogons

Gaudichaud's Kingfisher
Daselo gaudichaud

CORACIIFORMES (192 species)
kingfishers, todies, motmots, bee eaters, rollers, hoopoes, hornbills

Keel-billed Toucan
Ramphastos sulfuratus

PICIFORMES (377 species)
barbets, honey guides, puffbirds, jacamars, toucans, woodpeckers

Song Thrush
Turdus philomelos

PASSERIFORMES (5,099 species)
larks, swallows, wrens, song thrushes, warblers, flycatchers, starlings, sparrows, etc.

ANIMAL KINGDOM
(CONTINUED)

Phylum Chordata —Mammals

From aquatic to aerial creatures, all the mammals encompass an amazingly broad range of animals, as may be seen here. All mammals nourish their young with milk, and all but a few—like the mature whales—have hair, but beyond these they share other definite characteristics too. They are all warm-blooded, the mature red corpuscles without nuclei. The heart is four-chambered, the blood leaving it through a left aortic arch. All mammals have a middle ear in a three-bone link inherited from the reptilian jaw and its suspension apparatus. Finally, the body cavity is divided by a diaphragm.

The 4,000 species of mammals are classified in three major subclasses, according to anatomical differences and how they bear young. The two families of mammals that lay eggs—the platypus and the spiny anteaters—are the only members of subclass prototheria. These are primitive mammals whose egg-laying is derived from the reptiles, the creatures from which all mammals evolved. Subclass metatheria contains all the marsupials, animals like the opossums and kangaroos whose young, born at an early stage of development, are usually nurtured in the female pouch. But, in the overwhelming majority of mammals, the young undergo all their embryonic development in the womb. These are the placental mammals, subclass eutheria, a diverse collection, including the whales and the tiny shrews, the rodents (most numerous of mammals), and the large-brained primates, among which are the monkeys, apes and man.

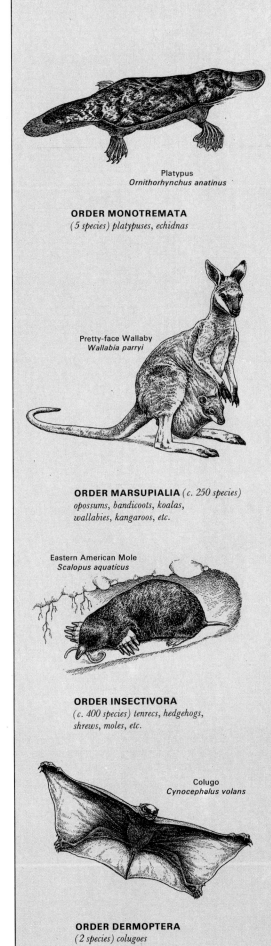

Platypus
Ornithorhynchus anatinus

ORDER MONOTREMATA
(5 species) platypuses, echidnas

Pretty-face Wallaby
Wallabia parryi

ORDER MARSUPIALIA *(c. 250 species)*
opossums, bandicoots, koalas, wallabies, kangaroos, etc.

Eastern American Mole
Scalopus aquaticus

ORDER INSECTIVORA
(c. 400 species) tenrecs, hedgehogs, shrews, moles, etc.

Colugo
Cynocephalus volans

ORDER DERMOPTERA
(2 species) colugoes

Mexican Free-tailed Bat
Tadarida mexicana

ORDER CHIROPTERA
(c. 900 species) bats

Gorilla
Gorilla gorilla

ORDER PRIMATES
(c. 200 species) tree shrews, lemurs, marmosets, monkeys, apes

Tamandua
Tamandua tetradactyla

ORDER EDENTATA *(c. 30 species)*
anteaters, sloths, armadillos

Asiatic Pangolin
Manis pentadactyla

ORDER PHOLIDOTA
(8 species) pangolins

Ocelot
Felis pardalis

ORDER CARNIVORA *(c. 280 species)*
wolves, bears, raccoons, weasels,
skunks, cats, seals, etc.

Dugong
Dugong dugon

ORDER SIRENIA
(5 species) dugongs, manatees

Varying Hare
Lepus americanus

ORDER LAGOMORPHA
(c. 60 species) pikas, rabbits, hares

Aardvark
Orycteropus afer

ORDER TUBULIDENTATA
(1 species) aardvarks

Norway Rat
Rattus norvegicus

ORDER RODENTIA *(c. 1,700 species)*
squirrels, gophers, beavers, rats,
mice, porcupines, pacas, etc.

African Elephant
Loxodonta africana

ORDER PROBOSCIDEA
(2 species) elephants

Burchell's Zebra
Equus burchelli

ORDER PERISSODACTYLA
(c. 15 species) zebras, tapirs,
rhinoceroses

White-sided Dolphin
Lagenorhynchus acutus

ORDER CETACEA *(c.80 species)*
dolphins, porpoises, whales

Rock Hyrax
Dendrohyrax brucei

ORDER HYRACOIDEA
(5 species) hyraxes

Springbok
Antidorcas marsupialis

ORDER ARTIODACTYLA
(c.170 species) pigs, camels, deer,
giraffes, antelopes, etc.

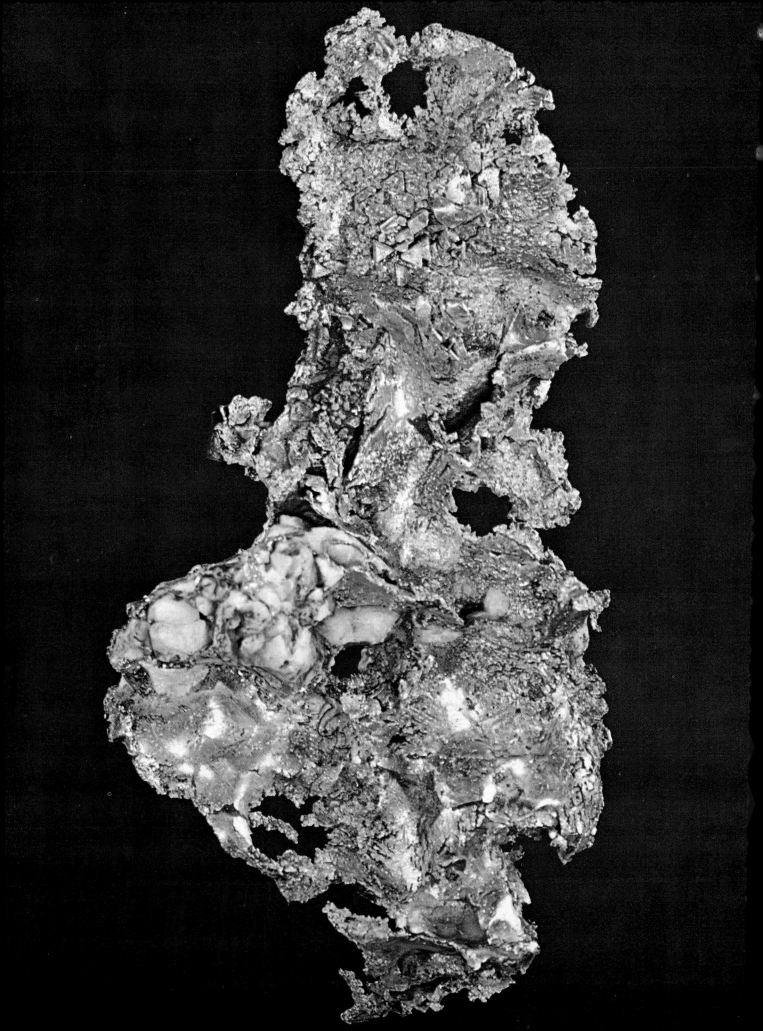

The Fifth Kingdom – the Rocks and the Minerals

To the four kingdoms already discussed must be added a fifth—the kingdom of the inanimate world—consisting of the rocks and the minerals, the soils and the waters of the earth. It is upon these that the living kingdoms were founded, and upon them that they continue to depend. What is soil but decomposed or disintegrated rocks and minerals to which organic material has gradually been added by the process of death and decay? Minerals make it possible for plants to grow and animals to flourish; they are the first link in the food chain— on the land as well as in the sea.

In classifying this enormous kingdom, literally as big as the world, mineralogists distinguish between the rocks, which are mixtures or aggregates of one or more minerals, and the minerals themselves. Minerals are the natural products of inorganic processes in the earth's crust. They are either elements like the gold shown opposite, or more commonly, compounds—that is, homogeneous unions of various elements in definite proportions. When viewed through a polarizing microscope, they present an organized and uniform picture, in marked contrast to the random diversity of the rocks. Almost all minerals have a definite atomic arrangement, which is often expressed in bedazzling crystal form.

Gold, most famous of the minerals, is shown here in its native state, associated with quartz.

THE MINERALS

Crystals—Flowers of the Minerals

Except for a handful of amorphous, or noncrystalline, types, all minerals are capable of forming crystals. These symmetrical external forms are actually —and this is one of the fascinating things about them—the expression of the orderly geometric arrangement of atoms inside. Thus each one is the structural signature of a particular mineral and helps to identify that mineral.

Despite their apparent differences, crystal forms have something fundamental in common: all can be shown to have axes, imaginary lines within the crystal crossing at the center and serving as a framework for the faces. This makes it possible for mineralogists to classify crystals according to the number, relative inclination and length of their axes. They are found then to fall naturally into six groups or, as the mineralogists call them, systems (*top row, right*), which in turn are broken down into 32 classes. Mineral examples of the six systems are shown at right, with each column representing a different system.

Crystals, of course, may be as large as those depicted here, or even much larger; a garnet crystal found in Norway weighed about 1,500 pounds. Or indeed they may be tiny—too small for the eye to see unaided. They may have perfect geometric forms like these or they may show all sorts of flaws and distortions. Often forming from mineral-rich solutions, crystals begin to grow by accretion—adding layer on layer around a nucleus. The larger they become, the less perfect they are likely to be. They have been called the flowers of the minerals.

Today most mineralogists classify minerals on the basis of their crystal structure as well as their chemical makeup. The 14-page catalogue of minerals that follows includes representatives from most of the major classes and shows clearly the distinctive crystal form of many individual minerals. This catalogue begins with native elements, the least complex chemically, and ends with the silicates, the most prevalent and abundant of known minerals.

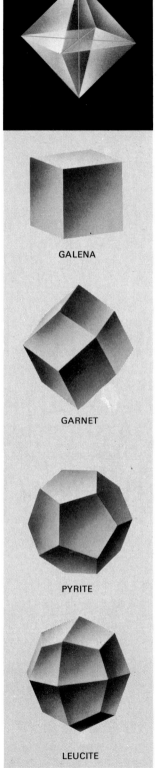

GALENA

CHALCOPYRITE

GARNET

ANATASE

PYRITE

ZIRCON

LEUCITE

IDOCRASE

ISOMETRIC SYSTEM

This system includes crystals having three axes of equal length (*blue lines*, *top diagram*) which intersect at right angles. Such crystals have equal dimensions on all sides.

TETRAGONAL SYSTEM

Within this system are crystals whose three axes also intersect at right angles; however, the vertical axis (*red*) is always shorter or longer than the two equal horizontal axes (*blue*).

84

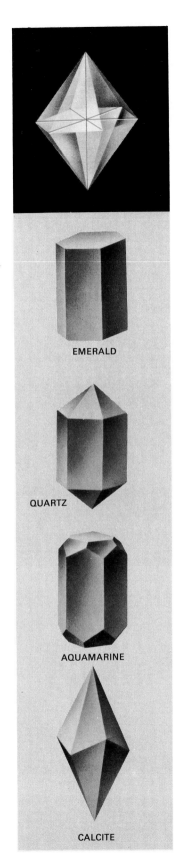
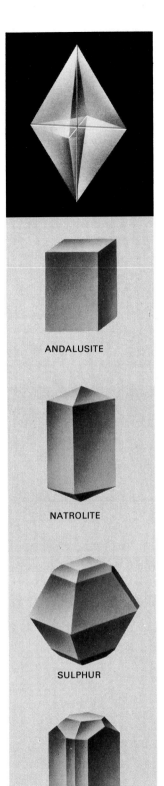
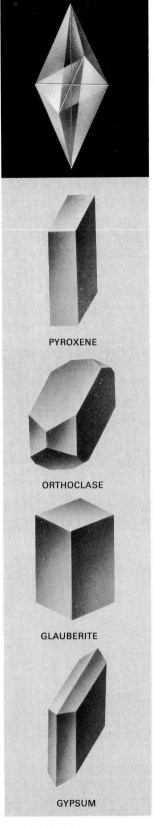
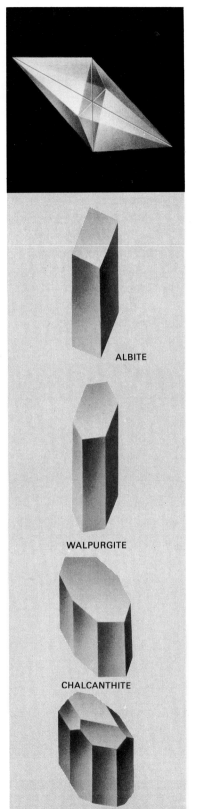

EMERALD

QUARTZ

AQUAMARINE

CALCITE

ANDALUSITE

NATROLITE

SULPHUR

TOPAZ

PYROXENE

ORTHOCLASE

GLAUBERITE

GYPSUM

ALBITE

WALPURGITE

CHALCANTHITE

BABINGTONITE

HEXAGONAL SYSTEM

This is the only crystal system based on four axes. The three horizontal ones are of equal length. The vertical axis is longer or shorter and at right angles to the other three.

ORTHORHOMBIC SYSTEM

This system embraces the crystals that have three axes of different lengths, and all are at right angles to each other. The three different colors (*top*) indicate three unequal axes.

MONOCLINIC SYSTEM

Also based on three unequal axes, this system differs from the orthorhombic by having two axes at right angles, with a third (*yellow*) inclined toward only the vertical axis.

TRICLINIC SYSTEM

Here are crystals with a somewhat lopsided appearance—the result of their having three axes of unequal lengths which are mutually inclined to each other at angles other than 90°.

MINERALS (CONTINUED)

Native Elements to Sulphosalts

Since minerals are generally classified according to the degree of their chemical and crystal complexity, this catalogue opens here with three of the simpler classes—the native elements, the sulphides and the sulphosalts. Of these, the native elements, so called because all can be found in nature uncombined with other elements, are the simplest. They include metals like gold, copper and platinum, and nonmetals like carbon, the stuff of diamond and graphite. The somewhat more complex sulphides contain the native element sulphur, combined with a metal, while the still more complex sulphosalts contain sulphur in chemical union with both a metal and a semimetal.

Most of the 142 specimens depicted in the catalogue are from the comprehensive collection at the Smithsonian Institution in Washington, D.C. Following their names are the locales in which each was found. Some of the minerals shown are very rare, existing in the natural state only in small quantities or in one or two localities.

NATIVE ELEMENTS

1. **GOLD.** Yukon Territory. This nugget weighs about half a pound.

2. **SILVER.** Kongsberg, Norway. A twisting shape like that of this specimen often characterizes native silver.

3. **COPPER.** Houghton, Mich. Copper, free of any other element, occurs in commercial quantities only in Michigan.

4. **PLATINUM.** Chocó, Colombia. Platinum is usually found only in grain-sized nuggets. But the nugget shown here is a rare giant weighing more than a pound.

5. **SULPHUR.** Cianciana, Sicily. This specimen shows the orthorhombic crystals characteristic of sulphur.

6. **DIAMOND.** Premier Mine, Republic of South Africa. Literally a diamond

1. GOLD   2. SILVER   3. COPPER   4. PLATINUM

9. CHALCOCITE   10. GALENA   11. SPHALERITE   12. CHALCOPYRITE

16. PYRITE   17. SPERRYLITE   18. COBALTITE   19. MARCASITE

in the rough, this specimen of pure carbon has triangular markings.

7. GRAPHITE. Colombo, Ceylon. This is high-grade flake graphite.

SULPHIDES

8. ARGENTITE. Cobalt, Ontario. One of the most important primary ores of silver, argentite is familiar in households as tarnish on the silver.

9. CHALCOCITE. Bristol, Conn. Chalcocite is today one of the most important sources of copper.

10. GALENA. Treece, Kan. Chief source of lead, galena is often also a valuable silver ore.

11. SPHALERITE. Joplin Dist., Mo. Known also as zinc blende, sphalerite is the chief source of zinc. Some specimens glow; a few shoot sparks when scratched.

12. CHALCOPYRITE. Concepción del Oro, Mexico. Most abundant and one of the most important primary copper ores.

13. PENTLANDITE. Sudbury, Ontario. Principal source of nickel. Greatly resembles pyrrhotite with which it occurs.

14. CINNABAR. New Almaden, Calif. Cinnabar is the chief ore of the liquid element mercury. It is commonly found near volcanic areas.

15. STIBNITE. Iyo, Japan. Chief source of antimony, which is used in type metal.

16. PYRITE. Santa Cruz Co., Ariz. Commonly known as fool's gold because of its yellow color.

17. SPERRYLITE. Transvaal, Republic of South Africa. One of the principal sources of platinum.

18. COBALTITE. Tunaberg, Sweden. This uncommon mineral is an important source of cobalt.

19. MARCASITE. Folkestone, England. Although it has the same chemical composition as pyrite, marcasite belongs to a different crystal system. Specimens oxidize rapidly, crumbling and falling apart if left standing.

20. ARSENOPYRITE. Oita, Japan. Most abundant ore of the deadly poison arsenic.

21. MOLYBDENITE. Chelan, Wash. The principal source of molybdenum, used in alloy steels.

SULPHOSALTS

22. TETRAHEDRITE. Llallagua, Bolivia. Important copper ore.

23. CYLINDRITE. Poopó, Bolivia. One of the few minerals to display a cylindrical crystal form; a minor source of tin.

5. SULPHUR

6. DIAMOND

7. GRAPHITE

8. ARGENTITE

13. PENTLANDITE

14. CINNABAR

15. STIBNITE

20. ARSENOPYRITE

21. MOLYBDENITE

22. TETRAHEDRITE

23. CYLINDRITE

MINERALS (CONTINUED)
The Oxides

Like the sulphides and sulphosalts, the oxides are compounds—in this case the products of a union between oxygen and one or more metallic elements. They are often divided into four groups: the simple oxides, made up of one metal and oxygen; the multiple oxides, composed of two or more metals and oxygen; the hydroxides, which yield water when heated; and the special oxides, such as uraninite, which contains radioactive elements. Some, like iron rust, are the result of weathering; some are of primary origin, lying deep within the earth's crust where they were formed. Oxides vary greatly both in appearance and in physical properties, as these samples show.

THE OXIDES

1. **ZINCITE.** Sterling Hill, N.J. One of three rich zinc minerals from New Jersey.

2. **CORUNDUM.** Transvaal, Republic of South Africa. Used in abrasives.

3. **CORUNDUM, VARIETY RUBY.** Mogok, Burma. Red color due to chromium.

4. **CORUNDUM, VARIETY SAPPHIRE.** Ceylon. Color is caused mainly by titanium and iron. Sapphires, rubies and corundum are chemically the same.

5. **HEMATITE.** Itabira, Brazil. Principal source of iron. Seemingly black, these

1. ZINCITE

2. CORUNDUM

3. CORUNDUM, VAR. RUBY

4. CORUNDUM, VAR. SAPPHIRE

8. URANINITE

9. MANGANITE

10. GIBBSITE

14. SPINEL (HERCYNITE)

15. MAGNETITE

16. FRANKLINITE

crystals are actually dark red. Here, they form an "iron rose."

6. **ILMENITE.** Champion Mine, Mich. Chief source of titanium and its oxide.

7. **CASSITERITE.** Araca, Bolivia. The world's only worthwhile source of tin ore.

8. **URANINITE.** Foster Mine, N.C. Rich in uranium, uraninite is a crystallized form of pitchblende, the mineral in which radium was discovered.

9. **MANGANITE.** Harz Mountains, Germany. One of the many black oxide manganese ores.

10. **GIBBSITE.** Ouro Prêto, Brazil. This is a pure specimen and therefore rare; gibbsite usually is scattered in bauxite.

11. **BAUXITE.** Bauxite, Ark. The principal source of aluminum.

12. **GOETHITE.** Harz Mountains, Germany. A major iron ore which crystallizes in a botryoidal, or a "cluster of grapes," shape.

13. **LIMONITE.** Guerrero, Mexico. Similar to goethite, but noncrystalline.

14. **SPINEL (HERCYNITE).** Amity, N.Y. The black color is produced by iron.

15. **MAGNETITE.** Piedmont, Italy. Magnetic oxide of iron. Called lodestone when it acts as a magnet.

16. **FRANKLINITE.** Sterling Hill, N.J. Another of New Jersey's major zinc minerals, franklinite is about 25 per cent zinc.

17. **CHROMITE.** Zlatoust, U.S.S.R. Essentially the only source of chromium.

18. **CHRYSOBERYL.** Minas Gerais, Brazil. Striking example of crystals growing together at definite angles, or twinning.

19. **COLUMBITE.** Middletown, Conn. Chief source of columbium.

5. HEMATITE

6. ILMENITE

7. CASSITERITE

11. BAUXITE

12. GOETHITE

13. LIMONITE

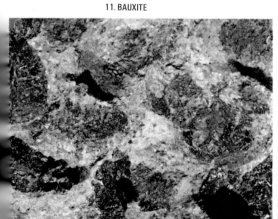
17. CHROMITE

18. CHRYSOBERYL

19. COLUMBITE

MINERALS (CONTINUED)

From Halides to Borates

The display of diverse minerals shown at right includes representatives of four classes—the halides, carbonates, nitrates and borates. The halides are compounds of metals with the four halogen elements: chlorine, fluorine, bromine and iodine. Many, like halite (known also as sodium chloride, or table salt), are water-soluble. Carbonates are compounds of carbon, oxygen and at least one metal, and effervesce when dissolved in acid. The nitrates comprise a small class of soft minerals and, because of their extreme solubility, are rare. The borates form a much larger class, but like the nitrates, most are water-soluble, and most occur in arid zones.

HALIDES

1. **HALITE.** San Bernardino Co., Calif. Halite—or table salt—is sometimes found in deposits so massive that they actually form part of the earth's crust.

2. **SYLVITE.** Stassfurt, Germany. Principal mineral source of potash; used as a fertilizer and in explosives.

3. **FLUORITE.** Cave in Rock, Ill. Used as a flux in the smelting of ores.

4. **FLUORITE.** Clay Center, Ohio. Same as above, except for its yellow color.

5. **CRYOLITE.** Ivigtut, Greenland. Rare. Used as a flux to produce aluminum from bauxite.

CARBONATES

6. **CALCITE.** Wood Co., Ohio. It is found, among other places, in caves, where it forms stalactites and stalagmites. It is noted for its many crystal forms in the hexagonal system.

7. **MAGNESITE.** Tulare Co., Calif. Rarely found in crystal form. A major source of magnesium.

8. **RHODOCHROSITE.** Kapnikbanya, Romania. An attractive, but rather minor manganese ore.

9. **SMITHSONITE.** Broken Hill, New South Wales, Australia. Produced by the weathering of primary zinc ores.

10. **ARAGONITE.** Aragon, Spain. Has same chemical makeup as calcite, but belongs to the orthorhombic crystal system.

11. **CERUSSITE.** Tsumeb, South-West Africa. With anglesite, this is the chief weathering product of lead ores.

12. **DOLOMITE.** Trieben, Austria. One of the two most common carbonate minerals (the other is calcite).

13. **DOLOMITE.** Siegerland, West Germany. Same as above, but the crystals are larger. With calcite, dolomite is a major constituent of marbles and limestones.

14. **MALACHITE.** Elisabethville, Republic of the Congo. Commonest weathering product of copper minerals and copper products—the green on the Statue of Liberty is malachite.

15. **AZURITE.** Tsumeb, South-West Africa. Deep blue color. Often alters to malachite upon exposure to weather.

NITRATES

16. **SODA NITER.** Huara, Chile. Sometimes called Chile saltpeter. Basis of the important Chilean nitrate industry.

BORATES

17. **KERNITE.** Kern Co., Calif. Major source of both boron, which is used in rocket fuels, and borax.

1. HALITE

7. MAGNESITE

13. DOLOMITE

2. SYLVITE

3. FLUORITE

4. FLUORITE

5. CRYOLITE

6. CALCITE

8. RHODOCHROSITE

9. SMITHSONITE

10. ARAGONITE

11. CERUSSITE

12. DOLOMITE

14. MALACHITE

15. AZURITE

16. SODA NITER

17. KERNITE

MINERALS (CONTINUED)

From Sulphates to Tungstates

Shown below are typical specimens of four additional classes of minerals—the sulphates; the chromates; the phosphates, arsenates and vanadates; and the molybdates and tungstates. The sulphates, an abundant class of transparent to translucent minerals, are compounds of sulphur, oxygen and other elements. The chromates, a relatively uncommon class, consist of chromium, oxygen and another metal. Phosphorus and oxygen, linked up with other elements, yield the phosphates. Related to these are the often brilliant arsenates and vanadates, in which arsenic or vanadium replaces phosphorus. The tungstates and molybdates, composed of tungsten or molybdenum, oxygen and another metal, form a small class of heavy ore minerals.

SULPHATES

1. **BARITE**. Cleveland Co., Okla. Barite is used in both paint and oil industries and is a source of barium. Symmetrical groupings of crystals like this are called "desert roses."

2. **CELESTITE**. Chittenango Falls, N.Y. One of the chief sources of strontium. Its blue color is due to traces of gold.

3. **ANGLESITE**. Tsumeb, South-West Africa. Forms with the weathering of lead sulphide ores, such as galena.

4. **ANHYDRITE**. Styria, Austria. A common mineral, anhydrite is exploited in Europe for its sulphur.

1. BARITE

2. CELESTITE

6. BROCHANTITE

7. CROCOITE

8. VARISCITE

12. VANADANITE

13. TURQUOISE

5. GYPSUM. From Chihuahua, Mexico. This specimen shows a distorted crystal, shaped like a plume. Dehydrated gypsum is plaster of Paris, the basis of all common plasters.

6. BROCHANTITE. Chuquicamata, Chile. An extremely soluble copper ore found mostly in very arid regions.

CHROMATES

7. CROCOITE. Dundas, Australia. This rare and beautiful mineral is an oxidation product of primary chromium.

PHOSPHATES, ARSENATES AND VANADATES

8. VARISCITE. Fairfield, Utah. Best quality variscite of significant size is a semi-precious stone found only in the U.S.

9. APATITE. Auburn, Me. One of the world's chief sources of phosphorus. The purple of this specimen is unusual; more commonly apatite is green, brown, blue or colorless.

10. APATITE. Yates Uranium Mine, Quebec. This is common apatite.

11. PYROMORPHITE. Phoenixville, Pa. A lead phosphate. The crystals are hopper-shaped, with a central depression.

12. VANADANITE. Chihuahua, Mexico. This lead vanadate, resembles pyromorphite except in its color.

13. TURQUOISE. Lander Co. Nev. A copper-and-aluminum phosphate. One of the world's important gem materials.

14. CARNOTITE. Paradox Valley, Colo. A major uranium ore. Often associated with petrified wood as shown here.

MOLYBDATES, TUNGSTATES

15. WOLFRAMITE. Panasqueira, Portugal. Wolframite and scheelite *(below)* are chief sources of tungsten, which is the basis of the tool steel industry.

16. SCHEELITE. Czechoslovakia. This major source of tungsten is named after Karl Wilhelm Scheele, discoverer of the element tungsten.

3. ANGLESITE

4. ANHYDRITE

5. GYPSUM

9. APATITE

10. APATITE

11. PYROMORPHITE

14. CARNOTITE

15. WOLFRAMITE

16. SCHEELITE

MINERALS (CONTINUED)

The Silicates

The silicates not only include more than a third of all the known minerals; they also make up perhaps 95 per cent of the earth's crust. They constitute a large and complicated class which is broken down into six subclasses, on the basis of their crystal structure. These, in turn, are subdivided still further. The most important subclass, in terms of quantity, is that of the tektosilicates *(below)*, of which the two largest groups are the feldspars and quartz—which include some of the most beautiful minerals known.

TEKTOSILICATES
SILICA GROUP
Coarse-grained Quartz

1. ROCK CRYSTAL. North Little Rock, Ark. Name applied to colorless quartz. This is a major constituent of glass and is vital to radio transmission. Remember the crystal sets?

2. SMOKY QUARTZ. Göscheneralp, Switzerland. This common quartz variety is found most often in igneous rocks.

3. ROSE QUARTZ. Minas Gerais, Brazil. Exposure to sunlight fades the color.

4. AMETHYST. Amherst Co., Va. This specimen shows the amethyst's characteristically irregular distribution of color.

5. CITRINE QUARTZ. Madagascar. Also called topaz quartz. Because of its resemblance to topaz, citrine is sometimes substituted for the real thing.

6. TIGER-EYE. Griqualand, Republic of South Africa. Used as a gem material.

Chalcedonic Quartz

7. CHALCEDONY. Ariz. Rounded, smooth botryoidal surfaces characterize common chalcedony.

8. AGATE. Rio Grande do Sul, Brazil. With its concentric bands of color, agate is a variety of chalcedony.

9. ONYX. Rio Grande do Sul, Brazil. Another variety of chalcedony, with contrasting parallel bands of agate.

10. JASPER. Gilroy, Calif. This variety

1. ROCK CRYSTAL   2. SMOKY QUARTZ   3. ROSE QUARTZ   4. AMETHYST   5. CITRINE QUARTZ   6. TIGER-EYE
7. CHALCEDONY   8. AGATE   9. ONYX   10. JASPER

17. MICROCLINE

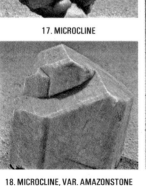

18. MICROCLINE, VAR. AMAZONSTONE

19. ALBITE, VAR. PERISTERITE

20. ALBITE, VAR. PERISTERITE

21. ALBITE, VAR. CLEAVELANDITE

of chalcedony may be deep red, yellow, green or brown.

11. PETRIFIED WOOD. Lincoln Co., Idaho. In this specimen, colorless chalcedony has replaced the original wood, whose growth rings are still visible.

12. FLINT. Dover, England. Flint, an exceedingly fine-grained and tough chalcedony, is usually found in chalk deposits.

Opal

13. PRECIOUS OPAL. Querétaro, Mexico. Also called fire opal. Gem opals owe their color to the interference of light, the same phenomenon that makes soap bubbles iridescent.

14. COMMON OPAL. Elko Co., Nev. Of indifferent color quality, it is often found in volcanic rocks.

FELDSPARS

Orthoclase Group

15. SANIDINE. Lohrberg, Germany. Crystallizing at a high temperature, sanidine occurs most often in volcanic rocks.

16. ADULARIA. Tavetsch Valley, Switzerland. When cut and polished, it is the gem material moonstone.

17. MICROCLINE. Platte Mountain, Colo. Commercially the most important feldspar, microcline is used in glazes.

18. MICROCLINE, VARIETY AMAZONSTONE. Pikes Peak, Colo. Unlike most feldspars, this one is green.

Plagioclase Series

19. ALBITE, VARIETY PERISTERITE. Hybla, Ontario. Like adularia, peristerite can be cut and polished as moonstone.

20. ALBITE, VARIETY PERISTERITE. Different light causes a color change.

21. ALBITE, VARIETY CLEAVELANDITE. Amelia Court House, Va. This variety of albite forms platelike crystals.

22. LABRADORITE. Nain, Labrador. Often polished and used decoratively.

23. LABRADORITE. The same specimen as above under different lighting.

FELDSPATHOIDS

24. LEUCITE. Vesuvius, Italy. Normally occurs in lava. This and nepheline (*below*) are the commonest feldspathoids.

25. NEPHELINE. Vesuvius, Italy. Found commonly in igneous rocks, nepheline crystallizes deep within the earth.

26. SODALITE. Dungannon, Ontario. Often found associated with nepheline. One of the few blue minerals, it is sometimes used as a gem or for decoration.

27. LAZURITE. Badakhshan, Afghanistan. Principal material of an ornamental gem called lapis lazuli. Here it is shown in rare crystal form.

ZEOLITES

28. STILBITE. Prospect Park, N.J. This specimen shows the typical sheaflike form of stilbite.

29. NATROLITE. Paterson, N.J. Found in basic lavas, it has prismatic, radiating needlelike crystals.

11. PETRIFIED WOOD

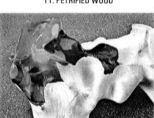
12. FLINT

13. PRECIOUS OPAL

14. COMMON OPAL

15. SANIDINE

16. ADULARIA

22. LABRADORITE

23. LABRADORITE

24. LEUCITE

25. NEPHELINE

28. STILBITE

27. LAZURITE

29. NATROLITE

26. SODALITE

A Tetrahedron Structure

No matter how individual they may appear, all silicates have the same basic crystal structure, a minute unit in tetrahedron form consisting of one atom of silicon surrounded by four atoms of oxygen. These fundamental units are linked differently in each of the six silicate subclasses, and this to a large extent accounts for their differences. Among the nesosilicates, one of the three subclasses represented below, the tetrahedra are not linked directly, while among the sorosilicates two tetrahedra are directly linked (*soros* means grouped) by sharing an oxygen atom. Among the inosilicates, the tetrahedra are linked in such a way as to form single or double rows of chains.

NESOSILICATES

1. **WILLEMITE.** Franklin, N.J. Third major zinc mineral of New Jersey.

2. **OLIVINE.** Zebirget, Egypt. Common in basic igneous rocks.

3. **ALMANDINE GARNET.** Southbury, Conn. Example of an isometric crystal.

4. **GROSSULARITE GARNET.** Lake Jaco, Mexico. White garnets are rare.

5. **ZIRCON.** Sussex Co., N.J. A typical zircon crystal of the tetragonal system.

6. **ANDALUSITE, VARIETY CHIASTOLITE.** Modoc Co., Calif. Heat-resistant.

1. WILLEMITE
2. OLIVINE
3. ALMANDINE GARNET
7. KYANITE
8. TOPAZ
9. STAUROLITE
10. EPIDOTE
15. AUGITE
16. HYPERSTHENE
17. TREMOLITE
18. ACTINOLITE

7. **KYANITE.** St. Gotthard, Switzerland. Used in spark plugs.

8. **TOPAZ.** San Luis Potosí, Mexico. This sample is atypical; usually topaz is colorless.

9. **STAUROLITE.** Fannin Co., Ga. This is an example of penetration crystal twinning resulting in crosses.

SOROSILICATES

10. **EPIDOTE.** Prince of Wales Island, Alaska. Dark green here, epidote is more commonly a yellow-green.

11. **IDOCRASE (VESUVIANITE).** Oita, Japan. Common mineral in marble.

INOSILICATES
PYROXENES

12. **DIOPSIDE.** Jefferson Co., Mont. A common pyroxene; usually in marble.

13. **SPODUMEME, VARIETY KUNZITE.** San Diego Co., Calif. This variety is a gem material.

14. **JADEITE.** Upper Burma. Rare pyroxene. Source of the finest jade.

15. **AUGITE.** Franklin, N.J. The most common of the pyroxenes.

16. **HYPERSTHENE.** Bucks Co., Pa. This specimen shows the characteristic luster of this rhombic pyroxene.

AMPHIBOLES

17. **TREMOLITE.** Lime Rock, Conn. Usually found in marble.

18. **ACTINOLITE.** Webster, N.C. Actinolite is the iron-rich member of the tremolite-actinolite series.

19. **RIEBECKITE, VARIETY CROCIDOLITE.** Wittenoom, Australia. This is blue asbestos, noted for its high quality.

20. **HORNBLENDE.** Franklin, N.J. The most common amphibole.

PYROXENOIDS

21. **RHODONITE, VARIETY FOWLERITE.** Franklin, N.J. Triclinic crystals.

4. GROSSULARITE GARNET

5. ZIRCON

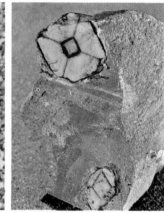
6. ANDALUSITE, VAR. CHIASTOLITE

11. IDOCRASE (VESUVIANITE)   12. DIOPSIDE

13. SPODUMENE, VAR. KUNZITE

14. JADEITE

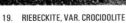
19. RIEBECKITE, VAR. CROCIDOLITE

20. HORNBLENDE

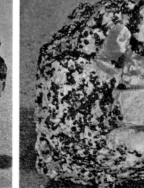
21. RHODONITE, VAR. FOWLERITE

MINERALS (CONTINUED)

Mica, Asbestos and Others

In marked contrast to the inosilicates, whose tetrahedra are linked in chains, the cyclosilicates and the phyllosilicates shown here have theirs linked into circles or rings. In the cyclosilicates, these silica tetrahedra are joined to each other through other elements present, such as sodium and calcium. But in the phyllosilicates, the rings all lie flat in a single plane, and the bonds connecting the sheets of tetrahedra are weak. Thus many of the phyllosilicates can be split into thin sheets parallel to the plane, as in the case of mica. One of the consequences of this arrangement of the rings is that the phyllosilicates are likely to be more transparent—as well as sometimes harder—in one direction than another.

CYCLOSILICATES

1. BENITOITE. San Benito Co., Calif. Found only here; sometimes substituted for sapphire.

2. NEPTUNITE. San Benito Co., Calif. Found in association with benitoite.

3. BERYL. Minas Gerais, Brazil. Chief ore of beryllium, used in light alloys.

4. BERYL, VARIETY AQUAMARINE. Minas Gerais, Brazil. Colored by minute amounts of iron.

5. BERYL, VARIETY EMERALD. Colombia. One of the most valuable gems.

6. BERYL, VARIETY MORGANITE. San Diego Co., Calif. The color of this uncommon variety may be due to traces of lithium, but nobody really knows.

7. BLACK TOURMALINE (SCHORLITE). Cumberland Co., Me. The most common tourmaline; iron content makes it black.

8. BROWN TOURMALINE (DRAVITE). Gouverneur, N.Y. A magnesium tourmaline found in marble.

9. PINK TOURMALINE (RUBELLITE). San Diego Co., Calif. One of the common alkali tourmalines. Widely used as a gem.

10. GREEN TOURMALINE. Governador Valadares, Brazil. Called "Brazilian Emerald," it is unrelated to the true gem.

11. DIOPTASE. Guchab, South-West Africa. Rare; also called emerald copper.

PHYLLOSILICATES

TALC

12. TALC. Hoosac Tunnel Station, Mass. One of the softest minerals, it is widely used in the rubber and cosmetics industries.

MICA GROUP

13. MUSCOVITE. Orange, N.H. One of the most important and common of the micas. An extremely important electrical insulating material.

14. PHLOGOPITE. Franklin, N.J. Iron-free magnesium mica. Also used for electrical insulation.

15. BIOTITE. Sterling Hill, N.J. About as common as muscovite, but, unlike micas phlogopite and muscovite, it has no commercial value because of iron content.

16. LEPIDOLITE. Pointe du Bois, Manitoba. Lithium-bearing mica. An important source of lithium.

CHLORITE FAMILY

17. CHLORITE. West Chester, Pa. Unlike true micas, it is flexible but not elastic—if bent, it stays bent.

CLAY MINERALS

18. KAOLINITE. Berks Co., Pa. An important and widespread clay mineral. Used in ceramics and paper.

SERPENTINE GROUP

19. CHRYSOTILE. Thetford Mines, Quebec. Bulk of the world's asbestos is chrysotile and most of the world's chrysotile comes from the Thetford area.

1. BENITOITE

6. BERYL, VAR. MORGANITE

11. DIOPTASE

15. BIOTITE

THE HUDSON RIVER PALISADES, a classic igneous rock formation some 195 million years old, are analyzed in detail in the so-called thin section at right. In this piece, ground down to about 1/1,000 of an inch and viewed through a polarizing microscope, its minerals show up in their characteristic colors.

The Rocks: Products of Change

Rocks are mixtures of minerals—sometimes containing plant and animal remains—whose composition reflects the immense forces of heat, pressure and erosion that keep the earth's crust in a constant upheaval of change. Although they do not exhibit as great a diversity as the minerals, there are several hundred important types of rocks. For convenience, they are usually classified in three large groups: the igneous rocks, which have solidified from a molten state; the sedimentary rocks, which are really made up of layers and layers of the debris of other rocks laid down mostly in the sea; and the metamorphic rocks, a combination of both igneous and sedimen-

tary forms which have been reconstituted by immense heat and pressures deep underground.

These descriptions of rock formation themselves indicate the perpetual cycle of change to which rocks are subjected. For example, igneous rock exposed on the earth's surface is gradually disintegrated by the erosive forces of weather. The sediment formed is washed away to settle in layers that gradually solidify into sedimentary rocks. Over millions of years as these layers build, great pressures and high temperatures reconstitute this rock into metamorphic forms. These, in turn, are subjected to more pressure and heat and may eventually melt, only to harden, after some upheaval, into igneous rock again.

Igneous rocks make up the bulk of the earth's crust. One type of igneous rock, basalt, underlies the ocean floors and is the foundation for the continental land masses. The continents themselves are also made up of igneous rocks, essentially granite, or granitelike. The sedimentary rocks which cover nearly three fourths of the visible land surface are actually a thin veneer and are only about one tenth as abundant as igneous rocks. Metamorphic rocks are exposed relatively rarely, as when deep erosion exposes a mountain's core. These three general rock classifications will be discussed on the next pages.

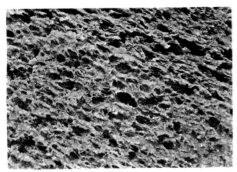
PUMICE

OBSIDIAN

TUFF

SURFACE ROCKS

Igneous rocks formed above ground are called extrusives. Some of the most common are shown above. Pumice—hardened, gas-filled lava—is so frothy it floats. Obsidian is volcanic glass, made by rapid cooling. Tuff is easily cut but so durable that it has been used for building since Roman times. Rhyolite is a light-colored lava; andesite is darker and slightly heavier. The commonest lava flow rock is basalt, which may cool into many-sided columns like the Giant's Causeway in Ireland.

Igneous Rocks—Above Ground and Below

All igneous rocks begin as magma, or molten rock, formed in pockets 10 miles or more beneath the earth's surface. Forced upward by great internal pressures (*right*), this magma may be extruded above the earth as lava; or it may seep underground through layers of established rocks, hardening into many shapes and sizes. Largest and deepest of these are the batholiths; they may be hundreds of miles in extent. Another type is the laccolith, a solid dome which forces the rock above it into a bulge. The magma may harden underground into a tablelike formation called a sill, or a vertical molten upsurge may be forced through faults and stiffen into a dike. Often the molten rock may find a conduit leading close to the surface so that it bursts through the brittle crust of the earth as a volcano. The hardened lava flow may form the dense rock called basalt; lighter fragments, blown into the air, come down as pumice; still others, compacted and cemented, are called tuff. Usually these settle nearby, building up the volcano cone. These, and other external igneous rocks, are also formed in less spectacular fashion when magma flows from fissures in the ground to harden into wide sheets of lava.

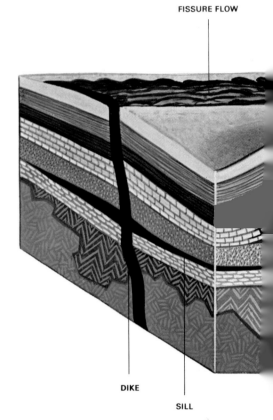

FISSURE FLOW

DIKE

SILL

UNDERGROUND ROCKS

Underground igneous rocks, or intrusives, often have the same mineral composition as those above the surface. But because they cool slowly, and usually in larger masses, form and appearance may differ; so they have different names. Thus, when it is found underground, rhyolite is known as granite, the most abundant igneous rock. Underground andesite is called diorite; basalt is known as gabbro. The fourth rock shown here is pyroxenite, which contains extremely heavy and dark minerals.

GRANITE

RHYOLITE

ANDESITE

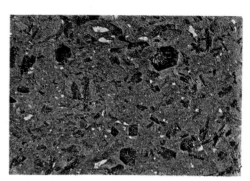
BASALT

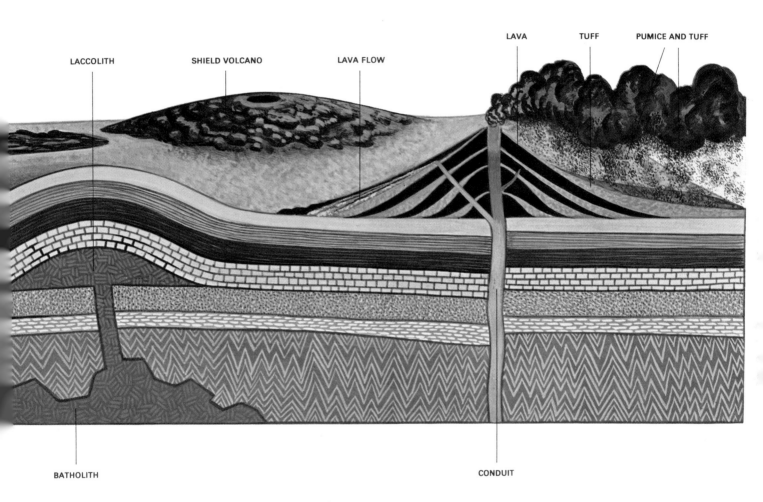

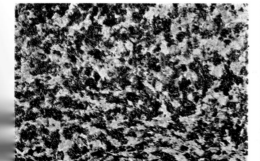
DIORITE

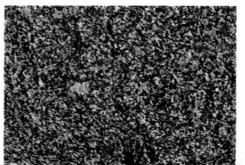
GABBRO

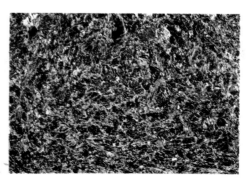
PYROXENITE

ROCKS (CONTINUED)

ROCKS FROM BROKEN BITS

Some samples of clastic sedimentary rocks—those formed after rock disintegration and subsequent recementing—are shown at right. Shale is built up of layers of fine particles, like clay. Sandstone is mainly quartz grains cemented together. Arkose is coarser grained than sandstone and has feldspar as well as quartz. A conglomerate is made of waterworn pebbles cemented with quartz. Angular rock bits lumped together form breccia.

A GALLERY OF ROCK TYPES

The nonclastics shown in the row at right were formed in many different ways. Oölitic limestone consists of grain clusters of calcium carbonate precipitated from sea water. Coquina is composed of the shells of sea creatures lumped in a limestone matrix. Calcium carbonate from fresh water, deposited in caves and near hot springs, forms travertine. Gypsum may be found between shale and limestone beds. Coal is compacted plant remains.

SHALE

SANDSTONE

OOLITIC LIMESTONE

COQUINA

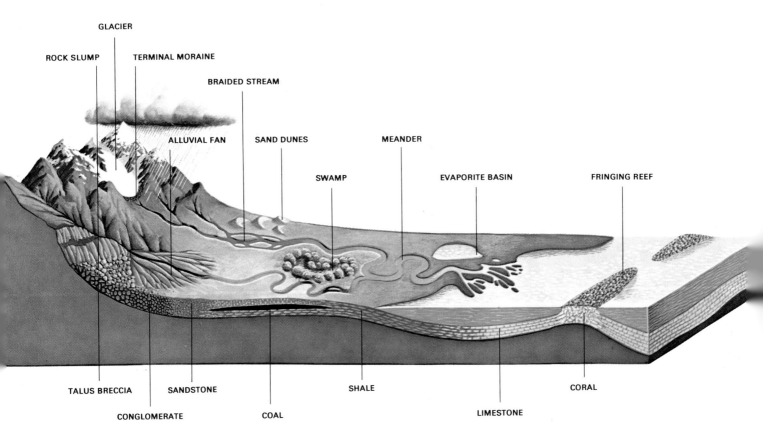

ROCK SLUMP • GLACIER • TERMINAL MORAINE • BRAIDED STREAM • ALLUVIAL FAN • SAND DUNES • SWAMP • MEANDER • EVAPORITE BASIN • FRINGING REEF

TALUS BRECCIA • SANDSTONE • CONGLOMERATE • COAL • SHALE • LIMESTONE • CORAL

ARKOSE CONGLOMERATE BRECCIA
TRAVERTINE GYPSUM BITUMINOUS COAL

How Sedimentary Rocks Are Made

Water, wind and ice are the primary agents in the formation of many sedimentary rocks. As established rock formations are eroded, their debris is deposited in layers, which are in turn buried by new sediments. The pressures of the new layers on top of the old compacts them into massive beds; circulating ground water cements these with silica, iron oxide and other minerals, forming clastic rocks.

The composite illustration at left shows this and other ways of sedimentary rock formation. At the far left, rain, snow and glaciers, with frost break-up and ground slumping, disintegrate rocks. Rock fragments of all sizes are carried to the glacier's terminal moraine. At the foot of the mountains, where the land levels out, great sloping accumulations of rock debris build up. These are the alluvial fans. Sand and gravel are deposited in the stream beds below. Sedimentary rocks are formed in other ways too. As a stream begins to meander on the plain, it cuts across one of its own loops; this oxbow lake becomes a swamp with vegetation. In successive floods, however, the marsh is drowned and sediment builds up on it. Over millions of years, immense pressure compacts the vegetation into coal beds. Still further along, at the land's edge, finer particles washed into the ocean settle as clay which, under increasing pressure, turns to shale. In a side basin where sea water occasionally washes in, salt and gypsum deposits may be left when the water evaporates. Offshore, coral reefs build up; fragments of reef eroded by the waves accumulate on the seaward side. On both sides of the reef mineral salts precipitated from the sea water build up layers of limestone. In these and other sedimentary layers plant and animal remains are often captured and preserved as fossils, forming a chronological record of the earth's history.

THE ORIGIN OF MARBLE

LIMESTONE

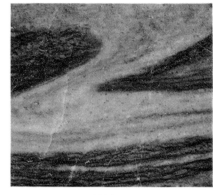
MARBLE

MARBLE IS FORMED when limestone is heated or put under pressure or both. What happens is that the original grains are recrystallized. In its pure state, marble is snow white, but more commonly specimens are streaked and swirled with mineral impurities, such as iron, already present, or else drawn into the rock during its metamorphic formation. Hard though it feels, marble weathers easily; even the weak acids formed in rain or stream water may decompose it.

HARD ROCK FROM SOFT

SANDSTONE

QUARTZITE

THE HARDEST of all rocks, quartzite is the product of sandstone subjected to metamorphosis. Quartzite derives its adamantine quality from the addition of more silica to the grains of quartz already in sandstone. And when fractured, quartzite will break cleanly right through the sand grains and cement. Sandstone, by contrast, splits unevenly around the grains. Like marble, pure quartzite is white, but impurities such as iron oxide often make it reddish.

THE MANY FORMS OF SHALE

SHALE

SLATE

SCHIST

GNEISS

GRANITE

THE TWO MAIN FORCES of metamorphism—heat and folding—can transform a sedimentary rock such as shale into a series of different forms. In the earlier stages, the rocks split into layers, like the common slate shown. As the pressures increase, schist—a rock with large mica flakes—forms. Schist in turn may change to coarse-grained gneiss, as the rock is further squeezed. And then, under the most intense pressures, a type of granite may be produced.

The Metamorphic Rocks

Deep within the earth's crust, 30,000 feet or more down, existing rocks are subjected to some extraordinarily powerful forces. The shifting crust, particularly in mountain-building areas, compresses them in giant folds; fiery magma may heat them until they become plastic, and in the process chemically active fluids and vapors may change their composition considerably. Thus, metamorphic rocks are formed. The drawing below shows two basic kinds of metamorphism. On the left, the layers of sedimentary rocks—limestone, sandstone and shale —come into contact with a hot igneous granite intrusion. Though the heat is not enough to melt them, it does transform them. Marble is formed from the limestone, quartzite from the sandstone and hornfels—a type of slate—from the shale. This is called contact metamorphism.

Regional metamorphism, shown at right in the drawing, is far more extensive in its action, involving areas of thousands of square miles and affecting rocks thousands of feet thick. In the drawing, sedimentary rock layers begin to fold under the pressures of a mountain-building process. As the folds become sharper, the pressures on the rocks intensify proportionately until the forces grow so intense that new rock is produced from the old. In the limestone layer, marble is again the result; similarly quartzite is produced from the sandstone—demonstrating that different types of metamorphism can produce the same rock. But the shale stratum undergoes more complex changes. In the first undulations of the folding, a gray slate is made. Under more intense pressure, a rock called phyllite is formed, which, under still greater pressure, becomes schist. Continued folding finally results in a mixing of layers and sufficient heat to render them unstable—the end product is often a type of granite. This has led some geologists to propose the controversial theory that granite, once believed to be entirely igneous in origin, is formed by metamorphic means as well.

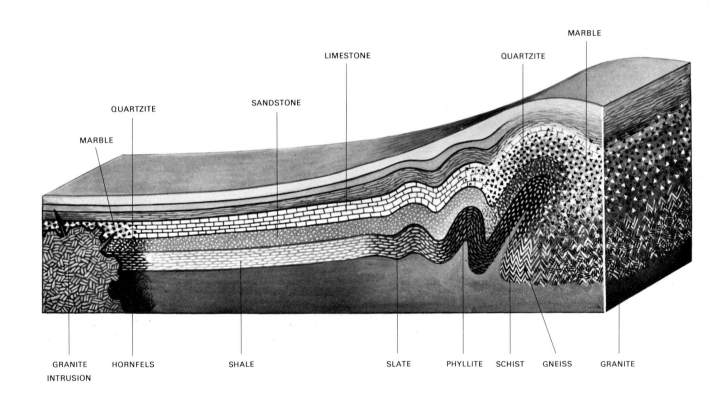

HEAT AND PRESSURE are the two most obvious factors in the formation of metamorphic rocks, and their effects are seen in the cutaway drawing above. Both are agents in contact metamorphism, shown at left, as well as in the progressively intense regional metamorphism seen at the right. Both these processes take place many thousands of feet down within the earth's crust, where constant movements mix the rock strata —upheavals often so gigantic they can only be hinted at here.

107

Appendix

A Guide to Common Names

The common names mentioned in the first part of this Index volume are listed here alphabetically under the living kingdoms or the rocks and minerals. The numbers in roman type indicate text references while those in italics indicate an illustration. A master index of the entire LIFE Nature Library begins on page 115 and continues for the rest of the book.

THE LIVING KINGDOMS

Aardvark, *81*
Algae, blue-green, 23, *24-25*, 27
Algae, brown, *32*
Algae, chrysophytes, *31*
Algae, euglenophytes, *31*
Algae, fire, *32*
Algae, green, *31*, 35
Algae, red, *32*, *33*
Algae, stoneworts, *31*
Amoebas, 28
Amphibians, 76-77
Amphioxus or lancelets, *75*
Anemones, 42
Angiosperm, 36
Aphid, *66-67*
Arachnids, 61, 62-63
Arthropods, 60-61, 62-63, 64-65, 66-67
Bacteria, 23, 27
Barklouse, *66-67*
Barnacles, 65
Bass, striped, *77*
Bat, Mexican free-tailed, *80*
Beetle, caterpillar hunter, *66-67*
Bichir, Nile, *77*
Birds, 78-79
Bowfin, *77*
Brittle stars or serpent stars, *73*
Bryophytes, 35
Bug, harlequin, *66-67*
Butterfly, monarch, *66-67*
Caddisfly, *66-67*
Caecilian, *76*
Cassowary, Bennett's, *78*
Centipedes, 61, *64-65*
Cephalopods, *52-53*
Chimaera, deep-water, *77*
Chitons, 52
Chordates, 74-75, 76-77, 78-79, 80-81
Ciliates, 28
Clams, 52
Cockroach, American, *66-67*
Coelacanth, Comores, *76*
Coelenterates, *42-43*
Colugo, *80*
Comb jellies, 43
Conches, 52
Coral, *42*
Coucal, Senegal, *79*
Crab, blue, *65*
Crabs, *64-65*
Crocodile, American, *76*
Crustaceans, 60-61, *64-65*
Cyclops, *65*
Daddy longlegs, *63*
Dicot, 36
Dobsonfly, *66-67*
Dolphin, white-sided, *81*
Dragonfly, blue darner, *66-67*
Duck, black-bellied tree, *79*

Duckweed, 35
Dugong, *81*
Earwig, European, *66-67*
Echinoderms, *72-73*
Ectoprocts, or moss animals, *70-71*
Elephant, African, *81*
Entoprocts, 50
Epidote, *96-97*
Falcon, Aplomado, *79*
False scorpion, *62*
Ferns, 36
Fishes, 76-77
Flagellates, 28
Flea, cat, *66-67*
Fly, greenbottle, *66-67*
Fungi, *30*
Gammarus, *64*
Gannet, cape, *78*
Gastrotriches, 48
Gorgonia, *38-39*, 42
Gorilla, *80*
Grasshopper, *66-67*
Grebe, hoary-headed, *78*
Grylloblattid, *66-67*
Gymnosperm, 36
Hagfish, Atlantic, *76*
Hare, varying, *81*
Herring, Atlantic, *76*
Horseshoe, or king, crabs, 61, *62-63*
Hummingbird, ruby-topaz, *79*
Hydra, 42
Hyrax, rock, *81*
Insects, 60, *66-67*
Invertebrates, *40-75*
Jellyfish, 42, *43*
Jellyfish, Portuguese man-of-war, 42
Kingfisher, Gaudichaud's, *79*
Kinorhynchs, 48
Kiwi, common, *78*
Lamprey, sea, *76*
Lamp shells, *70*
Lancelets or amphioxus, *75*
Limpkin, *79*
Lobsters, 61, *64*
Loon, yellow-billed, *78*
Lory, coconut, *79*
Louse, chewing, *66-67*
Louse, sucking, *66-67*
Lungfish, Australian, *76*
Mackerel, Atlantic, *77*
Mammals, 75, 80-81
Mantis shrimp, *64*
Mayfly, *66-67*
Mesozoans, 46
Millipedes, 61, *64-65*
Minnow, fathead, *77*
Mite, chicken, *63*
Mites, 62-63
Mole, eastern American, *80*
Mollusks, *52-53*
Monerans, 23, *24-25*, *26-27*
Monocot, 36

Monoplacophorans, 52
Mousebird, white-cheeked, *79*
Mussel shrimp, *64*
Nautilus, *52-53*
Nightjar, red-necked, *79*
Ocelot, *81*
Octopuses, 52, *53*
Onychophorans, *68*
Ostrich, *78*
Owl, stygian, *79*
Oysters, 52
Pangolin, Asiatic, *81*
Paramecia, 28
Penguin, gentoo, *78*
Penicillin, *30*
Pentastomids, *69*
Petrel, white-chinned, *78*
Pheasant, lineated, *79*
Phoronids, *71*
Pigeon, white-crowned, *79*
Pill bug, *64*
Plants, *34-35*, *36-37*
Plants, bryophytes, 35
Plants, vascular, or tracheophytes, *34-35*, *36-37*
Plasmodia, 28
Platypus, *80*
Plover, ringed, *79*
Pogonophorans, *71*
Protistans, 22, 23, 25, 28, 29, 30, 31, 32
Pseudoscorpion, *62*
Race runner, six-lined, *77*
Ray, southern sting, *77*
Reptiles, 76-77
Rhea, common, *78*
Rotifers, *48-49*
Salamander, tiger, *77*
Salmon, Atlantic, *76*
Sand dollars, *72*
Scallops, 52
Scaphopods, *53*
Scorpions, *62*
Scorpionfly, *66-67*
Sea cucumbers, *73*
Sea lilies, *72*
Sea slugs, 52
Sea spiders, 61, 62, *63*
Sea squirts, *74-75*
Sequoia, 35
Serpent stars, or brittle stars, *73*
Shark, dusky, *77*
Shrimp, 60-61, *64*
Shrimp, barbershop, *60-61*
Silverfish, *66-67*
Siren, greater, *77*
Slime mold, 23, 29
Snails, 52
Snake, common garter, *77*
Spadefish, *38-39*
Spiders, 61, 62
Spider, garden, *62*
Sponges, *40-41*

108

Sponges, calcareous, *41*
Sponges, glass, *41*
Sponges, horn, *40-41*
Sponges, Venus' flower-basket, *41*
Sporozoans, *28*
Springbok, *81*
Springtail, *66-67*
Squid, *53*
Squirrels, *75*
Starfish, *72-73*
Stonefly, smoky, *66-67*
Stork, saddle-billed, *79*
Sturgeon, Atlantic, *77*
Sun spider, *62*
Tamandua, *80*
Tardigrades, *68-69*
Telsontail, *66-67*
Termite, *66-67*
Thrips, *66-67*
Thrush, song, *79*
Ticks, *62*
Tinamou, rufescent, *78*
Toad, American, *77*
Toucan, keel-billed, *79*
Tracheophytes, or vascular plants, *34-35, 36-37*
Trogon, bar-tailed, *79*
Tuatara, *76*
Tunicates, *74-75*
Turtle, box, *77*
Tusk shells, *53*
Twisted-winged insect, *66-67*
Urchins, heart, *72*
Urchins, sea, *72*
Vertebrates, *76-81*
Walkingstick, *66-67*
Wallaby, pretty-face, *80*
Wasp, yellow-jacket, *66-67*
Water bears, *68-69*
Water fleas, *64*
Webspinner, *66-67*
Whip scorpion, *62*
Worms, acorn, *71*
Worms, annelids, *56-57*
Worms, arrowworms, *50*
Worms, earthworms, *56*
Worms, echiurids, *51*
Worms, flatworms, *46*
Worms, flukes, *46*
Worms, hairworms, *49*
Worms, leeches, *56*
Worms, polychaetes, *56-57*
Worms, priapulids, *50, 51*
Worms, ribbon, *46, 47*
Worms, roundworms, *49*
Worms, segmented, *56-57*
Worms, sipunculids, *51*
Worms, spiny-headed, *50*
Worms, tapeworms, *46*
Worms, turbellarians, *46*
Zebra, Burchell's, *81*
Zorapteron, *66-67*

ROCKS AND MINERALS

Actinolite, *96-97*
Adularia, *94-95*
Agate, *94-95*
Albite, variety Cleavelandite, *94-95*
Albite, variety Peristerite, *94-95*
Alluvial fan, *104*
Amethyst, *94-95*
Andalusite, variety Chiastolite, *96-97*
Andesite, *103*
Anglesite, *92-93*
Anhydrite, *92-93*
Apatite, *92-93*
Aragonite, *90-91*
Argentite, *86-87*
Arkose, *105*
Arsenopyrite, *86-87*
Augite, *96-97*
Azurite, *90-91*
Barite, *92-93*
Basalt, *103*
Basin, evaporite, *104*
Batholith, *103*
Bauxite, *88-89*
Benitoite, *98-99*
Beryl, *98-99*
Beryl, variety aquamarine, *98-99*
Beryl, variety emerald, *98-99*
Beryl, variety morganite, *98-99*
Biotite, *98-99*
Breccia, *104-105*
Brochantite, *92-93*
Calcite, *90-91*
Carnotite, *92-93*
Cassiterite, *88-89*
Celestite, *92-93*
Cerussite, *90-91*
Chalcedony, *94-95*
Chalcocite, *86-87*
Chalcopyrite, *86-87*
Chlorite, *98-99*
Chromite, *88-89*
Chrysoberyl, *88-89*
Chrysotile, *98-99*
Cinnabar, *86-87*
Coal, *104, 105*
Cobaltite, *86-87*
Columbite, *88-89*
Conduit, *103*
Conglomerate, *104-105*
Copper, *86-87*
Coquina, *104*
Coral, *104*
Corundum, *88-89*
Corundum, variety ruby, *88-89*
Corundum, variety sapphire, *88-89*
Crocoite, *92-93*
Cryolite, *90-91*
Cylindrite, *86-87*
Diamond, *86-87*
Dike, *103*
Diopside, *96-97*
Dioptase, *98-99*
Diorite, *103*
Dolomite, *90-91*
Fissure flow, *103*
Flint, *94-95*
Fluorite, *90-91*
Franklinite, *88-89*
Gabbro, *103*
Galena, *86-87*
Garnet, almandine, *96-97*
Garnet, grossularite, *96-97*
Gibbsite, *88-89*
Glacier, *104*
Gneiss, *106-107*
Goethite, *88-89*
Gold, *86-87*
Granite, *102, 106-107*
Graphite, *86-87*
Gypsum, *92-93, 105*
Halite, *90-91*
Hematite, *88-89*
Hornblende, *96-97*
Hornfels, *107*
Hypersthene, *96-97*
Idocrase, *96-97*
Ilemite, *88-89*
Jadeite, *96-97*
Jasper, *94-95*
Kaolinite, *98-99*
Kernite, *90-91*
Kyanite, *96-97*
Labradorite, *94-95*
Laccolith, *103*
Lava flow, *103*
Lazurite, *94-95*
Lepidolite, *98-99*
Leucite, *94-95*
Limestone, *104, 106-107*
Limonite, *88-89*
Magnesite, *90-91*
Magnetite, *88-89*
Malachite, *90-91*
Manganite, *88-89*
Marble, *106-107*
Marcasite, *86-87*
Meander, *104*
Microcline, *94-95*
Microcline, variety Amazonstone, *94-95*
Molybdenite, *86-87*
Moraine, terminal, *104*
Muscovite, *98-99*
Natrolite, *94-95*
Nepheline, *94-95*
Neptunite, *98-99*
Obsidian, *102*
Olivine, *96-97*
Onyx, *94-95*
Opal, common, *94-95*
Opal, precious, *94-95*
Palisades, *100*; seen under microscope, *100-101*
Pentlandite, *86-87*
Petrified wood, *94-95*
Phlogopite, *98-99*
Phyllite, *107*
Platinum, *86-87*
Pumice, *102-103*
Pyrite, *86-87*
Pyromorphite, *92-93*
Pyroxenite, *103*
Quartz, citrine, *94-95*
Quartz, rose, *94-95*
Quartz, smoky, *94-95*
Quartzite, *106-107*
Reef, fringing, *104*
Rhodochrosite, *90-91*
Rhodonite, variety Fowlerite, *96-97*
Rhyolite, *103*
Riebeckite, variety Crocidolite, *96-97*
Rock crystal, *94-95*
Rocks, igneous, *102, 103*; sedimentary, *104-105*; metamorphic, *106-107*
Rock slump, *104*
Sand dunes, *104*
Sandstone, *104, 106-107*
Sanidine, *94-95*
Scheelite, *92-93*
Schist, *106-107*
Shale, *104, 106-107*
Sill, *103*
Silver, *86-87*
Slate, *106, 107*
Smithsonite, *90-91*
Sodalite, *94-95*
Soda niter, *90-91*
Sperrylite, *86-87*
Sphalerite, *86-87*
Spinel (Hercynite), *88-89*
Spodumene, variety Kunzite, *96-97*
Staurolite, *96-97*
Stibnite, *86-87*
Stilbite, *94-95*
Stream, braided, *104*
Sulphur, *86-87*
Swamp, *104*
Sylvite, *90-91*
Talc, *98-99*
Tetrahedrite, *86-87*
Tiger-eye, *94-95*
Topaz, *96-97*
Tourmaline, black (Schorlite), *98-99*
Tourmaline, brown (Dravite), *98-99*
Tourmaline, green, *98-99*
Tourmaline, pink (Rubellite), *98-99*
Travertine, *105*
Tremolite, *96-97*
Tuff, *102-103*
Turquoise, *92-93*
Uraninite, *88-89*
Vanadanite, *92-93*
Variscite, *92-93*
Volcano, shield, *103*
Willemite, *96-97*
Wolframite, *92-93*
Zincite, *88-89*
Zircon, *96-97*

A Swarm of Superlatives

In the course of probing into the life histories and habits of plants and animals, scientists have measured, counted and recorded some astonishing extremes. These data, tiny specks on the mountain of facts piled up every day by working naturalists, add zest to the continuing search for information about our world. Here are some of the more interesting entries in natural history's album of oddities.

ANIMALS

LARGEST: The blue whale (*Sibbaldus musculus*) measures up to 108 feet in length and can weigh as much as 260,000 pounds, or 130 tons. It is not only the largest animal alive but probably the largest ever to have inhabited the earth. The blue whale is also the world's fastest growing animal—an ovum weighing a fraction of a milligram grows into an animal weighing over 4,000 pounds at birth 11 months later. The growth rate of embryos is almost 16 pounds a day; nursing calves gain some 200 pounds daily.

LONGEST LIFE SPAN: A Mediterranean spur-thighed tortoise (*Testudo graeca*) which died at the age of 116 years in the Paignton Zoological Gardens at Devon, England, holds the most reliable record for long life. A probable age of more than 150 years is given for a large tortoise (*Testudo sumeirei*) kept by generations of soldiers at Port Louis on the island of Mauritius. It is not uncommon for the box tortoise (*Terrapene*) to live for a century. And a 215-pound lake sturgeon (*Acipenser fulvescens*) caught in Canada was alleged to be 152 years old, based on a growth count of its scales.

MOST ABUNDANT: There are more than 700,000 named species of insects.

LEAST ABUNDANT: The world contains only some 1,500 species of amphibians.

HIGHEST HABITAT: A jumping spider (*Salticidae*) was found living on Mount Everest—22,000 feet above sea level.

LOWEST HABITAT: A shrimp and a flounderlike fish were seen from the bathyscaph *Trieste* on the ocean bottom—35,800 feet below sea level.

FASTEST: The Indian swift (*Hirundapus caudacutus*) is alleged to have been clocked at speeds ranging from 172 to 219.5 miles per hour. The peregrine falcon and the golden eagle both fly at speeds up to 100 miles per hour.

STRONGEST: The common ant (*Formicidad*) can lift 50 times its own weight. To equal this, a man would have to be able to lift three Cadillacs.

BEST JUMPER: A flea (*Siphonaptera*) can leap 200 times the length of its own body. By comparison, an Olympic athlete jumps little more than four times his body length.

MAMMALS

LARGEST ON LAND: The African elephant (*Loxodonta africana*) stands up to 13 feet tall and weighs as much as 8 tons.

SMALLEST: The shrew (*Suncus etruscus*) found along the Mediterranean, weighs $1/10$ of an ounce and from tip to tail measures $1\frac{1}{2}$ inches.

TALLEST: The giraffe (*Giraffa camelopardalis*) is a no-contest winner at 18 feet $11\frac{1}{2}$ inches over-all, $11\frac{1}{2}$ feet at the shoulder.

HIGHEST HABITAT: The South American vizcachas (*Lagi-*

dium viscaccia) commonly live at altitudes around 16,000 feet, thriving in grassy plateaus.

MOST FECUND: A tenrec (*Cententes escaudatus*) from Madagascar was found with 32 embryos; litters of about 20 are more usual with this species.

FASTEST: The fleetest mammal afoot is the cheetah, clocked at 71 miles per hour.

EARLIEST KNOWN: *Morganucodon*, a 4-inch shrewlike animal of the Triassic period found in South Wales and China, appears to be 190 million years old.

MOST ABUNDANT: Rodents, found the world over, outnumber all others.

BIRDS

LARGEST: African ostriches (*Struthio camelus*) may stand 9 feet tall and weigh up to 345 pounds.

SMALLEST: The Cuban bee hummingbird (*Mellisuga helenae*) weighs a mere 1/18 ounce, is 2¼ inches over-all and has a 4-inch wingspan.

LARGEST WINGSPAN: The African marabou stork (*Leptotilos crumeniferus*) has a 12-foot spread; the wandering albatross measures 11 feet 6 inches, and the Andean condor has a maximum of 10 feet.

HIGHEST FLYER: An Alpine chough (*Pyrrhocorax graculus*) was sighted at 26,000 feet. It is believed that migrating birds clear Mount Everest (29,028 feet) regularly.

LONGEST MIGRATION: Once a year, arctic terns (*Sterna paradisaea*) travel from the Arctic to the southern tips of Africa and South America, a journey of some 14,000 miles.

FASTEST WINGBEAT: Hummingbirds flap their wings 40 to 70 times per second.

MOST TALKATIVE: A pet cock budgerigar (*Melopsittacus undulatus*) owned by an English housewife could utter about 550 English words and recite several complete nursery rhymes. "Budgies" are the world's most popular cage birds.

LARGEST EGG: Ostrich eggs measure up to 8 inches long and 6 inches in girth. A single egg may weigh up to 4 pounds. Bushman women use them for water jugs.

SMALLEST EGG: Hummingbird eggs are the size of a pea.

MOST EGGS LAID IN A YEAR: Individual ducks have been known to lay 363 eggs in 365 days. The record for domestic chickens is 361 eggs in the same time.

MOST ABUNDANT WILD BIRD: This is an open contest between the starling and house sparrow, which both have world-wide distribution.

RAREST WILD BIRD: There are only 10 to 15 Nippon ibis (*Nipponia nippon*) still alive. The ivory-billed woodpecker (*Campephilus principalis*), of which about 13 live in Cuba, may be even rarer.

REPTILES

LARGEST: A salt-water crocodile (*Crocodylus porosus*) from Bengal was measured at 33 feet long and 13 feet 8 inches in girth; it weighed more than 2 tons.

SMALLEST: Madagascar chameleons (*Evoluticauda*) are 1¼ inches long.

LARGEST TURTLE: A leatherback turtle (*Dermochelys coriacea*) weighed in at 1,908 pounds. Its length from head to tail was 9 feet.

LARGEST LIZARD: The Indonesian "Komodo" dragon (*Varanus komodoensis*) may exceed 10 feet in length and weigh as much as 300 pounds.

LARGEST SNAKE: A scientist has measured a 33-foot Asian reticulate python, but 37-foot anacondas have been reported.

SHORTEST SNAKE: The record-holder is a burrowing snake (*Leptotyphlops*) which is often only four inches long.

FASTEST: A Georgia race runner lizard was clocked at 18 miles per hour.

AMPHIBIANS

LARGEST: In Japan, a giant salamander (*Megalobatrachus japonicus*) measures 5 feet long and weighs 90 pounds.

SMALLEST: The tiny Cuban frog (*Sminthillus limbatus*) is only ½ inch long as an adult.

LARGEST FROG: The Goliath frog (*Rana goliath*) of the Congo region of Africa is 1 foot long.

EARLIEST: *Ichthyostega*, a small fossil found in Greenland, is believed to be 280 million years old. It may have been the world's first four-legged creature.

FISHES

LARGEST: Whale sharks (*Rhincodon typus*) measure between 45 and 50 feet long and may weigh up to 18 tons.

LARGEST IN FRESH WATER: The Russian beluga sturgeon (*Huso huso*), which lives partly in salt water, measures more than 20 feet and weighs as much as 3,212 pounds. The longest fully fresh-water fish is the redfish or pirarucu (*Arapaima gigas*) of the Amazon River—9 feet long and up to 300 pounds. It is the most important animal food in the region.

SMALLEST: The Philippine goby (*Pandaka pygmaea*) is only ⅓ inch long. It may also be the world's shortest vertebrate.

LIGHTEST: *Schindleria praematurus* of Southeast Asia weighs 2 milligrams soaking wet. It takes 14,289 fish to make 1 ounce.

FASTEST: The wahoo (*Acanthocybium solaydri*) has been measured at a speed of 48 miles per hour. The swordfish (*Makaira mitsukurii*) and the sailfish (*Istiophorus*) are believed to travel at upwards of 50 miles an hour and to make dashes of 60 to 70 miles per hour.

APPENDIX (CONTINUED)

LONGEST MIGRATION: An albacore (*Thunnus alalunga*) was tracked 4,900 miles.

EARLIEST: *Ostracoderm* lived in seas that covered the Rocky Mountains and also areas of Russia some 450 million years ago.

FIRST DOMESTICATED: The carp (*Cyprinus carpio*) was bred by man as early as 2,500 years ago in China. Goldfish were domesticated about 1,000 years ago.

MOLLUSKS

LARGEST: A giant squid (*Architeuthis longimanus*) with an 8-foot body and 57-foot length including tentacles was recorded in New Zealand in 1888. It is the world's largest invertebrate.

SMALLEST: The Australian snail (*Helisalia liliputia*) at maturity has a maximum diameter of $1/100$ of an inch.

LARGEST SHELL: Giant clams (*Tridacna gigas*) can grow as large as 43 inches long by 29 inches wide and have been recorded at a weight of 579 pounds.

LARGEST EXTINCT SHELL: A fossil ammonite (*Pachydiscus seppenradensis*), dating from the Cretaceous period, was 6 feet 8 inches in diameter.

OLDEST LIVING CLASS: *Monoplacophorans*, known from several fossils, are some 600 million years old. The class was believed extinct until a live specimen of the deep-sea species (*Neopilina galathaea*) was discovered off the coast of Mexico in 1952.

INSECTS

LARGEST: The African goliath beetle (*Goliathus goliathus*) tips the scale at $3\frac{1}{2}$ ounces and measures 5.8 inches, although stick insects are longer (15 inches) and butterflies and moths have greater wingspans.

SMALLEST: Certain species of the fairy fly (*Hymenoptera mymaridae*) measure only $1/100$ of an inch.

FASTEST: Dragonflies have been clocked at 25 miles per hour.

FASTEST WINGBEAT: The midge *Forcipomyia* flutters 57,000 times per minute.

LONGEST LIFE SPAN: The periodic cicada (*Magicicada septendecim*) lives for 17 years, although most of that time is spent underground as a nymph.

LOUDEST: Male cicadas, pulsing their sound-making membranes 7,400 times per second, may be heard for a mile.

LARGEST ANT: Females of the species *Dinoponera grandis*, found in the Amazon region, measure up to 1.3 inches.

LARGEST GRASSHOPPER: A native of Oceania, *Pseudophyllanax imperialia*, has a wingspan of nearly 10 inches and an over-all length of 8 inches.

LARGEST BUTTERFLY OR MOTH: The Indian atlas moth (*Attacus atlas*) and South America's *Thysania agrippina* each have spans of 12 inches. The largest butterfly, the New Guinean birdwing *Battus*, has a wingspread of 10 inches.

EARLIEST: A fossil springtail (*Collembola*) found in Scotland dates back 345 million years.

MOST LEGS: A Panamanian millepede (class Diplopoda) has been reported to have 784 legs. The average millepede has 80 legs and 200 legs is exceptional.

BEST SENSE OF SMELL: Male silkworm moths (*Bombyx mori*) can detect the sex attractant secreted by females more than 2 miles away.

SPIDERS

LARGEST: A South American species (*Theraposa blondi*) from the Guianas has a body length of $3\frac{1}{2}$ inches.

SMALLEST: Several species of the genus *Mysmena* measure less than $1/50$ of an inch.

DEADLIEST: Black widows (genus (*Latrodectus*) found in North and South America have the most powerful venom; while not always lethal it can kill a man.

SOUTHERNMOST DWELLER: A pink mite *Nanorchestes antarcticus*) was reported 309 miles from the South Pole.

EARLIEST: A fossil spider (*Paleaocteniza crassipes*) found in Scotland dates from about 300 million years ago.

PLANTS

LARGEST OVER-ALL: "The General Sherman," a huge *Sequoia gigantea* in Sequoia National Park, California, is 101 feet 7 inches around the base and 274 feet 4 inches tall.

SMALLEST: A duckweed of the genus *Wolffia* is the smallest flowering plant with the tiniest flower, only $1/8$ inch wide.

THICKEST: A Montezuma cypress (*Taxodium mucronatum*), known as the Santa Maria del Tule tree, in Oaxaca, Mexico, is 160 feet around the base.

TALLEST TREE: The "New Tree," a recently discovered California redwood (*Sequoia sempervirens*), towers 368 feet high.

MOST DIVERSE: Eucalyptus trees, native to Australia and New Guinea, have evolved in more than 50 million years of life into 600 distinct species which grow all over the world.

OLDEST TREES: Seventeen specimens of bristlecone pine trees (*Pinus aristata*) in the White Mountains of California have been established as over 4,000 years old by growth-ring count.

LARGEST PLANT BLOOM: Rafflesia (*Rafflesia arnoldi*), a ground-growing native of Malaya and Borneo, produces a flower 3 feet across.

MOST NORTHERLY FLOWERING PLANT: Yellow poppies (*Papaver nudicaule*) and arctic willows (*Salix arctica*) survive well into the Arctic Circle at 83°N. lat.—through winters of $-60°$F. and brief, balmy summers.

MOST SOUTHERLY PLANT: Mosses and lichens of various species live in the −100°F. cold of Antarctica.

MOST COSMOPOLITAN FLOWERING PLANT: Bermuda grass (*Cynodon dactylon*) grows from Canada, south as far as Argentina, throughout Europe and in Japan.

BEST GROUND COVERER: Wild box huckleberry (*Gaylussacia brachycera*) can cover up to three acres with a single plant.

LARGEST SEED: One seed of a double coconut palm tree (*Lodoicea maldivica*) from Africa can weigh up to 40 pounds. It takes six years for the nut to mature.

SMALLEST SEED: Seed pods of various epiphytic orchids may contain as many as three million seeds. It takes 35 million to weigh an ounce.

OLDEST SEEDS: A number of seeds of the lotus (*Nelumbo nucifera*) were found in a 2,000-year-old peat bog near Tokyo, Japan. They were planted and subsequently bloomed.

FASTEST-GROWING PLANT: A bamboo (*Dendrocalamus giganteus*) has been observed growing as much as 16 inches per day in Ceylon. Stalks may reach a height of 120 feet.

LONGEST LEAVES: Leaf blades of the Mascarene Island raffia palm (*Raphia raffia*) and the Amazonian bamboo palm (*Raphia toedigera*) may grow to a length of 65 feet.

MOST DEADLY PLANT: A common species of yellow-olive toadstool (*Amanita verna*) called "Destroying Angel" in the United States and "Death Cap" in Europe can kill a human being within 6 to 15 hours after it is eaten.

LARGEST FERNS: *Alsophilia excelsa* of Norfolk Island in the South Pacific grow to a height of 80 feet. Giant treelike ferns are common in the area.

HEAVIEST WOOD: Black ironwood (*Eusideroxylon zwageri*), native of Malaya and Southeast Asia, has a specific gravity of 1.49 and can weigh up to 93 pounds per cubic foot.

LIGHTEST WOOD: The *Aeschynomene hispida* tree of Cuba has a specific gravity of .044 and weighs 2¾ pounds per cubic foot.

OLDEST DOMESTIC PLANT: Wheat has been cultivated by man for almost 10,000 years.

GREATEST POLLINATOR: The common sorrel (genus *Rumex*) produces about 400 million grains per plant each season.

THE UNIVERSE

LARGEST PLANET: In our solar system, Jupiter is the largest planet, with a mean diameter of 86,600 miles.

SMALLEST PLANET: Mercury has a mean diameter of only 2,910 miles.

HEAVIEST PLANET: In our solar system Earth is the heaviest planet, with an average density 5½ times that of water.

LIGHTEST PLANET: Saturn, light enough to float on one of Earth's oceans, has a density .68 that of water.

MOST SATELLITES: Jupiter has 12 moons. The first four were discovered by Galileo in 1610, the last was found in 1951. Since October 4, 1957, when the Russians launched Sputnik I, over 330 artificial satellites have been put into orbit around the Earth. Some of these are still there; some have been intentionally returned to Earth; the remainder will eventually re-enter the atmosphere and be burned up.

NEAREST PLANET: Venus, in one of its orbits, approaches within 26 million miles of the Earth.

FARTHEST PLANET: Pluto makes an orbit which takes it 4,570 million miles from the Earth.

CLOSEST STAR: Proxima Centauri, found in the Southern Hemisphere sky near the giant Alpha Centauri, is 4.3 light-years—about 26 trillion miles—from the Earth's solar system. In spite of its proximity, it is too faint to be seen without the aid of a powerful telescope.

BRIGHTEST STAR: Alpha Canis Majoris (Sirius) is 23 times brighter than our sun. It can be seen with the naked eye in the Northern Hemisphere during the winter months when it is in the southern part of the sky.

LARGEST METEOR CRATER: The Vredefort Ring in the Transvaal of South Africa measures 26 miles across. It may be a quarter of a billion years old.

LARGEST ASTEROID: Ceres, which may be seen from the Earth, has a diameter of 450 miles. Located between Mars and Jupiter, it was the first asteroid discovered.

NEAREST ASTEROID: On October 30, 1937, the asteroid Hermes made an orbit of the Earth at a distance of 500,000 miles.

FARTHEST OBJECT VISIBLE TO THE NAKED EYE: The great spiral galaxy in Andromeda is 2.2 million light-years from the Earth, but it can be seen unaided.

THE EARTH'S CLIMATE

COLDEST PLACE ON EARTH: With temperatures rarely above 0°F. and reaching −100°F. for long periods, Antarctica is the coldest environment anywhere on this planet. On August 24, 1960, the lowest temperature ever recorded was measured at the Soviet Vostok station—−126.9°F.

HOTTEST PLACE ON EARTH: Although many of the Earth's deserts regularly register high temperatures, the hottest spot seems to be in the southern Sahara. An all-time high of 136.4°F. in the shade was recorded at Azizia, Libya.

WETTEST PLACE ON EARTH: Over 460 inches of rain fall every year on Mount Waialeale on the Hawaiian island of Kauai.

DRIEST PLACE ON EARTH: The Atacama-Peruvian Desert, on the border between Chile and Peru, receives less than ½ inch of rain each year. Other dry spots, such as Baja California, may go rainless for four or five years, but a single downpour can provide the area with a two-year quota of water.

WINDIEST PLACE ON EARTH: A weather station atop Mount Washington in New Hampshire recorded a windy blast of 231 miles per hour on April 12, 1934. However, Antarctica,

APPENDIX (CONTINUED)

known as the "Home of the Winds," suffers periodic bursts of over 200 miles per hour and the intense circumpolar winds never let up.

THE EARTH

LARGEST LAND MASS: Measuring from the coast of Portugal to the beaches of Manchuria, and from the top of Siberia to the tip of Malaysia, Eurasia covers 21,145,000 square miles.

LARGEST ISLAND: Greenland's area is 840,400 square miles. Although Australia is larger, it is considered a continent.

TALLEST MOUNTAIN: Everest, in the Himalayan range in Nepal, is 29,028 feet above sea level.

DEEPEST CANYON: Hell's Canyon, which spans the Oregon-Idaho border, measures 7,900 feet from the top of Devil Mountain to the Snake River on the canyon floor.

LARGEST CANYON: The Grand Canyon of the Colorado River in northern Arizona extends 217 miles and measures between 4 and 13 miles from lip to lip. In some places it is more than a mile deep.

LOWEST LAND: The shoreline of the Dead Sea is 1,286 feet below sea level. The only deeper land surface is an area of ice-covered bedrock of Marie Byrd Land in Antarctica, which is 8,100 feet below sea level.

HIGHEST ACTIVE VOLCANO: Antofalla in Argentina is 20,013 feet above sea level.

LARGEST DESERT: North Africa's Sahara covers 3.5 million square miles, nearly equaling the continental United States.

LONGEST EARTH FAULT: A crack in the Earth's surface known as the Great Rift Valley extends northward for 4,000 miles from Mozambique in eastern Africa through Tanzania, Kenya and Ethiopia into Asia Minor. The Red Sea lies within it.

LONGEST DROP: Mauna Kea, an active volcano in Hawaii, has an unbroken drop of 32,000 feet from its smoldering peak to its base on the ocean floor.

LARGEST CAVE: The Big Room in Carlsbad Caverns, New Mexico, is 4,270 feet long, 328 feet high and 656 feet wide. The largest cave system, however, is believed to be at Mammoth Cave, Kentucky, where subterranean chambers run for 150 miles or more.

ROCKS AND MINERALS

OLDEST: Granite gneiss found in Dodoma, Tanzania, is thought to be 3.6 billion years old.

COMMONEST: Quartz, the most abundant mineral, composes 12-15 per cent of the Earth's crust.

MOST VALUABLE: Emeralds, a form of beryl, bring a higher price per carat than any other mineral gem of like quality. A good-sized emerald may cost more than $2,000 a carat.

HARDEST MINERAL: Diamond, by far the hardest mineral, can be scratched only by another diamond. But due to its crystalline structure, it can be cleaved readily along definite planes of weakness; the resulting rough gems are then faceted, or "cut," with diamond dust.

LONGEST NATURAL MINERAL CRYSTAL: Crystals of spodumene, a silicate, measuring 40 feet long have been found in the Black Hills of South Dakota.

HEAVIEST MINERAL: Platiniridium, a natural alloy of two forms of platinum, has a specific gravity as high as 22.84 times that of water, or nearly twice as heavy as lead.

LIGHTEST MINERAL: Ice, the crystal form of water, has a specific gravity of .9167. Ice fulfills all the qualifications for a mineral, being a nonorganic substance with a definite chemical composition.

THE SEA

LARGEST OCEAN: The Pacific Ocean covers an area of 63,985,000 square miles.

SMALLEST OCEAN: The Arctic Ocean measures 5,541,000 square miles. It is also the shallowest, reaching a maximum depth of 17,500 feet.

SALTIEST SEA: The Dead Sea contains over 25 per cent salt. By comparison, the Atlantic Ocean rarely holds more than 3.9 per cent, and averages about 3.6 per cent salt.

TALLEST WAVE: A typhoon-driven wave crest of 112 feet was measured from the United States Navy Tanker *Ramapo* on February 7, 1933, in the Pacific Ocean.

GREATEST OCEAN DEPTH: The Mariana Trench in the Pacific Ocean off Guam extends 35,800 feet from the water surface to the sea floor.

RIVERS AND LAKES

LONGEST RIVER: The Nile runs for 4,132 miles from its source in Tanzania to its mouth in Egypt.

MIGHTIEST: The average flow of the Amazon River in Brazil is 7.5 million cubic feet of water per second. The Amazon River basin, greatest in the world, covers 2,500,000 square miles.

LARGEST SALT-WATER LAKE: The Caspian Sea, between the U.S.S.R. and Iran, covers some 152,084 square miles.

LARGEST FRESH-WATER LAKE: Lake Superior, between the United States and Canada, covers 31,820 square miles.

DEEPEST LAKE: Lake Baikal in central Siberia was measured at 6,364 feet in 1957.

HIGHEST LAKE: Lake Titicaca between Bolivia and Peru in the Andes lies 12,506 feet above sea level.

HIGHEST WATERFALL: Angel Falls, which occurs in Venezuela in a branch of the Carrao River, plummets 3,212 feet from lip to base. It was discovered and named in 1935 by the American daredevil pilot Jimmy Angel.

INDEX

to the

LIFE NATURE LIBRARY

BEGINNING here and continuing for the next 94 pages is a comprehensive index to the 24 volumes of the LIFE Nature Library. More than a mere compendium of names and terms, this is, in practical effect, a work that binds the Nature Library into a cohesive whole—an encyclopedia of natural history that is in many ways unique. In order to make the most effective use of this index, the reader should be aware of how it is compiled and the several different ways it can serve him.

Each plant and animal mentioned in every volume is listed under its common name. Elephants, for example, can be looked up in all their various contexts—as mammals (in *Mammals*), as creatures of their habitat (in *Africa* and *Tropical Asia*), as products of evolution (in *Evolution*) and as contributors to their ecology (in *Ecology*). Each common name, in turn, is followed by the scientific name—*Loxodonta africana*, for example, for the elephant of Africa. The Latin names are then cross-indexed for easy reference to the common names. Thus any plant or animal can be looked up either way. At the bottom of each page is a key which explains the abbreviations used to represent the various volumes.

INDEX (CONTINUED)

A

A (adenine), **EV** 94, *102*
"Aa" lava, **MT** 59, 74
Aardvark (mammal; *Orycteropus afer*), **AF** 13-14, **MAM** 16, *21*; range of, **EC** 12; tongue of, **EC** 127; zoogeographic realm of, **EC** *map* 20. *See also* Tubulidentata
Aardwolf (mammal; *Proteles cristatus*), **AFR** 16, *105*
Abbas II (Shah of Persia), **DES** 144
Abbe, Cleveland, **UNV** 146-147
Abbevillian industry, **EM** 10, 104
Abbott's sphinx (caterpillar; *Sphecodina abbotti*), larva of, **AB** *186*
Abdomen (body part), **INS** 14, 34, 43, *44, 45*
Aberdares (mountains), **AFR** 135, 139, 140, 141
Aberdares National Park, Kenya, **AFR** 173, *175*
Abies. See Fir
Abies concolor. See White fir
Abies fraseri. See Balsam fir
Abies lasiocarpa. See Alpine fir
Abnormal animal behavior, **AB** *102-105*
Abnormal stars, **UNV** 113-114, *122-123*, 130, 132, *diagram 118-119*
Aboriginal names of Australian towns, **AUS** 15
Aborigines of Australia, **AUS** *168-178, 179-191*, **DES** 129, 130, 131, 138, *158-163*, **PLT** 160
Abramis brama. See Bream
Abri Pataud, Venus of, **EM** *164*
Abronia villosa. See Sand verbena
Abruzzi, Duke of, **MT** 161
Absorption spectrum, **UNV** 36, *47*
Abstention of reptiles from food, **REP** 21, 65, 74
Abu Simbel (temple), **DES** *146-147*
Abyssal hills (underwater), **S** 65, 66, *maps* 64, 65, 66-67, 71
Abyssal plains (underwater), **S** 57, 58, *maps* (64-65, 66-67, 72
Acacia. See Acacia tree; Thorn bush; Wattle
Acacia, bull-horn (plant; *Acacia sphaerocephala*), **SA** 155
Acacia aneura. See Mulga scrub
Acacia cornigera (shrub), **PLT** 145
Acacia decurrens. See Black wattle
Acacia greggii. See Catclaw
Acacia oxycedrus. See Spike wattle
Acacia pycnantha. See Mimosa
Acacia sphaerocephala. See Bull-horn acacia
Acacia tree (*Acacia*), **AFR** 73, **AUS** 10, *44, 45, 52*; **DES** 57; **FOR** 68, *69, 111*
Acadia National Park, Maine, **E** 186, 187, **NA** *189*, 195
Acanthis flammea. See Redpoll
Acanthodian (prehistoric fish), **EV** 112, **FSH** *60*, 62, *chart* 68
Acanthodii. *See* Spiny fishes; Acanthodian
Acanthophis antarcticus. See Death adder
Acanthurus leucosternon. See Surgeonfish
Acarina. *See* Mite
Accentor, of Tibet (bird; *Prunella*), **EUR** 40
Accipiter. See Bird hawk
Accipiter gentilis. See Goshawk
Accipiter gentilis atricapillus. See American goshawk
Accipiter nisus. See European sparrow hawk
Accipiter striatus. See Sharpshin hawk
Accipitridae. *See* Kite
Acer. See Maple
Acer macrophyllum. See Bigleaf maple
Acer rubrum. See Red maple
Acer saccharinum. See Silver maple

Acer saccharum. See Sugar maple
Aceros nipalensis. See Rufous hornbill
Acetic acid, **PLT** 56
Achernar (star; Alpha Eridani), **UNV** 131, *map* 11
Acheulian industry, **EM** 104, 106-107
Acheulian tools, **EM** *100, 103,* 108, *109, 111, 116, 118-119*
Achillea. See Yarrow
Achilles (asteroid group), **UNV** *diagram* 66
Achlys triphylla. See Vanilla leaf
Achondrites (meteorites), **E** 16
Achroia grisella. See Wax moth
Acids: in plants, **PLT** 59; in fruit, **PLT** 56, 58; in plant cell, **PLT** 56
Acinonyx jubatus. See Cheetah
Acipenser güldenstädti. See Sturgeon
Acipenser ruthenus. See Volga River sturgeon
Acmaea testudinalis. See Tortoiseshell limpet
Acoma Indian Cemetery, New Mexico, **NA** *61*
Acoma pueblo, New Mexico, **NA** 68, 69
Aconcagua (mountain peak), **MT** 57, 160, *diagram* 178; **S** 57; **SA** 12
Acorn, **FOR** 28; germination of, **PLT** 98, *107*
"Acorn," or rock, barnacle (*Balanus balanoides*), **EC** *34*, **S** 24
Acorn weevil (insect; *Balaninus*), **INS** *49*
Acoustic beacons, for ocean navigation, **S** 170
Acquired characteristics: in Lamarckian theory, **EV** 11-12
Acridididae. *See* Solitary locust
Acridotheres tristis. See Myna
Acrobates pygmaeus. See Pygmy glider
Acrocephalus arundinaceus. See Great reed warbler
Acrophylla. See Giant stick insect
Actias luna. See Luna moth
Actina equina. See Beadlet anemone
Actinopterygians (fish; subclass Actinopterygii), evolution of, **FSH** 64, 66, *chart* 68-69
Actinoptychus (alga, diatom, Bacillariophyceae), **PLT** *184*
"Action chains," **AB** 88-89; and orientation mechanism, **AB** 113-114
"Action potentials," **AB** 37, 65
Actitis macularia. See Spotted sandpiper
Acuña, Christóbal de, **SA** 178
Adams, James, **EV** 121
Adams, John Couch, **UNV** 68
Adams, Walter S., **UNV** 44
Adamson, Joy, **EUR** 153
Adansonia digitata. See Baobab
Adansonia grandidieri. See Madagascan baobab
Adaptations and specializations, **EC** *123-124, 130-131*, **EV** 42-43, 44, *45,* 64-65, 91, 170, 175; adaptive radiation, **AUS** 66, 127-129, **B** 11-12, 16, 31, **EC** 59-60, **MAM** 88, **REP** 38, 41-42; of amphibians, **REP** 20, 56-57, 96; anatomical, **PRM** 39, 64, 82, 179, 183; of animals, **MT** 107, 108, 110, 112, 114, 117, 119, **PLT** 127, 144-146, **TA** 58; behavioral, **EC** 124-125, 138, **PRM** 64, 185, **SA** 78; biogeography, **INS** 11, 12, 15-16, 59, 154; of birds, **AB** 11-12, 13-15, 16, *22, 23,* 33-35, 36, 37-39, 41, 42-43, *52-53,* 56, 57-58, *59-61,* 68, 71, *76-77,* 171, *diagram* 36, **EC** 124, **EV** 28-29, *30;* of brains, **PRM** 10, 13, 183; camouflage, **FSH** *24-25;* to captivity, **PRM** 40-42, 51, 68, 70, 77, 109, 110, 156, 190, *191;* of cells, **PLT** *41;* coloration, **FSH** 48-49; convergence and, **EC** 126-127; defensive, **AB** 13, **FSH** *48-49,* **MAM** 100-105, **PRM** 37-38, 41, 94, 179; for digestive

systems, **PRM** 37, 54, 152; disadvantages of, **EC** 126; eating habits, **MAM** 82, **REP** 53, 54, 55-61, 86; and environment, **B** 11-12, 14, 57-58, 171, **EC** 122, **EUR** 77, **EV** 32, *45, 54-55,* 91, 170, 175, **INS** 11, 12, 15-16, 59, 154, **MAM** 41-42, 80-82, **TA** 85; and evolution, **EV** *28-29, 36-37,* **MAM** 36, 42; external, **EC** 124; of extremities, **EV** 116, **PRM** 10; of fishes, **EC** 122, **FSH** *10-11,* 12, *13, 24-25, 29-31, 45-57,* 61, 66, *70-73,* 94, 104, *138-139;* **REP** 37, **S** 111, **SA** *181,* **TA** 87; to fresh-water living, **SA** 10-11; and genetics, **EC** 122-123; for grasping, **PRM** 10, 11, 13-14; to ground living, **EM** 49-50, **PRM** 38, 135, 152, 179; hunting, **FSH** *29-31;* of insects, **EC** 58-59, 124, **EV** *45,* **INS** 11, 12, 15-16, 41, 59, 142, 154; and instincts, **PRM** 184-185; Lamarckian theory and, **EV** 11-12; learned, **PRM** 89; for locomotion, **EM** 48, **PRM** 64, *65, 82,* **REP** 20, 83, 96, 100, *160-161,* **TA** 58; of mammals, **EC** 76, **EUR** 110, **EV** *115,* **MAM** 82, 91-93, **PRM** 38, **SA** 11, 78; of man, **EV** *32-33,* 116, 169, **MAM** 170-172, **MT** 14, 131-132, 133, 140-141, **PRM** 42; to man's residential areas, **PRM** 136, *188;* and mountains, **MT** 14, 131-132, 133, 140-141; mutation and, **EV** 91, 106-107; mutual aid and, **EC** 100; and natural selection, **EV** *60-61;* offensive, **MAM** 97-100; organizational, **EC** *145;* and parental care, **PRM** 94; physiological, **EC** 124; of plants, **DES** 10, 14, 54-60, 66, 121, **FOR** 100, **MT** 12, **PLT** 12-13, 16, *34,* 79, 80, *90-91,* 101, 125, 127, 139-157, **POL** 77-78, 82, **TA** 85; of prehistoric man, **EM** 49-50, 55, 56, 78, 81, 126, 140, **EV** *36-37;* and predation, **PRM** 115, 152-153, 180-181; of primates, **DES** 15, 70-72, 80, 96, 97, **EM** 49-51, **PRM** 38-39, 133, 136, 152, *188,* 190, 191; and reproduction, **FSH** 104; **PRM** 183-184; of reptiles, **DES** 15, 71-72, 80, 96, 97, **REP** 20-21, 22-23, 24, 25, 29, 36-37, 38, 39-40, 41-42, 53, 54, 55-62, 66-67, 83, 84-85, 86-88, *94-95, 96-97, 98-99,* 100, 106-107, 111-112, 113, 115, *120, 121-123, chart* 44-45; respiratory, **FSH** 54-55, **TA** 87; to seasons, **PRM** 54; and sense organs, **PRM** 10, 12; and sex, **PRM** 38, 184-185; social, **PRM** 107, 113, 185; structural, **EC** 123, **PRM** 64; and survival, **PRM** 131; in temperament, **PRM** 41; to temperatures, **PRM** 12; to tree living, **PRM** 10, 12, 16, 94; varieties of, **EC** 39, 123; visual, **B** *diagram* 36; **FSH** *50-51;* and water, **PLT** 80. *See also* Artificial selection; Environment; Evolution; Mutation; Natural selection; Survival; specific animals and plants
Adaptive radiation. *See* Adaptations and specializations
Addax (antelope; *Addax nasomaculatus*), **AFR** 76, 170
Addax nasomaculatus. See Addax
Adder, death (*Acanthophis antarcticus*), **AUS** 136, *144,* **REP** 15
Adder, dwarf puff (*Bitis peringueyi*), **REP** *158-159*
Adder, European (*Vipera berus*), **REP** 149
Addo Elephant National Park, South Africa, **AFR** 175, 177
"Adelaide chinchilla," or brush-tailed possum (*Trichosurus vulpecula*), **AUS** 101, *111, diagram* 89
Adélie Land, **POL** 52, 54, *84*
Adélie penguin (*Pygoscelis adeliae*), **POL** 72, 77, 79, 85
Adenine, **EV** 94, *102*
Adenosine triphosphate (**ATP**),

PLT *45,* 60-61, 64, 65
Adenota. See Kob
Adenota kob thomasi. See Uganda kob
Adenota vardonii. See Kob
Adhara (star; Epsilon Canis Majoris), **UNV** 11, 131
Adhesion: in plants, **PLT** 78; of water molecules, **PLT** *78*
Adinandra dumosa (tree), **TA** 55
Adirondacks, **MT** 39, 137
Adjutant stork (*Leptoptilus dubius*), **TA** 82
Adobe "guardians" (monuments, N. Mex), **NA** *61*
Adonis (asteroid), **UNV** 67
Adrenalin, **EM** 172-173
Adult cells, or imaginal buds, **INS** 59, 60, 72
Adult stage of insects: anatomy of, **INS** 14, *44-45;* growth during, **INS** 60; independent evolution of, **INS** 13, 59; specialization of, **INS** 16, 57, 59
Aëdes aegypti. See Yellow-fever mosquito
Aedes sticticus. See Floodwater mosquito
Aegilops (grass), **EUR** 156
Aegithalos caudatus. See Long-tailed tit
Aegolius acadicus. See Saw-whet owl
Aegolius funereus. See Tengmalm's owl
Aegopodium podograria. See Goutweed
Aepinacodon (extinct mammal), **NA** 130
Aepyceros melampus. See Impala
Aepyornis maximus. See Elephant bird
Aepyprymnus rufescens. See Rufous rat kangaroo
Aerating of young by fishes, **FSH** 105, 106
Aerial pitcher (plant; *Nepenthes*), **TA** 65
Aerial plant (Epiphytes), **EC** 102
Aerodynamics: of birds, **B** 39-40, *diagrams* 42-45
Aeronautes saxatalis. See White-throated swift
Aescalus. See Horse chestnut
Aesculapian snake (*Elaphe longissima*) **EUR** 125
Aesculus. See Buckeye
Aesculus hippocastanum. See Horse chestnut
Aesiocopa patulana. See Bell moth
Aetosaurus (extinct reptile), **EUR** 12
Afghan desert, **EUR** 72-73
Afghan hound (dog; *Canis familiaris*), **EV** 87
Afghanistan: desalinization program, **EUR** 72-73; grain field, **EUR** *183*
Africa, **AFR** (entire vol.) **DES** 11, 12, 102, 115, **FOR** 67-70, 98, 135, **POL** 85; animals of, **AFR** (*passim*), **DES** 72, 76-78, 170, **FOR** 115, *128,* **MT** 119; beginning of man in, **EM** 56; biogeographical regions of, **AFR** 63-64, *124-125,* 135-137, 143-149, 152, *177,* **EV** 94, **MAM** 30-31; birds of, **AFR** 12-13, 32, 34, *35,* 41, *52-57,* 62, 93, 102, *108-109,* 112, *113, 115,* 119, *124,* 125, 138, *139,* 156-158, *166-167,* 171, *188,* **B** 15, 27, 85; conservation in, **AFR** 169-178, *179-191;* deserts of, **AFR** 11, *map* 30-31, **DES** 12, 102, *map* 10-11, **EUR** 62; early knowledge of, **AFR** *18-19;* early man in, **EV** 145-146, 152, *153-159,* **PRM** 177-178; ecology of, **AFR** 62-66, 113-114, *186-191;* elephants of, **AFR** 28-29, 66, 82-85, 139-141, 171, 172, 173, *177, 182, 187,* **EUR** 62, **MAM** 18, 78, 81, 87, 100, *chart* 72; exploration of, **AFR** *18-25;* first circumnavigation of, **S** 182; fisheries of, **FSH** 168, 177, 179; fishes of, **AFR** 11-12, 34-35, *36-38, 40, 41, 50-51,* 156, **FSH** *179;* forest

AB Animal Behavior; AFR Africa; AUS Australia; B Birds; DES Desert; E Earth;
INS Insects; MAM Mammals; MT Mountains; NA North America; PLT Plants; POL Poles;

dwellers in, **FOR** 118, *119-123,* 124; forests of, **AFR** 111, 120, 152, *map* 30-31; fossil- and tool-bearing sites of, **EM** *chart* 55; fossils of, **AFR** 12, 64, 151, **PRM** *178,* **S** *50*-51; game sanctuaries of, **AFR** 175, 180-181; grass in, **AFR** 63, *64, 65, 66;* hunters in, **AFR** 26-27; Kirunga Range of, **PRM** 65; lakes of, **AFR** 10, 20, 22, *32,* 33-42, 51, *52-55,* 59, *map* 30-31; lizards of, **AFR** 12, 42, 155, 160, *161;* Madagascar, wildlife of, **AFR** *150,* 151-158, *159-167;* mammals of, **AFR** 9, 13-16, *26-27,* 36-38, 42, *43, 46-47, 48, 60, 62-63,* 64-65, 66-69, 70, *71-86,* 87-94, *95-105,* 114-115, *116-117, 119,* 120, *121, 123-125, 134,* 139-142, *150,* 154, 155, 156, *162-166, 168,* 172-173, 175, *179, 186-188;* maps of, **AFR** *maps* 18, 20, 22, 25, 26, 30-31; and Mid-Ocean Ridge, **S** 60; mountains of, **AFR** 10, *19, 25, 134,* 135-142, *143-149, map* 30-31, **MT** 12, 178, 186, *map* 44; national parks of, **AFR** 37, 38, 39, *82,* 83, 88-89, 91, 94, 171, 173-175, 177, *179-181,* 183; origin of man in, **EM** 56; people of, **DES** 127-136, *137-143, 152-157;* Permian period in, **S** 41; plants of, **AFR** 63, 136, 137, *138, 139, 143, 146-149, 171,* **DES** 56, 58, *64, 65* (*see also* Trees; Vegetation); poaching in **AFR** *172, 173, 184-185;* pre-man of, **EM** 25; rain forests of, **AFR** *110,* 111-120, *121-133,* 135, 153, *map* 30-31, **FOR** 59, 133; reptiles of, **AFR** 22, 38-42, *58-59, 91,* 117, 155-157, 160, *161, 166,* **REP** 11, 13, 15, 16, 152, *map* 80; rivers of, **AFR** 20, 21, *22-23,* 33-42, *43-59, 83, 122, map* 30-31; rodents of, **AFR** 14, 15, 114, 115, *117,* 139, 155; Ruwenzori Range of, **MT** *101,* 160-161, horizontal life bands of, *94-100, map* 44; Sahara as barrier in, **MT** 136; salt lakes of, **AFR** *54,* 55; savannas of, **AFR** *60,* 61-70, *71-86,* 87-94, *95-109,* 152, *186-191, map* 30-31, **FOR** 68-*69;* snakes of, **AFR** 12, *91;* stamps of, **AFR** *192;* steppe of, **AFR** *map* 30-31; topography of, **AFR** 10, *map* 30-31; trees of, **AFR** 63, *73,* 83, *124-125,* 136, 152, *156, 157, 159, map* 30-31; turtles of, **AFR** 12, 42, 156-157; vegetation of, **AFR** 63-64, *124-125,* 135-137, 143-149, 152, *157, 159, map* 30-31; volcanoes of, **MT** 56, 57

African buffalo *(Syncerus caffer),* **AFR** 67, 173, *188,* **FOR** 115

African, or water, chevrotain (mouse deer; *Hyemoschus aquaticus*), **AFR** 38

African civet *(Civettictis civetta),* **AFR** 87, 114, 116, *123*

African clawed frog *(Xenopus laevis),* **AFR** 12; "lateral buds" of, **AB** *43*

African crocodile. *See* Nile crocodile

African darter, or snakenecked bird *(Anhinga rufa),* **AFR** 36, 53

African dragon plant *(Dracaena draco),* **PLT** *132-133*

African egg-eating snake *(Dasypeltis),* **REP** 54, 57, *66-67*

African elephant *(Loxodonta africana),* **AFR** *28-29, 66, 82-85,* 139-141, 171, 172, 173, 177, *182, 187,* **EC** 12, *20,* **EUR** 62, **MAM** 18, **PRM** *145;* feeding habits of, **MAM** 78, 81; speed of, **MAM** *chart* 72; survival problems of, **MAM** 100

African fish eagle *(Cuncuma vocifer),* **AFR** 34, 41

African golden cat *(Felis aurata),* **AFR** 116

African ground squirrel *(Xerus),* **EC** *137*

African Hall of American Museum of Natural History, **AFR** *28-29*

African hawk eagle (bird; *Hieraetus fasciatus*), **AFR** *108,* **B** 71

African lungfish *(Protopterus),* **AFR** 12, 34, **FSH** *71*

African lynx, or caracal *(Felis caracal),* **AFR** 87, 93, *104*

African, or Congo, peacock *(Afropavo congensis),* **AFR** 119

African pompano (fish; *Alectis crinitus*), **FSH** 26, *27*

African porcupine *(Hystrix galeata),* **AFR** *26,* 114; **MAM** 100-101

African rock python (snake; *Python sebae*), **REP** 131; as predator, **AFR** 87

African skimmer (bird; *Rynchops flavirostris*), **AFR** 41

African soft tortoise *(Ralacochersus tornieri),* **REP** 131

African soft-shelled turtle *(Trionyx triunguis),* **AFR** 42

African violet *(Saintpaulia ionantha),* **PLT** *69, table* 123

African water shrew, giant, or otter shrew *(Potamogale velox),* **AFR** 14

African wildcat *(Felis libyca),* **EUR** 114, 156

African Wildlife, Lorentz, **AFR** 94

Afropavo congensis. See African or Congo peacock

Agama tuberculata. See Agamid, Nepalese

Agamid, Nepalese *(Agama tuberculata),* **EUR** *50*

Agamid lizard, toad-headed *(Phrynocephalus nejdensis),* **REP** *158-159*

Agane schotti. See Night-blooming cactus

Agapornis. See Lovebird

Agaricus campestris. See Field mushroom

Agarum. See Sea colander

Agarum turneri. See Sea colander

Agassiz, Louis, **FOR** 16, **S** 41

Agathis. See Kauri tree

Agave americana. See Century plant

Age determination: by fish growth "rings," **FSH** *36,* 38; of fishes, **FSH** 152; of turtles, **REP** 85

Age of fishes: Devonian Era, **FSH** 61

Age of Mammals, **MAM** 37-42; birds in, **B** 11

Age of Reptiles, **B** 11, **EUR** 12, **REP** 41, 42, 106; and evolution of flight, **REP** *39,* 40, 83; and Jurassic Era (and fishes), **FSH** 66; and rule of dinosaurs, **REP** 17, 38-39

Agelaius phoeniceus. See Red-winged blackbird

Agelaius tricolor. See Tricolored blackbird

Aggregations and Schools of fishes, **FSH** 127-130

Aggression: in animals, **AB** 153, 157, 158, 176; in primitive and modern societies, **EM** 173-175

Agile wallaby (marsupial; *Wallabia agilis*), **AUS** *118*

Agkistrodon contortrix. See Copperhead

Agkistrodon piscivorus. See Water moccasin

Agricultural calendar, of Kelabits, **TA** 33-34

Agriculture, **FOR** 118, **PLT** 127, 159-181; by American Indians, **NA** 59-60; in Andes, **MT** 132, *143, 144;* in Arctic, **POL** 155-157; available cropland for, **PLT** 166; and climate, **PLT** 123; and deforestation, **FOR** 7, 159, 160, 161, 172; development of, **EUR** 156-157, **PLT** 10, 160-164, 171; and dew, **DES** 102; discovery of, **EC** 164; diversification of, **EC** 167; of early man, **TA** 172-173; energy furnished by, **PLT** 165-166; and farmland, **DES** 15-16, *38-39,* 173, *map* 36-37; farming of sea, **S** 173; gardening of sea, **S** 177; by green turtles, **REP** 175; of Guaica Indians, **FOR** 124; horizontal vs vertical farming, **MT** *diagrams* 36; and human population, **PLT** 60, 160; and insects, **EC** 167; in Iran, **DES** 13; and locusts, **DES** 115, 125; long-range prospects for, **PLT** 165-167; by male bowerbird, **AUS** 154; mass cultivation in, **PLT** 166; in Mediterranean region, **EUR** 59-60, *70-71;* in mountains, **MT** *20-21,* 130, 132, 134, *143, 144, 148-149;* Mozabite, **DES** 136; Nepalese, **MT** *148-149;* of Nile Valley, **DES** 146-147; and nomadism, **DES** 131; in Palestine, **DES** 165-166, 172; and pests, **DES** 115, 125, **EC** 167, **EUR** 160, **PLT** *176-177;* in Philippines, **PLT** *170-171;* potentialities of, **PLT** 128; primitive methods of, **PLT** 161; research in, **PLT** 163-165; of sea, **FSH** 12, **S** 173, 174, 177; single crop, **EC** 166-167, **EUR** 177; and Siberia, **POL** 156; on steppes, **EUR** 88; and sugar cane fields, **PLT** *169;* terracing in, **EC** 177, **EUR** *187,* **MT** 130; in Tibet, **MT** 134, 149; timber crops as, **FOR** 170, 175, *176-177;* in tropical Asia, **TA** 172-173, *180-182, 184-191;* in Turkestan, **DES** 12; Tyrolean, **MT** *20-21;* in the United States, **PLT** 123, 166; yield per acre in, **PLT** 166. *See also* Irrigation; specific crops

Agropyron cristatum. See Crested wheat grass

Agrostis. See Snow grass

Aguila heliaca. See Imperial eagle

Aguirre, Lope de, **SA** 178

Ahaggar Mountains, **DES** 133, 134, **MT** *44*

Aigialosaur (aquatic lizard; *Aigialosaurus*), **REP** 39, 112

Aigialosaurus. See Aigialosaur

Aiguille, Mont, **MT** 157, 158

Aiguille du Midi, **MT** *23*

Aiguilles de Sissé (Libyan rock formations), **DES** *22*

Ailuropoda. See Panda

Ailuropoda melanoleuca. See Giant panda

Ailurus fulgens. See Lesser panda

Ainu (man; subgroup), **EV** *174;* bear cults among, **EM** 154

Air, **DES** 13-14, 28-29; high-altitude, **MT** 81, 82, 131, 161-162; volcanoes as source of, **MT** 61-62, 63

Air sacs of birds, **B** 35, 47, 49, 66

Air-breathing fishes, **AFR** *36, 37,* **FSH** 39, 54, *55,* 65, 73

Airedale terrier (dog; *Canis familiaris*), **EV** *86-87*

Airplanes, **DES** 129, 131, 171; in commercial fishing, **S** 177; and defense against sharks, **S** 135; in whaling industry, **S** 162. *See also* Aviation

Airports, as bird environments, **B** 62, 81, 101, 116

Airy, George B., **E** 87

Aithurus polytmus. See Streamer-tail hummingbird

Aix galericulata. See Mandarin duck

Aix sponsa. See Wood duck

Ajaia ajaja. See Roseate spoonbill

Ajjir Mountains, **DES** 133

Ajolote (lizard; *Bipes biporus*), **REP** *30-31*

Akeley, Carl, **AFR** *28-29*

Al Sufi (astronomer), **UNV** 146

Aland (dog; *Canis familiaris*), **EV** *86-87*

Alarcón, Hernando de, explorations of, **NA** *map* 18

Alarm behavior, **AB** 130, *162-163*

Alaska, **FOR** 45, 58, 59, 77, 79, **NA** *11,* 12-15, *174,* **POL** 156; annexation of by U.S., **POL** 151; animal domestication in, **POL** 156; aurora in, **POL** *22, 23;* Bering's claim of for Russia, **POL** 33; caribou in, **POL** 111; civilization of, **POL** 152; cordillera of, **MT** 12; difference in poles, **POL** 15; Eskimos of, **POL** 134, 136; Indians of, **POL** 133, 136; military bases in, **POL** 154, *166;* mineral wealth of, **POL** 154, *table* 155; mountain peaks in, **MT** *173;* sea mammals of, **S** 146; volcanoes in, **MT** 57; walrus in, **POL** *96-99;* warming of, **FOR** 174

Alaska, University of, **POL** 165

Alaska Highway, **POL** 154, 163

Alaska Railroad, **POL** 163

Alaskan Abyssal Plain, **S** *maps* 68-69

Alaskan brown bear *(Ursus arctos),* **MAM** *151*

Alaskan, or northern, fur seal *(Callorhinus ursinus cynocephalus),* **MAM** *126,* 144, **POL** *79,* 80, 81; breeding season of, **MAM** 142; migration route of, **MAM** *map* 126; swimming technique of, **MAM** 62

Alaskan Range, **MT** *44*

Alaskan timber wolf *(Canis lupus pambasileus),* **MAM** *96*

Alaska-Siberia land bridge, **NA** *11,* 12-15

Alauda arvensis. See Skylark

Alaudidae. *See* Lark

Alaunt (dog; *Canis familiaris*), **EV** *86-87*

Albacore (fish; *Thunnus alalunga*), **FSH** 152, 170

Albania: government-protected land, **EUR** *chart* 176

Albatross (bird; Diomedeidae), **B** 14, 86, 146, **SA** 105; breeding age of, **B** 83, 139; classification of, **B** 14, *18-19,* 20; courtship of, **B** *148-149;* feeding of young by, **B** 159; feet of, **B** 38; fertility of, **B** 83, 142; flight of, **B** 40, *diagrams* 43; incubation of, **B** 145; origin of word, **B** 14; sense of taste of, **B** 36; of South America, **SA** 105; wing of, **B** 14, 40, *148-149*

Albatross, black-browed *(Diomedea melanophris),* **B** *18-19*

Albatross, Galápagos *(Diomedea irrorata),* **B** 86

Albatross, Laysan *(Diomedea immutabilis),* **B** 107

Albatross, royal *(Diomedea epomophora),* **B** 83

Albatross, short-tailed *(Diomedea albatross),* **B** 170

Albatross, wandering *(Diomedea exulans),* **B** 14, *148-149*

Albemarle Island (Galápagos), **EV** 16

Albert, Lake, **AFR** 20, 59; area and location, **S** 184

Albert National Park, Congo, **AFR** 175, 180, **PRM** 63

Albinism, **EV** *66, 178*

Alca impennis. See Great auk

Alcedo atthis. See Common kingfisher

Alcelaphini (tribe of antelopes), **AFR** *77*

Alcelaphus. See Hartebeest

Alcelaphus buselaphus buselaphus. See Bubal hartebeest

Alcelaphus buselaphus jacksoni. See Jackson's hartebeest

Alces alces. See European elk

Alchemilla (genus of plants), **AFR** 136

Alcohol, **DES** 170; formation of, **PLT** 14, 56-58

Alcyonaria. *See* Soft coral

Alcyonium digitatum. See Dead men's fingers

Aldabra (island), **AFR** 157

Aldan River: length and location, **S** 184

Aldebaran (star; Alpha Tauri), **UNV** 11, 131, *map* 10

Alder (tree; *Alnus*), **FOR** 58, 61, *91,* **POL** 107

Alectis crinitus. See African pompano

Alectoris barbara. See Barbary partridge

Alectroenas nitidissima. See Blue pigeon

Aleppo pine *(Pinus halepensis),* **EUR** 59

EC Ecology; **EM** Early Man; **EUR** Eurasia; **EV** Evolution; **FOR** Forest; **FSH** Fishes; **PRM** Primates; **REP** Reptiles; **S** Sea; **SA** South America; **TA** Tropical Asia; **UNV** Universe

INDEX (CONTINUED)

Aleutian Islands, **MT** 57, 61, **POL** 133, 166; sea otters, **S** 146
Aleutian Trench, **S** map 68; earthquakes of, **S** 94
Aleuts (arctic people), **POL** 133
Alewife (fish; *Pomolobus pseudoharengus*), **NA** 42-43
Alexander I, Czar, **POL** 52
Alexander the Great, **MT** 138
Alexandra, Mount, **MT** 161
Alfalfa aphid, spotted (insect; *Therioaphis maculata*), **PLT** *178*
Alfalfa hay (*Medicago sativa*), **DES** 15-16; parasites of, **PLT** 143-144
Alfalfa weevil (*Hypera postica*), **PLT** *177*
Alga, blue-green (*Nostoc commune*), **B** 57, **EC** 39, 134, **PLT** 12, 14, *17*
Algae, brown (Cyclosporae), **PLT** 184
Algae, brown (*Dictyota*), **PLT** 13, *184*
Algae, brown (*Fucus*), **PLT** *184*
Algae, brown (Heterogeneratae), **PLT** 184
Algae, brown (Isogeneratae), **PLT** 184
Algae, flagellated (*Euglena*), **PLT** *183*
Algae, golden (Chrysophyceae), **PLT** 13
Algae, green (Chloromonadophyceae), **PLT** 184
Algae, green (Chlorophyceae), **PLT** *183*
Algae, red (*Polysiphonia*), **PLT** 13, *183*
Algae, red coralline (Corallinaceae), **S** *24*
Algae, yellow-green (*Gonyostomum*), **PLT** *184*
Algeria, **DES** 24, 132; government protected land, **EUR** chart 176; oil in, **DES** 182-183; Mozabites in, **DES** 20, 134, 136
Alhagi. See Yellow aspalathus
Alice Springs, Australia, **AUS** 12
"Alkaline flats," **PLT** 79
Alkalines, and color changes, **PLT** 59
Allactaga major. See Great jerboa
Allardia (flower; *Allardia glabra*), **EUR** *51*
Allardia glabra. See Allardia
Allen, Arthur, **B** 138
Allen, Ross, **REP** 153
Allen's rule, **EC** 128
Alligator, American. See American alligator
Alligator, Chinese (*Alligator sinensis*), **REP** 16
Alligator mississippiensis. See American alligator
Alligator sinensis. See Chinese alligator
Alligator snapper (turtle; *Macrochelys temminckii*), **REP** 56, *120-121*
Allium (plant; *Allium*), **DES** 139
Allium. See Allium
Allium cepa. See Onion
Allium sativum. See Garlic
Allspice (*Eugenia pimenta*), **PLT** *186*
Almagest (astronomical encyclopedia), **UNV** 13
Almendro, or "almond tree" (*Prunus amygdalus*), **FOR** 74
"Almond tree," or almendro (*Prunus amygdalus*), **FOR** 74
Alnus. See Alder
Aloe (plant; *Aloe*), **DES** *64*, **EUR** *169*
Aloe. See Aloe
Alopex lagopus. See Arctic fox
Alopias vulpinus. See Thresher shark
Alopochen aegyptiacus. See Egyptian goose
Alosa sapidissima. See Freshwater shad
Alouatta. See Howler monkey
Alouatta caraya. See Black howler
Alpaca (mammal; *Lama pacos*), **MT** 122, 132, **SA** 84, 92, *93, 95*
Alpha Aquilae (star). See Altair

Alpha Aurigae (star). See Capella
Alpha Boötis (star). See Arcturus
Alpha Canis Majoris (star). See Sirius
Alpha Canis Minoris (star). See Procyon
Alpha Carinae (star). See Canopus
Alpha Centauri (star), **UNV** 35, 112, 131, map 11
Alpha Cephei (star), **E** diagram 14
Alpha Crucis (star), **UNV** 11, 131
Alpha Cygni (star). See Deneb
Alpha Draconis (star), **E** 13, diagram 14
Alpha Eridani (star). See Achernar
Alpha Geminorum (star). See Castor
Alpha Leonis (star). See Regulus
Alpha Lyrae (star). See Vega
Alpha Orionis (star). See Betelgeuse
Alpha Piscis Austrini (star). See Fomalhaut
Alpha Rise of Arctic Ocean, **S** map 72
Alpha Scorpii (star). See Antares
Alpha Tauri (star). See Aldebaran
Alpha Ursae Minoris. See Polaris
Alpha Virginis (star). See Spica
Alphonsus (lunar crater), **E** 27
Alpine antelope. See Chamois
Alpine chough (bird; *Pyrrhocorax graculus*), as food for Neanderthals, **EV** 162
Alpine fir (tree; *Abies lasiocarpa*): climactic ecological succession of in Rocky Mountains, **FOR** 153; range, elevation of, **MT** 92; survival problems of, **FOR** 65
Alpine gentian (flower; *Gentiana acaulis*), **MT** 87, *103*
Alpine glaciers, **EUR** 15
Alpine grevillea (plant; *Grevillea alpestris*), **AUS** *52*
Alpine marmot (rodent; *Marmota marmota*), **MAM** 85, **NA** 151, 152
Alpine meadows, **MT** 83
Alpine mountain chain, formation of, **MAM** 40
Alpine soldanella (plant; *Soldanella*), **MT** *102*
Alps, the, **EUR** *147*, **FOR** 46, 65, **MT** 9, 17-31, 44, 56, 120, 134, 167; age of, **MT** 17, 40; avalanches in, **MT** *28-31*; climbing peaks of, **MT** 158-160, 166, 168, 171; example of folded mountains, **MT** 17, 37; farming in, **MT** 20-21, 27; flowers of, **MT** 84-85, 86-87, 89; origin of, **EUR** 10; passes through, chart **MT** 136, 137. See also Swiss Alps
Altai (mountains), **MT** 44
Altair (star; *Alpha Aquilae*), **UNV** 11, 131, *map 10*
Altair Seamounts of North Atlantic, **S** *map* 64
Altamira caves, Spain, **EM** *144-145*, 160
Alticamelus (ancestral camel), **MAM** 38
Altiplano (agricultural area of Andes), **SA** *10-11*
Altitudes, **DES** 13-14; effect of on forest pattern, **FOR** 60-61, 65
Altostratus clouds, **E** 61
Altricial birds, **B** *144*, 146
Alula (part of bird's wing), **B** *42*
Amadeus Lake, Australia, **AUS** 25
Amaroucium. See Sea pork
Amaryllis (plant; *Amaryllis*), **PLT** 12
Amaryllis. See Amaryllis
Amazon jungles: plant varieties in, **PLT** 9; rubber trees in, **PLT** 126
Amazon leaf fish (*Monocirrhus polyacanthus*), **FSH** 13, 14, 42, **SA** *179*
Amazon River, **FOR** *124-125*, **SA** 9, 25, *30*, 177; in flood, 9, 25, 30, 177, *190-191*; length and location, **S** 184; sharks in, **SA** 184; and turtle nesting grounds, **REP** 133
Amazonian discus fish (*Symphysodon discus*), breeding of, **FSH** 116, *117*
Amazonian shield (Cryptozoan rocks), **E** 133

Amazon-Orinoco river basin, **SA** 10-11, 16, 126, 129-130; fishes of, **SA** *188-189*
Amber Trail, **MT** 136
Ambergris: whale production of, **S** 149, 157
Amblyrhynchus cristatus. See Black lizard of Galapagos Islands; Marine iguana
Amboseli, Kenya, **AFR** 49
Amboseli Game Reserve, Kenya, **AFR** *174-175*, 180, *189-191*, **PRM** *104-105*, *144-145*
Ambrona Valley, Spain, **EM** 83, *85*, *86-87*, *88-89*, 91, map 92
Ambrosia artemisiifolia. See Ragweed
Ambrosia beetle, or "Tippling Tommy" (Scolytidae), **INS** *96-97*
Ambush bug (insect; *Phymata erosa*), **INS** *116-117*
Ambystoma tigrinum. See Tiger salamander
Amebelodon (ancestral elephant), **MAM** 53; **NA** *134-135*
Ameghino, Florentino, **SA** 15, 16
Ameiurus (catfish; Siluroidea); evolution of, **FSH** chart 69
American alligator (*Alligator mississippiensis*), **AFR** 39-40, **REP** 16, 23, *116-117*, 128, 131, 153, 170
American aspen (tree; *Populus tremuloides*), **FOR** 14, 56, 133, 156, 158, 174; **PLT** 127, 186
American badger (*Taxidea taxus*), **DES** 76, 78, 92, *93*
American beaver (*Castor canadensis*), **FOR** 12, 28, 80; mating habits of, **MAM** *144-145*
American beech (tree; *Fagus grandifolia*), **FOR** 11, 28, 62; climax forest of, **FOR** 152, 154; color changes in, **PLT** 159
American Bison Society, **NA** 122-123
American buffalo. See Bison
American cat-eye snake (*Leptoderia annulata*), **REP** 126
American coot (bird; *Fulica americana*), egg of, **B** *154*
American cowbird (*Molothrus ater*), **B** 144, **EC** 95, 103
American crocodile (*Crocodylus acutus*), **REP** 131, **SA** 131
American eel (*Anguilla rostrata*), **FSH** *155*, 158
American elk, or wapiti (*Cervus canadensis*), **MT** *108*, 109, **NA** 15, 97, *150-151*, *188*; antlers of, **MAM** 98
American elm (tree; *Ulmus americana*), **PLT** 186
American goshawk (bird; *Accipiter gentilis atricapillus*), **B** *22*
American Highland, Antarctic, **S** map 73
American holly (*Ilex opaca*), leaf growth of, **PLT** *106*
American Indians. See Indians, American
American Institute of Biological Sciences, **FSH** 82
American jaçana (bird; *Jacana spinosa*), **B** *155*
American king snake (*Lampropeltis getulus*), **DES** 73, **REP** chart 74-75
American lion. See Cougar
American Museum of Natural History, New York, **AB** 21, **AFR** *28-29*, **EV** 132, 136, **REP** *34*, 35, **S** 133; Lerner Marine Laboratory of, **FSH** 81, 173, **S** 133; marine biology studies of, **FSH** 129-130
American opossum (*Didelphis marsupialis virginiana*), **MAM** *145*
American panther. See Cougar
American porcupine (*Erethizon dorsatum*), **MAM** *101*
American red-bellied snake (*Storeria occipitomaculata*), **REP** *142-143*
American robin (*Turdus migratorius*), **B** 64, 85, 88, 105, 140; danger of pesticides to, **B** 172; defense of territory of, **B** 86,

120, *128-129*, 138; egg of, **B** *155;* feeding habits of, **B** 64; food call of, **B** 123; migration of, **B** *104*, 105; nest of, **B** *140*; size of territory of, **B** 138; vision of, **B** 36
American sand launce (fish; *Ammodytes americanus*), **FSH** 38, 105
American snakebird. See Anhinga
Amethyst (mineral), **E** *101*
Amethyst hummingbird, Brazilian, (*Calliphlox amethystina*), **SA** 115
Amethystine python (*Liasis amethystinus*), **AUS** 135, *144*
Amia. See Bowfin
Amino acids, **EV** 95-96; synthesis of, **PLT** 61
Ammodytes americanus. See American sand launce
Ammomanes deserti. See Desert lark
Ammonia: and formation of life, **S** 39
Ammophila. See "Sand lover" wasp
Ammospermophilus leucurus. See Antelope ground squirrel
Ammospiza mirabilis. See Cape Sable sparrow
Ammotragus lervia. See Aoudad
Amne Machin (mountain), **MT** 11
Amoeba (Amoebida): feeding behavior of, **AB** *74-75*; fission of, **EV** *94*
Amoebida. See Amoeba
Amor (asteroid), **UNV** 67
Amorphophallus titanum. See Corpse flower
Ampere Seamount, **S** map 65
Amphibians: of Africa, **AFR** 12, 137, 156, 160, 161; albino, **EV** *66;* of Australasia, **AUS** 34, *128-129*, 132-133, *142-143*; breeding by, **TA** chart 34; caecilian, **SA** 133; Carboniferous period, **EUR** 12; classification of, **MAM** 10; coldbloodedness of, **SA** 125-126; of Cretaceous period, **FSH** 64; in the desert, **DES** 70-71, 96; early, **E** 137, 138, 139; eggs, origin of shell of, **EV** 113; emergence of, **S** chart 39; during Eocene epoch, **NA** *128-129;* evolution of, **FSH** 64, chart 68-69; flying frogs, **TA** 56, 57, 66-67; fossils of early, **EV** 113; frogs and filter bridges, **TA** 104; of Madagascar, **AFR** 156, *160*, 161; of North America, **NA** 31, 111; number of species of, **MAM** 13, chart 22; origin of, **EV** 113; of Paleozoic era, **FSH** 64; prehistoric, **NA** 10; sounds of frogs, **TA** 59-60; of South America, **SA** 16, 125-126, 133-134, *135-141*; survival of, **EV** 25-26; as transitional creatures, **FSH** 65
Amphibolips: causing oak apple, **FOR** 117
Amphibolurus cristatus. See Crested dragon lizard
Amphiodon alosoides. See Goldeneye
Amphioxus. See Sea lancet
Amphipithecus (extinct primate), **EM** 33
Amphipoda. See Beach flea
Amphiprion. See Damselfish
Amphisbaenidae. See Worm lizard
Ampullae of Lorenzini (sensory organs): in sharks, **FSH** 79
Amsinckia. See Fiddleneck
Amu Darya River, **DES** 167; length and location, **S** 184
Amundsen, Roald, **POL** 10, 39, 40, *50*, 53, 57, 60, 63, 175, **S** 183; South Pole expedition of, **POL** 55-56, *59*, 68
Amur River: length and location, **S** 184
Amygdalin, **PLT** 11
Anabas testudineus. See Climbing perch
Anableps. See Four-eyed fish
Anaconda (snake; *Eunectes*

AB Animal Behavior; **AFR** Africa; **AUS** Australia; **B** Birds; **DES** Desert; **E** Earth;
INS Insects; **MAM** Mammals; **MT** Mountains; **NA** North America; **PLT** Plants; **POL** Poles;

murinus), **REP** 14, 29, *117*, 118, chart 74-75, **SA** 16, 126-127, *144-147*
Anaerobic respiration, **PLT** 57, 58
Anak Krakatoa (volcanic island), **MT** *68-69*
Analogous functions: of species geographically isolated, **EV** 16
Ananas comosus. See Pineapple
Anaphalis (plant), **EUR** *51*
Anarhichas lupus. See Common wolf fish
Anarhichas ocellatus. See Wolf eel
Anas. See Shoveler; Teal
Anas acuta. See Pintail duck
Anas americana. See Baldpate
Anas penelope. See Widgeon
Anas platyhynchos. See Crested white duck; Mallard
Anas querquedula. See Garganey duck
Anatidae. See Duck; Goose; Swan
Anatolian Plateau, **MT** 44
Anatomy: adaptations in, **PRM** 39, 64, 179; of birds, **B** 9, *13*, 14, *15, 16, 35, 41, 46, 47,* **SA** *104;* changes by exogamy, **PRM** 186; and classification, **B** 16; comparisons: *see* Evolution; experiments in, **PRM** 162; of fishes, **FSH** 10, 36-37, 66, 103, *diagrams 46-47, 86;* Huxley and, **EV** *41;* of insects, **INS** 10, 13, 14, 15, *34-35, 43, 44-45, 57, 66-67, 134-135;* of mammals, **EV** *166,* **MAM** 11, *15,* **PRM** *10;* of man, **EM** 45, **PRM** 14, *65, 82-83, 178, 183;* of plants, **AUS** *42,* **PLT** *10, 50-51, 77;* of prehistoric man, **EM** *40-46, 51, 52, 53, 66-67, 70, 82, 126,* **PRM** *178,* 181; of prehistoric primates, **EM** *33, 36, 37, 41, 42;* of primates, **EM** *34, 35,* **MAM** *142,* **PRM** *10,* 11, *14, 15, 23, 37, 38, 62, 64, 65, 82-83, 90, 116, 117, 128, 129, 134, 135, 152, 184;* of reptiles, **REP** 12, 16, *18-19, 22, 104, 172;* and speciation, **EV** *114-115;* of turtles, **REP** *10,* 11, 19. See also specific animals; specific parts of body
Ancestral ape (Proconsul), **EM** 36, **EV** 116, 152, *158,* 159, **MAM** 40, 168; body structure of, **EM** *33, 37, 41;* brain capacity of, **EV** *158;* discovery and significance of, **EV** 116; distribution, *map* **EM** *32;* and divergent evolution, **EV** *158;* reproduction of, **EV** *158;* size of, **EM** *37*
Ancestral birds (archaeornithes), **B** 10. See Archaeopteryx
Ancestral herring (Portheus), **S** *44-45*
Anchorage, Alaska, **POL** 75, 161, 162, *163*
Anchoveta (fish; Cetengraulis mysticetus), **FSH** 13, 16
Anchovy (Engraulis), **FSH** 128, 130, 160, **S** 85, **SA** 179, 185
Ancistrodon piscivorus. See Water moccasin
Ancyluris aulestes micans (metalmark butterfly), **SA** *169*
Andaman Islands, **TA** 172
Andean butterfly (Hypsochila penai), **SA** *158*
Andean condor (bird; Vultur gryphus), **MT** 114, **SA** *105*
Andean deer (Hippocamelus bisculus), **SA** *85*
Andean swordbill (hummingbird; Ensifera ensifera), **B** 15, **SA** 115
Anderson, J. G., **EV** 132
Anderson, William, **POL** 155
Andes Mountains, **DES** 2, **MT** 12, 138, *139,* 166, *map* 44, **POL** 170, **SA** *8,* 12, 20, *24-25;* age of, **MT** 40; animals of, **MT** *106, 122-123,* 132; birds in, **SA** 105, 107, *115;* butterflies in, **SA** 158; climate of, **MT** 162, 130-131; cloud forest of, **SA** 10-11, *105-107;* and continental slope, **S** 57; Darwin's sea-shell find in, **EV** 14-15; effect on weather,

chart **SA** 10-11; explosion of, **S** 59; fishes of, **SA** 185; Fitzgerald expedition in, **MT** 160; livestock of, **SA** *92-93, 94-95;* people of, **MT** 14, 131-132, 133, 134, 139, *140-143, 146-147 (see also* Incas); rise of, **EV** 16; volcanoes of, **MT** 56-57
Andorra, **MT** 135
Andrews, Roy Chapman, **EUR** *46-47,* 85, **EV** 133
Androgen (hormone), **AB** 94
Andromeda (constellation), **UNV** 109, 145-146, 148-151, *158-159; diagram* 150; galaxy in, **UNV** *map* 10, 166
Anemone (flower; Anemone), **FOR** 136
Anemone. See Anemone
Anemone, beadlet (Actinia equina), **EC** 52
Anemone, rue (Anemonella thalictroides), **NA** 107
Anemone, sea. See Sea anemone
Anemone shrimp (crustacean; Hippolysmata), **EC** *113;* **S** 20
Anemonella thalictroides. See Rue anemone
Anethum graveolens. See Dill
Angara River, Siberia, **POL** 154; length and location, **S** 184
Angel shark (Squatina dumerili), **FSH** 83
Angelfish (Pterophyllum), **SA** 16
Angelfish, fresh-water (Pterophyllum altum), **SA** *189*
Anger, **AB** 14, 103
Angiospermae. See Angiosperms
Angiosperms (plants; Angiospermae), **FOR** 174, *chart* 48; definition of, **PLT** 16, 30; and first flowers (Cretaceous period), **PLT** *chart* 18-19; leaves of, **FOR** 98; seeds of, **FOR** 43, 45, 46; trunks of, **FOR** 96
Angkor, Cambodia: lichen-covered sculpture in, **PLT** *158*
Angler, deep-sea (fish; Borophryne apogon), **FSH** 106
Angler fish (Ceratias), **FSH** 106, *126,* chart 69, **S** 111
Angler fish, yellow (Antennarius moluccensis), **FSH** 25
Angler spider, hairy imperial (Dichrostichus furcatus), **AUS** 131
Angola Abyssal Plain, **S** *map* 67
Angolian springbok (antelope; Antidorcas marsupialis angolensis), **AFR** 77
Angstrom unit, **PLT** 55
Angthong lady's-slipper (hybrid orchid; Paphiopedilum xAngthong), **TA** *100*
Anguilla anguilla. See European eel
Anguilla rostrata. See American eel
Anguillidae. See Fresh-water eel
Anguis. See Slowworm
Angular momentum, **UNV** 93-94
Anhimidae. See Screamer
Anhinga, or American snakebird (Anhinga anhinga), **AB** *180-181,* **B** 14, *20,* **NA** *90-91;* bill of, **B** 61
Anhinga anhinga. See Anhinga
Anhinga melanogaster. See Indian darter, or snake bird
Anhinga melanogaster. See Snakebird
Anhinga rufa. See African darter
Anigozanthus manglesii. See Kangaroo paw
Animal kingdom, **B** 16
Animal life spans, **EC** 147
Animals: and ability to "think ahead," **AB** 15; adaptability to environments, **EUR** *77;* alpine, **MT** 107, 108, 110, 112, 114, 117, 119; dependence on water, **PLT** 74; emotions in, **AB** 14, *102-103;* fastest-running, **EUR** 152, **MAM** 57; first on dry land, **E** 137; growth comparison of with plants, **PLT** 106; largest, **S** 147-148; largest on land, **EV** *124-125;* life spans of, **EC** 147; oldest living higher, **FSH** *74-75;* plant associations with, **PLT** 144-146; relations with man,

AB 9-10, 136; seed distribution by, **PLT** 56-57; territorial, **AB** 157, 175. See also individual animals
Animals, warm-blooded. See Warm-blooded animals
Animals of New Zealand, The, Hutton and Drummond, **REP** 175
Anisota. See Oak anisota
Anisota, oak (caterpillar; Anisota senatoria), **FOR** *145*
Anisota, Virginia (caterpillar; Anisota virginiensis), **FOR** *145*
Anisota virginiensis. See Virginia anisota
Anisotremus virginicus. See Porkfish
Anklets, worn by Bushmen, **EM** 188
Ankylosaurus (extinct reptile), **REP** *chart* 44-45
Annapurna (mountain peak), **MT** 162, *diagram* 179
Annelid (sea worm; Annelida), **EC** 80, **S** 16, 40, *chart* 15
Annelida. See Annelid
Anoa anoa. See Dwarf water buffalo
Anoa mindorensis. See Tamarau
Annobon Island, **S** *map* 67
Annual rings of trees, **PLT** 104-105
Annuals: desert, **PLT** 105; difference between perennials and, **PLT** 106
Annular eclipse, **E** 25
Anodorhynchus hyacinthinus. See Hyacinth macaw
Anole lizard (Anolis), **REP** 12, *64,* 82, **SA** 132; light-bodiedness of, **REP** 83; offensive tactics of, **REP** 136, *137;* as pets, **REP** 152
Anolis. See Anole lizard
Anomaluridae. See Scaly-tailed "flying squirrel"
Anomia. See Jingle shells
Anopheles quadrimaculatus. See Malaria mosquito
Anoplura. See Lice
Anoptichthys jordani. See Blind cave characin
Anostomus, striped (fish; Anostomus anostomus), **SA** *189*
Anostomus anostomus. See Striped anostomus
Anoura. See Long-nosed bat
Anous. See Noddy
Anser anser. See Graylag goose
Anser caerulescens. See Blue goose
Anser indicus. See Bar-headed goose
Anser rossii. See Ross's goose
Anseriformes (order of birds), **B** 18, 20
Ant (Formicidae), **AFR** 117-118, **DES** 70, 71, **EC** 111, **FOR** 35, 75, 140, **INS** 101, *165,* 171-181, **PLT** 157, **SA** 102, 155, **TA** 123-124; aphid-herding, **INS** 38, 115, *164,* 168, *169, 173;* behavior patterns of, **INS** 163, 167, 170, 174, *178-179;* care of egg by, **INS** *180-181;* chemical secretions of, **AB** 75, 154; classification of, **INS** 27; communication among, **INS** 170; community of, **NA** *45,* **REP** 84, 86; cooperation of, **INS** 163, 169-170; food storage by, **INS** 163-164, 169, *171;* forest environment of, **EC** 41; identified by size and color, **INS** *164-166;* intelligence of, **INS** 162, 170; internecine warfare of, **INS** 167-168; learning ability of, **AB** *21,* **INS** 162-163, 169, 170; longevity of, **INS** 162; memory of, **INS** 163, 169, 170; nervous system of, **INS** 162; nests of, **INS** *96-97,* 99, 163; and plant galls, **PLT** *157;* plant homes of, **PLT** *142,* 145; pollination by, **INS** 125; predatory, **INS** 27, *100, 166-167, 168;* protective devices of, **INS** 105; pupae of, **INS** 58; reaction to disturbance of nest, **INS** 35; replete, **NA** 44; reproduction of, **INS** 56, 180; sense of smell in, **AB** 74-75, **INS** 170; social organization of, **AB** 10, **INS**

10, 82, 83, 98, 162, 168, 169, 171, 173, 180; strength of, **INS** 12; subterranean, **INS** 35; symbiotic relationships of, **INS** 38, 115, 125, 168, 169; trophallaxis of, **INS** 163, *178-179;* use of antennae by, **INS** 38; "wisdom" of, **INS** 162. See also specific ants
Ant, Arabian harvester (Messor), **INS** 27
Ant, Argentine (Iridomyrmex humilis), **INS** 168
Ant, army. See Army ant
Ant, bulldog (Myrmecia vindex), **AUS** 139
Ant, carpenter (Camponotus herculeanus), **INS** *96-97,* 123, *164*
Ant, common garden. See Dairy ant
Ant, dairy (Lasius), **INS** *164*
Ant, driver. See Army ant
Ant, fire (Tetraponera), **TA** 124
Ant, giant (Camponotus gigas), **TA** 124
Ant, harvester. See Harvester ant
Ant, honey (Myrmecocystus), **INS** *166*
Ant, honeypot (Myrmecocystus hortosdeorum), **DES** 115, **INS** *166,* 169, 171
Ant, janitor (Colobopsis truncata), **INS** *172, 173*
Ant, keringa (Oecophylla smaragdina), **TA** 124
Ant, leafcutter (Atta), **FOR** *142-143*
Ant, legionary (Eciton), **INS** *164*
Ant, mound-building (Formica), **INS** *100, 178-180*
Ant, Pharaoh (Monomorium pharaonis), **TA** 124
Ant, ponerine (Ponerinae), **INS** 27, **TA** 124
Ant, queen. See Queen ant
Ant, slave-maker (Formica sanguinea), **EC** 126, **INS** *166*
Ant, tailor (Oecophylla smaragdina), **AFR** *130-131*
Ant, Texas harvester (Pogonomyrmex barbatus), **INS** *165*
Ant, velvet (Dasymutilla occidentalis), **INS** *43,* 102
Ant, weaver (Oecophylla), **INS** *173*
"Ant gardens," **PLT** 145
Ant lion (insect; Myrmeleontidae), **INS** 98, *102-103,* **NA** 45, *48-49;* fossil of ancestral, **INS** *21;* traps of, **INS** *98, 103*
Antarctic (Swedish ship), **POL** 53
Antarctic Bottom Water: and world's climate, **POL** 14
Antarctic Circle, **POL** 10, 52
Antarctic continent (Terra australis incognita), **POL** 51
Antarctic Convergence (oceanic phenomenon), **POL** 78, 80
Antarctic Ocean: seals of, **S** 136, 147; topography of, **S** 72, *map* 73; whaling in, **S** 103, 107, 150, 160, 165
Antarctic tern (bird; Sterna vittata), **POL** *79*
Antarctica, **MT** 16, 56; and absence of reptiles, **REP** 12, 79; animals in, **POL** 16, 73-80, *92-95,* 171; birds of, **B** 13-14, 25, **POL** 76, 78, 79, *83-91 (see also* Penguins); casualties in, **POL** 173; circumnavigation of, **POL** 52, 53; climate of, **POL** 14, 18, 77; coldest seas of, **FSH** 14; confirmed as continent, **POL** 13; depression of under weight of ice, **POL** *12-13,* 170; exploration of by U.S., **POL** *168, 170,* 171; first actual discovery of, **POL** 52-53; fossils in, **POL** 15, 16, 58, 89; future of, **POL** 169-172, 176; ice sheet of, **POL** 11, 12-13, 18, 24, 70; icebergs of, **S** *172-173;* insects of, **INS** 11; international treaty on, **POL** 170; killer whales of, **S** *142;* land area of, **S** 72; life in, **POL** 16, 78-80; mapping of, **POL** 56, 57, 68, *170;* mineral resources of, **POL** 170; nuclear power projects of, U.S. in, **POL**

INDEX (CONTINUED)

172, *178-179;* physical features of, **POL** 10-11, 16, 170, *map 13;* possible future shape of, in earth warmup, **POL** *map 175;* precipitation in, **POL** 12, 170-171; scientific research in, **POL** 13, 36, 58, 169, 170-171, 172, 177, *180-181, map 13;* search for continent, **POL** 51-52; as signator to international treaty on, by U.S., **POL** 170; as subcontinent (Gondwanaland), **AUS** 38; territorial claims on, **POL** 170, *map 171;* U.S. bases in, **POL** 58, 70, 170, 171-172, 174-176, *177, map 13;* and water currents, **S** 75. *See also* South Pole
Antares (star; Alpha Scorpii), **UNV** 112, 131, *map 11*
Antbird (Formicariidae), **B** 58, **SA** 101, 102
Anteater (mammal; *Myrmecophaga*), **EV** 14, 39, **SA** 15, 70; characteristics of, **MAM** 16; classification of, **MAM** *21;* young of, **EC** 127, **MAM** 86; zoogeographic realm of, **EC** *map 19*
Anteater, Australian spiny (*Tachyglossus aculeatus*), **AUS** 59, 61
Anteater, banded. *See* Banded anteater
Anteater, giant (*Myrmecophaga tridactyla*), **MAM** 80, **SA** 55, *70, 191;* reproduction of, **AUS** *diagram 63*
Anteater, scaly (Manidae), **AFR** 13, 114
Anteater, silky or two-toed (*Cyclopes didactylus*), **MAM** 59, **SA** 55, *71*
Anteater, spiny or echidna. *See* Spiny anteater
Antechinomys. See Jerboa marsupial
Antechinus. See Broadfoot marsupial mouse
Antedon. See Feather starfish
Antelope (Bovidae), **DES** 72, 75, 78, 130, **FOR** 122, **NA** 13, **PRM** *145;* of Africa, **AFR** *8-9, 26-27, 60, 62, 66-69, 70, 71, 72-73, 74-79,* 114, 119-120, 141, 170, 171, 172, 175, *186-188;* ancestral, **EM** *72-73;* classification of, **MAM** 18; color of **MAM** 143; courtship of, **MAM** 152; in Cro-Magnon art, **EV** 169; domestication of, **EUR** *164-165;* horns of, **MAM** 98; hunting of, **EM** 186; inhibited behavior in, **AB** 91; interglacial periods, **EUR** 16; Miocene epoch, **EUR** 14; in pyramid of numbers, **EC** 38; shelters of, **MAM** 124; skinning of, **EM** *120-121;* stance of, **MAM** 58; symbiotic relationship with oxpecker, **EC** 103; Topi, **EM** *64-65;* as victims of predators, **AFR** *87-94, 95, 100;* young of, **MAM** 147, 158. *See also* specific antelopes.
Antelope, dik-dik (*Madoqua*), **AFR** 69, 72
Antelope, giant sable (*Hippotragus niger variani*), **AFR** 77, **MAM** *48-49,* 98
Antelope, Guenther's dik-dik (*Madoqua guentheri*), **AFR** *diagram 76*
Antelope, lesser sable (*Hippotragus niger niger*), **AFR** *26*
Antelope, North American. *See* Pronghorn
Antelope, primitive (*Protragocerus*), **EUR** 14
Antelope, roan (*Hippotragus equinus*), **AFR** 68, **EM** 184
Antelope, royal (*Neotragus pygmaeus*), **AFR** 114
Antelope, sable. *See* Sable antelope
Antelope, saiga (*Saiga tartarica*), **EUR** 16, 26, *85-87, 103*
Antelope, Tibetan, or chiru (*Pantholops hodgsoni*), **EUR** 39, 55
Antennae of insects, **INS** 10, 14, 34, *38-39, 41, 45, 47;* socketed, **AB** 34

Antennarius moluccensis. See Yellow angler fish
Anthers, **PLT** *10,* 116
Anthoceros. See Horned liverwort
Anthocerotae (class of plant division Bryophyta), **PLT** 185
Anthocyanin pigments of Jonathan apple, **PLT** *68*
Anthocyanins, **PLT** *58-59,* 68, 75
Anthonomus grandis. See Boll weevil
Anthophorinae. *See* Cuckoo bee
Anthophyta (division of plant subkingdom Embryophyta), **PLT** 185-187
Anthracotheres (extinct hippopotami), **MAM** 39
Anthracotherium. See Pigs
Anthrenus vorax. See Furniture beetle
Anthropoid apes, **MAM** 18, **MAM** 166, **PRM** 71. *See also* Apes
Anthropoides virgo. See Demoiselle crane
Anthropology, **EV** 116, 130; anthropocentrism controversy, **REP** 87; and human behavior determinants, **PRM** 151-158, 178; relationship of to primatology, **PRM** 9
Anthus. See Pipit
Anthus pratensis. See Meadow pipit
Anthus trivialis. See Tree pipit
Antialtair Seamounts, **S** *map 64*
Antibiotics: from fungi, **PLT** 14; limitations of, **EC** 98
Anticline (rock formation), **E** *diagram 84,* **MT** 46
Anticyclones, **E** 61
Antidorcas marsupialis. See Springbok
Antidorcas marsupialis angolensis. See Angolian springbok
Antilocapra americana. See Pronghorn
Antilopine (kangaroo; *Macropus*), **AUS** 150
Antilopini (tribe of antelopes), **AFR** 77
Antioch dunes, California, **NA** 44-45
Antlers: growth of, **MAM** 98, *99;* of Irish elk, **MAM** *41;* shedding of, **MAM** *99;* as tools, **EM** *90, 103,* 116, *117, 118-119*
Antrozous pallidus. See Pallid bat
Aotus. See Owl, or douroucoulis, monkey
Aotus trivirgatus. See Night monkey
Aoudad, or Barbary sheep (*Ammotragus lervia*), **AFR** 170, **EUR** 63, *74,* **MAM** 148, **MT** *119,*
Ape (Anthropoidea), **EM** 34-35, 49, **EV** 153, 156, **PRM** 61-70; adaptation of, **EM** 49-51; of Africa, **AFR** *48, 91, 93,* 114, *116-117, 134,* 141-142; ancestor of, **EV** 158, 159; arboreal, **PRM** 61-62, *72-73, 96-97,* 130; arms of, **EM** 35; artistic ability of, **PRM** *170-171;* brain capacity of, **EV** 132; daily schedules of, **PRM** 129-130; dexterity of, **EM** 50; as differing from monkeys, **EM** 34-35; dividing line between ape and man, **EV** 134, 146, 148; eating habits of, **PRM** 16; evolution of, **EV** 116; facial characteristics of, **EM** 49; genealogy of, **PRM** *chart* 18-19; genera of, **PRM** 15; group behavior of, **PRM** 129-133; habitat of, **PRM** *map 44-45;* head of, **EM** 35; jaws of, **EM** 49; legs of, **EM** 35; locomotion of, **EM** 48, 50; in Miocene epoch, **EUR** 15, **MAM** 40, 167; modern, **EV** 116, *128, 137-143;* origin of, **EV** 116; pelvis of, **EM** 35, *I;* research use of, **PRM** 161; sense organs of, **PRM** 13; shoulders of, **EM** 35; similarity to man, **EM** 34-35, **EV** 138, 140, 142, **MAM** 166, **PRM** 16, 186; spinal column of, **EM** 35; structural handicaps of, **EM** 48; teeth of, **EM** 35, **SA** 34; traditions of, **PRM** 130-131; types

of, **EM** 35-36, **MAM** 18. *See also* Chimpanzee; Gibbon; Gorilla; Orangutan
Ape, ancestral. *See* Ancestral ape
Ape, Celebes (*Macaca maura*), **PRM** 161
Apennines, **MT** *44,* 134, 135; forest of, **EUR** 59
Aphanapteryx bonasia. See Van der Broecke's red rail
Aphelion, **UNV** 187
Aphelops (extinct mammal), **NA** *134-135*
Aphid (*Aphis*), **FOR** *140-141,* **INS** 103, 123, 168, **NA** *46,* **PLT** 72, 166; birth of, **INS** 54; destructive role of, **PLT** 42, 166; as enemies of dodders, **PLT** 153; feeding tool of, **INS** 13, 41; in food chain, **NA** 44; herding of, by ants, **INS** 38, 115, *164,* 168-169, *173;* life span of, **INS** 61; natural enemies of, **PLT** 178; as parasitic victim, **EC** 110, **INS** *114;* reproduction of, **INS** 55
Aphid, pea (insect; *Illinoia pisi*), **NA** *48*
Aphid, spotted alfalfa (insect; *Therioaphis maculata*), natural enemies of, **PLT** *178*
Aphididae (family of insects). *See* Aphid
Aphis. See Aphid
Apium graveolens. See Celery
Aplodinotus grunniens. See Freshwater drumfish
Aplopappus tenuisectus. See Burroweed
Apodemus agrarius. See European field mouse
Apodi. *See* Swift
Apodiformes (order of birds), **B** *19,* 20. *See also* Hummingbird; Swift
Apogon spellatus. See Cardinal fish
Apollo (asteroid), **UNV** 67
Apostle bird (*Struthidea cinerea*), **AUS** 150
Appalachian Mountains, **MT** 37, *45,* 136, 137, **NA** 76; forests of, **PLT** *91,* 126; formation of, **E** 136, **S** 41
Appeasement posture: in birds, **AB** 156; in fishes, **AB** 156
Apple (*Malus pumila*), leaf of, **AUS** 42
Apple (tree; *Malus*): color changes of, **PLT** *58-59;* ripening process of fruit, **PLT** *56-59*
Apple, Golden Delicious (*Malus pumila*), cartenoid pigments of, **PLT** *67*
Apple, Jonathan (*Malus pumila*), anthocyanin pigments of **PLT** *68*
Apple, Rhode Island greening (*Malus sylvestris*), **PLT** *66*
Apple maggot fly (*Rhagoletis pomonella*), **PLT** *176*
Applegate, Vernon C., **FSH** *145*
Approach-avoidance conflict: man and bird compared, **AB** 90-91
Aprusmictus crythropteris. See Redwinged parrot
Aptenodytes forsteri. See Emperor penguin
Aptenodytes patagonica. See King penguin
Apteryges (birds; Apterygiformes), **AUS** *149,* **B** *18,* 20
Apterygiformes. *See* Apteryges
Apteryx. See Kiwi
Apteryx australis. See North Island kiwi
Apteryx australis mantelli. See North Island kiwi
Apus apus. See Common European swift
Aquaculture (farming of the oceans), **S** *173-174,* 177
Aquarius (constellation), **UNV** *map 11*
Aquatic animals, convergence in, **EC** 127
Aquatic insects, **INS** 11, *141-148, 149-158;* aqualungers, **INS** 146,

153, 154; balance sense in, **AB** 40-41; deposition of eggs by, **INS** 158, *159;* gill-breathers, **INS** 142-143, 150, *154;* snorkelers, **INS** *144,* 145-146, 154, *155;* transition from water to air by, **INS** 158; water surface dwellers, **INS** *152-153*
Aquatic mammals, **MAM** 17, 18, 79-80; courtship patterns, **MAM** 144; migrations of, **MAM** 131; swimming techniques of, **MAM** 61-62
Aquatic reptiles, **REP** 40, 42, *115-123;* fertilization of eggs by, **REP** 38; live birth of, **REP** 107, 108, 113, 119, 126, 134; lizards, **REP** 106, 112, 114, *117;* migrations of, **REP** 110-111, 134; reproduction by, **REP** 107, 108, 113, 126. *See also* Sea snake, Swamp snake, Water snake
Aquatic scorpion (Eurypterid), **AUS** 131
Aquila (constellation), **UNV** *map 10*
Aquila audax. See Wedge-tailed eagle
Aquila chrysaëtos canadensis. See Golden eagle
Aquila verreauxi. See Verreaux's eagle
Aquila wahlbergi. See Wahlberg's eagle
Aquilegia. See Columbine
Ara ararauna. See Gold and blue macaw
Ara macao. See Scarlet macaw
Arabian Desert, **DES** 11, 31, 34; El Golea, **DES** *24;* plants of, **DES** 123, 170
Arabian harvester ant (*Messor*), **INS** 27
Arabian Plateau, **MT** 44
Arabian Sea, **FSH** 16
Arabic numerals, **UNV** 14
Arabs, **AFR** 170, 171, **DES** 131, 133, 134, *140-141,* **EV** *174;* agriculture of, **DES** 29, 166; and oil, **DES** 169
Araceae. *See* Aroid
Arachis hypogaea. See Peanut
Arachnida. *See* Red desert scorpion
Arachnocampa luminosa. See Waitomo fly
Araguaia River, **SA** *187;* length and location, **S** 184
Aral (Sea), **EUR** 89, 90, **S** 184; and fish transplanting, **FSH** 175
Araneida. *See* Spider
Aransas National Wildlife Refuge, **NA** 81
Arapaima gigas. See Giant redfish
Ararat (mountain peak), **MT** 186, *diagram 179*
Aratinga. See Parakeet
Araucaria araucana. See Monkey puzzle
Arboreal ape. *See* Gibbon; Langur; Orangutan
Arboreal gliders. *See* Draco; Giant flying squirrel; Flying frog; Gecko
Arboreal monkeys, **PRM** 36, 38
Arboreal mouse, Papuan (*Pogonomys*), **MAM** 59
Arboreal reptiles: with aquatic habits, **REP** 112, 114, 131; lizards, **REP** 12, 58, 83, *92-93,* 96, *97,* 112
Archaeopteryx (the earliest known bird), **B** 8, 10, 11, 12, 40, 143, **EUR** 13, **EV** 114, **REP** 39, 40, 41, 42, **SA** 101
Archaeopteryx lithographica (species of Archaeornithes), **B** 10
Archaeornithes (ancestral birds), **B** 10
Archaeotherium (extinct mammal), **NA** *130-131*
Archaic fishes, **FSH** 10, 61, 93
Archbold Biological Station, Florida, **AB** 146
Archeology: amateur, **EM** 1-11, 23; early, **EM** 10-11. *See also* Excavation sites; Fossils
Archerfish (*Toxotes jaculatrix*), **FSH** *29,* **TA** *99*

Arches National Monument, Utah, **DES** 169, **E** 187, **NA** 195
Arches, solar, **UNV** *102-103*
Archilochus colubris. See Ruby-throated hummingbird
Archimedes, **UNV** *12*, 13-14; law of, **E** 86
Architeuthis princeps. See Giant squid
Archosaurs (extinct flying reptiles), **REP** 40, 44; as *Archaeopteryx* ancestor, **REP** 42; and origin of birds and of reptiles, **EV** 114, 120; as ruling reptiles, **REP** 38, 111
Arctic, **FOR** 45, 46, 61, *map* 62-63; animals in, **MAM** 58, 102, **POL** 73-112, *122-127*, 131-132, 156-157, *map* 12 (*see also* individual species); birds of, **B** *19*, 25, 33, 100-101, **POL** 76, 106, 108-109; boundary of, **POL** 10; climate of, **POL** 14-15; continent theory disproved, **POL** 38; exploration of (*see* Expeditions); first penetration of, **POL** 39; fossils in, **POL** 15, 108; as frontier of civilization, **POL** 9-10, 151-152; future of, **POL** 152, 153-159, 169; geological interest of, **POL** 15; insects of, **INS** 11; mapping of, **POL** 32, 33, 38; military activity in, **POL** 38, *150*, 152-153, 154, *166-167*, 176; mineral resources of, **POL** 151, 152, 153-154, *table* 155; plant-animal ratio in, **EC** 40; population figures of, **POL** 152; precipitation in, **POL** 82, 105, 114; proposal to melt ice in, **S** 171; search for land masses in, **POL** 39, 40; seasons in, **EC** 79; scientific research in, **POL** 36, 38, 157-158; reptiles of, **REP** 79, 126; warm trend in, **POL** 152
Arctic aborigines. *See* Lapps
Arctic bumblebee *(Bombus)*, **POL** 82
Arctic char (fish; *Salvelinus alpinus*), **FSH** 157, **POL** 106, 110
Arctic Circle, **POL** 10; in Paleocene epoch, **MAM** 38; U.S. extension into, **POL** 151
Arctic fox *(Alopex lagopus)*, **EUR** 16, 134, *141;* color change in fur of, **MAM** 102; food of, **MAM** 94; as food for Cro-Magnons, **EV** *163;* footprints of, **MAM** *186;* in interglacial periods, **EUR** 16; temperature controls of, **MAM** 11-12
Arctic hare *(Lepus arcticus)*, **MAM** 102
Arctic Health Research Center, **POL** 75
Arctic loon *(Gavia arctica)*, **B** *19*
Arctic Ocean, **MT** 39, **POL** 11, 13-14, *map* 12, **S** 11, 56, 77; animal and plant life of, **POL** *79*, 80-81, *96-99*, *102-103*, 155; area of, **S** 184; coldest seas of, **FSH** 14; depth of, **POL** 11, 39, **S** 184; and ice ages, **S** 42-43, 171; movement of, **POL** 38, 39, 80; ridge in, **POL** 16, 80, 157; sharks of, **S** 134; topography of, **S** *map* 72; walrus in, **S** 147, 154; whales in, **S** 159
Arctic phalarope (bird; *Phalaropus lobatus*), **TA** 33
Arctic Research Laboratory, Alaska, **POL** 75
Arctic tern (bird; *Sterna paradisaea*), **B** 33, *102*, 103, 156, **POL** 76
Arctic willow (tree; *Salix*), **FOR** 58, **POL** 107, *108*, 109
Arctic wolf *(Canis lupus arctos)*: huskies, as related to, **POL** 142; as predators, **POL** 82, 105, 106, 110, 111, *124*, 125; protection from cold of, **POL** 75, 76; protective coloration of, **MAM** 102
Arctictis binturong. See Binturong.
Arctocebus. See Potto
Arctocebus calabarensis. See Golden potto
Arcturus (star; Alpha Boötis), **UNV** 11, 113, 130, 131, *map* 10; spectrum of, **UNV** *51*
Ardea herodias. See Great blue heron
Ardea occidentalis. See Great white heron
Ardeidae, family. *See* Heron
Ardeinae, subfamily. *See* Heron
Areca cathecu. See Betel-nut palm
Arena behavior of birds, **AUS** 154, **B** 124-125
Arenaria. See Turnstone
Arend-Roland (comet), **UNV** *83*
Arêtes (mountain formation), **MT** 38
Argali, or great Tibetan sheep *(Ovis ammon)*: **EUR** 39; zoogeographic realm of, **EC** *map* 21
Argentina, **DES** 12, 57, 115, **POL** 170; Aconcagua Mountain of, **SA** 12; antarctic territorial claim of, **POL** *map* 171; anteater of, **SA** *70;* armadillos in, **SA** 56; desert of, **SA** 12; fish of, **SA** *189;* "fox" of, **SA** 81-82; Patagonian plateau in, **SA** *22-23;* sea lions of, **S** *154-155;* as signatory of international treaty on Antarctica, **POL** 170
Argentine Abyssal Plain, **S** *map* 66
Argentine ant *(Iridomyrmex humilis)*, **INS** *168*
Argentine pampas: Darwin's fossil finds in, **EV** 13, 40
Argentine Rise, **S** *map* 66
Arges marimoratus. See Colombian catfish
Argiopinae. *See* Garden spider
Argus pheasant *(Argusianus argus)*, **TA** 146, *173;* arena behavior of, **B** 125
Argus pheasant, double-banded (extinct bird; *Argusianus*), **TA** 173
Argusianus. See Double-banded argus pheasant
Argusianus. See Double-banded argus pheasant
Argusianus argus. See Argus pheasant
Argyll, Duke of, **EV** 45-46
Argyroderma testiculare. See Silverskins
Argyropelecus. See Hatchetfish
Aridity: adaptation to, **DES** 53-54, 58, 70, 105, 114, 116-117; in Australia, **AUS** 40, 41, 128; defined, **DES** 13; arid regions of, **TA** *40-41*
Ariel toucan (bird; *Ramphastos ariel*), **B** *76*
Aries (constellation), **UNV** *map* 10
Arisaema atrorubens. See Jack-in-the-pulpit
Arisaema triphyllum. See Jack-in-the-pulpit
Aristarchus of Samos, **UNV** 13
Aristida pennata. See Three-awn grass
Aristotle, **B** 99, **DES** 95, **EV** *10*, 12, **FOR** 132, **INS** 55, **MT** 54
Arixenia esau. See Asiatic earwig
Arizona, **DES** 12, 46, 102, 131, 171, **FOR** 44, *47*, 57, 60, 157; animals of, **DES** 72, 78; grasslands of, **DES** 118, 169; meteorite crater in, **E** *32-33;* plants of, **DES** 55, 59; reptiles of, **REP** *90-91;* Walpi Pueblo, **NA** *64-65*
Arizona elegans. See California glossy snake
Arkansas, **FOR** 155
Arkansas River, **DES** 33; length and location, **S** 184
Armadillididae. *See* Wood louse
Armadillo (Dasypodidae), **EC** 127, **EV** *63*, **NA** *56*, **SA** 12, 15, 56, *72-73;* armor of, **MAM** *100, 115, 170;* burrows of, **MAM** 122; characteristics of, **MAM** 16; classification of, **MAM** *21;* defense mechanisms and tactics of, **SA** 56; footprints of, **MAM** *187;* migration of, **NA** 12; progenitor of, **MAM** *44*
Armadillo, fairy *(Chlamyphorus truncatus)*, **MAM** *100*, **SA** 56, *72*
Armadillo, giant (extinct mammal; Dasypodidae), **EC** 150
Armadillo, giant (mammal; *Priodontes giganteus*), **SA** 56, *72-73*
Armadillo lizard *(Cordylus cataphractus)*, **REP** *166-167*
Armadillo, nine-banded *(Dasypus)*, **EV** *63*, **NA** *56*, **SA** 56, *72*, *73*
Armadillo, six-banded *(Euphractus sexcinctus)*, **SA** *72*
Armebelodon. See Shovel-tusked mastodon
Armillaries (astronomical instruments), **UNV** *22, 26*
Armor: of alligator, **REP** *18-19;* and animal defense mechanisms and tactics, **EV** *62-63;* of armadillos, **MAM** *100, 115, 170;* of fishes, **FSH** *38-39;* of man, **MAM** *170;* of marine life, **S** 122; skeleton, **INS** 13; sting as, **INS** 106, 107, 127
Armored catfish (Siluroidea), **EC** 127, **FSH** *50*, **SA** *180*, 185
Armored fishes, **FSH** *75, 100;* colors of, **FSH** *49;* evolution of, **FSH** 62, *chart* 68-69
Army ant *(Eciton)*, **INS** *174-175*
Army ant, or driver ant *(Dorylinae)*, **AFR** 117-118, **B** 58, **INS** 160, 165-167, *174-175*, **SA** 102
Arneb, U.S.S., **POL** *178*, 179
Arnhem Land, Australia, **AUS** 10, 12, 182, 184
Arnhem Landers, culture of, **AUS** 175-176
Aroid (plant; Araceae), **FOR** *109*
Arramagong (Australian town), aboriginal meaning of, **AUS** 15
Arrau (South American river turtle; *Podocnemis expansa*), **REP** 133, 154, *182-185*, **SA** 129-131
Arribadas. See Ridley turtles
Arrowhead (plant; *Sagittaria*), leaf of, **PLT** *31*
Arrowroot (Marantaceae), **PLT** 187
Arrowworm *(Sagitta elegans; sagitta setosa)*, **S** 106
Arroyos (water channels), **DES** 31
Arsinoitherium (extinct mammal), **MAM** 39
Art: of aborigines, **AUS** *182-183;* of American Indians, **NA** 66, *67*, *70;* of apes and monkeys, **PRM** 155-156, *170*, *171;* depiction of birds in, **B** *173-175;* in caves, **DES** 132, **EM** *144*, *145*, 148, *158-160;* Cro-Magnon, **EM** 146, 147, *148-149*, 150-151, 157, **EV** 169; discovery of in caves, **EM** *166*, *167;* early man, **B** 173, **EM** *144*, *145*, *158-163*, **DES** 132, **EUR** *8-9*, *17*, 109, **EV** 169, **TA** 171, 172; of Eskimos, **POL** 103, *132-133*, 136; origin of, **EM** 158; Paleolithic, **EM** *148*, *160-161*, *162*, *163*, *164*, *165*
Artediellus. See Sculpin
Artemisia tridentata. See Steppe sagebrush
Artesian basin, in Australia, **AUS** *12*
Arthrophytum acutifolium. See White saxaul
Arthrophytum aphyllum. See Black saxaul
Arthropods, **S** 20-21, *chart* 15, **SA** 158; classification of, **E** 134-135; insects, **INS** 14, 15, *30-31*, 33, 148; in Cambrian Age, **S** 41, *47;* in the desert, **DES** 70, 91; early, **E** 136, 137
Artibeus jamaicensis. See Jamaican fruit-eating bat
Artifacts: as criterion of human intelligence, **EV** 134; of early man, **EM** 53, 104, *164*, **EV** *147;* as evidence of migration of man, **EV** 165; of American Indians, **NA** *70*. *See also* Tools
Artificial nests of green turtles, **REP** 175
Artificial selection: of birds, **B** 167, **EV** *42-43;* commercial, **EV** *78-79;* of dogs, **EV** *86-87;* of flowers, **EV** *75-81;* of man, **EV** 40, 171; of plants, **EV** *82-83;* of poultry, **B** 166-167, **EV** *84-85;* of trees, **FOR** 171-172, 178-179, **PLT** *160*. *See also* Evolution
Artificial stimulus, **AB** 11; experiments with, **AB** *102-103*
Artiodactyla (even-toed ungulates), **MAM** 18, *20*, **NA** *128-133*
Artocarpus communis. See Breadfruit
Aruaná (fish; *Osteoglossum bicirrhosum*), **SA** 180
Arum lily *(Zantedeschia aethiopica)*, **AFR** *34*
Arum lily frog *(Hyperolius horstockii)*, **AFR** *34*
Aruncus. See Goatsbeard
Arundinaria tecta. See Switch cane
Arunta (Simpson) Desert, **AUS** 12
Arvicanthus pumilio minutus. See Four-striped grass rat
Asbestos, **E** *100*
Ascension Island, **MT** 57, **REP** 134, **S** *map* 67
Ascia rapae. See Cabbage worm
Ascomycetes (class of plant division Fungi), **PLT** 184
Asexual reproduction, **EV** *diagrams* 94, 105
Ash (tree; *Fraxinus*), **FOR** 62, 133
Ash, mountain. *See* Mountain ash
Ash Meadows, Nevada, **DES** 70
Asia, **DES** 77, 115, 128, 159, **FOR** 7, 32, 119, *map* 62-63; animal migrations, **EUR** 34; apes of, **PRM** 15, 62; birds of, **B** *22;* climatic changes in, **EUR** 11-16; evolution of man in, **EV** 167-168; food needs of, **S** 174; forests of, **EUR** *chart* 108; ice age in, **EUR** 15, **FOR** 45-46; land bridge from, **NA** *11*, 12-15; langurs of, **PRM** *54;* lorises of, **PRM** 12, *28*, *29;* migration of man to, **EV** 165-166; monkeys of, **PRM** 36-37; mountains of, **EUR** 10, **MT** *179*, 186; mountain belts of, **MT** 12, *map* 44-45; mountain gaps in, *chart* **MT** 136; prosimians of, **PRM** 11; rain forests of, **FOR** 59, 111; reptiles of, **REP** 11, 13, 15, 16, 17, 25, *map* 80; steppes, **EUR** 82-83; tarsiers of, **PRM** *22-23*
Asia Minor, **MT** 12
Asian deer. *See* Sambar
Asian golden cat *(Felis temmincki)*, **TA** 37
Asian fungus or chestnut blight *(Endothia parasitica)*, **NA** *78*
Asiatic black, or moon, bear *(Selenarctos thibetanus)*, **TA** 144
Asiatic earwig (insect; *Arixenia esau*), **TA** 58, *120*
Asiatic, or Indian, elephant *(Elephas maximus)*, **EC** 12, *map 21*, **EUR** 62, **MAM** 18, **TA** *160-163*
Asiatic fishing owl *(Ketupa ketupu)*, **B** *50*, **TA** 37
Asiatic jackal *(Canis aureus)*, distribution of, **EUR** 62
Asiatic salt-water crocodile *(Crocodylus porosus)*, **REP** 111, 153, **TA** *98-99*
Asiatic tapir (ungulate; *Tapirus indicus*), **TA** *150*
Asilidae. *See* Robberfly
Asiatic water buffalo *(Bubalus bubalis)*, **EC** 12
Asimina triloba. See Papaw
Asio flammeus. See Short-eared owl
Asio otus. See Long-eared owl
Aspalathus, yellow (plant; *Alhagi*), **EUR** *68*
Asparagus *(Asparagus officinalis)*, **PLT** 38, 187
Asparagus officinalis. See Asparagus
Asphodel (plant; *Asphodelus luteus*), **EUR** 59
Asphodelus luteus. See Asphodel
Aspidium munitum. See Western sword fern
Aspidontus rhinorhynchus. See Saber-toothed blenny
Ass, Mongolian wild, or kulan *(Equus hemionus hemionus)*, **EUR** 84-85, *104-105*
Ass, Persian wild, or onager *(Equus

EC Ecology; **EM** Early Man; **EUR** Eurasia; **EV** Evolution; **FOR** Forest; **FSH** Fishes;
PRM Primates; **REP** Reptiles; **S** Sea; **SA** South America; **TA** Tropical Asia; **UNV** Universe

121

INDEX(CONTINUED)

hemionus onager), EUR 84, 155-156
Ass, Tibetan wild, or kiang (Equus hemionus kiang), EUR 38-39, 54
Ass, wild (Equus asinus), AFR 67, EC 20, map 21, EUR 16, 84-85, MAM 28-29
Assam (India), TA 36; animals of, TA 87, 144, 149, 151, 152, 156; tea cultivation in, MT 135
Assassin bug (Reduviidae), INS 103-104
Astacidae. See Blind crawfish; Crawfish
Aster, China (Calistephus chinensis), PLT 123
Asterias forbesi. See Common starfish
Asterias vulgaris. See Purple starfish
Asteroidea. See Shore-anchored starfish
Asteroids, UNV 65-67, 80, 81; birth of, UNV 93; orbits of, UNV 72; Trojan, UNV 66, 73
Astragalus. See Astragalus
Astragalus (shrub; Astragalus), EUR 100-101
Astrapotheria (order of ungulates), SA 14
Astroblemes (star-wounds), UNV 67, 80
Astronomical clocks and watches, UNV 24, 25
Astronomical unit, E 36
Astronomy: history of, UNV 9-16; instruments of, UNV 30, 31-40, 41-61; radio astronomy, UNV 38-41, 58, 59, 117, 153; and spectroscopy, UNV 46, 48-49; use of photography in, UNV 32, 33, 34, 37, 38, 44-45, 49, 51, 57
Astrophysics, UNV 36
Astroscopus y-graecum. See Southern stargazer
Aswan Dam, DES 147, 167
Atacama Desert, DES 12, 13, 14, 29, 169, SA 12, 22
Ateles. See Spider monkey
Athabasca, Lake: area and location, S 184
Athabasca River: length and location, S 184
Athabaskan Indians, POL 133, 136
Athenaeum (magazine), EV 42
Athos, Mount, cloisters of, MT 138
Atkins tags for fishes, FSH 150
Atlantic basin, S 39
Atlantic menhaden (fish; Brevoortia tyrannus); commercial fishing for, S 177
Atlantic Ocean, DES 29, 131, 140, MT 39; ancient view of, S 9; area, S 184; coast of, NA 30-35, 43, 84-85; coastal weather of, S 94; continental shelves of, S 56, 65, 66; currents of, S 76-77, 78; depth, average and greatest, S 184; Mid-Atlantic Ridge of, S maps 65, 66, 70; salinity of, S 80; temperatures of, S 42, 79; topography of, S maps 64-65, 66-67, 78; turbidity currents of, S 57; volcanoes, MT 57, 61
Atlantic salmon (Salmo salar), spawning of, FSH 157
Atlantic spadefish (Chaetodipterus faber), schooling of, FSH 8
Atlantic tarpon (fish; Tarpon atlanticus), size of, FSH 13
Atlantis (supposed continent), S 59
Atlantis Seamounts, S map 64
Atlas moth (Attacus atlas), INS 11-12, TA 124-125, 130
Atlas Mountains, AFR 10, EUR 59, DES 132, MT 12, 37, 44, 119, 134
Atmosphere, EC 10; definition of, PLT 75; composition of, E 57, 58; of earth, S 38, 91; effect on light from space, E 68-69; of Jupiter, UNV 67, 74; layers of, E 58, 67, diagram 66; of Mars, UNV 65, 76; of planets, S 9-10; pressure of, E 58; of Saturn, UNV 75; role of in weather, E 60-64; of sun, UNV 84, 101, 102-103; of Titan (moon), UNV 63, 68; of Venus, UNV 65, 79; weight of, E 57-58
Atmospheric pressure, MT 36, 131
Atomic energy: power from, E 176, 177
Atomic radiation: and mutation, EV 107
ATP. See Adenosine triphosphate
Atrax robustus. See Funnel-web spider
Atrichornis rufescens. See Scrub bird
Atriplex. See Saltbush
Atrophy: and Lamarckian theory, EV 11
Atta. See Leafcutter ant
Attacus atlas. See Atlas moth
Attagenus piceus. See Black carpet beetle
Attidae. See Jumping spider
Attila, MT 137
Auca Indians, PRM 176, 177
Audiospectrogram of bird song, B 120
Audouin's gull (Larus audouinii), EUR 42
Audubon, John James, B 37, 81, 102, 166, 167, 171, MAM 127, NA 31, SA 105
Audubon Breeding Bird Census, B 84
Augastes lumachellus. See Hooded visorbearer
Auk, great (extinct bird; Pinguinus impennis), B 170, EV 162
Aulostomidae. See Trumpet fish
Aurelian, DES 149
Aureomycin, PLT 14
Auriga (constellation), UNV map 10
Auriparus flaviceps. See Verdin
Aurochs (extinct bison; Bos primigenius), EM 159, EUR 109; cave painting of, EUR 8-9; hunting of, EM chart 151; skull of, EV 160
Aurora, E 65, 66, POL 11, 22-23; cause of, POL diagram 11
Auroras, E 65, 66
Austerlitz, Battle of, MT 136
Austin, Oliver, Jr., B 103
Austral Islands, S map 70
Australasia, AUS map 18; aborigines, survival of in, AUS 169; animals of, AUS 10; birds of, AUS 147-148, 163, 166, B 60; climate of, AUS 10, 14; defined, AUS 9; evolutionary radiation in, AUS 127-129; fauna and flora of, AUS 10; insects of, AUS 129-130; reptiles of, AUS 133-135; rocks of, AUS 13; in the Silurian Era, AUS 39; speciation in, AUS 127-129
Australia, AUS (entire vol.), relief map 12, FOR 32, 58, 59, 116, POL 14, 85, 92; aborigines of, AUS 168, 169-178, 179-191, PLT 160; Antarctic territorial claims of, POL 170, map 171; aridity of, AUS 40, 41; birds of, AUS 34, 146-154, 155-167, B 13; British settlement of, AUS 190; climate of, AUS 11, 12, 13, 15, 20, map 18-19; convergent adaptation in, EC 127; cordillera (mountain ranges) of MT 12; deserts of, AUS 10, 11, 12, 22-23, map 18-19; ecology of, AUS 41; eucalyptus trees of, FOR 174, PLT 126; evolutionary history in, AUS 14; fishes of, AUS 131-132; flowers of, AUS 52-57; forests of, AUS 13-15, 41, 43, map 18-19; fossils of, AUS 39, 40, 78, 84, 127, S 36, 40; general description of, AUS 10-15; geological development of, AUS 34-35, 36-40; grassland in, AUS 41, map 18-19; Great Barrier Reef of, S 98; insects of, AUS 126, 129-130, 137-139; and land bridge, AUS 171, EV map 169; mammals of, AUS 35-37; marsupials of, AUS 76, 77-84, 85-96, 97-106, 107-125; monotremes of, AUS 58, 59-66, 67-75; mountains of, AUS 11-13, 17, 25, 26-27, 40, MT 179; myxomatosis research in, EC 70; and ocean barrier, MT 136; plants of, AUS 16, 39, 40-42, 43-57; precolonial, AUS 170-176; rainfall in, AUS 11, 12, 13, 20, map 18-19; reptiles of, AUS 34, 133-146, 144-145, REP 11, 15, 27, 57, 83, 89, 98, 111, 114, 124; rocks of, AUS 13, 24-25; and Shark Arm Murder Case, S 133; sharks of, S 132, 133, 134, 135; and surf swimming, S 90; submarine mountains near, S 70; submerged ocean banks of, S 59; topography of, AUS 10-13, 20, 21, map 18-19; town names, aboriginal meanings of, AUS 15; trees of, AUS 12, 13-15, 41, 43-53, map 18-19; vegetation of, AUS map 18-19
Australian, or black, cassowary (bird; Casuarius casuaris), AUS 34, 37, 148, 153, 162, 163, B 12, 13, 18, 20, 38, EC map 21
Australian copperhead (snake; Denisonia superba), AUS 136
Australian crocodile (Crocodylus johnstoni), AUS 134
Australian Desert, DES 11, 15, 32, 115; climate of, DES 13, 29; marsupials of, DES 58, 75, 76, 78, 96; rabbits in, DES 106-107, 118-120
Australian "duck-mole," or "duck-billed," platypus (marsupial; Ornithorhynchos anatinus), AUS 58, 59, 60
Australian earwig (insect; Titanolabia colossea), AUS 130
Australian fig tree, or banyan (Ficus columnaris), PLT 135
Australian highlands, AUS 18
Australian kurtus (fish; Kurtus gulliveri), FSH 104
Australian lungfish (Neoceratodus forsteri), AUS 10, 132, FSH 65, 70
Australian prickly pear (cactus; Opuntia), and cactoblastis, AUS 42
Australian sandfish (lizard; Scincus philbyi), REP 83
Australian shield (Cryptozoan rocks), E 133
Australian spiny anteater (Tachyglossus aculeatus), AUS 59, 61
Australian staghorn (fern; Platycerium grande), PLT 136
Australian teak (tree; Dissiliaria baloghioides), AUS 44
Australian termite (Mastotermes), AUS 130
Australian whaler shark (Carcharhinus macrurus), FSH 83
Australian zoogeographic realm, EC map 12, map 20-21
Australopithecines (manlike primates), PRM 178-181; adaptations of, EM 49-50, 55, 56; age of, EM 52, 56; development of, EM 56; disappearance of, EM 56; discovery sites of, EM 55, 70, map 48; rapid evolution of, EM 53; skull of, PRM 178; tools of, EM 59, 102; variants, EM 52
Australopithecus (link between anthropoids and man), EM 31, 52, 56, 57, 63, 73, 74-75, EV 146-149, 151, 152, 159, 165, MAM 168; adaptations of, EM 55, 56; advanced, EM 43; age of, EM 14; artistic reproduction of, EV 159; body structure of, EM 40, 43, 51; bones of, EM 40; brain capacity of, EV 149; discovery of, EM 14, 48, 55, 71, 81, EV 147; and divergent evolution, EV 159; evolution of, EM 55, EV 159; fossils of, EV 146-148, PRM 178; head of, EM 53, 61; hunting by, EM 64-67, 68-69; jaw of, EM 39; locomotion of, EM 81-82; as meat eater, EM 64-65; at Olduvai Gorge, EM 55; and Paranthropus, EM 53; reconstruction of, EM 63; skull of, EM 53, 58-59, 60, EV 148, 157; speech of, EV 159; tools of, EM 51, 55, 59, 110, EV 149, 157; transition to carnivores, EV 156; weapons of, EM 59, EV 156
Australopithecus africanus: discovery of, EM 48; EV 146. See also Australopithecus; Taung baby
Austria, DES 10; agriculture in, MT 20; avalanches in, MT 30; government protected land, EUR chart 176; mountain passes in, MT 136-137
Automeris io. See Io moth
Automeris nyctimene. See Owl-eyed moth
Automotive fumes, recycling of, EC 167. See also Air pollution
Autumn, FOR 28-29, 30-31; color changes in, FOR 15-17, 103, PLT 59, 70-71; leaf fall in, FOR 10-11, 16
Auxiliary breathing: mechanisms of fishes for, FSH 54
Auxin (indoleacetic acid; plant growth substance), FOR 100, PLT 101-102, 103, 104
Avahi (lemur; Avahi), AFR 155
Avalanche willow (Salix arctica), MT 88
Avalanches, MT 14, 28-29, 30, 88; rescue work, MT 30-31; soil, TA 34-35; submarine, S 67
Avena. See Oat
Aves. See Birds
Aves Ridge (underwater), S map 64
Aviation: in Antarctica, POL 57, 58, 68, 172, 173, 175; across Arctic, POL 9-10, 18-19, 39, 40, 154-155; first flight across North Pole, POL 40; first flight to South Pole, POL 68; military, arctic, POL 153, 166. See also Airplanes
Aviculariidae. See Hairy tarantula
Avocet (bird; Recurvirostra), B 25
Awls, bone, EM 117
Axel Heiberg Island, POL 117
Axes, EM 10, 111, 114, 115, 117, 120
Axis axis. See Axis deer
Axis, or chital, deer (Axis axis), EUR 189, MAM 102
Aye-aye (lemur; Daubentonia), AFR 154, 155; PRM 32
Ayers Rock, Australia, AUS 12, 24
Aythya. See Scaup
Aythya americana. See Red-headed duck
Aythya vallisneria. See Canvasback duck
Azalea (plant; Rhododendron), PLT 187
Aziziz, Libya, DES 13
"Azores high" (atmospheric pressure area), DES 28-29
Azores Islands, MT 57, S maps 64-65
Azores Plateau, S map 64
Azov (sea), EUR 90
Aztec Ruins National Monument, New Mexico, DES 169
Aztecs, EM 106, NA 16, 60, 101; SA 106, 156
Azure-winged magpie (Cyanopica cyanus), EUR 64, 123
Azurite (mineral), E 100

B

Baade, Walter, UNV 114, 130, 131, 150, 151, 166
Babbler (bird; Timaliinae), TA 36, 59
Babbler, yellow-eyed (bird; Chrysomma sinensis), B 157
Babcock, Horace W., UNV 111
Babel, Tower of, UNV 19
Babirussa (wild pig; Babyrousa alfurus), MAM 100, TA 106, 151
Baboon (Papio), AFR 91, 93, 116, 179, DES 56, EC 104, EM 34, 35, 72, EV 48, 142-143, MAM 18, PRM 38, 89, 94, 107-114, 116, 117,

122

AB Animal Behavior; AFR Africa; AUS Australia; B Birds; DES Desert; E Earth; INS Insects; MAM Mammals; MT Mountains; NA North America; PLT Plants; POL Poles;

126-127, 128, 137-149; anatomy of, **EM** 34, 35, **MAM** 142, **PRM** 37, 38, 116, 117, 128, 129, 134; behavior of, **AB** 152, **EV** 141-143, **MAM** 148, **PRM** 40-41, 104-105, 107-109, 111, 115, 118-119, 122, 124-125, 128, 129, 131, 134, 135, 137, 138-139, 140-141, 146-147, 154, 180-182, diagram 138-139; communication by, **PRM** 134; community living of, **PRM** 40, 42, 94, 105, 107-114, 118-125, 137, 181; dominance patterns of, **MAM** 149, **PRM** 94, 107-114, 115-125, 146-147, diagram 138-139; eating habits of, **PRM** 113, 133, 140-145, 152, 154-155, 180; fossils of, **EV** 148, **PRM** 152; grooming by, **EV** 142, **PRM** 107, 115, 122; habitat of, **PRM** map 44-45; infants of, **PRM** 89, 94, 112, 113, 120-125, 134, 146; learning ability of, **MAM** 181, **PRM** 89, 134, 180; locomotion of, **EV** 143, **PRM** 37, 121; parental care by, **EV** 142-143, **PRM** 89, 112, 120-125; predation by, **PRM** 142, 143; protective tactics of, **EV** 142-143, **MAM** 149, **PRM** 37, 116-119, 131, 134-135, 140-141, 146-149, 152, diagram 138-139; territorial range of, **PRM** 130-131, 137, 140-145, chart 131; vision of, **AB** 43, **PRM** 140-141
Baboon, gelada (*Theropithecus gelada*), **PRM** 58
Baboon, Hamadryas. See Hamadryas baboon
Babylonia: astronomy in, **UNV** 19
Babyrousa alfurus. See Babirussa
Bachelor's button (*Centaurea cyanus*), **EV** 78-79
Bachman, John, **B** 37, **MAM** 127
Bacillariophyceae (class of Chrysophyta), **PLT** 184
Bacillus, **PLT** 19, 21
Back swimmer (insect; Notonectidae), **AB** 41, **INS** 146, 147, 150-151
Bacon, Francis, **EC** 170
Bacteria (Schizomycetes), **EC** 37, 39, 43, **FOR** 12, 133, 136, 137, 154, **PLT** 13, 14, 21, 35, 36, 106, 183; conditions for survival, **PLT** 128; digestion of cellulose by, **PLT** 62; diseases caused by, **EC** 97-98, **PLT** 144; nitrogen-fixing, **EC** 101, **PLT** 140; in polar regions, **POL** 15, 27, 77, 171; reproduction controls of, **EC** 146
Bactrian camel (*Camelus bactrianus*), **EUR** 85, **MAM** 58; domestication of, **EUR** 156, 166
Badger (mammal; Mustelidae), **AB** 161, **MAM** 17, 187, chart 23; cooperative hunting by, **MAM** 109
Badger, American (*Taxidea taxus*), **DES** 76, 78, 92, 93, **NA** 24, 124, 161
Badger, European (*Meles meles*), **MAM** 122
Badger, honey, or ratel (*Mellivora capensis*), **AFR** 87, **EC** 104, **MAM** 113
Badkhyz game reserve, **EUR** 84
Badlands, **DES** 32, 41, **NA** 24-25
Badlands National Monument, South Dakota, **E** 186, 187, **NA** 195
Baffin, William, **POL** 33, **S** 182
Baffin Island, Canada, **POL** 15, 117, 133, 137, 140, 153, map 12
Bagel Seamount, **S** map 71
Baghdad, **DES** 13
Bagnold, Ralph A., **DES** 33, 34
Bagre marinus. See Gaff-topsail catfish
Baguio (storm), **E** 78
Bagworm (moth; Psychidae), **TA** 125
Bahamas, the: discovery of, **S** 12; and Gulf Stream, **S** 77; Lerner Marine Laboratory, **S** 133; spawning grounds near, **S** 112
Baikal, Lake, **EUR** 138, **S** 184

Baikal cod (*Comephorus baicalensis*), **EUR** 138
Baikal seal or nerpa (*Phoca sibirica*), **EUR** 138
Baird, Spencer F., **FSH** 13
Baird's sandpiper (bird; *Erolia bairdii*), **B** 104
Baird's tapir (*Tapirus bairdii*), **SA** 84
Baja California, **DES** 12, 13, 14, 29, 167
Bajadas (alluvial slopes), **DES** 30
Bakanae (rice disease), **EV** 82
Baker, Florence, **AFR** 20, 21
Baker, R. T., **AUS** 13
Baker, Sir Richard St. Barbe, **FOR** 174
Baker, Sir Samuel, **AFR** 20, 21, 37
Baker, Stuart, **B** 144
Baker Island, **S** map 68
Baker, Mount, **MT** 57
Bako National Park, Sarawak, **TA** 110-111
Balaeniceps rex. See Shoebill
Balaenoptera. See Baleen whale
Balance sense: in aquatic insects, **AB** 40-41; in crustaceans, **AB** 40; in fishes, **AB** 107-108, 111; in vertebrates, **AB** 40
Balaninus. See Acorn weevil
Balanus balanoides. See Rock barnacle
Balboa, Vasco Nuñez de, **S** 182
Bald cypress (*Taxodium distichum*), **FOR** 43, 68, 109
Bald eagle (*Haliaeetus leucocephalus alascanus*): eating habits of, **B** 64; nests of, **B** 139; scales of, **B** 34; survival problems of, **B** 171, 172; **NA** 59; vision **MT** 114
Baldpate (bird; *Anas americana*), **POL** 108
Balearic Abyssal Plain, **S** map 65
Balearica pavonina. See Crowned crane
Baleen whale (*Balaenoptera*), **MAM** 86, 90, 79, **S** 147, 148, 150, 165
Bali, **EC** 12, 13; animals of, **TA** 86, 105, 145; birds of, **AUS** 16
Balinese girl, **TA** 179
Balistes carolinensis. See Common triggerfish
Balistes vetula. See Queen triggerfish
Balistipus undulatus. See Undulate triggerfish
Balkan Mountains, **FOR** 46, **MT** map 44
Balkash, Lake, **DES** 30-31, **S** 184
Ballistic Missile Early Warning System, **POL** 153, 166, 167
Balloons used for astronomical observations, **UNV** 49, 184
Balmat, Jacques, **MT** 158
Balsam fir (*Abies fraseri*), **FOR** 59
Balti porters, **MT** 180-181
Baltic Sea, **EUR** 138, **S** 184
Baltic Sea amber, insect fossils in, **INS** 21, 54
Baltimore oriole (*Icterus galbula*), **B** 59, 129, 172; egg of, **B** 154
Baluchitherium. See *Paraceratherium*
Balzac, Honoré de, **EV** 110
Bamboo forest, **EUR** 52-53
Bambyliidae. See Bee fly
Bamian Pass, **MT** 136
Banana (Musaceae), **FOR** 118, 121; 124, **PLT** 187
Banana, wild (*Musa rosacea*), **PLT** 132, 137
Bancal tree (*Nauclea orientalis*), **TA** 125
Banded anteater, or numbat (*Myrmecobius fasciatus*), **AUS** 35, 78, 82, 92-93, diagram 82, **EC** 127, **MAM** 48, 80; feeding habits of, **MAM** 80; reproduction of, **AUS** diagram 63
Banded gecko (lizard; *Coleonyx variegatus*), **REP** 26-27, **DES** 79
Banded hare wallaby (marsupial;

Lagostrophus fasciatus), **AUS** 119, diagram 89
Banded, or tiger, hornet (insect; *Vespa tropica*), **TA** 128
Banded ladybird beetle. See Ladybird beetle
Banded pipefish (*Dunckerocampus caulleryi chapmani*), **FSH** 111
Bandelier National Monument, New Mexico, **DES** 169, **E** 186
Bandelier National Park, New Mexico, **E** 186
Bandicoot (marsupial; Peramelidae), **AUS** 97, 99
Bandicoot, long-nosed (*Perameles nasuta*), **AUS** 81
Bandicoot, pig-footed (*Choeropus ecaudatus*), **AUS** 89, 99, 100
Bandicoot, rabbit-eared. See Rabbit-eared bandicoot
Bandicoot, short-nosed (*Isoodon macrourus*), **AUS** 98
Bandicoot, Tasmanian barred (*Perameles gunnii*), **AUS** 89
Banding of birds, **B** 102-103, 109, 112-113, 115
Banff National Park, Alberta, Canada, **NA** 195
Bangiophyceae (class of plant, division Rhodophyta), **PLT** 183
Bangweulu, Lake, **S** 184
Bank's grevillea (flower; *Grevillea banksii*), **AUS** 53; leaf of, **PLT** 30
Banks Island, Canada, **POL** 130
Banksia, orange (flower; *Banksia prionotes*), **AUS** 52
Banksia, red (flower; *Banksia coccinia*), **AUS** 53
Banksia, woolly (flower; *Banksia daveni* **AUS** 53
Banksia coccinia. See Red banksia
Banksia daveni. See Woolly banksia
Banksia occidentalis. See Honeysuckle
Banksia prionotes. See Orange banksia
Bank swallow (*Riparia riparia*), **B** 171
Bannikov, Andrei G., **EUR** 83, 85, 86
Bantam (fowl; *Gallus gallus*), **EV** 85
Bantam, Birchen game (fowl; *Gallus gallus*), **EV** 84
Bantam, black-tailed Japanese (fowl; *Gallus gallus*), **EV** 85
Banteng (wild ox; *Bos banteng*), **TA** 151
Bantu (tribe of people), **DES** 153
Banyan (tree *Ficus bengalensis*), **FOR** 96, 108-109, **PLT** 186
Banyan, or Australian fig tree (*Ficus columnaris*), **PLT** 135
Baobab (tree; *Adansonia digitata*), **AFR** 63, 83, **DES** 56
Baobab, Madagascan (tree; *Adansonia grandidieri*), **AFR** 159
Barbary ape (*Macaca sylvana*), **EUR** 63-64, 199; range of, **EUR** 63
Barbary coast, **DES** 133
Barbary partridge (*Alectoris barbara*), **EUR** 64
Barbary sheep. See Aoudad
Barbels (feelers) of fishes, **FSH** 43
Barberry (plant; *Berberis*), **PLT** 144, **TA** 103
Barbet (bird; Capitonidae), **B** 16, 20, **EC** 75, **TA** 59
Barbet, green (bird; *Megalaima zeylanica*), **B** 69
Barbicels (of feathers), **B** 34
Barbour, Thomas, **REP** 171
Barbs (of feathers), **B** 33, 34
Barbs (of triggerfish), **FSH** 138
Barbules (of feathers), **B** 34
Barbus tor. See Mahseer
Barchans (sand dunes), **DES** 33-34
Bare-necked umbrella bird (*Cephalopterus*), **SA** 107
Barents, Willem, **POL** 32, **S** 182
Barents Sea, **FSH** 184, **POL** 32
Bar-headed goose (*Anser indicus*), **AB** 100-101, **EUR** 34, 40

Barisan Mountains, **MT** 44
Bark (of trees), **AUS** 48-49, **EM**, 121, **PLT** 40, 104
Bark, or engraver, beetle (Scolytidae), **INS** 96
Bark painting by aborigines, **AUS** 182
Barking deer, or kakar (*Muntiacus*), **TA** 60
Barkly Tableland, Australia, **AUS** 12
Barley (*Hordeum vulgare*), **DES** 165, **PLT** 79, 172; domestication of, **EUR** 157; salt tolerance of, **EUR** 60
Barlow, G. W., **EV** 147
Barlowe, Captain Arthur, **NA** 9-10
Barn owl (*Tyto alba*), **B** 62, 145, **EC** 56, **EUR** 170
Barn swallow (*Hirundo rustica*), **B** 104, 171
Barnacle (Cirripedia), **AB** 154; **EC** 50-52, 112, 113, **S** chart 15; commensalism in, **EC** 102; Darwin's work on, **EV** 40-41; diatoms and, **EC** 79; relationship to lobsters, **S** 14; success of, **EC** 40
Barnacle, acorn, or rock (*Balanus balanoides*), **AB** 154, **EC** 34, **S** 24
Barnacle, gooseneck (*Lepas fascicularis*), **S** 21
Barnacle, rock. See Barnacle, acorn
Barndoor skate (fish; *Raja laevis*), **FSH** 83
Barracuda (fish; Sphyraenidae), **FSH** 11, 52; colors of, **FSH** 43; and mutualism with wrasse, **FSH** 127; and parasites, **S** 119, 135-136
Barred bandicoot, Tasmanian (*Perameles gunnii*), **AUS** 89
Barred owl (*Strix varia*), **B** 62
Barred spirals (galaxies), **UNV** 149-150, 156
Barrel cactus (*Ferocactus*), **DES** 54, 55, 66 **EC** 123, **PLT** 80
Barren-ground caribou (*Rangifer tarandus*), **POL** 110, 111
Barren-ground grizzly bear (*Ursus arctos*), **POL** 76, 106
Barrenlands, **FOR** map 62-63, **NA** 90
Barrier ice, **POL** 13
Barringer Crater, **UNV** 80
Barrington Island (Galápagos), **EV** 18-19
Barro Colorado Island, **FOR** 74, **PRM** 39, **SA** 34-36, 52, 58, 79
Barrow, Alaska, **POL** 152, 155
Barrow Submarine Canyon, **POL** 155
Bartholomew, George A., **EV** 149
Bartlett, Robert, **POL** 39, 40
Barton, Otis, **S** 183
Bartram, William, **NA** 80, 81, 82
Bartsch, Paul, **B** 102
Basalt (igneous rock), **DES** 46, **E** 84, 86, **MT** 40, **S** 13, 59, chart 56
Bascom, Williard, **S** 183
Basidiomycetes (class of plant division Fungi), **PLT** 183
Basiliscus. See Central American basilisk
Basilisk, Central American. See Central American basilisk
Basilisk (snake-lizard) of mythology, **REP** 151
Basins, tidal, **S** 92
Basking shark (*Cetorhinus maximus*), **FSH** 80-81 83, 91, **S** 133
Basques, **MT** 136, 138
Bass, black (*Centropristis striatus*), **AB** 60
Bass, largemouth (*Micropterus salmoides*), **EC** 16, **FSH** 132-135
Bass, smallmouth (*Micropterus dolomieu*), **FSH** 19, 20-21
Bass, striped. See Striped bass
Bassaricyon. See Olingo
Bassariscus astutus. See Ringtail cat
Basset hound (*Canis familiaris*), **EV** 86
Basswood (tree; *Tilia*), **FOR** 113,

EC Ecology; **EM** Early Man; **EUR** Eurasia; **EV** Evolution; **FOR** Forest; **FSH** Fishes; **PRM** Primates; **REP** Reptiles; **S** Sea; **SA** South America; **TA** Tropical Asia; **UNV** Universe

123

INDEX (CONTINUED)

133, 152
Bastard box tree *(Eucalyptus affinis)*, **AUS** 46
Bastard hartebeest (antelope; *Damaliscus lunatus lunatus)*, **AFR** 68
Bat (Chiroptera) **AB** 22-23, *106*, **FOR** 116, **MAM** 16, *21*; abundance of, **MAM** *chart* 23; adaptation of wings, **EV** *115*; birds compared with, **MAM** 60; bloodsucking, **MAM** 88, *89*; cave environment of, **EC** 36-37; cleaning habits of, **EV** 59; colony of, **MAM** *24*; droppings of, **EC** 37; flight of, **EV** 59, **MAM** *24*, 56, 60-61; on Galápagos, **EV** 18; hearing of, **AB** 22, 42, *106*; homing of, **MAM** 127; imperfect warmbloodedness of, **EC** 124; in New Zealand, **EC** 58; insect-eating, **MAM** 88; largest, **MAM** 60-61; oestrous cycle of, **MAM** 142; pollination by, **PLT** 11; radar device of, **B** 64, **DES** 15, 69, 74, 76, 91; shelters of, **MAM** 127; "sonar" of, **MAM** 61; species of, **SA** 85-86, *90-91*; speed of, **MAM** *chart* 72; temperature in flight, **MAM** 12; water economy of, **DES** 97; wings of, **MAM** 60-61, *63*; variations in, **MAM** 88-89, young of, **MAM** 158
Bat, desert, or brown (Vespertilionidae), **DES** 77
Bat, disk-winged *(Thyroptera discifera)*, **SA** *91*
Bat, fish-eating *(Pizonyx vivesi)*, **MAM** 88
Bat, free-tail or Mexican free-tail *(Tadarida mexicana)*, **MAM** 126
Bat, fruit, or "flying" fox *(Pteropus)*, **AUS** 34, **EV** 59, **MAM** 60-61, 89, **TA** 74-75
Bat, fruit-eating. See Fruit-eating bat
Bat, funnel-eared *(Natalus)*, **SA** *90, 91*
Bat, gray-headed *(Pteropus poliocephalus)*, **MAM** 131
Bat, Honduran white *(Ectophylla alba)*, **SA** *90, 91*
Bat, leaf-nosed (Phyllostomatidae), **SA** 86, *90, 91*
Bat, little brown *(Myotis lucifugus)* **AB** *106*
Bat, long-nosed *(Leptonycteris nivalis)*, **MAM** 88-89
Bat, long-tongued (mammal; *Glossophaga soricina)*, **SA** *90*
Bat, lump-nosed *(Plecotus)*, **EV** 58
Bat, Mexican bulldog, or hare-lipped *(Noctilio leporinus)*, **MAM** 81, **SA** *90-91*
Bat, Mexican free-tail *(Tadarida aegyptiaca)*, **MAM** 126
Bat, naked bulldog *(Cheiromeles torquatus)*, **TA** 58, *120*
Bat, naked-backed (mammal; *Pteronotus suapurensis)*, **SA** *91*
Bat, nectar eater *(Choeronycteris mexicana)*, **MAM** 88
Bat, noctule (mammal; *Nyctalus)*, **MAM** 127
Bat, pallid *(Antrozous pallidus)*, **MAM** 88
Bat, pipistrelle *(Pipistrellus)*, **MAM** 126, *132*
Bat, red *(Lasiurus borealis)*, **AB** 116-117
Bat, smoky *(Furipterus horrens)*, **SA** *91*
Bat, spear-nosed (mammal; *Mimon crenulatum)*, **SA** *91*
Bat, vampire *(Demodus rotundus)*, **EV** 59, **MAM** 89, **SA** 85, 86, *91*
Bat, wrinkle-faced *(Centurio senex)*, **SA** *90, 91*
Bataks (tribe), **TA** 12, 13
Bat-eared, or big-eared, fox *(Otocyon megalotis)*, **AFR** 87, 93
Bates, Henry Walter, **INS** 166, **REP** 154, **SA** 128, 130, 131, 153-154, 156, 158
Bates, Marston, **EC** 16

Batesian mimicry, **SA** 154
Bateson, William, **EV** 92
Batfish, torpedo *(Halieutaea retifera)*, **FSH** 54
"Bathing cap" studies of fishes, **FSH** 57
Batholiths (rock formations), **E** 84
Bathyscaphs: and ocean exploration, **S** 72-73, 170; the *Trieste*, **S** 13, 14, *72-73*,
Bathythermographs: and study of ocean temperatures, **S** 80, *82*
Batocera (genus of beetles), **TA** 126
Bauxite, **POL** 154
Bavaria: reptile fossils of, **REP** 108
Bavella forest reserve, **EUR** 63
Bay duiker (antelope; *Cephalophus dorsalis)*, **AFR** 114
Bay of Fundy: tides of, **S** 92, 94, 171
Bay pipefish *(Syngnathus griseolineatus)*, **FSH** 17
Baya weaverbird *(Ploceus philippinus)*, **B** 156
Bayberry *(Myrica pensylvanica)*, **PLT** 186
Bay-breasted warbler (bird; *Dendroica castanea)*, **B** 87
Baikal, Lake, **EUR** 138, **S** 184
Bayous, **NA** 76
Baytag Bogdo mountains, **EUR** 83
Bay-winged cowbird *(Molothrus badius)*, **B** 152
Beach crab *(Matuta lunaris)*, **TA** 95
Beach flea *(Orchestia agilis)*, **INS** 30, 31, **S** 119, *120-121*
Beaches, **NA** 40, **S** *90-91, 93, 96-97*; barrier, **NA** *84-85*
Beacons, acoustic: for ocean navigation, **S** 170
Beaded lizard, Mexican *(Heloderma horridium)*, **REP** 59
Beadlet anemone *(Actinia equina)*, **EC** 52
Beagle *(Canis familiaris)*, **EV** 87
Beagle, H.M.S., **B** 11, **EV** 9, *12-13*, 14-16, 18, 32, 42
Bean *(Phaseolus)*, **PLT** *173*; climbing methods of, **PLT** 141; domestication of, **EUR** 158; dwarf varieties of, **PLT** 102
Bean, broad *(Vicia faba)*, **EUR** 158
Bean, castor, or castor oil plant *(Ricinus communis)*, **PLT** *31*
Bean, string *(Phaseolus vulgaris)*, **PLT** 38
Bear (Ursidae), **EM** 159, **FOR** 31, **MAM** 17, 20, **NA** *108-109*, 148-149, 189-190, **POL** 110, **SA** 12, 83, 88; cave bears **EM** *126-127*, 148, 153-154; diet of, **MAM** 17, 77, 91; early, **NA** 11; food hoarding by, **MAM** 81; footprints of, **MAM** *186*; hibernation of, **EC** 39, **MAM** 123; hunting of, **EM** *chart* 151; learning ability of, **AB** 143; locomotion of, **MAM** 58; migrations of, **EC** 13; in Miocene epoch, **MAM** 40; as Neanderthal object of worship, **EV** 166; new-born of, **MAM** 147; physiological experiments with, **AB** *121*; in primeval America, **NA** 80; skulls of, **MAM** *14*; stance of, **MAM** 57; tree climbing by, **MAM** 59
Bear, Alaskan brown *(Ursus arctos)*, **MAM** *151*
Bear, Asiatic black, or moon *(Selenarctos thibetanus)*, **TA** 144
Bear, barren-ground grizzly *(Ursus arctos)*, **POL** 76, *106*
Bear, brown. See Brown bear
Bear, European brown *(Ursus arctos)*, **AB** *143*, **MAM** 125
Bear, Polar. See Polar bear
Bear, sloth *(Melursus ursinus)*, distribution of, **TA** 144
Bear, spectacled *(Tremarctos ornatus)*, **SA** 83
Bear, sun or Malayan *(Helarctos malayanus)*, **TA** 144
Bear Island, Svalbard, **FHS** 15, 151
Bear worship, **EM** 153-154

Bearded bellbird *(Procnias averano)*, **SA** *106*
Bearded dragon lizard *(Ahpibolurus barbatus)*, **AUS** 135
Bearded orchid *(Calochilus cupreus)*, **AUS** 57
Bearded pig *(Sus barbatus)*, **TA** 151
Beardmore Glacier, Antarctica, **POL** 56, 172
Beata Ridge (underwater), **S** *map 64*
Beaufort Scale, **S** *chart* 90
Beaver (Castor), **MAM** *20*; construction methods of, **MAM** *122-123*, 138; dams built by, **MAM** 137, **NA** 33, *164*; defense techniques of, **MAM** 104; diet of, **MAM** 77; exploitation of by man, **NA** 99; family life of, **MAM** 150; food hoarding by, **MAM** 94; footprints of, **MAM** *187*; lodges of, **MAM** *122-123*, *136-138*; maternal care by, **MAM** *158*; mating habits of, **MAM** 144-145; in Pleistocene epoch, **MAM** 47; skulls of, **MAM** *chart* 136; speed of, **MAM** *chart* 72; tagging of, **NA** 189; tails of, **MAM** 61, 62, *139*; teeth of, **MAM** 61, 62, 139; territory of, **EC** 41; and trappers, **NA** 175
Beccari, Odoardo, **TA** 126
Bechuanaland, Africa: fossils of, **EM** 59
Bed bug (Cimicidae), **INS** 38
Beddoes, Thomas, **EC** 163
Bedford Pym Island, Greenland, **POL** 37
Bedlington terrier *(Canis familiaris)*, **EV** 87
Bee, carpenter *(Xylocopa)*, **INS** 78
Bee, cuckoo *(Psithyrus)*, **INS** 101, **NA** 45
Bee, queen. See Queen bee
Bee, solitary common *(Halictus)*, **INS** 78
Bee, sweat *(Halictus)*, **TA** 14
Bee eater, European (bird; *Merops apiaster)*, **B** 16, 20, 29, 140, **EUR** 40, 64, *78*; commensalism of with other animals, **B** 58; eggs of, **B** 143
Bee fly (Bmbyliidae), **INS** 102
Bee hummingbird *(Mellisuga helenae)*, **B** 59
Beebe, William, **B** 166, **EUR** 48, **FSH** 43, *124*, **S** 183, **SA** 54-55, *101* **TA** 146
Beebread (bee food), **INS** 78, 129
Beech (tree; *Fagus)*, **AUS** 13-14, **EUR** 14, 59, 108, **EV** 33, **NA** 78, **PLT** 98, 186
Beech, European *(Fagus sylvatica)*, **FOR** 59, 62
Beech, Southern hemisphere *(Nothofagus)*, **AUS** 13-14, **SA** 17
Beehives: colony division in, **INS** 130, 132; cooling of, **INS** 129, *137*; combs, **INS** 76, 77-78, 127; dangers to, **INS** *138-139*; defense of, **INS** 127, *137*; handling of emergencies in, **INS** 128-129; honey production by, **INS** 128; life in, **INS** *136-137*; movable, **INS** 127; size of colonies, **INS** 134
Beer, production of, **PLT** 62
Beersheba, Palestine, **DES** 166
Bees, or honeybees *(Apis mellifera)*, **AFR** 117, **INS** 16, 132, *133-139*, **EUR** 153, **FOR** 23; anatomy of, **INS** *134-135*; North American, number of species of, **INS** 78; architecture of, **INS** 76, 77-79, 127; classification of, **INS** 27; communication signals of, **AB** 155, **INS** *diagrams*, 130-131, 132; cooperation with birds and flowers of, **EC** 104, 114; division of labor among, **AB** 129, 152, 158, **INS** 125, 127, 128, 129, 130; drones (males), **INS** 127, 129, 134; enemies of, **INS** *138-139*; feeding of larvae on, **INS** 127, 129, 134;

food collection tools of, **INS** 41, 122, 123, 125, *128*; honey of, **TA** 127; life span of, **INS** 127-128; metamorphosis of, **INS** *134*; mouth parts of, **INS** *104*; orientation of, **AB** 113-114; parasitic species of, in Hawaii, **EC** 58; pollinating activities of, **DES** 60, **EC** 10-11, 114, **FOR** 45, **INS** 122, 123, 125-126, 128, **PLT** 144-145; queen, **INS** 14, 129; red clover and, **EC** 35; royal jelly of, **INS** 128, 129; sense of smell of, **INS** 38, 130; social organization of, **AB** 158, **EC** 145, **INS** 26, 78-79, 82, 83; solitary, **INS** 26, 78, 101; speed of, **INS** *chart* 14; sting of, **INS** 127; strength of, **INS** 12; swarming of, **AB** 175; use of antennae by, **INS** 38; vision of, **AB** 20, 36, 37, 38, 48, 61-62, **INS** 35, 36; workers and their life cycle, **INS** 127-129, 133, 134
Beet *(Beta vulgaris)*, **PLT** 79, 161, *186*; life span of, **PLT** 106
Beet, sugar *(Beta vulgaris)*, **PLT** 79, 161
Beetle (Coleoptera), **DES** 60, 70, 71, 159, **EV** 45, **FOR** 44-45, 114-115, 131, 135, **INS** 11, 16, 22-23, **NA** 45-49, **SA** 154, 156-157, **TA** *139-140*; antennae of, **INS** 38; aquatic, **INS** 41, 145, *146-147*, 148; courtship behavior of, **AB** 96; extermination of, **NA** 124-125; feeding tools of, **INS** 13, 22; larvae of, **INS** 57, 72; metamorphosis of, **INS** 22, *72-73*; number of species of, **INS** 22, **TA** 125-126; pollination by, **INS** 125; protective devices of, **INS** 22, 102, 106, 110, *112-113*; in symbiosis with ants, **INS** 115; wood borings of, **INS** *96-97*
Beetle, alpine (Coleoptera), **MT** 116
Beetle, ambrosia, or "Tippling Tommy" (Scolytidae), **INS** *96-97*
Beetle, black carpet *(Attagenus piceus)*, **PLT** 176
Beetle, bombardier *(Brachinus)*, **INS** 105, *120-121*
Beetle, click, or skipjack (Elateridae), **INS** *104*, *105*, **SA** 157, **TA** 126
Beetle, Colorado potato *(Leptinotarsa decimlineata)*, **PLT** 176
Beetle, cucumber *(Diabrotica)*, **PLT** *177*
Beetle, darkling *(Tenebrio antricola)*, **TA** 120
Beetle, death watch *(Xestobium rufovillosum)*, **INS** 97
Beetle, diving (Dytiscidae), **INS** 146, 147, 148, *150-151*
Beetle, dung (Scarabaeidae), **AFR** *106-107*
Beetle, engraver, or bark (Scolytidae), **INS** 96
Beetle, European stag *(Lucanus cervus)*, **INS** 23, *72-73*
Beetle, fiddle *(Mormolyce)*, **TA** 126
Beetle, flea (Halticinae), *diagram* **INS** 12
Beetle, four-eyed milkweed *(Tetraopes tetraophthalmus)*, **INS** *113*
Beetle, furniture (Anobiidae), **INS** 97
Beetle, ground (Carabidae), **NA** 160
Beetle, Japanese *(Popillia japonica)*, **NA** *124-125*
Beetle, jewel (Buprestidae), **AUS** 130
Beetle, June *(Phyllophaga)*, **INS** *22-23*
Beetle, lady. See Ladybird beetle
Beetle, ladybird. See Ladybird beetle
Beetle, long-horned (Cerambycidae), **INS** 23
Beetle, milkweed leaf *(Labidomera clivicollis)*, **INS** *112*
Beetle, rhinoceros (Dynastinae),

SA 156-157, **TA** 126
Beetle, sexton (*Necrophorus*), **TA** *123*
Beetle, snout (Curculionidae), **INS** 23
Beetle, snout, or acorn weevil (*Balaninus*), **INS** *49*
Beetle, tiger (*Cicindela repanda*), **INS** *48*
Beetle, tiger (*Omus californicus*), **INS** *102*
Beetle, water (*Dytiscus marginalis*), **AB** 64-65
Beetle, whirligig (Gyrinidae), **AB** 41
Beetle, wood-boring, **EC** 100-101, **TA** 126
Beggar's-tick (plant; *Bidens*), **PLT** 118
Begonia (plant; *Begonia*), **PLT** 186; hybridization of, **EV** 75-77; and reproduction, **PLT** 38
Begonia. See Begonia
Begonia, Bolivian (*Begonia pearcei*), **EV** 76
Begonia, carnation (*Begonia*), **EV** 77
Begonia, red triumph (*Begonia camelliaflora*), **EV** 75
Begonia, sunset (*Begonia*), **EV** 76
Begonia, white (*Begonia*), **EV** 76
Begonia, wild (flower; *Begonia*), **EV** 76
Begonia camelliaflora. See Red triumph begonia
Begonia pearcei. See Bolivian begonia
Behavioral temperature control of reptiles, **REP** 85, *90-91*
Beira (antelope; *Dorcatragus megalotis*), **AFR** 76
Belfort Gap, France, **MT** 136
Belgians in Africa, **AFR** 171
Belgium, **POL** 170; government protected land in, **EUR** chart 176; recolonization of trees, **EUR** 16; and treaty on Antarctica, **POL** 170
Belian, or Bornean ironwood (tree; *Eusideroxylon zwageri*), **TA** 53
Belkin, Dr. Daniel, **REP** 107
Bell, Christmas (flower; *Blandfordia punicea*), **AUS** 55
Bell moth (*Aesiocopa patulana*), **SA** 153
Bellatrix (star; Gamma Orionis), **UNV** 11, *map 10*; color of, **UNV** *131*
Bellbird, bearded (*Procnias averano*), **SA** *106*
Bellbird, three-wattled (*Procnias tricarunculata*), **SA** *106*
Bellingshausen, Fabian Gottlieb von, **POL** 52, *53*
Bellingshausen Sea Floor, **S** map 73
Bellis perennis. See Daisy
Bellwort (plant; *Uvularia*): leaf of, **PLT** *31*
Belostomatidae. See Giant water bug
Beluga, or white whale (*Delphinapterus leucas*), **S** 167
Bembex. See Sand wasp
Bengal tiger (*Leo tigris*), **MAM** *105*
Benguella Current, **DES** 29
Beni Isguen, Algeria, **DES** *20*
Bennett, James Gordon, **POL** 34
Bennett's wallaby (marsupial; *Protemnodon rufogrisea frutica*), **EV** *66*
Benson, Seth B., **DES** 77
Benthosaurus (fish; *Benthosaurus*), **FSH** *62*
Benthosaurus. See Benthosaurus
Benzaldehyde, **PLT** 11
Berberis. See Barberry
Berbers (North African people), **DES** 124, *133, 134*, 137, **EV** *175*; **MT** 134
Bergmann, Carl, **TA** 36
Bergmann's Rule, **EC** 128, **POL** 74, **TA** 36
Bergschrund (glacial formation), **MT** *14*
Bering, Vitus Jonassen, **NA** 36, *map 27*, **POL** *33*

Bering land bridge, **NA** 11; melting of, **NA** 15; and migration of man, **NA** 8-9, *14*
Bering Sea, **EC** 13, 57, **POL** 81, 96, 97, 108, 111, 133, *134*, 156, **S** *184*; fisheries of, **FSH** 171; whalers of, **S** 146, 159
Bering Strait, **FOR** 58, **MT** 12, 57, 133, **POL** 33, 99, 133, 155, 158; discovery of, **S** 183; former land bridge at, **EV** 14, *169*; proposal to dam, **S** 171
Berkshire Hills, U.S., **FOR** 156
Berm (sand): in formation of beaches, **S** 90
Bermuda, **FOR** 58; biological station, **FSH** 128; eel spawning near, **S** 112; high pressure air cell, **DES** 29; land contours of, **S** *map 64*
Bermuda Biological Station, **FSH** 128
Bermuda chub (fish; *Kyphosus sectatrix*), **FSH** *166-167*
Bermuda, or saw-toothed, grass (*Cynodon dactylon*), **AFR** 65
"Bermuda High" (high-pressure air cell), **DES** 29
Bermuda Rise (underwater), **S** *map 64*
Berrill, N. J., **S** 104
Bertha, Mount, **MT** *173*
Bessel, Friedrich Wilhelm, **UNV** 34, 35, 108
Beta Centauri (star), **UNV** 11; color of, **UNV** *131*
Beta Crucis (star), **UNV** 11; color of, **UNV** *131*
Beta Geminorum (star). See Pollux
Beta Lyrae (star), **UNV** 112
Beta Orionis (star). See Rigel
Beta vulgaris. See Beet
Betatakin, Arizona, **NA** *50*
Betelgeuse (star; Alpha Orionis), **UNV** 11, 113, 114, 132, *map 10*; color of, **UNV** *131*
Betel-nut palm (tree; *Areca cathecu*), **FOR** *111*
Betel nuts, **TA** *45*
Bethe, Hans, **UNV** 130
Betta splendens. See Siamese fighting fish
Bettongia penicillata. See Brush-tailed rat kangaroo
Betula. See Birch
Bezoar, or wild, goat (*Capra aegagrus*), **EUR** *75*
Bharal, or blue sheep (*Pseudois nayaur*), **EUR** 37, *53*
Bhutan, **MT** 151, 153
Bhutan: government protected land in, **EUR** chart 176
Bi (desert vine; *Testudinarmia elephantites*), **DES** 58
Bialowieza forest, **EUR** *106*, 110, *116-117*, 119
Bible, the **DES** 148-149, **EV** 12, 109; mention of birds in, **B** 99, 167, 168
Bibos frontalis. See Gayal
Bichir (fish; *Polypterus*), **AFR** 12, 34, 35, *37*
Bichir, Nile. See Nile bichir
Bicycle Dry Lake, **DES** 70, *105*
"Bicycle lizard," or crested dragon, (*Amphibolurus cristatus*), **REP** *160*
Bidens. See Beggar's-tick
Biela's comet, **UNV** 70
Biennials (plants), life span of, **PLT** 106
Bierstadt, Albert, **NA** 183
"Big bang" theory of universe, **UNV** diagram 175
Big Bend National Park, Texas, **DES** 169, **E** 186, **NA** 195
Big-eared, or bat-eared, fox (*Otocyon megalotis*), **AFR** 87, *93*
Big Horn Mountains, **NA** 147
Bighorn, or mountain, or Rocky Mountain sheep (*Ovis*

canadensis), **MT** *109* 110, 119, **NA** 16, *151, 170-171,* 174; battle between, **MAM** 58, *187;* hoofs of, **MAM** *152;* horns of, **MAM** *98;* life expectancy of, **EC** 147; migrations of, **MAM** 92, 131
Bigleaf maple (tree; *Acer macrophyllum*), **FOR** 81, *90-91*
Billbergia. See Bromeliad
Bills: of birds, **B** 12, 14, *15,* 16, 20, 22, 26, 37, 59, 60, 61, 68, 71, 76-77, 79, diagram *80,* 104; of birds of prey, **B** 14, 15, 22, 71, 76
Bilophodontism, **EM** 33, *34*
Bimbil (tree; *Eucalyptus populifolia*), **AUS** 46
Bimbimbie (Australian town), aboriginal meaning of, **AUS** 15
Binary (or double) stars, **UNV** 112
Bindibu (Australian desert tribe), **DES** 129, 130-131, 138, 158-159, *160-163*
Binocular vision: in birds, **B** 35, diagrams *36;* of chameleon (lizard), **REP** *94-95;* in fishes, **FSH** 41, *42;* in man, **FSH** *42,* **MAM** diagram *167;* of praying mantis, **AB** *114*
Binturong (civet; *Arctictis binturong*), **MAM** 59
Bio-acoustics in relation to bird voices, **B** 122, diagram *120*
Biogeography: in Africa, **AFR** 63-64, *124-125,* 135-139, 143-149, 152, 157, 159, map 30-31; of animals, **EC** 12-14, **NA** 79, 150; biogeographical realms, **B** 80, **EC** maps 12, *18-19, 20-21,* **EUR** 34, *133;* of birds, **B** *79-81,* 82, 88, map *90-91;* **EC** 12, 39-40, 41, 61, 64, 88, 144, maps *18, 19, 21* **EUR** 114, **TA** 104; and climate, **REP** 9-10, 79, 172, 178; and Darwin, **EV** 16; diffusion, **EC** 13, 55, 61, 62, **REP** *81-82;* of fish, **S** *173;* of mammals, **EC** 12, 13, 62, maps *19, 20, 21,* **EM** *32,* **EUR** 16, 63, 110, 111, 136, 155, 158-159, **MAM** 17, **NA** 97; Nearctic realm, **EC** 12-15, map *18-19;* Oriental realm, **EC** maps 12, *20-21;* Palearctic realm, **EC** map *20-21;* of plants, **EC** 55, 65 **PLT** 126, 127, **TA** *52;* of primates, **EC** maps *18-21,* **PRM** 137, *144-145,* 181, 185, maps *130-131,* 132; recolonization, **EC** *65;* of reptiles, **EC** maps 19, 21, **REP** 9-10, *79-84,* 172, 178, maps *80;* territorial limits, **EC** 41, 144, **PRM** 137, *144-145,* 181, 185, maps *130-131,* 132; transition zones, **EC** 39-40; transplantation, **B** 88, **NA** 79, 150, **S** *173*
Biological clocks, **EC** 83; in aerial navigation, **EC** 81; in fiddler crabs, **EC** 81; influence of geophysical forces on, **EC** 90; in slugs, **EC** 85; in snails, **EC** 85; theories of, **EC** 82; in rats, **EC** chart *77*
Biological control, **EC** 70, 72, 169
Biomes, **B** 80-81, 82, **EC** 14; coniferous forest, **EC** *22-23,* 143; coral reef, **EC** *26-27;* desert, **EC** *26-27;* grassland, **EC** *30-31;* in Nearctic realm, **EC** 14; of North America, **NA** 15-16, map *105;* ocean, **EC** *32-33;* temperate deciduous forest, **EC** *24;* tropical forest, **EC** *25;* tundra, **EC** *29*
Bio-telemetry, **AB** 120-121
Biotic community: definition of, **EC** 15
Bipedalism, **EV** 134, 149; dependent on shape of pelvis, **EM** *51;* importance of, **EM** 47-48; among reptiles, **REP** 36, 38, 105, 111, *160;* and tool using, **EM** 50-54; of Tuang baby, **EM** 48-49
Bipes biporus. See Ajolote
Bipolar cells of retina, **AB** diagrams *54-55, 56-57*
Birch (tree; *Betula*), **EUR** 13-14,

132, *146-147,* **FOR** 58 98, 151, 154, 174, **NA** 174, **PLT** 186, **POL** 107; bark of, **PLT** 104; distribution of, **PLT** 127; in interglacial periods, **EUR** 16; in primeval Europe, **EUR** 108; in taiga, **EUR** 132
Birch leaf roller, or European weevil (insect; *Deporaus betulae*), **INS** *125*
Birch moth (*Oporabia autumnata*), **EV** 52
Birchen game bantam (fowl; *Gallus gallus*), **EV** *84*
Bird, tropic (Phaëthontidae), **B** 20, 83
Bird hawks (*Accipiter*), **B** 62-63
Bird of paradise (Paradisaeidae), **AUS** 34, **B** 16, **EV** *57;* zoogeographic realm of, **EC** map *21*
Bird of paradise, or New Guinea manucode (*Manucodia ater*), **AUS** 153-154, **B** *21;* arena behavior of, **B** 125; egg of, **B** *155;* habitat of, **EC** 56
Bird of paradise, Empress of Germany's (*Paradisaea apoda augusta-victoria*), **AUS** *160*
Bird of paradise, greater (*Paradisaea apoda*), **AUS** 160
Bird watching and conservation, **B** 169, 171-172, *185*
Birdfish wrasse (*Gomphosus varius*), **FSH** 52
Birds (Aves), **B** (entire vol.); absence of teeth in, **B** 37; adaptive coloration of, **EC** 124; adaptive radiation among, **B** 11-12, 16; aerodynamics of, **B** 39-40, diagrams *42-45;* of Africa, **AFR** 12-13, *32, 34, 35,* 41, *52-57, 62,* 93, 102, *108-109,* 112, *113, 115,* 119, 124, 125, 138, *139, 156-158, 166-167,* 171, *188;* air sacs of, **B** 35, 47, 49, 66; albino, **EV** *66;* altricial, **B** 144, 146; anatomy of, **B** 9, *13,* 14, *15,* 16, *35, 41, 46, 47;* ancestral, **B** 10; of Andes, **SA** 105, 107, *115;* antarctic, **POL** 76, 78, 79; appeasement posture in, **AB** 156; arctic, **POL** 76, 106, 108-109; arena behavior of, **B** 124-125; "arm" bone structure of, compared with man, dog, whale, **EV** *114;* ascendancy over reptiles, **B** 11; of Australasia, **AUS** 34, 146, *147-167, 148, 149, 151,* 152, *155-167;* Australian migratory, **AUS** 150; backward flight of, **B** 39, 44; of Bali, **AUS** 16; bats compared with, **MAM** 60; bills of, **B** 12, 14, *15,* 16, 20, 22, 26, 37, *59-61,* 68, 71, *76-77;* bio-acoustics of, **B** 122, diagram *120;* biogeography of, **B** 88; birth potential of, **EC** 143; body temperature regulation of, **B** 34, 35, 49, 53, *114;* bones of, **B** 13, 35, *46, 47;* born coldblooded, **B** 162; breastbone keel of, **B** *13,* 35, *46, 47;* breeding age of, **B** 83, 139; breeding colonies of, **EC** 145; brood patch of, **AB** 88; camouflage by, **AB** 155, **B** 54, *134, 135,* **SA** *100,* 102, 103, 121; census of, **B** 84, 86; characteristics of class, **B** 9-10; classification of, **B** 9-31, **MAM** 10; and climate of Australia, **AUS** 150, 151-152; in cloud forest, **SA** 105-107; as collectors, **EV** *56-57;* colonial, **B** 84, 85, *92-97,* 138, *140-141,* 143; nesting ground density of, **B** 84, 85, 138, *140-141;* colonizing, reasons for, **B** 92, 95, 138; colony size, **B** *83-84,* 89; coloration of, **B** *52, 54, 60,* 120, *121;* coloration of male, **AB** 155; commensalism with other animals, **B** 58, 64, *74-75;* communication by, **SA** *121;* conflict behavior in, **AB** 91; of Costa Rica, **SA** 102; courtship of,

EC Ecology; **EM** Early Man; **EUR** Eurasia; **EV** Evolution; **FOR** Forest; **FSH** Fishes; **PRM** Primates; **REP** Reptiles; **S** Sea; **SA** South America; **TA** Tropical Asia; **UNV** Universe

INDEX (CONTINUED)

B 35, *118*, 120-121, 124-126, 128, 139, *148-149*, 182, MAM 43; defensive mechanisms and tactics of, AB 155, B 38, 54, 134, *135*; of desert, DES 69, 73-74, *86-88*, NA 53, *58-59*; determinate egg-layers, B 144; diets of, B 14, 16, 57-64, *65-77*, 87, 89, 146, 169-170, 172, *graph* 62; distribution of, B 9, 17, 57, *81-83*; diurnal habits of, EC 76; divergence among, B 11-12, 16; divers, B 13, *66-67*; dormancy in, DES 100, 101; drinking mechanics of, B 15, 26; drinking movements of, AB 176; and ecological relapse, TA 107; ecological succession of, EV 31; in ecotones, EC 40; effect of isolation, EC 56-57, 59; affected by ocean currents, S 79, *84-85*; eggs of, AB 13, 88, 95, 99, 109, AUS 149, 151-152, 153, B 13, *134*, 142, 143, 144-145, 146, *150-151*, SA *120*; egg-laying of, AB 88; egg recognition, experiments with, AB 78-79; and egg recovery movement, AB 109; emergence of, MT 39; emergence of toothed, S *chart* 39; emotional conflict in, AB 90; endemic forms of, in South America, SA *chart* 14; environmental adaptation by, B 11-12, 14, 171; Eurasian species in America, EUR 160; evolution of, B 8, 10-12, 13, 16, 17, 31, 34, 35, 37, 40, REP 35, 36, *39*, 40, 42, 83, 85, 126, *chart* 44-45; and evolution of feathers, REP *39*, 40; evolutionary diversification of, EC 59; excretion of, DES 14, 97; and extension of hands, EV 31; extinct, SA 101; extinction of, AUS *148-149*, B 11, 15, 16, 23, 84-86, 168-172, *181, 182-183*, NA 31, 34; eyes of, B *35, 36, 50-51*; families, living, B 12, 20; feathers of, B 9-10, *13, 33, 34, 35*, 39, *42, 44-45, 52, 53, 54, 55, 114, 176-179*; feeding behavior and devices of, AB 15, 135-136, 153, B 12, 14, *15*, 22, 37, 57, 58, *59-62*, 63-64, *65-77*, 122-123, *125, 126, 136*, 146, *147, 152-153, 158-159*, EC 42, EV 27, 31; feet of, EC 16; feet of, B 13-16, *22, 23, 26, 37, 38, 39*, 58, 71; female identifying signals of, B 156; fertility of, B 144, 166; flight adaptations of, B *13, 33-39, 41, 42-43, 44-45, 46, 47, 49, 52-53*; flight muscles of, B 49; flight speed of, B 105; flightless, AUS 34, 148-150, *162-163*; flightless, B 11, 12, 13-14; flightless, SA 13, 107, 121; flock cohesion of, AB 154; flowers in sexual selection of, EV 57; flying ability of, AB 135; food intake of, B 58, *graph* 62; food-searching of, MT 108; foot adaptations of, B 13-16, *22, 23, 37, 38, 39*, 58, 71; fossils of, B *8, 10, 11*, EV 114, 151; fowl-like, B 11, 14-15, 27; fruit-eaters, B 60, *123*; Galapageian, EV 15, 18, *26-31*; gallinaceous, EUR 40; gape and mouth coloring of young, B *136*; gaping instict in, AB 166, *167*; geographical obstacles to, EC 56; gliding by, B 40, *diagrams* 43; gregarious, EUR 88-89; ground-breeding of, AB 108-109; habitats of, B 57-58, EC 56-57, FOR 114, 117-118, 153, 174; and heat, DES 96; heat conservation by, B 34, 35, 53, *114*; heat insulation of, AB *174-175*; herbivorous, EV 30; of Himalayas, EUR 37-38, 40, *50*; hole-nesters, B 16, 29, 140, *143*; hollow bones of, B *35, 47*; hovering flight of, B 39, *44-45*; hunting methods of, AB *180-181*, FSH *146-147*; insectivorous, EV 30;

on Krakatoa, EC 59; land birds, B 15-16, 31, 42; landing of, AB 131; land soarers, B 42; learning in, AB 131, 134, 135; of Lombok, AUS 16; long-legged waders, B 14; low-altitude, TA *70-71*; lungs of, B 35, 49; of Madagascar, AFR 156; magical powers of, TA 72; and mangrove, FOR 76, 77; of marsh, NA 86; marsh birds, B 15, *17, 23*; mating of, AUS 150, 153-154, EV 26-27, *56-57*; mating calls of, AB 155; of Mediterranean region, EUR 42, 64, *78-79*; metabolism of, B 35, 49, 59; migration of, AB 108, 114, B 60, EC 39, FOR 10, 11, 13, POL 76; migratory birds, SA 14, TA 53-54; molting of, 34-35, 54; mountain, EUR 136, MT 114-115; musculature of, B 35, 47, 49; navigational aids of, MAM 127; nectar feeders, B 59-60; nest-building of, EV 26-27; of New Guinea, AUS 148, 151, 160, 163; of New Zealand, AUS 148-151, 157, *158-159*, EC 61; nocturnal, B 15, 29, 36, 62; nomadic, AUS 150; nonrecognition of eggs by, B 143; of North America, B 15-16, NA 12, 15, *17*, 31-34, *33, 35, 39, 40-41*, 53, 58-59, 76, 81-82, *84-86*, *90-91*, 96, 100-103, 125-126, *140-141*, 150, 153, 154, *158-159, 174-175, 178, 180*; number of species, MAM 13, *chart* 22; ocean gliders, B 42; ocean wanderers, B 40; offensive mechanisms and tactics of, B 38, 62, *134*; orders, living, B 12, *18-19*, 20; of Pamirs, EUR 40; parasites of, EC 95, *96*; partnership with insects, EC 103-104; passerines, B 16, 30-31, 37, 38, 59, 142, 144, 145, 159, *160*, 169-170; pelagic, B 60; perching birds, AUS 149-150; piratical, B 64; of plains, NA 125-126; plumage of, AB 175; pollination by, PLT 11, 105; population cycle of, B 87-88; population in North America, B 82, *map* 90; power of articulation of, EV 45; precocial, B 145, 146; of precolonial periods, NA 15-16; prehistoric, NA 10, EV 162; of prey, NA 124; primitive, EUR 13, B 168, 171, 172, 182-183, 184; psychological barriers in, EC 57; ranges of, B 88, EC 10; recently extinct species, EUR 173, B 170-171; reproductive behavior in, AB 87; respiratory system of, B 35, 49; sanctuaries, EUR 177; scales of, B 34; scavengers, B 57, *74-75*; sea birds, B 60-61, 83-84, 85, 89, *92-95*, 138, MA 34, 35; sedentary, AUS 150; sense of smell, AB 35; and sexual selection, EV *56-57*; shore birds, B 15, 24-25, 61, NA 85; sight as dominant sense in, AB 50; skeletons of, B *13, 35, 46, 47*; soaring by, B 40, *42, diagrams* 43; social hierarchy among, EC 42; social signals of, AB 42; sociality of, EC 144; song of, B *121, 122, 126*, 148; song learning ability of, AB 134; sonic tags for, EC 93; sound signals of, AB 154-155, 156; of South America, SA 13, 14, 98, 99-108, *109-123*, 127; specialization of, FOR 15, 115, 116, 117-118; species of, B 11, 12, 16, 17, 20; speed of, MAM *chart* 72-73; of steppe, EUR 88-89; structural adaptations of, EC 123; sun navigation by, AB 114; and sweepstakes route, TA 105-107; symbiosis displayed by, EC 103; taiga, EUR 37; of Szechwan, EUR 37; territories of, EC 41, 144; threat posture in,

AB 90; with throat pouches, B 14; of Tibet, EUR 40; toe-locking mechanism of, B 37, 38; tongues of, B 58, 59, 60, 68; of tropical Asia, TA 38, 56, 88; of tropics, B 85, 89; NA 31; vision of, B 35-37, 51; vision of, AB 39; visual adaptation of, EM *72-73*; vulture-like, EM *72-73*; waders, B 14; walking by, B 38, 39; warm-bloodedness of, E 139; water birds, B 61-62; weight of, B 12, 35, 47; wing bone of, B *13, 47*; wing structure of compared to bat, EV 115; wings of, B *13*, 14, 38-40, *42, 43, 44-45*, 148, *diagrams* 42-45; zoogeography realms of, EC *map* 18-21. *See also* Birds of prey; specific birds
Bird's nest soup, TA 174
Birds of Europe, Gould, B 167
Birds of prey: bills of, B 14, 15, 22, 71, *76-77*; diets of, B *62-63*; diurnal, B 14, 62-63, *70-71*, *72-73*; evolution of, B 9-16; eyesight of, B 22, *35-36, 50-51*; methods of attack and behavior of, B, 14, 15, 22, 62-63, 71, *76*; food of, B 62-64; hooked talons of, B 14, 15, 22, 38, 71; and natural selection, B 63; nocturnal, B 14, 15, 62, *70-71*; offensive mechanisms and tactics of, B 62, *72-73*; population cycles of, B 88; solitary habits of, B 119
Birdsell, Joseph B., AUS 171-173
Birdwing, Raja Brooke's. *See* Raja Brooke's birdwing
Birgus latro. *See* Robber crab
Birth: among insects, INS 54, 56-57, 71; among marsupials, AUS 63; among monotremes, AUS 62; among placentals, AUS 63; of red kangaroo, AUS *122-123*
Birth patterns: adaptations in, PRM 183-184; of man, PRM 184; of monkeys, PRM 85, 90; of mouse lemurs, PRM 25; of pottos, PRM 31
Biscay Abyssal Plain, S *map* 65
Bison (*Bison*), AFR 67, EC 136, 150, 151-152, *158-161*, EM *159*, FOR 172, NA 122, 127, MAM 46, 93; cave paintings of, MAM *145*, *160*, MAM 43; in Cro-Magnon art, EV 169; ecological position of, EC 136; extinction of, MAM 32-33, fossil remains of, POL 108; in grasslands, NA 118; herd organization of, EC 157, MAM 32-33, 149; hoofprints of, MAM *187*; hunting of, EC 157, *158-159*, 160-161, EM 149; locomotion of, MAM 56; range of, EC *maps* 19, 149, NA 57; social behavior of, EC 157; speed of, MAM *chart* 72; survival problems of, NA 96-97, 121-123; symbiotic relationship with cowbird, EC 103
Bison bison. *See* Bison; Wood bison
Bison, European. *See* European bison
Bison bonasus. *See* European bison
Bison, wood (*Bison bison*), NA 15, POL 74
Biston betularia. *See* Peppered moth
Biting insects, INS 11, 29; detection of prey by, INS 38; diseases caused by, INS 29, 42; feeding tools of, INS 42
Bitis peringuei. *See* Dwarf puff adder
Bitter dock (plant; *Rumex*), PLT 30
Bitterling (fish; *Rhodeus sericeus*), FSH *104*
Bittern, least (bird; *Ixobrychus exilis*), B 134, *135*
Bitteroot Range (of Rocky Mountains), NA 147
Black, Davidson, EM 77, 78, EV

132-134
Black and white moth (Nocturidae), INS *111*
Black bass (fish; *Micropterus salmoides*), AB 60
Black bear (*Ursus americanus*), NA *108-109*; diet of, MAM 77; distribution of, NA *148-149*; footprints of, MAM *186*; in parks, NA *190*
Black broadbill (bird; *Eurylaimus ochromalus*), TA 88
Black bullhead (fish; *Ictalurus melas*), FSH *118-119*
Black Canyon of the Gunnison National Monument, Colorado, E 187
Black carpet beetle (*Attagenus piceus*), PLT *176*
Black cassowary. *See* Australian cassowary
Black cormorant (*Phalacrocorax carbo*), EC 145
Black crake (bird; *Limnocorax flavirostra*), AFR 35
Black crappie (fish; *Pomoxis nigromaculatus*), FSH 19, *20-21*
Black drongo (bird; *Dicrurus adsimilis*), TA 116
"Black dwarfs" (dead stars), UNV 136
Black Eye galaxy, UNV *137*
Black Forest, EUR *168-169*
Black grouse (*Lyrurus tetrix*), B 125, EUR 135, *142*
Black guillemot (bird; *Cepphus grylle*), NA 34, 51
Black howler (monkey; *Alouatta caraya*), PRI 47
Black knot gall (plant disease), PLT *144*
Black lizard of Galápagos Islands (reptile; *Amblyrhynchus cristatus*), EV 15
Black locust (tree; *Robinia pseudoacacia*), FOR 136
Black mamba (snake; *Dendroaspis polylepis*): speed of, MAM *chart* 72
Black marlin (fish; *Istiompax marlina*), FSH 13
Black pepper (plant; *Piper nigrum*), PLT 186, TA 185
Black racer (snake; *Coluber constrictor*), REP *chart* 75; speed of, MAM *chart* 72
Black rat (*Rattus rattus*), EUR *170*; dimensional experiments with, AB *118-119*
Black rat snake (*Elaphe obsoleta obsoleta*), REP *chart* 75
Black rhinoceros (*Diceros bicornis*), AFR 67, 72, *80-81*, *98-99*, 188
Black Sea, EUR 89-90, S 9, 184
Black saxaul (plant; *Arthrophytum aphyllum*), EUR 82
Black skimmer (bird; *Rynchops nigra*), B 24, 76, 77; egg of, B *154*
Black snake (*Pseudechis prophyriacus*), AUS 136, REP 14, 87
Black speckled leaf spot or speckled tar spot (*Rhytisma punctatum*), FOR 91
Black spruce (*Picea mariana*), FOR 79, POL 108
Black swallower (fish; *Chiasmodon niger*), FSH 19, *21*
Black swan (*Cygnus atratus*), AUS 34, *166*
Black swift (bird; *Cypseloides niger*), MT 115
Black tetra (fish; *Gymnocorymbus ternetyi*), SA *184*
Black uakari (monkey; *Cacajao melanocephalus*), SA 47
Black vulture, New World (*Coragyps atratus*), B 37, 63
Black walnut (tree; *Juglans nigra*), PLT 140
Black wattle (tree; *Acacia decurrens*), AUS 44
Black widow spider, or red-backed

AB Animal Behavior; AFR Africa; AUS Australia; B Birds; DES Desert; E Earth; INS Insects; MAM Mammals; MT Mountains; NA North America; PLT Plants; POL Poles;

spider (*Latrodectus hasselti*), **AUS** 131
Black-and-white colobus (monkey; *Colobus polycomos*), **AFR** 114, 116
Black-and-yellow sea snake (*Pelamis platurus*), **REP** 114
Black-backed gull, southern (*Larus ridibundus*), **POL** 79
Blackberry (plant; *Rubus*), **PLT** 139, **TA** 103
Black-billed cuckoo (*Coccyzus erythropthalmus*), **B** 144
Blackbird (*Turdus merula*), **EUR** 171, **NA** 101, **TA** 103; abundance and control of, **B** 85, 169; redirected response in, **AB** 90
Blackbird, Brewer's (*Euphagus cyanocephalus*), **B** 120
Blackbird, red-winged. See Red-winged blackbird
Blackbird, tricolored (*Agelaius tricolor*), **B** 84
Black-bodied damsel fly (Zygoptera), **TA** 125
Black-breasted puffbird (*Notharchus pectoralis*), **SA** 127
Black-browed albatross (*Diomedea melanophrys*), **B** 18-19
Blackburn, Mount, **MT** 186
Blackburnian warbler (*Dendroica fusca*), **FOR** 114, 118, 153
Blackbutt (tree; *Eucalyptus pilularis*), **AUS** 46, 51
Blackbutt, Woodward's (tree; *Eucalyptus woodwardi*), **AUS** 51
Black-crowned night heron (bird; *Nycticorax nycticorax*), **B** 102, 124, 143, **EC** 103
Black-eyed Susan (flower; *Rudbeckia hirta*), **PLT** 28-29, 32
Black-footed ferret (*Mustela nigripes*), **AB** 161
Black-headed duck (*Heteronetta atricapilla*), **B** 143
Black-headed gull (bird; *Larus ridibundus*), **AB** 129-130, 182-183, **EC** 56; appeasement posture in, **AB** 156; breeding of, **AB** 176, 182; camouflage of, **AB** 182; defense mechanisms and tactics of, **AB** 13; mating habits of, **AB** 13, *183*; nesting habits of, **AB** 13, 153, *182-183*; parental care by, **AB** 13; and predation, **AB** 13
Black-headed kittiwake gull (*Larus tridactylus*), **B** 61
Black-necked cobra (*Naja nigricollis*), **REP** 70-71
Black-necked crane (bird; *Grus nigricollis*), **EUR** 40
Black-necked swan (*Cygnus melanocoryphus*), **SA** 99
Black-nosed dace (fish; *Rhinichthys atratulus*), **FSH** 19, 20-21
Black-nosed pika (hare; *Ochotona melanostoma*), **EUR** 55
Black-tailed jack rabbit (*Lepus californicus*): footprints of, **MAM** 186
Black-tailed Japanese bantam (fowl; *Gallus gallus*), **EV** 84-85
Black-tailed trainbearer (bird; *Lesbia victoriae*), **SA** 114
Black-throated green warbler (bird; *Dendroica virens*), **B** 80, 160
Black-throated warbler (*Dendroica caerulescens*), **FOR** 118, 153
Black-tipped shark (*Carcharhinus melanopterus*): breeding of, **FSH** 80; eye of, **FSH** 50
Bladderwort (plant; *Utricularia*), **PLT** 146, **NA** 124
Blake Escarpment, **S** 82, map 64
Blandfordia punicea. See Christmas bell
Blarina brevicauda. See Short-tailed shrew
Blastocerus dichotomus. See Marsh deer
Blatella germanica. See German cockroach
Blatta orientalis. See Oriental cockroach
Blattidae. See Roach

Blechnum boreale. See Deer fern
Blenny, saber-toothed. See Saber-toothed blenny
Blepharocerid fly, or "net-winged midge" (*Edwardsina*), **AUS** 129
Blepharoceridae. See Midge; Net-winged midge
Blest, A.D., **AB** 185
Bligh, Captain William, **AUS** 61
Blight, **PLT** 14; chestnut tree, **EC** 60, 99, **NA** 78; potato, **EC** 168, **PLT** 163
Blight, late (*Phytophthora infestans*), **NA** 78, **PLT** 14, 163
Blind cave characin (fish; *Anoptichthys jordani*), **E** 134
Blind crayfish (Astacidae), **EC** 133
Blind, or Tengmalm's, owl (*Aegolius funereus*), **EUR** 135, *148-149*
Blind-eyed sphinx moth (*Paonias excaecatus*), **AB** *184-185*
Blissus leucopterus. See Chinch bug
Blister-rust disease of white pine (*Cronartium ribicola*), **FOR** 152 155
"Blood red" starfish. See Blood starfish
Blood starfish (*Henricia sanguinolenta*), **S** 24
Bloodhound (dog; *Canis familiaris*), **EV** 87
Bloodroot (*Sanguinaria canadensis*), **FOR** 17, 136
Bloodwood (tree; *Eucalyptus terminalis*), **AUS** 49
Blossom nomad. See Honey eater
Blowfly (*Phormia regina*), **AB** 37
Blubber: as insulation, **MAM** 11; and whaling industry, **S** 164-165
Blue butterfly (*Deudorix*), **AFR** 132
Blue crab (*Callinectes sapidus*), **S** 26
Blue crow butterfly, striped (*Euploea mulciber*), **EUR** 50
Blue, or snow, goose (*Anser caerulescens*), **B** 105, 115, **POL** 109
Blue heron, great. See Great blue heron
Blue jay (bird; *Cyanocitta cristata*), **AB** 168-169, **B** 105, 171, **MAM** chart 72
Blue marlin (fish; *Makaira nigricans ampla*): habitat of, **S** 27-29; speeds of, **S** 31, 109; hunting technique, **FSH** 30-31
Blue Mud Bay, **AUS** 184
Blue Nile (river), **AFR** 20
Blue paloverde (tree; *Cercidium floridum*), **DES** 56
Blue pigeon (extinct bird; *Alectroenas nitidissima*), **AFR** 167
Blue Ridge Mountains, **FOR** 160
Blue shark (*Prionace glauca*), **FSH** 81, 87, 88-89, **S** 140-141
Blue sheep, or bharal (*Pseudois nayaur*), **EUR** 37, 53
Blue terrier, Kerry (dog; *Canis familiaris*), **EV** 87
Blue tit (bird; *Parus caeruleus*), **B** 142, **EUR** 170
Blue trunkfish (*Ostracion lentiginosum*): poison of, **FSH** 26
Blue whale (*Sibbaldus musculus*), **MAM** 10, 125, 126, **S** 103; feeding habits of, **POL** 79, **S** 107; hunting of, **S** 150, *156*, 162; migrations of, **MAM** 126; size of, **S** 103; strength of, **S** 161; weight of, **MAM** 10
Blueberry (*Vaccinium*), **PLT** 187, **POL** 108
Bluebird (*Sialia*), **B** 105, 140, **FOR** 12, **NA** 101
Bluebush (*Kochia*), **AUS** 21
Blue-crowned motmot (bird; *Momotus momotus*), **SA** 104
Blue-eared pheasant (bird; *Crossoptilon*), **TA** 146
Bluefin tuna (*Thunnus thynnus*), **EUR** 135, **FSH** 13, 152, **S** 27-29; travels of, **FSH** 152; as predator, **FSH** 13
Bluefish (*Pomatomus saltatrix*),

FSH 13, *19, 21*, 22
Blue-footed booby (bird; *Sula nebouxii*), **EV** 28
Bluegill sunfish (*Lepomis macrochirus*), **FSH** 14, 15
Blue-gray tanager (bird; *Thraupis episcopus*), **SA** 109
Blue-green algae (Cyanophyceae), **B** 57, 134, **PLT** 12, 14, *17*, 19
Blue-tongued skink (lizard; *Tiliqua*), **AUS** 134, 145
Blunt, David, **MAM** 81
Blunt-headed tree snake (*Imantodes cenchoa*), **REP** *100-101*
Boa, Cook's tree (*Boa hortulana cooki*), **SA** 143
Boa, emerald tree (snake; *Boa canina*), **SA** 127, 143
Boa, rosy (snake; *Lichanura roseofusca*), **REP** 8
Boa, rubber (*Charina bottae*), **REP** 163
Boa canina. See Emerald tree boa
Boa constrictor (*Constrictor constrictor*), **DES** 72, **REP** 14, 25, 29, 55, *74-75*, 82, **SA** 127, 143
Boaedon lineatum. See House snake
Boar, wild. See Wild boar
Boat shell, or slipper limpet (mollusk; *Crepidula fornicata*), **S** 24
Boatman, water (insect; Corixidae), **INS** 146, 147, *150-151*
Bobac, or Eurasian marmot (*Marmota bobak*), **EUR** 16, 87
Bobcat (*Lynx rufa*), **DES** 83, 120, **MAM** 31, chart 145, **NA** 98; characteristics of, **MAM** 31; destruction of deer by, **NA** 97; footprints of, **MAM** 186; gestation period of, **MAM** chart 145; post-natal care by, **MAM** chart 145; survival problems of, **NA** 96
Bobolink (bird; *Dolichonyx oryzivorus*), **FOR** 153; migration of, **B** 104, map 103
Bocaccio, or Pacific rockfish (*Sebastodes paucispinis*), **FSH** 164-165
Bocydium globulare. See Glassy-winged treehopper
Bode, Johann, **E** 36
Bode's law, **E** 36, 37
Body ornaments of early man, **EM** 147, *188-189*
Body structure. See Anatomy
Body temperature: of mammals, **MAM** 11-12; regulation by birds, **B** 34, 35, 49, 53, 114; of reptiles, **REP** 9, 85, 90, 178; transformation in newborn, **B** 162
Boers, **AFR** 170, 171
Bog plants, tropical, **PLT** 132-133
Bogert, Charles, **REP** 59, 85
Bogoslof Island, **MT** 155
Bogotá, Colombia, **MT** 130, **SA** 11
Bohemian mountains, **MT** 136, 137
Bohemian waxwing (bird; *Bombycilla garrulus*), **B** 60, 87
Bohlin, Birgir, **EV** 133
Boidae. See Anaconda; Boas; Boids; Pythons
Boids (snakes; Boidae), **REP** 14, 81, 126
Boiling, effect of, on plant cells, **PLT** 57, 76
Boise, Charles, **EV** 151
Bolas (weapon), **POL** 135, **SA** 121
Boleslas, King of Poland, **EUR** 174
Bolitoglossa platydactyla. See Mexican flat-toed salamander
Bolivia: armadillos in, **SA** 56; flamingoes in, **MT** 122; Chaco war in, **MT** 138; climate of, **MT** 130, 131
Bolivian begonia (flower; *Begonia pearcei*), **EV** 76
Boll weevil (insect; *Anthonomus grandis*), **PLT** 176
Boloids (meteorites), **E** 15
Bolsons (desert valleys), **DES** 30
Bolti (fish; *Tilapia nilotica*),

FSH 179
Bombardier beetle (*Brachinus*), **INS** 105, *120-121*
Bombay, India: monsoon in, **TA** 46-47
Bombay crow (*Corvus splendens*), **B** 157
Bombycilla. See Waxwing
Bombycilla cedrorum. See Cedar waxwing
Bombycilla garrulus. See Bohemian waxwing
Bombyx mori. See Silkworm
Bond, George, **UNV** 45
Bond, William, **UNV** 37
Bondi, Hermann, **UNV** 175
Bone tools, **EM** 68, 101-108, *111*, *116*, *117*
Bones: of *Australopithecus*, **EM** 40; of birds, **B** 13, 35, 46, 47; comparisons of, **EV** 114-115; of early man, **EM** 10-11, 79; of elephants, **EM** 87, 95, 97; of fishes, **FSH** 35; of horse, **EV** 38; of man, **EV** 38. See also Evolution; Fossils; Skeletons; specific animals and specific bones
Bongo (antelope; *Boocercus eurycerus*), **AFR** 79, 119-120, 141
Bonito, oceanic (fish; *Katsuwonus pelamis*), **S** 28
Bonito, Pueblo (Indian village), **NA** 65
Bonner, James, **FOR** 96
Bonnet macaque (monkey; *Macaca radiata*), **PRM** 188
Bonneville, Lake, **DES** 30; salt flats of, **DES** 42
Bonsai (Japanese tree cultivation), **PLT** 105
Bontebok (antelope; *Damaliscus*), **AFR** 77
Booby (bird; *Sula*), **B** 14, 20, 64, 66
Booby, blue-footed (bird; *Sula nebouxii*), **EV** 28
Booby, Peruvian, or piquero (*Sula variegata*), **B** 61, *94-95*
Booby, red-footed (bird; *Sula sula*), **EV** 28
Boocercus eurycerus. See Bongo
Boojum tree (*Eupharbia manteiroi*), **DES** *123*
Boolaroo (Australian town), aboriginal meaning of, **AUS** 15
Boomer, or red, or plains, kangaroo (*Macropus rufus*), **AUS** 8, 104, 105, 106, *116-117*, 118, 120, 121, *122-123*, **MAM** 143
Boomerangs, **AUS** *172*, *173*
Boomslang (snake; *Dispholidus typus*), **AFR** 91
Boone, Daniel, **MT** 136, 137, **NA** map 22, 23
Boötes (constellation), **UNV** map 10; galaxy cluster in, **UNV** 153, *180*
Booth, A.H., **AFR** 112
Bora (wind), **E** 63
Borax, **DES** 14, 169
Borchgrevink, Carstens, **POL** 53
Border collie (dog; *Canis familiaris*), **EV** 86
Bordes, François, **EM** 105, *118-119*, *137*, *139*
Boreal, or coniferous, forest, **NA** 15, 104-105, 174-175
Borer (tool): use of, **EM** 114
Borer, old-house (insect; *Hylotrupes bajulus*), **INS** 14
Borhyaenidae (extinct marsupials), **AUS** diagram 88, **SA** 14
Borisov, P.M., **POL** 158
Bornean, or Belian, ironwood (tree; *Eusideroxylon zwageri*), **TA** 53
Bornean porcupine (*Hystrix crassispinis*), **TA** 144
Borneo, **TA** 12, 14; animals of, **FOR** 128, **TA** 33, *34*, 56-58, *72-73*, 84, 86-87, *104*, 106, 111, 122, 125-127, 144, 146, 149, 151, 172,

127

EC Ecology; **EM** Early Man; **EUR** Eurasia; **EV** Evolution; **FOR** Forest; **FSH** Fishes; **PRM** Primates; **REP** Reptiles; **S** Sea; **SA** South America; **TA** Tropical Asia; **UNV** Universe

INDEX (CONTINUED)

174; early man in, **TA** 168-172; forests of **PRM** 63; langurs of, **PRM** 53, monkeys of, **PRM** 168, *169;* plants of, **TA** 52-54; rainfall in, **TA** 35; Stone Age tools of, **TA** 171-172; tree shrews of, **PRM** *20;* turtles of, **REP** 174, *181*
Boron, **DES** 169, **PLT** 122, 164
Borrego Desert, **DES** 41, 63
Borrelly's comet, **UNV** 70
Borror, Donald J., **B** 122
Borup, George, **POL** 39
Borzoi (dog; *Canis familiaris*), **EV** *86*
Bos. See Cattle; Ox
Bos banteng. See Banteng
Bos gaurus. See Gaur
Bos grunniens. See Wild yak
Bos indicus. See Zebu cattle
Bos primigenius. See Aurochs
Bos sauveli. See Kouprey
Bos taurus. See specific type of cattle
Boston College, **POL** 171
Boston terrier (dog; *Canis familiaris*), **EV** *87*
Botanical gardens, **PLT** 128, *129; 130-131,* 140
Botany, development of, **PLT** 10
Botany Bay, Australia, **AUS** 171
Bothnia, Gulf of, **EUR** 138
Bothriocyrtum californium. See Trap-door spider
Bothrops atrox. See Fer-de-lance
Bothrops schlegelii. See Eyelash viper
Botryoidal azurite (mineral), **E** 100
Bottle brush, common (flower; *Callistemon speciosus*), **AUS** *53*
Bottle brush, one-sided (flower; *Calothamnus obtusus*), **AUS** *52*
Bottle tree (*Brachychiton rupestris*), **AUS** *44*
Bottle-nosed dolphin (mammal; *Tursiops truncatus*), **MAM** 148, **S** *152-*153; intelligence of, **S** 153
Bottom dwellers (marine animals), **S** 14, 104, 107-108; fish adaptation, **S** 111; habitat, **S** *24-26, 27-29;* of Silurian age, **S** *48-49*
Bottom-dwelling sharks, **FSH** 63
Boucher de Perthes, Jacques, **EM** *10* **AFR** 64, 67.
Bouguer, Pierre, **E** 87
Bounty Islands, **S** *map 70*
Bourdillon, Tom, **MT** 165
Bourlière, François, **AFR** 93-94, 114, **MAM** 57, 127, 143-144
Bouteloua. See Grama grass
Bouvet Island, **S** *map 67*
Bovidae (family of ungulates), Boucher de Perthes, Jacques, **EM** *10*
Bouvier des Flandres (dog; *Canis familiaris*), **EV** *87*
Bow and arrow: used by Bushmen, **EM** *186-187*
Bowditch, Nathaniel, **S** 182
Bowen, Ira S., **UNV** 33
Bowdleria punctada. See Fern bird
Bowerbird (Ptilonorhynchinae), **AUS** 34, 154
Bowerbird, golden (*Prionodura newtoniana*), **EV** *57*
Bowerbird, great (*Chlamydera nuchalis*), **EV** *56*
Bowerbird, satin (*Ptilonorhynchus violaceus*), **EV** *56;* eye of, **B** *50*
Bowerbird, spotted (*Chlamydera maculata*), **EV** *57*
Bowers, Henry R., **POL** 56, 57, *62*
Bowfin (fish; *Amia calva*), **NA** *79;* streamlining of, **FSH** 65; evolution of, **FSH** *chart 69;* breathing of, **FSH** 39
Box tree, bastard (*Eucalyptus affinis*), **AUS** *46*
Box turtle (*Terrapene*), **EC** 77
Box turtle, three-toed (*Terrapene carolina triunguis*), **REP** *109*
Boxer (dog; *Canis familiaris*), **EV** *87*
Boxfish (*Chilomycterus schoepfi*), **S** *109*

Brabanter (dog; *Canis familiaris*), **EV** *87*
Brachiation, **EV** 116, **MAM** 60, **TA** 59
Brachinus. See Bombardier beetle
Brachiopoda (marine phylum): lamp shells, **S** *chart* 15, 41; of Silurian age, **S** *48-49*
Brachiosaurus (dinosaur), **REP** 39; lifelike reproduction of, **EV** *124-125*
Brachychiton populneum. See Kurrajong tree
Brachychiton rupestris. See Bottle tree
Brachyphalangy, **EV** *181*
Brachyteles arachnoides. See Woolly spider monkey
Bradley, Guy, **B** 171
Bradyodonti (extinct fishes), **FSH** *chart* 68
Bradypus tridactylus. See Three-toed sloth
Brahe, Tycho, **UNV** 15; instruments of, **UNV** *26, 27*
Brahmaputra (river), **S** 184, **TA** 22
Brahminy kite (bird; *Haliastur indus intermedius*), **TA** 72
Brain, C. K., **EM** 76
Brain, **EM** 165-166; of animals, **AB** 55, *59;* of apes, **EM** 35, 50, 51, *81, 83;* of Cro-Magnon man, **EM** 147; evolution of, **EM** 50, 51, *chart* 83, **EV** 116, *166;* of fishes, **FSH** 36, 44, *46;* of *Homo erectus*, **EM** *81, 82, 83;* of insects, **INS** 34, *45;* of mammals, **MAM** 12, 37; of marsupials, **AUS** 80; measured quality of, **EV** 166; of Neanderthal man, **EV** 149; of Peking man, **EM** 79; of primates, **EV** *115,* 116, **MAM** 166-168, **PRM** 10, *13,* 14; of reptiles, **REP** *18,* 19, 29, 55; of shark, **S** 132
Brain capacity: of apes, **EV** 132, *148;* of Australopithecus, **EV** *148,* 149; of Cro-Magnon man, **EM** 147, **EV** 149; evolution of, **EV** 148-149, 165, *166;* of Java man, **EV** 132, 165; and mental **EV** 134; of modern man, **EV** 132, ability, **EV** 134; of modern man, **EV** 132, 149, *166;* and natural selection, **EV** 166; of Neanderthal man, **EV** 130, 149; of Peking man, **EV** 134, 166
Brain case: of birds, **B** 37
Brain configuration: basic pattern of apes and men, **EM** 82
Brain coral (*Lobophyllia*), **S** *98*
Brain development, **AM** *83;* of apes, **EM** 50, 51; tool using and, **EM** 51, 55
Bramapithecus. See Ramapithecus
Branched palm (tree; *Hyphaene thebiaca*), **AFR** *157*
Branding: of turtles, **REP** *183, 184*
Bransfield, Edward, **POL** 52, 53
Brant, (bird; *Branta*), **B** 62
Branta. See Brant
Branta canadensis. See Canada goose
Branta ruficollis. See Red-breasted goose
Branta sandvicensis. See Néné
Braque (dog; *Canis familiaris*), **EV** *86*
"Brassau, Pierre" (chimpanzee), **PRM** *171*
Brassempouy, The Lady of (ivory sculpture), **EM** *163*
Brassica capitata. See Cabbage
Brassica caulorapa. See Kohlrabi
Brassica rapa. See Turnip
Brassolidae. See Owl butterfly
Bratsk, Siberia, **POL** 154
Brazil, **DES** 100, **FOR** 28, 111; animals of, **SA** 26; Araguaia river of, **SA** *187;* birds of, **SA** 116, *117;* Brazilian Highlands, **MT** 44; Darwin in, **EV** 9; emerald tree boa of, **SA** *127, 143;* monkeys of, **PRM** 43; savanna land of, **SA** *26;* smoky bat of, **SA** *91;* thorn

forests (caatinga). **PLT** 126
Brazilian amethyst hummingbird (*Calliphlox amethystina*), **SA** *115*
Brazilian Highlands, **MT** 44
Brazilian tapir (*Tapirus terrestris*), **SA** *84, 85*
Brazilian wax palm (tree; *Copernica cerifera*), **FOR** *111*
Brazos River, **S** 184
Breadfruit (tree; *Artocarpus communis*), **PLT** *186, map 162*
"Breadknife" formation (mountains), Australia, **AUS** *27*
Bream (fish; *Abramis brama*), **EUR** 138
Breastbone keel of birds, **B** *13, 35, 46, 47*
Breccia (rock debris), **EM** 52, *61,* 66
Breeding: age of birds, **B** 83, 139; seasons for, **MAM** 142
Breeding, selective. See Artificial selection
Brenner Pass, **MT** 136
Brenthidae. See Peruvian weevil
Breuil, Abbé Henri, **EM** 148, 152, *166, 167*
Brevoortia tyrannus. See Atlantic menhaden
Brewer's blackbird (*Euphagus cyanocephalus*), **B** 120
Briard (dog; *Canis familiaris*), **EV** *86*
Bridalveil Falls, **E** *120*
Bridger, Jim, **B** 168
Bridges, land. See Land bridges
Brier rose (*Rubus coronarius*), **EC** 61
Briggs, Lloyd Cabot, **DES** 135
Bright-line spectrum, **UNV** *36, 47*
Brightness-color graphs of stars. See Color-brightness graphs
Brightness discrimination, **AB** 38
Brine-fly (Ephydridae), **INS** 11
Bristlecone pine (*Pinus aristata*), **PLT** *106*
Bristletail (insect; Thysanura), **FOR** *132,* **INS** 15
British Association for the Advancement of Science, **EV** 42
British Columbia: and fish migration, **FSH** 151, 153-156, *159,* 161; mountain climbing in, **MT** 166; and salmon, **FSH** *159*
British Guiana, **FOR** 74; emerald tree boa of, **SA** *127;* potaro Falls of, **SA** *30-31*
British Trigonometrical Survey, **MT** 161, 162
Brittany spaniel (dog; *Canis familiaris*), **EV** *86*
Brittle star (starfish; Ophiuroidea), **S** 24, 107, 174
Brittlebush (*Encelia farinosa*), **DES** *57*
Brno, Czechoslovakia: Cro-Magnon grave in, **EM** 157
Broad bean (*Vicia faba*), **EUR** 158
Broad Peak, **MT** 187, *diagram* 179
Broadbill, green; (bird; *Pseudocalyptomena graueri*): nest of, **B** *141*
Broadbill, scarlet and black (bird; *Eurylaimus ochromalus*), **TA** 88
Broad-billed hummingbird (*Cynanthus latirostris*): egg of, **B** *155*
Broad-billed parrot (*Lophopsittacus mauritanus*), **AFR** *167*
Broadfoot marsupial mouse (*Antechinus*), **AUS** 82
Brodkorb, Pierce, **B** 11, 170
Broken Hill (Rhodesian) man, **EM** 44, *143*
Bromeliad (plant; Billbergia), **FOR** *75, 76,* **PLT** *141-142, 150,* **SA** *133*
Bromine, **S** 11
Brongniart, Alexandre, **EV** 110, 111
Brontosaurus (dinosaur), **EUR** 13, **REP** 39, 43, *chart* 44-45
Brontotherium (extinct mammal), **NA** *130-131*
Bronze Age man: life expectancy of, **EM** *chart* 173

Bronze cuckoo (*Chalcites lucidus*), **B** 107
Brood patch of birds, **AB** 27, 93, 95
Brood spots (incubation adaptation), **B** 145
Brood survival, **AB** 13
Broody hen: "misfiring" in, **AB** 82
Brook trout (*Salvelinus fontinalis*), **FSH** 19, *20-21,* **FOR** 31
Brooke, Sir James, **TA** 15
Brooke's birdwing, Raja See Raja Brooke's birdwing
Brooks Range, **MT** 44
Brooks II (comet), **UNV** 70
Broom, Robert, **EM** 49, 51, 52, 56, *60-61,* 63, **EV** 114, 146-148, 149, **PRM** 178
Broom, Spanish, or weavers (plant; *Spartium junceum*), **EUR** *68*
Broom, weavers. See Weavers broom
Broomcorn millet (*Panicum miliaceum*), domestication of, **EUR** 158
Broomrape (plant; Orobanchaceae), **EUR** *100;* parasitism of, **PLT** *143*
Brotherhood of the Green Turtle, **REP** 174-175
Brothwell, Donald R., **TA** 168
Brower, Jane, **AB** 146
Brower, Lincoln, **AB** 146
Brown, Frank, **EC** *91*
Brown, Harrison, **E** 112
Brown algae (*Cyclosporae*), **PLT** 184; (*Dictyota*), **PLT** *184;* (*Fucus*), **PLT** *184;* (*Heterogeneratae*), **PLT** 184; (*Isogeneratae*), **PLT** 184; (*Laminaria*), **PLT** *184;* types of, **PLT** 13
Brown bear (*Ursus arctos*), **EUR** 54, *112, 113, 127, 134,* **FSH** 162, **NA** *148-149*
Brown bear, Alaskan (*Ursus arctos*), **FSH** 162, **MAM** *151*
Brown bear, European (*Ursus arctos*), **AB** *143,* **MAM** 125
Brown bullhead (fish; *Ictalurus nebulosus*), **FSH** 19, *20-21*
Brown harrier eagle (*Circaetus cinereus*), **AFR** 108
Brown pelican (*Pelecanus occidentalis*), **B** 19, 64, *66-67, 158-159,* **EC** 56, **NA** *85;* classification of, **B** 19; speed of, **MAM** *chart* 72
Brown rat, or Norway (*Rattus norvegicus*), **AB** *24-25,* **EUR** 170, **MAM** 82, 91, 125
Brown snake (*Demansia textilis*), **AUS** *134,* 136
Brown tree frog (*Hyla ewingi*), **AUS** *133*
Brown trout (fish: *Salmo trutta*), **FSH** 19, *20-21*
Brown water lizard (*Neusticurus rudis*), **REP** 114
Brown-headed gull (bird; *Larus brunnicephalus*), **EUR** 40
Browning, Robert, **EC** 55
Bruce, Geoffrey, **MT** 163
Bruce, James, **AFR** 20
Bruguiera. See Mangrove
Brülow, K. P., **MT** 64
Brunfelsia americana. See Lady-in-the-night
Brünn Society for the Study of Natural Science, **EV** 71, 72
Brush, rabbit (plant; *Chrysothamnus*), **DES** 118
Brush wallaby, "Tasmanian" (*Wallabia*), **AUS** *118*
Brush-footed butterfly (Nymphalidae), **INS** 41
Brush-tailed possum. See "Adelaide chinchilla"
Brush-tailed rat kangaroo (*Bettongia penicillata*), **AUS** *100, 118, diagram* 89
Brush-tailed rock wallaby (*Petrogale penicillata*), **AUS** *diagram* 89
Brussel sprouts (*Brassica gemmifera*), **PLT** 175
Bryce, Ebenezer, **NA** 58

AB Animal Behavior; **AFR** Africa; **AUS** Australia; **B** Birds; **DES** Desert; **E** Earth;
INS Insects; **MAM** Mammals; **MT** Mountains; **NA** North America; **PLT** Plants; **POL** Poles;

Bryce Canyon, **DES** *40-41*, **E** 114, *diagram* 115
Bryce Canyon National Park, Utah, **DES** 169, **E** 186, **NA** 195
Bryophyllum (plant): budding of, **EV** *94*
Bryophyta (division of plant sub-kingdom Embryophyta), **PLT** 185
Bryozoa or ectoprocta (marine animal phylum), **EC** 102, **S** chart 15
Bubal hartebeest (antelope; *Alcelaphus buselaphus buselaphus*), **AFR** 170
Bubalornia albirostris. See Buffalo weaverbird
Bubalus bubalis. See Asiatic water buffalo
Bubble shell snail, rose-petal (*Hydatina physis*), **S** *23*
Bubo virginianus. See Great horned owl
Bubulcus ibis. See Buff-backed heron and Cattle egret
Bubut, or common coucal (bird; *Centropus sinensis*), **TA** *173*
Buccinum undatum. See Whelk
Bucconidae. See Puffbird
Buceros bicornis. See Great hornbill
Bucerotidae. See Hornbill
Buckeye (tree; *Aesculus*), **FOR** 98, 113
Buckland, William, **EM** 11
Buckthorn (plant; *Rhamnus*), **PLT** 186
Buckthorn, cascara sagrada (*Rhamnus purshiana*), **PLT** 186
Buckwheat (*Fagopyrum esculentum*), **PLT** 186
Bucorvus leadbeateri. See Southern ground hornbill
Budden, Kevin C., **AUS** 136
Buddha, **MT** 138, 153
Buddhism, **MT** 133, 134, 138, 153, 154; animals revered in, **EC** 164
Budgerigar, or shell parakeet (bird; *Melopsittacus undulatus*), **B** 26, 167
Budorcas taxicolor. See Takin
Buenos Aires tetra (fish; *Hemigrammus caudovittatus*), **SA** *189*
Buffalo. See Bison
Buffalo, Asiatic water (*Bubalus bubalis*), **EC** 12
Buffalo, dwarf water (*Anoa anoa*), **TA** *107*
Buffalo, North American, See Bison
Buffalo, water (*Bubalus bubalis*), **EC** 12, **FSH** 124, **TA** *107*, 151, *165-166*
Buffalo weaverbird (*Bubalornis albirostris*), **AFR** 13
Buff-backed heron (bird; *Bubulcus ibis*), **AFR** 34, 41
Buff-breasted sandpiper (bird; *Tryngites subruficollis*), **B** 105
Buffon, Georges Louis Leclerc de, **B** *166*, **MT** 10, 33
Bufo marinus. See Giant toad
Bufo terrestris. See Southern toad
Bug, harlequin cabbage (*Murgantia histrionica*): metamorphosis of, **INS** *56*
Building tools of insects, **INS** 78, 81, 82
Bulbs (of plants), **PLT** 61, 124
Bulgaria: government protected land in, **EUR** chart 176
Bull, or Lake Nicaragua, shark (*Carcharinus leucas*), **SA** 184
Bull terrier (dog; *Canis familiaris*), **EV** *87*
Bulldog (*Canis familiaris*), **EV** *87*
Bulldog ant (*Myrmecia*), **AUS** *130*
Bulldog bat, Mexican (*Noctilio leporinus*), **MAM** 81, **SA** *90-91*
Bulldog bat, naked (*Cheiromeles torquatus*), **TA** 58, *120*
Bullhead, black (fish; *Ictalurus melas*), **FSH** *118-119*

Bullhead, brown (*Ictalurus nebulosus*), **FSH** 19, *20-21*
Bullhead, yellow (*Ictalurus natalis*), **FSH** 19, *20-21*
Bull-horn acacia (plant; *Acacia sphaerocephala*), **SA** 155
Bulun, Siberia, **POL** 36
Bulwer's pheasant (*Lophura bulweri*), **TA** 146
Bumblebee moth (insect; *Hemaris diffinis*), **EV** 52, *53*
Bundanoon Caverns, Australia, **AUS** 130
Bungarus. See Krait
Bunting (bird; Fringillidae), diet of, **B** 59; habitat, **B** 83
Bunting, indigo (*Passerina cyanea*), **B** *83*, 139
Bunting, reed (*Emberiza schoeniclus*), **B** 109
Bunting, snow (*Plectrophenax nivalis*), **POL** 76
Buphagus. See Oxpecker
Buphagus erythrorhynchus. See Red-billed oxpecker
Buprestidae. See Jewel beetle
Burbot (fish; *Lot lota*), **FSH** 19, *20-21*
Burchell's zebra (*Equus burchelli*), **AFR** 79, **MAM** *8-9*
Bureau of Commercial Fisheries Biological Laboratory (U.S.) at Woods Hole, **FSH** 150, 154
Burhinus vermiculatus. See Water dikkop
Burial customs: of early man, **EM** 130, 152, *156-157*
Burial sites: Neanderthal, **EM** 128, *129*, 130
Burian, Z., **EM** *156*
Burin (tool), **EM** 110, *113*, 114, 161
Burma: animals of, **TA** 36, 86, 143, 149-152; climatic regions of, **TA** 52; mountains of, **MT** 57; plants of; 52; rainfall in, **TA** 31, 52; temperatures in, **TA** 34; topography of, **TA** 34
Burrell, Harry, **AUS** 64
Burro, or donkey (*Equus asinus asinus*), **EUR** 150
Burroweed (plant; *Aplopappus tenuisectus*), **DES** 118
Burrowing owl (*Speotyto cunicularia*), **DES** 73, 87, **EC** 152
Bursera microphylla. See Elephant tree
Bursera simaruba. See Gumbo limbo
Burton, Sir Richard, **AFR** 20 **MAM** 166
Bush, creosote (*Larrea tridentala*), **PLT** 80
Bush chat (bird; *Saxicola*), **TA** 36
Bush dog (canine; *Speothos*), **SA** *82-83*
Bush pig, or red river hog (*Potamochoerus porcus*), **AFR** 38, 67, *121*
Bush shrike (bird; Malaconotinae), **AFR** 13
Bushbuck (antelope; *Tragelaphus scriptus*), **AFR** 68, 78, 141, **EC** *179*, **EM** *68*
Bushmaster (snake; *Lachesis muta*), **REP** 15, 74, chart 75, **SA** 129
Bushmen, **DES** 58, 128, 129-131, 137, 152-153, 154-157, **EM** 68, 177-191; beliefs of, **EM** 189; "curers," **EM** *188;* dancing by, **EM** *190-191;* effect of adrenalin on, **EM** 173; as hunter-gatherers, **EM** *168-169;* hunting techniques of, **EM** *184-187;* as musicians, **EM** 189; shelters of, **EM** 130, *168-169;* skinning an antelope, **EM** *120-121;* territorial ranges of, **PRM** chart 130; and tobacco, **EM** 189; weapons of, **EM** *186-187*
Bustard (bird; Otididae), **EUR** 88; **B** 15, 20, 169
Bustard, great (*Otis tarda*), **EUR** 88, *102*
Bustard, little (*Otis tetrax*), **EUR** 88
Butantan Institute, Brazil, **REP** 153

Butcherbird (Cracticidae), **AUS** 154
Buteo jamaicensis. See Red-tailed hawk
Buteo lagopus. See Rough-legged hawk
Buteo lineatus. See Red-shouldered hawk
Butler, Samuel, **EV** 11
Butorides virescens. See Green heron
Buttercup (plant; *Ranunculus*), **EUR** *51*, **PLT** 32, 186
Butterflies (Lepidoptera), **FOR** 45, **INS** 11, 41, **MT** 124, 125; of Africa, **AFR** 117, *132-133;* of the Andes, **SA** 158; of Australia, **AUS** 130, *139;* classification of, **INS** 25; color patterns of, **AB** 155; diurnal habits of, **EC** 76; feeding tools of, **INS** 13, 41, *104;* in food chain, **EC** 106; instinctive behavior of, **AB** 127; metamorphosis of, **FOR** *144-145,* **INS** 15-16, *57,* 58, see also caterpillars; vs moths, **INS** 25; pollination by, **INS** 125; protective devices of, **AB** 189, **EV** 53, 90, **INS** 105, *106-107*, **SA** 154; sense organs of, **AB** 47, **INS** 39, of South America, **SA** 151-154, 158, *166-173*; wings of, **INS** 25, 50, 51, 56. See also specific butterflies
Butterflies, metalmark (Riodinidae), **SA** *168-169*
Butterfly, Andean (*Hypsochila penai*), **SA** 158
Butterfly, blue (*Deudorix*), **AFR** 132
Butterfly, brush-footed (Nymphalidae), **INS** 41
Butterfly, cabbage (*Pieris rapae*), **INS** 38, 39
Butterfly, caligo (*Caligo*), **EV** 52, *53*
Butterfly, European copper (*Lycaena phlaeas*), **INS** 24; egg of, **INS** *70*
Butterfly, grayling. See Grayling butterfly
Butterfly, monarch (*Danaus plexippus*), **FOR** 30, *32-33*; pupa of, **INS** *63*
Butterfly, mourning cloak (*Nymphalis antiopa*), **FOR** 12, 144
Butterfly, owl (Brassolidae), **SA** 151
Butterfly, painted lady (*Vanessa cardui*): egg of, **INS** *70*; metamorphosis of, **INS** *57*
Butterfly, striped blue crow (*Euploea mulciber*), **EUR** *50*
Butterfly, swallowtail (Papilioninae), **INS** 49, **SA** *153*
Butterfly ray (fish; *Gymnura micrura*), **FSH** *83*
"Butterfly trees," **FOR** *33*
Butternut (tree; *Juglanus cinerea*), **FOR** 28
Buttes (geologic formations), **DES** *35, 37*
Butyric acid, **PLT** 56
Buzzard (bird; *Hamirostra melanosternon*), **AUS** 154
Buzzard, honey (*Pernis apivorus*), **B** 63
Bycanistes brevis. See Silvery-cheeked hornbill
Bycanistes subcylindricus. See Casqued hornbill
Byrd, Richard E., **POL** 40, *68-69*, 169, *171*, 175
Byrd Station, Antarctica, **POL** 172, 179
Byzantine Empire, **DES** 166

C

C (cytosine), **EV** 94, *102*
Caatinga, or thorn forests, **PLT** 126
Cabbage (vegetable; *Brassica capitata*), **EV** *82-83*
Cabbage, skunk (plant; *Lysichiton camstschatcense*), **FOR** 12, 13, *85*
Cabbage bug, harlequin (*Murgantia histrionica*), **INS** 56, *70*

Cabbage butterfly (*Pieris rapae*), **INS** 38, *39*
Cabbage looper (insect; *Trichoplusia ni*), **PLT** *176*
Cabbage worm (*Ascia rapae*), **EUR** 160
Cabeza de Vaca, Alvar Núñez, **NA** map 18
Cable cars, **MT** 23
Cabot, John, **NA** 15, 33, map 20
Cabrillo, Juan Rodriguez, **NA** 147, map 27
Cacajao melanocephalus. See Black uakari
Cacajao rubicundus. See Red uakari
Cacao (plant; *Theobroma cacao*): pod of, **SA** *174*
Cacatua roseicapilla. See Galah cockatoo
Cacomistle. See Ring-tailed cat
Cactaceae. See Cactus
Cactoblastis (plant disease; *Cactoblastis cactorum*): and prickly pear, **AUS** 42
Cactoblastis cactorum. See Cactoblastis
Cactus (Cactaceae), **DES** 15, 57, 75, 117, 118, **EC** 126, **EV** 22, *31*, **FOR** 60, **NA** 52-53, **PLT** *116-117,* **PLT** 62, **SA** *12*
Cactus, barrel (*Ferocactus*), **DES** *54, 55, 66*, **EC** 123, **PLT** 80
Cactus, cholla (plant; *Opuntia*), **DES** 55, 75, *84, 122, 123*
Cactus, Beavertail (plant; *Opuntia basilaris*), **DES** 52
Cactus, golden barrel (*Echinocactus grusonii*), **PLT** *147*
Cactus, hedgehog (*Echinocereus*), **DES** 54, *55, 56*
Cactus, old-man (plant; *Cephalocereus senilis*), **PLT** *147*
Cactus, prickly-pear (plant; *Opuntia*), **AUS** 42, **EC** 72, **PLT** 187
Cactus, saguaro (*Carnegiea gigantea*), **EC** 123
Cactus ground finch (bird; *Geospiza scadens*), **EV** 30
Cactus ground finch, large (bird; *Geospiza conirostris*), **EV** 30
Cactus wren (bird; *Campylorhynchus brunneicapillum*), **B** 80, **DES** 15, 75, *123*
Cadmium: in arctic, **POL** table 155
Caecilians (amphibians; Caeciliidae), **SA** 133
Caeciliidae. See Caecilians
Caenolestidae. See Opossum rat
Caesar, Julius, **EUR** 109
Caffeine: effect of on spiders, **AB** *104*
Cahow (bird; *Pterodroma cahow*), **B** 170
Caiman, dwarf (reptile; *Paleosuchus*), **REP** 16
Caiman, spectacled (*Caiman crocodilus*), **REP** 23
Caiman crocodilus. See Spectacled caiman
Caiman lizard, South American (reptile; *Dracaena guianensis*), **REP** 52, 53, 114
Cairn terrier (dog; *Canis familiaris*), **EV** *87*
Cairo, Egypt, **DES** *142-143*
Cajamarca, Peru, **MT** 138
Caladenia cariachila (orchid), **AUS** *56*
Calamoichthys. See Reed fish
Calamophyta (division of plant subkingdom Embryophyta), **PLT** 185
Calamus. See "Wait-a-bit" rattan
Calcite (mineral), **E** *102, 103*
Calcium, **FOR** 132, 138
Caldera (volcanic pit), **MT** 51, *55, 61*
Caldwell, W. H., **AUS** 61
Caledonian period, **MT** 39
Calendia flava. See Cowslip orchid
Calico goldfish (*Carassius auratus*), **FSH** *58*
Calidris canutus. See Knot

INDEX (CONTINUED)

California, **DES** 12, 28, 30, 41, 102, 167, 173, **FOR** 60, 71, 96, 179; agricultural output of, **PLT** 123; animals of, **DES** 72, 77, 78; ants of, **DES** 114; beaches of, **S** *97;* birds of, **DES** 100; coastal waves of, **S** *94;* forest fires in, **FOR** 156, 165; gulf of, *see* Gulf of California; Los Angeles, **DES** 28, 102, 171; plants of, **DES** 56, 59; sea lions of, **S** 154; sea palms of, **S** *99;* tomato production in, **PLT** 123; trees of, **FOR** 59, 64, 66, 77, 99; and water from icebergs, **S** 172-173; water supply of, **S** 172
California, University of, **EM** 27, 50
California condor *(Gymnogyps californianus),* **B** 63, 86, *87,* 88, 169, 170, **SA** 104
California Current, **EC** 57
California fan palm *(Livistona chinensis),* **PLT** 80
California Fish and Game Department, **B** 116, **FSH** 153
California flyingfish *(Cypselurus),* **FSH** *chart* 19, 22, 38, **S** *27-28,* 31
California glossy snake *(Arizona elegans),* **REP** *91*
California grunion (fish; *Leuresthes tenuis*), **EC** 90
California Institute of Technology, **FOR** 96
California kelpfish *(Heterostichus rostratus),* **FSH** 126
California king snake *(Lampropeltis getultus californiae),* **REP** *63*
California poppy *(Eschscholzia californica),* **DES** 60, **PLT** 123
California sea lion *(Zalophus californianus),* **EC** *118-119,* **EV** *17,* **MAM** 62
California Seamount, **S** *map* 69
Caligo. See Caligo butterfly
Caligo butterfly *(Caligo),* **EV** 52, *53*
Calipee (turtle cartilage), **REP** 155-156
Callaeas cinerea. See Kokako
Callahan, Philip S., **AB** 75
Callicebus. See Titi
Callichthyidae (family of fishes), **SA** 185
Calligonium pallasia. See Dzhuzgun
Callinectes sapidus. See Blue crab
Callionymus lyra. See European dragonet
Calliphlox amethystina. See Brazilian amethyst hummingbird
Callisaurus draconoides. See Zebra-tailed lizard
Callistemon speciosus. See Common bottle brush
Callistemons (plant family), **AUS** 52
Callistephus chinensis. See China aster
Callithricidae. *See* Marmoset
Callitris. See Cypress pine
Callitroga americana. See Screw-worm fly
Callorhinus ursinus cynocephalus. See Alaskan fur seal
Callospermophilus. See Golden-mantled squirrel
Calluna vulgaris. See Heather
Callus tissue in plants, **PLT** 39-41
Calmus. See Climbing palm
Calochilus cupreus. See Bearded orchid
Caloprymnus. See Rat kangaroo
Calothamnus obtusus. See One-sided bottle brush
Caluromys. See Woolly opossum
Calvert, James, **POL** 155
Calvin, Melvin, **PLT** *61*
Calyptomena graueri. See Green broadbill
Calyptorhynchus funereus. See Yellow-tailed cockatoo
Camarasaurus (dinosaur): fossil of, **EV** *121*
Camargue cattle *(Bos taurus),* **EUR** 109, *166*
Camarhynchus. See Medium insectivorous tree finch
Camarhynchus heliobates. See Mangrove finch
Camarhynchus pallidus. See Woodpecker finch
Camarhynchus parvulus. See Small insectivorous tree finch
Camarhynchus psittacula. See Large insectivorous tree finch
Cambium (plant substance), **FOR** 97, *104-105,* **PLT** 104
Cambodia, **TA** 102; rainfall in, **TA** *44;* Temple of Prah Kahn, **TA** *24;* wild oxen of, **TA** 151
Cambrian period, **E** 135-136, 137, *144,* **EUR** 11; evolution of fishes in, **FSH** *60,* 61; and formation of Australia, **AUS** *34;* fossils of, **S** 40-41; in geological time scale, **S** *chart* 39; marine life in, **S** *47*
Camel *(Camelus),* **DES** 21, 131, 134, *140,* 166, **MAM** 18, *20;* albino, **EV** *66;* Central Asian, **EUR** 85; dispersals of, **EC** 13, in North America, **EC** 150; domesticated, **EUR** 85, 156; fossil remains of in permafrost in arctic, **POL** 108; geographic radiation of, **MAM** 14; hoofs of, **MAM** *17,* 58; and land bridge, **NA** 11; locomotion of, **MAM** 56, *58;* migrations of, **EUR** 34; in Miocene, **MAM** 40, **NA** *132-133;* in North America, **EC** 150; during Oligocene, **NA** *130-131;* in early Pliocene, **NA** *134-135;* in South America, **SA** 84-85, *92-95;* speed of, **MAM** *chart* 72; theft of, **DES** 135; and trade, **DES** 132-133, 135; water economy of, **DES** *98,* 97-98, wild, **EUR** 85; young of, **MAM** 147. *See also* Bactrian camel; Dromedary
Camel, Bactrian. *See* Bactrian camel
Camel cricket. *See* Weta
Camellia (plant; *Camellia japonica*), **PLT** *113*
Camellia japonica. See Camellia
Camelops (ancestral camel), **MAM** *47*
Camelus bactrianus. See Bactrian camel
Cameroon Mountain, **AFR** 10, 138
Cammon. *See* Myna
Camouflage and disguise: of amphibians, **AB** 189, **REP** 56-57, **SA** *140-141;* of birds, **AB** 12, 155, 182, *184,* **B** *54, 134, 135,* **SA** *100,* 102, 103, *121;* of crustaceans, **AB** 13, 176, **S** *21;* and dispersion, **AB** 153, 175; of eggs, **B** 139, 143, 155; of fishes, **AB** 189, **FSH** *10-11, 17, 24, 25, 26,* 37, 42-43, *48-49, 51, 136-139,* **S** 103-104, 109, 111, *124-127;* of insects, **AB** 175, 176, 184, *185, 188, 189,* **EC** *123,* **FOR** 75, **INS** 105-106, 107-108, *109, 110-111, 112, 172,* **SA** *162-165,* **TA** *122,* 123, *129, 130-131, 135;* of mammals, **AFR** *78-79,* **FOR** *112,* **MAM** 101-102, *116-117,* **TA** *150;* and natural selection, **EV** *52-55;* of nests, **B** 134; of reptiles, **REP** *24, 25,* 56-57, *92-93, 158-159,* **SA** *142-143;* types of **EC** 123-124. *See also* Mimicry; Protective coloration
Camp Century, Greenland, **POL** 176
Campanula rotundifolia. See Harebell
Campanulatae (order of plant class Dicotyledoneae), **PLT** 187
Campephilus principalis. See Ivory-billed woodpecker
Camphor *(Cinnamomum camphora),* **PLT** 56
Campion, moss. *See* Cushion pink
Camplyorhamphus trochilirostris. See Red-billed scythebill
Camponotus gigas. See Giant ant
Camponotus herculeanus. See Carpenter ant
Camptonotus carolinensis. See Carolina leaf roller
Camptorhynchus labradorius. See Labrador duck
Camptosaurus (extinct reptile), **EUR** 13, **REP** *chart* 45
Campylorhynchus brunneicapillum. See Cactus wren
Canada, **FOR** 10, 22, 43, 155, 158; agriculture in, **POL** 156; algae fossils of, **S** 40; animal domestication in, **POL** 156-157; arctic, **POL** *114-117,* 153, 157; arctic population of, **POL** 152; Bay of Fundy tides, **S** 92, *94;* butterflies of, **FOR** 32; birds of, **FOR** 28, 174; coniferous forests of, **FOR** 46, 58, 59, 65, 79; development of, **POL** 151, 152, 153, 154, *table* 155; early inhabitants of, **S** 42; fishing industry of, **FSH** 170, 174, *185;* and Kuroshio Current, **S** 78; and Magnetic Pole, **S** 43; mineral wealth of, **POL** 153, 154, *table* 155; national parks in, **NA** 195; natives of, **POL** 133, 134, 136; sawfly in, **FOR** 173; tundra plants and animals of, **POL** *26-27,* 74, *106, 108,* 109, 111, *126-127*
Canada goose *(Branta canadensis)* **B** *78, 112-113,* 123, **POL** 109; speed of, **MAM** *chart* 73
Canada lynx *(Lynx canadensis),* **EC** *chart* 143, **MAM** 58, 110, **NA** 15, 98
Canadian River, **S** 184
Canadian Rockies, **MT** *48,* 130
Canadian shield (Cryptozoan rocks), **E** 133, **EUR** 11
Canaries Current, **DES** 29
Canary *(Serinus canaria),* **AB** *27,* 87-88, *93-95,* 131, **B** 167
Canary Islands, **S** 182, *map* 64
Canberra (Australian capital), aboriginal meaning of, **AUS** 15
Cancer: air pollution and, **EC** 173; fallout and, **EC** 169
Cancer (constellation), **UNV** 134, *map* 10
Cancer. See Rock crab
Candirú. See Candirú
Candirú (fish; *Vandellia cirrhosa*), **FSH** 127, **SA** 180, 181
Cane, sugar *(Saccharum officinarum),* **EC** *65*
Cane, switch (plant; *Arundinaria tecta*): leaf of, **PLT** *31*
Cane rat *(Thryonomys swinderianus),* **AFR** 15
Canebrake rattlesnake *(Crotalus horridus atricaudatus),* **NA** *88-89*
Canes Venatici (constellation), **UNV** 135, *map* 10
Canidae. *See* Dog
Canine teeth, **PRM** 38; of baboons, **PRM** *134;* of early man, **PRM** 179; function of, **MAM** 76, 99; of gibbons, **PRM** *135;* of hippopotamus, **MAM** *84;* influence on leadership, **PRM** 116; as offensive weapons, **MAM** 99
Canines: *Chrysocyon* genus of, **SA** 82; of South America, **SA** 81-83, *89*
Canis. See Jackal; True Dog
Canis aureus. See Asiatic jackal
Canis dingo. See Dingo
Canis dirus. See Dire wolf
Canis familiaris. See individual species of domestic dogs
Canis familiaris indostranzewi (ancestral dog), **EV** *87*
Canis familiaris intermedius (ancestral dog), **EV** *86*
Canis familiaris leineri (ancestral dog), **EV** *87*
Canis familiaris metris optimae (ancestral dog), **EV** *86*
Canis latrans. See Coyote
Canis lupus. See Wolf
Canis lupus arctos. See Arctic wolf
Canis lupus pambasileus. See Alaskan timber wolf
Canis Major (constellation), **UNV** *map* 11
Canis Minor (constellation), **UNV** *map* 10
Cankerworm moth, fall *(Alsophila pometaria):* eggs of, **INS** 70
Cannibalism, **EM** *134,* 142, 152; of Peking man, **EV** *159*
Cannon, Walter, **EM** 172
Canopus (star; Alpha Carinae), **UNV** 108, *map* 11; color of, **UNV** 131
Cantharellus (fungus), **PLT** *185*
Canvasback duck *(Aythya valisineria),* **B** 62, 64; **MAM** *chart* 73
Canyon de Chelly National Monument, Arizona, **DES** 169
Canyon Diablo Crater, **E** *32-33*
Canyonlands (Utah), **NA** *184-185*
Cap Blanc, France, **EM** 150
Cape Abyssal Plain, **S** *map* 67
Cape Breton Highlands National Park, Nova Scotia, Canada, **NA** 195
Cape buffalo *(Syncerus caffer),* **MAM** 57, 98
Cape Cod, **E** 110; **NA** 33, *40-41;* fisheries of, **FSH** 151, 171, 174, 175, 176
Cape Cod National Seashore, Massachusetts, **E** 186, 187, **NA** 195
Cape Columbia, **POL** 43, 46
Cape Evans, Antarctica, **POL** 70, *71*
Cape Hatteras, **E** 110, **S** 77, 82
Cape Hatteras National Seashore, North Carolina, **E** 186
Cape Haze Marine Laboratory, Sarasota, Florida, **AB** 30
Cape Horn, **POL** 14, 52
Cape or wild hunting dog *(Lycaon pictus),* **AFR** 87, 92, *104,* **MAM** 79
Cape Johnson Guyot (underwater volcano), **S** *map* 68
Cape May and fish spawning, **FSH** 100
Cape May warbler *(Dendroica tigrina),* **FOR** 153
Cape oribi (antelope; *Ourebia ourebia*), **AFR** *76*
Cape Romaine, S.C., **NA** *84-85*
Cape Sabine, Greenland, **POL** 37
Cape Sable sparrow (bird; *Ammospiza mirabilis*), **NA** 180
Cape Sheridan, Arctic Ocean, **POL** 42-43
Cape Town, South Africa, **AFR** *18-19*
Cape Verde Abyssal Plain, **S** *map* 64
Capelin (fish; *Mallotus villosus*), **FSH** 13, 105
Capella (star; Alpha Aurigae), **UNV** 11, 112, *map* 10; color of, **UNV** 131
Capella gallinago. See Snipe
Caper plant *(Capparis spinosa),* **PLT** 80
Capercaillie (bird; *Tetrao urogallus*), **EUR** 135, 136, *143*
Capiscum frutescens longum. See Chili pepper
Capitol Reef National Monument, Utah, **DES** 169, **E** 186-187
Capitonidae. *See* Barbet
Capoids (early race of man), **EC** *map* 11, **EV** *173*
Capparis spinosa, See Caper plant
Capra. See Goat
Capra aegagrus. See Bezoar, or wild goat
Capra caucasica. See Tur
Capra falconeri. See Markhor
Capra hircus. See Wild goat
Capra ibex. See Ibex
Capra pyrenaica. See Spanish ibex
Capreolus capreolus. See Roe deer
Capricornus (constellation), **UNV** *map* 11
Capricornis sumatraensis. See Serow
Caprimulgiformes (order of birds), **B** *19,* 20, *28*
Caprimulgus. See Whippoorwill
Capuchin monkey *(Cebus),* **MAM** *166,* **PRM** *34,* 155, **SA** *37, 41, 43*
Capulin Mountain National Monument, New Mexico, **E** 186
Capybara (rodent; *Hydrochoerus hydrochaeris*), **MAM** 17, *20,* **SA** 11, 57, 58, *74*
Caracal, or African lynx *(Felis caracal),* **AFR** 87, 93, *104*
Caracara (bird: *Polyborus cheriway*), **B** *76,* **NA** 58
Caraja Indians, **SA** *187*
Carapace (top) of turtle shell, **REP** 10, 155
Carapus bermudensis. See Pearlfish
Carassius auratus. See Specific goldfish

AB Animal Behavior; **AFR** Africa; **AUS** Australia; **B** Birds; **DES** Desert; **E** Earth; **INS** Insects; **MAM** Mammals; **MT** Mountains; **NA** North America; **PLT** Plants; **POL** Poles;

Caravans: camels and, **DES** 133, 134; lost, **DES** 129; trade routes of, **DES** 144-145, *148-149*
Carbon dioxide, **FOR** 14, 98, 99, 133, **PLT** 78; absorption by leaves, **PLT** 74; from decay process, **PLT** 14; and marine life, **S** 11, 39, 80, 104; in photosynthesis, **PLT** 60-61, *64*; production of, **PLT** 57; radioactive, **PLT** 61, *63*
Carbon-14 dating method, **E** *diagrams* 132, 133, **EM** 26, *chart* 14, 15, **PLT** 94
Carboniferous Age: insects of **INS** 15, *16, 18*; reptile adaptations during, **REP** 37, *chart* 44-45
Carbon-nitrogen cycle, **UNV** *diagram* 17, 180
Carcharhinidae. See Requiem shark
Carcharhinus leucas. See Bull shark
Carcharhinus macrurus. See Australian whaler shark
Carcharhinus melanopterus. See Black-tipped shark
Carcharias arenarius. See Grey nurse shark
Carcharias taurus. See Sand shark
Carcharodon carcharias. See Great white shark
Carcinides maenas. See Green crab
Cárdenas, Don García López de, **NA** 18, 57
Cardinal (bird; *Richmondena cardinalis*), **AB** 82, **B** 86, 88, *154*, 171, **FOR** 13, 14, **NA** 101
Cardinal fish (*Apogon spellatus*): and commensalism, **FSH** 122; eyes of, **FSH** *51*
Cardinal flower (*Lobelia cardinalis*), **PLT** 32
Cardinal tetra (fish; *Cheirodon axelrodi*), **SA** *189*
Cardisoma carnifex. See Land crab.
Carduelis. See Goldfinch
Carduus uncinatus. See Steppe thistle
Caretta. See Loggerhead turtle
Carex (plant; *Carex*), **MT** *99*
Carex. See Carex
Cariaco Trench, **S** *63*
Cariama (bird; Cariamidae), **B** 11
Cariama cristata. See Seriema
Caribbean Conservation Corporation, **REP** 174-175
Caribbean region: reptiles of, **REP** 13, 131, *180*
Caribbean Sea, **MT** 55, 57, **S** 184; and green turtle conservation, **REP** 173-175, *map* 133; and sonar detection, **S** 80
Caribbean Sea Frontier (U.S. Navy), **REP** 175
Caribou (*Rangifer tarandus*), **EC** 124-125, **EUR** 133, **MAM** 58, 98, 125-126, *129-131*, 158, *187*, **NA** 15, 97, 177-178, 180, **POL** *43*, 75, 76, 82, 106, 108, 110-111, 118, *126-127*, 131, *133*, 156, 164
Caribou, barren-ground (*Rangifer tarandus*), **POL** 110-111
Caribou, mountain (*Rangifer tarandus*), **POL** 110
Caribou, Peary (*Rangifer tarandus*), **NAM** 102
Caribou, woodland (*Rangifer tarandus*), **POL** 110
Carica papaya. See Papaya
Carina (constellation), **UNV** *map* 11
Carlsbad Caverns National Park, New Mexico, **DES** 169, **E** 109, 187, **NA** 195
Carmel, Mount, Israel, **EM** 127, 143
Carnation (*Dianthus caryophyllus*), **PLT** 186
Carnation begonia (flower; *Begonia fimbriata plena*), **EV** 76
Carnegie Desert Laboratory, **DES** 59
Carnegie Ridge, **S** *map* 71
Carnegiea gigantea. See Saguaro cactus
Carnivora. See Carnivores
Carnivores (Carnivora), **MAM** *20*; abundance of, **MAM** 23; aquatic, **MAM** 17; diet of, **MAM** 76, 78-80; among fishes, **FSH** 12-14, *26, 30-31*, 52, 53, 80-81, 91, 122; in food chain, **MAM** 78; hording by, **AB** 190; intelligence of, **MAM** 78; marsupials, **SA** 14; maternal care by, **MAM** 154; in Miocene epoch, **MAM** 40; teeth of, **MAM** *85*; types of, **MAM** 17, *20*; in winter, **MAM** 93; young of, **MAM** 147

Carnotite (mineral), **E** *98*
Caroá (plant; *Neoglaziovia variegata*), **PLT** 187
Carolina leaf roller (wingless cricket; *Camptonotus carolinensis*), **INS** 90-91
Carolina parakeet (*Conuropsis carolinensis*), **B** 170, *171*
Carolina wren (*Thryothorus ludovicianus*), **B** 88
Caroline Islands, **S** *map* 68
Caroloameghiniidae (marsupials), **AUS** *diagram* 88
Carotene molecules, **PLT** *65*
Carotenoids (plant pigments), **PLT** *45*; durability of, **PLT** 67; importance of, **PLT** 67; masking of, **PLT** 58; stability of, **PLT** 58
Carp (fish; *Cyprinus carpio*), **FSH** 12, **TA** 86; breathing of, **FSH** 39; feeding by, **FSH** 14; habitat of, **FSH** *19, 20-21*
Carp, mountain (fish; *Gyrinocheilus*), **TA** 87
Carpathian Gap, **MT** 136
Carpathian Mountains, **MT** *44*, 136
Carpel (part of flower), **PLT** 10, *16*, 116-117
Carpentarians (aborigines), **AUS** 172, 173
Carpenter, C. R., **PRM** 7, 39, 61, 168, **SA** 35, 36, 38
Carpenter ant (*Camponotus herculeanus*), **INS** 96-97, 123, *164*
Carpenter bee (*Xylocopa*), **INS** 78
Carpet beetle, black (*Attagenus piceus*), **PLT** 176
Carpet snake (*Morelia variegata*), **AUS** 136
Carphophis amoena. See Worm snake
Carpiodes. See Carpsucker
Carpocapsa pomonella. See Codling moth
Carpsucker (fish; *Carpiodes*), **FSH** *chart* 69
Carr, Archie, **REP** 4, 7, **SA** 54
Carragenin (plant emulsifier and stabilizer), **PLT** 183
Carrier, or homing, pigeon (*Columba livia*), **B** 111, **EC** 93
Carrion: disposal of by ants, **TA** *132-133*; disposal of in forests, **TA** 123-124
Carrion, or hooded, crow (*Corvus corone*), **EUR** 24
Carrot (*Daucus carota*), **PLT** *38*, 187; callus tissue of, **PLT** 40; life span of, **PLT** 106
Carson, Rachel, **PLT** 167
Carstensz, Mount, **AUS** 28, **MT** 187, *diagram* 179
Cartea vitula ucayala (metalmark butterfly), **SA** *168*
Carthaginians, **DES** 132
Cartier, Jacques, **NA** 34, *map* 20
Cartilaginous fishes (Chondrichthyes), **FSH** 93, *diagram* 86; evolution of, **FSH** 62, 68-69, *chart* 77-84, *85-96*; swimming of, **FSH** 94
Cartography: and Gerardus Mercator, **S** 13, 182; of ocean bottoms, **S** *maps* 64-71; origins of, **S** 13
Cartoons, anti-evolutionary, **EM** 21
Cartwright, Gordon, **POL** 176
Caruncle: and egg tooth of reptile, **REP** 132
Carya. See Hickory
Carya illinoensis. See Pecan tree
Casa Grande Ruins National Monument, Arizona, **DES** 131, 169, 172
Cascade mountain range, **DES** 12, 29, **E** 136, **MT** 12, 40, *44*, **S** 61

Cascades (mountains), **DES** 12, 29, **E** 136, **MT** 12, 40, *44*, **NA** 147, 152, **S** 61
Cascadia Channel, **S** *map* 69
Cascara buckthorn (*Rhamnus purshiana*), **PLT** 186
Casiquiare Canal, Venezuela, **SA** 178
Caspian Sea, **DES** 12, **S** 184; aquatic life of, **EUR** 90; changes in, **EUR** *map* 89; characteristics of, **EUR** 89-90
Caspian seal (*Phoca caspica*), **EUR** 90
Casqued hornbill (bird; *Bycanistes subcylindricus*), **AFR** 124, 125
Cassava (plant; *Manihot esculenta*), **TA** 182
Cassegrain focus, **UNV** 48, 49, *diagram* 49
Cassidinae (subfamily of tortoise beetles), **TA** 126
Cassiopeia (constellation), **UNV** *map* 10
Cassowary, Australian. See Australian cassowary
Cassowary, black. See Australian cassowary
Castanea dentata. See Chestnut
Casteñada, Pedro de, **NA** 60
Castilleja. See Indian paintbrush
Castniidae (family of moths), **SA** 152
Castor (star; Alpha Geminorum), **UNV** 11, 112, *map* 10; color of, **UNV** 131
Castor. See Beaver
Castor canadensis. See American beaver
Castoroides (ancestral beaver), **MAM** 47
Castration: effects of, **AB** 86
Casuariiformes (order of birds), **B** 18, 20
Casuarina decaisneana. See Desert oak
Casuaris casuaris. See Australian cassowary
Cat, African golden (*Felis aurata*), **AFR** 116
Cat, Asian golden (*Felis temmincki*), **TA** 37
Cat, domestic (*Felis catus*), **EC** 35
Cat, fishing of Asia (*Felis viverrina*), **MAM** 80, *81*, **TA** 88
Cat, gray (*Felis oreata cafra*): as predator, **AFR** 87, 93
Cat, otter, or jaguarundi (mammal; *Felis yagouaroundi*), **SA** 88
Cat, Pallas (*Felis manul*), **EC** 137
Cat, ring-tailed. See Ring-tailed cat
Cat, stabbing. See Stabbing cat
Cat shark (Scyliorhinidae), **FSH** 80, 93; egg purse of, **FSH** 79
Catamount. See Cougar
Catastrophism, doctrine of, **EM** 11, 19
Catcher boats of whaling industry, **S** 160, 161, *162*
Catclaw (tree; *Acacia greggii*), **DES** 118
Caterpillar (Lepidoptera), **INS** 57, 123, **NA** *48-49*; aquatic, **INS** 144-145, 148; banding together of, **AB** 153, *170*; camouflage of, **AB** 175, 176, *189*; defense of, **AB** 67, 175, *186-187*; dispersion of, **AB** 175; eyespots of, **AB** *186-187*; following response in, **AB** 137; as hosts of parasitic larvae, **INS** 114-115; metamorphosis, **INS** 15-16, 58, *64-65*; muscles of, **INS** 12; protective coloration and camouflage of, **INS** 106, 107, 108, *109*, 110-111, *112-113*
Caterpillar, inchworm (Geometridae), **INS** 104
Caterpillar, saw-toothed elm (*Nerice bidentata*), **FOR** 145
Caterpillar, slug. See Slug caterpillar
Caterpillar, twig (Geometridae), **AB** *189*, **INS** 106, 108, *109*
Caterpillar, walnut (*Datana integerrima*), **FOR** 145
Caterpillar, yellow-necked, of Handmaiden butterfly (*Datana ministra*), **FOR** 145
Caterpillar crawl of snakes, **REP** 85
Cat-eye snake, American (*Leptoderia annulata*), **REP** 126
Catfish (Siluroidea), **NA** 79, **SA** 179, *180, 181*, 185, **TA** 86; breathing of, **FSH** 39; evolution of, **FSH** *chart* 69; habitat of, **FSH** 11; oxygen requirements of, **EC** 16; poison of, **FSH** *165*; suckermouth jaws of, **FSH** *53*; vision of, **FSH** *50*; and water temperatures, **FSH** 14, 15
Catfish, armored (*Ancistrus triradiatus*), **SA** 180
Catfish, armored (Siluroidea), **EC** 127, 143
Catfish, clariid (Clariidae), **AFR** 36
Catfish, Colombian (*Arges marimoratus*), **SA** 181
Catfish, electric (*Malapterurus electricus*), **AFR** 35, 50
Catfish, fresh-water (*Clarias batrachus*), **TA** 82
Catfish, gaff-topsail (*Bagre marinus*), **FSH** 103
Catfish, glass (*Kryptopterus bicirrhis*), **FSH** 45
Catfish, Indian (Siluridae), **FSH** 39
Catfish, obstetrical (*Aspredinichthys tibicen*), **FSH** 103
Catfish, sea (Silvroidea), **EC** 143
Catfish, shovel-nosed (*Sorubim lima*), **SA** 180
Catfish, upside-down (*Synodontis nigriventris*), **AFR** 50-51
Cathartes aura. See Turkey vulture
Cathartidae. See Condor; Vulture
Cathedral Rocks (Yosemite National Park), **NA** 182-183
Catholic frog (*Notaden bennetti*), **AUS** 132-133
Catlin, George, **NA** 72-73, 187
Catostomidae. See Common sucker
Catskill Mountains, **MT** 39, 137
Cattail (plant; *Typha latifolia*), **PLT** 187
Cattle (*Bos*), **DES** 118, 166, 167, 169, 170, **NA** 52, **TA** 151-152; in Africa, **AFR** 67, 174-175, 189-191; ancestor of, **EV** *160-161*; classification of, **MAM** 18; in Cro-Magnon art, **EV** 169; digestion of grasses by, **PLT** 62; domestication of, **EUR** 155, *chart* 154; horns of, **MAM** 98; sacred, **TA** *175*; skulls of, **EC** 156; tracks of, **DES** 104, **MAM** 187; wild, **MAM** 98, 147; young of, **MAM** 147
Cattle, Camargue (*Bos taurus*), **EUR** 109, 166
Cattle, Hereford (*Bos*), **EC** 155
Cattle, longhorn (*Bos taurus*), **EC** 154
Cattle, Zebu (*Bos indicus*), **TA** 151
Cattle egret (bird; *Bubulcus ibis*): commensalism of with herd animals, **B** 58, 75; range of, **B** 88. *See also* Buff-backed heron
Cattleya. See Cattleya orchid
Cattleya orchid (*Cattleya*), **PLT** 165, 187
Caucasoid race, **EC** *map* 11, **EV** 163, *173*, **MT** 14, 136, **TA** 172, 177
Caucasus, the, **FOR** 46
Caucasus mountains, **MT** *44*, 57, 134, 135
Caudal fins: evolution of, **FSH** 60, 66; of fishes, **FSH** 37, 46-47, *49*; of sharks, **FSH** 86
Caudata. See Salamander
Cave bears, **EM** 126-127, 148, 153-154
Cave centipede (Chilopoda), **EC** 37
Cave characin, blind (fish; *Anoptichthys jordani*), **E** *134*
Cave lion, marsupial. See Marsupial cave lion
Cave swiftlet (bird; *Collacalia*): and birds' nest soup, **B** 141, **TA** 174
Cave systems of early man, **TA** 168
Cavendish, Henry, **E** 38
Cavendish Laboratory, Cambridge, **EV** 94
Caves, **E** *122-123*; economy of, **EC** 37; formation of, **E** *diagram* 109;

EC Ecology; EM Early Man; EUR Eurasia; EV Evolution; FOR Forest; FSH Fishes; PRM Primates; REP Reptiles; S Sea; SA South America; TA Tropical Asia; UNV Universe

INDEX (CONTINUED)

fauna of, **EC** 37, *132-133*
Cavia. See Cavy
Cavia porcellus. See Guinea pig
Cavy (rodent; Caviidae), **EC** *126, 136,* **SA** 12, 13, *57-58, 74*
Cavy, Patagonian (rodent; *Dolichotis*), **SA** 13, *74*
Cavy, Peruvian (rodent; *Cavia tschudii*), **SA** *74*
Cavia tschudii. See Peruvian cavy
Cayman Trough, **S** *map 69*
Ceara Abyssal Plain (underwater), **S** *map 64*
Cebidae. See Cebids
Cebids (monkeys; Cebidae), **SA** 32, 33-40, *41-43, 46-49*
Cebuella pygmaea. See Pygmy marmoset
Cebus capucinus. See Capuchin monkey
Cecropia (plant; *Cecropia*), **PLT** 145
Cecropia. See Cecropia
Cecropia moth (Saturniidae), **EC** 38, **INS** *64-65, 66-69*
Cedar, deodar (*Cedrus deodara*), **EUR** 35
Cedar, pygmy (plant; *Peucephyllum*), **PLT** 80
Cedar Breaks National Monument, Utah, **E** 187
Cedar waxwing (bird; *Bombycilla cedrorum*), **B** 60
Cedrus deodara. See Deodar cedar
Ceiba (tree; *Ceiba pentandra*), **PLT** *158*
Ceiba pentandra. See Ceiba
Celebes: animals of, **TA** 86, 88, 106-107; volcanoes of, **MT** 57
Celebes anoa (wild ox; *Anoa*), **MAM** 98
Celebes ape (*Macaca maura*), **PRM** 161
Celerio lineata. See White-lined sphinx moth
Celery (*Apium graveolens*), **PLT** 11, 187
Celestial goldfish (*Carassius auratus*), **FSH** 51
Celestial navigation: of birds, **B** 108, 111, *diagrams,* 106-107; of green turtles, **REP** 111
Cell division. See Mitosis
Cell wall, **PLT** *45;* cellulose in, **PLT** 57; composition of, **PLT** *38-39;* function of, **PLT** 62; permeability of, **PLT** 76; protopectin in, **PLT** 57-58; of seedling leaves, **PLT** 99; selective osmosis by, **PLT** 75
Cells, **PLT** 35-42, *44-45;* animal and plant compared, **PLT** 36, 38, 106; bark, **PLT** 104; chemical activities of, **PLT** 55-62; collenchyma, **PLT** *39;* cork, **PLT** *38;* division of, **PLT** 37, *48-49;* DNA in, **E** 148; egg, **PLT** 105; enlargement of, **PLT** 38, *99;* epidermal, **PLT** *38;* functions of, **FOR** 40, 95, 97, 98, **PLT** *38-39;* genetic code of, **PLT** 36; in growth process, **PLT** 36, 99, *100;* human, model of, **E** *154;* larval *vs.* adult in insects, **INS** 58-59; metabolic reactions in, **PLT** 61-62; nucleus of, **E** *155,* **PLT** 36-37, *44-45;* number in adult man, **E** 154; onionskin, **PLT** *43;* palisade, **PLT** *38;* sap, **PLT** 58-59; specialization of, **PLT** 41; sperm, **PLT** 42; stem, **PLT** 42; "stone," **PLT** *39;* stretching of, **PLT** 99-100; structure of, **FOR** *10, 11, 92, 94,* **PLT** 37; substances in, **PLT** 56, 75; in tissue cultures, **PLT** 39-40; viruses in, **E** *150-151;* wood, **PLT** 104
Cellulose, **FOR** 99, **PLT** 97; in cell wall, **PLT** 57; digestion by termites, **PLT** 62; fibrils of, **PLT** 99; forms of, **PLT** 62; indigestibility of, **PLT** 62; properties of, **PLT** 61-62; stability of, **PLT** 62
Cemophora coccinea. See Scarlet snake
Cenote (pit), **E** 109
Cenozoic era, **DES** 27, **E** 136, *chart*

135, **EUR** 13-14, **FOR** 45, *chart 48,* **MAM** 38, **MT** 39, **TA** 34, 86, *maps 10-11;* evolution of sharks in, **FSH** 63; land bridge and, **AFR** 153; reptiles in, **REP** *chart 45*
Census: of Australian animals, **AUS** 42; of birds, **B** 84-85, 86, *map 90-91*
Centaurea cyanus. See Bachelor's-button
Centaurus (constellation), **UNV** 135, *map 11*
Centetes (tenrecs), **AFR** *164*
Centipede (Chilopoda), **DES** 70, **SA** 157, **INS** 14, *30,* 33; forest environment of, **EC** 41
Centipede, cave (Chilopoda), **EC** 37
Central America, **FOR** 73-76; birds of, **B** 13; and East Pacific Rise, **S** 69; and geographic isolation from North America, **NA** 12; and Gulf Stream, **S** 77; reptiles of, **REP** 11, 84, 131, 160; and shark attacks, **S** 134
Central American basilisk, or tropical American lizard (*Basiliscus*), **REP** 151, 160; **SA** *130-131, 132*
Central moraine, **MT** 32, 46
Centrocercus urophasianus. See Sage grouse
Centropristes striatus. See Black bass
Centropus sinensis. See Bubut
Centrospermae (order of plant class Dicotyledoneae), **PLT** 186
Centurio senex. See Wrinkle-faced bat
Centurus carolinus. See Red-bellied woodpecker
Century plant (*Agave americana*), **DES** 54, 170
Ceophloeus pileatus. See Pileated woodpecker
Cephaelis ipecacuanha. See Ipecac
Cephalocereus senilis. See Old-man cactus
Cephalophini (family of antelopes), **AFR** 77
Cephalophus. See Duiker
Cephalophus callipygus. See Peter's duiker
Cephalophus dorsalis. See Bay duiker
Cephalophus maxwellii. See Maxwell's duiker
Cephalopoda. See Inkfish; Squid
Cephalopods: and evolution of fishes, **FSH** 61
Cephalopterus ornatus. See Bare-necked umbrellabird
Cepheids (pulsating stars), **UNV** 109, 114, 147, 150, *diagram* 149
Cepheus (constellation), **UNV** 148, *map 10*
Cepphus grylle. See Black guillemot
Cerambycidae. See Long-horned beetle
Ceratias. See Angler fish
Ceratioidea. See Deep sea angler
Cerateomyxa (fungus), **PLT** *184*
Ceratodus (fish), **FSH** *chart* 68
Ceratophrys varia. See Wied's frog
Ceratopsia. See Ceratopsian
Ceratopsian (dinosaur; Ceratopsia), **EUR** 13
Ceratotherium simum. See White rhinoceros
Cercidium. See Blue paloverde
Cercidium floridum. See Blue paloverde
Cercocebus. See Mangabey
Cercocebus torquatus. See Crowned mangabey
Cercopithecidae (family of monkeys), **AFR** 116
Cercopithecus aethiops. See Vervet
Cercopithecus diana. See Diana monkey
Cercopithecus erythrotis. See Red-eared guenon
Cercopithecus hamlyni. See Owl-faced guenon
Cercopithecus neglectus. See

De Brazza's monkey
Cercopithecus nictitans. See Putty-nosed monkey
Cercopithecus schmidti. See Schmidt's white-nosed monkey
Cerebellum: evolution of in man, **EV** *166*
Cerebral hemisphere of alligator, **REP** 18
Cerebrum: evolution of in man, **EV** *166*
Ceres (asteroid), **UNV** 66
Cereus, night-blooming (cactus; *Cereus*), **DES** 54, *55,* **MAM** *88-89*
Cereus. See Night-blooming cereus
Cerin Channel, fossils of, **EUR** *12-13*
Cerralbo, Marques de, **EM** 83
Certhidea olivacea. See Warbler finch
Cerura scitiscripta multiscripta. See puss moth
Cervus. See Sambar
Cervus canadensis. See American elk
Cervus canadensis manitobensis. See Manitoba elk
Cervus canadensis nelsoni. See Rocky Mountain elk
Cervus canadensis roosevelti. See Roosevelt elk
Cervus elaphus. See European red deer
Cervus elaphus barbarus. See Red deer
Cervus elaphus scoticus. See Scottish red deer
Cervus merriami. See Merriam elk
Cervus nannodes. See Tule elk
Cervus nippon. See Sika deer
Cesium 137 (radioactive isotope), **EUR** 133; path of, **EC** *chart 169*
Cestoda. See Tapeworm
Cetacea. See Cetacean; Whale
Cetacean (mammal; Cetacea), **MAM** 17, *20;* **TA** 88; hearing of, **AB** *164-165*
Cetengraulis mysticetus. See Anchoveta
Cetorhinus maximus. See Basking shark
Cetus (constellation), **UNV** *map 11*
Ceylon: animals of, **TA** 86, 116, 122, 144, 146, 148, 151; climate of, **TA** 32, 34, 103; exports of **TA** *181, 187;* and filter bridge, **TA** 102-103, 104; langurs of, **PRM** 96, 97, *98-99, 168;* macaques, of **PRM** 84, *168;* mountains of, **TA** *20-21*
Ceyx erithacus. See Forest kingfisher
Chachalaca (bird; *Ortalis*), **B** 162
Chaco Canyon National Monument, New Mexico, **DES** *chart* 169
Chad, Africa, **DES** 21, 143, 144, *145*
Chad, Lake, **S** 184
Chaeropus ecaudatus. See Pigfooted bandicoot
Chaetodipterus faber. See Atlantic spadefish
Chaetodontidae. See Angelfish, tropical
Chaetura pelagica. See Chimney swift
Chaffinch (bird; *Fringilla coelebs*), **B** 86, 120, 167; nest of, **B** 140; song learning ability of, **AB** 131, 134
Chagres River, Panama, **SA** 34
"Chain of being" doctrine, **EM** 24
Chalcanthite (mineral), **E** 101
Chalcites lucidus. See Bronze cuckoo
Chalicothere (ancestral ungulate), **EM** *72-73,* **MAM** 38, 42
Chalina oculata. See Eyed finger sponge
Challenger (British vessel), **S** 60
Chamaeleo jacksoni. See Jackson's three-horned chameleon
Chamaeleo. See Chameleon
Chamaeleonidae. See Helmeted chameleon
Chamba (Arabs), **DES** 133, 135
Chambe Plateau, Nyasaland, **AFR** 136
Chambered nautilus (marine animal; *Nautilus pompilius*), **S** 49

Chameleon (lizard; *Chamaeleon*), **AB** 108, **AFR** 116, 117, **REP** 13, 58, **SA** 132; color changes of, **REP** 58,
Chameleon **REP** 86, *93;* physical characteristics of, **REP** 56, *94-95, 96,* 99
Chameleon, helmeted (reptile; Chamaeleonidae), **EC** *68-69*
Chameleon, Jackson's three-horned (lizard; *Chamaeleo jacksoni*), **REP** *93*
Chamois, or alpine antelope (*Rupicapra rupicapra*), **EUR** 137, **MT** *108,* 113; as food source, **EM** 129, **EV** *163;* hunting of, **EM** *chart* 151; locomotion of, **MAM** 56
Chamonix, France, **MT** 159, 160, 166, *174*
Champlain, Samuel de, **NA** 20
Chance, Edgar, **B** 144
Chandrasekhar, Subrahmanyan, **UNV** 130
Chandrasekhar limit, **UNV** 134
Channallabes apus. See West African eel cat (fish)
Channel Islands National Monument, California, **E** 187, **NA** 194
Channidae. See Snakehead (fish)
Chao Phraya (river), **TA** 80
Chapard (shrub), **FOR** 60, **NA** *map 104-105*
Chapin, James P., **AFR** 119
Chapman, Frank M., **B** 37, 138, **SA** 79, 80
Char (fish; *Salvelinus*), **FSH** 157, **POL** 106, 110
Characidae, South American (fish family); diversity of, **FSH** 11
Characin (fish; *Characidae*), **FSH** 11, 104, **SA** 179, 180-181, 184, 185, *189*
Characin, blind cave (fish; *Anoptichthys jordani*), **E** 134
Characin, flying (fish; *Cyprinoidea*), **FSH** 11
Characin, swordtail (fish; *Corynopoma riisei*), **SA** *189*
Characteristics, dominant. See Dominant traits
Characteristics, inherited. See Heredity, Genetics
Characteristics, recessive. See Recessive traits
Charadriiformes (order of birds), **B** 16, 18, 24-25
Charadrius hiaticula. See Ringed plover
Charadrius vociferus. See Killdeer
Chari River, **DES** 132
Charina bottae. See Rubber boa
Charlemagne, **MT** 137-138
Charles VIII, King of France, **MT** 157
Charles V, Emperor, **EV** 178
Charles of Teschen, Archduke, **EV** *179*
Charles Island (Galápagos), **EV** 15
Charophyceae (class of plant division Chlorophyta), **PLT** *183*
Chat, bush (bird; *Saxicola*), **TA** 36
Chatham Rise, **S** *map 70*
Chauliodus. See Viperfish
Chaulmoogra oil, **TA** *171*
Checkerboard Mesa, **E** 115
Cheetah, or hunting leopard (*Acinonyx jubatus*), **AFR** 86, 91-92, *95,* 170, 175, **EC** 137, **EUR** *152;* hunting techniques of, **MAM** 79; locomotion of, **MAM** *56-57;* as predator, **AFR** 87; speed of, **MAM** *chart* 73, 111; spine of, **MAM** *56-57*
Cheirodon axelrodi. See Cardinal tetra
Cheirogaleus. See Dwarf lemur
Cheirogaleus medius. See Fat-tailed Dwarf lemur
Cheirolepis (fish), **FSH** *chart* 68
Cheiromeles torquatus. See Naked bulldog bat
Chelidae. See Snake-necked turtle
Chellean man: **EM** 71, 104; discovery of, **EV** 152; tools of, **EV** 152
Chelles-sur-Marne, **EV** 152
Chelodina longicollis. See Long-neck

AB Animal Behavior; **AFR** Africa; **AUS** Australia; **B** Birds; **DES** Desert; **E** Earth; **INS** Insects; **MAM** Mammals; **MT** Mountains; **NA** North America; **PLT** Plants; **POL** Poles;

tortoise
Chelonia mydas. See Green turtle
Chelydridae. See Snapping turtle
Chelyid (turtle; Chelyidae), **AUS** 134
Chelyidae. See Chelyid
Chelys fimbriata. See Matamata turtle
Chemical erosion, **MT** 12
Chemicals: ant secretions of, **AB** 75, 154; as armament, **INS** 105, 120; in barnacle secretions, **AB** 154; cellular reactions to, **PLT** 55-62; and giantism in plants, **EV** 82-83; in photosynthesis, **PLT** 56, 57, 59-61; role of water in reactions, **PLT** 73; stimulus of, **AB** 65, 74-75, 89, 90
Chemistry: of living organisms, **S** 10-11, 39; of the sea, **S** 12, chart 11
Chemobacteria, **PLT** 19
Chemo-electrical impulses, and sense organs, **AB** 37
Chemoreceptor (sense organ) of snakes, **REP** 98, 99
Chen hyperborea. See Lesser snow goose
Cherangani range, Kenya, **AFR** 141
Chernozem soil, **E** 124, **EUR** 82
Cherry, wild (*Prunus*), **PLT** 111
Cherry tree, dwarf (*Prunus japonica*) **PLT** 98, 105
Cherry-Garrard, Apsley, **POL** 175
Chesapeake Bay Retriever (*Canis familiaris*), **EV** 87
Chestnut (tree; *Castanea dentata*), **FOR** 155, 172, **NA** 78, **PLT** 186; blight of, **EC** 60, 99-100; in Nearctic realm, **EC** 14
Chestnut, horse (tree; *Aescalum hippocastanum*) **FOR** 43, **PLT** 186
Chestnut-collared kingfisher (*Halcyon concretus*), **TA** 70-71
Chestnut-sided warbler (*Dendroica pennsylvanica*), **FOR** 114, 153
Chevrotain, African or water (mouse deer; *Hyemoschus aquaticus*), **AFR** 38
Chevrotain, or mouse deer (*Tragulus kanchil*), **TA** 61
Chiasmodon (fish, *Chiasmodon*): **FSH** 13
Chiasmodon. See Chiasmodon
Chiasmodon niger. See Black swallower
Chick pea (*Cicer arietinum*), **EUR** 158
Chickadee (bird; *Parus*), **B** 38, 123
Chicken, bantam (*Gallus gallus*), **EV** 84-85
Chicken, domestic (*Gallus gallus*), ancestor of, **B** 165
Chicken, prairie (fowl; *Tympanuchus cupido*), **B** 125, 170, **NA** 125, 126
Chicken, or rat, snake (*Elaphe*), **REP** 14
Chihuahua (*Canis familiaris*), **EV** 86
Chihuahuan Desert, **DES** 12, 70
Children's python (*Liasis childreni*), **AUS** 136
Chile, **POL** 170; Aconcagua Mountain of, **SA** 12; andean deer of, **SA** 85; antarctic territorial claim of, **POL** map 171; Atacama Desert of, **SA** 12, 22; canines of (*Dusicyon fulvipes*), **SA** 81; and continental slope, **S** 57; forest in, **SA** 29; signator of international treaty on Antarctica, **POL** 170; tsunami (tidal wave) from, **S** 92
Chili pepper (plant; *Capiscum frutescens longum*), **TA** 184-185
Chilodus punctatus. See Spotted headstander
Chilomycterus schoepfi. See Boxfish
Chilopoda. See Centipede
Chimaerae. See Ratfish
Chimango (bird; *Milvago chimango*), **B** 143
Chimarrogale himalayica. See Himalayan water shrew
Chimborazo, Mount, **E** 87, **MT** 186, diagram 178
Chimney swift (bird; *Chaetura pelagica*), **B** 141

Chimpanzee (*Pan troglodytes*), **AFR** 14, 17, **EM** 36, **EV** 16, 130, 140-141, **PRM** 66-70; adaptations to captivity, **PRM** 156; and alcoholism, **PRM** 164-165; as artists, **PRM** 155-156, 170-171; behavior development in, **AB** 127-128; body structure of, **PRM** 11; brain of, **EM** 81, 83; care of young of, **EV** 140, **MAM** 102; classification of, **MAM** 18, 21; communication among, **AB** 156, **PRM** 150-151; compared to man, **EV** 140-141; "Congo," **PRM** 155, 170-171; defense mechanisms and tactics of, **EV** 141; discrimination of, **PRM** 150, 151; division of labor among, **AB** 152; eating habits of, **EV** 140-141, **PRM** 153, 154-155, 180; exhibitionism in, **PRM** 68; experiments with, **PRM** 132, 150, 151, 174, 175, 184; facial expressions of, **MAM** 179, **PRM** 150; gestation period of, **MAM** chart 145; grasping ability of, **PRM** 11; grooming of, **PRM** 107; group behavior of, **PRM** 110, 154-155; habitat of, **PRM** 62; "Ham," astronaut, **PRM** 172; hip blade of, **EM** 61; instinctive behavior in, **AB** 127; intelligence of, **MAM** 172; and language, **PRM** 184; learning ability of, **MAM** 180-183, **PRM** 174, 184; locomotion of, **PRM** 71; man and, **MAM** 166; nests of, **PRM** 64; origin of, **EV** 116; paintings by, **PRM** 170, 171; physical characteristics of, **PRM** 11, 182, 183, 184; "Pierre Brassau," **PRM** 170, 171; problem solving by **MAM** 182-183; protective tactics of, **PRM** 153; "rain dance" of, **PRM** 68; reactions to strangers, **PRM** 131-133; sex differences of, **PRM** 38; shelters of, **MAM** 124; social life of, **EV** 140-141, **PRM** 107; and space experiments, **PRM** 172, 173; teeth of, **EM** 34-35; temperament of, **PRM** 156, 182-183; testing of, **PRM** 164, 165; and tools, **EM** 51, **PRM** 153, 180; use of weapons by, **EV** 141
China, **DES** 12, 20, 32, **FOR** 43-44, 71; astronomy in, **UNV** 12, 22; fishing industry of, **FSH** 170, 177; fossils of, **PRM** 181; grain field, **EUR** 181; mountains of, **MT** 11; original forest, **EUR** 108; overpopulation in, **E** 107; terraced farming in, **MT** 130
China aster (*Calistephus chinensis*), **PLT** 123
Chinch bug (*Blissus leucopterus*), **PLT** 176
Chinchilla (rodent; *Chinchilla laniger*), **SA** 12, 57
Chinchilla laniger. See Chinchilla
Chinese alligator (*Alligator sinensis*), **REP** 16
Chinese hibiscus, or Rose of China (*Hibiscus rosa-sinensis*), **PLT** 134
Chinese lion dog (*Canis familiaris*), **EV** 86
Chinese monal (bird; *Lophophorus lhuysii*), **EUR** 38
Chinese mountain mythology, **MT** 138
Chinese shield (geological formation), **EUR** 10, map 11
Chinese snakehead (fish; *Ophicephalus*), **FSH** 37
Chinese traders, early, in tropical Asia, **TA** 13-14
Chinese water deer (*Hydropotes inermis*), **MAM** 98
Ching Hai (lake), **S** 184
Chinook, or king, salmon (*Oncorhynchus tshawytscha*), **FSH** 155, 157, 160-161; transplanting of, **S** 173
Chinook Trough, **S** map 68
Chionaspis pinifoliae. See Pine leaf scale
Chipmunk (rodent; *Eutamias*),

NA 160-161
Chipmunk, Siberian (*Eutamias sibiricus*), **EUR** 134
Chipping sparrow (*Spizella passerina*), **B** 121
Chiricahua National Monument, Arizona, **DES** chart 169, **NA** 194
Chironectes minimus. See Water opossum
Chiroptera. See Bat
Chiru, or Tibetan antelope (*Pantholops hodgsoni*), **EUR** 39, 55
Chital, or axis, deer (*Axis axis*), **EUR** 189, **MAM** 102
Chitin (exoskeletal substance), **INS** 13
Chiuromys. See Papuan arboreal mouse
Chlamydera lauterbachi. See Lauterbach's bowerbird
Chlamydera maculata. See Spotted bowerbird
Chlamydera nuchalis. See Great gray bowerbird
Chlamydosaurus kingi. See Frill-neck lizard
Chlamydoselachus. See Frilled shark
Chlamydospermae (class of plant division Coniferophyta), **PLT** 185
Chlamyphorus truncatus. See Fairy armadillo
Chloeronycteris mexicana. See Long-tongued bat
Chloromonadophyceae (class of plant division Chrysophyta), **PLT** 184
Choeronycteris mexicana. See Nectar eater bat
Chlorophyceae (class of plant division Chlorophyta), **PLT** 183
Chlorophyll, **FOR** 16, 26-27, 97, 98, 99, 103, 146; autumnal disappearance of, **PLT** 59, 70; function of, **PLT** 13; molecules of, **PLT** 65; pigmentation by, **PLT** 58, 66; role in photosynthesis, **PLT** 60, 63, 64
Chlorophyll pigments, **PLT** 66
Chlorophyta (division of plant sub-kingdom Thallophyta), **PLT** 183; in Cambrian period, **PLT** 18-19
Chloropidae. See Fruit fly
Chloroplasts, **FOR** 40, 99, **PLT** 45, 54, 64-65; grana of, **PLT** 65; function of, **PLT** 41
Chnitnikov, V. N., **EUR** 82
Cho Oyu (mountain peak), **MT** 186, diagram 179
Chocolate cichlid (fish; *Cichlasoma coryphaenoides*), **SA** 189
Chodrenchelys (fish), **FSH** chart 68
Choeropsis liberiensis. See Pygmy hippopotamus
Choeropus ecaudatus. See Pig-footed bandicoot
Cholera, annual deaths from, **EC** 180
Cholesterol, **EM** 174-175
Cholla cactus (plant; *Opuntia*), **DES** 55, 75, 84, 122, 123
Choloepus didactylus. See Two-toed sloth
Chondrichthyes (class of fishes), **FSH** 62, 63, chart 68-69
Chondrites (meteorites), **E** 16
Chondrosteans (fishes), **FSH** 65, chart 68-69
Chondrus crispus. See Irish moss
Chopping tools, **EM** 102, 103, 110, 114, 118, 119
Chordata (animal phylum): fish and aquatic mammals, **FSH** 60, **S** 27-29, chart 15
Chordates (group of animals), **E** 134, 135, 136
Chordeiles. See Nighthawk
Chorinea faunus (metalmark butterfly), **SA** 171
Chough, alpine. See Alpine chough
Choukoutien cave, **EM** 76, 78-79, **EV** 132-135, 159
Chow (dog; *Canis familiaris*), **EV** 86
Christmas bell (flower; *Blandfordia*

punicca), **AUS** 55
Christmas Island, **S** map 68
Chromatography, types of, **PLT** 56-57
Chromatophores (of fish): **FSH** 42
Chromoplasts, carotene, **PLT** 45
Chromosome, **E** 154, 156, **EV** diagrams 92-93, **PLT** 45; in cell division, **PLT** 48-49; composition of, **EV** 94, 102; of fruit fly, **EV** 101; of man, **EV** 88, 94, 98; and meiosis, **EV** 98, 99, 105; and mitosis, **EV** 97, 106, diagrams 92-93, **PLT** 37; as sex determiners, **EV** 88, 105. See also Heredity, genetics
Chromosphere of sun, **UNV** 89, 92, 96-97
Chrysalidocarpus lutescens. See Branched palm
Chrysalis (growth stage), **INS** 15-16, 57, 58
Chrysemys picta belli. See Western painted turtle
Chrysocyon brachyurus. See Maned wolf
Chrysolophus pictus. See Golden pheasant
Chrysomma sinensis. See Yellow-eyed babbler
Chrysopa. See Lacewing
Chrysopelea ornata. See "Flying" snake
Chrysophyceae (class of plant division Chrysophyta), **PLT** 184
Chrysophyta (division of plant subkingdom Thallophyta), **PLT** 184
Chrysopidae. See Lacewing
Chrysops. See Deer fly
Chrysothamnus puberulus. See Rabbit brush
Chrysotile (asbestos), **E** 100
Chub, Bermuda (fish; *Kyphosus sectatrix*), **FSH** 166-167
Chuckwalla (lizard; *Sauromalus obesus*), **DES** 72, 80-81, **NA** 54, **REP** 90-91
Chukchi (nomadic tribe), **EUR** 132, **POL** 130
Chukchi Peninsula, Siberia, **POL** 133
Chukchi Sea, **POL** 17
Chum salmon (*Oncorhynchus keta*), **FSH** 155, 162
Churchill, Winston, **EUR** 64
Churchill River, **S** 184
Cíbola, Seven Cities of, **NA** 51, 56, 57
Cicada. See Cicada
Cicada, double-drummer (insect; *Thopha saccata*), **AUS** 138
Cicada, or locust (insect; *Cicada*), **AFR** 117, **FSH** 15, 16, 23, 141, **INS** 16, **TA** 60, 124, 127; feeding tools of, **INS** 41; hearing organ of, **INS** 36; nymphs of, **INS** 7; seventeen-year, **INS** 74-75; sound production of, **INS** 37, diagram 39
Cicada, periodical. See Periodical cicada
Cicadae. See Dayak clock
Cicada-killer wasp (*Exeirus lateritius*), **INS** 52-53
Cicadellidae. See Leafhopper
Cicer arietinum. See Chick pea
Cichla ocellaris. See Tucunaré
Cichla temensis. See Tucunaré
Cichlasoma coryphaenoides. See Chocolate cichlid
Cichlid, chocolate (fish; *Cichlasoma coryphaenoides*), **SA** 189
Cichlid fishes (Cichlidae), **AB** 152, **AFR** 12, 34, 51, 156, **SA** 179, 181, 189; behavior of, **AB** 156-157, 163; as mouthbreeders, **FSH** 103
Cichlidae. See Cichlid fishes
Cicindela repanda. See Tiger beetle
Cicinnurus regius. See Little king
Ciconiidae. See Stork
Ciconiiformes (order of birds), **B** 19, 20
Cimicidae. See Bed bug
Cinchona. See Quinine
Cinclus. See Water ouzel
Cinder, **MT** 54, 58
Cinder cones, **MT** 52, 58-59, 68
Cinnamic acid, **PLT** 140

133

EC Ecology; EM Early Man; EUR Eurasia; EV Evolution; FOR Forest; FSH Fishes; PRM Primates; REP Reptiles; S Sea; SA South America; TA Tropical Asia; UNV Universe

INDEX (CONTINUED)

Cinnamomum camphora. See Camphor
Cinnamomum zeylanicum. See Cinnamon
Cinnamon (Cinnamomum zeylanicum), PLT 174
Cinquefoil (plant; Potentilla gracilis), AB 37, EUR 51, PLT 30
Cionia intestinalis. See Sea vase
Circaetus cinereus. See Brown harrier eagle
Circulatory system; of alligator, REP 18-19; of crocodilians, REP 16, 18-19; of fish, FSH 36, 46-47; of plants, PLT 39; of sharks, FSH chart 86. See also Respiration; Transpiration
Circumcision of aborigine boys, AUS 188
Circumpolar plants, POL 108
Cirque (glacial segment), MT 14, 24
Cirripedia. See Barnacles
Cirrostratus clouds, E 61, 70, 71
Cirrus clouds, E 61, 66, 70, 71
Cirsium. See Wavy thistle
Cisco, or lake herring (Coregonus artedii), FSH 157, POL 106
Cistus (plant; Cistus), EUR 59, 68
Cistus. See Cistus; White cistus (plant; Cistus), EUR 68
Citallus pygmaeus. See Ground squirrel
Citellus. See Ground squirrel
Citellus columbianus. See Columbian ground squirrel
Citlaltepetl, or Orizaba (mountain peak), MT 186, diagram 178
Citric acid, PLT 14, 56
Citron (Citrus medica), PLT 187
Citrullus vulgaris. See Watermelon
Citrus (tree; Citrus), DES 171, PLT 186
Citrus. See Citrus
Citrus aurantium. See Orange tree
Citrus medica. See Citron
Civet, African (Civettictis civetta), AFR 87, 114, 116, 123
Civettictis civetta. See African civet
Civil War, FOR 172
Civilian Conservation Corps, FOR 173
Civilization, as distinguished from culture, POL 130
Cladoselache (fish), FSH chart 68
Clam (Mollusca), EC 102, S 14, 23, chart 15; emergence of, S chart 39, 41; and facing danger, S 108; transplanting of, S 173
Clam, razor (Ensis directus), shell of, S 24
Clamworm (Nereis), EC 80
Clangula hyemalis. See Old squaw duck
Clarias. See Indian catfish
Clarias batrachus. See Fresh-water catfish
Clariid catfish (Clariidae), AFR 36
Clariidae. See Clariid catfish
Clarion Fracture Zone, S map 69
Clark, Eugenie, AB 30-31
Clark, Galen, NA 186
Clark, J. Desmond, EM 103, 121
Clark, Wilfrid E. Le Gros, EM 25, EV 135, 148-149
Clark, William, NA 118, 145-151, map 27
Clarke, C.H.D., MAM 125
Clarke, George L., S 111
Clathria delicata (marine plant), S 26
Claude, Georges, S 171
Clavaria fusiformis. See Coral mushroom
Clawed frog, African (Xenopus laevis), AFR 12; "laterial buds" of, AB 43
Clawless otter (Aonyx capensis), AFR 38, 43
Clay, arctic, POL table 155
Claytonia virginica. See Spring beauty
Cleaner-client relationships among fishes, FSH 124-126, 140-141
Cleaning habits of bats, EV 59
Cleaning shrimp (Natantia), FSH 124
Clear, Alaska, POL 153, 166
Cleavers, stone, EM 100, 106, 116, 120-121
Clematis (Clematis), PLT 34
Clematis. See Clematis
Clemmys guttata. See Spotted turtle
Clepsydra (water clock), UNV 14
Clianthus speciosus. See Sturt pea
Click, or skipjack, beetle (Elateridae), INS 104, 105, SA 157, TA 126
Cliff swallow (bird; Petrochelidon pyrrhonota), B 140, 162, 171
Cliffs: of the Great Australian Bight, AUS 20-21; Mediterranean, EUR 42; oceanic, S 56, 57, 67
Climate: and adaptation, POL 77-78, 82; and Andes, SA chart 10-11; and animals, EC 127-128, TA 32-38; of Antarctica, POL 14, 18, 77; of Arctic, POL 14-15, 152; of Asia, EUR 11-16, 82; of Australasia, AUS 10, 14; of Australia, AUS 11, 12, 13, 15, 20, map 18-19; and biomes, EC 14; and birds, AUS 150, 151-152; in Carboniferous period, FOR 42, 43; in Cenozoic era, FOR 45-46; changes in, E 162-164, EUR 11-16, chart 12, FOR 174, MAM 167, POL 152, 170-171, maps 175; control of, PLT 127-128, 129-137; in Cretaceous period, EUR 13; in Devonian period, EUR 11; in Eocene epoch, EUR 14; and evolution, EUR 11-16; and forest zones, PLT 125-127; and gardening, PLT 123-124; in Himalayas, EUR 50-51; in interglacial periods, EUR 16; and life cycles, TA 32-33; local, EC 16; man-made, PLT 127-128; in Mediterranean region, EUR 58-59, diagram 41; in Mesozoic era, EUR 12-13; of Mexico, DES 13, 28; in Miocene epoch, EUR 14; and mountains, FOR 60, 77; MT 13, 81, 82, 130-131, TA 36-38; of North America, NA maps, 104-105; and oceans, S 11, 43, 75, 76, 77, 171; in Oligocene epoch, EUR 14; and plants, PLT 105, 121-137, TA 32-38; in Pleistocene epoch, MAM 40-41; in Pliocene epoch, EUR 15; polar, POL 11, 16, 18; in rain forests, FOR 59, TA 54-55; and reptiles, REP 9-10, 79, 84, 172, 178; of South America, SA 20-29; of Tibetan steppe, EUR 38; and trees, FOR 65, 66, 79; tropical, FOR 108; in Tropical Asia, TA 32-38; of United States, FOR 60-61; vertical range of, SA 12; world, PLT map 131, POL 9, 14, maps 175
Climatius (extinct fish), FSH chart 68
Climatron (greenhouse), St. Louis, PLT 128, 129-137
Climax, ecological, EC 43-44
Climax communities, ecological, AFR 177
Climax forest, FOR 10, 152, 154-155, 172, chart 153; of Japan, EUR 108
Climber, woody. See Woody climber
Climbing experiments with rats, AB 140-141
Climbing of insects on smooth surfaces, INS 41
Climbing palm (plant; Calmus), TA 63. Jacitára (Desmoncus macroanthus), SA 12
Climbing, or walking, perch (fish; Anabas testudineus), TA 81-82; breathing of, FSH 39; travel of, FSH 37-38
Climbing techniques of mammals, MAM 59-60
Clingfish (Gobiesocidae), FSH 139
Clipperton Fracture Zone, S map 69
Clipperton Ridge, S map 69
Cloaca (waste chamber): and monotreme reproduction, AUS 63; of reptiles, REP 19, 107, 126; of sharks, FSH 86
Clock, Dayak (insect; Cicadae), TA 127
Clocks: astronomical, UNV 24, 25; clepsydra, UNV 14; development of, UNV 14
Clothing, DES 128, 129, 131, 160; Eskimo, POL 128, 130, 134-135, 139, 174; polar explorer's, POL 135, 174; Lapp, POL 130, 132, 144, 148; Tuareg, DES 126, 134, 137, 138-139
Cloud forests: of Africa, AFR 136-142; of Andes, SA 10-11; birds in, SA 105-107
Clouds, DES 14-15, 28, 35; formation of, E 64; kinds of, E 66, 70-71; noctilucent, E 66, 67; and warm and cold fronts, E 58, 59, 61
Clove (tree; Eugenia caryophyllata), PLT 186
Clover (Trifolium), EC 110, PLT 140
Clovis, EUR 174
Clown sea slug (mollusk, Triopha carpenteri), S 22, 23
Club mosses (Lycopodiae), FOR 40, 41, 42, 43, 50-53, PLT 19, 25, 185, TA 38; of Carboniferous period, EUR 12; early forms of, PLT 14-15
Clupea (fish; Clupea), FSH chart, 69
Clupea. See Clupea
Clupeidae. See Herring
Clusters of stars: galactic (or disk), UNV 131, 134; globular, UNV 110, 121, 135
Cnemidophorus. See Six-lined race-runner
Coachella Valley, DES 114, 120
Coachwhip (snake; Coluber flagellum), REP 15
Coal, FOR 42-43, 52-53, PLT 14-15; in antarctic, POL 170; in arctic, POL 152, table 155; energy stored in, PLT 60; formation of, E 93; mining of, E 92-93; peacock, E 100
Coal seam, E diagram 85
Coast Ranges (mountains), MT 12, 166; of North America, NA 147, 153-154
Costal manatee (sea mammal; Tritechus manatus), NA 32, SA 146, 193
Coati, or coatimundi (mammal; Nasua), SA 78-80; classification of, MAM 17; footprints of, MAM 187
Coatimundi. See Coati
Cobalt: in arctic, POL 152; in sea, S 13
Cobb Bank (North Pacific), S map 69
Cobra, black-necked (Naja nigricollis), REP 70-71
Cobra, king (Ophiophagus hannah), REP 15, 69, chart 74-75
Cobra, royal (Naja haje), REP 151
Cobra, spectacled (Naja naja), MAM 118-119, REP 60, 68
Cobras (Elapidae): charming of, REP 150; death caused by, REP 69, 153; and evolution, AUS 135, REP 152; in Hindu mythology, REP 148; spitting of, REP 59-60, 70-71; venom of, REP 15, 73; warning hoods of, REP 61.
Cobra, spitting, REP 59-60, 70-71
REP 59-60, 70-71
Coccidae. See Florida red scale
Coccinellidae. See Ladybird beetle
Coccyzus americanus. See Yellow-billed cuckoo
Coccyzus erythropthalmus. See Black-billed cuckoo
Cockatoo, common white. See Little corella
Cockatoo, galah (Cacatua roseicapilla), AUS 157
Cockatoo, yellow-tailed. See Yellow-tailed cockatoo
Cocker spaniel (Canis familiaris), EV 86, MAM 186
Cockerel, Cornish (fowl; Gallus gallus), EV 84, 85
Cockle, sticky (plant; Silene noctiflora), EC 114-115
Cocklebur (plant; Xanthium) PLT 118
Cock-of-the-rock (bird; Rupicola rupicola), B 125, SA 107, 110
Cockroach (insect; Cryptocercus), INS 84, SA 163
Cockroach, German (insect; Blatella germanica), PLT 176
Cockroach, Oriental (insect; Blatta orientalis), INS 41
Coco de mer, or double coconut (Lodoicea maldivica), AFR 156
Cocoa (Erythroxylaceae), FOR 118
Coconut, double. See Coco de mer
Coconut palm (tree; Cocos nucifera), PLT 79, 96, 187, TA 186-187
Cocoon, INS 25, 58; of cecropia moth, INS 64
Cocos Islands, EV 30
Cocos nucifera. See Coconut palm
Cocos Ridge, S map 69
Cod, Baikal (Comephorus baicalensis), EUR 138
Codfish, Atlantic (Gadus callarius), S 104, 119
Codling moth (Carpocapsa pomonella), PLT 177
Cody, Buffalo Bill, EC 159
Coelacanth (fish; Latimeria chalumnae), AFR 12, FSH 64-65, 66, chart 68-69; in Cretaceous period, FSH 64; in Jurassic period, FSH 65; markings of, FSH 74-75; size of, FSH 64
Coelenterata. See Anemone; Coral
Coelodonta. See Woolly rhinoceros
Coelophysis (extinct reptile), REP chart 44-45
Coenopterids (plants), FOR chart 48
Coffea arabica. See Coffee
Coffee (Coffea arabica): classification of, PLT 187; diffusion of, PLT map 162; native habitat of, PLT 162
Colander, sea (plant; Phyllaria dermatodea), S 24
Colaptes. See Flicker (bird)
Colaptes chrysoides. See Gilded flicker
Colbert, E. H., EV 111, 112, 115
Cold front, E 61-62, diagram 58
Cold Spring Harbor Biological Laboratory, EV 94
Cold War: in arctic, POL 166-167
Cold-bloodedness: of amphibians, SA 125-126; of fishes, FSH 36; of reptiles, AUS 62-63, REP 18, 85, 90, SA 125-126
Coldest seas, FSH 14
Coleonyx variegatus. See Banded gecko
Coleoptera. See Beetle
Coleoptile (grass stem), PLT 101
Coleus (plant; Coleus), PLT 112-113
Coleus. See Coleus
Coliiformes (order of birds), B 19, 20
Colinus. See Quail
Colinus virginianus. See Bobwhite
Colius. See Mousebird
Colius leucocephalus. See White-headed mousebird
Collacalia. See Cave swiftlet
Collared lemming (rodent; Dicrostonyx hudsonius), POL 104, 109
Collared lizard, western. See Western collared lizard
Collared peccary, or javelina (wild pig; Tayassu tajacu), DES 92, 98, NA 55, 56, SA 85; footprints of, MAM 187
Collective security among fishes, FSH 127-130
Collembola (order of insects), TA 123
Collenchyma (plant cell), PLT 39
Collias, Nicholas, B 122
Collie (Canis familiaris), EV 86
Collins, W. B., AFR 114
Collymongle (Australian town), aboriginal meaning of, AUS 15
Colobidae (family of monkeys), AFR 116
Colobopsis truncata. See Janitor ant
Colobus (monkey; Colobus), AFR 114, 116, PRM 54; eating

134

AB Animal Behavior; AFR Africa; AUS Australia; B Birds; DES Desert; E Earth; INS Insects; MAM Mammals; MT Mountains; NA North America; PLT Plants; POL Poles;

habits of, PRM 37, 131; habitat of, PRM 54, 130, map 44-45; predators of, PRM 154-155; protective tactics of, PRM 37; temperament of, PRM 37; territorial limits of, PRM diagram 131
Colobus. See Colobus
Colobus, black-and-white (monkey; *Colobus polykomos*), AFR 114, 116
Colobus, olive (monkey; *Colobus verus*), AFR 114
Colobus, red (monkey; *Colobus badius*), AFR 114
Colobus badius. See Red colobus
Colobus polykomos. See Black-and-white colobus
Colobus verus. See Olive colobus
Colombia: forests of, SA 9; matamata turtles of, REP 11, 56-57, 122-123; "weeping woods" of, SA 11
Colombia Abyssal Plain (underwater), S map 64
Colombian catfish *(Arges marimoratus)*, climbing ability of, SA 181
Color and coloration: of birds, AB 155, B 52, 54, 60, 120, 121, 136, EC 124; of birds' eggs, B 143, 155; experiments with, AB 37-38, 61-64, 78-79; of desert animals, DES 76, 77; of fishes, AB 70, 71, 163, FSH 10-11, 24, 25, 26-27, 41-43, 48-49, 125, S 111; of human skin, EV chart 164; of insects, AB 131, DES 115, INS 105-108, 110-111, 112-113, 114; of mammals, MAM 101-103, 170; of plants, DES 60, EC 125, INS 36, MT 103, PLT 12-13, 58-59, 63-71; as protective device, AB 131, 155, 170, 175, EC 123-124, FSH 48-49, INS 105-108, 110-111, 112-113, 114, MAM 71, 101-103, 116-117, 170, REP 24, 25, 86, 88, 92-93; of reptiles, AB 155, REP 24, 25, 58 60, 61, 62, 86, 88, 92-93, 127, 137; as secondary sex characteristics, MAM 142-143; as social signals, AB 155, 163; of stars, UNV 51, 126-127, 131; as warning device, MAM 102-103, 170, REP 60, 61, 88. *See also* Pigmentation; Protective coloration; Vision
Colorado, FOR 114-115, 164; Big Thompson project, DES 167; desert area in, PLT 90; physical characteristics, E 117, diagram 115, MT 83-86, 92-93, 104-105, NA 58
Colorado National Monument, E 186, 187
Colorado Plateau, E 117, diagram 115, NA 58
Colorado potato beetle *(Laptinotarsa decamlineata)*, PLT 176
Colorado River, DES 31, 38-39, 101, 102, 171, MT 38, NA 57, 58; erosion by, E 8, 107-108, 115, 117, 121; Grand Canyon of, DES 32, 172; Lake Mead delta of, DES 48; length and location, S 184
Colorado Rockies, vegetation of, MT 83-86, 90, 92-93, 104-105
Colorado, University of, MT 84, 86, 89
Color-brightness graphs of stars, UNV 113-114, 118-121, 132
Colter, John, NA 150
Coluber. See Whip snake
Coluber constrictor. See Black racer
Coluber flagellum. See Coachwhip
Coluber flagellum piceus. See Red racer
Colubridae. *See* Colubrids
Colubrids (snakes; Colubridae), SA 126, 127, 143, TA 57; of Africa, AFR 12; evolution of, AUS 135
Colugo, or flying lemur *(Cynocephalus)*, MAM 16, 21, TA 68-69
Columba (constellation), UNV map 11
Columba livia. See specific pigeons
Columbia Basin project, DES 167
Columbia lava field, MT 59
Columbia Plateau, E 136
Columbia River, S 184
Columbian ground squirrel *(Citellus colombianus)*, EC 154
Columbian mammoth *(Parelephas columbi)*, EC 150
Columbidae. *See* Dove
Columbiformes (order of birds), B 18, 20, 26
Columbine (plant; *Aquilegia*), DES 60, PLT 32
Columbus, Christopher, E 11, NA 18, 29-30, 130, POL 33, 51, S 12, 182
Column chromatography, PLT 56
Coly, or mousebird *(Colius)*, AFR 13, B 16, 19, 20
Coma (galactic cluster), UNV 134
Coma Berenices (constellation), UNV 134, 135, map 10
Comas Sola (comet), UNV 70
Comb jellies (marine life; Ctenophora), S 106
"Combat" dancing of rat snakes, REP 129, 130
Combe Grenal, France, EM 136, 137, diagrams, 138-139
Combs: of bumble bee, INS 79; of honey bee, INS 76, 77-78, 127; of hornet, INS 95; of wasp, INS 79-80, 94
Comephorus baicalensis. See Baikal cod
Comets, UNV 69-70, 82-83; and meteor showers, E 16; birth of, UNV 93; periodic, UNV 70; orbits of, UNV 72
Commensalism, EC 102, 113; of birds, B 58, 74-75; of marine animals, EC 101, 102-103, 112, FSH 122-123. *See also* Symbiosis
Commerce, development of in tropical Asia, TA 13-14, 173-174
Commercial fishing: and predatory fish, FSH 13; and sonar, S 177; and use of airplanes, S 177
Commiphora. See Myrrh
Common bottle brush (flower; *Callistemon speciosus*), AUS 53
Common carp (fish; *Cyprinus carpio*), FSH 12
Common coucal, or bubut (bird; *Centropus sinensis*), TA 173
Common crab spider *(Misumena vatia)*, FOR 89
Common crane (bird; *Grus grus*), AFR 34, B 11, 15, 16, 61, 99, 148, 169
Common crossbill (bird; *Loxia curvirostra*), B 60, 87, EUR 135
Common crow *(Corvus brachyrhynchos)*, AB 153, B 16, 31, 64, FOR 118, TA 33; egg of, B 155; learned orientation of, AB 114; mating behavior of, AB 176; predatory habits of, AB 13; sounds of, B 123; speed of, MAM chart 73
Common dogfish. *See* European dogfish
Common, or great white, egret (bird; *Egretta alba*), AB 84, AFR 41, B 130-131; FOR 76; feeding techniques of, EC 42; hunting techniques of, AB 180-181
Common eider duck *(Somateria mollissima)*, B 61, 162, POL 109; ducklings of, AB 127
Common eland (antelope; *Taurotragus oryx*), AFR 26, 68, 76, 141, 172
Common European limpet (mollusk; *Patella vulgata*), AB 123, EC 48
Common European swift (bird; *Apus apus*), B 100, 107
Common European viper *(Vipera berus)*, REP 126
Common fig *(Ficus carica)*, DES 165, FOR 108, 110
Common garden ant. *See* Dairy ant
Common heel fly *(Hypoderma lineata)*, PLT 177
Common iguana *(Iguana iguana)*, REP 12, 54, 112, 131, 153-154
Common kingfisher (bird; *Alcedo atthis*), EUR 122
Common mud turtle *(Kinosternon)*, REP 108
Common murre (bird; *Uria aalge*) B 61; learning ability of, AB 135
Common nurse shark *(Ginglyostoma cirratum)*, AB 31
Common opossum *(Didelphis marsupialis)*, SA 51, 52
Common roller, or European roller (bird; *Coracias garrulus*), B 16, 20
Common spiny, or European, dogfish *(Squalus acanthias)*, FSH 103
Common starfish *(Asterias forbesi)*, S 24
Common starling (bird; *Sturnus vulgaris*), B 30-31, 85, 102, 123, EC 166
Common stickseed (plant; *Lappula*), PLT 118
Common stock (flower; *Matthiola incana*), PLT 124, table 123
Common sucker (fish; Catostomidae), FSH 39
Common triggerfish *(Balistes carolinensis)*, FSH 37, chart 69
Common wheat (grass plant; *Triticum aestivum*), EC 167
Common white cockatoo. *See* Little corella
Common wolf fish *(Anarhichas lupus)*, FSH 13
Commonwealth Serum Laboratories, Australia, AUS 136
Communication: of amphibians, AB 154-155, 159; and behavior, AB 153-154, 156; of birds, AB 42, 154-156, 177, 182-183, B 119-126, 127-135, EC 56-57, SA 121; breakdown in, AB 169; chemical, AB 154; by coloration, AB 155, 163; by contact, AB 154, PRM 90-92; dances, INS 132, diagram 130-131; development of speech, EV 149, 159; emotional, AB 157; of fishes, AB 164-165, FSH 43, 127, 128, 139, S 110, 128, 150; functions of, B 122; of insects, AB 131, 155, INS 37, 170; of mammals, AB 42, 160-161, 165, PRM 134; of man, PRM 182-183, 186; origin of man's, EV 149; possibility of with other planets, E 181, UNV 136; and posturing, AB 162-163; of prehistoric man, EV 159, PRM 181; of primates, AB 156, PRM 10, 51, 62, 66, 67, 88, 116, 118, 119, 131, 132-133, 134, 150, 151, chart 93; and sense organs, AB 177; social signals, AB 155, 162-163; by sound, INS 170; by spoken word, PRM 185; by trophallaxis, INS 163, 178-179; underwater, AB 164-165
Communism, Mount, MT diagram 179
Communities: biotic, EC 15; climax, EC 44; conservation of, EC 141; diversification of, EC 167; marsh, EC 106-109; mature, EC 43; succession of, EC 43; types of, EC 43. *See also* Commensalism; Symbiosis
Community living, EC 35-44; and aggression, EM 173-175; of amphibians, REP 84, 86, 87; of apes, AB 152, EV 45, 137-143, PRM 40, 42, 94, 107, 110, 111, 113, 116, 118, 119, 121, 122, 123, 124-125, 129-130, 133-134, 144, 145, 146, 181-182; and behavior, AB 151-152; of birds, AB 42, 150, B 83-84, 85, 89, 92-95, 138, 141-142, EC 42, 144, 145, SA 104; competition, EC 42, 105, 126; cooperation, EC 100, 112-113, EM 92-93, MAM 12, 79, 104, 106-111, 149, 171-172; discipline, PRM 108-109, 124-125; feeding flock associations, TA 59; of fishes, FSH 12, 32-33, 127-130, 160, 165; hunting societies, EM 149, 172; of insects, AB 10, 152, 158, EC 145, INS 10, 26, 78-79, 80, 82, 83-84, 86, 115, 132, 162, 163, 168, 169, 171, 173, 174, MAM 147, REP 84, 86, 87, TA 123; leadership, PRM 10, 88, 105-112, 116-119, 132, 133; of mammals, AUS 105, 121, EC 118-119, 148, 157, EUR 42, MAM 12, 27, 104, 147-150, POL 130, 131-132, 144, 146-149, 156-157, REP 87, S 167, SA 40; of man, EM 177-191, EV 45, 137-143, MAM 170-172, POL 135, PRM 182, 185, 186; of monkeys, EC 145, EV 45, PRM 9-10, 25, 41, 42, 49, 88, 92, 94, 95-103, 105-111, 112, 114, 132, 133, 135, 136, 167, 168, 181-182, 186, SA 36, 38, 39; "peck order" in, MAM 148; of plants, PLT 139-157; of prehistoric man, EM 92-93, 151-152, 156-157, EV 169; and range limits, PRM 130-131; of reptiles, REP 84, 86, 87; social grouping, AB 157-158, EM 92-93, MAM 144-150, PRM 109, 114; and status, PRM 42, 88, 106-107, 110-111, 118, 119, 121, 123, 124, 136, 142; and stress, EM 172-173; and survival, AB 152-153, SA 101; urbanization, effects of, EC 166
Competition, EC 105; among birds, EC 42; in rain forests, EC 126
Comte, Auguste, UNV 36
Concentric rings of trees, PLT 104-105
Concertina movement of snakes, REP 84
Conditioned reflex, AB 11, 36
Conditioning: of rats, AB 24-25; of sharks, AB 30
Condor (Cathartidae), B 40, 142, NA 154, 180, SA 104
Condor, Andean (bird; *Vultur gryphus*), MT 114, SA 105
Condor, California. *See* California condor
Condylarthra (order of ungulates), SA 14
Condylura. See Star-nosed moles
Cone bush, rose *(Isopogon roseus)*, AUS 53
Conepatus. See Skunk
Cones, of trees, FOR 79, 106, 178, 179; pine, PLT 15; and seeds, FOR 42, 43, 157; PLT 14
Cones, volcanic. *See* Volcanic cones
Configurational stimuli, AB 111
"Conflict behavior," AB 91-92
"Congo" (experimental chimpanzee), PRM 155, 170-171
Congo, FOR 61, 121, 128; forest of, AFR 111; former Belgian, PRM 63; game sanctuary in, AFR 175; physical characteristics, S map 67
Congo Canyon, S map 67
Congo Fans (deltas), S map 67
Congo forest, AFR 111
Congo, or African, peacock *(Afropavo congensis)*, AFR 119
Congo Republic, game sanctuary in, AFR 175
Congo River, AFR 45, 51; fishing from, FSH 168; length and location, S 184
Congoid race: migrations of, EC map 11
Conical tubes (ommatidia), AB 38
Conifer, broad-leafed (yellowwood; *Podocarpus*), AFR 136
Coniferae (class of plant division Coniferophyta), PLT 185
Coniferous, or boreal, forest, EUR 52, 53, 130, 168-169, NA 15, 103, 174-175; belts, EUR map 18-19; climatic zones, EC 22-23; drought-resistant, EUR 58; European, EUR 108; evolution, FOR 51, 54, chart 48; Himalayan, EUR 35; ice age, EUR map 14; Mediterranean region, EUR 59; Nearctic realm, EC 14; taiga, EUR 132
Coniferophyta (division of plant

EC Ecology; EM Early Man; EUR Eurasia; EV Evolution; FOR Forest; FSH Fishes;
PRM Primates; REP Reptiles; S Sea; SA South America; TA Tropical Asia; UNV Universe

INDEX (CONTINUED)

subkingdom Embryophyta), PLT 185
Coniferous forest, EUR 52-53, 130, 168-169, NA 15; boreal, 174-175; belts, EUR map 18-19; drought-resistant, EUR 58; European, EUR 108; Himalayan, EUR 35; ice age, EUR map 14; Mediterranean region, EUR 59; taiga, EUR 132
Connochaetes taurinus. See Gnu
Conotrachelos nenuphar. See Plum curculio
Connor, Mount, AUS 12
Conservation: in Africa, AFR 169-178, 179-191; of animals, EUR 86, 111, 113, 133-134, 136, 174, 177-180; in Asia, EC 150, TA 156; of birds, B 168, 171-172, 182-183, 184-185, EUR 177, 188, NA 153-154, 180; in England, EUR 177; in Eurasia, EUR 174-180, 188-189; of fish, NA 180; of forests, EUR 108, 179, NA 82; in Germany, EUR 16, 175; in India, TA 149, 150, 156; in Italy, EUR 178; in Japan, B 172, EUR 178; of mammals, EC 150, EUR 86, 111, 113, 133, 136, 177, NA 122-125, 150, S 146; Muir and, NA 152-153; in North America, NA 179-180; of plants, PLT 165; in Poland, EUR 174, 178, 179; and populations, EC 164; primate centers in United States, PRM 7, 161; of proboscis monkeys, PRM 169; of reptiles, REP 152-153, 169, 170, 173, 175-176; in Russia, EUR 179; in Scandinavia, EUR 133; in Scotland, EUR 177; and smelting, FOR 164, 172; in South America, SA 186; in Spain, EUR 178; in Sweden, EUR 178; in Switzerland, EUR 178; of trees, EUR 16; in Turkmenistan, EUR 84, 179, of turtles, REP 173-175, 183, 184-185; in the United States, NA 149-150, 188; in Wales, EUR 177
Constellations, UNV maps 10, 11, 187
Constrictor, boa. See Boa constrictor
Constrictor constrictor. See Boa constrictor
Constrictor snakes, REP 14, 39, 55-56, 61, 64-65, 131, chart 74-75
Continental crust, MT 40, 58
Continental Divide, NA 144, 146
Continental glaciers, MT 15, 16
Continental islands, AFR 152, TA 102
Continental rises, S map 65-66
Continental shelves, E 82; fishes of, FSH 19, 22-23, 149-150, 170; formation of, S chart 56-57; marine life of, S 107-108; minerals of, S 173; topography of, S maps 64-65, 66-67, 72
Continental slopes: and Andes Mountains, S 57; fishes of, FSH 19, 22-23; topography of, S 56, maps 65-66
Continental-drift theory, E 88-89, diagram 88
Continents, E 82; erosion of, S 178; formation of, E 87-90, S 39, charts 56-57, 61; invasion of, by life, MT 12; new theory on creation of, MT 61; and ocean trenches, S 61; and search for Atlantis, S 59; and the seas, S maps 64-73; support of, E 86-87; theory of westward drift of, MT 60; tidal move of, MT 36, S 91
Continuous spectrum, UNV 47
Contopus virens. See Wood peewee
Contour feathers, B 34, 53
Contraction theory of continental formation, E 89-90
Contraction waves of earthworms, AB 89
Controlled evolution. See Artificial selection
Conuropsis carolinensis. See Carolina parakeet
Convection currents, of the earth, S 60
Convection-current theory, E 88, 90, diagram 89
Convergent evolution, EC 126-127; of animals, EC 127; of apes, EV 45; in Australia, AUS 77, 82, 83, EC 127; of birds, B 13, 15, 16, 37, 59; and endemism, AFR 137-138; of mammals, EC 127, MAM 13-14, 15, 80-81; of man, EV 45, S 129; of plants, EC 126, MT 87
Cook, Captain James, AUS 116, 177, EC 57, 61, NA 27, POL 33, 52, 53, 173, S 13, 182
Cook, Frederick A., POL 37
Cook, Wells, B 84
Cook, Mount, AUS 31, MT 187, diagram 179
Cook Islands, S map 70
Cooking: origin of, EM 79, 80; stones for, EM 164
Cook's tree boa (snake; Corallus enydris), SA 143
Coolabah (tree; Eucalyptus coolabah), AUS 41
Coolidge, W. A. B., MT 171
Coon, Carleton S., EC 165, EV 147, 168, PRM 21
Cooperation: defensive, MAM 104; among human beings, MAM 171-172; in hunting, MAM 12, 106-111; and mutual aid, EC 100; between primitive groups, EM 92-93; between species, MAM 108-109; types of, EC 112-113
Coos River, Oregon, FOR 169
Coot (bird; Fulica), classification, B 15, 16, 20, 23; feet of, B 38
Coot, American (bird; Fulica americana), egg of, B 154
Coot, European (bird; Fulica atra), B 23
Copeina arnoldi. See Characin
Copepoda. See Fish lice
Copepods (marine animals; Arthropoda), NA 34; and ocean food chain, S 106
Copernica cerifera. See Brazilian wax palm
Copernican system, UNV 14-15, 28
Copernicus, Nicholas, UNV 13, 14-15, 26
Copper, DES 166, 169; in Antarctica, POL 170; in Arctic, POL 152, 153, table 153; in shark repellant, S 135; in soil, PLT 122
Copperhead (snake; Agkistrodon contortrix), FOR 29, NA 80, REP 143
Copperhead, Australian (snake; Denisonia superba), AUS 136
Coppleson, V. M., FSH 81-82, S 134
Copsychus. See Shama
Coracias garrulus. See Common roller
Coraciiformes (order of birds), B 19, 20, 29
Coragyps atratus. See New World black vulture
Coral (Coelenterata), S 19, chart 15; atolls, EV 16, 40, S chart 58; and evolution, S 39, 40, 41, 104; feeding by, S 19
Coral, brain (Lobophyllia), S 98
Coral, red (Corallium rubrum), EUR 42
Coral, soft (Alcyonaria), S 25
Coral fish, FSH 43, 44
Coral Harbour, Canada, POL 154
Coral mushroom (Clavaria fusiformis), FOR 26
Coral reefs, EC 26-27, 80, S 19, 98; animal communities of, EC 39; changes in, EC 44; of early Eurasia, EUR 11; emergence of, S 39; exploration of, S 183; food chains in, EC 36; growth of atoll, S chart 58; in Mediterranean Sea, EUR 42; migration of life to, EC 58; organisms in, EC 149
Coral Sea Basin, S map 70
Coral snakes (Micrurus), REP 15, 16, 86, SA 127-128, 143; coloration of, REP 60, 61, 62, 87-88; evolution of, AUS 135; venom of, REP 69
Corallinaceae. See Red coralline algae
Coralline algae, red (Corallinaceae), S 24
Corallium rubrum. See Red coral
Cordaites (trees): in Carboniferous period, FOR 51; evolution of, FOR chart 48
Cordilleras (mountain ranges), MT 12, map 45
Cordylus. See Girdle-tailed lizard
Cordylus cataphractus. See Armadillo lizard
Core tools, EM 105-107, 112-113, 120
Coregonidae. See Whitefish
Coregonus artedii. See Cisco
Corella, little, or common white, cockatoo. See Little corella
Cores (samples) from ocean bottom, S 59, 179
Corgi (dog; Canis familiaris), EV 86
Coriolis effect: of earth rotation, S 76, 77
Corixidae. See Water boatman
Cork oak (Quercus suber), EUR 58, 59, 68, FOR 98, 100
Corkwood (tree; Leitneria floridana): cells of, PLT 38; cellular arrangement in, PLT 40; formation of, PLT 104
Cormorant (bird; Phalocrocorax), AFR 34, B 14, 60; classification of, B 14, 20; colonies of, B 85, 95, EC 145; eggs of, B 142; feet of, B 38; flightless, B 86, EV 28, 29; and formation of guano, S 84-85
Cormorant, common (Phalacrocorax carbo), EC 42
Cormorant, double-crested (bird; Phalacrocorax auritus), eye of, B 51
Cormorant, flightless (bird; Nannopterum harrisi), EV 28, 29
Cormorant, guanay (bird; Phalacrocorax bougainvillii), B 61, 95, 167
Corn (Zea), PLT 128, 160, 161, 173; action on of auxin, PLT 103; ancestry of, PLT 160; cultivation of, NA 59-60; dependence of on man, EC 100; dwarf varieties of, PLT 102; hybridization of, PLT 160; kernel of, PLT 31; and laws of heredity, EV 74; parasites of, EC 101, 111; pollen tube in, PLT 105; stem of, PLT 47; sugar stored in, PLT 61
Corn earworm (Heliothis armigera), PLT 177
Cornell University Laboratory of Ornithology, B 120, 122
Corner Seamounts (submarine mountains), S map 64
Cornish cockerel, EV 84, 85
Cornus. See Dogwood
Cornwallis Island, Canada, POL 124-125
Corona Borealis (constellation), UNV map 10; galaxy cluster in, UNV 153, 180-181
Corona of sun, UNV 91-92, 96-97
Coronado, Francisco Vásquez de, NA 51-60, map 18
Coronagraph, UNV 91, 100-101
Corpora allata (glands of insects), INS 59-60, 61
Corpse flower (Amorphophallus titanum), TA 53
Correns, Karl, EV 74
Corroboree toad (Pseudophyrne corroboree), AUS 132
Corroborees (Indian ceremonies), AUS 176
Corsac fox (Vulpes corsac), EUR 102
Corsica, ecological changes, EUR 178; forests, EUR 59; mouflons of, EUR 63
Corsican nuthatch (bird; Sitta whiteheadi), EUR 64
Corsican pine (Pinus laricio), EUR 66
Cortez, Hernando, NA 75
Cortinarius. See Violet mushroom
Corvidae. See Jay
Corvus (constellation), UNV map 11
Corvus brachyrhynchos. See Common crow
Corvus corax. See Raven; Western raven
Corvus corone. See Hooded crow
Corvus monedula. See Jackdaw
Corvus splendens. See Bombay crow
Corydoras, leopard (fish; Corydoras julii), SA 188
Corydoras julii. See Leopard corydoras
Corynopoma riisei. See Characin, swordtail
Coryphaena hippurus. See Green and gold dolphin
Coryphodon (ancestral ungulate), MAM 45
Corythornis cristata. See Malachite kingfisher
Cosmic rays, E 59, 66; and magnetosphere, E 20-21; from sun, UNV 92
Cosmology, UNV 169
Cosmos. See Universe
Cossacks, in Siberia, POL 130
Costa Brava, EUR 56
Costa Rica: anteater of, SA 70; birds of, SA 102; forest of, SA 102; green turtle nesting grounds of, REP 128, 174, 175, map 133
Côte Claire, Antarctica, POL 54
Cotinga (bird; Cotingidae), SA 106, 107
Cotingidae. See Cotinga
Cotinus. See Smoketree
Cotopaxi (volcanic peak), MT 57, 186, diagram 178
Cott, Hugh B., AFR 39, 40, 41, MAM 101
Cottocomephoridae (family of fish). See Cottocomephorids
Cottocomephorids (fish; Cottocomephoridae), EUR 138
Cotton fleahopper (Psallus seriatus), PLT 177
Cotton (Gossypium), FOR 124, 172, DES 171, PLT 62; arctic, POL 108; cell walls of, PLT 39
Cotton top (marmoset; Saguinus oedipus), SA 45
Cottonmouth. See Water moccasin
Cottontail rabbit (Sylvilagus), FOR 20, NA 96; footprint of, MAM 186
Cottonwood (Populus monilifera), PLT 59, 80, 186
Cotyledons, PLT 16, 114-115; stored food in, PLT 99
Cotylosaurs (order of "stem" reptiles), REP 38, 40, 43, chart 44, 46
Coua, Madagascan (extinct bird; Coua delalandei), AFR 166
Coua delalandei. See Madagascan coua
Coucal, common, or bubut (bird; Centropus sinensis), TA 173
Coudé focus, UNV 48-49, diagram 37
Coues' flycatcher (bird; Tyrannidae), B 81
Cougar, or American lion, or American panther, or catamount, or mountain lion or puma (Felis concolor), AB 190, EC 36, 77, 174-175, FOR 157, MAM 129, 186, MT 109, 124, 125, NA 54-55, 96, 97, 104, 164-165, SA 12, 80-81
County Council Game Reserves, Kenya, AFR 174
Courbaril, or West Indian locust (tree; Hymenaea courbaril), PLT 133
Courtship: of birds, B 35, 118, 120-121, 124-126, 128, 139, 148-149, 182; of black-headed gull, AB 183; copulation, MAM 145; of fishes, FSH 43, 49, 98, 106, 107, 108, 109, 116. See also Breeding of fishes, and Spawning of fishes
Cousteau, Jacques-Yves, FSH 178, S 134, 183
Couturier, Marcel A. J., EUR 137
Cow, sea. See Dugong; Manatee
Cow parsnip (plant; Heracleum), MT 87
Cow shark (archaic fish; Hexanchus), FSH 93
Cowbird (Molothrus), B 143
Cowbird, American (Molothrus ater), B 144, EC 95, 103

136

AB Animal Behavior; AFR Africa; AUS Australia; B Birds; DES Desert; E Earth;
INS Insects; MAM Mammals; MT Mountains; NA North America; PLT Plants; POL Poles;

Cowbird, bay-winged (*Molothrus badius*), **B** 152
Cowbird, screaming (*Molothrus rufoaxillaris*), **B** 152
Cowblinder cactus (*Opuntia*), **DES** 52
Cowles, R. B., **REP** 85
Cow-nosed ray (*Rhinoptera*), **FSH** 83, 96-97, chart 68-69, **NA** 39
Cows. See Cattle
Cowslip orchid (*Calendia flava*), **AUS** 56
Coyote (*Canis latrans*), **AB** 161, **DES** 76, 77, 78, 92, 116, **EC** 136, 150, *154*, **FOR** 157, **MAM** *92-93*, **NA** 24, *138-139*; conservation of, **NA** 180; cooperative hunting by, **MAM** *109*; diet of, **MAM** 91; extermination of, **NA** 124-125; footprints of, **MAM** *186*; influence of moon on, **EC** 80; pelts of, **EC** *174*; range of, **NA** 57; teeth of, **MAM** 85; temperature controls of, **MAM** 11; usefulness of, **EC** 174
Coypu, Argentina (rodent; *Myocastor coypus*), **EC** 71
Crab (Crustacea), **EC** 102, **INS** 14, **S** chart 15, **TA** *94-95*; and cleaning iguanas, **FSH** 124; larvae of, **AB** 175; of mud flats, **TA** 82-83; niches of, **EC** 18; predators of, **TA** 82-83; and scent detection, **AB** 110; and sea anemone, **TA** *83*; specialization of, **TA** 83-84
Crab, amphibious (*Metopograpsus oceanicus*), **TA** *95*; (*Sarmatium*), **TA** *94*
Crab, beach (*Matuta lunaris*), **TA** *95*
Crab, blue (*Callinectes sapidus*), **S** 26
Crab, dromid (Dromiidae), **S** *21*
Crab, fiddler (*Uca*), **AB** *166*, **TA** *83*
Crab, ghost (*Ocypode ceratophthalma*), **TA** *94*
Crab, green (*Carcinides maenas*), **S** *25*
Crab, hermit. See Hermit crab
Crab, horseshoe (*Limulus polyphemus*), **S** 26, **TA** 84
Crab, lady (*Ovalipes ocellatus*), **S** *25*
Crab, land (*Caridisoma carnifex*), **TA** *95*
Crab, mangrove (Grapsidae), **AUS** *184-185*
Crab, robber (*Birgus latro*), **TA** *95*
Crab, rock (crustacean; *Cancer*), **S** *25*
Crab, soldier (*Dotilla mictyroides*), **TA** *83*, *94*
Crab, swimming (*Neptunus pelagicus*), **TA** *94*
Crab, yellow-clawed fiddler (*Uca*), **TA** *83*
Crab nebula, **UNV** 135, *140-141*
Crab spider, common (*Misumena vatia*), **FOR** *89*
Crab-eater seal (*Lobodon carcinophagus*), **MAM** 80, **POL** *78*, 80
Crab-eating macaque (monkey; *Macaca irus*), **PRM** *132-133*, **TA** *78*
Crab-eating raccoon (*Procyon cancrivoros*), **SA** 80
Cracidae. See Curassow; Guan
Cracticus. See Butcherbird
Crake, black (bird; *Limnocorax flavirostra*), **AFR** 35
Cranberry (*Vaccinium*), **POL** 108, **PLT** 187
Crane, black-necked (*Grus nigricollis*), **EUR** 40
Crane, common (bird; *Grus grus*), **AFR** 34, **B** 11, 15, 16, 61, 99, 148, 169
Crane, crowned (*Balearica pavonina*), **AFR** 41, *56*
Crane, demoiselle (*Anthropoides virgo*), **B** *19*, **EUR** 89
Crane, sand hill (*Grus canadensis pratensis*), **B** 86, 168, **NA** *82*, **POL** 109
Crane, whooping. See Whooping crane
Crane fly (Tilupidae), **INS** 141
Crane fly, phantom (Ptychopteridae), **INS** *29*
Cranioceras (extinct mammal), **NA** *134*

Crappie, black (fish; *Pomoxis nigromaculatus*), **FSH** 19, 20
Crappie, white (fish; *Pomoxis annularis*), **FSH** 19, *21*
Crater Lake, **MT** *50-51*, 59; "caldera" of, *61*
Crater Lake National Park, Oregon, **E** 186, **NA** 153, 195
Craters: from meteorites, **E** *32-33*; of moon, **E** 26-27
Craters of the Moon National Monument, Idaho, **E** 186, **NA** *194-195*
Crawfish (crustacean; Astacidae), **FOR** 28, **NA** 111; and scent detection, **AB** 110
Crawling: of earthworms, **AB** 89; experiments with, **AB** 138; of fishes, **FSH** 37, 55; of snakes, **REP** *84*, 85. See also Locomotion
Crayfish (crustacean; Astacidae), **NA** 111
Creation of life: Biblical account of, **EM** 9-10, *18-19*, **EV** 12; explanations of, **EM** 8-10, *18*; Greek view of, **EV** 12; Ussher's date for, **EM** 10, **EV** 12. See also Evolution
Creep (phenomenon of hills), **TA** *20-21*
Creeper, Hawaiian honey (bird; Drepaniidae), **B** 60, 170
Creeper, Virginia (*Parthenocissus quinquefolia*), **PLT** 59, 186
Creeper, wall (bird; *Tichodroma muraria*), **EUR** 136
Cremna actoris heteroea (metalmark butterfly), **SA** *168*
Creodonts (ancestral carnivores), **MAM** 38
Creosote bush (*Larrea tridentata*), **DES** 14, 57, *63*, 72, **PLT** 80
Crepidula fornicata. See Boat shell or Slipper limpet
Crest Seamount, **S** map 69
Crested dragon, or "bicycle," lizard (*Amphibolurus cristatus*), **REP** *160*
Crested flycatcher (*Myiarchus*), **NA** *53*
Crested oropendola (bird; *Ostinops decumanus*), **SA** *103*
Crested, or rockhopper, penguin (bird; *Eudyptes crestatus*), **AUS** *166*, **B** *18*
Crested pig (*Sus scrofa cristatus*), **TA** *150-151*
Crested starling (extinct bird; *Fregilupus varius*), **AFR** *166*
Crested tinamou (bird; *Eudromia elegans*), **B** *18*
Crested tree swift (*Hemiprocne*), **B** *139*
Crested wheat grass (*Agropyron cristatum*), **DES** *56*
Crested white duck (fowl; *Anas platyrhynchos*), **EV** *85*
Cresting of ocean waves, **S** 88, chart 89
Cretaceous period, **AFR** 64, **E** 136, 137, **EUR** 13, map 11, **FOR** 44, chart 48; amphibians of, **FSH** 64; animals of, **AUS** 77, 78, diagram 88, **EUR** 13; and appearance of flowering plants, **PLT** chart 18-19; birds in, **B** 10; and close of Reptilian Age, **S** 52-53; coelacanths of, **FSH** 64; fish evolution in, **FSH** chart 69; and formation of Australia, **AUS** 35, 36, 37, 39-40; fossils of, **EV** *118-119*, *120;* in geologic time scale, **S** chart 39; insects in, **INS** 19; and reptiles, **REP** 39, 41, 42, 44, 46, 50, 107, 108, 112, chart 44-45; reptiles of, **S** *52-53*; skates of, **FSH** 63; trees, **EUR** 13
Crevasses, glacial, **MT** *14*, 16, 26
Cricetidae. See Vole
Cricetines (extinct rodents), **SA** 77-78
Cricetus cricetus. See Hamster
Crick, F. H. C., **EV** 94
Cricket, camel. See Weta
Cricket, field (insect; Gryllinae), **AFR** 117, **INS** 13, *38*, **NA** 47
Cricket, Jerusalem (*Stenopalmatus*

fuscus), **NA** 49
Cricket, mole (Gryllotalpinae), **FOR** 134, **INS** 41
Cricket, snowy tree (Oecanthinae), **INS** 37
Crimson honey-myrtle (plant; *Melaleuca wilsoni*), **AUS** *52*
Crimson-eyed koel (bird; *Eudynamys scolopacea*), **TA** *33*
Crimson-flowered tea tree (plant; *Melaleuca steedmanii*), **AUS** *53*
Crisler, Lois, **EUR** 153
Critias, by Plato, **EUR** 58
Crocethia alba. See Sanderling
Crocidura leucodon. See European white-toothed shrew
Crocodile, American (*Crocodylus acutus*), **REP** 131, **SA** 131
Crocodile, Asiatic salt-water (*Crocodylus porosus*), **REP** 111, 153
Crocodile, Australian (*Crocodylus johnstoni*), **AUS** 134
Crocodile, New Guinea, or freshwater (*Crocodylus novae-guineae*), **AUS** 134
Crocodile, Nile. See Nile crocodile
Crocodile, Orinoco (*Crocodylus intermedius*), **REP** 16, **SA** 131-132
Crocodiles (Crocodylidae), **EUR** 13, 14, **EV** 120, **REP** 22, 86, 112; aquatic adaptations of, **EC** 127; as closest relative of dinosaur, **EV** 122; and danger to man, **REP** 22, 153; and difference from alligator, **REP** 110; hatching of, **REP** 135; in mythology, **REP** 149; nesting of, **REP** 139; worship of, **REP** 148
Crocodilians (reptiles; Crocodylidae), **REP** 9, 10, 12, 16, 22, 42, 45, 99, 110, 152; anatomy of, **REP** 16, *18-19*, 22, *104*, 106; aquatic adaptations of, **REP** 22-23, 111-112; eggs of, **REP** 130, *131*, *140-141*; evolution of, **REP** 42, 50, chart 44-45; feeding habits of, **REP** 58, 111; fossil of early, **REP** 50; hearts of, **REP** 16, *18*; locomotion of, **REP** *116-117*; in mythology, **REP** *149*; nostrils of, **REP** 22, *41*, 111-112; reproduction of, **REP** 126; survival problems of, **REP** 153; voices of, **REP** 16, 23; waste elimination by, **REP** 19, 107
Crocodilus (extinct crocodile), **NA** 129
Crocodylidae. See Crocodilians; Dwarf crocodiles; False gavial
Crocodylus (mythical reptile), **REP** *149*
Crocodylus acutus. See American crocodile
Crocodylus intermedius. See Orinoco crocodile
Crocodylus johnstoni. See Australian crocodile
Crocodylus niloticus. See Nile crocodile
Crocodylus novae-guineae. See New Guinea, or fresh-water crocodile
Crocodylus porosus. See Asiatic salt-water crocodile
Crocus sativus. See Saffron crocus
Cro-Magnon man, **EM** 155, *156-157*, **EV** *163*, 168-169; arrival in Europe, **EM** 157; art of, **EM** 147, *148-149*, 150-151, *155*, 159; body structure of, **EM** *45*; brain capacity of, **EM** 147, **EV** 149, 169; burial customs of, **EM** 152, *156-157*; cave paintings by, **EV** *163*; clothing of, **EV** 169; and community living, **EM** *156-157*; comparison to modern man, **EM** 147, **EV** *149*; culture of, **EM** 147, 157; dating of, **EV** 168; diet of, **EM** 151-152; discovery of, **EM** 146, *164*; eating habits of, **EV** *163*; ecological succession of, **EV** 168-169; hunting skills of, **EM** 148, 157; intellectual achievements of, **EM** 147; Laugerie Basse area, **EM** *23*; life expectancy of, **EM** 146; and Neanderthal man, **EM** 157, 170, **EV** *163*; origin of name, **EM** 146; physical appearance of, **EM** *45*, 147; religious worship

by, **EV** 169; shelter of, **EM** 151, 157, **EV** *163*; technological advances made by, **EM** 147; tools of, **EM** *103*, 110, **EV** 169; weapons of, **EM** *103*, 110, 148, 157, **EV** *163*, 169; woman's place in society of, **EM** 151-152
Cromwell, Townsend, **S** 78
Cromwell Current, **S** 78
"Crooked Forest," **FOR** 57
Crops: damage to, **EUR** 160; land availability for, **PLT** 166; of oceans, **FSH** 12
Crossbill (bird; *loxia*), **B** 60, 87, **EUR** 135
Crossbreeding experiments, **AB** 173, 174. See also Interbreeding experiments
Crossopterygii (extinct fish), **E** 137; in Devonian Era, **AUS** 132; as missing link in evolution, **EV** *112-113*
Crossoptilon. See Blue-eared pheasant
Cross-pollination, **PLT** 16
Crotalaria (plant): and noise of rattlesnake, **REP** 62
Crotalidae. See Pit viper
Crotalus adamanteus. See Diamondback rattlesnake; Eastern diamondback rattlesnake
Crotalus atrox. See Western diamondback rattlesnake
Crotalus cerastes. See Sidewinder rattlesnake
Crotalus durissus. See South American rattlesnake
Crotalus horridus atricaudatus. See Canebrake rattlesnake
Crotalus viridus. See Prairie rattlesnake
Crotaphytus collaris. See Collared lizard
Crotaphytus collaris baileyi. See Western collared lizard
Crow, Bombay (*Corvus spendens*), **B** 157
Crow, common. See Common crow
Crow, hooded or carrion (*Corvus corone*), **EUR** 24
Crow butterfly, striped blue (*Euploea mulciber*), **EUR** *50*
Crown galls (plant disease), **PLT** 145
Crown snake (*Tantilla*), **REP** *14-15*
Crowned crane (bird; *Balearica regulorum*), **AFR** 41, 56
Crowned eagle (*Stepanoaetus coronatus*), **AFR** *115*
Crowned lapwing (bird; *Vanellus coronatus*), **B** 75
Crowned mangabey (monkey; *Cercocebus torquatus*), **AFR** *114*
Crowned pigeon, Victoria (*Goura victoria*), **B** 26, 50
Croz, Michel-Auguste, **MT** 159-160
Cruciferae. See Mustard family
Crucifix thorn (*Holacanthus emoryi*), **DES** *57*
Cruiser guyot (underwater volcano), **S** map 64
Crustacea. See Crab
Crustaceans, **FOR** 132, **INS** 14, 33, 148, **NA** 34; of Baikal Lake, **EUR** 138; of Caspian Sea, **EUR** 90; emergence of, **S** chart 39; sense of balance in, **AB** 40
Crux (constellation), **UNV** map 11
Cryptanthemus slateri (orchid), **AUS** *56*
Cryptocercus. See Cockroach
Cryptocleidus (marine reptile), **REP** *48-49*
Cryptomonas (flagellate plant), **PLT** 183
Cryptophyceae (class of plant division Pyrrophyta), **PLT** 183
Cryptozoic eon, **E** 133-135
Crystals, guanine: of fishes, **FSH** 48
Ctenodactylus gundi. See Gundi
Ctenodiscus crispatus. See Mud star
Ctenoid scales: of fishes, **FSH** 39
Ctenomys. See Tuco-tuco
Ctenophora. See Comb jellies
Ctenosaura pectinata. See Black lizard

INDEX (CONTINUED)

Ctenothrissa (fish), **FSH** *chart* 69
Cuba: discovery of, **S** 12; and North Atlantic eddy, **S** 77
Cuckoo (Cuculinae), **B** 15, 119, **TA** *33*; classification of, **B** 15, 20, 27; masquerade parasitism of, **EC** *124* migration, **B** 107; "misfiring" in, **AB** 66, 82; ocean crossings, **B** 105; parasitism, **B** 142, 144
Cuckoo, black-billed (*Coccyzus erythropthalmus*), **B** 144
Cuckoo, bronze (*Chalcites lucidus*), **B** 107
Cuckoo, European (*Cuculus canorus*), **B** 126, 142, 144, 146, *152-153*, **EC** 95
Cuckoo, ground (*Neomorphus*), **SA** 102
Cuckoo, guira (*Guira guira*), **B** 155
Cuckoo, yellow-billed (*Coccyzus americanus*), **B** 144
Cuckoo bee (Anthophorinae), **INS** 101
Cuckoo bee (*Xeromelecta californica*), **NA** *45*
Cuckoo wrasse (fish; *Labrus ossifagus*), **FSH** 43, *108*
Cuculiformes (order of birds), **B** 19, 20, 27
Cuculus canorus. See European cuckoo
Cucumber (*Cucumis sativus*), **PLT** *187*; in arctic, **POL** 82; climbing methods of, **PLT** 141
Cucumber beetle (*Diabrotica*), **PLT** *177*
Cucumis sativus. See Cucumber
Cucurbita. See Squash
Cucurbita pepo. See Pumpkin
Cucurbitaceae. See Melons
Cucurbitales (order of plant class Dicotyledoneae), **PLT** 187
Culex pipiens. See Mosquito wrigglers
Culicinae. See Culicine mosquito
Culicine mosquito (Culicinae): larva of, **INS** *155*
Cultivation: of fishes, **FSH** 175-177; of green turtles, **REP** 175
Culture: adaptation of man for, **MAM** 170-171; of American Indians, **NA** *61-73*; in Arctic, **POL** 103, 130-131; of Australian aborigines, **AUS** 169-191, *179-191*; **DES** *159-163*; of Bushmen, **DES** *152-157*, **EM** 173, *177-191*; of desert peoples, **DES** 127-136, *137-163*; distinguished from civilization, **POL** 130; effects on by population, **EM** 175, 176; of early man, **EM** 101-108, *109-121*, 145, 154, *155-167*, **EUR** 17, *20-29*; of forest peoples, **FOR** 118, *119-127*; of mountain peoples, **MT** 129-138, *139-155*; in tropical Asia, **TA** 165-174, *175-191*
Cumberland Gap, **MT** 136, 137, **NA** *22-23*
Cumberland River, **S** 184
Cumulonimbus clouds, **E** 61, 66, *70-71*
Cumulus clouds, **E** *66*, 71
Cuncuma vocifer. See African fish eagle
Cuniculus. See Paca
Cuon alpinus. See Dhole
Cup fungi (Ascomycete), **PLT** *23*
Cupressus. See Cypress
Curculio, plum (beetle; *Conotrachelos nenuphar*), **PLT** *176*
Curiosity: similarity of in man and apes, **EV** 45
Curculionidae. See Snout beetle
Curlew (bird; *Numenius arquata*), **AFR** 34, **NA** *125-126*
Curlew, bristle-thighed (bird; *Numenius tahitiensis*), **B** 107
Curlew, Eskimo (bird; *Numenius borealis*), **B** 85, 86, 168, 170, **NA** 125-126
Curly-coated retriever (dog; *Canis familiaris*), **EV** *87*
Currents: convection of the earth, **S** 60; and deserts, **DES** 28, 29, *map 10-11*; of earth's crust, **S** *61*; and fish sensitivity, **FSH** 44, 56, 79;

turbidity, undersea, **S** 57, 58
Curry-Lindahl, Kai, **AFR** 137, **EUR** 134
Curtis, Garniss H., **EM** 27, **EV** 151
Curtis, H. D., **UNV** 148
Cuscuta. See Dodder
Cushion pink, or moss campion (plant; *Dianthus*), **MT** *84-85*, 86, 102
Cushion pink, mountain (flower; *Polster roschen*), **EUR** *147*
Cushion pink, northern (flower; *Silene acaulis*), **EUR** *147*
Cuss I (ocean tug), **E** *54-55*, **S** *178-179*
Custer, General George A., **EC** 159
Cuterebra. See Warble fly
Cuticulin exoskeletal substance, **INS** 13
Cutworm, variegated (Noctuidae), **PLT** *176*
Cuvier, Baron Georges Leopold, **EM** *11*, **EV** 110-111, 129, **NA** 56
Cuzco, Peru, **MT** 138, 144
Cyanocitta cristata. See Blue jay
Cyanocitta stelleri. See Steller's jay
Cyanophyceae (class of plant division Schizophyta), **PLT** 183
Cyanopica cyanus. See Azure-winged magpie
Cyathea. See Tree fern
Cycadae (class of plant division Cycadophyta), **PLT** 185
Cycadophyta (division of plant subkingdom Embryophyta), **PLT** 185
Cycas revoluta. See Sago palm
Cycloid scales: of fishes, **FSH** *39*
Cyclones, **E** 61, 63
Cyclopes didactylus. See Silky anteater
Cyclorana. See Water-holding frog
Cyclosporae (class of plant division Phaeophyta), **PLT** 184
Cyclostomes (fishes), **FSH** 62-63 *chart* 69
Cyclura. See Land iguana
Cyclura cornuta. See Rhinoceros iguana
Cygnus (constellation), **UNV** 58, *map 10*; Veil nebula in, **UNV** *126-127*
Cygnus A (pair of galaxies), **UNV** 152
Cygnus atratus. See Black swan
Cygnus columbianus. See Whistling swan
Cygnus melanocoriphus. See Black-necked swan
Cygnus olor. See Mute swan
Cymbospondylus (extinct reptile), **REP** *chart* 44-45
Cynanthus latirostris. See Broad-billed hummingbird
Cynipinae. See Gall wasp
Cynocephalus. See Colugo
Cynodon dactylon. See Bermuda grass
Cynognathus (extinct reptile), **MAM** 37, **REP** *chart* 44-45
Cynomys ludovicianus. See Prairie dog
Cynoscion regalis. See Weakfish
Cynthia (orangutan), **TA** *114-115*
Cypress (tree; *Cupressus*), **FOR** 54, **NA** *74*, 76, 90
Cypress, bald (*Taxodium distichum*), **FOR** 43, *68*, 109
Cypress, swamp, **FOR** *68*, **PLT** *125*
Cypress pine (tree; *Callitris*), **AUS** 13
Cyprinodon. See Minnow; Pupfish
Cyprinodon diabolis. See Devil's Hole pupfish
Cyprinodontidea. See Killifish
Cyprinoid fishes, **TA** 86
Cyprinus carpio. See Common carp
Cypripedium acaule. See Moccasin flower; Pink lady's slipper
Cypripedium calceolus. See Orchid
Cypseloides niger. See Black swift
Cypselurus californicus. See California flyingfish
Cypsiurus parvus. See Palm swift
Cyrtonyx montezumae. See Fool quail
Cystophora cristata. See Hooded seal
Cytoplasm: function of, **PLT** 36, *44*,

45; structure of, **PLT** *38*
Cytosine (nucleotide base), **EV** 94, 102
Czechoslovakia, **EM** 147; government protected land in, **EUR** *chart* 176; wildlife reserves in, **EUR** 178

D

D layer (of atmosphere), **E** 66
Dace, black-nosed (fish; *Rhinichthys atratulus*), **FSH** *19*, 20
Dacelo gigas. See Kookaburra
Dachshund (dog; *Canis familiaris*), **EV** *87*
Daddy Longlegs (order Phalangida), **INS** *30*
Daeodon (Miocene mammal), **NA** *133*
Dairy, dairymen, ant (*Formica*), **INS** *164*, 168, 169
Dairy farming, **MT** 21, 27
Daisy (*Bellis perennis*), **DES** *61*, **NA** 179, **PLT** *40*, *table* 123
Dakhla (Saharan village): and lack of rainfall, **DES** 13
Dalai Lama, **MT** 133, 153, *154*
Dalea spinosa. See Smoketree
Dalmatian (dog; *Canis familiaris*), **EV** *86*
Dama dama. See Fallow deer
Dama gazelle (*Gazella dama*), **AFR** *170*
Dama mesopotamica. See Persian fallow deer
Damaliscus. See Bastard hartebeest
Damaliscus korrigum. See Topi
Damaliscus lunatus. See Sassaby
Damaliscus pygargus. See Bontebok
Damariscotta River, **NA** *42-43*
Damascus, **DES** 149
Dams, **DES** *38-39*, 147, 165, 171; of beavers, **NA** *33*, 164; to harness ocean power, **S** 171, 172
Damselfish (*Amphiprion*), **S** 122; and sea anemones, **FSH** 142
Damselfly (Zygoptera), **INS** 141, *142*, 158, *159*, **NA** *45*, 83, **TA** *125*; nymph, **INS** *57*, 142, *154*
Danaida tytia (butterfly), **EV** *90*
Danaus plexippus. See Monarch butterfly
Dance rituals: of birds, **B** *124*, 125, *130-131*, *148-149*
Dancing: by aborigines, **AUS** *179*, *183*, *186-187*; by Bushmen, **EM** *190-191*; and magic, **EM** *188*, 189; and medicine, **EM** *188*, 189; recreational, **EM** 189; ritual, **EM** *188*, 189; by snakes, **REP** 129-130
Dancing whydah, Jackson's (bird; Ploceidae), **B** 125
Dandara (Australian town), aboriginal meaning of, **AUS** 15
Dandelion (plant; *Taraxacum*), **DES** 62, 169, **NA** 179, **PLT** *30*, *118*
Dandie Dinmont terrier (dog; *Canis familiaris*), **EV** *87*
Dane, Great (dog; *Canis familiaris*), **EV** *87*
Danger: reaction to, **INS** 34; from reptiles, **REP** 22, 69, 153
Danish Deep Sea Expedition (1950-1952), **S** 183
Danube River, **MT** 136, 137, **S** 184
Daphnia. See Water flea
Daphoenodon (Miocene mammal), **NA** *132-133*
Dark Cornish cockerel (fowl; *Gallus gallus*), **EV** *84*
Dark-line spectrum, **UNV** 36, *47*
Darkling beetle (*Tenebrio anticola*), **TA** *120*
Darkness: oceanic zone of, **S** 14, 57, 111
Darling River, Australia, **AUS** 13, **S** 184
Darlington, Philip J., Jr., **AFR** 11, 152, **AUS** 133, **REP** 82
d'Arrest's comet, **UNV** 70

Dart, Raymond A., **EM** 14, 48-50, 51, 56, *58*, 59, 60, 63; **EV** 145-147, 149; **PRM** 178
Dart tags: for fishes, **FSH** *151*
Darter, African (*Anhinga rufa*), **AFR** 34, 53
Darter, Indian, or snakebird (*Anhinga melanogaster*), **TA** 88
Darter, shield (fish; *Percina peltata*), **FSH** *136*, 137
Darwin, Charles: **AB** *10*, **AUS** 149, **B** 83, **EM** 16, 21, **EV** *8*, 9-11, 64, 74, 96, 109; and ancestry of man, **EV** 45-46, 134, **TA** 165; and *Beagle* voyage of, **B** 11, **EC** 99, **EV** 9, *12-13*, 14-16, 32, *maps* 18, 32; concept of natural selection, **AB** 11, **EV** 118, **EC** 100, **EV** 89-90; and coral reef formation, **S** *58*; earthworm studies by, **FOR** 103; on extinction, **EV** 14; fossils discovered by, **SA** 64; in Galápagos Islands, **B** 58, **EV** 15-16, 17, 18, 22, 25; and geology, **E** 85-86; and heredity, **EV** 67-68, 70, 89, 93; on immutability of species, **EV** 15-16, 31, 39-40; and oceanography, **S** 183; on plant adaptations, **FOR** 100, **PLT** *101*; quoted **EC** 121, 170, **EV** 13, 14, 15-16, 32, 40, 41-43, 44, 45, 46, 47, 48, 114, 116, **FOR** 100, **SA** 56, 81, 84, 152; on relationship of plants and animals, **EC** 35; in South America, **EV** 9, 13-15; on special creation, **EV** 15-16, 31, 39; study of bees, **INS** 77; and theory of evolution, **B** 10, **EM** 11-12, **EV** 39-44, 111, **MAM** 35; writings of, **EC** 104, 170, **EV** 10, 39, 40-41, 45-46, **PLT** 146, **POL** 131; on zoogeographical regions, **B** 80
Darwin, Emma Wedgwood, **EV** 40
Darwin, Erasmus (elder), **EV** 10, 12
Darwin, Erasmus (younger), **EV** 11
Darwin, Sir George, **S** 38
Darwin, Robert Waring, **EV** 10
Darwin, Susannah Wedgwood, **EV** 11
Darwin's theory of natural selection, **AB** 11, 172; **EM** 11-12, 24
Dasara (festival), **TA** *161*
Dasyatidae. See Sting ray
Dasyatis americana. See Southern sting ray
Dasycerus. See Mulgara
Dasymutilla occidentalis. See Velvet ant
Dasypeltis. See African egg-eating snake
Dasypodidae. See Giant armadillo
Dasypus. See Nine-banded armadillo
Dasyuridae (marsupial family), **AUS** *diagram* 88, **DES** 76
Datana integerrima. See Walnut caterpillar
Datana ministra. See Handmaid moth
Date palm (tree; *Phoenix dactylifera*), **DES** 140, 145, 165, 171, **EUR** *69*
Dating techniques for fossils, **EM** 26-27, *charts*, 14, 15
Daubentonia. See Aye-aye
Daucus carota. See carrot; Queen-Anne's-lace
Dauphiné Alps, **MT** 157
David, Father Armand (Père David), **EUR** 34, *36-37*, *46*, 111, *118*, **TA** 145-146
David, Sir Edgeworth, **POL** *54-55*
Davie, T. B., **AFR** 69, 70
Davis, D. Dwight, **TA** 57
Davis, John, **POL** 33, 39
Dawn horse, or eohippus (*Hyracotherium*), **EV** *112*, **MAM** 39, 41, 42, *45*
Dawson, Charles, **EM** 24, 25, **EV** 133
Dawson Creek, Canada, **POL** 154
Day, Leo P., **S** 131
Day-flying mosquito (*Haemagogus capricorni*), **SA** *150*
Day gecko (lizard; *Phelsuma*

AB Animal Behavior; **AFR** Africa; **AUS** Australia; **B** Birds; **DES** Desert; **E** Earth; **INS** Insects; **MAM** Mammals; **MT** Mountains; **NA** North America; **PLT** Plants; **POL** Poles;

madagascariensis), AFR 161
Dayak clock (insect; Cicadidae), TA 127
Dayaks (tribesmen), TA 12, 13, 55, 72, 146, 178
De Brazza's monkey (Cercopithecus neglectus), PRM 57
De Leon, Ponce, NA 20
De Long, Emma, POL 35
De Long, George W., POL 34-36, 38
De Magnete, Gilbert, E 43
De Saussure, Horace Bénédict, MT 158
De Soto, Hernando, NA 18, 75-80
De Ville, Antoine, MT 157
De Vries, Hugo, EV 69, 73-74, 89-90
Dead men's fingers (sponge; Haliclona oculata), S 17
Dead Sea, DES 14, 30, 165, EUR 41, 61
Dead Sea Scrolls: dating of, E diagram 133
Death: cobra-inflicted, REP 69, 153; colors of fish in, FSH 43; Cro-Magnon man's attitude toward, EM 152; primate's reactions to, PRM 88, 111, 112, 132, 134-135
Death adder (Acanthophis antarcticus), AUS 136, 144, REP 15
Death feigning, INS 104, MAM 104, 112-113
Death rates: and animal life spans, EC 147
Death Valley, MT 36
Death Valley National Monument, California, Nevada, DES 56, 70, 169, 172, 185, E 186, 187, NA 194
Death watch beetle (Xestobium rufovillosum), INS 97
Debenham, Frank, POL 14, 173
Debris of ocean bottom, S 12, 63
Decay: agents of, FOR 137, 138, 140; and chain of life, FOR 12, 114, 132, 172; in rain forest, FOR 74, 78-79, 91
Deciduous forest, NA 15, TA 35, 36; in Asia, EUR 108; belts of, EUR map 18-19; biome of, EC 14, 24; in Europe, EUR 108; Pleistocene belts of, EUR map 14. See also Trees
Deciduous trees, EUR 13, FOR 172, map 62-63; autumn, FOR 15-16; and conifers, FOR 58-59, 65; evolution of, FOR 40-41, 46, 54-55; and forest floor, FOR 117, 136; and logging, FOR 154; needle leaf, FOR map 62-63; in Temperate Zone, EC 24, FOR 15-16, 58-59, 62; and temperature, PLT 124, 127 and logging, FOR 154; needle leaf, FOR map 62-63; in Temperate Zone, EC 24, FOR 15-16, 58-59, 62
Decimia tessellata. See Mantid
Decoying: by fish of other fish, FSH 123, 125
Deep scattering layer of the ocean, S 111-112
Deep-sea angler (fish; Ceratioidea), FSH 106
Deep-sea divers. See Divers, deep-sea
Deep-sea earthquakes, S 60
Deep-sea fishes, FSH 19, 22-23
Deer (Cervidae), DES 75, 118, EUR 110-111, FOR 11-12, 15, 35, 80, MAM 18, MT 109, NA 166, 182, SA 85; antlers of, MAM 98, 99; cavepainting of, EUR 8-9; defensive immobility of, MAM 104; diet of, MAM 77, 91; domestication of, EUR 161-163; evolution of, FOR 40, 42, 43, 46; in food chain, EC 36; forest damage by, EC 44; hoof prints of, MAM 187; in Kaibab forest, FOR 157-158; mating habits of, EUR 110-112, MAM 144; in Miocene epoch, MAM 40; painting of, EUR 31; physical characteristics of, MAM 17, 77; rutting season of, MAM 142; shelters of, MAM 124; territory required by, EC 59; in winter, MAM 93. See also specific deer
Deer, Andean (Hippocamelus bisulcus), SA 85
Deer, axis, or spotted (Axis axis), EUR 189, MAM 102
Deer, barking, or kakar (Muntiacus), TA 60
Deer, Chinese water (Hydropotes inermis), MAM 98
Deer, European red. See European red deer
Deer, fallow. See Fallow deer
Deer, key (Odocoileus virginianus clavium), EC 59
Deer, marsh (Blastocerus dichotomus), SA 85
Deer, mouse, or chevrotain (Tragulus kanchil), TA 61
Deer, mule. See Mule deer
Deer, musk (Moschus moschiferus), EUR 135
Deer, Père David's (Elaphurus davidianus), EUR 111, 118
Deer, roe. See Roe deer
Deer, Scottish red (Cervus elaphus scotius): EUR 110; effect of diet on, EUR 113
Deer, spotted (Axis axis), EUR 189; TA 60
Deer, tufted (Elaphodus cephalophus), MAM 98
Deer, white-tailed. See White-tailed deer
Deer fern (plant; Blechnum boreale), FOR 84-85
Deer fly (Chrysops), TA 14
Deer mouse (Peromyscus maniculatus), MAM 102; food storage by, MAM 81; homing of, MAM 127; postnatal care by, MAM 154, chart 145
Deerhound, Scottish (Canis familiaris), EV 87
Deevey, Edward S., EM 175
Defensive equipment and tactics: and adaptation, PRM 41, 179; air-bubble curtains, S 135; armor, EV 62-63, INS 13, MAM 100; of birds, AB 13, 80, 90, 128, 130, 153, 155, 162, 176, 182, 183, B 38, 54, 76, 86, 120, 121, 123, 125, 128-129, 134, 135, 137, 138, 162; burrowing, SA 56; camouflage, B 54, 134, 135, EV 52-53, 90, FSH 11, S 124-125; coloration, AB 131, 155, 170, 175, INS 105-108, 110, 112-113, 114; cooperation, MAM 104, PRM 134, 140-141; disguise, INS 106, 109, 110, S 124; feigning, EV 138, INS 104, MAM 104, 112-114; of fishes, AB 70, 71, 80, 130-131, 173, FSH 10-11, 38-39, 63, 134, 138-139, S 136, 143; grouping, diagram PRM 139; of insects, AB 67, 116-117, 175, 185-187, EV 52-53, INS 13, 22, 34, 83, 102, 104-105, 106, 107-108, 110, 111-115, 120, 127, S 120; and instinct, AB 128-129, B 123-124; and learning, AB 128-129; of lizards, REP 28, 29, 92-93, 158-159, 166-167; of mammals, DES 77, 83, EV 62-63, MAM 100, 103-104, 112-115, 170, PRM 140-141; of man, AB 91, 156, FSH 82, MAM 169-170, PRM 157, 179, 182, 185, S 132, 135, 137; meshing, S 135; mimicry, EV 52-53, 90; of mollusks, AB 123, S 108; and natural selection, INS 107-108; of plants, INS 24, PLT 147, MT 83, 85, 86, 87, 92; poisons, PLT 140; posturing, AB 90, 91, 156, 162, 177, 182, 183; and predation, AB 176, 184-187, PRM 145; of prehistoric man, PRM 180; of primates, EV 138, 140-143, MAM 149, PRM 37, 39, 41, 58, 66, 67, 88, 103, 116, 121, 131-155, 159, 166-167, 168, 182, graph 108; of reptiles, DES 69, 72, 73, 74, 75, REP 13, 18-19, 24, 25, 86, 92-93, 157-168; retreat, MAM 104; of sea anemone, S 122; of sea cucumber, S 108; of shrimp, AB 13, 14; of snakes, EC 123, REP 60, 61, 62, 68-69, 86-88; and senses, S 109, 128; territorial, B 86, 120, 125, 128-129, 138; threats, B 123, 134; of trees, PLT 143; of turtles, REP 10, 11, 20-21; types of, MAM 100-104; wilting, PLT 75, 86; of young, AB 128, B 134, 162. See also Camouflage and disguise; Mimicry
Deforestation, FOR 57-58, 62, 153-158; PLT 126, 167; and conservation, FOR 7, 59, 151, 152-153, 174, 175-177; effects of, EUR 66-67, 70-71; European, EUR 107; and insects, FOR 114-115, 172-173; and logging, FOR 7, 153-154, 159, 160, 164, 169-174, 175, 178-179; of Mediterranean region, EUR 58-60, 65, 66-67
Dehydration, DES 96, 128-129
Deimos (satellite of Mars), UNV 65
Deinopidae. See Assassin spider
DeKay's snake (Storeria dekay), REP 74, chart 75
Delalande's Madagascar coucal. See Madagascan coua
Delano, Columbus, EC 160
Delavay, Father Jean Marie, EUR 34
Delaware Indians, NA 14-15
Delgada Fan (delta), S map 69
Delicate mouse (rodent; Leggadina delicatula), AUS 91
Delphinapterus leucas. See White whale
Delphinium. See Larkspur
Delphinus delphis. See Dolphin
Deltas: expansion of, TA 80; of rivers, E 110-111
Demansia textilis. See Brown snake
Demerra Abyssal Plain (underwater), S map 64
Demoiselle crane (bird; Anthropoides virgo), B 19, EUR 89
Dendroaspis. See Mamba
Dendroaspis polylepis. See Black mamba
Dendrobium kingianum. See Pink rock lily
Dendrochen. See Tree duck
Dendrocolaptidae (Senou stricto). See Woodcreeper
Dendrocopus major. See Great spotted woodpecker
Dendrocopus pubescens. See Downy woodpecker
Dendrocopus villosus. See Hairy woodpecker
Dendrocygna vidnata. See White-faced tree duck
Dendroica caerulescens. See Black-throated warbler
Dendroica castanea. See Bay-breasted warbler
Dendroica coronata. See Myrtle warbler
Dendroica fusca. See Blackburnian warbler
Dendroica kirtlandii. See Kirtland's warbler
Dendroica magnolia. See Magnolia warbler
Dendroica pennsylvanica. See Chestnut-sided warbler
Dendroica petechia. See Yellow warbler
Dendroica pinus. See Pine warbler
Dendroica tigrina. See Cape May warbler
Dendroica virens. See Black-throated green warbler
Deneb (star; Alpha Cygni), UNV 11, map 10; color of, UNV 131
Denis, Armand, AFR 116
Denisonia superba. See "Copperhead"
Denmark, POL 136; government protected land in, EUR chart 176
Dentaria. See Toothwort
Denticles, skin: of sharks, FSH 63, 76, 83
Dentine: of sharks skin, FSH 76
Deodar cedar (tree; Cedrus deodara), EUR 35
Deporaus betulae. See European weevil
Depths: of oceans and seas, S 11, 13, 55, 57, 60-61, maps 64-73
Dermacentor andersoni. See Rocky Mountain spotted fever tick
Dermochelys. See Leatherback sea turtle
Dermoptera (order of mammals), MAM 16, 21, 24, TA 69
Deroceras. See Slug
Derribong (Australian town), aboriginal meaning of, AUS 15
Desalinization program in Afghanistan, EUR 72-73
Descartes, René, E 36, MT 54
Descent of Man, The, Darwin, EC 170, EM 12, 21, EV 10, 45, 46, 111
Desert, or brown, bat (Vespertilionidae), DES 77
Desert candle (plant; Eremurus bungei), EUR 68
Desert devil (lizard; Moloch horridus), AUS 135
Desert dwellers, AUS 181, DES 127-136, 137-163; and formation of deserts, DES 16, 29, 166-168, 170; modern American, DES 9, 171-173, 184-185
Desert grassland of Australia, AUS map 18-19, 41
Desert iguana (lizard; Dipsosaurus dorsalis), REP 91
Desert insects, INS 11
Desert lark (Ammomanes deserti), EUR 77
Desert mammals: diet of, MAM 77; wild asses, MAM 28-29
Desert oak (Casuarina decaisneana), AUS 12, 45
Desert plants: as source of liquid, EM 181
Desert scorpion, red (Arachnida), AUS 141
Desert scrub (vegetation), map, TA 18-19
Desert shrub (Ephedra), PLT 185
Desert spiny lizard (Sceloporus magister), DES 118
Desert tortoise (Gopherus agassizii), DES 71, REP 21, 152
Deserts: DES (entire vol.), EC 26-27, EUR 45, map NA 104; of Africa, AFR 11, map 30-31; age of, DES 16, 27-28, 30, 31, 131-132; animals, EUR 77, NA 53-56; annuals, PLT 80, 105; of Australia, AUS 10, 11, 12, 22-23, map 18-19; belts, EUR map 18-19; "desert pavement," DES 32; formation of, DES 27-34, 131-132; habitats of reptiles, REP 83, 84, 90-91; ice age of, EUR map 14; location of, DES map 10-11, 13; mammals, MAM 125, 135; man-made, EUR 58, 61; nomads and, EUR 59-60; of North America, NA 51-60, 61-73; of Peru, MT 91; Pleistocene belts, EUR map 14; seasons in, EC 79; of South America, SA 12, 22-23
Desiccation of reptiles, REP 85
Desidiopsis. See Mediterranean spider
Desmana moschata. See Water mole
Desmodus rotundus. See Vampire bat
Desmoncus macroanthus. See Climbing palm
Desmophyceae (class of plant division Pyrrophyta), PLT 184
Desoxyribonucleic acid (DNA), E 148-149
Destructive insects, PLT chart 176-177; aphids, PLT 42; chemical control of, PLT 166-167; natural enemies of, PLT 178-179; termites, PLT 62
Deudorix. See Blue butterfly
Devil, desert (lizard; Moloch horridus), AUS 135
Devil, Tasmanian. See Tasmanian devil
Devilfish. See Manta ray
Devil's egg (fungus; Dictyophora phalloidea), PLT 100
Devil's Garden, Utah, E 118

139

EC Ecology; EM Early Man; EUR Eurasia; EV Evolution; FOR Forest; FSH Fishes;
PRM Primates; REP Reptiles; S Sea; SA South America; TA Tropical Asia; UNV Universe

INDEX (CONTINUED)

Devil's Hole pupfish *(Cyprinodon),* **DES** 70
Devils Postpile National Monument, California, **E** 186, 187, **NA** 194
"Devil's sewing thread." *See* Dodder
Devils Tower (mountain), **MT** *176-177*
Devils Tower National Monument, Wyoming, **E** 186, **NA** 195
Devonian period, **E** 136, 137, *144,* **EUR** 11-12, **FOR** 41-42, *chart* 48, 49, 174, **SA** 133; fish evolution in, **FSH** 60, 61-62, 65, 70, 71, *chart* 68; fish fossils of, **FSH** *93;* and fishes of, **AUS** 132, **FSH** 61; and formation of Australia, **AUS** *34;* in geologic time scale, **S** *chart* 39; and invasion of land, **S** 41
DeVore, Irven, **EM** 173, *178,* **MAM** 149, **PRM** 168
Dew, as water source, **DES** 102
DEW Line. *See* Distant Early Warning Line
Dhaulagiri (mountain peak), **MT** 186, *diagram* 179
Dhole, or red dog *(Cuon alpinus),* **TA** 143-144
Diabrotica. See Cucumber beetle
Diadectes ("Stem" reptile), **REP** 46-47
Diadocidianae. See Fungus gnat
Diadophis. See Ringed snake
Diamond pipe, **E** 85, *94, diagram* 84
Diamondback rattlesnake *(Crotalus),* **AB** 48, *161,* **EC** 152, **REP** 16, 60, 62, *90-91,* 152, 176; "combat" dance of, **REP** *136;* in mythology, **REP** 149; size of, **REP** *chart* 75; venom of, **REP** 73
Diamondback rattlesnake, eastern *(Crotalus adamanteus),* **REP** 176, *chart* 75
Diamondback rattlesnake, red *(Crotalus ruber),* **REP** *136*
Diamondback rattlesnake, western *(Crotalus atrox),* **REP** *90-91*
Diamondback terrapin (turtle; *Malaclemys terrapin),* **REP** 126, 152, 154, 155
Diamonds, **DES** 169, **E** *94-95,* 102
Diana monkey *(Cercopithecus diana),* **AFR** 114, 116
Dianthus. See Cushion pink
Dianthus caryophyllus. See Carnation
Diapause (arrested growth), **INS** 62
Diaphorapteryx hawkinsi. See Rail
Diapsid archosaurs (extinct reptiles), **EV** 120
Diastase: as derivative of malt, **PLT** 62
Diastrophism, process of, **E** 106, 111, 186
Diatoms, or plankton (algae; Bacillariophyceae), **FSH** 120, **NA** 33-34, **PLT** 20, 184, **TA** 87; blooming of, **EC** 79; classification of, **PLT** 13; cycles of, **EC** *78-79;* in food chain of sea, **S** *104,* 105, *119;* shells of, **S** 12; silica case of, **FSH** 131, **S** 105
Diatryma (extinct bird), **B** 11
Diaz, Bartholomew, **AFR** 18, **S** 182
Dice, L. R., **B** 62
Dicentra cucullaria. See Dutchman's breeches
Diceratherium (Miocene mammal), **NA** *132-133*
Dicerorhinus sumatrensis. See Sumatran rhinoceros
Diceros. See Rhinoceros
Diceros bicornis. See Black rhinoceros
Dichroa febrifuga (herb), **TA** *170*
Dichrostichus furcatus. See Hairy imperial angler spider
Dicots (plants; Dicotyledon), **PLT** *19;* definition of, **PLT** 16; flowers of, **PLT** *31, 32;* leaves of, **PLT** 16, *30;* orders, **PLT** 186-187; roots of, **PLT** *30, 46;* stems of, **PLT** *30, 46*
Dicotyledon. *See* Dicots
Dicotyledoneae (class of plants), **PLT** 186

Dicotyles (wild pigs), **NA** 56
Dicrocerus (primitive deer), **EUR** 14
Dicrostonyx hudsonius. See Collared lemming
Dicrurus adsimilis. See Black drongo
Dicrurus paradiseus. See Racket-tailed drongo
Dictyophora phalloidea. See Devil's egg
Dictyota. See Brown algae
Dicuil (Irish monk), **POL** 32
Dicynodon (genus of extinct reptile), **REP** *chart* 44-45
Didelphid. *See* Opossum
Didelphidae. *See* Opossum
Didelphis marsupialis. See Common opossum
Didelphis marsupialis virginiana. See American opossum
Didierea (Madagascan plant), **EC** 69
Diets: of Cro-Magnon man, **EM** 151-152; of early man in France, **EM** *chart* 151; effect of differences in, on Scottish red deer, **EUR** *113;* improvements through fish consumption, **FSH** 175-177; native, of Southeast Asia, **TA** 182-183; specialized, **MAM** 80
Differential grasshopper *(Melanoplus differentialis),* **PLT** *177*
Differentiation: of embryo, **PLT** 37-38, 99; of races, **EM** 147
"Diffuse light sense," **AB** 38
Digestive systems: of birds, **B** 159; of insects, **INS** 44-45; of mammals, **AUS** 105, **MAM** 76, 77, 78, 86; of reptiles, **REP** 18-19, 61, 67
Digger wasp *(Philanthus triangulum),* **AB** 39, 40, 88-89, 111-112, 114, **INS** 27, *43*
Digging stick (tool), **EM** *186-187*
Digitalis purpurea. See Foxglove
Digitigrade stance, **MAM** 58, 187
Diglossa. See Flower piercer; Honeycreeper
Dik-dik (antelope; *Madoqua),* **AFR** 69, 72
Dik-dik, Guenther's (antelope; *Madoqua guentheri),* **AFR** *diagram* 76
Dikes (rock formations), **E** 83-84
Dikes (Holland), **EUR** 186-187
Dikkop, water, or spurwing plover (bird; *Burhinus vermiculatus),* **AFR** 41
Dilger, William C., **AB** 173
Dill (herb; *Anethum graveolens),* **PLT** 187
Dillenia suffruticosa (tree), **TA** 55
Dimensions, experiments with, **AB** *118-119*
Dimetrodon (extinct reptile), **REP** *diagram* 44
Dingo, or wild dog *(Canis dingo),* **AUS** 42, 84, 121, 173-174, **DES** 78, 130, 159, **MAM** 11, **NA** 11
Dinichthys (extinct fish), **FSH** *chart* 68
Dinmont terrier, dandie (dog; *Canis familiaris),* **EV** 87
Dinoflagellates (algae), **PLT** 13, *19,* **S** *105,* 106; and red tides, **FSH** 16, 120, **PLT** 184
Dinomys. See Pacarana
Dinophyceae (class of plant division Pyrrophyta), **PLT** 184
Dinornis. See Moa
Dinosaur, duck-billed. *See* Duck-billed dinosaur
Dinosaur, ostrich-like *(Struthiomimus),* **REP** 40
Dinosaur, plated (Stegosauria), **REP** 39
Dinosaur National Monument, Colorado-Utah, **E** 142, 186, 187, **EV** 121, **NA** 194
Dinosaurs, **AUS** 39, **E** 138-139, *142,* **EUR** 12, 13, **EV** *120-127,* 142, **REP** 22, 38-39; allosaurus skeleton, **REP** *34,* 35; bipedalism among, **REP** *36,* 38; closest relative of, **EV** 122, **REP** 22; emergence of, **S** 37,

chart 39; evolutionary time scale and, *diagram,* **E** 137; extinction of, **REP** 41-42; fossils of, **AFR** 151, **E** 142, **EV** *120-121;* ornithischians, **EV** 122, **REP** 36, 39, chart, 44-45; saurischians, **EV** 122, **REP** *36,* 38-39, *chart* 44-45; sauropods, **REP** 41; and sea reptiles, **S** 51, 52
Dinotherium (extinct mammal), **EM** 71, *72-73*
Diomedea albatros. See Short-tailed albatross
Diomedea epomophora. See Royal albatross
Diomedea exulans. See Wandering albatross
Diomedea immutabilis. See Laysan albatross
Diomedea irrorata. See Galápagos albatross
Diomedea melanophrys. See Blackbrowed albatross
Diomedeidae. *See* Albatross
Dionaea muscipula. See Venus's-flytrap
Dioscorea. See Wild yam
Dioscorea elephantipes. See Elephant's-foot
Dip poles of earth, **E** 43-44
Diplodocus (dinosaur; *Diplodocus),* **E** 138
Diplopoda. *See* Millepede
Diplurus (extinct fish), **FSH** *chart* 69
Dipnoans (lungfishes; Dipnoi), **FSH** 65, *chart* 68-69, 71. *See also* Lungfishes
Dipodidae. *See* Jerboa
Dipodomys. See Kangaroo mouse
Dipodomys agilis. See Kangaroo rat
Dipodium punctatum. See Hyacinth orchid
Dipole array and radio telescopes, **UNV** 38-39
Dipper, or water ouzel (bird; *Cinclus),* **B** 119, **MT** 115, *126*
Diprotodon (extinct marsupial; *Diprotodon),* **AUS** 36, 40, 87, *diagram* 89
Diprotodon. See Diprotodon
Dipsadinae. *See* Tree snake
Dipsosaurus dorsalis. See Iguana lizard
Dipterus (extinct fish), **FSH** *chart* 68
Dipus sagitta. See Three-toed jerboa
Dire wolf (extinct; *Canis dirus),* **EC** 150, **MAM** 46
Direction: finding by tree "moss," **PLT** *127;* sense of, **AB** 115, *123*
Diretmus argenteus (fish), **S** 29
Disappointment Seamount, **S** *map* 70
Discipline: among baboons, **PRM** *124-125;* means of, **PRM** 108-109
Discontinuities in earth's interior, **E** 40-41
Discovery (ship), **POL** 53
Discovery Harbor, Canada, **POL** 36, *map* 12
Discovery Seamount, **S** *map* 67
Discovery II (ship), **S** 59
Discus fish *(Symphysodon discus),* **FSH** 116, 125; breeding behavior of, **FSH** *116-117,* **SA** *187-188*
Diseases: of birds, **B** 169, 170, **EC** 100; and giantism in plants, **EV** *82-83;* hereditary, **EV** 96, 170-171, *176-177;* and hybridization, **FOR** 171, 172, 179; from insects, **INS** 29, 42; of insects, **FOR** 172-173; of plants, **EC** 168, **PLT** 14, 144, 163; and populations, **EC** 98, 168; research in, **PRM** *162, 163;* and temperature change, **FOR** 174; of tobacco, **PLT** 144; of trees, **FOR** *90-91,* 117, 131, *140-141,* 154-155, **NA** 78, **PLT** 145; from viruses, **EC** 97-98. *See also* specific diseases
Disguise. *See* Camouflage and disguise; Mimicry
Dish antennae of radio telescopes, **UNV** 38, *60, 61, diagram* 39

Disk, or galactic, clusters, **UNV** 131, *134*
Disk stars, **UNV** 130-131
Disk-winged bat *(Thyroptera discifera),* **SA** 91
Disney, Walt, **AB** 67
Dispersion: and camouflage, **AB** 153, *175;* of Mongoloids, **EV** 169; of Neanderthals, **EV** 167
"Dispersion mechanisms," **AB** 175
Dispholidus typus. See Boomslang
Displacement activity: **B** 120, 126; in man, **AB** *91;* in starling, **AB** 90, 157
"Dissecting" the sensory field, **AB** 109
Dissiliaria baloghioides. See Australian teak
Distance, experiments with, **AB** 63
Distant Early Warning Line, **POL** 153, *166*
Distichodus lussoso (fish), **AFR** 51
Distress calls, practical use of, **AB** 66-67
Diuris longifolia. See Double-tail orchid
Diver, red-throated (bird; *Gavia stellata),* **B** 156
Divergent evolution: of apes, **EM** 12, **EV** *137-143;* of birds, **B** 11-12, 15, 16, **EV** 114; of horses, **EV** 114; of man, **EM** 12, **EV** 45, 116, *137-143,* 159, 166; of monkeys, **EV** 116; of reptiles, **EV** 114; of snakes, **REP** 130
Divers, deep-sea: depths attained by, **S** 13; and shark research, **S** *137-139;* and bends, **S** 149; and undersea geology, **S** *175*
Diversification. *See* Variations within species
Divided vision: of fishes, **FSH** *43*
Diving beetles (Dytiscidae), **INS** 146, 147, 148, *150-151*
Diving birds, **B** 13, *66-67*
Division of labor. *See* Labor, division of
Djakarta, Indonesia: rainfall in, **TA** 41
DNA (deoxyribonucleic acid), **E** *148-149,* 154, 156, **EV** *94-96,* 102, 172; discovery of, **EV** *94;* function of, **PLT** 45, *diagrams* **EV** 102-103; molecular structure of, *diagram* **EV** 102; and mutation, **EV** 95-96, 106; self-replication of, **EV** *94;* and synthesis of hemoglobin, **EV** 95; wire model of, **EV** *94*
Dnepr River, **S** 184
Dnestr River, **S** 184
Doberman pinscher (dog; *Canis familiaris),* **EV** *chart* 87
Dobzhansky, Theodosius, **EV** 111, 171, 172
Dock, bitter (plant; *Rumex),* **PLT** 30
Dodder, or "devil's sewing thread" (plant; *Cuscuta),* **EC** 96, 102; parasitic devices of, **EC** 110, **PLT** 143
Dodge, Colonel R. I., **MAM** 148
Dodo (extinct bird; *Raphus cucullatus),* **AFR** 157, 158, *166-167,* **B** 26, 170, *180*
Dodo, white (extinct bird; *Raphus solitarius),* **AFR** 157
Doedicurus (extinct mammal), **MAM** 47
Dog (Canidae), **AB** 67, **MAM** 14, 17; classification of, **MAM** 14; and conditioned reflex, **AB** 11; decimation of deer by, **NA** 97; dietary preferences of, **MAM** 81; domestication of, **EUR** 153-154; early, **NA** 16; food hoarding by, **MAM** 81; hunting, **EM** *186-187,* **MAM** 109; hunting technique of, **MAM** 79; invasion of islands by, **EC** 60; learning in, **AB** 130; locomotion of, **MAM** 56; maternal care by, **MAM** 154; in Miocene epoch, **MAM** 40, **NA** *132-133;* in Pliocene epoch, **NA** *134-135;* teeth of, **EM** 49; use of, in herding, **POL** 131; and wolves, **EM** 34; young of,

140

AB Animal Behavior; **AFR** Africa; **AUS** Australia; **B** Birds; **DES** Desert; **E** Earth; **INS** Insects; **MAM** Mammals; **MT** Mountains; **NA** North America; **PLT** Plants; **POL** Poles;

MAM 147
Dog, Cape or wild hunting (*Lycaon pictus*), AFR 87, 92, *104*, MAM *79*
Dog, domesticated. *See* domesticated dog
Dog, prairie. *See* Prairie dog
Dog, red, or dhole (*Cuon alpinus*), TA 143-144
Dog, true (*Canis familiaris*): number of species of, EV 86-87
Dog, wild. *See* Dingo
Dog Stars. *See* Procyon; Sirius
Dogberry trees of primeval forest, EUR 108
Dogfish, common spiny. *See* Common spiny dogfish
Dogfish, European. *See* Common spiny dogfish
Dog-headed man (*Cynocephalus*), PRM *152*
Dogue de Bordeaux (dog; *Canis familiaris*), EV 87
Dogwood (tree; *Cornus*), FOR 11, 18, *133*; flowers of, PLT *32*
Dohrn, Anton, S 183
Dolichonyx oryzivorus. *See* Bobolink
Dolichotis patagona. *See* Patagonian cavy
Dolni Vestonice, Czechoslovakia, EM 153
Dolomites (mountains), MT 166
Dolphin (mammal; *Delphinus delphis*), S 108, 136, 147; characteristics of, MAM 17; classification of, MAM *20*; habitat of, FSH 19, 22-23, S 27-29; hearing in, AB 42, 165; intelligence of, MAM 26, S 155; "peck order" among, MAM 148; range of, MAM 26; school of, MAM *26*; size of, MAM 26; speed of, MAM *chart 72*; swimming technique of, MAM 62; talking of, S 150, 153. *See also* Porpoise
Dolphin, bottle-nosed (mammal; *Tursiops truncatus*), MAM 148, S *152*-153
Dolphin, fresh-water (*Inia geoffrensis*), SA 10, *192*
Dolphin, green and gold, or dorado (fish; *Coryphaena hippurus*), FSH 43
Dolphin, Irrawaddy River (*Orcaella brevirostris*), TA 88
Dome mountains, MT 38, 46, *47*, 49
Domestic cat (*Felis catus*), EC 35
Domestic chicken (*Gallus gallus*): alarm behavior in, AB 130; ancestor of, B 165; and artificial selection, EV *84-85*; call notes of, AB 86; castration effect on, AB 86; communication signals of, AB 156; crouching response in, AB 130, *131*; domestication, EUR 156; embryo, EV *95*; instinctive behavior in, AB 128, 130; pecking experiment with, AB 133, 138, *139*; population, B 165; selective breeding, B 166
Domestic duck. *See* specific ducks
Domestic fowl (*Gallus gallus*), B 15, 165-167; feet of, B 38; fertility of, B 144, 166
Domestic pigeon (*Columba livia*), B 167
Domesticated dog (*Canis familiaris*), EV 86-87; "arm" bone structure of, compared with man, whale, bird, EV *114*; genealogy of, EV *chart 86-87*; homing of, MAM 127; number of species of, EV 86-87; response to stimuli by, AB 128, 130
Domesticated dromedary (*Camelus dromedarius*), EUR 156
Domestication of animals: in arctic, POL 131-132, 156-157, *164-165*; early techniques, EUR *152-153*, 154-158; in Eurasia, EUR 152-156, 158, 159, 161-167, MT 134; origin of, POL 131; and selective breeding, EV *84-87*; in South America, MT 122, 132, SA 39, 40, 84; in tropical Asia, TA 151. *See also* individual animals
Domestication of plants: in Eurasia, EUR 156, 157, 158; and selective breeding, EV 75-83. *See also* Agriculture; Food
Dominant traits, EV 69, *177*, *178-179*, *diagram 98-99*, *table 171*. *See also* Genetics; Heredity
Don River, DES 167, S 184
Donaldson's touraco (bird; *Tauraco leucotis donaldsoni*), B 27
Dondi, Giovanni de, UNV 25
Donets River, S 184
Donn, William L., POL 16, S 42, 171
Donner Pass, MT 136, 137
Doppler effect, UNV *diagram 109*; of galaxies, UNV 153-154, 172, *180-181*
Dorado (constellation), UNV *map 11*
Dorado (fish; *Salminus maxillosus*), SA 180-181
Dorado, or green and gold dolphin (*Coryphaena hippurus*), FSH 43
Dorcatragus megalotis. *See* Beira
Dorcopsis. *See* Wallabies
Dordogne Valley, France, EM 118, 137, 148, EUR 168
Doré, Gustave, MT 168
Dorippe (crab), TA 82-83
Dormancy: of animals, DES 70-71, 73, 99-100, 101; of fishes, FSH *71*; of plants, DES 53-54, 56, 59-60. *See also* Estivation; Hibernation
Dormouse (rodent; *Muscardinus avellanarius*), EUR 153, MAM 103, *133*; zoogeographic realm of, EC *map 20*
"Dormouse" possum (*Cercartetus nanus*), AUS *135*
Dorosoma cepedianum. *See* Gizzard shad
Dorsal aorta: of alligator, REP 19
Dorsal fins: of fishes, FSH 37, *46-47*; of sharks, FSH *diagram 86*
Dory, John (fish; *Zeus faber*), EUR 159
Dorylinae (subfamily of ants), AFR 118
Dotilla mictyroides. *See* Soldier crab
Double coconut, or coco de mer (*Lopoicea maldivica*), AFR 156
Double-banded argus pheasant (extinct bird; *Argusianus*), TA *173*
Double-crested cormorant (bird; *Phalacrocorax auritus*), eye of, B *51*
Double-drummer cicada (insect; *Thopha saccata*), AUS *138*
Double hinges of fishes' jaws, FSH 63
Double (or binary) stars, UNV 112
Double-tail orchid (*Diuris longifolia*), AUS 56-57
Douglas, Lord Francis, MT 159
Douglas fir (*Pseudotsuga taxifolia*), FOR 46, 51, 61, MT 83; felling of, FOR 177; harvesting methods for, FOR 176; in Kaibab forest, Arizona, FOR 157; as lumber, FOR 157, 163, 169; in rain forest, FOR 82-83
Douroucoulis, or owl, monkeys (*Aotus*), SA 38-39, 42, 43
Dove, mourning (bird; *Zenaidura macroura*), B *157*, B *157*, FOR 13
Dove, ring-neck (*Streptopelia risoria*), AB 26
Dove, rock (*Columba livia*), B 167, EUR 156, EV *42*
Dove, turtle (*Streptopelia*), B 99
Dove, white-winged (*Zenaida asiatica*), DES 86
Dovekie (bird; *Plautus alle*), B 83
Dove Lake, Tasmania, AUS 28-29
Dowitcher (bird; *Limnodromus*), B 105
Down feathers, B 34, 35
Downy woodpecker (bird; *Dendrocopos pubescens*), FOR *30*
Dracaena draco. *See* African dragon plant
Dracaena guianensis. *See* South American caiman lizard
Drachenhöhle (Dragon's Lair), Austria, EM 153
Drachenloch (Dragon's Lair), Swiss Alps, EM *126-127*, 154
Draco (constellation), UNV *map 10*
Draco, flying. *See* Flying lizard
Draco volans. *See* Flying lizard
Dragonfly (Odonata), AB *147*, INS 103, 141, TA 124, 125; ancestors of, INS 12, *18*, *19*; antennae of, INS 38; color patterns of, AB 155; dispersion among, AB 53, INS 35, 143; eyes of, AB 53, INS 35, 143; feeding tool of, INS 13; flight of, INS *52*, 144; in food chain, EC 106-107, 109; nymph of, INS 57, 140, *142*, 143, 147, *150-151*, 158; as predator, INS 40, 41, *138*, 144; speed of, INS 144, *table 14*, MAM *chart 73*; vision of, B 36; wings of, INS 16, 51, *142*, 144
Dragon, "flying." *See* Flying lizard
Dragon, Komodo (lizard; *Varanus komodoensis*), AUS 135, TA *118-119*
Dragon, white salt. *See* White salt dragon
Dragon lizard, bearded (*Amphibolurus barbatus*), AUS 135
Dragon moray eel (*Mureana pardalis*), FSH *26*
Dragon plant, African (*Dracaena draco*), PLT *132-133*
Dragonet, European (fish; *Callionymus lyra*), FSH 43, *109*
Dragonfly fossil (*Protolindenia wittei*), EV *119*
Dragons: of mythology, REP *149*, 151
Drainage canals, EUR *72-73*
Drake, Sir Francis, NA 27, 35
Drake, Frank, UNV 136
Draper, John William, UNV 45
Dredges, hydraulic: for underwater mining, S 180, *181*
Drepanaspis (fish), FSH *chart 68*
Drepanididae. *See* Hawaiian honey creeper
Drift ice: antarctic, POL *map 13*; arctic, POL 38, 39, 153, *map 12*
Drift net: and commercial fishing, FSH *172-173*
Drill (baboon; *Mandrillus leucophaeus*), AFR 116, MAM 177
Driver ant. *See* Army ant
Dromiceius novae-hollandiae. *See* Emu
Dromedary, domesticated (*Camelus dromedarius*), EUR 156
Dromid crab (crustacean; Dromiidae), S *21*
Dromiidae. *See* Dromid crab
Dronefly (*Eristalis tenax*), INS 145
Drongo, black (bird; *Dicrurus adsimilis*), TA 116
Drongo, racket-tailed (*Dicrurus paradiseus*), TA *104*, 116
Drosera. *See* Sundew
Drosophila melanogaster. *See* Fruit fly; "Yellow mutant" fly
Drosophilidae. *See* Vinegar fly
Drought: in Africa, AFR 48, *174*; in India, TA 32, *40-41*; resistance to by plants, PLT 80
Drought-resistant wheat (*Triticum*), EC 123
Drugs: diseases controlled by, EC 98; effect of on spiders, AB *104-105*
Drumfish, fresh-water (*Aplodinotus grunniens*), SA 179
Drumlin (ridge), E *diagram 111*
Drummond, Frederick Wollaston, REP 175
Drummond, W. H., MAM 81
Drygalski, Erich von, POL 53
Drymarchon corais. *See* Indigo snake
Dryopithecus (extinct ape), EUR 15, MAM 168
Dryopithecines, distribution of, EM *map 32*
Dryopteris. *See* Western sword fern
Dubawnt, Lake, S 184
DuBois, Eugène, EM 13-14, 59, 77-78, EV 130-132, 135, TA 165, 170
Dubos, René, EM 175
Du Chaillu, Paul, PRM 63
Duck (Anatidae), AFR 34, 53, B 14, 62, 124, 166, POL 76, 108-109; and artificial selection of, EV 85; breeding age of, B 139; classification of, B 14, *18*, *20*; communication by, AB 155-156, 177; courtship of, AB 177; dispersion among, AB 155; evolution of, B 11; feet of, B 38, EC 16; fertility of, B 142; flight of, B *44-45*; flight muscles of, B 49; flocking of, AB 152; following response in, AB 135; gregariousness of, EC 144; hunting of, B 166, 168; incubation of, B 144; migration of, B 104; molting of, B 35, 54; vision of, B 36; and zoogeographic transplantation of shells, EV 44
Duck, black-headed (*Heteronetta atricapilla*), B 142
Duck, canvasback (*Arthya valisineria*), B 62, 64; MAM *chart 73*, NA 86
Duck, common eider. *See* Common eider duck
Duck, crested white (fowl; *Anas platyrhynchos*), EV 85
Duck, fish, or merganser (*Mergus*), B 14, 62, MAM *chart 32*, POL 108
Duck, garganey (*Anas querquedula*), AB *177*
Duck, harlequin (*Histrionicus histrionicus*), POL 109
Duck, Labrador (extinct; *Camptorhynchus labradorium*), B 170, NA 34
Duck, mallard. *See* Mallard duck
Duck, mandarin (*Aix galericulata*), AB *177*, B *18*
Duck, merganser, or fish (*Mergus*), B 14, 62, MAM *chart 32*, POL 108
Duck, old squaw or longtailed (*Clangula hyemalis*), POL 108
Duck, pintail (*Anas acuta*), AB 173, B *115*
Duck, redheaded (*Aythya americana*), B 143
Duck, ruddy (*Oxyura jamaicensis*), eggs of, B 142
Duck, shelduck (*Tadorna tadorna*), AB *177*
Duck, steamer (*Tachyeres*), SA 99-100
Duck, torrent (*Merganetta armata*), SA 99
Duck, tree (*Dendrochen*), B 148, 162
Duck, white-faced tree (*Dendrocygna vidnata*), AFR 41
Duck, white-headed. *See* White-headed duck
Duck, wood (*Aix sponsa*), FOR *18*, 80
Duck-billed dinosaur (prehistoric reptile; Hadrasauridae), EV *126-127*
"Duck-billed" platypus. *See* Australian "duck-mole"
"Duck-mole," Australian. *See* Australian "duck-mole"
Duckweed (*Lemna*), B 62, PLT 85, NA 90
Ducorpsius sanguineus. *See* Little Corella
Ductus deferens (spermatic duct), of sharks, FSH 86
Dufek, George, POL 173
Dugong (sea mammal; *Dugong dungon*), MAM 18, 62; of Indian Ocean, S 146; size of, S *153*; use of by man, TA 147
Dugong dugon. *See* Dugong
Duiker (antelope; *Cephalophus*), AFR 69, 77, 114, EC *178-179*; horns of, MAM 98
Duiker, bay (antelope; *Cephalophus dorsalis*), AFR 114
Duiker, Maxwell's (antelope; *Cephalophus*), AFR 114
Duiker, Peter's (antelope; *Cephalophus callipygus*), AFR 77
Duikerbok (antelope; *Sylvicapra grimmia*), AFR 77
Dumb-Bell nebula, UNV *122-123*
Dummies: experiments with, AB *62*,

141

EC Ecology; EM Early Man; EUR Eurasia; EV Evolution; FOR Forest; FSH Fishes; PRM Primates; REP Reptiles; S Sea; SA South America; TA Tropical Asia; UNV Universe

INDEX (CONTINUED)

63, 64, 67, *68*
Duncansby Head, Scotland, **E** *126-127*
Dunckerocampus caulleryi chapmani. See Banded pipefish
Dunes, **DES** 30; Antioch, **NA** *44-45;* Cape Cod, **NA** *40;* formation of, **DES** *32-33*, 34, *42-43*; insects of, **INS** 101-103; of Iranian Desert, **DES** 13; and mesquite, **DES** 55; in North Carolina, **NA** 32; in Ravenglass, England, **AB** *32-33;* of the Sahara, **DES** 11, *18-19*, 34, *49;* and shrubs, **DES** 123; and snakes, **DES** 72; sound of, **DES** 34
Dung beetle (Scarabaeidae), **AFR** *106-107*
Dung spider *(Phrynarchne)*, **TA** *122*
Dunnock. *See* Hedge sparrow
Durian (tree; *Durio zibethinus*), **FOR** 128-*129*, **TA** 33
Durio zibethinus. See Durian
Durrell, Gerald, **SA** 134
D'Urville, Jules Dumont, **POL** 52, *54*, 57
Dusicyon gymnocercus. See Pampas fox
Dusky jacobin (bird; *Melanotrochilus fuscus*), **SA** *118-119*
Dusky-footed wood rat *(Neotoma fuscipes)*, **MAM** 124
Dust Bowl, **DES** *50-51*
Dust storms, **DES** 32-33, *50-51*
Dutch East India Company, **AFR** 18
Dutchman's breeches (plant; *Dicentra cucullaria*), **FOR** 136
Dutrochet, René Joachim Henri, **PLT** 75
Duvdevani, Shmuel, Israeli scientist, **DES** 102
Dvina River, **S** 184
Dwarf caiman (reptile; *Paleosuchus*), **REP** 16
Dwarf chameleon *(Brookesia)*, **REP** 58
Dwarf cherry tree *(Prunus)*, **PLT** 98, 105
"Dwarf," or Tule, elk *(Cervus nannodes)*, **NA** 151
Dwarf eucalyptus. *See* Mallee
Dwarf, or fat-tailed, lemur *(Cheirogaleus medius)*, **PRM** 12
Dwarf forest of Andes, **SA** *10-11*
Dwarf mongoose *(Helogale parvula)*, **AFR** *89*
Dwarf pea *(Pisum sàtirum humile)*, **PLT** 102
Dwarf pencilfish *(Nannostomus marginatus)*, **SA** 16, *189*
Dwarf puff adder *(Bitis peringueyi)*, **REP** *158-159*
Dwarf pygmy goby (fish; *Pandaka pygmaea*), **TA** 147
Dwarf water buffalo *(Anoa anoa)*, **TA** *107*
Dwarfism, **EV** *182, 183*
Dwarfs (stars), **UNV** 114, 119, 133-136, *diagram* 118
Dynastinae. *See* Rhinoceros beetle
Dytiscidae. *See* Diving beetle
Dytiscus marginalis. See Water beetle; Water tiger
Dzhuzgun (shrub; *Calligonium pallasia*), **EUR** 83

E

E layer (of atmosphere), **E** *66*
Eagle (Accipitridae), **B** 63, **FOR** 118, **MT** 111, 114; of American Badlands, **NA** 24; classification of, **B** 20, 22; as a deity, **B** 174; eggs of, **B** 142; extinction of, **NA** 59; eye of, **B** 35, *51;* feeding of young by, **B** 146; flight of, **B** 40; nests of, **B** 139; offensive mechanisms and tactics of, **B** 62, 70; soaring by, **B** 40; wing and tail design of, **B** 40; wing bone of, **B** *47*
Eagle, African fish *(Cuncuma vocifer)*, **AFR** 34
Eagle, African hawk (bird; *Hieraetus fasciatus*), **AFR** *108*, **B** 71
Eagle, bald. *See* Bald eagle
Eagle, brown harrier *(Circaetus cinereus)*, **AFR** *108*
Eagle, crowned *(Stephanoaetus coronatus)*, **AFR** *115*
Eagle, golden. *See* Golden eagle
Eagle, harpy *(Harpia harpyja)*, **SA** *98*, 100, 104
Eagle, imperial *(Aquila heliaca)*, **EUR** 64, *78*
Eagle, long-crested *(Lophoaetus occipitalis)*, **AFR** 108
Eagle, martial *(Polemactus bellicosus)*, **AFR** *108*
Eagle, Pallas' sea *(Haliaeetus leucoryphus)*, **B** *51*
Eagle, Verreaux's *(Aquila verreauxi)*, **AFR** 108
Eagle, Wahlberg's *(Aquila wahlbergi)*, **AFR** 108
Eagle, wedge-tailed *(Aquila audax)*, and kangaroos, **AUS** 121
Eagle ray (fish; Myliobatidae), **FSH** 13, 83
Eardley-Wilmot, Sainthill, **TA** 88
Ear stones (otoliths), **AB** 40, 109, 110, *111*
Earth, **E** (entire vol.), **DES** 27, 28-29; age of, **E** 35, 131-132; **EM** 10, 19; **EV** 111; **MAM** 36; appearance of from nearby space, **E** 11-12, *17;* attempts to drill to mantle of, **E** 42, *54-55;* concepts of through history, **POL** 51; contraction and cooling *vs.* expansion and heating theories of, **MT** *35-36*, 60, 61; core of, **E** 41-42, 46; **MT** 34, 35, 36, 58; density of, **E** 15, 38; diastrophism of, **E** 106, 111; early conceptions of, **E** *10, 11*, **S** 12-13; effect of moon on, **E** 12-13, *19;* 18th Century discoveries about history of, **EV** 110; equatorial bulge of, **E** 11, 13; erosion of, **E** *104*, 105-112, *113-129;* evolution of, **EV** 12; formation of, **MT** 35-36, **S** 37-38, **UNV** 93; future of, **E** *158*, 159-166, *167-183;* gravitational pull of, **MT** 36; history of, **EV** 13, 111; instability of, **MT** 34-36; interior of, **E** 38, 40-43, *46;* layers of, **MT** 34; magnetic field of, **E** 42-44, **POL** *diagram* 11; mantle of, **E** 41, 42, *46*, 54-55, 86-87, **MT** 34, 36, 40, 58, 61, 74; measurement of in Antarctica, **POL** 171; motions of, **E** 12-14, *18-19;* orbit of, **E** 12-13, 18, *19*, **UNV** *72;* origin of, **E** 35-37, **MT** 35-36, 60; place of in universe, **E** 10; precession of axis of, **E** 13, *18;* pressure on and inside of, **MT** 36, 58; proportion of ocean to, **S** 9, 11, 12-13, 57, 64; relative size of, **UNV** *73;* rotation of, **E** 12, 13, 18, **MT** 13, 36, 60, **S** 75-76, *83*, 91; shape of, **E** 11, **MT** 11; shaping of, **EV** 12-13; size of, **E** 10-11; speed of, **UNV** 73; submerged areas of, **S** *maps* 64-73; surface of, **MT** 12; symbol for, **UNV** *64;* temperature inside of, **MT** 34, 36; temperatures of, **S** 10, 174; theory of expansion of, **S** 60; theories on shift of continents or entire crust of, **POL** 16; tilt of axis of, **E** 12; volume of, **E** 38; weight of, **E** 38
Earth crust, **E** 81-90, *diagram* 84-85, **MT** 34, **S** *diagram* 56-57; changes in, **MT** 9-10, 35, 36, 60-61; composition of, **E** 41, **MT** 12, 40, **S** 38-39; continental *vs.* oceanic, **MT** 40, 58; cross section of, **MT** *46-47;* faults of, and mountain-building, **MT** 36-37; insulation by, **E** 46; measurements of expansion and contraction of, **E** 49; and ocean trenches, **S** *61;* plan to bore shaft through, **MT** 40, **S** 170, *178-179*, 183; production of fissures in, **MT** 60; and seismographic testing, **S** 59, 61, 183; temperature of, **E** 42; thickness of, **MT** 58, **S** 13; tidal moves in, **MT** 36
Eartheater (fish; *Geophagus jurupari*), **SA** *188*-189
Earthquakes, **E** 38-40, *52-53;* epicenters of, **E** *map* 42; in Lisbon, **E** 39; oceanic, **S** 57, 60; and Pacific "ring of fire," **AUS** *13;* proving earth's layered structure, **MT** 34, *diagram* 35; San Francisco (1906) **MT** 36, 37; severity of, in U.S., **E** *map* 40; shaping of, **EV** 14; shock waves from, **E** 40-41, *48;* and tidal waves, **S** 92, 94; in tropical Asia, **TA** 34; undersea, **MT** 61; volcanoes of, **MT** 58, 60, 62; warnings of, **S** 92; zones of, **E** 38, *map* 51
Earthworm (Oligochaeta), **AB** 89, **EC** *110*, **NA** *158, 160*, 161
Earwig, Asiatic (insect; *Arixenia esau*), **TA** 58, *120*
Earwig, Australian (insect; *Titanolabia colossea*), **AUS** 130
Earworm, corn *(Heliothis armigera)*, **PLT** *177*
East Africa, **AFR** *map* 31; geologic rifts of, **S** 60, *map* 66-67; highlands of, **MT** 44
East African buffalo. *See* Cape buffalo
East African eland (antelope; *Taurotragus oryx pattersonianus*), **AFR** *76*
East African Highland, **MT** 44
East African mole rat *(Tachyorcytes)*, **AFR** 14, *15*, 139
East African Rift, **S** *map* 67
East China Sea, **S** 184
East Coast (U.S.) geology of, **S** 61
East Germany, government protected land of, **EUR** *chart* 176
East Indies, **MT** 12; and eruption of Krakatoa volcano, **S** 92; orangutans of, **PRM** 136; tarsoids of, **PRM** 13
East London Museum, South Africa, **FSH** 64
East Pacific Rise, **S** *maps* 69, 71
East Pakistan, fishing methods in, **TA** 88
East Punjab, temperature in, **TA** 40
Easter Island, **S** *map* 71
Eastern "flying" squirrel *(Glaucomys volans)*, **MAM** *15, 70-71*
Eastern forests of U.S., **NA** 95-102
Eastern glass snake (lizard; *Ophisaurus ventralis*), **REP** 13, 132
Eastern Highlands, Australia, **AUS** *26-27*, 28
Eastern subterranean termite *(Reticulitermes)*, **PLT** *176*
Eating habits and diets: of amoebae, **AB** *74-75;* of amphipods, **S** 119, *120-121;* of apes, **EM** 55, **MAM** 77; **PRM** 16, 74, 113, 130, 131, 133, 140-141, *142, 143, 144-145*, 152, *153*, 154-155, 180, 181; of arrowworms, **S** 106; of birds, **AB** 66, *69*, 87, 135-136, 153, *180-181*, **AUS** 156-157, 159, *graph* 62, **B** 12, 14, *15, 16, 22*, 34, 37, 57-64, *65-77*, 87, 89, 122-123, *125*, 126, *136*, 146, *152-153*, 159, *160*, 169-170, 172, **EC** *40-41*, 42, 145; carnivorous, **MAM** 78-80; and classification, **MAM** 76; commensalism, **B** 58, 64, 74-75; competition, **B** 123; cooperation, **B** 123; of corals, **S** *19;* evolution and, **MAM** 82; of fishes, **EC** 122, **FSH** 10-14, 16, 38-39, 44, *52-53*, *78*, 79-83, 91, 92, *120, 124, 131*, 143, 150, 177-178, **MAM** 79-80, **S** 35, 108, 123, 133, *135, 140-141*, **SA** 188, **TA** 29; and hoarding, **AB** *190-191;* influence on by food availability, **PRM** 36-37; of insects, **AB** 64-65, 66, 67, **DES** 116, **FOR** 89, 102, *144-145*, **INS** 12-13, 15, 22, 38-39, 41-42, 49, 123-124; of lemuroids, **PRM** 11, 13, 24-25, 29, 32; of mammals, **AB** 65-66, 91, *160*, 190, 191, **AFR** 14, 72, 155, *162-165*, **AUS** 60, 62, 67, *70-71*, 78, 79-80, *96*, 98, 99, **DES** 96-97, 98, **MAM** 17, 75-82, *83-95*, **PRM** 140-141, 154, **S** 104, 107, *148*, 153, **SA** 14, 52, 72, 80; of man, **DES** 130-131, 147, 152-153, 154-155, 159, **EM** 64-65, **POL** 103, 132, 138, 146, 148, 172-173, 182, **PRM** 154, 182, 185, **TA** 182-183; of mollusks, **EC** 38; of monkeys, **MAM** 77, 86, 89, 97, *100*, 101, 106, 130, 131, 133, 152, 180, 181, **PRM** 13-14, 15, 37, 42, 48, 49, 53, 54, **SA** 36, 38-39, 40; of parasites, **FOR** 26-27; of plants, **EV** *64-65*, **FOR** 87, 109, 133-134, 144, **INS** 124-125; preferences in, **MAM** 81; of early men and pre-men, **EM** *64-69*, 79, 129, *chart* 151, **EV** *163;* of reptiles, **DES** 71, 72, 73, **EV** *20-23*, **REP** 21, 35-36, 53-62, *63-77*, 83, 86, 111-114, *141*, **TA** 144; and sociality, **AB** 153; specialized, **MAM** 80; of sponges, **S** 17; and survival, **MAM** 82, 83; of trees, **FOR** 91, 98, 101, 105, 108-109, 110; of turtles, **REP** 21, 56-57, 58, *120-121, 122;* vegetarian, **MAM** 76, 77-78; in winter, **MAM** *92-95. See also* Food; individual animals and plants
Ebony (tree; *Diospyros ebenum*), **FOR** 59
Echeneis naucrates. See Shark sucker
Echidna. *See* Spiny anteater
Echinarachnius parma. See Sand dollar
Echinocactus grusonii. See Golden barrel cactus
Echinocereus. See Hedgehog cactus
Echinoderm (marine phylum; Echinodermata): in Black Sea, **EUR** 90; in evolution, **FSH** 60, **S** *chart* 15; hedgehog skin of, **S** *23;* in Mediterranean Sea **EUR** 90
Echinodermata. *See* Echinoderm
Echinoidea. *See* Sea urchin
Echinops. See Spiny tenrec
Echmatemys (Eocene amphibian), **NA** *128-129*
Echo location: by bats, **AB** *22-23*, 42, 107, *116-117*, 165; definition of, **AB** 41, 43
Echo sounding: and ocean layers, **S** 111-112; in oceanography, **S** 55, 56, 58, 80; by porpoises, **REP** 110
Eciton. See Army ant; Legionary ant
"Eclipse plumage," **B** 54
Eclipses, **E** *24-25*, **UNV** *84*
Ecliptic, **UNV** 187, *maps* 10, 11
Ecology, **EC** (entire vol.); in Africa, **AFR** 62-66, 113-114, 177-178, *186-191;* in Australia, **AUS** 41; and biological control, **PLT** 179; of bison, **EC** 166; ecological explosions, **EC** 60-62, 143; ecological release, **TA** 107; ecological succession, **AFR** 63, 177-178, **DES** 118, **EC** 43-44, **FOR** 153; ecotones, **EC** 39-40; energy in food chain, **PLT** 165-166; in deserts, **DES** 113-120; of man, **EV** 32, 36-37; of plants, **EV** 9, **PLT** 90, 139-157, 168; and rainfall, **DES** 42; and soil, **DES** 114; and technology, **EC** 164, 168, 170; of reptiles, **AFR** 39, **REP** *170*, 172, *173;* and zoogeographical transplantation, **NA** 180. *See also* Environment; Habitat
Economics: role of plants in, **PLT** 9
Ecotones: definition of, **EC** 39-40
Ectophylla alba. See Honduran white bat
Ectopistes migratorius. See Passenger pigeon
Ecuador: climate of, **MT** 82; fishery, modernization of, **FSH** 175-176; pudu deer of, **SA** 85; volcanoes in, **MT** 57

AB Animal Behavior; **AFR** Africa; **AUS** Australia; **B** Birds; **DES** Desert; **E** Earth; **INS** Insects; **MAM** Mammals; **MT** Mountains; **NA** North America; **PLT** Plants; **POL** Poles;

Edaphosaurus (extinct reptile), **FOR** *52, 53,* **REP** *chart 44*
Eddies: ocean, **S** 75-76, *77, 78;* winds, **E** 60-61
Eddington, Sir Arthur Stanley, **UNV** 129-130
Edelweiss (plant; *Leontopodium*), **EUR** 38, *134,* **MT** 87
Edentata. See Edentates
Edentates (mammals; *Edentata*), **MAM** 16, *21,* **SA** 15, *54-57,* 69; anteaters as, **SA** 15, 55, *70-71, 191;* armadillos as, **SA** 12, 15, 56, *72-73;* in Eocene epoch, **NA** *129;* sloths as, **SA** 15-16, *50, 54, 55, 68-69, 190*
Ederengin Nuru mountains, **EUR** 85
Edinburgh Review, **EV** 46
Edwardsina. See Blepharocerid fly
Edward, Lake, **AFR** 52
Education of aborigines, **AUS** *190-191*
Egg, devil's (fungus; *Dictyophora phalloidea*), **PLT** 100
Egg tooth: of birds, **B** 9, 146; of reptiles, **REP** 132, 144, *145;* of spiny anteater, **AUS** 72
Egg-eating snake, African (*Dasypeltis*), **REP** 54, 57, *66-67*
Egg-laying mammals. See Monotremes; Platypus; Spiny anteater
Egg-recovery movements of birds, **AB** 109
Eggs, reptilian: description of, **REP** 36, 130-131, *140-141;* perishing in water, **REP** 107, 108, 114; shells of, **REP** 37-38, *140-141;* of viviparous species, **REP** 126
Eggs of fishes. See Fishes' eggs
Eggs of insects. See Insects' eggs
Eggs of reptiles. See Reptiles' eggs
Egret, cattle. See Cattle egret
Egret, common. See Common egret
Egret, great white. See Common egret
Egret, Japanese (bird; *Egretta*), **AB** 80
Egret, snowy (bird; *Egretta thula*), **B** *172,* **NA** 31; egg of, **B** *154*
Egretta alba. See Common egret
Egypt, **DES** 34, *132-133,* 137, *146-147, 167;* astronomy in, **UNV** *19;* crocodile worship in, **REP** 148; paintings from, **PRM** *180, 187*
Egyptian goose (*Alopochen aegyptiacus*), **AFR** 41
Egyptian greyhound (*Canis familiaris*), **EV** 87
Egyptian house dog (*Canis familiaris*), **EV** 86
Egyptian mouthbreeder (fish;

Haplochromes strigigena), **FSH** 103
Egyptian plover (*Pluvianus aegyptius*): and cleaning teeth of crocodile, **FSH** 124
Eibl-Eibesfeldt, Irenäus, **AB** 144
Eichhornia crassipes. See Water hyacinth
Eider duck, common. See Common eider duck
Eiger (mountain), **MT** 166, *172*
"Eight-thousander" mountain, **MT** 162
Einkorn (grain; *Triticum monococcum*), **EUR** 157
Einstein, Albert, **UNV** *178;* Theory of Relativity, **UNV** 16, 172-173, *178;* law of equivalence of matter and energy, **UNV** 87; unfinished work at Princeton, **UNV** 177
Eire. See Ireland
Eklund, Carl, **POL** 176
El Capitan (mountain), **NA** *182-183*
El Goléa (oasis), Algiers, **DES** 24
El Misti (mountain), **MT** 54, 57
El Morro National Monument, New Mexico, **DES** 169
El Niño (oceanic temperature change), **FSH** 16
El Salvador: Izalco volcano in, **SA** 25
Eland (antelope; *Taurotragus*), **EUR** *164-165*
Eland, common (antelope; *Taurotragus oryx*), **AFR** *26,* 68, 141, *172*
Eland, East African (antelope; *Taurotragus oryx pattersonianus*), **AFR** 76
Eland, giant (antelope; *Taurotragus derbianus*), **AFR** 68
Elanoides forficatus. See Swallow-tailed kite
Elaphe longissima. See Aesculapian snake
Elaphe obsoleta. See Black rat snake
Elaphodus cephalophus. See Tufted deer
Elaphurus davidianus. See Père David's deer
Elapidae. See Elapids
Elapids (snakes; Elapidae), **AUS** 34, 135-136, **REP** 14, 15, **SA** 127-128
Elasmobranchii. See Elasmobranchs
Elasmobranchs (fishlike vertebrates; Elasmobranchii), **FSH** 77-84; evolution of, **FSH** *chart* 68-69. See also specific Rays; Sharks; Skates
Elasmosaurus (extinct marine reptile), **REP** *chart* 45
Elasmotherium. See Woolly rhinoceros
Elateridae. See Beetle; Click beetle
Elbe River, **S** 184
Elbert, Mount, **MT** *chart* 186
Elbows: of apes and monkeys, **EM** 35
Elbrus, Mount, **MT** *diagram* 178, *chart* 186
Elburz Mountains, **MT** 44
Electric "batteries" of fishes, **AB** 43-44, **SA** *182-183*
Electric catfish (*Malapterurus electricus*), **AFR** 35, *50*
Electric chromatography, **PLT** 57
Electric eel (*Electrophorus electricus*), **AB** 43-44, 49, **FSH** 138, **SA** 179, 181, *182-183*
Electric fish (*Gymnarchus niloticus*), **AB** 44, **AFR** 35
Electric organs: of fishes, **AB** 43-44, **FSH** 84, 96, 138, **SA** *182-183*
Electric, or torpedo, ray (fish; Torpedinidae), **FSH** 83, 84, 96
Electricity: from atomic energy, **E** 177; from the oceans, **S** 171; use of by eels, **SA** *182-183*
Electrophoresis (plant protein separation), **PLT** 57
Electrophorus electricus. See Electric eel
Electroplaxes (electroplates): of fish, **FSH** 84
Elements: of the sea, **S** *chart* 11;

found in sun, **UNV** 89. See also Trace elements
Elephant (mammal; Elephantidae), **DES** 132, **FOR** 55, *68-69,* 115; bones of, **EM** 87, *95, 97;* butchering of, **EM** *96-97;* classification of, **MAM** 18, *21;* courtship of, **EUR** *62;* early distribution of, **EUR** 62; evolution of, **MAM** 39, 42, *52-53;* feeding habits of, **MAM** 87; gestation period of, **MAM** *chart* 145; hair of, **MAM** 11; in history, **TA** 161; hunting of by *Homo erectus,* **EM** *90-99;* in Indian art, **TA** 161; locomotion of, **MAM** 56; maternal care by, **MAM** *160-161, chart* 145; in Miocene epoch, **MAM** 40; mutual aid among, **MAM** 149; in religion, **TA** 161; "rogue," **MAM** 148; shelters of, **MAM** 124; in Spain, **EM** 84; speed of, **MAM** 57, *chart* 72; swimming ability of, **MAM** 61; trunks of, **MAM** 87; tusks of, **MAM** 42, 76, *90-100;* as work animals, **TA** *162-163*
Elephant, African. See African elephant
Elephant, Asiatic. See Asiatic elephant
Elephant, Indian. See Asiatic elephant
Elephant, or jumping, shrew (Macroscelididae), **AFR** 14
Elephant, straight-tusked (*Elephas antiquus*), **EM** 84, 88, *94-95*
Elephant bird (extinct; *Aepyornis maximus*), **AFR** 13, 156, *166,* **B** 12-13; egg, **B** *154-155;* thigh bone, **B** *41*
Elephant Island, Antarctica, **POL** 65, *66-67*
Elephant seal (*Mirounga*), **POL** 80, *92-93, 94-95,* **S** *154;* battle of, **MAM** *152-153;* harems of, **MAM** 152; size of, **MAM** 17
Elephant tree (*Bursera microphylla*), **DES** 14
Elephantidae. See Elephant
Elephant-snout (fish; Mormyridae), **AFR** 35, *38*
Elephant's-foot (plant; *Dioscorea elaphantipes*), **AFR** 171
Elephas antiquus. See Straight-tusked elephant
Elephas maximus. See Asiatic elephant
Elf owl (*Micrathene whitneyi*), **DES** 87
"Elfen woodland," of Colombia, **SA** 11
Elgon, Mount, **AFR** 10
Elizabeth I, Queen of England, **POL** 33
Elizabeth II, Queen of England, **MT** 165
Elk, American. See American elk
Elk, Eurasian. See European elk
Elk, European. See European elk
Elk, Irish. See Irish elk
Elk, Manitoba (*Cervus canadensis manitobensis*), **NA** 151
Elk, Merriam (*Cervus merriami*), **NA** 151
Elk, Rocky Mountain (*Cervus canadensis nelsoni*), **NA** 151
Elk, Roosevelt (*Cervus canadensis roosevelti*), **NA** 151
Elk, Tule, or "dwarf" (*Cervus nannodes*), **NA** 151
Elkhound, Norwegian (dog; *Canis familiaris*), **EV** 86
Ellesmere Island, Canada, **POL** 36, 39, 43, 48, 73, 80, *123,* 157, *map* 12
Ellice Islands, **S** *map* 70
Elliptical galaxies, **UNV** *149,* 150-152, *156*
Ellis, William, **AFR** 158
Ellobius talpinus. See Northern mole-vole
Ellsworth Base, Antarctica, **POL** 173
Ellsworth Highland, **S** 72, *map* 73
Ellsworth Mountains, Antarctica,

POL 11, 170
Elm (tree; Ulmaceae), **FOR** 62, 98, **NA** 96
Elm, American (tree; *Ulmus americana*), **PLT** 186
Elm caterpillar, saw-toothed (*Nerice bidentata*), **FOR** 145
Elmenteita, Lake, **AFR** 32
Elongation zone, **PLT** 100
Els Hams Cave, **E** *122-123*
Elton, Charles, **EC** 62, **EUR** 177
Emberiza citrinella. See Yellowhammer
Emberiza schoeniclus. See Reed bunting
Embryo, **PLT** 116; of bird, **B** 145, *150-151;* of corroboree toad, **AUS** *132;* differentiation of, **PLT** 37-38, 99; of fish, **FSH** 79, 80, 102-103, *110-111;* learning by, **AB** 128-129; of nurse shark, **AB** *31;* plant, **PLT** *114;* of red kangaroo, **AUS** *122-123;* of reptile, **REP** 36-37, 126, *140-141;* of turtle, **REP** 10
Embryonic development: of birds, **B** 145, *150-151;* of fishes, **FSH** 79, 80, 102-103, *110-111*
Embryophyta (subkingdom of plant kingdom), **PLT** 185-187, *chart* 18-19
Embryophytes. See Embryophyta
Emerald tree boa (snake; *Boa canina*), **SA** 127, *143*
Emerson, Ralph Waldo, **NA** 152
Emission spectrum, **UNV** 36, *47*
Emlen, John, **AFR** 116, 142, **PRM** 63
Emmer (grain; *Triticum dicoccum*), **EUR** 156, *157*
Emotions, **AB** 14, *90-91, 102-103, 162-163;* in animals, **MAM** 179; similarity in man and apes, **EV** 45
Emperor penguin (*Aptenodytes forsteri*), **AB** 150, **B** 141, *162,* **POL** 73, 79, *84-89,* 90, 91, 171
Emperor Seamounts, **S** *map* 68
Emperor tetra (fish; *Nematobrycon palmeri*), **SA** 189
Empidonax minimus. See Least flycatcher
Empress of Germany's bird of paradise (*Paradisaea apoda augusta-victoria*), **AUS** 160
Emu (bird; *Dromiceius novaehollandiae*), **AFR** 13, **B** 12, 13, **DES** 159, **AUS** 34, 37, 148, *163,* **B** 13, 16, 20, **EC** 137; egg, **B** *154;* egg care among, **AUS** 148, 153, *163*
Emu War, Great (Australia), **AUS** 163
Emydura macquari. See Murray tortoise
Enamel (ganoin): of fishes, **FSH** 38
Encelia farinosa. See Brittlebush
Encephalitis, **B** 169, **INS** 42
Encke's comet, **UNV** 70
Encounters between primitive groups, **EM** *92-93*
Encystment: of fishes, **FSH** 71
Endeiolepis (fish), **FSH** *chart* 68
Endemic fishes of Africa, **AFR** 34-36, *50-51*
Endemism, **AFR** 137-138
Enderby Land, Antarctica, **S** *map* 73
Enders, Robert K., **SA** 52
Endocrinology, **AB** 86
Endoplasmic reticulum (of plant cell), **PLT** 45
Endosperm, **PLT** *114-115*
Endothia parasitica. See Asian fungus
Endromis versicolora. See Kentish glory moth
Endurance: of insects, **INS** 11
Endurance (ship), **POL** 14, *64-65*
Energy: chemical, **PLT** 56-57; conversion from matter, **UNV** 87; future sources of, **E** *176-177;* harvested from food chain, **PLT** 165-166; storage of, by plants, **PLT** 60-61
Engelmann spruce (*Picea engelmannii*), **FOR** 59, 61, *114-115,* 153, **MT** *92-93*
England, **DES** 107, 118, **FOR** 7, 32, 59; covered by ice sheets, **EUR** 15;

EC Ecology; **EM** Early Man; **EUR** Eurasia; **EV** Evolution; **FOR** Forest; **FSH** Fishes; **PRM** Primates; **REP** Reptiles; **S** Sea; **SA** South America; **TA** Tropical Asia; **UNV** Universe

INDEX (CONTINUED)

forests of, **EUR** 108; fossils of, **S** 40; government protected land of, **EUR** chart 176; wetlands of, **EUR** 180; wildlife sanctuaries, **EUR** 177. See also Great Britain
English daisy. See Daisy
English setter (dog; Canis familiaris), **EV** 86
English sheepdog, old (Canis familiaris), **EV** 86
English, or house, sparrow (bird; Passer domesticus), **EC** 56, 166
English terrier, white (Canis familiaris), **EV** 87
Englishmen in Africa, **AFR** 170, 171
Engraulidae. See Anchovies
Engraulis. See Anchovy
Engraver, or bark, beetle (Scolytidae), **INS** 96; tunnels of, **INS** 97
Engravings in Les Trois Frères cave, **EM** 148-149. See also Sculpture
Enhydra lutris. See Sea otter
Eniwetok, H-bomb explosion at, **UNV** 95
Eniwetok Atoll: and formation of coral, **S** 58
Ensifera ensifera. See Andean swordbill
Ensis directus. See Razor clam
Enterobius vermicularis. See Threadworm
Environment: adaptations to, **B** 11-12, 14, 57-58, 171; aquatic, **PLT** 12-13; arctic, **PLT** 14; changes in, **PLT** 127; climate, **B** 80, 99, **PLT** 122; and convergent evolution, **REP** 106; forest, **PLT** 125-127; importance of rainfall in, **PLT** 90-91; landscape units, **B** 80-81, 82-83; and man, **B** 81, 86, 167-172, 182-183, **EV** 170, **PLT** 127-128, **PRM** 158; mountain, **PLT** 125; and reptiles, **REP** 85; sand dune, **INS** 101-103; shore, **EC** 28; swamp, **PLT** 125, 132-133; temperate regions, **PLT** 126; tropical, **PLT** 125-126, 132-133; woods and meadows, **INS** 103, 123-124; water, **INS** 141-142, 148, 149; **REP** 85, 106, 107. See also Adaptations and specializations; Biogeography; Ecology; Habitats; Isolation; Natural selection
Enzymes, **FOR** 12, 132, 134, **PLT** 11; as catalysts, **PLT** 61; digestive, **PLT** 39, 61; of insectivorous plants, **PLT** 146; in ripening process, **PLT** 57-58
Eoanthropus dawsoni. See Piltdown man
Eobasileus (primitive mammal), **MAM** 44
Eocene epoch, **AFR** 38, **B** 11, 58, **EUR** 14, **NA** 128-129, **SA** 34, 57, 74, 100, **TA** 34, 86, map 10; and Australian marsupials, **AUS** diagram 88; birds in, **B** 11; insect fossils of, **INS** 21; mammalian development in, **MAM** 38-39, 44-45; tapirlike animals, **EUR** 13
Eohippus, or "dawn horse" (Hyracotherium), **EV** 112, **MAM** 39, 41, 42
Eosuchia (reptile order), **REP** 42, chart 44-45
Ephedra. See Desert shrub
Ephemeroptera. See Mayfly
Ephippiger bitterensis. See Grasshopper
Ephippiorhynchus senegalensis. See Saddle-billed stork
Ephydridae. See Brine fly
Epidemics, **EC** 98, 99
Epidermal cells, **PLT** 38
Epigaulus (extinct mammal), **MAM** 38, **NA** 134, 135
Epinephelus itajara. See Jewelfish
Epiphytes. See Aerial plants
Epsilon Canis Majoris (star). See Adhara
Equations: for respiration, **PLT** 57, 60

Equator, **DES** 10, 13, 28; and ocean temperatures, **S** 75-76
Equatorial bulge of earth, **E** 11, 13
Equatorial Current, **S** 77
Equinoxes, precession of, **E** 13, 18
Equipment: aquacultural, **S** 174; botanic, **FOR** 80, 178-179; for charting ocean currents, **S** 82-83; for deep ocean diving, **S** 72; of forest dwellers, **FOR** 118, 124-127; for logging, **FOR** 163, 168, 172, 176-177; for papermaking, **FOR** 180-181; for "Project Mohole," **S** 170, 178-179; for protection against sharks, **S** 135, 137; for seismological work in ocean, **S** 59-60; for underwater recording stations, **S** 82, 170; for whaling, **S** 150, 162, 163, 164-165
Equisetae (class of plant division Calamophyta), **PLT** 185
Equisetum. See Horsetail
Equus (primitive horse, Pleistocene epoch), **EV** 113, **MAM** 46
Equus asinus. See Burro; Wild ass
Equus burchelli. See Burchell's zebra
Equus burchelli böhmi. See Grant's zebra
Equus grevyi. See Grevy's zebra
Equus hemionus. See Tibetan wild ass
Equus hemionus hemionus. See Kulan
Equus hemionus onager. See Onager
Equus przewalskii. See Przewalski's horse
Eratosthenes, **E** 10, **UNV** 13
Erben Guyot (underwater volcano), **S** map 69
Erebus, H.M.S. (ship), **POL** 34, 56
Erebus, Mount, **MT** 56, **POL** 16, 53, 56, map 13
Eremophila alpestris. See Horned lark
Eremurus bungei. See Desert candle
Erethizon dorsatum. See North American porcupine
Eretmochelys. See Hawksbill turtle
Eric the Red, **POL** 32
Erica arborea. See Tree heath
Ericaceae. See Giant heath
Ericales (order of plant class Dicotyledoneae), **PLT** 187
Ericson, Leif, **NA** 29; first landfall in North America, **S** 182
Eridanus (constellation), **UNV** map 11
Erie, Lake, **S** 184
Erinaceidae. See Hedgehog
Eriocranid moth (Eriocraniidae), **INS** 25
Eriocraniidae. See Eriocranid moth
Eriophyllum (flower; Eriophyllum) **DES** 61
Eriophyllum. See Eriophyllum
Eristalis tenax. See Dronefly
Erithacus rubecula. See Robin redbreast
Ermine, or short-tailed weasel (Mustela erminea), **MAM** 102, **NA** 175, **POL** 123
Erolia bairdii. See Baird's sandpiper
Erolia fuscicollis. See White-rumped sandpiper
Erolia melanotos. See Pectoral sandpiper
Eros (asteroid), **UNV** 67, 80
Erosion, **E** 104, 105-112, 113-129, 187, **EC** 164, **EV** 15, **FOR** 154, 161, 170, 172, **MT** 10, 38; absence of, undersea, **S** 12, 57; and alpine vegetation, **MT** 88; and beach formations, **S** 86-87, 93, 97; cycle of, **DES** 31-32; and earth formation, **S** 39, 58, 178; effects of, **MT** 43, 46-47, 48, 59-60, 76, **PLT** 167; glacial, **E** 108, 128-129, diagrams 111, **MT** 27, 48, diagram 38; and grazing lands, **DES** 29, 166-167; in Greece, **EUR** 66-67; importance of, for life, **MT** 12, 27; kinds of, **MT** 12; and land formations, **DES** 22-23, 30, 35,

38-39, 40-41, 46-47; by man, **E** 112; in the Mediterranean region, **EUR** 58-61; in New Zealand, **EC** 61-62; by oceans, **E** 110-111, 125, 126-127; and plants, **DES** 57, 118; by precipitation, **E** 106, 113, 114, 118-119, **TA** 35; of rivers, **E** 106-108, 115, 116-117, 118, 120-121; of steppe, **EUR** 88; and weathering, **E** 110; by wind, **DES** 32, 46, 49, **E** 109, 118-119
Erythrocebus. See Patas monkey
Erythrocebus patas. See Patas monkey
Erythronium parviflorum. See Glacier lily
Erythroxylaceae. See Cocoa
Erythrura. See Parrot finch
Escape methods, **INS** 34, 104-105; of reptiles, **REP** 13, 158-161; velocity, definition of, **UNV** 187
Escarpment fault, **DES** 39
Escherichia (bacteria), **PLT** 183
Eschrichtius glaucus. See Gray whale
Eschscholzia californica. See California poppy
Esker (geological formation), **E** diagram 111, **POL** 106
Eskimo curlew (bird; Numenius borealis), **B** 85, 168, 170, **NA** 125-126
Eskimo sled dog, or husky (Canis familiaris), **EV** 86, **POL** 53, 56, 75, 136, 137, 142-143
Eskimos, **EC** 164, **NA** 15, **POL** 33, 80, 81, 101, 112, 125, 126, 128, 156-157, 158; of Alaska, **POL** 134, 136; clothing of, **POL** 130, 134, 135, 139, 174; culture of, **POL** 103, 132-136; diet of, **POL** 103, 138, 172-173; of Greenland, **POL** 133-134; hunting skills of, **POL** 135, 140-141; and killer whales, **S** 136; measles epidemic among, **EC** 99; origin of, **POL** 133; on Peary's expeditions, **POL** 42-45, 48-49; physical characteristics of, **POL** 134; of Pond Inlet, Canada, **POL** 138-143; sculpture of, **POL** 103, 132, 133
Esocidae. See Pike
ESP: definition of, **AB** 44
Esper, Johann Friedrich, **EM** 10
Essay on the Principle of Population, An, Malthus, **EC** 167-168, **EV** 40
Esters: characteristics of, **PLT** 56-58
Estigmene acraea. See Salt-marsh moth
Estivation: of lung fish, **FSH** 71
Estrilda. See Waxbill
Estrildidae. See Weaver finch
Estrogen (hormone), **AB** 27, 88, 94, 95
Estuary fishes, **FSH** 19, 20-21
Ethiopian man, **EV** 174
Ethiopian Plateau, **MT** map 44
Ethiopian realm, **EC** map 20; fauna of, **EC** 12
Ethiopian shield (Cryptozoan rocks), **E** 133
Ethology, **AB** 18, 92, **REP** 130. See also Ecology
Etna, **MT** 38, 55, 57, 186, diagram 178
Eubranchipus vernalis. See Fairy shrimp
Eucalypts, stringybark group (Eucalyptus), **AUS** 48
Eucalyptus. See Tuart
Eucalyptus, or gum tree (Eucalyptus), **AUS** 15-16, 32, 40, 41, 42, 46-51, **FOR** 174; **PLT** 56, 79, 126, 186
Eucalyptus affinis. See Bastard box tree
Eucalyptus camaldulensis. See River red gum
Eucalyptus coolabah. See Coolabah
Eucalyptus deglupta. See Mindanao gum
Eucalyptus diversifolia. See Giant karri

Eucalyptus erythronema. See Red-flowered mallee
Eucalyptus haemostoma. See Scribbly gum
Eucalyptus jacksoni. See Red tingle
Eucalyptus niphophila. See Snow gum
Eucalyptus papuana. See Ghost gum
Eucalyptus pilularis. See Blackbutt
Eucalyptus populifolia. See Bimbil
Eucalyptus pyriformis. See Large-fruited mallee
Eucalyptus redunca. See Wandoo
Eucalyptus terminalis. See Bloodwood tree
Eucalyptus viminalis. See Manna gum
Eucalyptus viridis. See Mallee
Eucalyptus woodwardi. See Woodward's blackbutt
Euchaetis. See Milkweed tussock moth
Euclea delphinii. See Slug caterpillar
Eudromia elegans. See Crested tinamou
Eudromicia macrura. See Pygmy possum
Eudynamis scolopacea. See Koel
Eudyptes. See Rockhopper penguin
Euglena, **PLT** 183
Euglenoids (algae), **PLT** 13, 19
Euglenophyceae (class of plant division Euglenophyta), **PLT** 183
Euglenophyta (division of plant subkingdom Thallophyta), **PLT** 183
Eumeces. See American skink
Eumeces inexpectatus. See Ground lizard, or Florida five-lined skink
Eumeces laticeps. See Redheaded scorpion
Eumeces onocrepis. See Red-tailed skink
Eumeces skiltonianus. See Blue-tailed skink
Eumenes flavopictus. See Potter wasp
Eumenis semele. See Grayling butterfly
Eumetopias jubata. See Steller's sea lion
Eunectes murinus. See Anaconda
Eunice viridis. See Palalo worm
Eunotosaurus (extinct reptile), **REP** 10
Euparkeria (extinct reptile), **REP** chart 44
Euparthenos nubilis. See Owlet moth
Euphagus cyanocephalus. See Brewer's blackbird
Eupharhia manteiroi. See Boojum tree
Euphausiacea. See Krill
Euphractus sexcinctus. See Six-banded armadillo
Euphrasia. See Eyebright
Euphrates River, **DES** 16, 102, **S** 184
Euploea mulciber. See Striped blue crow butterfly
Eurasian Abyssal Plain, **S** map 72
Eurasian elk. See European elk
Eurasian marmot, or bobac (Marmota bobak), **EUR** 16, 87
Eurasian sandpiper, or ruff (bird; Philomachus pugnax), **B** 125-126
Euro, or mountain kangaroo, or wallaroo (Macropus robustus), **AUS** 96, 97, 98, 104, 118
Europa (satellite of Jupiter), **UNV** 74
Europe, **FOR** 7, 32, 58, map 62-63; bird censuses in, **B** 84, 86, map 91; birdbanding, **B** 102-103; bird watching and protection in, **B** 171-172, 184; and effects of Gulf Stream, **S** 77; evolution of man in, **EV** 166-169; famous mountains of, **MT** 178; fishing industry of, **FSH** 170, 173-174, 177, 182; forests, **EUR** 178-179, chart 108, **PLT** 126; fossils of, **PRM** 181; government protected lands, **EUR** chart 176; ice age in, **FOR** 45-46,

144

AB Animal Behavior; **AFR** Africa; **AUS** Australia; **B** Birds; **DES** Desert; **E** Earth; **INS** Insects; **MAM** Mammals; **MT** Mountains; **NA** North America; **PLT** Plants; **POL** Poles;

MT 14-15, 24-25, 27; ice-age land distribution in, **EV** map 168; migration of man to, **EV** 165, 166; mountain belts of, **MT** 12, *map* 44; mountain gaps in, **MT** 137, *chart* 136; mountain peaks of, **MT** 186; primeval, **EUR** 107-114; reptiles of, **REP** 11, 12, 13, 15, *map* 80; sawfly of, **FOR** 173; sea food needs of, **S** 174; sea life of Cambrian age, **S** *47*
European badger *(Meles meles)*, **MAM** 122
European bee eater (bird; *Merops apiaster*), **EUR** 64, *78*
European beech (tree; *Fagus sylvatica*), **FOR** 59, 62
European bison, or wisent *(Bison bonasus)*, **EUR** 109-110, *116-117*, **MAM** *51;* mating habits of, **EUR** 117
European brown bear *(Ursus arctos)*, **AB** *143*, **MAM** 125
European chiffchaff (bird; *Phylloscopus collybita*): call of, **B** *table* 121
European common lizard *(Lacerta vivipara)*, **REP** *126*
European coot (bird; *Fulica atra*), **B** *23*
European copper butterfly *(Lycaena phlaeas)*, **INS** *24;* egg of, **INS** *70*
European corn borer (moth; *Pyrausta nubilalis*), **PLT** *177*
European cuckoo *(Cuculus canorus)*, **B** 126, 142, 144, 146, *152*, **EC** 95
European dogfish. *See* Common spiny dogfish
European dragonet (fish; *Callionymus lyra*), **FSH** 43, *109*
European eel *(Anguilla anguilla)*, **FSH** *73*, 158
European, or Eurasian, elk, or moose *(Alces alces)*, **EUR** 133-134, **FOR** 158, **MAM** *106-107*, **NA** 15, 176, *177;* antlers of, **MAM** 98; conservation of, **NA** 150; diet of, **MAM** 77; distribution of, **NA** 97; hoofprints of, **MAM** *187;* legs of, **EC** 125; in New Zealand, **EC** 61; in winter, **MAM** 93
European, or Old World, field mouse *(Apodemus agrarius)*, **EC** 35, **MAM** 112; maturation period of, **MAM** 147; tail shedding by, **MAM** 103
European flounder. *See* Plaice
European gypsy moth *(Porthetria dispar)*, **AB** 67, 154, **EC** 62, **FOR** 155-156, **NA** *179*
European hornet *(Vespa crabro)*, **AB** *34*
European lynx *(Felis lynx)*, **EUR** *127*
European poppy *(Papaver)*, **AB** 37
European red deer *(Cervus elaphus)*, **AFR** 170, **EC** 61, **EUR** 110-111, *119*, **MAM** 99; adaptability of, **EUR** 110; range of, **EUR** 110; hunting of, **EM** *chart* 151
European red squirrel *(Sciurus vulgaris)*, **MAM** *91*
European redstart (bird; *Phoenicurus phoenicurus*), **B** 99
European robin. *See* Robin redbreast
European roller, or common roller (bird; *Coracias garrulus*), **B** 16, 20
European sparrow hawk *(Accipiter nisus)*, **B** 63
European stag beetle *(Lucanus cervus)*, **INS** *23, 72-73*
European swift, common (bird; *Apus apus*), **B** 100, 107
European thornback ray or skate *(Raja clavata)*, **AB** 111, **FSH** *94*
European viper *(Vipera berus)*, **REP** 126, 149
European weevil, or birch leaf roller (insect; *Deporaus betulae*), **INS** *125*
European white stork *(Ciconia ciconia)*, **B** 104, 106, *map* 102, **EUR** *170;* protection of, **B** *184-185*
European white-toothed shrew *(Crocidura leucodon)*, **MAM** *158-159*
European whiting (fish; *Gadus merlangus*), **FSH** 123
European wildcat *(Felis silvestris)*, **EUR** 114
European wryneck (bird; *Jynx torquilla*), **B** 144
Eurylaimus ochromalus. See Black broadbill
Eurypterids (aquatic scorpions), **AUS** 131
Eurypterila. See Sea scorpion
Eurypyga helias. See Sunbittern
Eurystomus glaucurus. See Lilac-breasted roller
Euryzygemas (extinct marsupial), **AUS** 40
Euschemon rafflesia. See Regent skipper
Euselasia erythraea (metalmark butterfly), **SA** *169*
Eusideroxylon zwageri. See Bornean or Belian ironwood
Eutamias. See Chipmunk
Eutamias sibiricus. See Siberian chipmunk
Eutoxeres aquila. See Sicklebill hummingbird
Evans, Edgar, **POL** 56, 57, 58
Evans, J. W., **AUS** 129
Evans, R. C., **MT** 165
Evaporation: and ocean salinity, **S** 80
Evening primrose *(Oenothera lamarckiana):* and mutation, **EV** 73-74
Even-toed ungulates (hoofed mammals), **MAM** *17*, 18
Everest, Mount, **MT** 11, 116, 186, *diagram 179;* **S** 11, 69; ascent of, **MT** 162, 163-166, 167, 181, *184-185;* discovery of, **MT** 162-163
Everest, Sir George, **MT** 163
Everglade kite (bird; *Rostrhamus sociabilis*), **B** 63, 85, **NA** 76
Everglades, Florida, **FOR** 41, 43
Everglades National Park, Florida, **E** 187, **NA** 76, 194
Evergreens: broadleaf, **FOR** *map* 62-63; forest, **TA** 35. *See also* conifers; *and see* specific types
Everlasting (plant; *Helipterum*), **AFR** 136
Evernden, Jack F., **EM** *26*, 27, **EV** 151
Evolution, **EV** (entire vol.), **AUS** 14, **E** 135-140, **EV** 10, 109-116, *117-127*, **MAM** *chart* 36, **SA** 12; and adaptation, **AUS** 66, 127,129, **B** 11, 31, **EV** *28-30, 36-37*, **MAM** 97-100, **PRM** 182, **TA** 58; of amphibians, **EV** 112-114, **REP** 10, *11*, 37, 38, 42, *50-51*, 108-109, 111, *chart* 44-45; of animals, **E** 135-140, **EV** 112-114, **FOR** 55, **S** 26, *chart* 15, **TA** 58; of behavior, **AB** 11, 15-16, 171-172, **EM** 130; of birds, **B** *8*, 10-12, 13, 15, 16, 17, 31, 34, 35, 37, 40, 59, 169-170, **EV** 114, **REP** 35, 36, *39*, 40, 42, 83, 85, 126, *chart* 44-45, **S** *chart* 39; of brains, **EM** 50, 51, 55, *chart* 83, **EV** 116, 165, *166*, **MAM** 167-168; brood size and, **MAM** 146; climate and, **MAM** 41; comparisons in support of, **EV** *38*, 39, 45, *114-115, 130-131*, 132, 134, *148-149*, 157, *166;* and concomitant changes, **REP** 61-62; control of, **B** 169-170, **EV** 170-172 *(see also* Artificial selection); cultural, **EV** 149, 170-172; Darwin and, **B** 10, **EV** 15-16, *17-37*, 39-44, 111, **MAM** 35; defensive mechanisms and tactics, **MAM** 100-104; eating habits and, **PRM** 180; explosive, **AFR** 34; and extinction, **B** 169, 170; of finches' beaks, **EV** *map* 30; of fishes, **AUS** 131-132, **EV** 111-112, 116, **FSH** 44, 59, *60*, 61, *62*, 63-64, *65*, 66, 77-84, *chart* 68-69, **REP** 37, **S** 39, 41, 108-111; in Galápagos, **EV** 18; and genetics, **AB** 178, **EV** 89-96, *97-107;* Haeckel and, **EM** *chart* 20; and heredity, **EV** 67-74, *75-87;* hunting and, **PRM** 181-182; of insects, **AUS** 131, **FOR** 41, 42, 51, **INS** 14, 15, 16, *17, 18-19*, 56, 59, *diagram* 15, **S** *chart* 39; interbreeding and, **EM** 124-125, **PRM** 185-186; isolation and, **EV** *17-37*, 44, **PRM** 35-36; Lamarck and, **EV** 11-12; and language, **PRM** 183; of legs, **EV** 112, **REP** 37; links of, **EV** 46, *60-61*, 111, 113, 116, **REP** 35, 36, 174, *chart* 44-45; and locomotion, **EM** 51, **PRM** 12, **REP** 40, 83; of lungs, **REP** 37; of mammals, **AUS** 36, 62, 65-66, 77, 78-79, **EUR** 156, **EV** 114-115, 119, *130-131, 160-161, chart* 86-87, *diagram* 88-89, **FOR** 40, 42, 43, 46, **MAM** 16, 17, 42, 44-45, *52-53*, **REP** 35-42, *chart* 44-45, **S** 147-150; of man, **AB** 178, **EM** 12, *41-45*, 55, 56, *chart* 83, **EV** 45, 46, 129-136, *137-143*, 145-147, *148-149, 153-163*, 165, 166, 167-172, *173-183*, **MAM** 166-169, **MT** 136, **PRM** 16, 82, 83, 151-158, 177-186, **TA** 165-170; mountains and, **AFR** 137-138, **MT** 13, 89-90; mutation and, **EV** 90-91, *106-107;* of nest building, **B** 139; newest insights into, **EV** 94-95; of plants, **FOR** 39-46, 49-55, 85, 174, *chart* 48, **PLT** 12-13, 14-16, 39-46, *chart* 18-19, **S** 39-40, 41; of prehistoric man, **EM** 53, 55, **EV** 145-152, *153-163*, 165, 167-172; of primates, **EM** 12, 115-116, 159, **EV** 115-116, *130-131, 157*, **PRM** 10-11, 15-16, 17, 21, 82, 83, *chart* 18-19, **MAM** 167; proof of, **EV** 116; of prosimians, **PRM** 11, *chart* 18-19; psychosocial, **MAM** 168; and religion, **EV** 10, 12, 42, 111, 131-132; reproduction and, **MAM** 141-142; reaction to theory of, **EM** 17, **EV** 42; of reptiles, **EV** 15, 114, **FSH** 66, **REP** 12, 35-38, *39*, 40, 41-42, 43, *46-47, 50*, 54, 61-62, 83, 85, 105-106, 125, 130, 133, 134, 137-139, 141, 172, 174, **S** *50-53;* reversals of, **REP** 105, 114; size and, **PRM** 16; skeletal, **EM** *33*, 51, *81*, **EV** *38*-39, *157;* suppression of, **EV** 140; of tarsoids, **PRM** 13; taxonomy, **MAM** 13, **PLT** 12-16; tools and, **EM** 51, 55, 101-102, 104-108, *chart* 103; of teeth, **EV** 114; theories of, **EM** 12, 17, *20-21*, 24, **EV** 42, **MAM** 36-37, **PRM** 178, 179, 180; time scale of, **MAM** *chart* 36, **S** *chart* 39; of trees, **FOR** 39-46, 49, 50-51, 52-55, 174, *chart* 48, **PLT** 14-16; of upright posture, **EV** 134; of vertebrates, **E** 136-139, **EV** 111-112, **REP** 37, **S** 108-109; and vestiges, **EV** 29. *See also* Adaptations and specializations; Artificial selection; Convergent evolution; Divergent evolution; Natural selection
Evolutionary scale: and pain thresholds, **FSH** 44
Ewing, Maurice, **POL** 16, **S** 42, 171, 183
Ewing-Donn theory of ice ages, **S** 42, 171
Excavations: in Bechuanaland, **EM** 58, 59, 61; in Belgium, **EM** 13; in China, **EM** *76;* in Egypt, **EM** 33, 34, 35; in England, **EM** 10; in France, **EM** 10, *22-23*, 118, *136-137*, 146, *164-165;* in India, **EM** 37; in Java, **EM** 80; in Kenya, **EM** *109;* in South Africa, **EM** *58, 60-61;* in Spain, **EM** *85, 86-87, 94-95;* in Tanzania (Tanganyika), **EM** 53-55, *70-71, 100*-101, **EV** *154-155*
Exeirus lateritius. See Cicada-killer wasp
Exner, Siegmund, **AB** 50
Exocoetidae. *See* Flying fish
Exogamy, **PRM** 185-186
Exosphere, **E** 59, *diagram* 66
Expansion of universe, **UNV** 153-154
Expansion theory: of continental formation, **E** 90; of earth changes, **S** 60
Expeditions: biological of the *Beagle*, **EV** 12-16, *maps* 18, 32; of Oxford University to Sarawak, **TA** 121. *See also* Archeology; Excavations; Exploration and settlement; individual scientists and subjects
Expeditions, Antarctic. *See* Antarctic expeditions
Expeditions, Arctic. *See* Arctic expeditions
Experiments: artificial stimulation, **AB** *102-103;* with artistic ability of monkeys, **PRM** 155-156; with atmospheric pressure, **PRM** *175*, 177; with bears, **AB** *121;* with bees, **AB** 61-62; on body disorders, **PRM** *160;* in brain activity, **PRM** 159; with bullfinches, **AB** 131; and camouflage, **AB** 32; with canaries, **AB** 131; with cats, **AB** *65, 102-103, 126;* with chicks, **AB** 133, 138, *139;* with chimpanzees, **PRM** 132, *150*, 151, *172, 174, 175*, 184; with color, **AB** 37-38, 61-64, 78-79; with crawling, **AB** 138; crossbreeding, **AB** 173, 174; dimensional, **AB** *118-119;* distance, **AB** 63; with dummies, **AB** *62, 63*, 64, 67, *68;* in egg-recognition, **AB** 78-79; electronic, **AB** *120;* with emotions, **PRM** 7; fear-of-falling, **AB** *126;* with "femaleness," **AB** 64; with fish, **AB** 36, **FSH** *56-57;* with flies, **AB** 112-113; in flying, **AB** 129; with frogs, **AB** *133*, 134; with fruit flies, **AB** 174; with grayling butterflies, **AB** *62-63*, 64; with herring gulls, **AB** 78-79; interbreeding, **AB** 174; with isolation, **PRM** 157-158; landmark memorization, **AB** *39;* with language, **PRM** 184; in learning ability, **AB** 131, *142*, **PRM** 157; with lovebirds, **AB** 173; with macaques, **PRM** 86-87, 132-133; with man, **AB** 138; metronome, **AB** *65;* mimicry, **AB** *146-147;* with mother-child relationships, **PRM** 86-87, 90-91; in movement, **AB** 63-64; optomotor response to, **AB** 112-113; orientation, **AB** *118-119;* pecking, **AB** 133, 138, *139;* in physical disorders, **PRM** *162, 163;* physiological, **AB** *120, 121;* with pigeons, **AB** *120*, 129; with poisonous snakes, **REP** *72-73;* with pure oxygen, **PRM** *173;* with rabbits, **AB** *120;* with rats, **AB** 91, *102-103, 118-119, 140-141, 142*, **PRM** 90; with rhesus monkeys, **PRM** 86-87, 161; with salmon, **AB** *120;* in satiation, **AB** 91; sensory, **AB** 65, *133*, 134; with sex instincts, **PRM** 91-92; with shapes, **AB** 62-63, 78-79; simplicity in, **EV** 69; with sizes, **AB** 62-64, *68*, 78-79; on social behavior, **PRM** 164, 165; for space travel, **PRM** 159, *172*, 173, 174, *175;* with surgery, **PRM** *160*, 162, 163; with toads, **AB** *146-147;* training, **AB** 36; with visual stimuli, **AB** 62-64, *68*, 78-79, 113; by Von Frisch, **AB** 36, 61-62
Exploding stars. *See* Novae; Supernovae
Exploration and settlement: in Africa, **AFR** *18-25;* in Antarctic, **POL** 52-53, 55, 56, 57, *64-67, 68-69*, 168, 170, 171, 174, 175; in arctic, **POL** 32, 33-40, *41-43, 46-49;* in Egypt, **EM** 35; of fish populations, **FSH** 172, 184; in Greenland, **POL** 39, 45; in the Gobi, **EUR** 34, *46-47;* by Norsemen, **POL** 32-33; in North America, **NA** 9-11, 29-38, 51-60, 75-79, 95, 101-102, 117-118, 121, 154, 173, 178, 180, *maps* 18, 20, 22, 24, 27; of oceans, **S** 12-13,

EC Ecology; **EM** Early Man; **EUR** Eurasia; **EV** Evolution; **FOR** Forest; **FSH** Fishes; **PRM** Primates; **REP** Reptiles; **S** Sea; **SA** South America; **TA** Tropical Asia; **UNV** Universe

INDEX (CONTINUED)

41-42, 55-58, 59-60, 61, 63; polar, **POL** 16, 36-37, 38, 55-58, *59, 60-63,* 68, *70-71,* 172, 173, 174; in Sarawak, **TA** 121. *See also* Expeditions; specific scientists; explorers
Explorer XI (artificial satellite), **UNV** 40, 88
Explorers' Club, **POL** 37
Explosive evolution, **AFR** 34
Extermination: of bugs, **NA** *125;* of rodents, **NA** 124; of tigers, **TA** *155*
Extinct and Vanishing Birds of the World, Greenway, **AFR** 157
Extinction, **EC** 150; in Australia, **AUS** 36, 40, 42, *86-87, 148, 149,* 150, 178, *diagram* 88-89; of birds, **AUS** *148, 149,* 150, **B** 11, 15, 16, 23, 84-86, 168-172, *180-181, 182-183,* **NA** 59, 76, **SA** 101; Darwin on, **EV** 14; of dinosaurs, **REP** 41-42; of early man, **EV** 157, 168; of fish, **FSH** 66; of insects, **INS** 16, 60; in Madagascar and nearby islands, **AFR** 156, 157-158, *166-167;* of mammals, **AUS** 36, 40, 42, *86-87,* 178, *diagram* 88-89, **EC** 125, 150, **MAM** *32-33, 34-35,* 42, 48-49, **NA** 34-35, *128-129, 130-131,* **S** 146, **SA** 14, *59, 60-61;* man-induced, **B** 84-85, 168, 169, 170, 180, **MAM** 42, 48-49; in North America, **NA** 31, 34-38, 76, 96-97, 101-102, 121-126, *128-129, 130-131,* 154, 173, 178, 180; of reptiles, **EV** 25, **REP** 10, *41,* 42, *43,* 44, 80, 108, 153, 156, 169, 171, 177, 180; in South America, **SA** 14, 15, 16, 58, *59, 60-65,* 72, 101; in tropical Asia, **TA** 110-111
Eyebright (plant; *Euphrasia*), **PLT** 143
Eyebrow ridges: of Broken Hill man, **EM** *143;* of Neanderthal man, **EM** 126; of Tabun woman, **EM** *143*
Eyed finger sponge *(Chalina oculata),* **S** *26*
Eyed lizard *(Lacerta lepida),* **EUR** *77*
Eyelash viper (reptile; *Bothrops schlegelii*), **REP** *25*
Eyelids: of birds, **B** 36, *50-51;* of fish, **FSH** 51
Eyes: of birds, **B** *35, 50-51;* of cats, **AB** *diagram* 54-55; cleaning of, **INS** 41; compound, **INS** *32,* 35, diagram 38, *46;* of crabs, **S** *20;* of dragonfly, **AB** 53; of fishes, **FSH** 41, *42, 43, 50-51;* of flatfish, **S** *111;* of flounder, **S** 110-111; forward-turned in primates, **EV** 115-116; of frogs, **AB** *diagram* 54-55; genetic determination of color, **EV** *98-99;* of hammerhead shark, **S** *139;* of hawk moth caterpillar, **AB** 175; human, **AB** *52,* **INS** *diagram* 37; of insects, **AB** 38, *50-51, 53,* **INS** 10, *45;* of invertebrates, **AB** 53; of jellyfish, **S** *19;* lens of, **AB** 51; light-sensitive cells of, **AB** 52; migrating, **S** *111;* of octopus, **AB** *53, diagram 54-55,* **S** *129;* of reptiles, **REP** 12, 39, *94-95,* 159, 172; retina of, **AB** 51, 52, 54-57; of scallops, **S** 108, *128;* simple, **INS** 35-36; stalked of, Asiatic goldfishes', **FSH** *51;* of vertebrate, **AB** 52; of whales, **S** *158;* of worm lizards, **REP** 28, 30. *See also* Vision
Eyesight. *See* Vision
Eyespots: of caterpillars, **AB** *186-187;* of moths, **AB** 66, 156, 176, *185*
Eyre, Lake, Australia, **AUS** 12, **S** 184
Ezekiel, on mountains, **MT** 138

F

F layer (of atmosphere), **E** *66*
Fabre, J. Henri, **AB** *10,* **INS** 33, 161-162
Facial characteristics of man, **EV** *130-131, 171*
Factory ships of whaling industry, **S** 160, 161, *162-163, 164-165*
Fagales (order of plant class Dicotyledoneae), **PLT** 186
Fagg, Kenneth, **S** 64
Fagopyrum esculentum. See Buckwheat
Fagus. See Beech
Fagus grandifolia. See American beech
Fagus sylvatica. See European beech
Fairbanks, Alaska, **POL** 152, 154, *163*
Fairy armadillo *(Chlamyphorus truncatus),* **SA** 56, *72;* **MAM** 100
Fairy fly *(Mymaridae),* **INS** 11
Fairy shrimp *(Eubranchipus vernalis),* **DES** 70, *105*
Fairy, or white, tern (bird; *Gygis alba*), **B** 16
Falco. See Kestrel
Falco mexicanus. See Prairie falcon
Falco peregrinus. See Peregrine falcon
Falco rusticolus. See Gyrfalcon
Falco sparverius. See Sparrow hawk
Falcon (bird; Falconidae), **B** 62, **EUR** *152,* **NA** *158-159;* bill of **B** 71; as Egyptian deity, **B** 174; offensive mechanisms and tactics of, **B** 62; vision of, **AB** 39
Falcon, peregrine *(Falco peregrinus),* **B** 62; speed of, **MAM** *chart* 73
Falcon, prairie *(Falco mexicanus),* **NA** *158-159*
Falcon, pygmy. *See* Pygmy falcon
Falconet. *See* Pygmy falcon
Falconidae. *See* Falcon
Falconiformes. *See* specific birds of prey
Falconry, **B** 62, 102
Falconry, The Art of, Frederick II, **B** 100
Falkland Current, **DES** 29
Falkland Escarpment, **S** *map* 66
Falkland Islands, **S** *map* 66
Falkland sea lion (mammal; *Otaria byronia*), **MAM** 144
Fall (autumn): color changes in, **PLT** 59, *70-71*
Fall armyworm *(Cirphis unipuncta),* **PLT** *176*
Fall cankerworm moth *(Alsophila pometaria):* eggs of, **INS** *70*
Fall line, **NA** *76*
Fallout: cancer and, **EC** 169; concentration of, **EC** 170; ecological problem of, **EC** 169-170; heredity and, **EC** 169; paths of, **EC** *chart* 169; radioactive, hazards of, **EUR** 133
Fallow deer (European; *Dama dama*), **EUR** *29,* 62, *120-121;* antlers of **MAM** 99; seasonal coloration in, **MAM** 102
Fallow deer (Persian; *Dama mesopotamica*), 62
False bottom (ocean), **S** 111-112
False gavial (crocodilian; *Tomistoma schlegeli*), **REP** 16, 111
False sarsaparilla (flower; *Hardenburgia violacea*), **AUS** *54*
False vampire bats (megaderma), **TA** 60
False vampire bat, American *(Vampyrum spectrum),* **SA** *90*
Famine, problem of, **EC** 168
Fan palm, California *(Washingtonia filifera),* **PLT** 80
Fangs of poisonous reptiles, **REP** *59,* 60, 112
Fantail flycatchers (bird; *Rhipidura*), **TA** 59
Fantail pigeon *(Columba livia),* **EV** *42*
Faraday, Michael, **UNV** 36
Farancia abacura. See Horn snake
Farne Islands: bird sanctuary of, **EUR** 177
Farinosae (order of plant class Monocotyledoneae), **PLT** 187
Farrer, Reginald, **EUR** 34
Fat-tailed lemur *(Cheirogaleus medius),* **AFR** 154
Fat-tailed marsupial mouse *(Sminthopsis crassicaudata),* **AUS** *90-91, diagram* 88
Faults (fractures in earth's crust), **E** *52, diagram* 84, **MT** 42, *49, diagrams* 36, *46-47,* **S** 69; defined, **MT** 36, 37; San Andreas, **E** 38-39, 186
Fauna: cycles relating to climate, **TA** 32; killing of, by man, **TA** 110-111; in mountains, **TA** 37-38; of mud flats, **TA** 79-88, *94-99;* natural selection, **TA** 108; of rain forest, **TA** 58; of South America, **SA** 10-16
Fawns, **MAM** *30;* protective coloration of, **MAM** *116-117*
Faya-Largeau, Chad (oasis), **DES** 143, *145*
Faye (comet), **UNV** 70
Fayum Depression, Egypt, **EM** 33, 34, 35
Fear, of falling, **AB** *126,* 127; of sharks, **FSH** 77; of snakes, **REP** 12, 152
Feather grass, or needle grass *(Stipa pennata),* **EUR** 82, *83, 87*
Feather lice (Mallophaga), **EC** 95
Feather starfish (Crinoidea), **TA** *89*
Feathers, **B** 9-10, *13,* 33-35, *52, 53, 54, 55;* alula, **B** *42;* evolution of, **REP** *39,* 40; coloring of, **B** *52;* commercial use of, **B** *176-177;* as currency, **B** *176-177;* in flight, **B** *34,* 35; number of, **B** 34, 53; preening of, **B** 54, *55;* structure of, **B** *34;* rhea, commercial use of, **B** *178-179. See also* Plumage
Feathertail (fish; *Phenacogrammus interruptus*), **AFR** *51*
Feather-tailed glider. *See* Pygmy glider
Feedback: in behavior, **AB** 90, 92; in orientation, **AB** 110, 114; relationships, **EM** 55
Feeding devices and behavior: commensalism, **B** 58, 64, 74-75; communal, **TA** 59; of swallowtail, **INS** *49;* of tiger beetle larva, **INS** *48*
Feelers (barbels) of fishes, **FSH** 43
Feet: adaptations by reptiles of, **REP** *96-97;* of arthropods (marine phylum), **S** *21;* of birds, **B** 13-16, *22,* 23, 26, *37, 38, 39,* 58, 71; of chameleon, **REP** 58, 96; of kangaroos, **AUS** 105; of mammals, **MAM** 57-58, *66-67;* man's use exclusively for locomotion of, **EV** 134; of mollusks, **S** 23; of primates, **MAM** 167; of sea mammals, **S** *147;* of starfish, **S** 23, 26; structure of, **PRM** *14;* of ungulates, **AFR** 65
Feldspar, **EM** 104
Felis aurata. See African golden cat
Felis caracal. See African lynx
Felis catus. See Domestic cat
Felis libyca. See African wildcat
Felis lynx. See European lynx
Felis manul. See Pallas cat
Felis ocreata cafra. See Gray cat
Felis onca. See Jaguar
Felis serval. See Serval
Felis silvestris. See European wildcat
Felis unica. See Snow leopard
Felis viverrina. See Fishing cat
Felis wiedi. See Margay
Felis yagouaroundi. See Jaguarundi
Female figurines *(Paleolithic),* **EM** *162-163;* in Cro-Magnon art, **EM** 150-152; of earth goddesses, **EM** 151; and fertility rites, **EM** 161; as objects of veneration, **EM** 163; significance of, **EM** 151; wide distribution of, **EM** 151
"Femaleness," experiments with, **AB** 64
Fence lizard, scaly-backed *(Sceloporus undulatus),* **EC** *111,* **REP** 12, *13,* 80
Fennel (herb; *Foeniculum*), **PLT** *174,* 187
Fer-de-lance (snake; *Bothrops atrox*), **REP** 15, **SA** 128
Ferdinand, Archduke, **EV** *179*
Fermentation, **PLT** 58, 62
Fern, Australian staghorn *(Platycerium grande),* **PLT** *136*
Fern, deer *(Blechnum boreale),* **FOR** *84-85*
Fern, resurrection *(Polypodium),* **AFR** 137
Fern, staghorn *(Platycerium),* **FOR** 75, **PLT** 142, **TA** *63*
Fern, Tahitian *(Alsophila),* **PLT** *26*
Fern, tree *(Cyathea),* **AFR** 136, 137, **FOR** 40, 70, *71,* **TA** *25*
Fern, western sword *(Dryopteris),* **FOR** *82-83*
Fern, whisk *(Psilotum nudum),* **PLT** *25*
Fern bird *(Bowdleria punctata),* **AUS** 149
Ferns (Polypodiaceae), **EUR** 12, 35, *146,* **PLT** *19,* 185, **SA** 11; early forms of, **PLT** 14-15; epiphytic, **PLT** *136;* humus baskets of, **PLT** 142; spores of, **PLT** 141
Fernando Noronha Island, **S** *map* 66
Ferocactus. See Barrel cactus
Ferret (mammal; *Mustela*), **DES** 78, 120, **EC** 61, **EV** *66,* **MAM** 145, **NA** 124
Ferret, black-footed *(Mustela nigripes),* **AB** *161,* **NA** 124
Ferry-Morse Company seed farm, **EV** *78-79*
Fertility. *See* Eggs
Fertilization: delayed, **INS** 14, 180; evolution of internal, **EV** 113; forms of, **PLT** 15-16, 105; of human egg, **EV** *105;* of pine cone, **PLT** 14; of red poppy, **PLT** *116-117;* by reptiles, **REP** 36-38, 125, 126, 127, 141; by wind, **PLT** 11, 105. *See also* Pollination; Reproduction
Fertilizer: early use of, **PLT** 161; guano as, **S** 79, *84-85,* **SA** 108, 185; phosphorite as, **S** 173
Fescue (grass; *Festuca sulcata*), **EUR** 82, *87*
Fescue, sheep's (plant; *Festuca ovina*), **MT** 86
Fesenkov, Vassily, **UNV** 70
Festuca ovina. See Sheep's fescue
Festuca sulcata. See Fescue
Fever tick, Rocky Mountain spotted (insect; *Dermacentor andersoni*), **FOR** *148*
Fey, Venn, **AFR** 141
Fibers: cell walls of, **PLT** 39; cellulose in, **PLT** 62. *See also* Cotton
Ficus bengalensis. See Banyan
Ficus carica. See Common fig
Ficus columnaris. See Australian fig tree
Ficus stipulata. See Strangler fig
Fiddle beetle *(Mormolyce),* **TA** *126*
Fiddleneck (flower; *Amsinckia*), **DES** 60
Fiddler crab (crustacean; *Uca*), **AB** *166,* **EC** 90, **TA** 83
Fieberling Guyot (underwater volcano), **S** *map* 69
Field, Darby, **MT** 158
Field cricket (insect; Gryllinae), **AFR** 117, **INS** *diagrams* 13, 38, **NA** *47*
Field mouse. *See* European field mouse
Field, or meadow, mushroom *(Agaricus campestris),* **PLT** 41
Field vole (rodent; *Microtus agrestis*), **EUR** *140*
Field spaniel (dog; *Canis familiaris*), **EV** *86*
Fieldfare (bird; *Turdus pilaris*), **B** 88
Fifteen-spined stickleback (fish; *Spinachia spinachia*), **FSH** *105,* 106
Fig, common *(Ficus carica),* **DES** 165
Fig, strangler *(Ficus stipulata),* **AUS** 14, **EC** *134,* **FOR** *108, 110,* **TA** *63*
Fig tree, Australian, or "banyan" *(Ficus columnaris),* **PLT** *135*
Fiji Islands, **S** *map* 70; lizard of,

146

AB Animal Behavior; **AFR** Africa; **AUS** Australia; **B** Birds; **DES** Desert; **E** Earth; **INS** Insects; **MAM** Mammals; **MT** Mountains; **NA** North America; **PLT** Plants; **POL** Poles;

SA 132
Filament of plants, PLT 10
Filariasis (disease), INS 29
Filchner Ice Shelf, S map 73
File shell (Limidae): tentacles of, S 129
Filefishes (Monocanthidae), FSH 26
Filices (class of plant division Filicophyta), PLT 185
Filicophyta (division of plant subkingdom Embryophyta), PLT chart 18-19, 185
Filoplumes (feathers), B 34, 53
Filter bridge, TA 103, 104, chart 102
Fin whale. See Finner whale
Finback whale. See Finner whale
Finch, George, MT 163
Finch (bird; Fringillidae), B 16, 31, DES 73, 74, TA 34, 37, 108; abundance, B 169; bill of, B 59; evolution of beaks of, EV 30; range of, EC 56
Finch, cactus ground (bird; Geospiza scandens), EV 30
Finch, large cactus ground (Geospiza conirostris), EV 30
Finch, large insectivorous tree (Camarhynchus psittacula), EV 30
Finch, mangrove (Camarhynchus heliobates), EV 30
Finch, medium ground (Geospiza fortis), EV 30
Finch, medium insectivorous tree (Camarhynchus), EV 30
Finch, parrot (Erythrura), AB 167
Finch, rosy (Montifringilla), EUR 40
Finch, sharp-beaked ground (Geospiza difficilis), EV 30
Finch, small ground (Geospiza fuliginosa), EV 30
Finch, small insectivorous tree (Camarhynchus parvulus), EV 30
Finch, snow (Montifringilla), EUR 40
Finch, warbler (Certhidea olivacea), EV 30
Finch, weaver (Estrildidae), B 85
Finch, woodpecker (Camarhynchus pallidus), B 58-59, PRM 154
Finches of Galápagos, B 11-12, 58-59, EV 15, 16, 30-31
Finger sponge, eyed (Chalina oculata), S 26
Finland, FOR 174; bird censuses in, B 84, 86; government protected land, EUR chart 176
Finland, Gulf of: aquatic life in, EUR 138
Finlay's comet, UNV 70
Finlayson, H. H., AUS 106
Finner, or fin, or finback, whale (Balaenoptera physalus): and harpoon guns, S 150; maturity of, S 149; migration of, MAM 126; oil from, S 156; speed of, MAM chart 72
Fins (fish): evolution of, FSH 60-61; of fishes, FSH 36-37, 46-47, 54, 62-63, 64, 103; lobed, FSH 64; modifications of, FSH 62; of mudskipper, FSH 72-73; paired, FSH 61, 62, 66; of pompano, FSH 27; rayed, FSH 64; of Sargassum fish, S 127; of sharks, FSH diagram 86; of sharks, S 133; tips of, FSH 62; transition to legs, EV 112; of whales, MAM 62
Fiords, carving of, MT 48-49
Fir (tree; Abies), NA 174, PLT 27; classification of, FOR 43; distribution of, PLT 127; forest population by, PLT 15; lumber use of, FOR 171; and mutualism with spiky-needled spruce, MT 83
Fir, alpine. See Alpine fir
Fir, balsam (Abies balsamea), FOR 59
Fir, Douglas. See Douglas fir
Fir, Scotch, or Scotch pine (Pinus sylvestris), EV 43
Fir, white (Abies concolor), FOR 59
Fire, DES 130-131, 152; and deforestation, FOR 59, 118, 170, 171, 172; discovery, theories of, EM 79-80, 93, first users of, EM 80; and forest dwellers, FOR 126; forest fires, FOR 153, 154, 156-157, 165, 166-167, 173; grass fires, AFR 64, 66; used for hunting, EM 94; mastery of by Peking man, EV 134, 159; obtained from natural sources, EM 93; transporting of, EM 80, 93
Fire ant (Tetraponera), TA 124
Fireback pheasant, crested (Lophura diardi), TA 72
Firebrat (insect; Thermobia domestica), INS 8
Firefly (Arachnocampa luminosa), INS 118-119, SA 157, TA 85-86
Firefly, Peruvian (Lampyridae), INS 22
First International Polar Year, POL 36, 38
Fish and Wildlife Service, U.S., NA 124
Fish duck, or merganser (Mergus), B 14, 62, NA 32, POL 108
Fish eagle, African (Haliaetus vocifer), AFR 34, 41
Fish hawk (Pandion haliaetus), AFR 34, 41
Fish lice (Copepoda), FSH 127
Fish sense and control organs, S 109
"Fish That Comes When One Whistles, A," by Karl von Frisch, AB 36
Fish-eating bat (Pizonyx vivesi), MAM 88, SA 86, AB 23
Fisher, James, B 20, 82, 83, 137, 170
Fisher, Sir Ronald Aylmer, EV 90, 91, 93
Fisher (mammal; Martes pennanti), MAM 142, 187, NA 15, 175
Fisheries: of Barents Sea, FSH 184; biology of, FSH 171-175; of Cape Cod, FSH 151, 171-176; catastrophies in, FSH 15-16; commercial, FSH 169, 170; and commercial equipment, S 177; of Ecuador, FSH 175; and fish transplanting, FSH 174; of Georges Banks, FSH 175; of Grand Banks, FSH 182-183; ground, FSH 15, and Humboldt Current, FSH 16; Icelandic, FSH 102; of Lofoten Island, FSH 100, 151, 184; and ocean upwellings, S 80; Peruvian, FSH 16; research vessels for, FSH 173; sardine, FSH 180-181; of South America, S 79, 84-85; yields from, FSH 171
Fisheries Research Institute, University of Washington, FSH 154
Fishes (Pisces), FSH (entire vol.); adaptations of, see Adaptations and specializations: of fishes; of Africa, AFR 11-12, 34-35, 36-38, 40, 41, 50-51, 156; air-breathing; AFR 36, 37; albino, EV 66; anadromous, FSH 101, 157; of the Andes, SA 185; in antarctic waters, POL 78; appeasement posture in, AB 156; of Aral Sea, EUR 90; archaic, FSH 10, 19, 61; in arctic waters, POL 155; armored, FSH 26, 38-39, 62, chart 68-69; associations between, FSH 121-130; of Australia, AUS 10, 131-132; balance sense in, AB 107-108, 111; of Baltic Sea, EUR 138; bilateral symmetry of, FSH 36; binocular vision of, FSH 41; of Black Sea, EUR 90; body structure of FSH 46-47; boneless, FSH 62; bony, FSH 34, 36; bottom, FSH 14, 62; brain of, EV 166, FSH 44, 46-47; breathing of, FSH 39, 54-55; camouflage by, see Camouflage and disguise: by fishes; carnivorous, FSH 12, 14; cartilage of, FSH 62; of Caspian Sea, EUR 90; catching of, in Africa, AFR 40, 41; circulatory system of, FSH 36, 46-47, 86; classification of, FSH 62-64, chart 68-69, MAM 10; cleaning by, FSH 124-126; climbing by, FSH 25, 37-38, 72-73, SA 181; cold-bloodedness of, FSH 36; colonies of, FSH 32-33; in Colorado River, NA 146; colors of, FSH 10-11, 24, 25, 26, 42-43, 48-49; commensalism of, FSH 122; communication by, AB 164-165; conservation of, NA 180; courtship of, FSH 107, 108, 116; cultivation of, FSH 175-178; as decoys, FSH 123; in deep pools, FOR 23; denticles of, FSH 63; disguises by, see Camouflage and disguise: by fishes; eating habits of, FSH 12-14, 38-39, 52-53, 78, 80-83, 92, 120, 124, 131, 150; and economic foundation of plants, DES 69, 70; effects of polution on, FSH 16, 54; eggs of, AB 12-13, 73, FSH 79-80, 86, 99, 101, 103, 104-105, 110-114, 116, 117; electric fishes, AB 43-44; elevators and ladders, FSH 163; encystment of, FSH 71; estivation of, FSH 71; evolution of, see Evolution: of fishes; eyes of, FSH 41, 42, 43, 50-51; face of, EV 130-131; families of, FSH chart 68-69; farming of, S 173; feeding techniques of, EC 122, FSH 12, 14; fins of, see Fins: of fishes; flying, FSH 38; as food for birds, B 61, 66-67, 77, 89, 172; fossils of, EV 119, FSH 60-61, 64, 65, 66, 67, 93; four-eyed vision of, FSH 43; fresh-water, see Fresh-water fishes; fry of, FSH 102, 113, 151; ganoin (enamel) of, FSH 38; gas bladders of, FSH 39-40, 43, 46-47, 54, 78-79; gills of, FSH 13, 39, 41, 46-47; and gravity, S 109; gravity organs in, AB 109, 110-111, 123; growth of, FSH 36, 103, 99-106, S 110-111, 112, 173; growth rings of, FSH 36, 38; guanin (reflective crystals) of, FSH 42; habitats of fishes, see Habitats: of fishes; hearing of, AB 36, 42, FSH 43, 46-47, 79, 128; hearts of, FSH 36, 46-47; hermaphroditism of, FSH 100; holostean, FSH 65; hunting techniques of, FSH 29, 30-31, 37, 81, 82-83, 133; hypercarnivorous, FSH 12; internal fertilization by, FSH 115; introduction into Europe, EUR 159; jawless, FSH chart 68-69; jaws of, FSH 14, 30-31, 38-39, 46-47, 52-53, 60, 63, 78, 81, 92, diagram 86, S 143; jumping, FSH 30-31, 162, 163; kills of, FSH 15, 16; lake living levels of, FSH 14, 15; larva of, FSH 102; laternal lines of, AB 43, 154, FSH 44, 46-47, 56-57; learning by, EC 146; and legs development, REP 37; light organs of, S 111; living in both fresh and salt water, FSH 12, 40; lobed fins of, FSH 64; locomotion by, FSH 30-31, 37, 94, 157, 162, 163; locomotor muscles of, FSH 36; lungs of, FSH 39, 70, 71, REP 37; of Madagascar, AFR 156; meal made from, FSH 16, 171, 176-177; mating habits of, FSH 107; of Mediterranean Sea, EUR 41-42, 90; melanin (waste) from, FSH 49; migration of, FSH 12, 14, 149-158, 159-167, S 112; milling by, FSH 128, 164-165; mirror images in, FSH 36; in Mississippi River, NA 39; modification of population; EUR 159-160; mollusk-eating, FSH 13; monocular vision of, FSH 41, 42; in mountain streams, NA 148; mouths of, FSH 13, 26, 29, 38-39; movable heart of, FSH 13; of mud flats, TA 80; mutualism of, FSH 123; nares (nostrils) of, FSH 43, 46-47; nesting by, FSH 105, 116; of North America, NA 29, 33-34, 38-39, 42-43, 79, 146, 148; number of species, MAM 13, chart 22; and ocean currents, S 79, 84-85; olfactory bulbs of, FSH 46-47; otolith (hearing aid) of, FSH 46-47; overland travel of, FSH 37-38, 55; pain in, FSH 44; paleoniscids, FSH 65; parasites of, FSH 124, 126; parasitism of, FSH 126-127; peduncles of, FSH 46-47; pelagic, FSH 12, 46-47; pharynx of, FSH 13, 86; and plankton, FSH 12; poisonous, FSH 24, 26, 42, 78, 96-97, 141, 165, S 34, 35, 143; predatory, FSH 13-14, 28, 30-31, 52-53, 64, 122; prehistoric alive today, FSH 74-75; protection of young by, FSH 10-11, 138-139; as protein source, TA 182-183; reproduction by, FSH 43, 79-80, 86, 98, 99-106, 109-111, 114-116, 157, 158; respiration of, FSH 39, 44, 54-55, 65, 73, TA 87; salt content of, S 12; scales of, FSH 26, 36, 38-39; schooling by, EC 144, FSH 8, 12, 56, 83, 127-130, 164-165, 166-167; of Sea of Azov, EUR 90; self-lubrication by, FSH 38; sensory apparatus of, FSH 42, 43, 40-44, 156, S 109; sexual rivalry in, AB 154; sixth sense of, FSH 44; size of, FSH 13, 63, 64, 80-81, 82-83; skeletons of, FSH 34, 36, 45, 46-47, 62; skin denticles of, FSH 63; skin folds of, S 111; sleep of, FSH 36; smell and touch as dominant sense in, AB 50; social behavior of, FSH 127-130; solitary, FSH 32-33, 127; sounds of, FSH 128, S 110, 150; of South America, SA 178-186, 188-189; spawning of, FSH 96, 99-101, 109, 150, 155, 159; speeds of, FSH 30-31, 157, MAM chart 72-73, S 109; spines of, FSH 34; streamlining of, FSH 19, 36, 46-47, 65; striking prey, FSH 13, 28, 29, 30-31, 40; structures of, FSH 10, 36-37, diagram 46-47, 66, 103; supply of, FSH 170-178, 184; surface, FSH 12; survival of, in low temperatures, POL 74; swimming of, AB 89-90, FSH 37, 94, S 31; tagging of, FSH 150-151, 150-155; tear ducts of, FSH 51; teeth of, FSH 12, 13, 14, 26, 30-31, 52, 53, 63, 76, 78, 81, 83, 85, 92, 94-95, 144-145, diagram 86, S 111; teeth of, S 111; teleostan, FSH 65; telescopic jaws of, FSH 14; and temperature, FSH 15; tidal rhythms and, EC 82; transparency of, FSH 45; transplanting of, FSH 174-175; travel of, FSH 14, 37-38, 55; trowel-jawed, FSH 52; tube-mouthed, FSH 26; in tundra lakes and rivers, POL 106, 110; vacuum-cleaner-mouthed, FSH 13; vertebrae of, FSH 36, 43; vision of, FSH 40, 41, 42, 43, 50-51, 129; walking by, FSH 25, 37-38, 72-73; water balance in, FSH 12; and water temperatures, FSH 14, 15, 36, 100, 149-150; and winter, FOR 31; world catch of, FSH 169. See also specific fishes
Fishes, Age of, FSH 61
Fishes, lobe-finned (Sarcopterygii), FSH chart 68
Fishes, ray-finned, or actinopterygians (Actinopterygii), FSH 64, 66, chart 68-69
Fishes, spiny (Acanthodii), FSH chart 68-69
Fishes' eggs, FSH 79-80, 86, 101, 112-113, 145, SA 179, 183, S 25; laid out of water, FSH 104; protection of, FSH 101-103, 104-105, 110-114, 116-117; purses or sacks of, FSH 79, 80, 99-101; ventilation of, AB 12-13, 73; yolks of, FSH 102, 110-111
Fishing, commercial: areas as food resources, FSH 170; equipment for, FSH 168, 169-178; by fishes, FSH 25; fleets of the world, FSH 171; laws for, FSH 183; lures, AB 60; nets, FSH 172-175; sonar, S 177; techniques for, AFR 33-36, 40, 41, FSH 169-178, 179, 185, TA 88
Fishing cat (Felis viverrina), MAM 80, 81, TA 88

147

EC Ecology; EM Early Man; EUR Eurasia; EV Evolution; FOR Forest; FSH Fishes;
PRM Primates; REP Reptiles; S Sea; SA South America; TA Tropical Asia; UNV Universe

INDEX (CONTINUED)

Fishing owl, Asiatic *(Ketupa Ketupu)*, **B** *50*, **TA** 37
Fish-lizard (Ichthyosauria), **AUS** 39, **S** *51;* and Jurassic era, **FSH** 66
Fitzgerald, Edward A., **MT** 160
Fitzroy, Robert, **EV** 14, 42
Fitzroya (tree), **PLT** 126
Five Civilized Tribes (early American Indians), **NA** 15
Five-lined, or Florida, skink, or ground lizard *(Eumeces inexpectatus)*, **REP** 13
Flake tools, **EM** *103*, 105-106
Flamingo (Phoenicopteridae), **AFR** 34, 53, **B** 14, *55*, **EM** *72-73*, **SA** 99; bills of, **B** 37, *61;* classification of, **B** 20; colonies of, **B** 85, *96-97;* fossils of, **B** 10; nests of, **B** 140
Flamingo, greater *(Phoenicopterus ruber)*, **AFR** *32*, **EUR** 64
Flamingo, James's *(Phoenicoparrus jamesi)*, **MT** *122-123*
Flamingo, lesser *(Phoeniconaias minor)*, **AFR** *55*, **B** 57, 85
Flares, solar, **UNV** 91, *96-97*
Flash phenomena, solar, **E** *68-69*
Flatfish (Heterosomata), **S** *111*
Flatid (insect; *Flatida rosea*), **AFR** *160-161*
Flatida rosea. See Flatid
Flat-toed salamander, Mexican *(Bolitoglossa platydactyla)*, **SA** *133*
Flatworms (Platyhelminthes), **FSH** 127, **S** 40, *chart* 15, **TA** 54
Flax *(Linum usitatissimum)*, **EUR** 158
Flea (Siphonaptera), **INS** 104, *diagram* 12; as bird parasites, **EC** 95; plague, **EC** 99
Flea, beach *(Orchestia agilis)*, **INS** *30*, 31
Flea, glacier *(Machilanus)*, **MT** 116
Flea, sand *(Orchestia agilis)* **INS** 14
Flea, water *(Daphnia)*, **AB** 153
Flea beetle (Halticinae), *diagram* **INS** 12
Fleahopper, cotton *(Psallus seriatus)*, **PLT** *177*
Fleay, David, **AUS** 60, 64, 80
Flebotomus. See Fly, sand
Fleming, Henry, **SA** *172-173*
Flemish Cap (underwater), **S** *map* 64
Flesh eaters. *See* Carnivores
Fleshy lip orchid *(Sarcochilus fitzgeraldi)*, **AUS** *57*
Flicker, gilded (bird; *Colaptes chrysoïdes*), **NA** 53
Flies (Diptera); **DES** 60, **INS** 29, 51, **INS** *28-29;* as bird parasites, **EC** 95
Flies (Muscidae), **MT** 116, **NA** *46-49*, **TA** 123, 127; in Antarctica, **POL** 16, 74, 111, 126; antennae of, **INS** 38; classification of, **INS** 29; escape of, from pupa, **INS** 60; escape flight of, **INS** 34; feeding tools of, **INS** 41, 42; fossil of, **E** *143;* fossil of, in amber, **INS** *21;* heat escape of, **INS** 102; higher, **INS** 16; larvae of, **INS** 57; mutant, **EV** *100-101;* optomotor response experiments with, **AB** 112-113; pollination by, **INS** 125; reaction to environmental change of, **AB** 112; sense of taste of, **INS** 39-40; wing-cleaning movements of, **AB** 85-86; wings of, **INS** *51. See also* Fruit fly; Horse fly; House fly; and other specific flies
Flies, hover (Syrphidae), **INS** *116-117*
Flight, **INS** 12, 15, 40, 51, 60; in bats, **MAM** *24*, 60-61; defensive, **MAM** 104; escape by, **INS** 34; methods of, **INS** *52-53;* speeds, **B** 105, *table* **INS** 14. *See also* Flight of birds; Flight of butterflies; Flight of insects
Flight, or quill, feathers, **B** *13*, 33, *34*, 35, *53*
Flight of birds, **B** *48, 49*, 54, **FOR** 115; adaptation to, **B** *13*, 33-40, 41, *42-43, 44-45, 46, 47*, 49, *52-53;* backward, **B** 39, 44; evolution of, **B** 10, 40; gliding, **B** 40, *diagram* 43; hovering, **B** 39, *44-45;* landing, **B** 40; migratory, **B** 60; soaring, **B** 40, *42, diagrams* 43; speed, **B** 105
Flight of butterflies, **FOR** 32, 33
Flight of insects, **INS** 12, 15, 40, 51, 60; escape by, **INS** 34; methods of, **INS** *52-53;* speeds, **INS** *table* 14
Flightless birds, **AUS** 34, 148-150, 162-163, **B** 12-14; Rhea, **SA** 13, 107, 121
Flightless cormorant (bird; *Nannopterum harrisi*), **EV** *28*, 29
Flinders, Captain Matthew, **AUS** 147
Flinders Island, **AUS** 15
Flinders Mountains, Australia, **AUS** *17*
Flint, tools of, **EM** 104, *116, 117*
Flint nodules, **EM** *112*
Floats used in oceanography, **S** *82*
Flocculi, solar, **UNV** *102-103*
Flocking: by birds, **AB** 152, 154; of black-headed gulls, **AB** *182-183*
Flood plains, **E** 107
Floods, **FOR** 42, 44, 115, 154, 171; in Africa, **AFR** 48; flash, **DES** 56, 101; and fossil theory, **EV** 109-110; rivers caused by, **TA** 22
Floodwater mosquito *(Aedes sticticus)*, **INS** 142
Floribunda rose (hybrid), **EV** 81
Florida, **FOR** 22; and glaciation, **S** 40; and Gulf Stream, **S** 77; tropical forest of, **FOR** 41, 43, 58, 60; wildlife reservation of, **PRM** 190
Florida, or five-lined, skink, or ground lizard *(Eumeces inexpectatus)*, **REP** 13
Florida red scale (insect; Coccidae), **PLT** *177*
Florida sand skink (lizard; *Neoseps*), **REP** 83
Florida scrub lizard. *See* Fence lizard
Florida worm lizard *(Rhineura floridana)*, **REP** 13, *28-29*, 80, 84
Florideophyceae (class of plant division Rhodophyta), **PLT** 183
Flounder (fish; *Paralichthys*), **FSH** *19, 20-23*, 37, 43, 150, 154, *chart* 69; eyes of, **S** 110-111
Flounder, European. *See* Plaice
Flounder, yellowtail *(Limanda ferruginea)*, **FSH** 154
Flower mantid *(Hymenopus coronatus)*, **TA** 122, *134-135*
Flower wasp (Thynnidae), **AUS** 130
Flowering plants, **PLT** *28-29;* characteristics of, **PLT** 15-16; color range of, **INS** 36; effect of temperature on, **PLT** 124; first appearance of, **PLT** *chart* 18-19; number of species, **PLT** 16, 80; parasitic, **PLT** 143; and pollinating insects, **INS** 16, 19; pollination mechanisms of, **INS** 125-126; simultaneous bud break of, **PLT** 98; size of, **PLT** 39. *See also* individual species
Flowers, **FOR** 13, 43, 58, 106, **PLT** 12, **FOR** *chart* 48; of Africa, **AFR** *146-147;* of the Alps, **MT** 84-85, 86-87, 89; anatomy of, **PLT** *10;* and artificial selection, **EV** *75-81;* of Australia, **AUS** *52-57;* dicot, **PLT** *31, 32;* evolution of, **FOR** 41, 44-45; growth in, **PLT** 97; in Himalayas, **EUR** *51;* migration of, **EUR** 160; and mimicry, **EV** *50-51, 54-55;* monocot, **PLT** *31, 33;* and pollination devices, **INS** 125, 126; of rain forests, **TA** 55; seed production of, **PLT** *116-117;* sensitivity to light by, **PLT** 103; and sexual selection, **EV** *50-51, 56-57;* steppe, **EUR** 82, *100-101;* structure of, **PLT** 10; temperature tolerance of, **PLT** 123, *table* 124; of Tibetan plateau, **EUR** 35. *See also* specific flowers
Floyd Bennett (Admiral Byrd's plane), **POL** 68
Flu viruses, **E** *151*
Fluke (fish; Paralichthys): shape of, **FSH** 37; and water temperatures, **FSH** 150
Fluorite (mineral), **E** *102*
Fly, apple maggot *(Rhagoletis pomonella)*, **PLT** *176*
Fly, bee (Bambyliidae), **INS** 102
Fly, black-bodied damsel (Zygoptera), **TA** 125
Fly, blepharocerid, or "net-winged midge" *(Edwardsina)*, **AUS** 129
Fly, brine (Ephydridae), **INS** 11
Fly, common heel *(Hypoderma lineata)*, **PLT** *177*
Fly, crane (Tipulidae), **INS** 141
Fly, deer *(Chrysops)*, **TA** 14
Fly, fairy (Mymaridae), **INS** 11
Fly, fruit. *See* Fruit fly
Fly, hornet (Syrphidae), **INS** *28*
Fly, horse (Tabanus), **INS** *table* 14
Fly, house. *See* House fly
Fly, hover (Syrphidae), **INS** 117
Fly, lantern (Fulgoridae), **SA** 155
Fly, Mediterranean fruit *(Ceratitis capitata)*, **AB** 67
Fly, petroleum *(Helaeomyia petrolei)*, **INS** 11
Fly, phantom crane (Ptychopteridae), **INS** *29*
Fly, sand *(Flebotomus)*, **TA** 14, 127
Fly, screw-worm *(Callitroga americana)*, **INS** 62, **PLT** *177*
Fly, soldier (Stratiomyiidae), **INS** 145
Fly, Spanish (beetle; *Lytta vesicatoria*), **INS** 105
Fly, tsetse *(Glossina)*, **AFR** *106-107*, 172, 174, **DES** *170*, **INS** 56
Fly, vinegar (Drosophilidae), **INS** 39
Fly, waitomo *(Arachnocampa luminosa)*, **INS** *118, 119*
Fly, warble *(Cuterbra)*, **POL** 111
Fly, "yellow mutant" *(Drosophila melanogaster)*, **AB** 173
Flycatcher (bird; Tyrannidae), **B** 20, **DES** 15, 73, **FOR** 14, **SA** 100, 101, **TA** 33, 36, 59; backward flight of, **B** 39; distribution of, **B** *81;* nests of, **B** 140; song of, **B** 121
Flycatcher, Coues' (bird; *Contopus pertinax*), **B** 81
Flycatcher, crested *(Myiarchus)*, **NA** 53
Flycatcher, fantail (Rhipidurinae), **TA** 59
Flycatcher, least *(Empidonax minimus)*, **B** 121
Flycatcher, Old World (Muscicapidae): zoogeographic realm of, **EC** *map* 20
Flycatcher, olivaceous *(Myiarchus tuberculifer)*, **B** *81*
Flycatcher, tyrant (Tyrannidae), **SA** 100, 101
"Flyer" (young maiden kangaroo), **AUS** 116
Flying: ability of birds, **AB** 135; development of in young gull, **AB** 128; evolution of, **EV** 114; experiments with, **AB** 129; and instinct, **AB** 128-129; and maturation, **AB** 128-129; origin of, in animals, **EV** 114
"Flying" characin (fish; *Gasteropelecus*), **S** 11
"Flying draco." *See* "Flying" lizard
"Flying" dragon. *See* "Flying" lizard
"Flying" fox, or fruit bat *(Pteropus)*, **AUS** 34, **MAM** 60-61, **TA** *74-75*
"Flying" frog *(Rhacophorus nigropalmatus)*, **TA** *57, 66-67*
"Flying" gecko (lizard; *Ptychozoon kuhli*), **FOR** 116, **TA** *57*
"Flying" lemur. *See* Colugo
"Flying" lizard, or "flying draco," or "flying" dragon *(Draco volans)*, **REP** 57, 83, *160-161*, **TA** 56, *57*
Flying mammals, **TA** 57
"Flying" phalanger (marsupial; Phalangeridae), **AUS** *108-109, 110-111*, **EC** *map* 21, **MAM** *15*, 24
Flying reptiles (extinct), **B** *8*, 10, 11, *12*, 40, 143, **EUR** 13, **EV** 114, *119*, **REP** *38, 39*, 40, 41, 42, *46-47*, 83, 161, *chart* 44-45
"Flying" snake *(Chrysopelea ornata)*, **REP** 83, **TA** *58*
"Flying" squirrel *(Hylopetes sagitta)*, **FOR** *21*, 116, **EC** 76, *130*, **MAM** 14, *15*, 24, 60, *70-71; (Petaurista petaurista)*, **TA** *56*, 58
"Flying" squirrel, eastern *(Glaucomys volans)*, **MAM** *15, 70-71*
"Flying" squirrel, giant *(Petaurista petaurista)*, **TA** *56*, 58
"Flying" squirrel, scaly-tailed (Anomaluridae), **AFR** 14, 115, *117*
Flyingfish (family; Exocoetidae), **SA** 185; eggs of, **FSH** 101; gliding of, **S** *31;* safety device of, **FSH** *72;* speed of, **MAM** *chart* 72, **S** 109; wings of, **FSH** 38
Flyingfish, California *(Cypselurus californicus)*, **FSH** 22, *chart* 19, **S** *27-28, 31*
Flyingfish, fresh-water *(Gasteropelecus sternicla)*, **FSH** 38
"Flyways," **B** 104, *map* 102-103
Focke, W. O., **EV** 74
Foeniculum vulgare. See Fennel
Fog, **E** *73;* Andes bank of, **SA** *10-11;* belt of, **NA** 35-36
Foggara (irrigation system), **DES** 168
Fold (mountain formation), **MT** *36*
Folded mountains, **MT** 37, *46-47*, 60, *diagram* 36
Folding-fang vipers (snakes): evolution of, **AUS** 135
Folds in earth's crust, **E** *84-85*, 186
Following response: in caterpillars, **AB** *137;* in ducks, **AB** 135; in geese, **AB** 129, 132; signals of fishes, **FSH** 43, 128
Fomalhaut (star; Alpha Piscis Australis), **UNV** *map* 11; color of, **UNV** 131
Font-de-Gaume, France, **EM** 148
Fontéchevade fossil, **EV** 168
Food: animals as, **EM** *chart* 151; diatoms as, **S** *104*, 105, *119;* calls, **B** 60, 123; and desert people, **DES** 130-131, 147, 152-153, 154-155, 159; and dormancy, **DES** 100; and excretion, **DES** 97; and famine, **EC** 168; gathering of, **AUS** *169*, 170, *180-181, 184-185*, **PLT** 159-160; hoarding of, **AB** *190-191*, **MAM** 81-82, 94; and interdependence of species, **DES** 69-70, 75, 76-77, 117-118, 119-120; and irrigation, **DES** 166-167; mammals as, **AUS** *184*, **EM** 129; monkeys as, **PRM** 177; phosphorus in, **FOR** 138; and photosynthesis, **DES** 56, 69, 118, **FOR** 14, 26, 98-99, 103, **S** 39-40; plankton as, **FSH** 12; plants as, **DES** 55, 58, 76, 98, **EUR** 35, *156, 157*, 158, **INS** 123-124, **PLT** *114-115*, **S** *101;* pyramids of, **PLT** 9, **S** 104-108; reptiles as, **REP** 133, 154-156, 173-174, 175, 180, *181, 183*, from the sea, **S** 107, 108, 173-174; seasonal, **FOR** 11-12, 16, 18, 23, 28, 80, 114; seeds as, **DES** 15, 75-76, 78, 97, 98, 99, 114-115; sharing of, **EM** 171; snails as, **B** 63; squid as, **S** 149; storage of, **B** 60, *65*, 123, **INS** 163-164, 169, *171*, **PLT** 61; supplies of, **POL** 155-156, 171; survival ration, **POL** *70*, 173; turtles as, **REP** 154, 155-156, 173-174, 175, 180, *181;* world supply of, **DES** 166, 169
Food chains, **EC** 36, *106-109*, **MAM** 78; and algae, **S** 101; carnivores in, **MAM** 78; in caves, **EC** 36-37; complexity of, **EC** 36-37; in deserts, **DES** 15, 69, 70, 76, 89, 97, 118; energy harvested from, **PLT** 165-166; fallout in, **EC** *chart* 169; in marsh community, **EC** *106-109;* parasite, **EC** 37; plants in, **EC** 36; predator, **EC** 37; in oceans, **FSH** *124-125*, **S** 106; saprophytes in, **EC** 37
Food exchange. *See* Trophallaxis

148

AB Animal Behavior; **AFR** Africa; **AUS** Australia; **B** Birds; **DES** Desert; **E** Earth; **INS** Insects; **MAM** Mammals; **MT** Mountains; **NA** North America; **PLT** Plants; **POL** Poles;

"Fool quail," or harlequin (*Cyrtonyx montezumae*), **NA** 58, 59
Footprints of North American mammals, **MAM** *186-187*
Foramen magnum (skull orifice), **EM** 48-49
Forbes, Edward, **S** 183
Forbes, H. O., **TA** 55
Forbush, Edward Howe, **MT** 114
Fordham, Elias Pym, **NA** 103
Fordham seismographic observatory, **E** *50*
Fordonia. See Rear-fanged snakes
Forel, Auguste, **INS** 167
Forest, boreal, or coniferous, **NA** 15, *103*, 174-175
Forest, deciduous. *See* Deciduous forest
Forest and the Sea, The, Bates, **EC** 16
Forest hog, giant (*Hylochoerus meinertzhageni*), **AFR** 119, 139
Forest kaka (parrot; *Nestor meridionalis*), **AUS** *159*
Forest mouse (*Leimacomys*), **AFR** 139
Forest ox, or kouprey (*Bos sauveli*), **TA** 151
Forest rat of Malaysia, giant (*Rattus mulleri*), **EC** 80
Forest-edge animals, **EM** 50
Forests, **FOR** (entire vol.); of Africa, **AFR** 111, 120, 152, *map* 30-31, **EUR** 59, *map* 108; of Australia, **AUS** 13-15, 41, *43, map* 18-19, **PLT** 126; boreal, **NA** 15, *103*, 174-175; of Central America, **FOR** 73-77; climax, **EUR** 108, **FOR** 10, 152; cloud, **SA** *10-11*, 105-107; coniferous, **EC** *22-23*, 39, **EUR** *52, 53*, 108, *168-169*, **NA** 15, 90, *103*, 174-175, **PLT** 127, **TA** 35; deciduous, **EC** *24*, **EUR** 108, **NA** 15, **TA** 35, 36, *map* 18-19; destruction in, **EC** 44, **FOR** 74, 78-79, 90, *137-145;* destruction of, **EC** 164, **FOR** 151-158, *159-167;* distribution of, **PLT** 125; dwarf, **SA** *10-11;* of Eurasia, **EUR** 12, 52, 53, 57-60, 62, *106*, 107-114, *116-117*, 132-133, *168-169*, 174, 178-179, *chart* 108, *map* 107, **PLT** 126; evolution of, **FOR** 39-46, *47-55;* fauna and flora of, **FOR** 9-16, *17-37*, **INS** 103, 123, **TA** 51-60, *61-77;* fires in, **NA** *94;* floor of, **FOR** 131-136, **PLT** 140; future of, **FOR** 169-174; gallery, **EUR** 12, 62; hardwood, **PLT** 126-127; heath, **TA** 37, 54; hercynian, **EUR** 109; hill, **TA** 53; life zones in, **EC** 41; man in, **FOR** 118, *119-127;* of Miocene epoch, **EM** 50; mixed, **PLT** 127; monsoon, **TA** 52, *map* 18-19; moss, **TA** 36-38; on mountains, **MT** 83; of Nearctic realm, **EC** 14; of North America, **FOR** 77-80, 169, 170-171, *map* 62-63, **NA** 15, 36, 90, *94*, 95-102, *103*, 174-179, *map* 104-105, **PLT** *91*, 126; organization of, **EC** 41, **FOR** 113-118; patterns of, **FOR** 60-61, 65; peat, **TA** *map* 18-19; pine, **EUR** 108; of Pliocene epoch, **EM** 50; and rainfall, **FOR** 59, 60, 61, 114, 171, **PLT** *90-91*, **TA** 36; redwood, **NA** 36; sclerophyll, **AUS** 41, *map* 18-19; sequoia, **PLT** 126; of South America, **FOR** 72, 125, **PLT** 126, **SA** 9, *10-11*, 13, 16, *28-29, 71*, 100-107, 126, *map* 18-19; swamp, **TA** 52, 54, *map* 18-19; taiga, **EUR** 132-133; teak, **PLT** 126; of temperate regions, **PLT** 126; thorn, **TA** 52, *map* 18-19; of tropical Asia, **PLT** 126, **TA** 13, *25*, 35-38, 51-60, *61-77, map* 18-19; of tropical regions, **EC** 11, 14, *25*, 40, 70, 79, **PLT** 125-126, **SA** 11, 13; types of, **PLT** 125-127; of world, **FOR** 57-61, *64-71, map* 62-63. *See also* Deforestation; Rain forests; Trees
Formation of seas, William Rubey on, **S** 38
Formic acid, **PLT** 56
Formica. See specific ants
Formica rufa. See Red ant
Formica sanguinea. See Slave-maker ant
Formicariidae. *See* Ant bird
Formosa, **TA** 102; fishes of, **TA** 86; and Kurochio Current, **S** 78
Formosan man, **EV** *174*
Forrest, George, **EUR** 34
Forrest's marlock (flower; *Eucalyptus forrestiana*), **AUS** *50*
Fort Carson Mountain Training Command, **MT** 176
Fort Yukon, **POL** 136
47 Tucanae (globular cluster), **UNV** 135
Fossils, **E** *141-145*, **EC** *67*, **EV** 109-113, *117-121*, **S** 40-41; of acanthodians, **EC** 62; in Africa, **AFR** 12, 64, 151, **EM** 49, *55*, **EV** 146-148, 149, *156-157*, **PRM** *178*, **S** 51; and age of mountains, **MT** 38-39, in Australia, **AUS** 39, 40, 78, 84, 127, 131, 132, 138; of amphibians, **EV** 113; in Antarctica, **POL** 15, 16, 85; in Arctic, **POL** 15, 108; of birds, **B** *8, 10, 11*, **EV** 114, **SA** 100; of cartilaginous fishes, **EC** 93; in China, **EM** 78-79; and Darwin, **EV** *12*, 13-14, 39; dating of, **E** 132, **EM** *26-27*, 71, *charts* 14, 15; Devonian, **EC** 61, 62, 93; of dinosaurs, **AFR** 151, **EV** *120-121, 126-127*, **E** *142;* eggs, oldest, **EV** 113-114; as evidence of evolution, **EV** 111, 116; families of, **EC** 129, 150; of fishes, **AFR** 12, **E** *141*, **EV** 112-113, *119*, **FSH** 60-61, *64*, 65, 66, *67, 93*, **S** *44-45;* flood theory of, **EV** 109-110; fossil fuels, **EC** 163, 171; freezing of, in Arctic, **EV** *119*, **POL** 108; in Grand Canyon, **E** *144;* of holosteans, **EC** 66; of insects, **E** *143*, **EV** *119*, **INS** 12, 14-15, 18, 19, *20, 21*, 143, 162, **SA** 150; of invertebrates, **EV** 111, *118*, 119; of lungfish, **EC** 65; of mammals, **AUS** 36, 78, **E** *143*, **EM** 79, **EV** *12, 110*, 114-116, *119*, 146, 148, 151, **POL** 108, **SA** 13, 14, *59*, 78, **TA** 170; of man, **EM** 15, 44, 78, *maps* 78, 124, 146, **EV** *108*, 109, 130-136, 145-146, *147, 148, 149*, 150-151, 152, *153-157*, 166, 167, 168, **PRM** 178-181, **TA** 165-173, *map* 169; of marine life, **EM** 15, **EV** 109, 110, *111*, **MT** 10, 33, 35, **S** 12, *36, 46*, 47; in meteorites, **E** *146*, 147; in mountains, **MT** 10, 33, 35; in North America, **E** 144, *187*, **EV** 13, **NA** 14; Ordovician (earliest), **EC** 60; of plants, **AFR** 64, **E** *131, 135, 143*, **EV** *118*, **FOR** *38*, 43-44, *47*, 48, 49, **PLT** 14-15, *17;* in polar regions, **POL** 15, 58; of premammals, **AUS** 65; of primates, **EM** *58-59*, 178, *maps* 32, 48, **EV** 116, 148, 154, *156*, **PRM** 11, 13, 18-19, 43, 152, *map* 44-45, **SA** 34; of Priscacara, **EC** *64;* reconstructions from, **EV** *110, 134-135*, **SA** 60-65; of reptiles, **EV** *113-114, 119, 120-121*, 151, **REP** 10, *39*, 40, 41, *50*, 74, 108, **S** 51; of rhipidistians, **EC** 64; of sting ray, **EC** *93;* study of, **EM** *28-29*
Fouquieria. See Ocotillo
Four-dimensional space, **UNV** 179
"Four-eyed" fish (*Anableps*), **FSH** *43*, **SA** 183-184
Four-eyed milkweed beetle (*Tetraopes tetraophthalmus*), **INS** *113*
"Four-eyed" opossum (*Metachirus nudicaudatus*), **SA** 52, *66*
Four-footed animals. *See* Tetrapods
Four-horned sphinx moth (Sphingidae), caterpillar of, **FOR** *145*
Four-o'clock (flower; *Mirabilis jalapa*), **PLT** 186
Four-striped grass rat (*Arvicanthus pumilio minutus*), **AFR** 139
Fowl, domestic. *See* Domestic fowl
Fowl, helmeted guinea (*Numida mitrata*), **AFR** *188*
Fowl, red jungle (*Gallus gallus*), **B** *22*, 165, 167
Fowl, rock (*Picathartes*), **AFR** 119
Fowl, scrub (*Megapodius*), **B** 140; egg of, **B** *154*
Fowl-like birds, **B** 14-15, *22, 27;* evolution of, **B** 11
Fox (*Vulpes*), **AB** 32, 182, **DES** 69, 76, 92, **EM** *73*, **EUR** *50, 126*, **EV** 86, **FOR** 12, 14, 15, *29, 31*, 80, **MT** 111, **NA** 96, 104, *114-115*, 161; diet of, **MAM** 91; food caches of, **MAM** 81, 94; footprints of, **MAM** *186;* fur of, **EC** 125, 142-143, **MAM** 11; mating habits of, **MAM** 144; migrations of, **EC** 13; parasites in, **EC** 97; poisoning of, **NA** 124; predatory habits of, **AB** 13, 32, 176; in South America, **SA** 13, 81-82; speed of, **MAM** *chart* 72; of tundra, **EC** 142-143
Fox, William Darwin, **EV** 44
Fox, arctic. *See* Arctic fox
Fox, bat-eared (*Otocyon megalotis*), **AFR** 87, 93
Fox, Central Asian (*Vulpes vulpes*), **EUR** *50*
Fox, corsac (*Vulpes corsac*), **EUR** 102
Fox, "flying," or fruit bat. *See* "Flying" fox
Fox, gray (*Urocyon*), **EC** 59; footprints of, **MAM** *186*
Fox, pampas (*Dusicyon gymnocercus*), **SA** 81
Fox, red. *See* Red fox
Fox, Tibetan sand (*Vulpes ferrilata*), **EUR** *55*
Fox terrier, smooth (*Canis familiaris*), **EV** *87*
Fox terrier, wire (*Canis familiaris*), **EV** *87*
Foxglove (*Digitalis purpurea*), **AB** *156*, **FOR** 23, **PLT** 106
Foxhound (*Canis familiaris*), **EV** *87*
Foyn, Svend, **S** 161, 183
FPC (fish protein concentrate): and food supply, **FSH** 177
Fracture zones of Pacific area, **S** 69
Fracturing, of stone, **EM** *105*
Fragaria. See Wild strawberry
Fragaria vesca. See Strawberry
Fram (Nansen's ship), **POL** 37-39, 55
Framheim, Antarctica, **POL** 55
France, **DES** 24, 134-136, 169, 183, **POL** 112; antarctic territorial claim of, **POL** *map* 171; association with Acheulian tools, **EM** 107; Dordogne valley, **EM** 118; and electric power from the sea, **S** 171; forests, **EUR** 108; government protected land, **EUR** *chart* 176; Gorge d'Enfer, **EM** *160;* Lascaux caves, **EM** *158-159;* marshes drained, **EUR** 108; Niaux cave, **EM** *160;* Pech-Merle caves, **EM** *160;* Rouffignac caves, **EM** *160;* signatory of international treaty on Antarctica, **POL** 170; Vézère River Valley, **EM** 146; wetlands, **EUR** 180
Francolin (bird; *Francolinus*), **AFR** 113
Francolinus. See Francolin
Franklin, Benjamin, **S** 76, *chart* 81, 182
Franklin, Lady Jane, **POL** 34, 35
Franklin, Sir John, **POL** 34, *35*, 53, **S** 183
Franz Joseph Land, USSR, **POL** 38, 175
Fraser River, **S** 184
Fratercula arctica. See Puffin
Fraunhofer, Joseph von, **UNV** 35-36, 46
Fraxinus. See Ash
Frederick II, Holy Roman Emperor, **B** 100
Free-tail, or Mexican free-tail, bat (*Tadarida mexicana*), **MAM** 126
Fregilupus varius. See Crested starling
Frémont, John C., **NA** 147
French Comores Islands, **FSH** 64
French grunt, or snorer, or ronco (fish; *Haemulon flavolineatum*), **FSH** *139*
French Institute, **EM** 166-*167*
French West Africa: food crops of, **DES** 102
Frere, John, **EM** *10*
Fresh water: adaptations to life in, **SA** 10-11; Orinoco conservation program for turtles of, **REP** 183, *184-185;* shell zoogeographic transplantation in, **EV** 44; swamps of, **NA** 87
Fresh-water angelfish (*Pterophyllum altum*), **SA** 16, *189*
Fresh-water catfish (*Clarias batrachus*), **TA** 82
Fresh-water, crocodile (*Crocodylus johnstoni*), **AUS** 134
Fresh-water dolphins (mammals; *Inia geoffrensis*), **SA** 10, *192*
Fresh-water drumfish (*Aplodinotus grunniens*), **SA** 179
Fresh-water eel (Anguillidae), **FSH** 157
Fresh-water fishes, **EC** 15; of Australia, **AUS** 131; cultivation of, **FSH** 177; eggs of, **FSH** 101; fossils of, **FSH** 65; habitats of, **FSH** *19, 20-21;* nesting of, **FSH** 105; and pollution, **FSH** 16; of South America, **SA** 178, 179-180; spawning in salt water of, **FSH** 157; water balance in, **FSH** *12*, 40; and water temperatures, **FSH** *14, 15*. *See also* individual species
Fresh-water flyingfish (*Gasteropelecus sternicla*), **FSH** 38
Fresh-water manatee, *See* South American manatee
Fresh-water sting ray (*Potamotrygon*), **SA** 184
Fresh-water sunfishes (Centrarchidae), **FSH** *14-15, 19, 20-21*, **133**
Fridtjor Nansen, Mount, **MT** 187, *diagram 178;* **POL** *map* 13
Friedmann, Herbert, **B** 64, **EC** 104
Frigata. See Frigate bird
Frigate bird (*Frigata*), **B** 60, **EV** *26-27;* classification of, **B** 14, 20; feeding devices and behavior of, **B** 64; skeleton of, **B** 47; wing design of, **B** 40
Frilled gecko (lizard; *Urolatus*), **EC** *68*
Frilled shark (*Chlamydoselachus*), **FSH** 63, *80*, 81
Frill-neck (lizard; *Chlamydosaurus kingi*), **AUS** 135, **REP** *162*, 163
Fringed gentian (flower; *Gentiana crinita*), **NA** 106, *107*
Fringed violet (*Thysanotus multiflorus*), **AUS** *55*
Fringe-toed sand lizard (*Uma notata*), **DES** 81, **NA** 54, **REP** *91, 96*
Fringilla coelebs. See Chaffinch
Fringillidae. *See* Finch
Frings, Hubert and Mabel, **B** 123
Frisch, Johann Leonhard, **B** 102
Frisch, Karl von, **AB** *20*, **REP** 111; color experiments with bees, **AB** 61-62; fish-training experiments, **AB** 36; and pollination, **AB** 37
Frith, H. J., **AUS** 152, 165, **B** 146
Frizzled sultan rooster (*Gallus gallus*), **EV** *84*
Frobisher, Sir Martin, **POL** 33, **S** 182
Frobisher Bay, Canada, **POL** 33, 154
Frog (Leptodactylidae), **AUS** 34, 132-133, **DES** 70, *112*, **FOR** 12, 28, *31*, 75, **NA** 111, **SA** 16, 133, *134, 135-141;* of Africa, **AFR** 12, *34, 137*, 156, *160*, 161; aquatic adaptations of, **EC** *126;* of Australasia, **AUS** 34, 132, *133, 142-143;* brain of, **AB** 55; brain cells of, **AB** *59;* camouflage of, **AB** *189*, **SA** *140-141; Cerathyla* genus of, **SA** *138; chart* of breeding potential in relation to rainfall, **TA** *34; Cochranella* genus of, **SA** *138;* community living of, **REP** 84, *87;* courtship behavior of, **AB** 157; *Dendrobates* genus of, **SA** 134, *140-141;* eggs of, **SA** 16, 134,

EC Ecology; **EM** Early Man; **EUR** Eurasia; **EV** Evolution; **FOR** Forest; **FSH** Fishes;
PRM Primates; **REP** Reptiles; **S** Sea; **SA** South America; **TA** Tropical Asia; **UNV** Universe

INDEX (CONTINUED)

136-139; eye of, **AB** 57, diagram 54-55; and filter bridges, **TA** map 104; in food chain, **EC** 107-109; fossils found with *Zinjanthropus boisei*, **EV** 151; hearing of, **AB** 42; lateral line organs in, **AB** 43; parasites of, **EC** 110-111; reflex center of, **AB** 55; scratching reflex in, **AB** 133; sensory experiments with, **AB** 133, 134; sound signals of, **AB** 154-155; tropical, **AB** 189
Frog, African clawed (*Xenopus laevis*), **AB** 43, **AFR** 12
Frog, arum lily (*Hyperolius horstockii*), **AFR** 34
Frog, brown tree (*Hyla ewingi*), **AUS** 133
Frog, Catholic (*Notaden bennetti*), **AUS** 132-133
Frog, "flying" (*Rhacophorus nigropalmatus*), **TA** 57, 66-67
Frog, great gray marsupial (*Gastrotheca marsupiata*), **SA** 135-137
Frog, marsh (*Rana ridibunda*), **EUR** 77
Frog, New Zealand mountain-dwelling, (*Leiopelma*), **AUS** 132
Frog, orange tree (*Mantella aurantiaca*), **AFR** 160, 161
Frog, Pacific tree (*Hyla regilla*), **FOR** 88
Frog, Peron's tree (*Hyla peroni*), **AUS** 142-143
Frog, red-eyed tree (*Agalychnis callidryas*), **SA** 140-141
Frog, Sarawak (*Rana erythraea*): breeding of, **TA** chart 34
Frog, sphagnum (*Kyarrnus sphagnicolus*), **AUS** 142
Frog, tree (Hylidae), **AFR** 12, **FOR** 115
Frog, turtle (*Myobatrachus gouldi*), **AUS** 143
Frog, water-holding (*Cyclorana*): and Australian droughts, **AUS** 133
Frog, Wied's (*Ceratophrys varia*), **SA** 134
Frogfishes (Antennariidae), **FSH** 37, 106, **S** 126
Frogmouth (bird; Podargidae): classification of, **B** 20
Frogmouth, tawny (*Podargus strigoides*), **B** 28
Front Range, Rocky Mountains, **NA** 147
Frontal lobe: evolution of, **EV** 166
Front-fanged elapids (snakes): **AUS** 34, 135
Frost, Robert, **EC** 168
Frostbite, **POL** 173-174
Frost-heave, **POL** 107, 114
Fruit, **DES** 55, 130, 170; diffusion of, **EC** 59; earliest cultivation of, **EUR** 158; as food for birds, **B** 60; formation of, **PLT** 16; jellies from, **PLT** 58; of red poppy, **PLT** 117; ripening process in, **PLT** 56-58
Fruit bat, or "flying" fox (*Pteropus*), **AUS** 34, **MAM** 60-61, **TA** 74-75
Fruit fly, common (*Drosophila melanogaster*), **AB** 173, 174, **EV** 100-101, **INS** 35, **PRM** 173
Fruit fly, Mediterranean (*Ceratitis capitata*), **AB** 67
Fruit-eater, See Fruit-eating bat
Fruit-eating bat, or fruit-eater (*Artibeus*), **MAM** 63, 89, **SA** 91
Fry (offspring): of fishes, **FSH** 102, 113; of haddock, **FSH** 102; of halibut, **FSH** 151
Fuchs, Sir Vivian, **POL** 174
Fucus. See Brown algae
Fuegian Indians, **EV** 14, 32-37, **POL** 131, 172
Fuel, **FOR** 7, 159, 160, 172; fossil, **EC** 163, 171
Fujiyama (mountain peak), **MT** 38, 57, 58, 128, 179, diagram 187
Fulgorid, or lantern fly (Fulgoridae), **SA** 155
Fulgoridae. See Fulgorid
Fulica. See Coot
Fulica americana. See American coot

Fulica atra. See European coot
Fumaroles (volcanic vents), **MT** 61, 62
Fundulus. See Mummichog
Fundy National Park, New Brunswick, Canada, **NA** 195
Fungi (division of plant subkingdom Thallophyta), **FOR** 46, 117, 132, 133-135, 136, 154-155, chart 48, **PLT** 138, 184, 185, chart 19; alfalfa aphids controlled by, **PLT** 179; antibiotics from, **PLT** 14; and ants, **FOR** 143; and aphids, **FOR** 140; blights of, **EC** 99; bracket, **FOR** 131; in cave economy, **EC** 37; characteristics of, **PLT** 13-14; citric acid from, **PLT** 14; development of, **PLT** 62; digestion of cellulose by, **PLT** 14; forest environment of, **EC** 41; growth in darkness, **EC** 76; growth of, **PLT** 108-109; and heartwood, **FOR** 97; and leaves, **FOR** 15; and lichen, **EC** 96, **FOR** 61, **PLT** 14; multiformed, **PLT** 22-23; nematode trap of, **PLT** 155; parasitism by, **EC** 111, **PLT** 144; partnership with beetle, **EC** 100-101; partnership with trees, **EC** 56; symbiosis with lichen, **POL** 77, 118; usefulness of, **PLT** 14; vitamins from, **PLT** 14; wood-rotting, **PLT** 144. See also Molds; Mushrooms; Yeast
Fungi, cup (Ascomysete), **PLT** 23
Fungus, Asian (*Endothia parasitica*), **NA** 78
Fungus gnats (Diadocidiinae), **AUS** 130
Fungus spores: and infections of fishes, **FSH** 125; and space travel, **PRM** 173
Funnel-eared bat (*Natalus stramineus*), **SA** 90, 91
Funnel-web spider (*Atrax robustus*), **AUS** 131, 141
Fur seal, Alaskan or northern. See Alaskan fur seal
Furipterus horrens. See Smoky bat
Furnarius rufus. See Rufous ovenbird
Furniture beetle (*Anthrenus vorax*), **INS** 97
Fusion reactions: solar, **UNV** diagrams 86, 87; in stars, **UNV** 131-132
Future of Man, The, Medawar, **EV** 171
Fylingdales Moor, England, **POL** 166

G

G (guanine), **EV** 94, 102
G layer (of atmosphere), **E** 66
Gadus callarius. See Codfish Atlantic
Gadus merlangus. See European whiting
Gaff-topsail catfish (*Bagre marinus*), **FSH** 103
Gairdner, Lake, **S** 184
Galachrysia nuchalis. See White-collared pratincole
Galactic, or disk, clusters, **UNV** 131, 134
Galah cockatoo (bird; *Cacatua roseicapilla*), **AUS** 157
Galambos, Robert, **MAM** 61
Galanthus nivalis. See Snowdrop
Galápagos albatross (*Diomedea irrorata*), **B** 86
Galapagos giant turtle (land turtle; *Testudo*), **REP** 11, 96, 154, **EV** 24-25
Galápagos Islands, **B** 11, 86, **EV** map 18, **S** map 71; animal population. of, **EV** 15, 16, 17-31; Darwin in, **EV** 15-16, 17, 18, 22, 25; distinctness of species on, **EV** 15-16, 21, 22, 25, 27, 29, 31, 39-40; finches of, **B** 11-12, 58-59, **EV** 16, 30-31; landscapes of, **EV** 18; origin of name, **EV** 25; rarity of mammals on, **EV** 18, 25; rarity

of predators on, **EV** 25, 29; problem of origin of life on, **EV** 22, 25, 27; variations between islands, **EV** 15-16, 21, 22, 25, 27, 29, 31, 39-40; vegetation of, **EV** 15, 16, 18-19
Galapagos Islands, black lizard of. See Black lizard of Galapagos Islands
Galápagos penguin (*Spheniscus mendiculus*), **B** 86, 92, **POL** 85
Galaxies, **UNV** 137, 145-154, 155-168; barred spirals of, **UNV** 149-150, 156; cataloguing of, **UNV** 146; collisions between, **UNV** 164-165; distances to, **UNV** 148-149; Doppler shift of, **UNV** 153-154, 172, 180-181; elliptical, **UNV** 149, 150-152, 156; evolutionary path of, **UNV** 151-152, 156; gas clouds in, **UNV** 151; groups of, 153 diagrams 150, 151; hub and spiral-arm stars of, **UNV** 150; irregular, **UNV** 149, 150-152, 156; Local Group, **UNV** 151, diagram 150; Magellanic Clouds, **UNV** 146, 147-148, 151, map 11; Milky Way's near-twin, **UNV** 116; and nebulae, **UNV** 146-148; number visible in telescopes, **UNV** 156; peculiar, **UNV** 152-153; radiation from, **UNV** 38; radio waves from, **UNV** 152-153, 165, 184; recession of, **UNV** 153-154, 168, 169-170, diagram 173; size and shape of, **UNV** 149; spectra of, **UNV** 180-181; spiral, **UNV** 56-57, 149, 150-152, 155-165; types of, **UNV** 149 150-152, 156. See also Milky Way; Stars
Galbulidae. See Jacamar
Galeichthys felis. See Sea catfish
Galen, **REP** 149
Galeocerdo cuvieri. See Tiger shark
Galeola foliata. See Orchid
Galeorhinus zyopterus. See Soup-fin shark
Galicia Bank, **S** 59
Galilei, Galileo, **EM** 10, **UNV** 15, 28, 32
Galinsoga (weed), **PLT** 162
Gall (plant disease), **FOR** 117, **PLT** 144-145; and insect behavior, **PLT** 156-157
Gall black knot (plant disease), **PLT** 144
Gall insects, **PLT** 145, 156
Gall wasp (insect; Cynipinae), **PLT** 145, 156-157
Gallery forest, **EUR** 12, 62; **FOR** 59
Galliformes (order of birds), **B** 18-19, 20, 22, 27
Gallinula chloropus. See Moorhen
Gallirallus australis. See Weka
Galloping, **MAM** 57; of horse, **MAM** 56-57
Gallus gallus. See specifiic domestic chicken
Galton whistle, **AB** 77
Galveston, Texas: hurricane disaster of, **S** 92
Gama, Vasco da, **AFR** 18
Gambel quail (*Lophortyx gambelli*), **DES** 15, 116-117, 120
Gambia River, **S** 184
Gambusia affinis. See North American mosquito fish
Game bantam, birchen (fowl; *Gallus gallus*), **EV** 84
Game birds: banding of, **B** 115; exploitation of, **B** 85, 168; fertility of, **B** 142, 168; surveys of, **B** 86; transplantation of, **B** 88
Game fish: as predators, **FSH** 13
Game sanctuaries: of Africa, **AFR** 175, 180-181
Gamma Orionis (star). See Bellatrix
Gamma rays, **UNV** 36, 60, 86-88
Gammaridae (crustacean), **EUR** 138
Ganges (river), **MT** 138, **S** 134, 184, **TA** 22
Ganglia (nerve centers), **INS** 34
Ganglion cells of retina, **AB**

diagram 54-55, 56-58, 59
Gannet (bird; Sulidae), **NA** 34; communication by, **AB** 156; eggs of, **B** 142; feet of, **B** 38; group stimulation of, **EC** 145; incubation by, **B** 145; mating behavior and adaptation by, **AB** 176; population density of, **EC** 142; sanctuary for, **EUR** 188
Gannet, northern. See Northern gannet
Ganoin (enamel), fishes', **FSH** 38
Ganymede (satellite of Jupiter), **UNV** 74
Gaping instinct of birds, **AB** 109, 110, 166, 167
Gar, long-nosed (fish; *Lepisosteus osseus*), **FSH** 74, 75
Gar, spotted (fish; *Lepisosteus productus*), **FSH** 28
Garden ant, common, or dairymen, or dairy ant (*Formica*), **INS** 164, 168, 169
Garden plants. See individual species
Garden spider (Argiopinae), **AB** 8
Garden warbler (*Sylvia borin*), **EC** 124; Cuckoo eggs compared with, **EC** 124
Gardenia (*Gardenia*), **PLT** 187
Gardenia. See Gardenia
Gardening and climate, **PLT** 123-124
Garganey duck (*Anas querquedula*), **AB** 177
Garlic (*Allium sativum*), **PLT** 33
Garner, R. L., **PRM** 63
Garnet (mineral), **E** 101
Garpike (fish; *Lepisosteus*): breathing of, **FSH** 39; scales of, **FSH** 38
Garrigue (shrub), development of, **EUR** 58-59
Garrulinae. See Stellar jay
Garstang, Walter, **S** 173
Garter snake (*Thamnophis sirtalis*), **NA** 161; **REP** 14, 76, 77, 82, chart 75
Gartok (mountain peak), **MT** 133
Garuda (mythical bird deity), **B** 174
Gas bladders: of fishes, **FSH** 39-40, 46-47, 54; and fish signals, **FSH** 43; and sharks, **FSH** 78-79
Gas chambers: of Silurian nautilus, **S** 49
Gas chromatography, **PLT** 57
Gas clouds in galaxies, **UNV** 151
Gas-cloud theory of planet formation, **S** 37-38
Gases, production of, **MT** 61-62
Gasherbrum I (mountain peak), **MT** 186, diagram **MT** 179
Gasherbrum IV (mountain peak), **MT** 181
Gasteracanthinae. See Spiny-bodied spider
Gasteropelecus. See Flying characin
Gasteropelecus sternicula. See Fresh-water flying fish
Gasterosteidae. See specific stickleback fish
Gasterosteus aculeatus. See Three-spined stickleback
Gastrotheca ovifera. See Great gray marsupial frog
"Gating," of sensory information, **AB** 65, 89
Gatun Lake, **SA** 34
Gaur, or seladang (wild ox; *Bos gaurus*), **TA** 151
Gauss, Karl Friedrich, **UNV** 66
Gautier, Emile, **DES** 133
Gavia arctica. See Arctic loon
Gavia stellata. See Red-throated diver.
Gavial, false (crocodilian; *Tomistoma schlegeli*), **REP** 16, 111
Gavial, Indian (*Gavialis gangeticus*), **REP** 16, 22-23, 41, 111; zoogeographic realm of, **EC** map 21
Gavialis gangeticus. See Indian gavial
Gaviiformes (order of birds), **B** 19,

AB Animal Behavior; **AFR** Africa; **AUS** Australia; **B** Birds; **DES** Desert; **E** Earth; **INS** Insects; **MAM** Mammals; **MT** Mountains; **NA** North America; **PLT** Plants; **POL** Poles;

20
Gayal (ox; *Bibos frontalis*), **TA** 151
Gazella. See Gazelle
Gazella dama ruficollis. See Dama gazelle
Gazella granti raineyi. See Rainey's gazelle
Gazella granti granti. See Grant's gazelle
Gazella granti robertsi. See Robert's gazelle
Gazella thomsoni. See Thomson's gazelle
Gazelle (*Gazella*), **AFR** 77, **DES** 78, **EM** 69, 72-73, **PRM** 140-141; classification of, **MAM** 18; speed of, **MAM** 57; stance of, **MAM** 58
Gazelle, dama (antelope; *Gazella dama ruficollis*), **AFR** 170
Gazelle, Grant's (*Gazella granti granti*) **AFR** 68
Gazelle, Mongolian (*Procapra gutturosa*), **MAM** chart 73
Gazelle, Rainey's (*Gazella granti raineyi*), **AFR** 77
Gazelle, Robert's (*Gazella granti robertsi*), **AFR** 77
Gazelle, Thomson's. See Thomson's gazelle
Gazelle, Tibetan (*Procapra picticaudata*), **EUR** 38, 54-55
Gecko (lizard; Gekkonidae), **AFR** 160, **FOR** 116, **REP** 13, 81, 86, eyes of, **REP** 95; feet of, **REP** 96-97; of Madagascar, **REP** 92; tongue of, **REP** 99; vision of, **REP** 95
Gecko, or stenodactylus (*Stenodactylus grandiceps*), **EUR** 77; in recolonization of Krakatoa, **EC** 65
Gecko, banded (lizard; *Coleonyx variegatus*), **DES** 79, **REP** 26-27
Gecko, day (*Phelsuma madagascariensis*), **AFR** 161
Gecko, "flying" (*Ptychozoon kuhli*), **TA** 56, 57
Gecko, frilled (*Urolatus*), **EC** 68
Gecko, kidney-tailed (lizard; *Nephrurus laevis*), **REP** 89
Gecko, leaf-tailed (*Uroplatus fimbriatus*), **REP** 92
Gecko- naked-toe (*Gymnodactylus*), **REP** 98
Gecko, Old World (*Gekko gekko*), **REP** 13
Gecko, South African (*Ptneopus garrulus*), **REP** 13
Gecko, tokay (*Gekko gekko*), **REP** 17
Gecko, Turkish (*Hemidactylus turcicus*), **REP** 138-139
Gee, E. P., **TA** 145
Geese (Anatidae), **AFR** 34, **B** 14, 35, 54, 62, 123, 124, **FOR** 30
Gekko gecko. See Tokay gecko
Gekko gekko. See Old World gecko
Gekkonidae. See Gecko
Gelada baboon (*Theropithecus gelada*), **PRM** 58
Gem deposits in United States, **E** 187
Gemini (constellation), **UNV** map 10
Gemsbok (antelope; *Oryx gazella*), **DES** 154-155
Genealogical chart (Haeckel's), **EM** 20
Genera: of anteaters, **SA** 70; of apes, **PRM** 15; of armadillos, **SA** 56; number of **PRM** chart 18-19; number of cricetines, **SA** 78; number of frogs, **SA** 133; number of lemurs, **PRM** 24; number of marmosets, **SA** 40; number of marsupials, **SA** 14; number of monkeys, **PRM** 35; number of opossums, **SA** 52; number of new world monkeys, **SA** 34; number of squirrels, **SA** 58
General Grant sequoia (*Sequoia gigantea*), **FOR** 66-67
General Relativity, **UNV** 172-173, 179

Generation cycles, **INS** 61-62
Genes: chemistry of, **EV** 93, 94, 102; combination of, **EV** 93; and determination of eye color, **EV** 98-99; groups of in determining characteristics, **EV** 93; influence of radiation on, **EV** 106-107; microscopic photograph of, **EV** 101; in mitosis, **PLT** 37; number of in man, **EV** 173; particulate working of, **EV** 93; pools of, **EM** 124, 125, 127, 128; recombination of, as factor in evolution, **EV** 93; functional systems of, **EV** 93; pools of, **EM** 124, 125, 127, 128; sex-link of hemophilia, **EV** 177. See also Genetics
Genesis (16th Century painting), **EM** 18-19
Genesta (shrub; *Genista*), **DES** 170
Genet (carnivore; *Genetta*), **AFR** 116, 123
Genetical Theory of Natural Selection, Fisher, **EV** 91
Genetics: and adaptation, **EC** 122-123; and asexual reproduction, **EV** 94; and behavior, **AB** 172-174; and cell division, **EV** 92, **PLT** 37; characteristics and sex link, **EV** 92; chemistry of genes, **EV** 102-103; chromosomes, **EV** 88, 94, 98; code of, **PLT** 36-38; and dwarfism, **EV** 182; and embryonic protection, **EV** 95; experiments with fruit fly, **EV** 92, 100-101; and evolution, **AB** 178, **EV** 91-93; fertilization in man, **EV** 104-105; gene pool, **EM** 124-125, 127, 128; and giantism, **EV** 182; laws of inheritance, **EV** 98-99; and Morgan, **EV** 90; mitosis, **PLT** 37; and mutation, **EV** 93, 106-107; need for new genes, **EV** 106-107; and radiation, **EV** 106-107, 170; stability in reptile evolution, **REP** 130 and sex link, **EV** 92; and sickle-cell anemia, **EV** 95; and speciation, **EM** 124-125, 127, 128; variability, **AB** 172, 173-174, **EV** 91-92
Genetta. See Genet
Geneva, Lake, **MT** 16
Genghis Khan, **EUR** 81, 85
Genista. See Genesta
Gentian (flower; *Gentiana*), **EUR** 51
Gentian, Alpine (flower; *Gentiana acaulis*), **MT** 87
Gentian, fringed (*Gentiana crinita*), **NA** 106, 107
Gentiana. See Gentian
Gentiana acaulis. See Alpine gentian
Gentiana crinita. See Fringed gentian
Gentoo, or Johnny penguin (*Pygoscelis papua*), **MAM** chart 72, **POL** 76
Geochelone sumerei. See Giant tortoise
Geochemist, work of, **EM** 29
Geococcyx californianus. See Road runner
Geodesic (curve), **UNV** 173-174
Geoffroy Saint-Hilaire, Étienne, **AUS** 60
Geographic distribution: and Darwin's seed experiments, **EV** 44; means of, **EV** 44; variations in animal due to, **TA** 104
Geographic isolation: and adaptation of finches, **EV** 31; in Galápagos, **EV** 16, 18-19; and evolution, **EV** 15; and speciation, **EV** 20-21, 25-27, 29; and subgroups of man, **EV** 175; and tameness in animals, **EV** 29; in Tierra del Fuego, **EV** 32-33. See also Isolation
Geologic formations in United States, **E** 186-187
Geologic strata: interpretation of, **EM** 19
Geologic time scale, **S** 37, chart 39
Geological Survey of the

Netherlands East Indies, **EV** 135
Geology, **E** 81-90, 91-103, 105-112, 113-129, 131-140; of Africa, **AFR** 10, 11; of Australia, **AUS** 13, 34-35, 36-40; of deserts, **DES** 27-28, 30, 31-32, 131-132, 169; of Eurasia, **EUR** maps 11; of North America, **NA** map 11; and paleoanthropology, **EM** 28; of South America, **SA** 12-13; time scales, **E** chart 136, **S** chart 39; of tropical Asia, **TA** maps 10, 11. See also Earth crust; Mountain building; Rocks; Topography; Volcanoes
Geological Evidence for the Antiquity of Man, The, Lyell, **EM** 11
Geology, Principles of, Lyell, **EV** 12
Geomagnetic poles, **E** 43
Geometrid moth (*Mentamena determinata*), **INS** 111
Geometrid moth, larva of (Geometridae), **INS** 109
Geometridae. See Geometrid moth, larva of
Geomys bursarius. See Pocket gopher
Geophagus jurupari. See Eartheater
Geophysics, **E** 161
Georges Banks, **FSH** 175
Georgia: forests of, **FOR** 172
Georgia hardwood, **FOR** 172
Georgian pine (tree; *Pinus*), **FOR** 172
Geosaurus (marine reptile), **REP** chart 44-45
Geospiza conirostris. See Large cactas ground finch
Geospiza difficilis. See Sharp-beaked ground finch
Geospiza fortis. See Medium ground finch
Geospiza fuliginosa. See Small ground finch
Geospiza scadens. See Cactus ground finch
Geospizinae. See Ground finch
Geospizinii. See Finches, of Galápagos
Geothlypis trichas. See Yellowthroat warbler
Geotropism, **PLT** 102, 109; auxin and, **PLT** 103-104; definition of, **PLT** 102; in plant growth, **PLT** 102-103, 109
Geraniales (order of plant class Dicotyledoneae), **PLT** 186
Geranium (flower; *Geranium*), **PLT** 58
Geranium. See Geranium
Gerbil (rodent; Gerbillinae), **DES** 76, 77; diet of, **MAM** 77; shelter of, **MAM** 135
Gerbillinae. See Gerbil
Gerenuk, Somali (antelope; *Lithocranius walleri*), **AFR** 66, 77
Germ cells, **MAM** 36
German Botanical Society, **EV** 74
German cockroach (insect; *Blatella germanica*), **PLT** 176
German pointer (dog; *Canis familiaris*), **EV** 86
German shepherd (dog; *Canis familiaris*), **EV** 86
German shorthaired pointer (dog; *Canis familiaris*), **EV** 86
Germans in Africa, **AFR** 171
Germany, **FOR** 59, 165; conservation, **EUR** 175; government protected land, **EUR** chart 176; recolonization of trees, **EUR** 16; wetlands, **EUR** 180. See also West Germany
Germination: of acorn, **PLT** 107; of barley seeds, **PLT** 62; of epiphytes, **PLT** 141; gravity and, **PLT** 102-103; of pine seedling, **PLT** 114-115; stages of, **PLT** 99, 114-115; water requirements for, **PLT** 74
Gerrhosauridae. See Plated lizard
Gerridae. See Water strider
Gesner, Conrad, **EUR** 109, **MT** 157
Gestation periods of mammals: **EV**

95; duration of, **MAM** chart 145, Geysers, **E** 34, **MT** 34, 61, 79
Ghadames, Libya, **DES** 133
Ghardaia, Algeria, **DES** 136
Ghost crab (*Ocypode ceratophthalma*), **TA** 94
Ghost gum (tree; *Eucalyptus papuana*), **AUS** 49
Giacobini-Zinner (comet), **UNV** 70
Giant, The Grizzly (tree of Yosemite Park; *Sequoia*), **NA** 186
Giant African water, or otter, shrew (*Potamogale velox*), **AFR** 14
Giant animals: fossils of, **EV** 120-121
Giant ant (*Camponotus gigas*), **TA** 124
Giant, or great, anteater (*Myrmecophaga tridactyla*), **MAM** 80, **SA** 55, 70, 191
Giant armadillo (mammal; *Priodontes giganteus*), **EC** 150, **SA** 56, 72-73
Giant arum (plant; *Arisaema*), **EUR** 51
Giant blue marlin (*Makaira nigricans*), hunting technique of, **FSH** 30-31
Giant eland (antelope; *Taurotragus derbianus*), **AFR** 68
Giant "flying" squirrel (*Petaurista petaurista*), **TA** 58
Giant forest hog (*Hylochoerus meinertzhageni*), **AFR** 119
Giant forest rat of Malaysia (*Rattus mülleri*), **EC** 80
Giant ground sloth (extinct mammal; *Megatherium*), **EC** 150, **MAM** 40, 46, **NA** 12, **SA** 15, 62-63
Giant heath (tree; Ericaceae), **MT** 94
Giant insects: extinct, **INS** 16, 60; of Pennsylvanian period, **AUS** 130
Giant karri (tree; *Eucalyptus diversifolia*), **PLT** 126
Giant Madagascar lemur (*Megaladapis edwardi*), **AFR** 167
Giant panda (*Ailuropoda melanoleuca*), **EC** 15, **EUR** 36, 53
Giant pangolin (mammal; *Manis gigantea*), **EV** 62
Giant pig (extinct; Anthracotherium), **MAM** 40
Giant redfish, or paiche, or pirarucu (*Arapaima gigas*), **FSH** 54, **SA** 16, 179-180, 181
Giant river otter (*Pteronura brasiliensis*), **SA** 191
Giant sable antelope (*Hippotragus niger variani*), **AFR** 77, **MAM** 48-49, 98
Giant squid (*Architeuthis princeps*), **S** 10, 14, 27, 28, 135, 144, 149; speed of, **S** 109
Giant stick insect (*Acrophylla*), **AUS** 126, 130
Giant sturgeon (fish; *Huso huso*), **SA** 180
Giant sunfish. See Ocean sunfish
Giant Tahitian fern (*Alsophila*), **PLT** 26
Giant toad (*Bufo marinus*), **SA** 134
Giant tortoise (*Geochelone sumerei*), **AFR** 156-157, 166, **EV** 25
Giant trilobite (*Isotelus*), **S** 46
Giant tuna: feeding habits of, **FSH** 13
Giant water bug (Belostomatidae), **INS** 104
Giantism: in elephant evolution, **MAM** 52-53; and genes, **EV** 182; and pituitary gland, **EV** 182; production of, in vegetables, **EV** 82-83
Giants (stars), **UNV** 132, 133, diagram 118-119
Giant's Causeway, **E** 81
Gibber desert area, **AUS** 11, map 18-19, 22-23
Gibberellins (plant chemical), **PLT** 105; and giantism in plants, **EV** 82-83; as growth stimulators, **PLT** 102
Gibbon (Hylobatinae), **EC** map 21,

151

EC Ecology; **EM** Early Man; **EUR** Eurasia; **EV** Evolution; **FOR** Forest; **FSH** Fishes; **PRM** Primates; **REP** Reptiles; **S** Sea; **SA** South America; **TA** Tropical Asia; **UNV** Universe

INDEX (CONTINUED)

EM 36, **PRM** 38, *60*, 61, 62, *72-73, 74, 75,* 130; brachiation by, **MAM** 60, 177; body structure of, **PRM** 62, *64*; canines of, **PRM** *135*; classification of, **MAM** 18; field studies of, **PRM** 61; habitat of, **PRM** 130; infants of, **PRM** *74*; locomotion of, **PRM** 60, 61, 64, *72-73, 75,* 86; man and, **MAM** 166; mating habits of, **MAM** 144-145; origin of, **EV** 116; physical characteristics of, **PRM** *63, 135*; protective tactics of, **PRM** 131, *135*; sex differences of, **PRM** 38, *135*; skin pads of, **PRM** 64; territorial limits of, **PRM** *chart* 130; zoogeographic realm of, **EC** *map* 21
Gibraltar; Barbary ape community of, **EUR** 63-64
Gibraltar, Strait of, **EUR** 41, **MT** 138, **S** 80; water-mixing, **EUR** *diagram* 62
Gibson's Desert, **AUS** 11
Giessen glacier, **MT** 28
Gifford Seamount, **S** *map* 71
Gila Cliff Dwellings National Monument, New Mexico, **DES** 169
Gila cypha (fish), **NA** 146
Gila monster (lizard; *Heloderm suspectum*), **DES** 71, *72*, **REP** 13, 39, 59, 88, *90-91*, 152
Gila River, **DES** 167, **S** 184
Gila woodpecker (*Melanerpes uropygialis*), **DES** 75, *87*
Gilbert, Perry W., **FSH** 81, **S** *132-133*
Gilbert, William, **E** 43
Gilbert Islands, **S** *maps* 68-70
Gilbert Seamount, **S** *map* 68
Gilded flicker (bird; *Colaptes chrysoides*), **B** 144, **NA** 53
Gill rakers of fish. See Gills
Gill-breathers, **INS** 142-144, 150, *154*
Gilliard, E. Thomas, **AUS** 154, **B** 125, **NA** 107
Gills: of fishes, **FSH** 13, 39, *41, 46-47, 54-55,* 60, 65; of sharks, **FSH** 83, *86*
Gilpin, William, **MT** 137
Gimbel, Peter, **FSH** 87, *88-89*
Ginger (plant; *Zingiber officanale*), **PLT** *174*, 187
Ginglymostoma cirratum. See Nurse shark.
Ginkgo, or maidenhair, tree (*Ginkgo biloba*), **FOR** 44, *45,* 46, *chart* 48, **PLT** 15
Ginkgo biloba. See Ginkgo
Gir Forest, India, **TA** 144, 145
Giraffa camelopardalis. See Giraffe
Giraffa camelopardalis reticulata. See Giraffe, reticulated
Giraffe (*Giraffa camelopardalis*), **AFR** 16, *17,* 72, 78, *188,* **EV** 47, **PRM** *145*; blood pressure of, **AFR** *diagrams* 62, 63; camouflage by, **AFR** *78*; classification of, **MAM** 18, *20*; courtship of, **MAM** *140*; diet of, **MAM** 75-76; and drought, **AFR** *49*; feeding habits of, **AFR** 72, **MAM** 86-87; gestation period of, **MAM** 145; locomotion of, **MAM** 56, *68-69*; in Miocene epoch, **MAM** 40; in Pliocene epoch, **MAM** 40; primitive, **EUR** 14; protective coloration of, **MAM** 101; range of, **EC** 12; size at birth, **MAM** *147*; sloping back of, **AFR** *119*; speed of, **MAM** *chart* 72; tongue of, **MAM** 82; young of, **MAM** *147*; zoogeographic realm of, **EC** *map* 20
Giraffe, reticulated (*Giraffa camelopardalis reticulata*), **AFR** *78*
Giraffid (extinct mammal; *Palaeotragus*), **EUR** 14
Girdle-tailed lizard (*Cordylus cordylus*), **AFR** *12*
Girsu documents, **EUR** 60
Gizzard shad (fish; *Dorosoma cepedianum*), **FSH** 14, 155
Glaciers and glaciation, **E** 108,
diagram 111, **FOR** 46, 79, 80, **MT** 15-16, *24-27, 46, diagrams* 14, 38, **POL** 12; in Arctic, **POL** 106, *115, 117*; categories of, **MT** 16; continental, **MT** 15, 16; erosion by, **MT** *24-27, diagram* 38-46; Ewing-Donn theory of, **S** 42-43; and forests, **FOR** 174; formation of, **MT** 11, 15, 46; in geologic time scale, **S** *chart* 39, 40, 56; and icebergs, **S** 59; in New Zealand, **MT** *48-49*; in North America, **E** *128-129,* 187, **MT** 90, **NA** 11, 12, 15, **S** *map* 40; and melting of Arctic ice, **S** 171; movement of, **MT** 15-16, 46; Pleistocene belts, **EUR** *map* 14; profile of, **MT** *14*; research in, **POL** *170-171, 181*; rocks from, **S** 59, *96*; sections of, **MT** 15; in South America, **MT** 25, *map* 18-19; valley, **MT** 16; worldwide melting of, **POL** 12, 152, 170. See also Ice, Ice Age, Ice Sheet
Glacier Bay National Monument, Alaska, **E** 187, **NA** 194
Glacier flea (*Machilanus*), **MT** 116
Glacier lily (*Erythronium parviflorum*), **MT** 87
Glacier National Park, Montana, **E** 186, 187, **NA** 153, 195
Glandular behavior of vertebrates, **AB** 87
Glandular secretions: and migrations, **MAM** 126; and molting, **MAM** 102
Glass catfish (*Kryptopterus bicirrhis*), **FSH** *45*
Glass shelter domes: in Antarctica, **POL** *172,* 176
Glass snake (lizard; *Ophisaurus ventralis*), **REP** 13, *91*
Glassy-winged treehopper (insect; *Bocydiun globulare*), **SA** *162*
Glaucidium passerinum. See Pygmy owl
Glaucomys volans. See Eastern "flying" squirrel
Gleditsia. See Honey locust
Glen Canyon Dam, **E** *173*
Glider, feather-tailed. See Pygmy glider
Glider, greater. See Greater glider
Glider, pygmy, or feather-tailed (marsupial; *Acrobates pygmaeus*), **AUS** *102-103, 108-109*
Glider, sugar. See Sugar glider
Glider, yellow-bellied (marsupial; *Petaurus australis*), **AUS** 102
Gliding animals, **MAM** 60, **TA** *56,* 57, *58, 66-69*
Gliding locomotion, **AUS** *102-103, 108,* 109; by birds, **B** 40, *diagram* 43
Gliding snakes (Colubridae), **TA** 57
Globes, astronomical, **UNV** *24, 26*
Globicephala melaena. See Pilot whale
Globular clusters (stars), **UNV** *110, 121,* 135
Gloger's Rule, **TA** 36
Glory moth, Kentish (*Endromis versicolora*): eggs of, **INS** *70*
Glossina. See Tsetse fly
Glossopteris (fossil ferns), **AUS** 38, **E** *135*
Glossy ibis (bird; *Plegadis falcinellus*), **B** 19, *143*
Glossy snake, California (*Arizona elegans*), **REP** *91*
Glottis (larynx opening): of alligator, **REP** *18*
Glowlight tetra (*Hemigrammus erythrozonus*), **SA** *189*
Glowworm (insect; Lampyridae), **AB** *50-51*
Glucosides: function of, **PLT** 11
Glueck, Nelson, **DES** 166
Glumiflorae (order of plant class Monocotyledoneae), **PLT** 187
Glusman, Murray, **AB** 102, 103
Glutamic acid: in hemoglobin molecule, **EV** 95
Glyptodonts (extinct mammals), **MAM** 40, **SA** 15, *63,* 72
Glyptosaurus (Oligocene reptile), **NA** 131
Gnat (insect; family Simuliidae), classification of, **INS** 29; larvae of, **INS** 145
Gnat, buffalo (Simuliidae), **INS** 158
Gnat, fungus (Diadocidianae), **AUS** 130
Gnathobelodon (ancestral elephant), **MAM** 52
Gnathonemus petersi. See Ubangi Mormyrid
Gnetum. See Tropical shrub
Gnu, or wildebeest (*Connochaetes taurinus*), eating habits, **AFR** 72; migrations of, **MAM** 131; speed of, **MAM** 57, *chart* 72-73; young of, **MAM** 158
Goanna (monitor lizard; *Varanus*), of Australasia, **AUS** 34, 109, *135, 136, 144, 185*
Goat (*Capra*), **AFR** 67, *190,* **DES** 167, 169, 170; brought to Galapagos by man, **EV** 25; domestication of **EUR** 59, *154,* 155; feet of, **MAM** 58, *187*; horn cores of, **EUR** 154, *155, 158, 159*; young of, **MAM** 147. See also specific goats
Goat antelope. See Rocky mountain goat
Goat, Rocky Mountain. See Rocky Mountain goat
Goat, wild. See Wild goat
Goatsbeard (plant; *Aruncus*), seeds of, **PLT** *119*
Goatweed, or klamath, or St. John's-wort (plant; *Hypericum*), **EC** 72, **PLT** *162*
Gobi Desert, **DES** 12, *13-14,* 29, 31, 131, **EUR** *44-45, 46-47,* 83; temperature extremes in, **EUR** 82; wild camels of, **EUR** 85
Gobiesocidae. See Clingfish
Gobiidae. See Goby
Goblin Valley, Utah, **E** *119*
Goby (fish; Gobiidae), **EUR** 42
Goby, dwarf pygmy (fish; *Pandaka pygmaea*), **TA** *147*
Godavari River, **S** 184
Godefroy's lady's-slipper (plant; *Paphiopedilum godefroyae*), **TA** *100*
Godfrey, Arthur, **AFR** 27
Goenong Merapi (volcano), **TA** 27
Godwin Austen. See K2
Goin, Coleman and Olive, **REP** 38
Gold, Thomas, **UNV** 175
Gold: mining of, **E** *91, 96-97*; ocean, **S** 12
Gold and blue macaw (bird; *Ara ararauna*), **B** *19*
Gold tetra (fish; *Hemigrammus armstrongi*), **SA** *189*
Goldcrest (bird; *Regulus regulus*), **B** 142
Golden algae (Chrysophyceae), **PLT** 13
Golden barrel cactus (plant; *Echinocactus grusonii*), **PLT** *147*
Golden bowerbird (*Prionodura newtoniana*), **EV** 57
Golden cat, African (*Felis aurata*), **AFR** 116
Golden cat, Asian (*Felis temmincki*), **TA** 37
Golden Delicious apple (*Malus pumila*), carotenoid pigments of, **PLT** 67
Golden eagle (*Aquila chrysaetos canadensis*), **B** *34*, 138, **MT** *112, 126-127,* **NA** *162-163*; speed of, **MAM** *chart* 73; survival problems of, **NA** 59
Golden langur (*Presbytis geei*), **PRM** 54
Golden mole, African (*Amblysomus*), **AFR** 14, 15, **EC** *137*
Golden pheasant (*Chrysolophus pictus*), **B** *18*, **EUR** *122-123*
Golden plover (bird; *Pluvialis dominica*), **B** 25, 101, 103, 107, **POL** 76
Golden potto (primate; *Arctocebus calabarensis*), **AFR** 116
Golden retriever (dog; *Canis familiaris*), **EV** 87
Golden shiner (fish; *Notemigonus crysoleucas*), **FSH** 19, *20-21*
Golden-collared manakin (*Manacus vitellinus*), **SA** 103
Goldeneye (bird; *Bucephala*), **POL** *108-109*
Golden-mantled squirrel (*Callospermophilus*), **MT** *125*
Goldenrod (*Solidago*), **PLT** *156*
Goldfinch (bird; *Carduelis*), **B** 34, 105, 140
Goldfish (*Carassius auratus*), **AB** 82; breathing of, **FSH** *54*; swimming technique of, **S** *109*; telescopic vision of, **FSH** 51; water detoxified by, **EC** 146
Goldfish, calico (*Carassius auratus*), **FSH** *58*
Goldfish, celestial telescope (*Carassius auratus*), **FSH** *51*
Goldfish, lionhead (*Carassius auratus*), **FSH** *58*
Goldfish, popeye, or telescope-eyed veiltail (*Carassius auratus*), **FSH** *58*
Golgi structures, **PLT** *45*
Gombe Stream Chimpanzee Reserve, **PRM** 67
Gomphotherium (ancestral elephant), **MAM** 53
Gondwanaland (antarctic supercontinent, **AUS** 38, **SA** 13
Gonyostomum. See Algae, yellow-green
Goobang Valley, Australia; radio telescope at, **UNV** *60-61*
Goodall, Jane, **EM** 51, **PRM** 67, 68, 153, 154
Goodsell, J. W., **POL** 39
Goondiwindi (Australian town), aboriginal meaning of, **AUS** 15
Goose, bar-headed (*Anser indicus*), **AB** *100-101,* **EUR** 34, 40, **MT** 114
Goose, blue, or snow (*Anser coerulescens*), **B** 105, 115, **POL** 109
Goose, Canada. See Canada goose
Goose, Egyptian (*Alopochen aegypticus*), **AFR** 41
Goose, graylag. See Graylag goose
Goose, Hawaiian, or néné (*Branta sandvicensis*), **B** 87, **MT** 58
Goose, knob-billed (*Sarkidiornis melanotos*), **AFR** 41
Goose, lesser snow (*Chen hyperborea*), **AB** 122
Goose, red-breasted (*Branta ruficollis*), **EUR** 20
Goose, Ross's (*Anser rossii*), **B** *106-107*
Goose, Sebastopol (fowl; *Gallus gallus*), **EV** 85
Gooseberry, sea (marine jelly; *Pleurobrachia pileus*), **S** *106*
Goosefish (*Lophius americanus*), **FSH** 19, *22-23*
Goosefoot (plant; *Salicornia*), **EUR** 68
Gooseneck barnacle (*Lepas fascicularis*), **S** *21*
Gophers (*Citellus*), different meanings of word, **MAM** 14; eating habits of, **DES** 76; extermination of, **NA** 124; in grasslands, **NA** 16; in mountains, **NA** 151-152; and owls, **NA** 111; range of, **NA** 12; tunneling by, **MT** 88
Gopher, pocket. See Pocket gopher
Gopherus agassizii. See Desert tortoise
Goral, (goat antelope; *Naemorhedus*), **EUR** 36, *53,* **TA** 152
Gordon setter (dog; *Canis*

152

AB Animal Behavior; **AFR** Africa; **AUS** Australia; **B** Birds; **DES** Desert; **E** Earth; **INS** Insects; **MAM** Mammals; **MT** Mountains; **NA** North America; **PLT** Plants; **POL** Poles;

familiaris), **EV** *86*
Gorge d'Enfer, France, **EM** 160
Gorgosaurus (extinct reptile), **REP** *chart 44-45*
Gorilla (*Gorilla gorilla*), **AFR** *134*, **EV** *137-139*, **FOR** *128*, **PRM** 63-66; as artists, **PRM** 155; body structure of, **PRM** *65, 82-83;* canine teeth of, **MAM** 99; care of young by, **EV** *138;* classification of, **MAM** 18; defense mechanisms and tactics of, **EV** *138,* **PRM** 41, *66, 67,* 135, *152-153;* diseases of, **PRM** 164; eating habits of, **PLT** 160, **PRM** 64, 67, 77; evolution of, **PRM** 82-83; face of, **EV** *131;* facial expression of, **PRM** *178;* family life of, **EV** *138;* field studies of, **PRM** 90, 135-136; grooming of, **PRM** 107; group behavior of, **PRM** 65, 66, 77, 114; growth patterns of, **PRM** *chart 86;* habitat of, **AFR** 116-117, *141-142,* **PRM** 62, 63; infants of, **PRM** 66, 77, *78, 90-91;* intelligence of, **PRM** 68, 69; leadership among, **PRM** 108, 111; learning ability of, **PRM** *charts 86, 90, 91;* locomotion of, **PRM** 65, 82, 90, *91;* lowland, **PRM** 63; and man, **EM** 36, **EV** 130, 134, 138, **MAM** 166, **PRM** 65; mother-child relationship of, **EV** *137;* nests of, **PRM** 64, 65, *79;* origin of, **EV** 116; pelvis of, **EM** *51;* range limits of, **EC** 12, **PRM** 130-131; reactions to strangers, **PRM** 131-133; sex differences in, **PRM** 114; shelters of, **MAM** 124, 135; skull of, **EV** *148;* social groups of, **PRM** 107, 110; temperament of, **PRM** 65-66, 77; testing of, **PRM** 164, 165; use of weapons by, **PRM** 152-153; as a vegetarian, **EM** 55; zoogeographic realm of, **EC** *map 20*
Gorilla, mountain (*Gorilla gorilla beringei*), **AFR** 116, *141-142,* **PRM** 63, 65, 136
Gorilla gorilla. See Gorilla
Gorilla gorilla beringei. See Mountain gorilla
Gosainthan (mountain peak), **MT** 187, *diagram 179*
Goshawk (bird; *Accipiter gentilis*), **B** 63, 64, 88, **FOR** *115;* population cycle of, **EC** 143; in food chain, **EC** 38
Goshawk, American (bird; *Accipiter gentilis atricapillus*), **B** 22
Gossypium. See Cotton
Gough Island, **S** *map 67*
Goulburn Islanders, **AUS** *180, 186-187*
Gould, Dr. Edwin, **AFR** 164
Gould, John, **B** *167,* **SA** 116
Goulimine, Morocco, **DES** 135
Goura victoria. See Victoria crowned pigeon
Goutweed (plant; *Aegopodium podograria*), **EUR** 146
Government-protected land in Eurasian countries, **EUR** *chart 176*
Graben (rift valley), **E** 84, *diagram 85,* **MT** *diagram 36*
Gracilariidae. See Leaf miner
Grackle (bird; *Quiscalus*), **B** 68, 104, 169, 171
Grade of organization (animal characteristics), **EM** 34, 38
Grafting: and hybridization, **EV** *81*
Graham, W. W., **MT** 161, 162
Graham Land (Palmer Peninsula), Antarctica, **POL** 11, 16, 52, 56, 78, 152, **S** *map 73*
Grain, **PLT** *172-173;* cultivation of, **EUR** 156-157; discovery of, **PLT** 10; domestication of, **EUR** 156-157, 158; fields of, **EUR** *181, 182-183.* See also specific grains
Grain weevil (*Sitophilus granaria*), **INS** 11
Grama grass (*Bouteloua*), **DES** 118
Gramineae. See Red oat grass

Gran Quivira National Monument, New Mexico, **DES** 169
Grana (plant parts), **PLT** 65
Grand Banks of Newfoundland, **S** 77, *map 64;* fisheries of, **FSH** 101, *182-183,* 184; and turbidity currents, **S** 57
Grand Canyon National Monument and National Park, Arizona, **DES** 169, **E** 186, 187, **NA** 194, **FOR** 57, **MT** 38, **NA** *18-19, 57-58;* life in, **E** *144-145*
Grand Teton (mountain), **MT** 8, *diagram 178*
Grand Teton National Park, Wyoming, **E** 186, **NA** 195
Granite, **E** 84-86, **EM** 104, **MT** 12, 40
Granitic ash: in ocean beds, **S** 59
Granitic rock: of continents, **S** 13
Grant, James, **AFR** 20
Grant's gazelle (antelope; *Gazella granti*), **AFR** 68, **MAM** 57
Grant's zebra (*Equus burchelli böhmi*), **AFR** 186
Grape (*Vitis*), **DES** 165, **EUR** 59, 158, **PLT** 186; wine made of, **PLT** 58
Graphite: in Antarctica, **POL** 170
Grapsoidea. See Mangrove crab
Graptolites (sea animals): emergence of, **S** 41
Grasping ability, **PRM** 10-11, 12, 14; of chimpanzees, **PRM** *11;* importance for infant monkeys, **PRM** 86; of gorillas, **PRM** 82; of lorises, **PRM** *10;* of macaques, **PRM** *11;* of marmosets, **PRM** *11;* of Peking man, **PRM** 181; of pottos, **PRM** 31; of tarsiers, **PRM** *10;* of tree shrews, **PRM** 10
Grass (Gramineae), **EC** 17, **NA** 117, **PLT** 9, 10, 125; in Africa, **AFR** 63, 64, 65, 66. See also Savannas; antarctic, **POL** 27; arctic, **POL** 26-27, 107-108; digestion by ruminants, **PLT** 62; early cultivation of, **PLT** 10; flowers of, **PLT** *33;* genetic differences in, **PLT** 122; growth of seedlings in, **PLT** 101; on Krakatoa, **EC** 60; Miocene period, **EUR** 14; parasites of, **EC** 101; rodent consumption of, **EUR** 87; roots of, **FOR** *94,* 95; steppe, **EUR** 82-83. See also Barley Corn; Grains; Rice; Wheat
Grass, Bermuda, or saw-toothed (*Cynodon dactylon*), **AFR** 65
Grass, crested wheat (*Agropyron cristatum*), **DES** 169
Grass, grama (*Bouteloua*), **DES** 118
Grass, needle (*Stipa sareptana*), **EUR** 83
Grass, panic (*Panicum*), **PLT** 31
Grass, red oat (Graminae), **AFR** *64, 72,* **PL** 10
Grass, spinifex (*Spinifex*), **DES** 130
Grass, snow (*Agrostis*), **AUS** 149
Grass, three-awn (*Aristida pennata*), **EUR** 83
Grass rat, four-striped (*Arvicanthus pumilio minutus*), **AFR** 139
Grass steppe (Australia), **AUS** *map 18-19*
Grass tree (*Xanthorrhoea*), **AUS** 45
Grasshopper, differential (*Melanoplus differentialis*), **PLT** 177
Grasshopper (Orthoptera), **AFR** 153, **DES** 70, 115, **FOR** 75, **INS** 16, 35, **MT** 116, **SA** *67,* **TA** 122, 124; ancestral, **INS** *18;* camouflage of, **AB** 189; coloration of, **INS** 106; jumping ability of, **INS** 12, *diagram 13,* 104-105; hearing organ of, **INS** 36; heat escape of, **INS** 102; mouth parts of, **INS** *104;* sound of, **INS** 37; sense organs of, staccato song of, **AB** 41, 76-77; stridulation organs of, **AB** 76. See also Locusts; Long-horned grasshoppers; Short-horned grasshoppers
Grasshopper, long-horned. See

Long-horned grasshopper
Grasshopper mouse (*Onychomys*), **DES** 97, 118, **MAM** 91
Grasslands, **EC** 30-31, **FOR** 158, 172, *map 62-63,* **NA** 116, 117-118, 119, 120-126, *127-143, map 104-105;* animals of, **EC** 39, **NA** 120-126, *127-141;* of Australia, **AUS** 12, 13, 41, *map 18-19;* birds of South America, **SA** 107-108; in New Zealand, **EC** 61; prehistoric, **EUR** *map 14,* **NA** 16, *132-133, 134-135;* and rainfall, **PLT** *90;* simplification of, **EC** 166; of South America, **SA** 13. See also Savanna
Gravette point, knifelike blade, **EM** 115
Graveyard, primate: work done in by Dr. and Mrs. Leakey, **EV** *154-155*
Gravitation: and inertia, **UNV** 172; pull of, **MT** 11, 36; universal law of, **E** 38, **UNV** 15-16
Gravity: auxin and, **PLT** 103-104; and baby songbirds, **AB** 110; and fishes, **S** *109;* and growth of fishes, **S** 110; and growth of whales, **S** 148; leveling force of, **MT** 10; and marine life, **S** 104, 109; and organs for, **AB** 40, 109, 110-111, *123;* orientation to, **AB** *109, 123;* and planetary gases, **S** 10, 38; response of seedling to, **PLT** *102;* responses of animals to, **EC** 76; and sense of touch, **AB** 40; sensitivity of plants to, **PLT** 102-103, *109,* 122; and tides, **S** *91, 92.* See also Geotropism
Gray cat (*Felis ocreata cafra*), **AFR** 87, 93
Gray fox (*Urocyon*): footprints of, **MAM** *186*
Gray mangrove (tree; *Rhizophora murcronata*), **AUS** 45
Gray seal (*Halichoerus grypus*), **EUR** 177
Gray squirrel (*Sciurus, carolinensis*), **EC** *62;* adaptation to light by, **EC** 76; food hoarding by, **MAM** 81; footprints of, **MAM** *187;* migration of, **MAM** 127-128, **NA** *96;* reaction to heat by, **FOR** 23
Gray whale (*Eschrichtius glaucus*), **MAM** 126, **S** 150, *159*
Gray-headed bat (*Pteropus poliocephalus*), **MAM** 131
Graylag goose (*Anser anser*), **B** 126, **EUR** 156; behavior of, **AB** *17-19,* 115, *162,* 174
Grayling (fish; *Thymallus*), **POL** 106
Grayling butterfly (*Eumenes semele*): color vision of, **AB** 64; experiments with, **AB** *62-63,* 64; scent-producing organs of, **AB** 90; sexual behavior of **AB** *62,* 64, 90
Graz, University of, **DES** 10
Grazing lands, **DES** 12; and nomads, **DES** 29, 166, 169; and overgrazing, **DES** 16, 106-107, 117-120, 166-167, 168, 170
Great American Desert, **NA** 52
Great, or giant, anteater (*Myrmecophaga tridactyla*): reproduction by, **AUS** *diagram 63*
Great auk (extinct bird; *Alca impennis*), **B** *170,* **EV** 162
Great Australian Bight, **AUS** 11, 21
Great barracuda (*Sphyraena barracuda*), **S** 135-136
Great Barrier Reef (Australia), **S** 23, 98; turtle nesting grounds of, **REP** 124, 180
Great Basin (mountain range): of Australia, **AUS** 12; of the United States, **MT** 12
Great Basin Desert, **DES** 12, 169
Great Beach of Cape Cod, **NA** 33
Great Bear Lake, Canada, **S** 184, **POL** 114
Great blue heron (bird; *Ardea herodias*), **EC** *40-41,* 42, **FOR** 76, **NA** 31; feet of, **B** 39

Great bowerbird (*Chlamydera nuchalis*), **EV** 56
Great Britain: antarctic territorial claim of, **POL** *map 171;* bird populations, **B** 84, 86, 171; as signator of international treaty on Antarctica, **POL** 170. See also England
Great bustard (bird; *Otis tarda*), **EUR** 88, 102
Great Cave (Niah), **TA** 169-171
Great Comet of 1843, **UNV** 69
Great crested grebe (bird; *Podiceps cristatus*), **B** 19
Great Dane (dog; *Canis familiaris*), **EV** 87
Great Deluge, **EV** 109-110
Great Dividing Range (Australia), **AUS** 13
Great Emu War (Australia), **AUS** 163
Great Falls, Mont., **NA** 146
Great gray marsupial frog (*Gastrotheca ovifera*), **SA** 135-137
Great hornbill (bird; *Buceros bicornis*), **TA** 73
Great horned owl (*Bubo virginianus*), **AB** *168-169,* **B** 62, *70-71,* **EC** 143, **NA** *168, 111;* egg of, **B** *154;* speed of, **MAM** *chart 72*
Great Indian Desert (Thar), **DES** 12
Great jerboa (*Allactaga major*), **EUR** 88
Great Meteor guyot (underwater volcano), **S** *map 64*
Great nebula or galaxy. See Andromeda: galaxy in
Great northern, or northern, pike (*Esox lucius*), **FSH** 19, 20-21
Great pyrenees (dog; *Canis familiaris*), **EV** 87
Great red kangaroo (*Macropus rufus*), **MAM** 143
Great reed warbler (*Acrocephalus arundinaceus*), **EC** 124
Great Rift Valley, **AFR** 10, *11,* 31, 34, 46, **MT** 12, 56, 57, **S** 60
Great St. Bernard Pass, **MT** 136
Great Salt Lake, **DES** 30, **FOR** 171, **S** 11, 184
Great Salt Lake Desert, **PLT** 79
Great Sand Dunes National Monument, Colorado, **DES** 169, **NA** 194
Great Sandy Desert, Australia, **AUS** 10, 11
Great Slave Lake, **S** 184
Great Smoky Mountains, **FOR** 155, **MT** 39, **NA** 95-96
Great Smoky Mountains National Park, Tennessee, **E** 186, **FOR** 19, 22-23, 113-114, **NA** 190, 195
Great spotted woodpecker (*Dendrocopus major*), **B** 68
Great Tibetan sheep, or argali (*Ovis ammon*), **EUR** 39
Great Trough of North Pacific, **S** *map 69*
Great Victorian Desert, **AUS** 11
Great Western Plateau, Australia, **AUS** 20
Great white egret. See Common egret
Great white heron (*Ardea occidentalis*), **EC** 42
Great white shark (*Carcharodon carcharias*), **S** 132, *133,* 134
Greater bird of paradise (*Paradisaea apoda*), **AUS** 160
Greater black-backed gull (*Larus marinus*), **POL** 79
Greater flamingo (bird; *Phoenicopterus ruber*), **AFR** 32, **EUR** 64
Greater glider (marsupial; *Schoinobates volans*), **AUS** 102-103, *109, diagram 89,* **FOR** 116
Greater honey guide (bird; Indicator-indicator), **B** 64
Greater kudu, southern (antelope;

153

INDEX (CONTINUED)

Strepsiceros strepsiceros), **AFR** *76*
Greater shearwater, or petrel (*Puffinus gravis*), **B** 14, 20, 36, 83, 101, **POL** 78, 79; abundance of, **B** 83; fertility, **B** 83, *142*; wing design of, **B** *42*
Greater Sunda Islands, **TA** 58, 151
Grebe, great crested (bird; *Podiceps cristatus*), **B** *19*
Grebe, horned (bird; *Podiceps auritius*), **B** *17*, *38*, **FSH** *chart* 160
Grebe, red-necked (bird; *Podiceps griseigena*), **B** *147*
Greece: lions of, **EUR** 61; soil erosion in, **EUR** 66-67; terrace farming in, **EUR** *187*
Greeks, early: astronomical knowledge of, **POL** 10, 51, **UNV** 12-14, 21; and religion and mythology, **MT** 138; volcanic theory of, **MT** 54
Greely, Adolphus W., **POL** 36-37, 38
Green and gold dolphin (mammal; *Coryphaena hippurus*), **FSH** *43*
Green Bank, W. Va.: radio telescope at, **UNV** *39*
Green barbet (bird; *Megalaima zeylanica*), **B** *69*
Green broadbill (*Calyptomena graueri*), **B** *141*
Green crab (*Cardinides maenas*), **S** 25
Green heron (*Butorides virescens*), **EC** *40*, *42*
Green lacewing (insect; *Chrysopa carnea*), **INS** *57*
Green Mountains, **FOR** 156, **MT** *39*, *43*
Green pigeon, pintail (bird; *Sphenurus oxyurus*), **B** *18*
Green River, **S** *184*
Green sea urchin (*Strongylocentrotus droehbachiensis*); habitat of, **S** *25*
Green silver-lines moth (*Bena prasinana*), **INS** *25*
Green stink bug, Southern (*Nezara viridula*), **PLT** *177*
Green snake, rough (*Opheodrys*), **REP** *15*
Green tree snake (*Thalerophis richardi*), **REP** *24*
Green turtle (*Chelonia mydas*), **MAM** *chart* 72, **NA** 31, **REP** *20-21*, 54, 106, 109, *115*, *133*, *168*, *173-175*, **REP** 54, 115, 168; delayed egg fertilization, **REP** *126-127*; economic value of, **REP** 173-175; extinction of in North America, **NA** 31; as food for man, **REP** 155-156, 173-174, 175, 180, *181*; food of, **REP** 54; migration of, **REP** *133*; swimming of, **REP** *20-21*, 109
Green warbler, black-throated (bird; *Dendroica virens*), **B** 80, 160
Green woodpecker (*Picus viridis*), **B** *68*
Greenewalt, Crawford H., **B** 39, 59, **SA** 105
Greenhouses: equipment for, **PLT** 128
Greening apple, Rhode Island, **PLT** *66*
Greenland, **FOR** 44, 45, 174, **POL** 11, 15, 154, 155, 173; animals of, **POL** 82, 97, 111, 112; Eskimos of, **POL** *133-134*, *136*; fishing grounds, **POL** 155; glaciers of, **MT** 15, 16, 39; and ice ages, **S** 42, 43, 171; icebergs, **POL** *13*; ice sheet, **POL** 152; Norsemen in, **POL** *32-33*, 133; Peary's exploration of, **POL** 39, 45; population of, **POL** 152; U.S. defense installations in, **POL** 150, 154, *166*, *167*, 176
Greenland shark (*Somniosus microcephalus*), **S** *134*
Greenland shield (geological formation), **EUR** *11*
Greenway, James, **AFR** 157
Gregarious, or swarming, locust (*Locusta migratoria*), **INS** 60, 61
Grevillea, alpine (plant; *Grevillea alpestris*), **AUS** *52*
Grevillea, Bank's (flower; *Grevillea banksii*), **AUS** *53*; leaf of, **PLT** *30*
Grevillea alpestris. See Alpine grevillea
Grevillea banksii. See Bank's grevillea
Grevillea romarinafolia. See Rosemary spider flower
Grevy's zebra (*Equus grevyi*), **AFR** *79*
Greyhound (dog; *Canis familiaris*), **EV** *87*; locomotion of, **MAM** *57*; speed of, **MAM** *chart* 72
Greyhound, Egyptian (dog; *Canis familiaris*), **EV** *87*
Greyhound, Indian (dog; *Canis familiaris*), **EV** *87*
Greyhound, Italian (dog; *Canis familiaris*), **EV** *87*
Grey nurse (shark; *Carcharias arenarius*), **FSH** 83, 90
Griffin, Donald R., **AB** *22-23*, **MAM** 61, **SA** 86
Griffiths, Alex, **B** 60
Griffon, Himalayan (*Gyps himalayensis*), **EUR** *50*
Grinnell, Joseph, **B** 123
Grison (weasel; *Grison vittatus*), **SA** *12*
Grison vittatus. See Grison
Grizzly bear (*Ursus arctos horribilis*), **AB** *121*, *190*, **NA** *108*, 148, 149, *174*; barrenground, **POL** 76, *106*; decline of, **EC** 168; footprints of **MAM** *186*; home range of, **MAM** 125
Grizzly bear, barren-ground (*Ursus arctos*), **POL** 76, *106*
Grizzly Giant, The (tree of Yosemite National Park; *Sequoia*), **NA** *186*
Grong Grong (Australian town), aboriginal meaning of, **AUS** 15
Grooming: by baboons, **EV** *142-143*, **PRM** 107, 115, 122; of chimpanzees, **PRM** 107. See Cleaning; function of, **PRM** 107; by langurs, **PRM** *98-99* by macaques, **PRM** 168; by pottos, **PRM** 31
Grosbeak (bird; Fringillidae), **B** *123*; bill of, **B** 12
Grosbeak, pine (bird; *Pinicola enucleator*), **B** 87
Ground beetle (Carabidae), **NA** 160
Ground-breeding birds, **AB** *108-109*
Ground cuckoo (*Neomorphus*), **SA** 102
Ground dwelling: of *Australopithecus*, **EM** 49-50
Ground finch (bird; Geospizinae), **B** 11-12
Ground finch, large cactus (*Geospiza conirostris*), **EV** *30*
Ground finch, medium (*Geospiza fortis*), **EV** *30*
Ground finch, sharp-beaked (*Geospiza difficilis*), **EV** *30*
Ground finch, small (*Geospiza fuliginosa*), **EV** *30*
Ground fish: habits of, **FSH** 15, 154
Ground fisheries. See Fisheries
Ground hog, or woodchuck. See Woodchuck
Ground hornbill, Southern (bird; *Bucorvus leadbeateri*): eye of, **B** 50
Ground lizard, or Florida five-lined skink (*Eumeces inexpectatus*), **REP** 13
Ground sloth (mammal; *Mylodon*), **SA** 15-16
Ground sloth, giant. See Giant ground sloth
Ground squirrel, or suslik (*Citellus*), **DES** 15, 57, 92, 123, **EC** *154-155*, **MT** 111, 112, *126-127*, **NA** 53-54, *114-115*, **POL** 75, 76; extermination of, **NA** 124; footprints of, **MAM** *187*; hibernation of, **MAM** 123, *133*; numbers of, **EUR** 87-88; temperature control by, **MAM** 12
Ground squirrel, African (*Xerus*), **EC** *137*
Ground squirrel, antelope (*Ammospermophilus leucurus*), **NA** 53-54
Ground squirrel, Columbian (*Citellus colombianus*), **EC** *154*
Groundsel (plant; *Senecio*), **FOR** 70, **MT** *99*
Group behavior: adaptations in, **PRM** 185; of apes **PRM** 129-130, 131-133, 134; of baboons, **PRM** 40-41, *104-105*, 111, 113, 115, 118, 119, 124, 125, *133-134*, 135, 137, *140-141*, 146-147, 154, *180-182*, *diagram 138-139*; of chimpanzees, **PRM** 110, 154-155; field studies of, **PRM** 168-169; of gibbons, **PRM** 62; of gorillas, **PRM** 65, 66, 67, 77, 110; of howlers, **PRM** 131; of indri, **PRM** 25; of infant monkeys, **PRM** 102; intricacies of, **PRM** 70; of langurs, **PRM** 53, 87-90, 93, *96-97*, 132; of lemurs, **PRM** 25; of macaques, **PRM** 135, *181-182*; of man, **PRM** 182, 185, 186; of monkeys, **PRM** 10, 102, *129-130*, 135, 188; of orangutans, **PRM** 62; of rhesus monkeys, **PRM** 167; of tree shrews, **PRM** 21. See also Behavior
Grouper, yellow-fin (fish; *Mycteroperca venenosa*), camouflage by, **S** *125*
Grouse (bird; Tetranonidae), **B** 168; classification of, **B** 14, 20, 22; in Colonial America, **NA** 101; courtship behavior of, **B** 120; defense of young, **B** *162*; feet of, **B** 38; in grasslands, **NA** *126*; incubation, **B** 144; nests of, **B** 146; population cycle of, **B** 87; "snowshoes" of, **B** 38
Grouse, black (*Lyrurus tetrix*), **B** 125, **EUR** 135, *142*
Grouse, red (*Lagopus lagopus scoticus*), **B** 87
Grouse, ruffed. See Ruffed grouse
Grouse, sage (bird; *Centrocercus urophasianus*), **B** 125, **NA** *140-141*
Grouse, sharptail (*Pedioecetes phasianellus*), **B** 125
Growth: of birds, **B** 145-146, *150-151*; and DNA, **EV** *diagrams* 102-103; of fishes, **FSH** 12, 36, *100-101*, 103, 152, **S** 110; of insects, **INS** 57-60, *66-69*; of mammals, **EV** 95, **MAM** 146-147, 154, **PRM** 85-94, *95-103*, 183-184, 186, *charts* 86, *90-91*, 93, **S** 148, 149; of man, **PRM** 183-184, 186; of plants, **FOR** 58, 74, 93-100, *104-105*, 134-135, **PLT** 36-38, *97-106*, *107-119*, **TA** 14, 15. See also Maturity
Growth patterns: of man, **PRM** 183-184, 186; of primates, **PRM** 85-103, 119, *chart* 86
Growth rings: of fishes, **FSH** 36, 38
Grubs, **INS** 57, 72
Gruiformes (order of birds), **B** 19, 20, 23, 169
Grundlawine (avalanche), **MT** 30
Grunion (fish; *Leuresthes tenuis*), **EC** 86-87, 90, **FSH** 105
Grus (constellation), **UNV** *map* 11
Grus americana. See Whooping crane
Grus canadensis. See Sandhill crane
Grus grus. See Common crane
Grus nigricollis. See Black-necked crane
Gryllidae. See specific crickets
Gryllinae. See Field cricket
Gryllotalpidae. See Mole cricket
Gryphaea (sea shell), **EV** 15
Guacharo, or oilbird (*Steatornis caripensis*), **B** 29, 64, **EC** 76, *132*
Guadalupe Island, **S** *map* 69; and Project Mohole, **S** 170; sea elephants of, **S** 147
Guaica Indians, **FOR** *124-127*
Guanaco (mammal; *Lama guanicoe*), **EC** *136*, **EV** 15, **MT** 122, **SA** 12, 13, *84-85*, *93*; hide use by Indians, **EV** 14, 15; in high altitudes, **MT** 106
Guan (bird; Cracidae), **B** 15
Guanay cormorant (bird; *Phalacrocorax bougainvillii*), **B** 61, 95, 167
Guano birds, off Peru, **B** 61, 84, *94-95*, 167-168
Guano (fertilizer), **B** 95, **DES** 14, **SA** 108, 185
Guanin (reflective crystals) of fishes, **FSH** 42, 48
Guatemala: national bird of, **SA** 106
Guatemala Basin, **S** *map* 69
Guayule (plant; *Parthenium argentatum*), **DES** 57, 170; **FOR** 96; root poison of, **PLT** 140
Gudger, E. W., **FSH** 80
Guenther, Konrad, **SA** 157
Guenther's dik-dik (antelope; *Madoqua guentheri*), **AFR** *diagram* 76
Guiana Highlands, **SA** 12
Guiana Massif (plateau), **MT** 44
Guiana shield (Cryptozoan rocks), **E** 133
Guilding, Lansdowne, **REP** 82, **SA** 158
Guillemot (Alcidae), **NA** 34, 35
Guilielma speciosa. See Peach palm
Guillemot, black (bird; *Cepphus grylle*), **NA** 35
Guinea Abyssal Plain, **S** *map* 65
Guinea fowl, helmeted (*Numida meleagris*), **AFR** 188
Guinea pig (rodent; *Cavia porcellus*), **EC** 12, *map* 18, **SA** 57-58. See also Cavy
Guinea Ridge, **S** *map* 67
Guira cuckoo (*Guira guira*), **B** *155*
Guira guira. See Guira cuckoo
Gulf coast (U.S.), **NA** 30
Gulf of Alaska, **DES** 28
Gulf of California, **DES** 30
Gulf of Mexico, **DES** 59, **FOR** 60, 153; **MT** 35; area of, **S** 184; and Atlantic Ocean temperatures, **S** 42, 77; depth of, **S** 184; turtle nesting grounds of, **REP** 134, 156
Gulf of Siam, **TA** 28
Gulf Stream, **NA** 30; Benjamin Franklin chart of, **S** 76, *81*; eels in, **S** 112; and icebergs, **S** 77; nature of, **S** 56, 76-77; and opposing currents, **S** 78; proposal to change, **S** 173-174
Gull (*Larus*), **AFR** 34, **NA** 17, 32, **POL** 76; eggs of, **B** 142; feeding of young of, **B** 159; orientation of, **AB** 108, temperature of, **POL** 75
Gull, black-legged kittiwake (*Lavus tridactyla*), **B** 61
Gull, Audouin's (*Larus audouinii*), **EUR** 42
Gull, black-headed (*Larus ridibundus*), **EC** 56
Gull, brown-headed (*Larus brunnicephalus*), **EUR** 40
Gull, greater black-backed (*Larus ridibundus*), **POL** 79
Gull, herring. See Herring gull
Gull, kittiwake. See Kittiwake gull
Gull, laughing (*Larus atricilla*), **B** 64, **NA** *40-41*
Gull, red-legged kittiwake (*Larus brevirostris*), **B** 61
Gull, swallow-tailed (*Larus furcatus*), **EV** 29
Gullion, Gordon W., **DES** 116
Gum, ghost (tree; *Eucalyptus papuana*), **AUS** *49*
Gum, manna (tree; *Eucalyptus viminalis*), **AUS** 48
Gum, Mindanao (*Eucalyptus*

AB Animal Behavior; **AFR** Africa; **AUS** Australia; **B** Birds; **DES** Desert; **E** Earth; **INS** Insects; **MAM** Mammals; **MT** Mountains; **NA** North America; **PLT** Plants; **POL** Poles

deglupta), **AUS** 15-16
Gum, river red (*Eucalyptus camaldulensis*), **AUS** *40, 46-47*
Gum, scribbly (*Eucalyptus haemastoma*), **AUS** *49*
Gum, snow (*Eucalyptus niphophilia*), **AUS** *32,* 41, 48
Gum, sweet (tree; *Liquidambar styaciflua*), **FOR** 174, **PLT** 59, *148*
Gumbo limbo (tree; *Bursera simaruba*), **FOR** 60
Gundi (rodent; *Ctenodactylus gundi*), **AFR** 15
Gunnbjörn, Mount (mountain peak), **MT** 186, *diagram* 178
Guns, harpoon: used in whaling, **S** 150, 160, *162*
Guppy, Robert Lechmere, **SA** 184
Guttation (formation of water droplets), **PLT** 76
Guyot, Arnold, **S** 58
Guyots (submarine volcanoes), **S** 58
Gygis (genus of water birds, **B** 16
Gygis alba. See Fairy tern
Gymnarchus niloticus. See Electric fish
Gymnobelideus leadbeateri. See Leadbeater's possum
Gymnocorymbus ternetzi. See Black tetra
Gymnodactylus. See Naked-toe gecko
Gymnogyps californianus. See California condor
Gymnosperms (naked seed plants), **EUR** 12; of Carboniferous Period, **PLT** *18-19;* definition of, **PLT** 16; evolution of, **FOR** 42, 43, 44, 46; trunk of, **FOR** 96; *chart* **FOR** 48
Gymnostinops. See Oropéndola
Gymnothorax eurostus. See Moray eel
Gymnura micrura. See Butterfly ray
Gypohierax angolensis. See Palm-nut vulture
Gyps africanus. See White-backed vulture
Gyps himalayensis. See Himalayan griffon
Gypsum (mineral), **DES** 14, 33, 43, 169
Gypsy moth, European. See European gypsy moth
Gyrfalcon (bird; *Falco rusticolus*), **POL** 109
Gyrinidae. See Whirligig beetle
Gyrinocheilus. See Siamese head-breather

H

Haacke, William, **AUS** 61
Haakon VII, King of Norway, **POL** 56, 57
Habitats, **EC** 15-16; of birds, **B** 57-58, **EC** 39, **NA** 53, 125, **SA** 107-108; of crabs, **S** 25, *26;* of fishes, **FSH** 10-12, *14, 15, 17-33, 37, 39, 52, 53,* 65, *81,* 82, 83, 84, *90, 91,* 150, **S** 110, *143;* of gastropods, **EC** 41, **S** *24;* of mammals, **EC** *27-29, 151;* of mollusks, **EC** 39, **S** *26;* of plants, **EC** 41, **PLT** 12-13, 80, **S** *24;* of primates, **PRM** 36-42, 43, 48, 49, 50, 54, 58, 62, 63, 71, 106-107, 113, 130, 136, 177, *map 44-45;* of reptiles, **REP** 10, 13, 79, 83-84, 85, 87, *90-91,* 112, 154, *170,* 172, *map 32,* **SA** 132; of sea urchins, **S** *25;* of sea vases, **S** *24;* of sponges, **S** *24;* of termites, **EC** 41. See also Ecology; Environment; Biogeography
Haddock (fish; *Melanogrammus aeglefinus*), in arctic waters, **POL** 155; and commensalism with jellyfish, **FSH** 123; fry of, **FSH** 102; and ground fisheries, **FSH** 15; habitat of, **FSH** *19, 22-23;* mouths of, **FSH** 39; scales and growth rings, **FSH** *36;* tagging of, **FSH** *150,* 154
Haddow, A. J., **PRM** 92
Hadow, Douglas, **MT** 159-160
Hadrasauridae. See Duck-billed dinosaur
Haeckel, Ernst, **EM** 20, **EV** 131, **S** 183
Haemagogus capricorni. See Day-flying mosquito
Haematopus ostralegus. See Oystercatcher
Haemulon flavolineatum. See French grunt
Hagfish (Myxinidae): as archaic fish, **FSH** 10, 66; evolution of, **FSH** 60, 66; loss of bones of, **FSH** 62
Hailstones, formation of, **E** 64
Hainan (island), **TA** 86, 102
Hainard, Robert, **EUR** 111
Hair of mammals, **MAM** 10-11
Hairless, Mexican (dog; *Canis familiaris*), **EV** 86
Hair-lipped, or Mexican, bulldog bat (*Noctilio leporinus*), **MAM** 81, **SA** *90-91*
Hairs, sensory: of insects, **INS** 34, 39-40, *43*
Hairy imperial angler spider (*Dichrostichus furcatus*), **AUS** 131
Hairy tarantula (spider; Avicularidae), **SA** 157-158
Hairy woodpecker (*Dendrocopos villosus*), **B** 83
Hairy-nosed wombat (marsupial; *Lasiorhinus latifrons*), **AUS** 115
Haiti: discovery of, **S** 12
Hake, silver (fish; *Merluccius bilinearis*): tagging of, **FSH** *150;* and water temperatures, **FSH** 150
Hake, southern (fish; *Urophycis floridanus*), **FSH** 56
Hakea victoriae. See Needlebush
Halbaek, Hans, **EUR** 157
Halcyon concretus. See Chestnut-collared kingfisher
Haldane, J. B. S., **EV** 90, 91, 93
Hale, George Ellery, **UNV** 33, 52
Hale telescope, **UNV** 33, 34, *144;* mirror of, **UNV** *52-55;* and Schmidt telescope, **UNV** *56-57;* and spectroscopy, **UNV** *48-49*
Half Dome, Yosemite, **MT** *49*
Halfbeak (fish; Hemirhamphidae), **FSH** 39
Haliaeetus leucocephalus alascanus. See Bald eagle
Haliaeetus leucoryphus. See Pallas' sea eagle
Haliastur indus intermedius. See Brahminy kite
Halichoerus grypus. See Gray seal
Haliclona oculata. See Dead men's fingers
Halictus. See Sweat bee
Halictus bee (*Halictus*), **INS** 78
Halieutaea rerifera. See Torpedo batfish
Hall, K. R. L., **PRM** 131, 135, 153
Halley, Edmund, **UNV** 69
Halley's comet, **UNV** 69, 70, *82-83;* orbit of, **UNV** *diagram* 69
Halo stars, **UNV** 130-131, 151
Halocynthia pyriformis. See Sea peach
Haloxylon ammondendron. See Saxaul
Halticinae. See Flea beetle
"Ham," chimpanzee astronaut, **PRM** *172*
Hamadryas baboon (*Papio hamadryas*), **MAM** 142, **PRM** 40-41, 110, *187;* social groups of, **PRM** 42
Hamamelis virginiana. See Witch hazel
Hamburg, David A., **EM** 172, **PRM** 89
Hamilton, William J., Jr., **MAM** 128
Hamirostra melanosternon. See Buzzard
Hammerhead shark (*Sphyrna diplana*), **FSH** *19, 22-23, 80-81, 83;* as man-killer, **S** 134, *138-139;* skin teeth of, **FSH** 76

Hammerhead (*Scopus umbretta*), **AFR** 13
Hammers: Acheulian, **EM** 106; antler, **EM** 90, *118, 119;* manipulation of, in toolmaking, **EM** 105; types of, **EM** 105, 106; wood, **EM** *120*
Hammerstone, **EM** 110-111, 118
Hamster (rodent; *Cricetus cricetus*), **SA** 77-78; swimming technique of, **MAM** 61
Hand language of aborigines, **AUS** *174*
Hand-axe, **EM** 90, 91, *117;* Acheulian, **EM** *103,* 106, *111, 118-119;* discovered by Frere, **EM** 10; use of, **EM** *114,* 115
Handmaid moth (*Datana ministra*), eggs of, **INS** 70
Hannibal, **MT** 137
Hansen's disease (leprosy): medicine for, **TA** 171
Hanuman (monkey god), **PRM** 188, 189
Haplochromes strigigena. See Egyptian mouthbreeder
Haplolepis (fish), **FSH** *chart* 68
Hapsburg lip, examples of, **EV** *178-179*
Harappa, India, **DES** 12
Haratin (people), **DES** 133
Harcum, Eugene, **AB** 118-*119*
Hardenburgia violacea. See False sarsaparilla
Hardwoods, **FOR** 105, 152, 156-157, 172, 177; distribution of, **PLT** 126-127; "plumbing of," **PLT** 82-83. See also specific species
Hardy, Sir Alister, **FSH** 177, **S** 107, 174
Hare (Leporidae), **DES** 15, *116,* 117-118, **EM** 72-73, **EUR** 136, **MAM** 17, **MT** 112, **NA** 123; early distribution of, **EUR** 158; footprints of, **MAM** *186;* fur of, **EC** 125; locomotion of, **MAM** 57; speed of, **MAM** *chart* 72; swimming ability of, **MAM** 61; teeth of, **MAM** 17
Hare, Arctic (*Lepus arcticus*), **MAM** 102, **POL** 82, *122-123*
Hare, jumping, or springhaas (*Pedetes*), **AFR** 14
Hare, mountain or varying (*Lepus timidus*), **EUR** 136, *141,* **MAM** 102
Hare, snowshoe. See Snowshoe rabbit
Hare wallaby, banded (kangaroo; *Lagostrophus fasciatus*), **AUS,***119, diagram* 89
Harebell (flower; *Campanula rotundifolia*), **MT** 89
Harems of mammals, **MAM** 144, 152
Harkness, William H., Jr., and Ruth, **EUR** 36
Harlequin cabbage bug (*Murgantia histrionica*), **INS** 56, 70
Harlequin duck (*Histrionicus histrionicus*), **POL** 109
Harlequin, or fool, quail (*Cyrtonyx montezumae*), **NA** *58-59*
Harlow, Harry F., **AB** 28, 131, **PRM** 86, 87, 90, 91, 156-158, 166-167
Harmless People, The, Thomas, **DES** 130
Harp seal (*Pagophilus groenlandicus*), **POL** 79; gestation period of, **MAM** *chart* 145
Harpactes duvaucelli. See Scarlet-rumped trogon
Harpia harpyja. See Harpy eagle
Harpoon, **POL** 140; barbed heads of, **EM** *103,* 117
Harpoon guns used in whaling, **S** 150, 160, *162*
Harpy eagle (*Harpia harpyja*), **SA** 98, 100, 104
Harrier eagle, brown (*Circaetus cinereus*), **AFR** 108
Harrisson, Barbara, **PRM** 169, **TA** 111-115
Harrison, Thomas, **REP** 174, **TA** 58, 168

Hartebeest (antelope; *Alcelaphus*), **AFR** 68, 77, 94, 170
Hartebeest, bastard (*Damaliscus*), **AFR** 68
Hartebeest, bubal (*Alcelaphus buselaphus buselaphus*), **AFR** 170
Hartebeest, Jackson's (*Alcelaphus buselaphus jacksoni*), **AFR** 77
Harvest mouse (*Reithrodontomys*), **DES** 76, **MAM** 124, *135*
Harvester ant (Mymicinae), **AB** 190, **DES** 114, *115,* 120, **INS** 27, 163-164, *165,* 168, 173, **MAM** 147, **PLT** 145
Hass, Hans, **S** 144-145
Hassi Messaoud, Algeria, **DES** 136, 169
Hatchetfish (*Argyropelecus*), **FSH** *19, 22-23,* **S** 27-29, **SA** 185, *188-189*
Hatching of incubator birds, **AUS** 151-153
Hatchlings of green turtles, **REP** 180, *184;* of snapping turtles, **REP** 142
Hathaway, Gail A., **S** 171
Hatteras Abyssal Plain (underwater), **S** *map* 64
Hatteras Canyon (underwater), **S** *map* 64
Haustoria (roots), **PLT** *143,* 153
Hawaii, **FOR** 111; Hawaii Volcanoes National Park, **E** 186; shield domes of, **MT** 70, 76; volcanoes of, **E** 83, **MT** 56, 57, 62, 75, 87
Hawaiian Deep, **S** *map* 68
Hawaiian goose, or néné (*Branta sandvicensis*), **B** 87
Hawaiian honey creeper (bird; Drepanididae), **B** 60, 170
Hawaiian Islands, **S** *map* 68; colonization of by Polynesians, **S** 182; exploration of, **S** 13; Hawaiian Deep, **S** *map* 68; and Magnetic Pole, **S** 43; pineapple fields in, **PLT** *169;* and tsunamis (tidal waves), **S** *94;* and volcanoes, **S** 58. See also Hawaii
Hawaiian rainbow wrasse (fish; *Labroides phthirophagus*), **FSH** *141*
Hawk (bird; Accipitridae), **B** 62-63, 70, **FOR** 115, 118, **MT** 111, 125, **NA** 53, 96, **TA** 33; banding, **B** 103; bill of, **B** 22, 37; classification, **B** 15, 16, 20, 22; eggs, **B** 142; eyes of, **B** 22, *35, 36,* 51; feet and talons, **B** 15, 22, 38, **EC** 16; flight of, **B** 40, 105; food of, **DES** 73, 74, 75, 83, 120; in food chain, **EC** 109; food intake of, **B** *graph* 62; incubation, **B** 145; migratory flight of, **B** 105; offensive mechanisms and tactics of, **B** 62; soaring by, **B** 40; tail design of, **B** 40; vision of, **B** 22, *35, 36,* 51; wing design, **B** 40, *42*
Hawk, European sparrow (*Accipiter nisus*), **B** 63
Hawk, fish (*Pandion haliaetus*), **AFR** 34, 41
Hawk, red-shouldered (*Buteo lineatus*), **B** 62, **EC** 38, **REP** 88
Hawk, red-tailed (*Buteo jamaicensis*), **B** 40, 62, *72-73*
Hawk, rough-legged (*Buteo lagopus*), **B** *42,* 87
Hawk, sharpshin (*Accipiter striatus*), **B** 63
Hawk, sparrow (*Falco sparverius*), **B** 35, *62,* 63, *134,* **NA** 53, **TA** 33
Hawk eagle, African. See African hawk eagle
Hawk moth (Sphingidae), **TA** 125; caterpillars of, **AB** 67
Hawk moth, eyed (*Smerinthus ocellata*): caterpillar of, **AB** *175*
Hawk owl (*Surnia ulula*), **EUR** 135
Hawksbill turtle (*Eretmochelys*), **REP** 20, 131, 134, 156
Hawkweed (*Hieracium*): hereditary characteristics of, **EV** 72
Hawthorne, Nathaniel, **INS** 37, **MT** 10
Hay, alfalfa. See Alfalfa hay
Hayden, Ferdinand V., **NA** *187*
Hayes, Keith and Cathy,

INDEX (CONTINUED)

MAM *180-181*
"Haymakers." *See* Pikas
Hazel, witch. *See* Witch hazel
Head-breather, Siamese (fish; *Gyrinocheilus*), **TA** 87
Headstander, spotted (fish; *Chilodus punctatus*), **SA** *189*
Heape, Walter, **MAM** 128
Hearing, **AB** 41; of bats, **AB** 22, 42, 107; of cetaceans, **AB** 165; of dolphins, **AB** 42, 165; and echo location, **AB** 23, 41, 42, 43, 165; of fishes, **AB** 36, 42, **FSH** 43, *46-47*, 79, 128; of humpback whales, **AB** 165; of insects, **AB** 41-42; of lizards and snakes, **REP** 12; of locusts, **AB** 41; of man, **AB** 42; of mosquitoes, **AB** 41; of moths, **AB** 41, 42; of sea animals, **S** 128, 150, 159; sense of, **INS** 10, 34, 35, 36-37, 170; and sound direction, **AB** 109; of turtles, **REP** 21, 110; of vertebrates, **AB** 109; of whales, **AB** 42-43, *164-165*
Heart: of fish, **FSH** 36, *46-47*; of reptiles, **REP** 16, *18-19*; of shark, **FSH** *diagram* 86
Hearths: in Abri Pataud, **EM** *164*; in Dolni Vestonice, **EM** *153*; in Dordogne, **EM** 147
Heat: conservation of by alpine animals, **MT** 108, 109, 112-113, 115; conservation of by birds, **B** 34, 35, 53, *114*; escape from by insects, **INS** 102; generation of, by honey bees and moths, **INS** 40; insulation of birds, **AB** 174-175; sensitivity of insects to, **INS** 34, 38, 40; sensitivity of rattlesnakes to, **AB** 38, 48
Heath, giant (plant; Ericaceae), **MT** *94*
Heath, tree (*Erica arborea*), **AFR** 136, *143*
Heath forest, **TA** 37, 54
Heath hen (extinct bird; *Tympanuchus cupido cupido*), **B** 170, *171*, **EC** 33, **NA** 33, 126
Heath scrubs, **EUR** 59
Heather (*Calluna*), **EUR** *145*, **MT** *98-99*, **PLT** 187
Hedge sparrow, or dunnock (bird; *Prunella modularis*), **B** *153*, **EC** *map* 20
Hedgehog (Erinaceidae), **MAM** 16; courtship of, **MAM** 143; defensive techniques of, **MAM** 100, *114*, 115; hibernation of, **MAM** 133; quills of, **MAM** 13; swimming ability of, **MAM** 61; zoogeographic realm of, **EC** 20
Hedgehog cactus (*Echinocereus*), **DES** 54, *55*, 66
Hedges, Cornelius, **NA** *187*
Hediger, H., **MAM** 144
Heel fly, common (*Hypoderma lineata*), **PLT** *177*
Heezen, Bruce C., **E** 90, **MT** 61, **S** 39
Heidelberg man, **EM** 14
Helaletes. See Long-legged rhinoceros
Helarctos malayanus. See Malayan bear
Helen Seamount, **S** *map* 71
Helianthus annuus. See Sunflower
Helichrysum bracteatum. See Strawflower
Heliconiid (butterfly; *Heliconius*), **SA** 153, *154*
Heliconius. See Heliconiid
Heliconius melopomene (butterfly), **SA** 153
Helicopis acis (metalmark butterfly), **SA** *169*
Helicopters: in Antarctica, **POL** *168*, 173; for exploring rain forest, **TA** 55
Heliothis armigera. See Corn earworm
Helipterum. See Everlasting
Helium, discovery of, **UNV** 36
Helium flash in stars, **UNV** 133, 134
Helix. See Land snail
Hell Pit of Niah, **TA** 170

Hell diver (grebe; *Podilymbus podiceps*), **B** 38
Helmet shrike (bird; Prionopinae), **AFR** 13
Helmeted chameleon (reptile; Chamaeleonidae), **EC** *68*
Helmeted guinea fowl (*Numida mitrata*), **AFR** *188*
Helmont, J. B. van, **FOR** 98-99
Helobiae (order of plant class Monocotyledoneae), **PLT** 187
Heloderma horridium. See Mexican beaded lizard
Heloderma suspectum. See Gila monster
Helodus (fish), **FSH** *chart* 68
Helogale parvula. See Dwarf mongoose
Helohyus (extinct mammal), **NA** *128-129*
Hemachatus. See Spitting cobra
Hemaris diffinis. See Bumblebee moth
Hemerocampa leucostigma. See Milkweed tussock moth
Hemicellulose (plant cell element), **PLT** 62
Hemicentetes (tenrec), **AFR** *164-165*
Hemicyclaspis (fish), **FSH** *chart* 68
Hemicyon (Pliocene mammal), **NA** *134-135*
Hemidactylus turcicus. See Turkish gecko
Hemideina megacephala. See Weta
Hemigrammus armstrongi. See Gold Tetra
Hemigrammus caudovittatus. See Buenos Aires tetra
Hemigrammus erythrozonus. See Glowlight tetra
Hemigrammus nanus. See Silver-tipped tetra
Hemigrammus pulcher. See Pretty tetra
Hemiprocne. See Crested tree swift
Hemiprocne longipennis. See Indian crested swift
Hemirhamphidae. *See* Halfbeak
Hemlock (tree; *Tsuga*), **FOR** 10, 40, 59, 62, 65, 113, 154, **NA** 96; climax forest of, **FOR** 152, 154, 157; food of, **FOR** *91*; in rain forest, **FOR** 78, *82-83*; needles of, **FOR** 43, 117
Hemoglobin: of high altitude animals, **EC** 124; in bloodworms, **EC** 125; composition of, **EV** 95; and sickle-cell anemia, **EV** 95
Hemophilia, **EV** 176, *177*
Hemp, cultivation of, **TA** 187
Hen, heath. *See* Heath hen
Hen, Plymouth Rock (*Gallus gallus*), **B** 34
Henderson, Thomas, **UNV** 35
Henderson Seamount, **S** *map* 69
Hendrickson, John R., **REP** *174*
Heng Shan (mountains), **MT** 138
Henricia sanguinolenta. See Blood starfish
Henry of Portugal, Prince, **S** 182
Henry Mountains, **MT** 38
Hensen, Viktor, **S** 183
Henslow, John Stevens, **EV** 11, 12, 13
Henslow's sparrow (*Passerherbulus henslowii*), **B** 120
Henson, Matthew, **POL** 39, 40, *48*
Hepatica. See Hepaticas
Hepaticae (class of plant division Bryophyta), **PLT** 185
Hepaticas (liverleaf; *Hepatica*), **FOR** 12, 13
Heracleum. See Cow parsnip
Heraclitus, **EV** 12
Heraldry, reptiles in, **REP** 151
Herbig-Haro objects, **UNV** *142*
Herbivores (vegetarian animals), **MAM** 76, 77-78; of Africa, **AFR** 60, 61-70, *71-85*; of Australia, **AUS** 98; in food chain, **MAM** 78; maternal care by, **MAM** 146-147; range of, **MAM** 125; social organization of, **MAM** 147; teeth of, **MAM** *84*, 85
Herbivorous birds, **EV** *30*
Herbivorous fishes, **FSH** 12, 14
Herbivorous reptiles, **EV** 20-21

Herbs: evolution of, **PLT** 14-16; used as medicine by early man, **TA** *170-171*
Herculaneum, **MT** 59
Hercules (constellation), **UNV** 57, 135, *map* 10
Hercynian forest, **EUR** 109
Herding insects, **INS** 115
Herds of mammals, **MAM** 147-149
Heredity, **E** 156-157, **EV** 67-74; genetic traits, **EV** *173-183*; *chart* 171; Mendel's Seven Points, **EV** *71*; Punnett square for, *diagram* **EV** 70; units of, **EV** 89-96, 97-107. *See also* Genetics
Hereford cattle (*Bos taurus*), **EC** 155
Hermaphroditism of fishes, **FSH** 100
Hermes (asteroid), **UNV** 67
Hermit crab (Decapoda), **EC** 112, **TA** *94*; habitat of, **S** *25*, *26*; symbiosis with sea anemone, **EC** 101
Hermit hummingbird (*Phaethornis*), **B** 15
Hero shrew (mammal; *Scutisorex congicus*), **MAM** *64-65*
Herodotus, **DES** 132, 134; on crocodile worship, **REP** 148; on water depth measurements, **S** 55
Heron (bird; Ardeidae), **AFR** 34, 41, **B** 14, 20, 34, 61, 119; evolution of, **B** 11; feet of, **EC** 16; incubation, **B** 145; nesting grounds, **B** 141; physical characteristics of, **B** 37, *39*
Heron, black-crowned night. *See* Black-crowned night heron
Heron, buff-backed (bird; *Bubulcus ibis*), **AFR** 41. *See also* Cattle egret
Heron, great blue. *See* Great blue heron
Heron, great white (*Ardea occidentalis*), **EC** 42
Heron, green (bird; *Butorides*), **EC** 42; niches of, **EC** 40-41
Heron, Louisiana (*Hydranassa tricolor*), **AB** *180*, **EC** 42; niches of, **EC** 40-41
Herrera, Andres, **REP** *134*
Herring (Clupeidae), **NA** 33-34; eggs of, **FSH** 101, *102*; evolution of, **FSH** *chart* 68-69; feeding by, **FSH** 13; in food chain, **FSH** 13, **S** 104, 106; habitat of, **FSH** 19, *22-23*; hatching of, **FSH** *102*; influence of moon on, **EC** 80; schooling by, **FSH** 13, 127-128, *166-167*; spawning of, **FSH** 100; tagging of, **FSH** 153, 154; transplanting of, **FSH** 175; travel of, **FSH** 14, **POL** 155
Herring, lake, or cisco (*Coregonus artedii*), **FSH** 157, **POL** 106
Herring, thread (*Opisthonema oglinum*), **FSH** *166-167*
Herring gull (*Larus argentatus*), **AB** 69, 78-79, **B** 116-117, 123, *125*, 139, 143; chicks of, **AB** 67; egg-recognition experiments with, **AB** 78-79; feeding behavior of, **AB** 66, *69*; pecking reaction of, **AB** 66, 67, *69*, **B** *125*; speed of, **MAM** *chart* 124
Herrings, ancestral (*Portheus* and *Ichthyodectes*), **S** *44-45*
Herschel, Sir William, **UNV** 31, *33*, 68, 112, 146
Hersey, J. B., **S** 112
Hershkovitz, Philip, **SA** 78
Hertzprung, Ejnar, **UNV** 147-148
Herzog, Maurice, **MT** 162
Hesperiidae. *See* Skippers
Hesperocyon (Oligocene mammal), **NA** *130-131*
Hesperornis (extinct bird), **B** 10
Hess, Carl von, **AB** 61
Hess, Eckhard H., **AB** 138
Hess, Harry, **S** 58
Hess guyot (underwater volcano), **S** *map* 68
Heteralocha acutirostris. See Huia
Heterocongrinae. *See* Eel, garden
Heterodon. See Hog-nosed snake
Heterodontus (horn shark), **FSH** *chart* 69

Heterogeneratae (class of plant division Phaeophyta), **PLT** 184
Heterohyrax syriacus. See Rock hyrax
Heteronetta atricapilla. See Black-headed duck
Heterosomata. *See* Flounder
Heterostichus rostratus. See California kelpfish
Hevea brasiliensis. See Rubber tree
Hevelius, Johannes, **UNV** 32, *42*, 43
Hexanchus. See Cow shark; Sixgill shark
Heyerdahl, Thor, **S** 78
Hibernation: of birds, possibility of, **B** 100; of mammals, **EC** 39, **FOR** 11, *30-31*, **MAM** 12, 123, *132-133*, **MT** 110-111; of reptiles, **REP** 61, 86. *See also* Dormancy
Hibiscus, Chinese, or Rose of China (*Hibiscus rosa-sinensis*), **PLT** *134*
Hibiscus rosa-sinensis. See Rose of China
Hickey, Joseph J., **B** 172
Hickory (tree; *Carya*), **FOR** 11, 18, 28, 95, 98, 133, 153, **NA** 96
Hidalgo (asteroid), **UNV** 67
Hidden-necked turtle (Cryptodira), **REP** 11, 50
Hidden-necked turtle (Pelomedusidae), **SA** 129
Hieracium. See Hawkweed
Hieraetus fasciatus. See African hawk eagle
Higher bony fishes (Osteichthyes), **FSH** *chart* 68-69
High-pressure cell, **E** *diagram* 61
Hildebrand, Henry, **REP** 134
Hill forest, **TA** 53
Hillary, Sir Edmund, **EUR** *49*, **MT** 165, *184*
Hilly Crescent, in Iran and Iraq, **EUR** 156-157
Himalayan grasshopper, **EUR** 50
Himalayan griffon (*Gyps himalayensis*), **EUR** 50
Himalayan sheep, or Marco Polo's sheep (*Ovis ammon*), **EUR** 40
Himalayan water shrew (*Chimarrogale himalayica*), **MAM** 62
Himalayas, **EUR** 10, *32*, 33-40, **MT** 9, 11, 12, 39, 44, 56, 57, 136; age of, **MT** 40; animals of, **EUR** 35-40, *50*; birds of, **EUR** 37-38, 40, *50*; climbing of peaks of, **MT** 161-166, 167, 181, *184-185*; climate of, **EUR** 50-51; evolution of, *maps* **TA** 11; explorers of, **EUR** 34, *46-47*; flowers of, **EUR** 35, *51*; hoofed animals of, **EUR** 37-39; life zones of, **EUR** *chart* 52-53; formation of, **MAM** 40; once under water, **S** 39; origin of, **EUR** 10; plants of, **EUR** 34-36; rainfall of, **EUR** *diagram* 36; religions of, **MT** 138, 153; trees of, **EUR** 35; varied vegetation of, **EUR** 34; vegetation belts of, **EUR** 35. *See also* Tibet
Hinde, Robert A., **AB** 27, *93*, 94
Hindu Kush (mountains), **EUR** 44, **MT** 44, 136, 138
Hindu mythology, reptiles in, **REP** 146-148
Hinduism, **MT** 138, 153
Hindus, **TA** *176*; monkey dance of, **PRM** *189*; monkey worship, **PRM** 136, 188
Hingston, Major R.W.G., **MT** 116
Hipparchus (Greek astronomer), **UNV** 13
Hippocamelus bisulcus. See Andean deer
Hippocampus. See Seahorse
Hippolysmata. See Anemone shrimp
Hippopotamus (*Hippopotamus amphibius*), **AFR** 16, 36-38, *46-47*, 67, 171, 172; ancestor of, **MAM** 39; aquatic adaptations of, **EC** *126;* classification of, **MAM** 18, *20;* courtship of, **MAM** *152-153;* and crocodiles, **AFR** 42; hair of, **MAM** 11; locomotion of, **MAM** 55;

156

AB Animal Behavior; **AFR** Africa; **AUS** Australia; **B** Birds; **DES** Desert; **E** Earth; **INS** Insects; **MAM** Mammals; **MT** Mountains; **NA** North America; **PLT** Plants; **POL** Poles;

Queen Elizabeth National Park, Uganda, **AFR** 38, *183;* teeth of, **MAM** *84;* zoogeographic realm of, **EC** map 20
Hippopotamus, pygmy. *See* Pygmy hippopotamus
Hippopotamus amphibius. See Hippopotamus
Hippotragini (tribe of antelopes), **AFR** 76
Hippotragus. See Roan antelope
Hippotragus niger. See Sable antelope
Hippotragus niger niger. See Lesser sable antelope
Hippotragus niger variani. See Giant sable antelope
Hirundinidae. *See* Martin; Swallow
Hirundo rustica. See Barn swallow
Historia Naturalis, Pliny, **DES** 98
Histrio histrio. See Sargassum fish
Histrionicus histrionicus. See Harlequin duck
Hoarding by animals, **AB** *190-191,* **MAM** 81-82, 94
Hoary marmot *(Marmota caligata),* **MAM** 135
Hoatzin (bird; *Opisthocomus hoazin),* **B** 15, 27, *51,* **EC** 110, **SA** 101, *122-123*
Hobart, Tasmania, **POL** 52
Hobble-bush, or witch-hobble *(Viburnum alnifolium),* **FOR** 28
Hodgkins Ridge, **S** map 69
Hodgson, Bryan, **TA** 151
Hog, giant forest *(Hylochoerus meinertzhageni),* **AFR** 119
Hog, pygmy *(Sus salvanius),* **TA** 151
Hog, red river, river, or bush pig *(Potamochoerus porcus),* **AFR** 38, 67, *121*
Hog, wart. *See* Wart hog
Hog, wild *(Sus scrofa),* **NA** 77
Hogan (hut) of Navaho Indian, **DES** 134
Hogback ridges, **MT** *41, 46-47*
Hog-nosed snake *(Heterodon),* **REP** 15, 86, 102, *164-165*
Holacanthus emoryi. See Crucifix thorn
Hole nesters (birds), **B** 16, 29, 140, 143
Holland, Dr. W. J., **INS** 16
Holland: dikes in, **EUR** *186-187;* government protected land in, **EUR** chart 176; wetlands in, **EUR** 180
Holloman Air Force Base, N.M., **PRM** 173, 174, 175
Holly, American *(Ilex opaca),* leaf growth of, **PLT** 106
Holly, or holm, oak *(Quercus ilex),* **EUR** 58
Holm, or holly, oak *(Quercus ilex),* **EUR** 58
Holocanthus ciliaris. See Queen angelfish
Holocentrus ascensionis. See Squirrelfish
Holocephali (fishes), **FSH** chart 68-69
Holoptychius (fish), **FSH** chart 68
Holosteans (fishes), **FSH** 60, 65, chart 68-69
Holothuroidea. *See* Sea cucumber
Homacodon (Eocene mammal), **NA** *128-129*
Homalopteridae (family of fishes), **TA** 86-87
Home, Everard, **AUS** 60
Homeosaurus (reptile), **REP** chart 44-45
Homer (Greek author), **FOR** 169, **MT** 138
Homes: of aborigines, **AUS** 176, **DES** 130; of birds, **AB** 13, 87-88, 153, 176, *182-183,* **B** 16, 20, 29, 134, 139, *140, 141,* 142, 143, *156-157,* 162, **EC** 103-104, **EV** *56-57,* **FOR** 18, 20, 76, **SA** 103; of Bushmen, **DES** 156, **EM** *168-169;* for desert living, **DES** *134, 135;* of early man, **EM** *122,* 126, 129, 130, 151, *152-153,* 157, **EV** *163;* of Eskimos, **POL** 47, *130, 131,* 135, *138-139;* of fishes, **AB** 12-13, *71-73,* **FSH** *105,* 110, 116, 150, **SA** *178;* of Guaica Indians, **FOR** *126-127;* of insects, **INS** 76, 77-86, *87-99,* 127, 128, 129-130, 132, 134, *136-137, 163,* **PLT** 142, 145, **SA** *155,* 156, **TA** *125, 136;* of mammals, **AB** 160, **AUS** 64-65, **DES** 77-78, **FOR** 20, *21,* 24, 128, **MAM** *122-124, 134-138,* 175, **SA** 52; of primates, **MAM** 124, 135, **PRM** 24, 32, 64, 65, *79;* of Pygmies, **FOR** *119-121;* of reptiles, **REP** *131,* 132, 170; of Tuaregs, **DES** *138-139;* of Yahgan Indians, **EV** 36. *See also* Habitats
Homesteaders, **FOR** *160-161,* 172
Homing instinct, **B** 107; of limpets, **AB** 123; of mammals, **MAM** 127; study of, **B** 111
Homing, or carrier, pigeon *(Columba livia),* **B** *111,* **EC** 93
Hominids (manlike primates), **EM** 175, **PRM** *178-179,* **TA** 166. *See also* Man, prehistoric
Homo erectus (early man): **EM** 56, 70, 71, 77-84, *86-99;* adaptations of, **EM** 78; body structure of, **EM** *43-44,* 82; brain configuration of, **EM** *81,* 82, *83;* courtship of, **EM** 92, 99; discovery sites of, **EM** 13, map 78; distribution of, **EM** 14, 81; elephant-hunting by, **EM** *90-99;* groups of, **EM** 92-93; knowledge of fire of, **EM** 93; at Olduvai Gorge, **EM** 55, 71, 81; physical appearance of, **EM** 82; in Spain, **EM** 87; teeth of, **EM** 82. *See also* Java man; Man, prehistoric; Peking man
Homo sapiens (early man), **EV** 165-172, *173-182;* body structure of, **EM** 44; dating of first appearance of, **EV** 130; discovery sites of, **EM** map 78, **EV** 168; emergence and origin of, **EM** 145, **EV** 168-169; examples of, **EV** *160-163;* first evidences of, **TA** 168, 169, 170; geographic succession of, **EV** 168; hip blade of, **EM** 51. *See also Homo erectus;* Man; Man, prehistoric
Honda-Mrkos-Pajdusakova (comet), **UNV** 70
Honduran white bat (mammal; *Ectophylla alba),* **SA** *90-91*
Honey, production of, **INS** 128
Honey badger, or ratel *(Mellivora capensis),* **AFR** 87, **EC** 104, **MAM** 113
"Honey bear." *See* Kinkajou
Honey buzzard (bird; *Pernis apivorus),* **B** 63
Honey eater (bird; Meliphagidae), **AUS** *150-151,* **B** *176-177,* 180, **TA** 106
Honey guide (bird; Indicatoridae), **AFR** 12, **B** 20, 64, 74, 143, *152*
Honey guide, greater (Indicatoridae), **B** 64
Honey loaf, or beebread, **INS** 78
Honey locust (tree; *Gleditsia),* **EC** 135
Honey possum *(Tarsipes spenserae),* **AUS** 41, 102, *103*
"Honey" tree, or tapang, or koompassia *(Koompassia excelsa),* **TA** *53,* 127
Honeybees. *See* Bees
Honeycomb worm *(Sabellaria alveolata),* **EC** 52-53
Honeycombs, **INS** 77-78, 127, *136-137;* cells, **INS** 76; queen *vs.* normal cells, **INS** *129-130, 137*
Honeydew (excretion of aphids), **INS** 168, *169*
Honey-myrtle, crimson (plant; *Melaleuca wilsonii),* **AUS** 52
Honeypot ant *(Myrmecocystus),* **DES** *115,* **INS** *166,* 169, *171*
Honeysuckle *(Banksia occidentalis),* **AUS** 52
Hood, Mount, **MT** 57
Hood Island (Galápagos), **EV** 21, 25
Hooded, or carrion, crow *(Corvus corone),* **EUR** 24
Hooded fishes: experimentation with, **FSH** 57
Hooded seal *(Cystophora cristata),* secondary sex characteristics of, **MAM** 143
Hooded visor-bearer (bird: *Augastes lumachellus),* **SA** *116,* 117
Hoods, warning: of cobras, **REP** 60, 61, *68-69*
Hoofed mammals. *See* Ungulates
Hooijer, D. A., **TA** 166
Hooke, Robert, **PLT** 35, 37
Hooker, Sir Joseph Dalton, **EV** 40, 41, 42, 44
Hooks and hooklets (of feathers), **B** 34
Hoopoe (bird; *Upupa epops),* **AFR** 13, **B** 16, 20, *29*
Hooton, Earnest, **SA** 36, 37
Hoover Dam, **DES** 171
Hopi Indians, **NA** 57, *64-65*
Hoplophoneus (Oligocene mammal), **NA** *130-131*
Hoplopterus spinosus. See Spurwing plover
Hopper, tree (insect; Membracidae), **EV** 52, **SA** *154-155*
Hopping locomotion of Australian animals, **AUS** *98-99,* 105-106, *124-125*
Hordeum vulgare. See Barley
Horizon guyot (underwater volcano), **S** map 68
"Horizontal" saxifrage (plant; *Saxifraga),* **AUS** 14
Horklick Mountains, **S** map 73
Hormones, **AB** 26-27, 87-88, **FOR** 12, 13, 100, **INS** 59-60, 62, 66, 170; androgen, **AB** 94; estrogen, **AB** 87, 88, 94, 95; experiments on role of, **INS** 66-69; and juveniles, **INS** 60, 62; in molting, **INS** 58; pheromones, **AB** 154; pituitary, **AB** 86, 87; primary, **AB** 94; proeactin, **AB** 94; secondary, **AB** 93, 95; sex, **AB** 70, 86, 87, 156; social, **AB** 154, **INS** 84, 163; swarming role of, **INS** 61, 62
Horn cores: of goats, **EUR** 154, 155, *158, 159*
Horn shark (Heterodontus), **FSH** chart 69
Hornaday, William T., **EC** 160, **TA** 16
Hornbill (bird; Bucerotidae), **AFR** 113, 115, *124,* 125, **B** 16, 20, 29, 54, **TA** 73; bill of, **B** 37, *76;* eye of, **B** 50; used in Chinese art, **TA** 72
Hornbill, casqued *(Bycanistes subcylindricus),* **AFR** *124,* 125
Hornbill, great *(Buceros bicornis),* **TA** 73
Hornbill, rufous *(Aceros nipalensis),* **B** 76
Hornbill, silvery-cheeked *(Bycanistes brevis),* **AFR** 113
Hornbill, Southern ground *(Bucorvus leadbeateri):* eye of, **B** 50
Horned grebe (bird: *Podiceps auritus),* **B** 17, diagram 38
Horned lark *(Eremophila alpestris),* **B** 81, **NA** 109
Horned liverwort (plant; *Anthoceros),* **PLT** 185
Horned lizard or horned "toad" *(Phrynosoma),* **DES** 68, 71, 72, 77, **NA** 12, 54, **REP** 57, *90-91,* 152, 159, *163,* **SA** 132
Horned owl, great. *See* Great horned owl
Horned toad. *See* Horned lizard
Hornet, banded, or tiger (insect; *Vespa tropica),* **TA** 128
Hornet, European *(Vespa crabro),* **AB** 34
Hornet fly (Syrphidae), **INS** 28
Hornet moth *(Sesia apiformis),* **INS** 25
Horn snake *(Farancia abacura),* **REP** 15
Horns: composition of, **MAM** 98; of devilfish, **FSH** 83; of fish egg cases, **FSH** 79; growth of, **MAM** 98
Hornworm, tobacco *(Protoparce sexta),* **AB** 186, **PLT** 177, *179;* moth of, **PLT** 176
Horse *(Equus),* **AFR** 63, 64, **EC** 11, **NA** 18, **MAM** 18, *21,* 46; cave painting of, **EM** *158-159,* 160, **EV** 169; diet of, **MAM** 75; domestication of, **EUR** 155; ecological succession of in South America, **EV** 13; evolution of, **EV** *112-113,* **MAM** 39, 41-42; as food source, **EM** 129; fossil remains of in Arctic, **POL** 108; geographic radiation of, **MAM** 14; hair of, **MAM** 11; hoof prints of, **MAM** *187;* hoofs of, **MAM** 17, 42, 58; hunting of; **EM** chart 151; ivory carving of, **EM** 161; limbs of, **MAM** 58; locomotion of, **MAM** *56-57, 58;* migrations of, **EC** 13, **EUR** 34; in North America, **EC** 11, 150; skeleton of, **EV** *38;* speed of, **MAM** chart 72; temperature control in, **MAM** 11; young of, **MAM** 147
Horse, ancestral. *See Eohippus; Equus; Merychippus; Mesohippus; Neohipparion; Orohippus; Parahippus; Pliohippus*
Horse, Arabian *(Equus caballus),* **EV** 44
Horse, dawn. *See* Dawn horse
Horse, percheron *(Equus caballus),* **EV** 44
Horse, Przewalski's *(Equus przewalskii),* **EUR** 16, 83-84, *102*
Horse, steppe *(Equus),* **EUR** 149
Horse chestnut (tree; *Aesculus hippocastanum),* **FOR** 43, **PLT** 186
Horse fly *(Tabanus),* **INS** table 14; eye of, **INS** 32, 46
Horsehead nebula, **UNV** 115
Horseshoe bat *(Rhinolophus ferrumequinum),* **EUR** *124-125*
Horseshoe, or king, crab *(Limulus polyphemus),* **S** 26, **TA** 84
Horsetail (plant; *Equisetum),* **PLT** chart 19, 24, *185;* early forms of, **PLT** 14-15; evolution of, **FOR** 40, *41,* 46, *84-85,* chart 48
Horst (mountain rock formation), **E** 84, diagram 85, **MT** diagram 36
Horus (bird deity), **B** 174
Hot springs, **DES** 102, **MT** 61, 62
Hot Springs National Park, Arkansas, **NA** 194
Hottentot man, **EV** 175
Hotu Cave tools, **EV** 147
Houghton, Dr. Henry S., **EV** 135
Hound, basset *(Canis familiaris),* **EV** 86
Hound, otter *(Canis familiaris),* **EV** 86
Hound, St. Hubert *(Canis familiaris),* **EV** 87
Hound, sleuth *(Canis familiaris),* **EV** 87
Hound, Talbott *(Canis familiaris),* **EV** 87
Hound, Vendee *(Canis familiaris),* **EV** 87
House dog, Egyptian *(Canis familiaris),* **EV** 86
House fly *(Musca domestica),* **AB** *46-47,* **INS** 28, 40, **PLT** 176; diseases caused by, **INS** 29; eyes of, **INS** 35; fertility of, **INS** 71; mouth parts of, **INS** *104;* proboscis of, **AB** *46;* selection of food by, **INS** 39; sense organs of, **AB** 46-47; sensory hairs of, **AB** 147; speed of, table **INS** 14
House mouse *(Mus musculus),* **EC** 11; footprints of, **MAM** *187*
House snake *(Boaedon lineatum):* and mythology, **REP** 149
House sparrow *(Passer domesticus),* **B** 34, 53, 85, 88
House wren *(Troglodytes aedon),* **B** 171
Houston, Dr. Charles S., **MT** 164
Hovenweep National Monument, Utah, Colorado, **DES** 169
Hover flies (Syrphidae), **INS** *116-117*
Hovering flight of birds, **B** 39, *44-45*

157

EC Ecology; **EM** Early Man; **EUR** Eurasia; **EV** Evolution; **FOR** Forest; **FSH** Fishes; **PRM** Primates; **REP** Reptiles; **S** Sea; **SA** South America; **TA** Tropical Asia; **UNV** Universe

INDEX (CONTINUED)

Howell, F. Clark, **EM** 87, 88, 91, 95, 97, **EV** 166, 167
Howells, William W., **EM** 147
Howland Island, **S** map 68
Howler (monkey; *Alouatta*), **EC** *map* 19, **FOR** 75, **PRM** 47, **SA** 32, *35-36*, 39, *43*; clans of, **MAM** 149-150; field studies of, **PRM** 39-40, 130, 168; maternal care by, **MAM** 160; tails of, **MAM** 59; territorial limits of, **PRM** chart 130
Howler, black (monkey; *Alouatta caraya*), **MAM** 142, **PRM** 47
Hoxne, England, **EM** 10
Hoyle, Fred, **UNV** 131, 175
Hrdlicka, Dr. Ales, **EV** 132
Hroudland of Brittany, Count, **MT** 137
Hsifan mountains, China, **EUR** 36-38, *52*
Hua Shan (mountains), **MT** 138
Huascarán (mountain), **MT** 186
Hub stars, **UNV** 150
Hubble, Edwin, **UNV** *144*, 148-151, 154, 169, 174, 180
Hudson, Henry, **NA** *map* 20, 98, **POL** 33, 39, **S** 182
Hudson, Reverend Charles, **MT** 159
Hudson Bay, **FOR** 45, **POL** 33, 115, 133; area of, **S** 184; depth of, **S** 184; whales of, **S** 166, *167*
Hudson Canyon (underwater), **S** *map* 64
Hudson River, **FOR** 156
Hudsonian Zone, **FOR** 61
Huia (extinct bird; *Heteralocha acutirostris*), **AUS** 149, **B** 37
Hull-Rust-Mahoning mine, **E** 170
Humason, Milton, **UNV** 34, 148, *166*
Humboldt, Baron Alexander von, **EV** 11, **FOR** 74, **SA** 10, 37-38, 108, 130, 131, 132
Humboldt Current, **SA** *diagram* 11, 108, 185; and fisheries, **FSH** 16; and Los Angeles water supply, **S** *172-173*; and South Pacific eddy, **S** 78, 79; and Peruvian guano (fertilizer), **S** 78-79, 84-85
Humboldt River, **DES** 16
Humidity, **AB** 44, **INS** 38, 84, 85-86, **REP** 85
Hummingbird (Trochilidae), **DES** 73, 100, **EC** *map* 19, **FOR** 23, 45, 135, **NA** 12, **SA** 105-106; and arena behavior, **B** 125; catching of, **SA** 118; classification of, **B** 20; eggs of, **B** 142, **SA** *120*; feeding devices and behavior of, **B** 59-60; feet of, **B** 38; flight of, **B** 35, 39, *43*, *44-45*, **SA** 105-106, *118-119*; iridescence of, **SA** 106; largest and smallest, **SA** *114-115*; migration of, **SA** 100; nests of, **B** 139; skeleton of, **B** *41*; South America species of, **EC** 56; species of, **SA** 101; weight of, **B** 12; wings of, **B** 39, 43, 48; zoogeographic realm of, **EC** *map* 19
Hummingbird, bee (*Mellisuga helenae*), **B** 59
Hummingbird, Brazilian amethyst (*Calliphlox amethystina*), **SA** 115
Hummingbird, broad-billed (*Cyanthus latirostris*): egg of, **B** 155
Hummingbird, giant (*Patagona gigas*), **SA** *114-115*
Hummingbird, hermit (*Phaethornis*), **B** 15
Hummingbird, ruby-throated (*Archilochus colubris*), **B** 34, 39, 59, **SA** 101
Hummingbird, rufous (*Selasphorus rufus*), **SA** 101
Hummingbird, sicklebill (*Eutoxeres*), **B** 15
Hummingbird, streamertail (*Aithurus polytmus*), **B** 19
Hummingbird, thornbill (*Ramphomicron*), **B** 15
Hummingbird, topaz (*Topaza pella*), **SA** 117
Humpback sucker (fish; *Xyrauchen texanus*), **NA** 146

Humpback whale (*Megaptera novaeangliae*), **AB** *124-125*, **S** 104, 150, *157*; barnacles on, **EC** *112*; courtship of, **MAM** 144; feeding habits of, **S** 104; hearing of, **AB** *125*; hunting of, **S** 150; migration of, **AB** *124-125*, **MAM** 126, *map* 127; oil of, **S** 157; orientation of, **AB** 125
Humus, **FOR** 90, 117, 132, 133, 136; formation of, **PLT** 14; baskets of, **PLT** 142; hyphae in, **PLT** 41
Hundred-legger. See Centipedes
Hungary: government protected land in, **EUR** *chart* 176
Hunt, Sir John, **EV** 95, **MT** 164
Hunting: by aborigines, **DES** 130, 159; in Africa, **AFR** 26-27, *172*, *173*; by American Indians, **EC** 157; by birds, **AB** 180-181, **FSH** 146-147; by Bushmen, **DES** 130, 153, *154-155*, **EM** 184-187; by early man, **EM** 64-65, 68-69, 90-99, 126, *134-135*, 148, 149, 150, 157, 166, 172, *chart* 151, **EV** *160-161*, *163*, **PRM** 181; by Eskimos, **POL** 135, *138*, 140-141, *142*; and extinction, **B** 168, *170-171*, 180, *181*; by fishes, **FSH** 29, *30-31*, 37, 81, 82-83; by Guaica Indians, **FOR** *126-127*; by insects, **AB** 88, 89, **INS** 10, 27, 41, 98, 100, 102, 103, 104, 108, *116-117*, *138-139*, 140, 143, *158*, *166-167*, 168; by mammals, **AB** 148-149, **FSH** *134-135*, **MAM** 12, 17, 79, 80, *81*, *105-111*, 147; of marine mammals, **S** 145-147; by Pygmies, **FOR** *122-123*; in tropical Asia, **TA** 154-157
Hunting dog, Cape (*Lycaon*), **AFR** 87, 92, *104*
Hunting dogs, of Bushmen, **EM** *186-187*
Hunting god, of Les Trois Frères, **EM** *149*
Hunting leopard. See Cheetah
Huron, Lake, **S** 184
Hurricanes, **E** 63-64, **S** 170; eye of, **E** *78*; and ocean waves, **S** 88, 92
Hürtgen Forest (Germany), **FOR** 164
Husky, or Eskimo sled dog (*Canis familiaris*), **EV** 86, **POL** 53, 56, 75, 76, *136*, *137*, *142-143*
Huso huso. See Giant sturgeon
Hutton, James, **E** 106, **REP** 175
Huxley, Sir Julian, **AB** 18, 178, **E** 138, **EV** 93
Huxley, Thomas H., **B** 9, **EC** 36, 100, **EM** 12, 31, **EV** *41*, 42, 93, 129-130, 134, 154, **FSH** 169
Huygens, Christiaan, **UNV** 32
Hwang Ho River, **S** 184
Hyacinth (*Hyacinthus sarmaticus*), **PLT** 124
Hyacinth, water (plant; *Eichhornia crassipes*), **EC** *72-73*
Hyacinth macaw (bird; *Anadorynchus hyacinthinus*), **SA** 104
Hyacinth orchid (*Dipodium punctatum*), **AUS** 56
Hyacinthus sarmarticus. See Hyacinth
Hyades (galactic cluster), **UNV** 30, 134
Hyaena hyaena. See Striped hyena
Hyaenodon (primitive carnivore), **MAM** 38, **NA** *130-131*
Hybodus (extinct fish), **FSH** *chart* 68
Hybrid pine (tree; *Pinus*), **FOR** 172, *179*
Hybridization, **EV** 68-71, 72. See also Artificial selection
Hydatina physis. See Rose-petal bubble shell snail
Hydnocarpus (tree), **TA** 171
Hydra (constellation), **UNV** *map* 11; galaxy cluster in, **UNV** 153, *180*
Hydra (fresh-water animal; Hydroza), **EV** 94; regeneration of, **E** *152-153*
Hydrachnidea. See Water mites
Hydranassa tricolor. See Louisiana

heron
Hydraulic dredges, for underwater mining, **S** 180, *181*
Hydrobatidae. See Storm petrel
Hydrochoerus hydrochaeris. See Capybara
Hydrocyanic acid, sugars combined with, **PLT** 11
Hydrocyon. See Tiger fish
Hydrodamalis gigas. See Steller's sea cow
Hydrogen, **FOR** 99
Hydrogen bomb explosion, **UNV** 95
Hydrolagus colliei. See Ratfish
Hydrophasianus chirurgus. See Pheasant-tailed jaçana
Hydrophones, **AB** 42, **SA** 82, **S** 110
Hydrophytes, water-dwelling plants, **PLT** *84-85*
Hydropotes inermis. See Chinese water deer
Hydroza. See Hydra
Hydrurga leptonyx. See Sea leopard
Hyemoschus aquaticus. See Water chevrotain
Hygrophorus miniatus. See Vermilion mushroom
Hyla crucifer. See Spring peeper
Hyla ewingi. See Brown tree frog
Hyla peroni. See Peron's tree frog
Hyla regilla. See Pacific tree frog
Hylidae. See Tree frog
Hylobates lar. See Lar
Hylobatinae. See Gibbon
Hylochoerus meinertzhageni. See Giant forest hog
Hylopetes sagitta. See "Flying" squirrel
Hymenaea courbaril. See West Indian locust
Hymenoptera (insect order), **INS** 27
Hymenopus coronatus. See Flower mantid
Hyopsodus (extinct mammal), **NA** *128-129*
Hypera postica. See Alfalfa weevil
Hypericum. See Goatweed
Hyperolius horstockii. See Arum lily frog
Hypertragulus (Oligocene mammal), **NA** *130-131*
Hyphae, fungus part, **PLT** 14, 41
Hyphessobrycon callistus. See Serpa tetra
Hyphessobrycon innesi. See Neon tetra
Hyphessobrycon pulchripinnus. See Lemon tetra
Hypisodus (Oligocene mammal), **NA** *130-131*
Hypolagus (Pliocene mammal), **NA** *134-135*
Hypomesus pretiosus. See Surf smelt
Hypomyces. See Two-stomached ant
Hypothyris aemilia (butterfly), **SA** 154
Hypsiprymnodon. See Musky rat kangaroo
Hypsochila penai. See Andean butterfly
Hyrachyus (extinct mammal), **MAM** *21*
Hyracodon (Oligocene mammal), **NA** *130-131*
Hyracoidea (order of mammals), **MAM** 21
Hyracotherium. See Dawn horse
Hyrax, rock (rodent; *Heterohyrax syriacus*), **MT** 94
Hystrix crassispinis. See Bornean porcupine
Hystrix galeata. See African porcupine

Iban (Dayak tribe), **TA** 178
Ibex (mountain goat; *Capra ibex*), **EUR** 136-137, **MT** 114, *120-121*; as food source for Neanderthal man, **EM** 129; hunting of, **EM** *134*, 149, *chart* 151
Ibex, Nubian (*Capra ibex nubiana*), **EUR** 75
Ibex, Spanish (*Capra pyrenaica*), **EUR** 137
Ibidorhyncha struthersii. See Ibisbill
Ibis (bird; Threskiornithidae), **AFR** 34, 41, **B** 14, 61, **FOR** 76, **NA** 31
Ibis, glossy (*Plegadis falcinellus*), **B** *19*, 143
Ibis, sacred (*Threskiornis aethiopica*), **AFR** 41
Ibis, wood (bird; *Mycteria americana*), **NA** 31
Ibisbill (bird; *Ibidorhyncha struthersii*), **EUR** 40
Icarus (asteroid), **UNV** 66, 67, *81*
Ice: amassment of, in Antarctica, **POL** 11-12, 18; arctic, artificial melting, **POL** 158; candled (refrozen), **POL** *117*; erosion by, **E** 108, *128-129*; glacial, formation of, **MT** 11, 15; measurement of thickness of in Antarctica, **POL** 17; of other planets, **S** 10; plastic flow in, **POL** 13, 150, 176. See also Drift ice; Icebergs; Pack ice; Sea ice; etc.
Ice age, **B** 11, 106, **E** 161-163, **FOR** 45-46, **MT** 25, 27, 90, 133, **NA** 11-12, **S** 41-43, 58, 171, *map* 40; Alaska-Siberia land bridge during, **POL** 108; in Antarctica, **POL** 169; ice sheets of, **POL** 11, 117, 158, 170; life in, **POL** 130; mammalian development in, **MAM** 41-42; and migration of man, **EV** 165-166; Northern Hemisphere (Pleistocene), **POL** 106, 117, 130, 158, 170; periods, **EUR** 15-16; polar icecaps as remnants of, **POL** 11; theory of cause of, **POL** 158; traces of, in arctic tundra, **POL** 106, *115*, *117*; in tropical Asia, **TA** 11, 101, 103; vegetation, **EUR** *map* 14. See also Glaciers
Ice Age National Scientific Reserve, Wisconsin (proposed), **E** 187
Ice plant, water storage by, **PLT** 80
Ice sheet, **E** 108; antarctic, **POL** 11, 12-13, 18, 24, 170; Greenland, **POL** 152; of Ice Age, **POL** 11, 117, 158, 170; of Pleistocene, **POL** 106, 110, 112. See also Icecaps
Ice shelves, Antarctic, **POL** *map* 175. See also Ross Ice Shelf
Icebergs, **E** *128*, **POL** 13, 25, 32; in Alaska, **NA** 17; drift areas, **POL** *maps* 12-13; and Gulf Stream, **S** 77; as water supply, **S** *172-173*
Icecaps, **E** 108, of Arctic, **POL** 11; and Ewing-Donn theory, **S** 42, 171; of Greenland, **POL** 9, 11. See also Ice sheet
Iceland, **POL** 32, 155, 166; covered by ice sheets, **EUR** 15; fisheries of, **FSH** 102; government-protected land of, **EUR** *chart* 176; hot springs of, **MT** 62; and Mid-Atlantic Ridge, **S** 65; volcanic belt in, **MT** 57
Ichneumon wasp (Ichneumonidae), **FOR** 141, **INS** 27, 56
Ichneumonidae. See Ichneumon wasp
Ichthyodectes (prehistoric fish): fossil of, **EV** *119*, **S** *44-45*
Ichthyosaur (extinct fish-lizard; Ichthyosauria), **AUS** 39, **EUR** 13, 15, **REP** 38, 41, 42, *106*, 107-108, 110, *chart* 45, **S** 51
Ichthyosauria. See Ichthyosaur
Ichthyostega (extinct amphibian): and evolution, **EV** 113
Ictaluridae. See Catfish
Ictalurus melas. See Black bullhead
Ictalurus natalis. See Yellow bullhead
Ictalurus nebulosus. See Brown bullhead
Icterus. See Troupial
Icterus galbula. See Baltimore oriole

Icthyornis (extinct bird), B 10
Icticyon. See Bush Dog
Ictops (extinct mammal), NA 131
Idaho, DES 30, 169, FOR 153; lava fields in, MT 59
Ideagrams (hand signs) of aborigines, AUS 174
Identical twins, EV 105
Idolothrips spectrum. See Thrips
Igloo, POL 47, 135, 138-139, diagrams 130-131
Igneous rocks, E 82-85
Iguana (Iguana), REP 12, 54, 112, 131, 153-154
Iguana. See Iguana
Iguana, desert (lizard; Dipsosaurus dorsalis), REP 91
Iguana, land (lizard; Cyclura), EV 22-23
Iguana, marine. See Marine iguana
Iguana, rhinoceros (Cyclura cornuta), SA 124
Iguana iguana. See Common iguana
Iguanodon (dinosaur), EUR 13
IGY. See International Geophysical Year
Ilex opaca. See American holly
Ili River, DES 30
Illawara (Australian town), aboriginal meaning of, AUS 15
Imaginal buds, or adult cells, INS 59, 60, 72
Imantodes cenchoa. See Blunt-headed tree snake
Immobility, defensive, MAM 104
Impala (antelope; Aepyceros melampus), AFR 68, 73, 77, 187, PRM 141; cooperation with baboons for defense, EV 142-143; courtship of, MAM 144; eating habits of, AFR 72-73; horns of, MAM 98; locomotion of, MAM 69; and nonconvergence, AUS 83; sculptures of, AFR 8-9; sense of smell in, AB 43
Impatiens. See Jewelweed; Touch-me-not
Imperial eagle (Aquila heliaca), EUR 64, 78
Imperial Valley, California, DES 14, 167
Impeyan pheasant (Lophophorus impejanus), TA 146
"Imprinting," B 120, 126, 144, EUR 153
Incas. See Indians, American
Inchworm caterpillar (Geometridae), INS 104
Incisor teeth: of Alpine marmot, MAM 85; function of, MAM 76; of hippopotamus, MAM 84
Incubator bird (megapode), AUS 34, 150, 151-154
Indefatigable Island (Galápagos), EV 18
India, DES 12, FOR 59, 96, 113, TA 103; animals of, TA 82, 86, 143-146, 148-151, 153-157; astronomy in, UNV 22, 23, Australoids in, TA 172; birds of, B 69; cassava cultivation in, TA 182; drought in, TA 32, 40-41; dryness of northwest, TA 17; field studies of, PRM 168; fishing industry of, FSH 170, 176; fossil finds in, TA 166; glaciers of, S 41; langurs of, PRM 97, 130, 136, map 132; monkeys of, PRM 188; monsoons in, TA 32, 44-45, 46-47; mountain fighting in, MT 138; rainfall in, TA 31, 32, 103; rain forest in, TA 52; seasonal dimorphism of species in, TA 130; shark attacks in, S 134; tea exports of, TA 181; teak forests of, PLT 126; terraced farming in, MT 130; water shortage in, E 172; wolves of, TA 143
Indian catfish (Siluroidea), FSH 39
Indian Cemetery, Acoma, N. M., NA 61
Indian cobra (snake; Naja naja), MAM 118-119, REP 68-69
Indian darter, or snakebird (Anhinga melanogaster), TA 88
Indian elephant. See Asiatic elephant
Indian gavial (Gavialis gangeticus), REP 16, 22-23, 41, 111; zoogeographic realm of, EC map 21
Indian greyhound, (dog; Canis familiaris), EV 87
Indian mythology: reptiles in, REP 146, 148
Indian Ocean, POL 14, 16, S 11, 56, 70, 146; area of, S 184; depth of, average and greatest, S 184; islands of western part of, AFR 156-158. poison fishes of, S 34, 35; turning sea currents of, S 78; venomous fish of, S 34-35. See also Madagascar
Indian paintbrush (plant; Castilleja), DES 60, PLT 143
Indian pink (plant; Lobelia cardinalis), MT 86
Indian pipe (plant; Monotropa uniflora), PLT 152, 153
Indian python (snake; Python molurus), TA 144
Indian rhinoceros (Rhinoceros unicornis), TA 149, 156-157
Indian shield (rock formation), EUR 10, map 11
Indian swift (bird; Hemiprocne longipennis), MAM chart 73
Indian tiger (Leo tigris), EC map 21, TA 153
Indians, American DES 26, 70, 131, 134, FOR 119, 124-127, 156, 169, 172, NA 13-16, 61-73, 76; agriculture of, NA 59-60; in Alaska, EC 128, POL 133, 136; in Arctic, POL 112, 130, 133, 136, 158; of Arizona, FOR 157, 158; Aztecs, SA 106; cactus use by, DES 55, 66; Caraja Indians, SA 187; ceremonial objects, NA 69, 71, 180; and chuckwalla, DES 72; depletion of forests by, NA 78; 96; early population of, NA 62-63; epidemics among, EC 99; food gathering by, PLT 160; of Great Plains, EC 166; Incas, MT 54, 131, 132, 133, 138, 143, 144-145, SA 108; Mayas, SA 106; migration chronicle by, NA 14-15, 64; mountain-dwelling, MT 131-132, 133, 134, 135, 139, 140-143, 146-147; Navajo, DES 134, EV 174, POL 133; Patagonian Indians, SA 16, 81; Pueblo, DES 131, 134, NA 51, 64-65, 68-69; and reptile mythology, REP 148-149; Sioux, EC 159, NA 72; storage cist, NA 185; of Tierra del Fuego, EV 14, 32-37; totemism of, EC 163-164; Yahagan, EC 99, EV 32, 36-37
Indicatoridae. See Honey guide
Indigenous animals, NA 12
Indigo bunting (bird; Passerina cyanea), B 83, 139
Indigo snake (Drymarchon corais), REP 14, 84, 138
Indochina peninsula: rainfall of, TA 32; temperatures of, TA 34; tigers of, TA 145
Indoleacetic acid (auxin; plant substance), PLT 101-102, 103, 104
Indonesia: coconut exports of, TA 182; climate of, TA 31, 34, 42-43; and fish farming, S 173; geological evolution of, TA maps 10-11; rainfall in, TA 41; volcanoes of, MT 38, 57, TA 26
Indri (lemur; Indri), AFR 155, PRM 25, 152
Indri. See Indri
Indricotherium (extinct rhinoceros), EUR 14
Indus River, DES 12, 102
Inertia: and gravitation, UNV 172
Inertial feeding: by lizards, REP 55
Infants: appeal of, AB 67; of baboons, PRM 89, 94, 120-125, 146; development, and bodily contact of, AB 29; of gibbons, PRM 74; of gorillas, PRM 66, 77, 78, 90-91; importance of grasping ability of, PRM 86; of langurs, PRM 89, 93, 168; of macaques, PRM 84, 86-87; of man, PRM 182-184; of monkeys, PRM 10, 85-94; neuroses of, PRM 157-158; of Peking man, PRM 184; of pottos, PRM 31; of rhesus monkeys, PRM 166-167; of sifakas, PRM 26; temperament of monkeys, PRM 90
Infrared waves, UNV 36, 88; wave length of, UNV 60, 110, 113; radiation of, AB 38, 48, 75
Ingen-Housz, Jan, PLT 60
Inger, Robert F., TA 57
Ingram, Vernon M., EV 95
Inhibited behavior in antelopes, AB 91
Inia geoffrensis. See Fresh-water dolphin
Initiation into manhood of aborigine, AUS 188-189
Inkfish (Cephalopoda), AB 155
Inland seas of Amazon-Orinoco river basin, SA 10-11
Innate ability and learning, AB 134, 138
"Innkeeper" worm (Urechis caupo), EC 101
Innsbruck, Austria, MT 20
Insect control: by disruption of life cycle, INS 62; and mosquitoes, INS 145; natural, by internecine warfare, INS 108, 114-115. See also Insecticides
Insect tunnels, INS 96-97, 99
Insecta. See Insects
Insecticides: aerial spraying of, PLT 181; development of resistance to, INS 62; effect on birds of, B 84-85, 172, 184; problem of, EC 167, PLT 166-167; use of, EC 180
Insectivora. See Insectivores
Insectivores (order of mammals), PRM 10; of Africa, AFR 14, 15, 155, 162-165; animals, INS 104, 110, 141, 142, 143; birds, EV 30, INS 106-107, 108; genealogy of, PRM chart 18; gestation periods of, MAM 145; of Madagascar, AFR 14, 155, 162-165; mating patterns of, MAM 144; types of, MAM 16, 21
Insectivorous plants, PLT 146, 154-155
Insectivorous tree finch, large (bird; Camarhynchus psittacula), EV 30
Insectivorous tree finch, medium (Camarhynchus), EV 30
Insectivorous tree finch, small (Camarhynchus parvulus), EV 30
Insects (Insecta), INS (entire vol.); adaptive radiation of, EC 59; of Africa, AFR 106-107, 117-118, 126-133, 153, 160-161, 174; agriculture and, EC 167; in Antarctica, POL 16, 79, 82; antennae of, INS 10, 14, 34, 38-39, 41, 45, 47; aquatic, AB 40-41; in Arctic, POL 74, 106, 108; of Australia, AUS 126, 129-130, 137-139; as bird food, B 58, 87, 170; and birds, B 33, 39, 74, 117, INS 106, 107, 108; Baltic breeding grounds of, EUR 138; camouflage and disguise of, INS 105-106, 107, SA 162-165, TA 122, 135; of Carboniferous period, EUR 12; and cattle, DES 170; cave-dwelling, AB 53; and chain of life, FOR 15, 18, 131, 132, 133, 135, 140; characteristics of class, INS 14; circulatory system of, INS 44-45, 72; classification of, INS 14, 30; compound eyes of, AB 38, 53; contributions to forest life, TA 123; control of by birds, B 87; defenses of, AB 116, EV 52-53; and deforestation, FOR 114-115, 172-173; and desert food chain, DES 15, 69, 70, 76, 89, 97, 118; destructive, PLT 42, 166-167, chart 176-177; of Devonian period, EUR 12; diurnal habits of, EC 76; ecological explosions of, EC 62; egg-producing ability of, INS 56, 71, 108; emergence of, S chart 39; evolution of, FOR 41, 42, 51; fossils of, EV 119; of Galápagos, EV 15; hearing in, AB 41-42; and heartwood, FOR 97; and honey guides, AB 156; on Krakatoa, EC 59; of Madagascar, AFR 153, 160-161; of Mesozoic era, EUR 12; migrations of, EUR 160; in mountains, MT 107, 114, 115-116; mutualism with plants, EC 114, MT 85, PLT 144-146; in Nearctic realm, EC 14; of New Zealand, AUS 129, 130; nocturnal, TA 126-127; of North America, NA 44-49, 148; number of species, MAM 13, chart 23; partnership with birds, EC 103-104; plant devices for attraction of, EV 50-51, 54; plant galls induced by, PLT 156-157; plants homes of, PLT 142, 145; and pollination, AB 37, DES 60, FOR 44-45, 106, MT 102, 103, PLT 11, 15-16, 105, 144-145; prehistoric, EV 113; production of sound by, INS 10, 37, 170, diagrams 38-39; in rain forest, FOR 74, 75; range of, EC 10; reproduction of, DES 60, 70, 89, 114; as reptile food, REP 35-36, 53, 54, 57; sense of balance in, AB 40-41; sense of touch in, AB 40; sensory cells of, AB 39; and sequoias, FOR 66; smell and taste in, AB 50; social "castes" among, AB 152; social organization of, EC 145; soil creation by, EC 43; of South America, SA 148, 149-158, 159, 162-175; of Southeast Asia, TA 121-128, 129-141; specialization of, FOR 116-117; speed of, MAM chart 72-73; and spiders, FOR 89; streamlining of, EC 127; in summer, FOR 15, 23; survival in cold, POL 74; symbiosis in, EC 100-101; and temperature change, FOR 174; and ultraviolet light, AB 37; warning colors of, AB 131; wingbeat of, B 39; winter, FOR 11. See also Insects eggs and specific insects
Insects, aquatic. See Aquatic insects
Insects' eggs, AB 11-12, INS 56, 64, 70-71, SA 153; of aquatic insects, INS 148, 149, 158; deposition of, INS 44, 56-57, 71; over-wintering of, INS 62; protective coloration of, INS 108; segregation of larval vs adult cells in, INS 58-59
Inselbergs, islands, DES 31
Instincts and behavior, AB 18, 127, 130, 131, 132-133, 137, 144-145; of birds, AB 109, 110, 128, 166, 167; adaptive function of, EC 138; flying and, AB 128-129; gaping, AB 109, 110, 166, 167; homing, AB 123, MAM 127; of insects, INS 10, 161; maternal, PRM 89, 99, 158; of monkeys, PRM 99, 158, 167; and nest building, B 142; paternal, AB 67; pecking, AB 66, 67, 69; sex, PRM 91-92, 167, 184-185; of squirrels, AB 134, 144-145
Institute of Forest Genetics, FOR 179
Insulation: of animals, POL 75; fat and, MAM 12; hair and, MAM 11
Intelligence: of animals, EV 45, 140; brood size and, MAM 146; comparisons of, EV 45; differences in, AB 135; of dolphins, MAM 26; and emotions, MAM 179; of insects, INS 10-11, 162, 163, 169, 170; irrelevance of physical brain capacity, EV 134; and learning ability in birds, AB 135; of mammals, MA 78, SA 79-80; of man, EM 147, EV 45, 171, MAM 169, 172, 182; of octopi, AB 41; of primates, EV 45, MAM 12, 180-183, PRM 35, 62, 68, 69, 70, SA 37; tests of, INS 161-162, PRM 15, 68, 69. See also Brain capacity
Inter-American Tropical Tuna Commission, FSH 154, 172
Interbreeding: and evolution, EM 124-125; experiments in, AB (entire vol.)
Internal fertilization: by reptiles, REP 36-38, 126, 127, 141
Internal organs: of fishes, FSH 46-47,

EC Ecology; EM Early Man; EUR Eurasia; EV Evolution; FOR Forest; FSH Fishes;
PRM Primates; REP Reptiles; S Sea; SA South America; TA Tropical Asia; UNV Universe

INDEX (CONTINUED)

78; of sharks, **FSH** diagram 86
Internal programming in animal behavior, **AB** 129-130, 132, 133, 134, 136
International Conference on Fish in Nutrition, **FSH** 175
International Convention for Northwest Atlantic Fisheries, **FSH** 174
International Council for the Exploration of the Sea, **FSH** 173
International Geophysical Year (1957-1958), **E** 11, **POL** 13, 58, 152, 170-171, 177, **S** 183; antarctic bases, **POL** map 13, 169, 170; oceanography during, **S** 78, 169, maps 64-73
International Polar Year (1882-1883), **POL** 36, 38
International Rice Research Institute, **TA** 189
International Union for the Conservation of Nature and Natural Resources, **AFR** 169-170, **EUR** 179
International Union of Geodesy and Geophysics, **POL** 152
Invasion of land: by fauna, **TA** 107; by reptiles, **REP** 35-36, 54, 105-106, 112
Inversion layers of the ocean, **S** 80
Io moth (*Automeris io*), **INS** *25;* eggs of, **INS** 70
Iodine, radioactive: concentration of, **EC** 170
Ionosphere, **E** 59, diagram 66
Iowa, **FOR** 155
Ipecac (plant; *Cephaelis Ipecacuanha*), **PLT** 187
Ipomoea Batatas. See Sweet potato
Ipswich sparrow (*Passercules princeps*), **EC** 56
Iran, **DES** 31, 34, 143, 144, 147; agriculture in, **DES** 13, 16; government protected land, **EUR** chart 176; hoofed animals of, **EUR** 62-63; plateau of, **MT** 44; salinity of soil, **EUR** 60; and shark attacks, **S** 134. See also Mesopotamia
Iran, Plateau of, **MT** 44
Iranian Desert: dunes in, **DES** 13
Iraq, **DES** 16, 167, 169; caves in Shanidar, **EM** *141;* discovery of Neanderthal man in, **EM** 140-141; discovery of Neanderthal hunter in Shanidar, **EM** 127; government protected land, **EUR** chart 176
Irazú crater, **MT** 78
Ireland, **FOR** 43; government protected land, **EUR** chart 176; potato famine, cause of, **PLT** 144, 163; and snakelessness, **REP** 147-148; wolves, **EUR** 112
Iridomyrmex humilis. See Argentine ant
Iris (flower; *Iris pseudacorus*), **PLT** *33;* classification of, **PLT** 12; life span of, **PLT** 106; stamens in, **PLT** 12
Iris pseudacorus. See Iris
Irish elk (extinct mammal; *Megaceros hibernicus*), **EC** 125, **EUR** 120, **MAM** *41*
Irish moss (red alga; *Chondrus crispus*), **PLT** 183, **S** *24*
Irish setter (dog; *Canis familiaris*), **EV** *86*
Irish terrier (dog; *Canis familiaris*), **EV** *87*
Irish water spaniel (dog; *Canis familiaris*), **EV** *86*
Irish wolfhound (dog; *Canis familiaris*), **EV** *87*
Iron, **DES** 16; in Antarctica, **POL** 170; in arctic, **POL** 153; chelated, **PLT** 164; mining of, **E** 170-171; in soil, **PLT** 122
Iron Age: artifacts of, **EV** *147;* tools of, **EV** *147*
Irons (meteorites), **E** 16, *31*
Ironwood, Bornean, or belian (tree; *Eusideroxylon zwageri*), **TA** 53
Iroquois nation (Indian), **NA** 15, 96
Irrawaddy (river), **S** 184, **TA** 22, 34, 80
Irrawaddy River dolphin (mammal; *Orcaella brevirostris*), **TA** 88
Irregular galaxies, **UNV** 149, 150-152, *156*
Irrigation, **DES** 101, 147, **PLT** 127, 128; and desalinization of soil, **EUR** 72-73; and dew, **DES** 102; excessive, **PLT** 161-162; in Mojave Desert, **EC** *176;* in Palestine, **DES** 165-166, 168; salinization of soil and, **EUR** 60-61; and world food supply, **DES** 166-167
Irvine, Andrew, **MT** 164, 165
Irving, Laurence, **POL** 75
Irving, Washington, **NA** 118, 123
Isaacs, John, **S** 172
Iselin, Columbus O'Donnell, **S** 173-174
Isfahan, Iran, **DES** 143, *144,* 147
Isimila, Tanzania, **EM** 101
Island hopping by species, **TA** 105
Islands: adaptive radiation in, **EC** 59-60; of Africa, **AFR** 152, 156-158, 166, 167; animal invasions of, **EC** 59-62; formation of, **S** 58, 65, 98, chart 61, **TA** 101-102; geologic relationship to continent, **TA** 11; origin of life on, **EV** 44; pigeons in, **EC** 59; plant distribution on, **EC** 60; repopulation of, **EC** 59-60; types of, **TA** 102; volcanic, **EC** 58, **S** chart 61
Isle Royale National Park, Michigan, **E** 186, 187, **FOR** 158, **NA** 195
Isogenerateae (class of plant division Phaeophyta), **PLT** 184
Isolation, **EC** 59, **PRM** 35-36; of Australia, **AUS** 15, 33-42, *43-57;* of birds, **EC** *56-57,* 59, **EM** 124, **PRM** 157-158; and experiments with monkeys, **PRM** 157-158; in Galapagos of species, **EV** 15, 16, *17-31;* and mountain living, **MT** 133-136; of prehistoric South America, **SA** 13-14; and Tierra del Fuego Indians, **EV** 32-33. See also Geographic isolation
Isoodon macrourus. See Short-nosed bandicoot
Isopoda armadilliidae. See Sowbug
Isopogon roseus. See Rose cone bush
Isostasy, theory of, **E** 87, **MT** 40
Isotelus. See Giant trilobite
Isotherms (equal temperature lines): and fish travel, **FSH** 14
Isotopes, radioactive, **EM** chart 15
Israel, **DES** 166; government protected land in, **EUR** chart 176
Issyk-Kul, Lake, **S** 184
Istiompax marina. See Black marlin
Isurus oxyrinchus. See Mako shark
Italian Alps, **MT** 24-25, 120
Italian spaniel (dog; *Canis familiaris*), **EV** *86*
Italy: government protected land in, **EUR** chart 176; hot springs in, **MT** 62; rye field, **EUR** *182;* volcanoes of, **MT** 38, 65; wetlands, **EUR** 180; wildlife reserves, **EUR** 178
Ituri rain forest, **AFR** 120, **FOR** 118, 121
Ivory: of narwhal tusks, **POL** *102-103;* of walrus tusks, **POL** 81, **S** 147
Ivory-billed woodpecker (bird; *Campephilus principalis*), **B** 85, *86,* 138, 170, 171, **NA** 82
Ivy, poison (plant; *Rhus radicans*), **FOR** 149, **PLT** 11, 186
Ixobrychus exilis. See Least bittern
Ixtacihuatl (volcanic peak), **MT** 38
Izalco (volcano), **SA** *25*

J

Jabiru mycteria. See Jabiru stork
Jacamar (bird; Galbulidae), **B** 16, 20, **SA** 107, *111*
Jaçana (bird; *Jacana spinosa*): egg of, **B** *155;* feet of, **B** 38
Jacitára. See Climbing palm
Jacitára, or "terrible" palm (climbing palm; *Desmoncus macroanthus*), **SA** 12
Jack rabbit (*Lepus*), **DES** 96, **EC** 126, 136, *154,* **MAM** *20;* damage caused by, **NA** 123
Jack rabbit, black tailed. See Black tailed jack rabbit
Jackal (mammal; *Canis*), **AFR** *102-103,* **DES** 76, **EM** *64-65;* classification of, **MAM** 17; feigning death by, **MAM** 113; fossils of, **EV** 148; as predator, **AFR** 87, 93; as scavenger, **EUR** 62
Jackal, Asiatic (*Canis aureus*), **EUR** 62
Jackass, laughing. See Kookaburra
Jackdaw (bird; *Corvus monedula*), **B** 126
Jack-in-the-pulpit (flower; *Arisaema atrorubens*), **FOR** *24-25,* 136, **PLT** 187
Jack pine (tree; *Pinus banksiana*), **FOR** 156, 157, *176*
Jack rabbit (*Lepus*), **EC** 126, *136, 154,* **MAM** *20,* **NA** 123
Jack rabbit, black-tailed (*Lepus californicus*): footprints of, **MAM** *186*
Jackson, Sheldon, **POL** 156
Jackson, W. H., **NA** 186
Jackson-Harmsworth Expedition, **POL** 38
Jackson Hole, valley of, **MT** 37
Jackson's dancing whydah (bird; Ploceidae), **B** 125
Jackson's hartebeest (mammal; *Alcelaphus buselaphus jacksoni*), **AFR** 77
Jackson's three-horned chameleon (lizard; *Chamaeleo jacksoni*), **REP** *93*
Jacobin, dusky (bird; *Melanotrochilus fuscus*), **SA** *118-119*
Jacobin pigeon (bird; *Columba livia*), **EV** *43*
Jacobson's organ (sense cells), **AB** 43, **DES** 73, **REP** 12, 19, 60-61, 98, 99, 127
Jaeger, Edmund C., **B** 100, **DES** 100
Jaeger (bird; *Stercorarius*), **B** 64, **POL** 76, 109, 110
Jagiello, Ladislas, **EUR** 174
Jaguar (mammal; *Felis onca*), **NA** 54, 55, **SA** *80-81, 88-89;* footprints of, **MAM** *186*
Jaguarundi, or otter cat (mammal; *Felis yagouaroundi*), **SA** 88
Jai Singh II (astronomer), **UNV** 22, 23
Jaluo tribe, **AFR** 41
James Island (Galápagos), **EV** 15, 16, 25
James River, **S** 184
James's flamingo (*Phoenicoparrus jamesi*), **MT** *122-123*
Jamestown, Virginia: settlement of, **NA** 20-21
Janitor ant (*Colobopsis truncata*), **INS** *172,* 173
Jansky, Karl, **UNV** 37-38
Japan: birdbanding in, **B** 103, 112; breeding, **B** 166; breeding of vegetables in, **EV** 82; conservation, **EV** 82; climax forests, **EUR** 108; fishing industry of, **FSH** 170-171, 176, 182; foods consumed in, **S** 101, 157, 173; government protected land, **EUR** chart 176; hot spring in, **MT** 62; and Kuroshio Current, **S** 78; mountain-climbing in, **MT** 166; mountains of, **MT** 38, *129,* overpopulation in, **E** 168, *169;* Primate Research Group of, **PRM** 168; research centers of, **PRM** 190; signator of international treaty on Antarctica, **POL** 170; and tsunamis (tidal waves), **S** 92; volcanic belt in, **MT** 57; wild life reserves, **EUR** 178
Japan, Sea of, **S** 184
Japan Trench of North Pacific, **S** map 68
Japanese bantam, black-tailed (fowl; *Gallus gallus*), **EV** 85
Japanese beetle (*Popillia japonica*), **NA** *124-125*
Japanese cherry (tree; *Prunus japonica*), **PLT** 98
Japanese egret (bird; *Egretta*), **AB** 80
Japanese spaniel (dog; *Canis familiaris*), **EV** *86*
Japura (river), **SA** 178
Jararace (snake; *Bothrops jararaca*), **SA** 128
Jasper National Park, Alberta, Canada, **NA** 195
Jasper Seamount, **S** map 69
Java, **FOR** 71, **TA** 102; animals of, **TA** 16, 86, 106, *122, 126,* 144, 145, 148; early man in, **TA** 165-167, *169;* fossils of, **PRM** 180-181, **TA** 166-167; present-day excavations in, **EM** 80; Solo man, **EM** *44;* tea cultivation in, **TA** *180-181;* volcanoes of, **MT** 38, **TA** *26;* volcanoes, effect on, **MT** 55, 68
Java man (*Homo erectus;* earlier *Pithecanthropus erectus*), **EM** 59, **EV** 131-132, 152, **TA** 165-167, *169;* brain capacity of, **EM** 79, 81, 83, **EV** 132, 165; classified as human, **EV** 135, 146; compared to Peking man, **EV** 135; dating of, **EV** 136; discovery of, **EM** 13, 78, **EV** 131; dispute over authenticity of, **EM** 13-14, 78; preservation of fossils of during war, **EV** 134; skull of, **EM** 25, *78-79, 81;* similarities to later discoveries, **EM** 14. See also *Homo erectus; Pithecanthropus erectus;* Peking man
Java Sea, **TA** 28
Javan rhinoceros (*Rhinoceros sondaicus*), **AT** 148, *158-159*
Javelina. See Collared peccary; White-lipped peccary
Jawfish, yellow-headed (*Opisthognathus aurifrons*), **FSH** 107
Jawless fishes (Agnatha), **FSH** chart 68-69
Jaws: of alligator, **REP** *18,* 19; of apes, **EM** 49; of Australopithecus, **EM** *39;* bones of mammals, **MAM** 11, *14, 15;* of crocodilians, **REP** *22-23;* evolutionary comparison of orangutan, *Paranthropus,* and modern man, **EV** 157; of fishes, **FSH** 14, *30-31, 38-39, 46-47, 52-53, 60,* 61, 63, 177, 182, diagram 86, **S** 143; fossils of at Mauer, Germany, **EM** 14, 59; origin of, **EV** 112, *130, 131;* of *Paranthropus,* **EM** *46;* of *Ramapithecus,* **EM** *36;* of snakes, **REP** 55, 65, *66-67;* of Taung baby, **EM** 49; of turtles, **REP** *120-121, 122-123*
Jay, Phyllis, **PRM** 87, 88, 110, 132, 136, 158, *168*
Jay (bird; Corvidae), **B** 16, 57, 64, 68
Jay, blue (bird; *Cyanocitta cristata*), **AB** *168-169,* **B** 105, 171, **MAM** chart 72
Jay, Siberian (bird; *Perisoreus infaustus*), **B** 114
Jay, Steller's (bird; *Cyanocitta stelleri*), **NA** 153
Jeannette (ship), **POL** 34-36, 38
Jefferson, Thomas, **NA** 145-146, 272
Jellies, comb (marine life; Ctenophora), **S** 106
Jellyfish (Scyphozoa), **S** 19, 115; of Cambrian Age, **S** 47; evolution of, **S** 40, 104; stinging cell of, **S** 106
Jerboa, (rodent; Dipodidae), **AUS** 98, **DES** 76, 77, **EC** 137, **EUR** 88; locomotion of, **MAM** 56, 58, 64-65; skeleton of, **MAM** 64
Jerboa, great (*Allactaga major*), **EUR** 88
Jerboa, three-toed (*Dipus sagitta*), **MAM** 123
Jerboa marsupial (*Antechinomys*), **AUS** 83
Jerboa mouse (rodent; *Notomys*), **AUS** 83

Jerusalem cricket *(Stenopelmatus fuscus)*, **NA** *49*
"Jesus Cristo" (basilisk lizard; *Basiliscus*), **REP** 151, 160 **SA** *130-131,* 132
Jewel beetle (Buprestidae), **AUS** 130, **TA** 126
Jewel Cave National Monument. South Dakota, **E** 187
Jewelfish *(Epinephelus itajara),* **AB** *152*
Jewelry, Navaho, **NA** *70*
Jewelweed (plant; *Impatiens*), **PLT** 118
Jingle shells (mollusks; *Anomia*). **S** *25*
Jird, Shaw's (rodent; *Meriones shawi*), **MAM** 145
Jodrell Bank radio telescope, **UNV** 39, *60*
Johannesburg, South Africa: fossils at, **PRM** 178
Johannesburg *Star,* **EV** 146
Johansen, Hjalmar, **POL** 38
John Dory (fish; *Zeus faber*), **EUR** 135
Johnny penguin, or gentoo *(Pygoscelis papua),* **MAM** *chart* 72, **POL** *76*
Johnson, Willie Bee, **EV** *180*
Johnston, Sir Harry, **AFR** 119, 136
Johnston Island, **S** *map* 68
Jointed limbs of arthropods, **S** 21
Joliet, Louis, **NA** *24*
Jonathan apple *(Malus pumila),* **PLT** *68*
Jones, F. R. Harden, **FSH** 156
Jones, Frederick Wood, **AUS** 80
Jonsong Peak, **MT** 162
Josephine, Empress of France, **EV** 81
Josephine Seamount, **S** *map* 65
Joshua Tree National Monument, California, **DES** 59, 169, 172, **E** 186, 187, **NA** 194
Joshua tree *(Yucca brevifolia),* **DES** 56, **FOR** *70,* **PLT** *91*
Juan Fernandez Islands, **S** *map* 71
Juglandales (order of plant class Dicotyledoneae), **PLT** 186
Juglans. See Walnut
Juglans cinerea. See Butternut
Jujube (shrub; *Ziziphus*), **PLT** 186
Jumping: ability, **INS** *12-13,* 104-105; amphipods (beach fleas), **S** 121; escape by, **INS** 104
Jumping hare, or springhaas *(Pedetes),* **AFR** 14, **AUS** 98, **EC** *137,* **EM** *186-187*
Jumping mouse (Zapodidae), **DES** 118, **MAM** 58, 59, 123
Jumping, or elephant, shrew (Macroscelididae), **AFR** 14
Jumping spider (Attidae), **AB** 155
Junco. See Junco
Junco (bird; *Junco*), **B** 121, **FOR** 118
June beetle *(Phyllophaga),* **INS** *22-23*
Jungfrau (mountain), **MT** *18-19, 28-29,* 166
Jungle fowl, red *(Gallus gallus),* **B** *22,* 165, 167, **EC** *map* 21, **EUR** 156
Jungles, **PLT** *132-133,* **SA** 29, **TA** 13, 55, 60; variety of vegetation in, **PLT** 125-126; parasitic plants in, **PLT** 140
Juniper (plant; *Juniperus*), **EC** *111,* **FOR** 61, **MT** 83
Juniperus. See Juniper
Juno (asteroid), **UNV** 66, *80*
Jupiter (planet), **S** 10, **UNV** 67-68, 74-75; atmospheric belts of, **UNV** *74;* birth of, **UNV** 93; effect of on asteroids, **UNV** 66-67; orbit of, **UNV** *72;* red spot of, **UNV** 67, *74,* 75; relative size of, **UNV** *73;* satellites of, **UNV** 67, *74;* symbol for, **UNV** *64*
Jura mountains, **MT** 136
Jurassic period, **E** 136, 137, **EUR** 11-13, **FOR** *chart* 48; and Age of Reptiles, **FSH** 66; animals of Australia in, **AUS** 65, 66; birds in, **B** 10; birds of Australasia in, **AUS** 148; fish evolution in, **FSH** *chart* 68-69; fishes of, **FSH** 65, 66; and formation of Australia, **AUS** *35;* in geologic time scale, **S** *chart* 39; insects of, **INS** *19;* and premammals, **AUS** 65; and reptiles, **REP** 35, 39, 40, 41, 42, 49, 50, 107, 108, 111, *chart* 44-45
Jurine, Charles, **MAM** 61
Juruá River, **S** 184
Just So Stories, Kipling, **MAM** 39
"Juvenile" hormone, **INS** 60, 62
Jynx torquilla. See European wryneck

K

K2 or Godwin Austen (mountain peak), **MT** 165, 186, *diagram 179*
Kabru, Mount, **MT** 161
Kagu (bird; *Rhynchochetus jubatus*), **SA** 108
Kaibab forest, **FOR** 157-158
Kaka, forest (parrot; *Nestor meridionalis*), **AUS** *159*
Kakapo (parrot; *Strigops habroptilus*), **AUS** 149
Kakar, or barking deer *(Muntiacus),* **TA** 60
Kakatoe sanguinea. See Little corella
Kalahari Desert, **DES** 12, 29, 31, 56, 58, 129, 153, **EM** *168-169,* 177, 179, 181, 186-187
Kalahari Gemsbok National Park, South Africa, **AFR** 175
Kali (deity), **MT** *152*
Kalambo Falls, Northern Rhodesia: stratigraphic column at, **EM** *14*
Kalanchoe (succulent plant), **DES** *64-65*
Kalanchoë tubiflora (succulent plant), **PLT** *86*
Kalela, Olavi, **EUR** 134-135
Kalgan Gateway, **MT** 136
Kalmia latifolia. See Mountain laurel
Kama River, **S** 184
Kamchatka Peninsula, Siberia, **MT** 57, **POL** 33, 133
Kamet (mountain), **MT** 162
Kanchenjunga (mountain peak), **MT** 162, 165, 186, *diagram* 179
Kangaroo *(Macropodidae),* **AUS** *8,* 34, 36, 78, *diagram* 89, *100, 116-117,* 121, **DES** 58, 72, 78, 120; ancestors of, **AUS** 104-105; birth and development of, **AUS** 80, *122-123,* **EV** *95;* classification of, **MAM** 21; compared with impala, **AUS** *83;* digestion by, **AUS** 105; enemies of, **AUS** 106; environments of, **AUS** 105; feeding habits of, **AUS** *96,* 105; feet of, **AUS** 105; fighting capability of, **AUS** 106; flyers, **AUS** 116; gestation period of, **MAM** *chart* 145; herds (mobs) of, **AUS** 105; hopping of, **AUS** 98-99, 105-106, *124-125;* joeys, **AUS** 116, *120, 121;* kinds of, **AUS** 104, *118-119,* **MAM** 15; leaping power of, **AUS** 106; locomotion of, **MAM** 56, 58, *69;* and nonconvergence, **AUS** *83;* numbers of, **AUS** 117; species of, **AUS** 97, 118; in Pliocene epoch, **MAM** 40; post-natal care by, **MAM** *chart,* 145; pouches of, **AUS** 81, *120, 121;* sizes of, **AUS** 104, *117,* **MAM** *146;* speed of, **AUS** 124; teeth of, **AUS** 105; young of, **MAM** *146, 156-157;* zoogeographic realm of, **EC** *map* 21. *See also* Euro; Wallaby
Kangaroo, brush-tailed rat. *See* Brush-tailed kangaroo
Kangaroo, mountain. *See* Euro
Kangaroo, musky rat *(Hypsiprymnodon moschatus),* **AUS** 104-105, *diagram* 89
Kangaroo, rat. *See* Rat kangaroo
Kangaroo, rufous rat *(Aepyprymnus rufescens),* **AUS** *118*
Kangaroo Island, **AUS** 15
Kangaroo mouse, Australian (Notomys), **DES** 76
Kangaroo mouse *(Microdipodops megacephalus),* **DES** 118
Kangaroo rat *(Dipodomys),* **AUS** 98, **DES** 57, 76-77, *82-83,* 169, **EC** 124, **NA** 53; adaptation of, **EC** 124; diet of, **MAM** 77, and king snake, **REP** *63;* locomotion of, **MAM** 58-59, 64-65; seed caches of, **DES** 78, 99, 118, 120; water economy of, **DES** 97, 98-99
Kannemeyeria (primitive reptile): mammalian features of, **MAM** 37
Kant, Immanuel, **E** 36, **UNV** 146
Kapoho (Hawaiian town), **MT** *75*
Kapok (tree; *Ceiba*), **FOR** *111,* **PLT** *150-151;* protective devices of, **PLT** 143
Karakoram (mountain range), **MT** 181, *map* 44
Kara Kum, Asia, **EUR** 83
Kara-Kum Desert, **DES** 77
Kara Sea, Arctic Ocean, **POL** 32
Karens (tribe of people), **TA** 12
Kariba Dam, Zambesi River, **AFR** 48; rescue operations at, **EC** 178-179
Karri, giant (tree; *Eucalyptus diversifolia*), **PLT** 126
Karroo, **EV** 146
Karsts (pits), **E** 109
Kartan culture, **AUS** 172
Kashmir, **MT** *150, 183*
Katipo, or red-backed spider *(Latrodectus hasselti),* **AUS** 131
Katmai National Monument, Alaska, **E** 186, 187, **NA** 194
Katmai (volcanic crater), **MT** 57
Katmandu, Nepal, **MT** 153
Katsuwonus pelamis. See Oceanic bonito
Kattegat: marine life of, **EUR** 138
Kattwinkel, Wilhelm, **EV** 149-150
Kauai, Hawaii, rainfall on, **TA** 32
Kauri tree *(Agathis),* **PLT** 126
Kawela Bay, Hawaii, **S** 94
Kayak (boat), **POL** 135
Kazakh S.S.R. Academy of Sciences, **MT** 16
Kazinga Channel, **AFR** 33
Kaziranga Sanctuary, **TA** 149, 150, *156*
Kea (parrot; *Nestor notabilis*), **AUS** *158-159*
Kear, Janet, **TA** 108
Keast, Allen, **AUS** 150
Keeshond (dog; *Canis familiaris*), **EV** *86*
Keith, Sir Arthur, **EM** *24,* **EV** 146
Kelabits (tribe) of Borneo: agricultural calendar of, **TA** 33-34
Kelp brown algae (Heterogeneratae), **PLT** 184
Kelpfish, California *(Heterostichus rostratus),* **FSH** 126
Kelvin Seamounts (underwater), **S** *map* 64
Kendeigh, S. Charles, **B** 87, 138
Kendung Brubus, Java: fossil beds of, **TA** 170
Kennedy, John F., **DES** 168, **S** 132, 169, 170
Kentish glory moth *(Endromis versicolora):* eggs of, **INS** *70*
Kenya, **DES** 125; antelopes of, **AFR** 68; birds of, **AFR** 13; conservation in, **AFR** 174-175; game parks, **AFR** 175; Nairobi National Park, **AFR** 88-89, 94, 175, *179;* Tsavo National Park, **AFR** 37, *82,* 175
Kenya, Mount, **AFR** 10, 135, 136, 138, 139, 141
Kenyatta, Jomo, **AFR** 170
Kepler, Johannes, **AB** 51, **UNV** *13,* 15; study and instruments of, **UNV** *28, 29*
Keratin (horn substance), **MAM** 98
Kerguelen Island, South Indian Ocean, **POL** *92-93,* **S** *154*
Keringa ant *(Oecophylla smaragdina),* **TA** 124
Kermadec Islands, **S** *map* 70
Kermadec Trench of South Pacific, **S** *map* 70
Kerry blue terrier (dog; *Canis familiaris*), **EV** *87*
Kestrel (bird; *Falco*), **B** 58, 62
Ketupa ketupu. See Asiatic fishing owl
Keuper beds (geological strata), Germany, **EUR** 12
Key deer *(Odocoileus virginianus clavium),* **EC** 59
Key West: and submarine detection, **S** 80
Khaju Bridge, Iran, **DES** *144*
Khanka, Lake, **S** 184
Khevsurs (tribe of mountain people), **MT** 135
Khouzistan province, Iran, **EUR** 62
Khyber Pass, **MT** 136, 138
Kiang, or Tibetan wild ass *(Equus hemionus),* **EUR** 38-39, *54*
Kiang steppe, **EUR** 38, *54*
Kidney-tailed gecko (lizard; *Nephrurus laevis*), **REP** *89*
Kilauea Iki (volcanic crater), **MT** *70-73*
Kilauea (volcano), **E** *46-47*
Kilimanjaro, Mount, **AFR** 10, 135, 136, 139, *143, 144-145;* **FOR** 70; **MT** 38, 57, 186, *diagram* 178
Killdeer (bird; *Charadrius vociferus*), **B** 122, *145*
Killer whale *(Orcinus orca),* **EC** 39, **MAM** 12, **POL** 78, 79, **S** 136, 142
Kimberley diamond mines, **E** *94,* 95
Kimberlite (rock), **E** 95
Kinabalu (mountain peak), **MT** *179,* 187, **TA** 32
Kinetin (growth substance), **PLT** 41
King, little (bird of paradise; *Cicinnurus regius*), **AUS** *160-161*
King cobra *(Ophiophagus hannah),* **REP** 15, *69, chart* 74-75
King George V Land, **POL** 57
King Haakon VII Plateau, South Pole, **POL** 55
King mackerel (fish; *Scomberomorus cavalla*), **FSH** *54*
King penguin *(Aptenodytes patagonica),* **POL** *90-91;* eye of, **B** *51*
King Radamá of Madagascar, **AFR** 158
King salmon. *See* Chinook salmon
King snake *(Lampropeltis),* **REP** 15, 55, 86, 149
King snake, American *(Lampropeltis getulus),* **DES** 73, **REP** *chart* 74-75
King snake, California *(Lampropeltis geiulus californiae),* **REP** *63*
King vulture *(Sarcorhamphus papa),* **NA** 82; beak of, **B** *76;* eye of, **B** *51*
Kingbird *(Tyrannus),* **B** 171
Kingfisher. *See* Kookaburra
Kingfisher, common (bird; *Alcedo atthis*), **EUR** *122*
Kingfisher, forest (bird; *Ceyx erithacus*), **TA** *70-71*
Kingfisher, malachite (bird; *Corythornis cristata*), **AFR** *52*
Kinglet (bird; *Regulus*), **B** 123, 142, **FOR** 28, 153
Kings Canyon National Park, California, **E** 187, **NA** 194
Kinkajou, or "honey bear" (mammal; *Potos flavus*), **MAM** 24, 59, **SA** 79, 80, *97*
Kinosternon baurii. See Striped mud turtle
Kinosternon subrubrum. See Common mud turtle
Kioga, Lake, **AFR** 52
Kipling, Rudyard, **MAM** 39, 101, **TA** 143
Kirby, Vaughn, **MAM** 101
Kirby, William, **INS** 9
Kirchhoff, Gustav, **UNV** 36, 46
Kirkenes, Norway, **POL** 136
Kirtland's warbler (bird; *Dendroica kirtlandii*), **B** 86
Kiruna, Sweden, **POL** 153
Kirunga Range, Africa, **PRM** 65
Kite (bird; Accipitridae), **B** *63*
Kite, Brahminy (bird; *Haliastur indus intermedius*), **TA** 72
Kite, Everglade (bird; *Rostrhamus sociabilis*), **B** 63, 85, **NA** 76
Kite, swallow-tailed of America (bird; *Elanoides forficatus*), **B** 88
Kittiwake gull, black-legged *(Larus tridactylus),* **B** 61

161

EC Ecology; **EM** Early Man; **EUR** Eurasia; **EV** Evolution; **FOR** Forest; **FSH** Fishes;
PRM Primates; **REP** Reptiles; **S** Sea; **SA** South America; **TA** Tropical Asia; **UNV** Universe

INDEX (CONTINUED)

Kittiwake gull, red-legged (*Larus brevirostris*), **B** 61
Kittiwake gulls (*Larus tridactylus*), **B** 61, *92*, **NA** 34; emotions and conflicts of, **AB** 157
Kitt Peak telescope, **UNV** 89, *101*, *diagram 91*
Kivu, Lake, **AFR** 10
Kiwi, North Island. *See* North Island kiwi
Kiwi, Stewart Island. *See* Stewart Island kiwi
Kiwi (bird; *Apteryx*): classification of **B** 13, 20; eggs of, **AUS** 119, **B** 13, *155*; flightlessness of, **B** 12; incubation of, **B** 145; sense of sight and smell of, **B** 36; zoogeographic realm of, **EC** *map 21*
Klamath, or goatweed, or St. John's wort (plant; *Hypericum*), **EC** 72, **PLT** *162*
Klauber, Laurence M., **REP** 150
Kleinia (flower; *Kleinia*), **DES** *65*
Kleinia. See Kleinia
Klipspringer (antelope; *Oreotragus oreotragus*), **AFR** 67, 69, 76
Klüver, Heinrich, **TA** 37
Knarren (ship), **POL** 33
Knight, Thomas, **PLT** 102
Knob-billed goose (*Sarkidiornis melanotos*), **AFR** 41
Knot (bird; *Calidris canutus*), **B** 89
Knotweed (plant; *Polygonum*), **FOR** 96
Koala (marsupial; *Phascolarctos cinereus*), **AUS** 8, 73, *diagram 89*, **DES** 96; characteristics of, **AUS** 35, *112-113*, **MAM** 15; classification of, **MAM** *21*; diet of, **AUS** 103, **MAM** 78; habitat of, **EC** 15, *map 21*
Kob (antelope; *Adenota*), **AFR** 68
Kob, Uganda (*Adenota kob thomasi*), **AB** 96, 97, **AFR** 71
Kobresia. See Tundra sedge
Kobus. See Waterbuck
Kochia. See Bluebush
Kodiak Island, Alaska, **FOR** 77, **MT** 57; and halibut spawning, **FSH** 151
Koehler, Otto, **B** 126
Koel (bird; *Eudynamis scolopacea*), **TA** *33*
Koenigswald, G.H.R. von, **EM** 15, 80, **EV** 135-136, **TA** 166
Kogler, Albert, **S** 131-132
Kohlrabi (plant; *Brassica caulorapa*), **PLT** *175*
Kohts, N., **PRM** *150*, 151
Kokako (bird; *Callaeas cinerea*), **AUS** 149
Koko Nor. *See* Ching Hai
Kokoi (frog; *Phyllobates bicolor*), **SA** *139*
Kola Peninsula, U.S.S.R., **POL** 32, 131
Kolguyev Islands, U.S.S.R., **POL** 153
Kolyma Range, **MT** *map 44*
Kolyma River, **S** 184
Komodo dragon (lizard; *Varanus komodoensis*), **AUS** 135, **EC** 59, **REP** 13, *14-15*, *26*, **TA** *118-119*
Konstantinov, V., **POL** 175
Kon-Tiki: Pacific voyage of, **S** 78; and sharks, **FSH** 83
Kookaburra, or laughing jackass, or kingfisher (bird; *Dacelo gigas*), **AUS** 153, 166, *167*
Koompassia, or tapang, or "honey" tree (*Koompassia excelsa*), **TA** 53, 127
Koompassia excelsa. See Tapang
Kootenay National Park, British Columbia, Canada, **NA** 195
Köppen, Wladimir, **DES** 10, 11
Koran, The, **DES** 134
Kordylewski, K., **UNV** 67
Korean man, **EV** *175*
Kortlandt, Adriaan, **PRM** 70
Koryaks (nomads), **EUR** 132, **POL** 130
Kosciusko, Mount, Australia, **AUS** 13, 133, **MT** 187, *diagram 179*
Kotzebue Sound, Alaska, **POL** 108
Kouprey, or forest ox (*Bos sauveli*), **TA** 151
Krait (snake; *Bungarus*), **AUS** 135, **REP** 69, 153

Krakatoa (volcanic island), **MT** 57; eruptions of, **MT** 38, 55, 59, 62, 63, *68-69*, **S** 92, 183; plant and animal life of, **EC** 59; recolonization of, **EC** 59, *64-65*
Kraken (legendary sea monster), **S** 10, 14
Kramer, Gustav, **B** 106, 107-108, 111
Krapina, Yugoslavia: evidence of cannibalism in, **EM** *134*
Krasnoyarsk, Siberia, **POL** 154
Kreidl, Alois, **AB** 40
Krichauff Range, Australia, **AUS** 25
Krill (crustacean; Euphausiacea), **POL** *diagram 77*, 79, *171*, **S** 107, 148
Kromdraai, South Africa, fossils of, **EM** 52, *diagram 55*; **EV** 147-148
Kronosaurus (marine reptile); skeleton of, **REP** *43*, *48-49*
Kronosaurus queenslandicus (extinct reptile), **REP** 39
Kruger National Park, South Africa, **AFR** 82, 89, 91, 94, 171, 175, *180-181*
Krummholz (plant), **MT** 83
Krutch, Joseph Wood, **DES** 75
Kryptopterus bicirrhus. See Glass catfish
Ksur (Arab fort), **DES** *24-25*
Kudu (antelope; *Strepsiceros*), **AFR** 26, 68, 141, **MAM** 98, **PRM** *144*
Kudu, southern greater (*Strepsiceros strepsiceros*), **AFR** 76
Kuiper, Gerard P., **E** 36, **UNV** 92, 93, 104
Kulan, or Mongolian wild ass (*Equus hemionus hemionus*), **EUR** 84-85, *104-105*
Kullenberg, Börje, **S** 183
Kuluene River, Brazil, **SA** *176-177*
Kunlun (mountain range), **MT** *map 44*
Kurdish shepherds, **EM** *141*
Kurile Trench, **S** *map 68*
Kuriles (islands), **MT** 57, 61
Kuroshio Current of Pacific Ocean, **S** 78
Kurrajong tree (*Brachychiton populneum*), **AUS** *12*
Kurtus, Australian (fish; *Kurtus*), **FSH** *104*
Kurtus. See Australian kurtus
Kuvasz (dog; *Canis familiaris*), **EV** *87*
Kuwait, **DES** 168
Kyarrnus sphagnicolus. See Sphagnum frog
Kyphosus sectatrix. See Bermuda chub
Kyushu: macaques of, **PRM** 105-114

L

Laane-Corre (Australian town), aboriginal meaning of, **AUS** 15
Labellum of blowfly, **AB** *37*
Labidomera clivicollis. See Milkweed leaf beetle
Labium of insects, **INS** *104*
Labor, division of among: fish, **AB** *152*; honey bees, **INS** 127; insects, **INS** 10; termites, **INS** 83, 84
Labrador, **POL** *29*, 33, 133, 134, 153
Labrador Current, **NA** 30, 33, **S** 77
Labrador duck (extinct; *Camptorhynchus labradorium*), **B** *170*, **NA** 34
Labrador retriever (dog; *Canis familiaris*), **EV** *87*
Labroides dimidiatus. See Lipfish wrasse
Labroides phthirophagus. See Rainbow wrasse
Labrus ossifagus. See Cuckoo wrasse
Labrum of insects, **INS** *104*
Labyrinthodonts (amphibians), **EUR** 12; and reptile evolution, **REP** 37
Laccoliths (dome mountains), **MT** 38
Lace monitor, or tree monitor (lizard; *Varanus varius*), **AUS** *144*
Lacerta (lizard; Lacertidae),

REP 12-13
Lacerta lepida. See Eyed lizard
Lacerta vivipara. See European common lizard
Lacertidae. *See* Lacerta
Lacewing (insect; Chrysopidae), **INS** 103, 105, 120; eggs of, **INS** *71*
Lacewing, green (insect; *Chrysopa*), **INS** 57
Lachenal, Louis, **MT** 162
Lachesis muta. See Bushmaster
Lack, David, **B** 105, 120, 138
Lactuca sativa. See Lettuce
Lactuca scariola. See Prickly lettuce
Ladoga, Lake, **S** 184
Lady, painted (butterfly; *Vanessa cardui*), **INS** 70; metamorphosis of, **INS** 57
Lady beetle. *See* Ladybird beetle
Lady Be Good (airplane), **DES** 129
Ladybird beetle, ladybug or lady beetle (Coccinellidae), **FOR** 140 **INS** 22, 103, **PLT** *178*; and alfalfa aphids, **PLT** *178*; eggs of, **INS** 70
Ladybug. *See* Ladybird beetle
Lady crab (crustacean; *Ovalipes ocellatus*), **S** 25
Lady-in-the-night (orchid; *Brunfelsia americana*), **PLT** *149*
Lady of Brassempouy (sculpture), **EM** *163*
Lady's-slipper, pink (plant; *Cypripedium acaule*), **NA** 107
La Ferrassie, France, **EM** *128-129*, 130, *142*
Lagerlöf, Selma, **AB** 154-155
Lagidium. See Mountain viscacha
Lagomorpha. *See* Hare rabbit
Lagoon fishes: spawning of, **FSH** 100
Lagoons, **S** 58, 98
Lagopus lagopus. See Willow ptarmigan
Lagopus lagopus scoticus. See Red grouse
Lagopus mutus. See Rock ptarmigan
Lagostomus maximus. See Plains viscacha
Lagostrophus fasciatus. See Banded hare wallaby
Lagothrix. See Woolly monkey
Lagrange, Joseph Louis, **UNV** 66
Lagrangian points of asteroid stability, **UNV** *diagram 66*
Lake Chad, **DES** *133*
Lake Eyre, Australia, **AUS** 12
Lake Hayes, New Zealand, **AUS** *30*
Lake Manyara National Park, Tanganyika, **AFR** 175
Lake Marion, **FSH** 155
Lake Mead and delta, **E** 108, **DES** *48*, 171
Lake Moultrie, **FSH** 155
Lake Nicaragua, or bull, shark (*Carcharinus leucas*), **SA** 184
Lake of the Woods, **S** 184
Lake Titicaca, **SA** 16, 185-186
Lake herring, or cisco (*Coregonus artedi*), **FSH** 157, **POL** 106
Lake trout (fish; *Salvelinus namaycush*), **POL** 106, **SA** 185-186; habitat of, **FSH** 19, *20-21*; and water temperature, **FSH** 14, 15
Lakes, **DES** 30-31, *36-37*, 105; of Africa, **AFR** 10, 20, 22, 33-42, 51, *52-55*, 59, *map 30-31*; areas and locations, **S** 184; dry, of Australia, **AUS** 11; of the Sahara, **DES** 17, *21*; temperatures of, **FSH** 14, *15*; underground, **DES** 16. *See also* specific lakes
Lama. See Guanaco
Lama pacos. See Alpaca
Lama. See Llama
Lamaism, Tibetan, **MT** 153, 154
Lamarck, Jean-Baptiste, de, **AUS** 61, **EV** *11*, 12, 42, 110, 111
Lamarckism: and Darwin, **EV** 32
Lambda Scorpii (star). *See* Shaula
Lambert, Raymond, **MT** 165
Lamb's tail (flower; *Trichinium rotundifolium*), **AUS** *55*
Laminaria. See Brown algae
Lamont Geological Observatory, **POL** 16, 158, **S** 39, 42, 59

Lamotte, Maxime, **AFR** 137
Lampetra. See Lamprey
Lamprey (fish; *Lampetra*), as archaic fish, **FSH** 10; evolution of, **FSH** 60, *chart 68-69*; habitat of, **FSH** 19, *20*; and loss of bones, **FSH** 62; as parasite, **FSH** 126-127; origin of, **EV** 112; scales of, **FSH** 38; sense of smell of, **FSH** 44; spawning of, **FSH** 157
Lamprey, sea (*Petromyzon marinus*), **EC** 62, **FSH** 144-145, *chart 161*
Lampropeltis. See King snake
Lampyridae. *See* Glowworm; Lightning bug
Lancelet, sea (marine animal; *Amphioxus*), **FSH** 60
Lancet, sea (fish; *Alepisaurus*), **FSH** 60
Land: reptile invasion of, **REP** 35-36, 54, 105-106, 112; temperatures, highest and lowest, **FSH** 14
Land birds, **B** 15-16, 31, 42; breeding age of, **B** 83; colonial, **B** 84, 85, 138; flight altitude, **B** 105; migration of, **B** 104; ocean crossings of, **B** 88, 105, 106; territory of, **B** 86-87, *128-129*, 137-138, 139
Land bridges, **EV** *maps 168, 169*; Alaska to Siberia, **NA** 11, 12-15; and animal evolution, **AUS** 36-37, 78, 132; Bering Strait, **EV** 14; caused by ice ages, **EV** 165, *map 168*; and insects of Australia, **AUS** 129; and migration of man, **EV** 165, 168-169; submergence of, in Panama, **EV** 14
Land crab (*Cardisoma carnifex*), **TA** 95
Land formation: caused by erosion, **DES** *22-23*, 30, 33, *38-39*, *40-41*, *46-47*; during geologic periods, **TA** *10-11*
Land iguana (lizard; *Cyclura*), **EV** *22-23*
Land reptiles: water balance of, **REP** 85, 107
Land snail (*Helix*), **FOR** 88
Land soarers (birds), **B** 42
Land turtle. *See* Tortoise
Landing of birds, **AB** 131
Land-locked fishes: migrations of, **FSH** 155
Landmark memorization, experiments with, **AB** 39
Landscape, **TA** 8-16, *17-29*
Landscape Arch, Utah, **DES** *46-47*
Lane, Ferdinand, **MT** 11
Language: ability to learn, **PRM** 70; development of, **PRM** 183; man's use of, **PRM** 182-183; of Yahgan Indians, **EV** 37
Langur (monkey; *Presbytis*), **PRM** 87-89, *95*, 96-97, **TA** 36, *146-147*; communication by, **PRM** *chart 93*; eating habits of, **PRM** *37*, 54, 89, 97, *100*, 101; field studies of, **PRM** 136, 168; as gods, **PRM** 54, 136; group behavior of, **PRM** 93, 132; growth patterns of, **PRM** 95, 102, *chart 93*; habitat of, **PRM** *map 44-45*; infants of, **PRM** 92, *95*, 97 *98-103*, *168*; leadership among, **PRM** 108, *110*; learning ability of, **PRM** *chart 93*; locomotion of, **PRM** *37*, 130; and man, **MAM** 166, **PRM** 92, 136; mating habits of, **PRM** 109-110; mother-child relationships of, **PRM** 88-89, *95*, *98-99*, *100*, 101; number of species of, **PRM** 36; protective tactics of, **PRM** *37*, *103*, 136; range of, **PRM** *map 132*; reactions to strangers by, **PRM** 131-133; sex differences in, **PRM** 93, 94, 101, 102; sleeping habits of, **PRM** 108; social groups of, **PRM** *101*; status among, **PRM** *110*, 136; temperament of, **PRM** *37*, 53, 88, 93; territorial limits of, **PRM** *chart 130*
Langur, golden (*Presbytis geei*), **PRM** *54*

162

AB Animal Behavior; **AFR** Africa; **AUS** Australia; **B** Birds; **DES** Desert; **E** Earth; **INS** Insects; **MAM** Mammals; **MT** Mountains; **NA** North America; **PLT** Plants; **POL** Poles;

Laniidae. See Shrike
Lanius excubitor. See Northern shrike
Lanius ludovicianus sonorensis. See Sonoran white-rump shrike
Lantern fly, or fulgorid (insect; Lanternaria), **SA** *155*
Lanternfish (Myctophidae), **FSH** 19, *22-23*, **S** *27-29*, *111*
Lapara bonbycoides. See Pine needle sphinx
Laplace, Marquis de, **E** 36
Lapland, **POL** *144-145*, 148
Lapland owl (*Strix nebulosa*), **EUR** 135
La Plata-Paraguay River, **S** 184
Lapps (arctic people), **EUR** *132-133*; and civilization, **POL** 132; culture of, 130, 131-133; as herders, 126, 156; Mongoloid features of, **EC** 128; physical features of, **POL** 132; in Scandinavia, **POL** 130, 131-132, *144-149*
Lappula. See Common stickseed
Laptinotarsa decimlineata. See Colorado potato beetle
Lapwing (bird; *Vanellus*), **B** 88
Lapwing, crowned (bird; *Stephanibyx coronatus*), **B** 75
Lar (gibbon; *Hylobates lar*), **MAM** *144-145*
Larch (tree; *Larix*), **FOR** 59; *62*
Large cactus ground finch (bird; *Geospiza conirostris*), **EV** 30
Large insectivorous tree finch (bird; *Camarhynchus psittacula*), **EV** 30
Large Magellanic Cloud, **UNV** 151
Large-fruited mallee (tree; *Eucalyptus pyriformis*), **AUS** 51
Largemouth bass (*Micropterus salmoides*), **EC** 16, **FSH** *132-135*
Laridae. See Tern
Larix. See Larch; Tamarack
Lark (bird; Alaudidae), **B** 20, 99, **DES** 73, **EUR** 77, **TA** 33; feet of, **B** *38*; migration of, **B** 105
Lark, desert (*Ammomanes deserti*), **EUR** 77
Lark, horned (*Eremophila alpestris*), **B** 81, **NA** 125
Lark, wood (bird; *Lullula arborea*), **B** 105
Larkspur (flower; *Delphinium*), **DES** 60
Larrea tridentata. See Creosote bush
Lartet, Edouard, **EM** 23, 146
Larus. See Gull
Larus argentatus. See Herring gull
Larus atricilla. See Laughing gull
Larus audouinii. See Audouin's gull
Larus brevirostris. See Red-legged kittiwake gull
Larus brunnicephalus. See Brown-headed gull
Larus furcatus. See Swallow-tailed gull
Larus marinus. See Greater black-backed gull
Larus ridibundus. See Black-headed gull
Larus tridactylus. See Kittiwake gull
Larvae, **FOR** 117, 141, 143; of Abbott's sphinx, **AB** *186*; anatomy of, **INS** 15, *57*; aquatic, **INS** 141, 145-146, 148; of barnacles, **AB** *154*; of Black fly, **INS** 148; of crabs, **AB** 175; of eels, **FSH** 102, *155*, 157-158, **S** 14, *29*; eyespots of, **AB** *186-187*; of fishes, **FSH** 102; fossil of, in amber, **INS** 21; of hornworm, **AB** *186*; larval stage of insects, **INS** 13-14, 51, 59, *72*; of lookdown fish, **FSH** *103*; of marine animals, **AB** 175; of noctuid moths, **AB** *186-187*; as parasites, **INS** *114-115*; predatory, **INS** 98, 102-103; of salmon, **FSH** *111*; of shellfish, **AB** 175; of starfish, **AB** 175; of sunfish, **FSH** *100*. See also Caterpillars; Grubs; Maggots
LaSalle, Marjorie, **PRM** 162
La Salle, Robert Cavelier de, **NA** 22, 23, 117

Lascaux caves, **EM** *158-159*, **EV** 169; age of paintings in, **EM** 158; cave paintings, **EUR** *8-9*, 109; closing of, **EM** 150; damage done by algae, **EM** 150; discovery of, **EM** 146, 158
Lasiorhinus latifrons. See Hairy-nosed wombat
Lasiurus borealis. See Red bat
Lasius. See Dairy ant
Lassen Peak, **MT** 57
Lassen Volcanic National Park, California, **E** 186, **NA** 194
Late blight (plant disease), **PLT** 14
"Lateral buds" of African clawed frog, **AB** *43*
Lateral lines (orientation organs): of fishes, **AB** 43, 154, **FSH** 44, *46-47*, 56-57; and fish schooling, **FSH** 128, 129; of frogs, **AB** 43; of sharks, **FSH** 79, diagram *86*
Lates niloticus. See Nile perch
Lathyrus odoratus. See Sweet pea
Latimer, Courtenay, **FSH** 64
Latimeria (genus of fishes), **AFR** *12*; evolution of, **FSH** 64, chart 69
Latimeria chalumnae. See Coelacanth
Latrodectus hasselti. See Katipo
Laugerie Basse, France, **EM** *22-23*
Laughing gull (*Larus atricilla*), **B** 64, **NA** *40-41*
Laughing jackass. See Kookaburra
Launce, American sand. See American sand launce
Laurel, mountain (plant; *Kalmia latifolia*), **MT** 102, **NA** 107
Laurel leaf point, Stone tool reproduction of, **EM** *118-119*
Laurentian Channel (underwater), **S** map 64
Laurentide ice sheet or glacier, **E** 108, **POL** 170
Laussel, The Venus of (sculpture), **EM** *162*
Lauterbach (bowerbird; *Chlamydera lauterbachi*), **EV** 57
Lauterbrunnen, Switzerland, **MT** *18-19*
Lava, **E** 83, **MT** 59, *70-71*, *72-73*, *74-75*
Lava Beds National Monument, California, **E** 186
Lava rocks, **EM** *72-73*
Lavoisier, Antoine, **S** 182
Lawrence, Louise de Kiriline, **B** 121
Layers of the ocean bottom, **S** *179*
Laysan albatross (*Diomedea immutabilis*), **B** 107
Leach, J. A., **AUS** 16
Lead: in Antarctica, **POL** 170; in arctic, table **POL** 155
Leadbeater's possum (marsupial; *Gymnobelideus leadbeateri*), **AUS** *111*
Leadership among primates, **PRM** 10, 65, 66, 88, 94, 105, 106, 132, 133, 146; basis for, **PRM** 107-109; determination of, **PRM** 110, 111, 112, 116-119; similarity to governments of man, **PRM** 111
Leads (openings in polar ice), **POL** 14, *46*, *47*
Leaf beetle, milkweed (*Labidomera clivicollis*), **INS** *112*
Leaf fish (*Monocirrhus*), **FSH** 14; **SA** *179*
Leaf fish, Amazon (*Monocirrhus polyacanthus*), **FSH** *13*, 42
Leaf miner (insects; Gracilariidae), **FOR** 117, **INS** 13, 123; galleries of, **INS** *124*
Leaf roller, Carolina (wingless cricket; *Camptonotus carolinensis*), **INS** *90-91*
Leaf scale, oyster (insect; *Lepidosaphes ulmi*), **FOR** *140*
Leaf scale, pine (*Chionaspis pinifoliae*), **FOR** *140*
Leaf warbler (bird; *Phylloscopus*), **B** 121
Leafcutter ant (*Atta*), **FOR** *142-143*, **INS** 145, *165*, *176-177*
Leaf-eating monkeys, **TA** 146
Leafhopper (insect; Cicadellidae), **INS** 16, 123
Leaf-nosed bat (Phyllostomatidae), **SA** 86, *90-91*
Leaf-tailed gecko (lizard; *Uroplatus fimbriatus*), **REP** *92*
Leakey, Louis and Mary, **EM** 56, *63*, 81; **PRM** *178*, *179*; biographies of, **EV** 150; experiments in tool use, **EM** 103; oldest hominid jaw, **EM** 54; Olduvai Culture, **EM** *53-55*, **EV** 149-152; Olduvai Gorge, **EM** 53, **EV** 149-152, *154-155*, **PRM** 178; proconsul man, **EM** 36, **EV** 116, 150-151; Ramapithecus, **EM** 37
Leaping fishes, **FSH** *30-31*, 157, *162*, 163
Learning: by animals, **PRM** 70; by birds, **AB** 131, 134, 135, **B** 119, 121-122, 126; critical periods in, **AB** 135; and crouching response, **AB** 130; and defense tactics, **AB** 103; by embryos, **AB** 128-129; and experience, **AB** 131, 144; experiments in, **AB** 39, 131, *141-142*, **PRM** 157; by imitation, **AB** 131; and "imprintability," **AB** 135; and innate ability, **AB** 134, 138; by insects, **AB** 21, **INS** 162-163, 169; and intelligence, **AB** 135; landmark memorization and, **AB** *39*; of language, **PRM** 70; by mammals, **AB** 130, 143; by man, **PRM** 156-158, 183, chart 86; negative, **AB** 130-131; neopallium (brain cortex) and, **AUS** 59; by octopi, **AB** 40; and orientation, **AB** 131; by Peking man, **PRM** 181, 184; by pike, **AB** 130-131; positive, **AB** 130-131; by primates, **PRM** 68, 69, 89, 90, 91, 97, 134, 141, 156, *157*, 158, *174*, 180, 184, charts 86, 93; re-education of orangutans, **TA** *112-115*; by turtles, **AB** 138
Least bittern (bird; *Ixobrychus exilus*), **B** 134, *135*
Least flycatcher (*Empidonax minimus*), **B** 121
Leatherback, or trunkback, sea turtle (*Dermochelys*), **REP** 11, 50, 109, 113, 117
Leaves: and autumn, **FOR** *10-11*, 15-16, *29*; and auxin, **FOR** 100; blight of, **PLT** 166; of cactus, **DES** 54; carbon dioxide absorbed by, **PLT** 74; chloroplasts in, **FOR** *99*; classification by, **PLT** 12; color changes in, **PLT** 59, *70-71*; of dicots, **PLT** *30*; epidermis of, **PLT** 78; falling of, **PLT** 112-113; and insects, **FOR** 15, 117, 118, 142-143; of monocots, **PLT** 16, *31*; and rainfall, **DES** 53, 117; role of in photosynthesis, **PLT** 60; seasonal growth of, **PLT** 106; seedling, **PLT** 99; sensitivity to light, **PLT** 103; simultaneous sprouting of, **PLT** 98; spacing of, **PLT** *101*; spring, **FOR** 14; strawberry, **PLT** *81*; structure of, **AUS** *42*, **FOR** 10, 40, *45*, 75-76, 98, *102-103*, 111, *149*, **PLT** 77; transpiration from, **PLT** 77-78, *83*; types of, **PLT** 16; water absorption and, **PLT** 78; and water economy, **DES** 14, 56-57, 58; wilting, **PLT** 75
Leavitt, Henrietta S., **UNV** 147
Lebanon, **FOR** 59, **MT** 134
Lebistes reticulatus. See Lyretail
Lechwe (antelope; *Onotragus*), **AFR** 38, 68, 69, *76*
Lechwe, red (*Onotragus*), **AFR** 172
Lee, Richard, **EM** *168-169*, 173, *178-179*
Leeuwenhoek, Anton van, **PLT** 35; microscope of, **PLT** *36*
Leeward Islands, **REP** 109-110
Leggadina delicatula. See Delicate mouse
Leghorn, white (fowl; *Gallus gallus*), **EV** *84-85*
Legionary ant (*Eciton*), **INS** *164*
Legs: of apes and monkeys, **EM** *35*; of ajolote lizard, **REP** *30-31*; of amphipod, **S** *120-121*; of arthropods, **S** 21; control of, **INS** 34; of crocodilians, **REP** *104*; evolution of, **REP** 37; hairs on, **INS** 34, 39; of insects, **INS** *44-45*; of larvae, **INS** 57; of lizards, **REP** 12; number of, **INS** 14; origin of bones of, **EV** 112-113, *114*; of reptiles, **REP** *96-97*, **S** *50-51*; of sea mammals, **S** 146, *147*; snakes loss of, **REP** 29, 39-40, *82*; as specialized tools, **INS** 41; structure of, **INS** diagram *10*; vestigial reptilian, **REP** 29; walking cycle of, **INS** *41*
Legume (plant): domestication of, **EUR** 158; nitrogen-fixing bacteria and, **PLT** 140
Lehman Caves National Monument, Nevada, **E** 187
Lehrman, Daniel S., **AB** 26, **B** 119
Leigh-Mallory, George, **MT** 162, 163-164, 165
Leimacomys. See Forest mouse
Leineri (dog): running breeds of, **EV** 87
Leiopelma. See New Zealand mountain-dwelling frog
Leipoa ocellata. See Mallee fowl
Leitneria floridana. See Corkwood
Lemagrut volcano, Tanzania, **EM** *72-73*
Lemming, collared (rodent; *Dicrostonyx hudsonius*), **POL** *104*, 109
Lemming, Norway. See Norway lemming
Lemmus lemmus. See Norway lemming
Lemna. See Duckweed
Lemon cuttings, root production in, **PLT** *112*
Lemon shark (*Negaprion brevirostris*), **S** *134*; attacks by, **FSH** 83; habitat of, **FSH** 91
Lemon tetra (*Hyphessobrycon pulchripinnus*), **SA** *189*
Le Moustier, France, **EM** 130
Lemur, dwarf, or fat-tailed, (*Cheirogaleus medius*), **AFR** 154, **PRM** *12*
Lemur, flying, or colugo (*Cynocephalus*), **MAM** 16, *21*; **TA** *68-69*
Lemur, giant Madagascar (*Megaladapis edwardsi*), **AFR** *167*
Lemur, mouse. See Mouse lemur
Lemur, ring-tailed (*Lemur catta*), **AFR** 154, **PRM** *8*, *9*
Lemur, ruffed (*Lemur variegatus*), **AFR** *150*, *151*, **EC** 69
Lemur catta. See Ring-tailed lemur
Lemur variegatus. See Ruffed lemur
Lemuroids, **PRM** 11-12
Lena River, **EUR** 132, **POL** 35, **S** 184
Lens culinaris. See Lentil
Lenses: and chromatic aberration of light, **UNV** 32, diagrams *35*; of eye, **AB** 51
Lentil (plant; *Lens culinaris*), **EUR** 158, **PLT** 172
Leo (constellation), **UNV** map 10; galaxies in **UNV** 152, *156*
Leo pardus. See Leopard
Leo tigris. See Bengal tiger; Indian tiger; Tiger
Leonidas, **MT** 137
Leontideus rosalia. See Maned marmoset
Leontopodium. See Edelweiss
Leopard (*Leo pardus*), **AFR** 116, 123, *168*, 170, 175, **TA** *143*
Leopard, hunting. See Cheetah
Leopard, sea (*Hydrurga leptonyx*), **S** *136*
Leopard, snow (*Uncia uncia*), **MT** *117*
Leopard corydoras (fish; *Corydoras julii*), **SA** *188*
"Leopard of the air." See Crowned eagle
Leopard shark (*Triakis semifasciata*), **FSH** *90*
Leopold, Aldo, **EC** 165, 168, **NA** 102
Leopold II, Lake, **S** 184

INDEX (CONTINUED)

Lepas fascicularis. See Gooseneck barnacle
Lepidochelys. See Ridley turtle
Lepidodendron (tree fossils), **FOR** 38, *50-53*, chart 48
Lepidophyta (division of plant subkingdom Embryophyta), **PLT** 185
Lepidoptera. See Butterflies; Caterpillar; Moth
Lepidosaphes ulmi. See Oyster leaf scale
Lepidosiren paradoxa. See South American lungfish
Lepisma saccharina. See Silverfish
Lepisosteus. See Garpike
Lepisosteus osseus. See long-nosed gar
Lepisosteus platostomus. See Spotted gar
Lepomis gibbosus. See Pumpkinseed; Sunfish
Lepomis macrochirus. See Bluegill sunfish
Leporidae (Roman gardens): rabbit breeding in, **EUR** 129
Leprosy, medicine for, **TA** *171*
Leptis Magna (Tripoli region), **DES** 133
Leptocephalus brevirostris. See Eel larva
Leptodactylid (frog; Leptodactylidae), **AUS** 34, *132-133*, **SA** 133
Leptodactylidae. See Leptodactylid
Leptoderia annulata. See American cat-eye snake
Leptomeryx (Oligocene mammal), **NA** *130-131*
Leptonychotes weddelli. See Weddell seal
Leptonycteris nivalis. See Long-nosed bat
Leptoptilos crumeniferus. See Marabou stork
Leptoptilus dubius. See Adjutant stork
Leptospermum laevigatum. See Tea tree
Leptotyphlops phenops (burrowing snake), **REP** 58
Lepus. See Jack rabbit
Lepus (constellation), **UNV** map 11
Lepus americanus. See Snowshoe hare
Lepus arcticus. See Arctic hare
Lepus nigricollis. See Black-tailed jack rabbit
Lepus timidus. See Mountain hare
Le Puy, France, **MT** 77
Lerner Marine Laboratory, American Museum of Natural History, New York, **FSH** 81, 173, **S** 133
Lerwa lerwa. See Snow partridge
Lesbia victoriae. See Black-tailed trainbearer
Les Combarelles, France, **EM** *148-149*
Les Eyzies, France, **EM** 146
Les Landes, France: pine forest of, **EUR** 108
Lesser anteater. See Three-toed anteater
Lesser, or three-toed, anteater (*Tamandua tetradactyla*) **MAM** 11, **SA** 55, *70*
Lesser flamingo (*Phoeniconaias minor*), **AFR** 55, **B** 57, 85
Lesser panda (*Ailurus fulgens*), **EUR** 36, *53*
Lesser sable antelope (*Hippotragus niger niger*), **AFR** 27
Lesser snow goose (*Chen hyperborea*), **AB** 122
Lesser Sunda Islands, **TA** 11, 32, 52, 86, 105, *118-119*
Lesser yellowleg (bird; *Totanus flavipes*), **B** 115
Lestoros (genus of marsupials), **SA** 53
Les Trois Frères cave, France, **EM** 148, 149
Lettuce (*Lactuca sativa*), **PLT** 76
Lettuce, prickly (plant; *Lactuca scariola*), **PLT** *126*
Lettuce, water (*Pistia stratiotes*), **PLT** *132-133*
Leucochimona lagora (species of metalmark butterfly), **SA** 169
Leuresthes tenuis. See Grunion
Levallois method of toolmaking, **EM** 112, 115
Leverrier, Jean Joseph, **UNV** 68
Lewis, George E., **EM** 37
Lewis, Meriwether, **NA** 145-151. See also Clark, William
Lhasa, Tibet, **MT** 133, 138, *153*, 161
Lhasa terrier (dog; *Canis familiaris*), **EV** 86
Lhote, Henri, **DES** 132
Lhotse (mountain peak), **MT** 165, 186, *diagram* 179
Liana (climbing plants), **AFR** 124, 136, **FOR** 72, 73, **PLT** 42, *140-141*, 144, 146, *148, 149*, **SA** 101, **TA** *63*
Liasis childreni. See Children's python
Libra (constellation), **UNV** map 11
Librations of moon, **E** 14
Libya, **DES** 22-23, 30, 32; heat of, **DES** 13; plants of, **DES** 170; wind tunnels of, **DES** 33
Lichanura roseofusca. See Rosy boa
Lichen (*Parmelia* species), **FOR** 39, 46, 58, *61*, 118, **MT** 88, *100, 104*, **PLT** 14, 125, **TA** 38; antarctic, **POL** 27, arctic, **POL** 15, 27, 82, 106, 108, *118-119*, 125, 132; composition of, **POL** 77, 118; environment of, **EC** 37, 41; life span of, **PLT** 106; and radioactive fallout, **EUR** 133; symbiosis of, **EC** 96, **PLT** *14*
Lichen, orange (Ascomycetes), **PLT** *22*
Lichenochrus (genus of katydids), **SA** 165
Liebig, Justus von, **PLT** 163
Life: alpine and tundra zones compared, **EUR** 136; beginning of, **E** 132-133, *146-147*, **EV** 10-11, 12, 111, **S** 39; cycle of trees in rain forest, **TA** *62-63*; evolution of, **E** 135-140; expectancy of early and modern man, *chart* **EM** 174; extra terrestrial, **UNV** 65, 76-77, 78, *79*, 135-136; fossil record of, **MT** 38-40; importance of chromosomes to, **EV** 94, 96, *102-103*; invasion of continents by, **MT** 12; Merriam's system of, **B** 80, 82; on mountains, **MT** 13, *82, 83*, 94-100, 139; origin of, **EV** 10-11; Palearctic Eurasia zones, **EUR** map 18-19; processes, self-regulation of, **AB** 90; universal basis of, **EV** 44, 96; and water, **S** 10-11. See also Creation
Life expectancy. See Life spans; Longevity
Life of the White Ant, The, Maeterlinck, **INS** 86
Life spans: of insects, **INS** 61; from Neanderthal man to modern man, **EM** 174-175, chart 174; research on at Mt. McKinley National Park, **EC** 147-148; of representative species, **EC** *chart* 147. See also Longevity
Light: absorption by chlorophyll, **PLT** 13; animal colors and, **EC** 78; anthocyanins and, **PLT** 59; auxin and, **PLT** 103-104; chromatic aberration of, **UNV** 31-33, *diagram* 35; configuration of leaves and, **PLT** *101*; conversion to chemical energy, **UNV** 173-174; Doppler effect of, **UNV** *diagram* 109; efficient utilization of, **PLT** 166; growth and, **EC** 78; Michelson's experiment with, **UNV** 171; organs of angler fishes, **S** 111; orientation to, **AB** 109, *123*; in photosynthesis, **PLT** 60; physiological influence of, **EC** 77-78; conditions in polar regions, **POL** 10, 11, 77, 163; reaction to, **INS** 33, 36, *diagram* 34; response of zooplankton to, **EC** 76-77; sensitivity of plants to, **PLT** 103, 122; speed of, **UNV** 147, 170-171; from sun, **UNV** 88; uses of in astronomy, **UNV** 34-37; wave length of, **S** 14, 39-40, 111; zones and oceanic plant life, **S** 14, 39-40, 111
Lightning, **E** 74-75
Lightning bug (Lampyridae), **INS** 119
Light-year, **E** 9, **UNV** 147
Lignin (wood constituent), **FOR** 133, 172
Lignocelluloses (wood cell elements), **PLT** 62
Lilac-breasted roller (bird; *Coracis caudata*), **B** 19
Liliiflorae (order of plant class Monocotyledoneae), **PLT** 187
Lilium candidum. See Madonna lily
Lilium martagon. See Turk's cap lily
Lilium philadelphicum. See Wood lily
Lily, glacier (*Erythronium grandiflorum*), **MT** 87
Lily, Madonna (*Lilium candidum*), **PLT** *12*
Lily, pink rock (*Dendrobium kingianum*), **AUS** 57
Lily, sea. See Sea lily
Lily, Turk's cap (*Lilium martagon*), **PLT** *87*
Lily, water (plant; *Nymphaea*), **NA** 177
Lily, wood (plant; *Lilium philadelphicum*), **PLT** *33*
Lily frog, arum (*Hyperolius horstockii*), **AFR** *34*
Limanda ferruginea. See Yellowtail flounder
Limacidae. See Slugs
Libaugh, Conrad, **FSH** 124
Limber pine (tree; *Pinus flexilis*), **MT** *84-85*, 86
Limestone (mineral), **DES** 36-37, 40, **E** 111, **MT** 35; lithographic, **EUR** 13; solubility of, **E** 122-123
Limestone caves, exploration of, **TA** 168-172
Limidae. See File shell
Limnas pixe (metalmark butterfly), **SA** 168
Limnocorax flavirostra. See Black crake (bird)
Limnodromus. See Dowitcher
Limnogale mergulus. See Marsh tenrec
Limnotragus spekii. See Sitatunga
Limonite (mineral), **E** 100
Limpet, common European (mollusk; *Patella vulgata*), **AB** 123, **EC** 48
Limpet, slipper, or boat shell (*Crepidula fornicata*), **S** 24
Limpet, tortoise-shell (*Acmaea testudinalis*), **S** 26
Limulus polyphemus. See Horseshoe crab
Lincoln, Abraham, **EV** 10, **MT** 137
Linehan, Daniel, **POL** 171
Line Islands, **S** maps 68, 70
Ling, or lingcod (fish; *Ophiodon elongatus*), **FSH** 101, **POL** 106, **FSH** *chart* 161
Lingcod. See Ling
Lingen Fjord, Norway, **POL** 12
Linnaeus, Carl, **B** 100, **EV** 41, 130, **MAM** 13, **NA** 77, **PLT** 12
Linnean Society, **EV** 41
Linsenmaier, Walter, **NA** 44
Linum usitatissimum. See Flax
Liodytes. See Striped swamp snake
Lion, American. See Cougar
Lion, California sea (*Zalophus californianus*), **EC** *118-119*, **EV** 17
Lion, Falkland sea (*Otaria byronia*), **MAM** 144
Lion, marsupial cave. See Marsupial cave lion
Lion, mountain. See Cougar
Lion, sea. See Sea lion
Lion dog, Chinese (*Canis familiaris*), **EV** 86
Lionfish, or turkeyfish, or zebra fish (*Pterois*), **FSH** 37; **S** 35
Lionhead goldfish (*Carassius auratus*), **FSH** *58*
Lions (Leo), **EC** 137, **EM** 73, 159, **MAM** 83, **TA** *144-145*; of Africa, **AFR** 9-10, 42, 89-90, *98-99*, *100-101, 102-103*, 175, *180-181*, *186*; of antiquity, **EUR** *22-23*; classification of, **MAM** 20; cubs of, **MAM** 147; early distribution of, **EUR** 61-62; extermination of, **EUR** 61-62; in food chain, **EC** 108; of Greece, **EUR** 61; hunting of lions by man, **EUR** 61-62; hunting techniques of, **AB** 148-149, **MAM** 79, *110-111*; learning process of, **EC** *138-139*; manes of, **MAM** 11; maternal care by, **MAM** 154; as predator, **AFR** 87; prowling hours of, **EC** 77; in pyramid of numbers, **EC** 38; speed of, **MAM** 111; teeth of, **MAM** 99; zoogeographic realm of, **EC** map 20
Lipfish wrasse (*Labroides dimidiatus*), **FSH** 124
Lipmann, Dr. Fritz, **EV** 96
Liquidambar styraciflua. See Sweet gum tree
Liriodendron tulipifera. See Tulip tree
Lithocolletis hamadryadella. See White oak leaf miner
Litocranius walleri. See Somali gerenuk
Litopterna (order of ungulates), **SA** 14
Litter, sizes of for mammals, **MAM** 146, 147
Little America, Antarctica, **POL** 68, 171
Little bat, brown (*Myotis lucifugus*), **AB** 106
Little bustard (bird; *Otis tetrax*), **EUR** 88
Little Colorado River, **E** 121
Little Corella, or common white cockatoo (*Kakatoe sanguinea*), **AUS** *156-157*
Little Dipper (constellation; Ursa Minor), **UNV** map 10
Little king (bird of paradise; *Cicinnurus regius*), **AUS** *160-161*
Little suslik. See Ground squirrel
Little Whale River Indians, **POL** 133
Little whimbrel. See Eskimo curlew
Littorina. See Periwinkle
Live oak trees, **NA** 77, 78
Live-bearing: of aquatic reptiles, **REP** 107, 108, 113, 119, 126, 134; of fishes, **FSH** 79, 80, 96, 103, *115*; by mammals, **EV** 115; of reptiles, **REP** 113, 125-126, *142-143*; by snakes, **REP** 14, 15, 113, 119, 125, *142-143*
Liver oils of sharks, **FSH** 79
Liverwort (plant; Hepaticae), **FOR** 39, 40, 46, chart 48, **PLT** 76, *138*, chart 13
Liverwort, horned (plant; *Anthoceros*), **PLT** *185*
Liverwort, true (plant; *Marchantia*), **PLT** *25*, 185
Livestock in the Andes, **SA** 93, *94-95*
Living levels: of fresh-water fishes, **FSH** *14, 15*
Livingstone, David, **AFR** 22-23, 24, 33, 39
Livingstone's suni (antelope; *Nesotragus livingstonianus*), **AFR** 76
Livistona (palm tree), **AUS** 40
Lizard, anole. See Anole lizard
Lizard, bearded dragon (*Amphibolurus barbatus*), **AUS** 135
Lizard, black, of Galápagos Islands. See Black lizard of Galápagos Islands
Lizard, brown water (*Neusticurus rudis*), **REP** 114
Lizard, desert spiny (*Sceloporus magister*), **DES** 118
Lizard, European common (*Lacerta vivipara*), **REP** 126
Lizard, eyed (*Lacerta lepida*), **EUR** 77

Lizard, Florida worm (*Rhineura floridana*), REP 13, 28-29, 80, 84
Lizard, "flying". *See* "Flying" lizard
Lizard, fringe-toed sand (*Uma notata*), DES 81, NA 54, REP 91, 96
Lizard, girdle-tailed (*Cordylus cordylus*), AFR 12
Lizard, ground, or Florida skink, or five-lined skink (*Eumeces inexpectatus*), REP 13
Lizard, horned, or horned toad (*Phrynosoma*), DES 68, 71, 72, 77, NA 12, 54
Lizard, Mexican beaded (*Heloderma horridium*), REP 59
Lizard, plated (Gerrhosauridae), AFR 12
Lizard, pygopodid (Pygopodidae), AUS 133
Lizard, scaly-backed fence, or swift (*Sceloporus undulatus*), EC 111, REP 12, 13, 80
Lizard, side-blotched (*Uta stansburiana*), REP 90
Lizard, South African armadillo (*Cordylus cataphractus*), REP 166-167
Lizard, South American caiman (*Draecaena guianensis*), REP 52, 53, 114
Lizard, spiny (*Sceloporus*), REP 90-91
Lizard, toad-headed agamid of Arabia (*Phrynocephalus nejdensis*), REP 158-159
Lizard, tropical American. *See* Central American basilisk
Lizard, western collared. *See* Western collared lizard
Lizards (Sauria), AUS 34, 133-135, 144-145, DES 57, 69, 159, EV 144, FOR 75, NA 12, 54, 160, REP 9, 11-13, 26-27, 99, TA 118-119; of Africa, AFR 12, 42, 117, 155, 160, 161; amphibious, REP 39, 112; anatomy of, REP 12, 19; aquatic, REP 106, 112, 114, 117; arboreal, REP 12, 58, 83, 92-93, 96, 112; bipedalism of, REP 160; brain anatomically compared to man, EV 166; burrowing of, REP 13, 28-31, 83; camouflage by, REP 92-93, 158-159; classification of, REP 12-13, *graph* 10, *chart* 44-45; coloration of, AB 155; community living, REP 84, 86; courtship and mating behavior of, REP 127, 128, 136, 137; diurnal habits of, EC 76; eggs of, REP 130; evolution of, REP 42, *chart* 44-45; eyes of, REP 12, 94-95; face of, EV 130-131; feeding habits of, REP 54-55, 57, 58; feet of, REP 96-97; food requirements, MAM 10; fossils found with *Zinjanthropus boisei*, EV 151; geographic range of, REP *maps* 80; gliding, REP 57, 83, 160-161; hearing of, REP 12; and heat, DES 15, 71-72, 96; leglessness of, REP 12; live-bearing, REP 125, 126; of Madagascar, AFR 156; molting of, REP 26, 85; numbers of species of, REP 26, *graph* 10, *chart* 44-45; parental behavior of, REP 132, 139; parietal eye of, DES 72; parthenogenesis among, REP 127; as pets, REP 13; poisonous, REP 59; reproduction of, REP 83, 126; sand-swimming of, REP 166-167; scales of, REP 12, 85, 166-167; seagoing, EV 15; sensitivity to humidity in, AB 44; sizes of, REP 12-13; skeletons of, compared to bird's, B 12; of South America, SA 130-131, 132-133; speed of, REP 160; tail loss by, AUS 133, MAM 103, REP 12, 13, 179; vagility of, REP 81-82; waste elimination by, REP 19, 107
Lizards, worm (Amphisbaenidae), REP 13, 28-29, 80, 83-84, 114
Lizard, zebra-tailed (*Callisaurus draconoides*), DES 71, REP 160
Llama (*Lama*), DES 131, EV 14, MT 122, 132, 134, NA 136, POL 132, SA 12, 84, 92, 93, 94, 95; classification of, MAM 18; domestication of, SA 84; hemoglobin of, EC 124; migrations of EC 13; in Miocene epoch, MAM 40, NA 132-133
Llanos (great plains), SA 9
Loach (fish; Cobitidae), TA 86
Lobe fins of dipnoans (lung fishes), FSH 65
Lobe-finned fishes (Sarcopterygii), FSH 64, 73, *chart* 68-69
Lobelia (plant; *Lobelia telekii*), AFR 136, 139, 148, MT 98-99
Lobelia cardinalis. *See* Cardinal flower
Lobelia cardinalis. *See* Indian pink
Lobelia telekii. *See* Lobelia
Loblolly (pine tree; *Pinus taeda*), FOR 60, NA 96
"Lobo" (wolf leader), NA 179
Lobodon carcinophagus. *See* Crab-eater seal
Lobophyllia. *See* Brain coral
Lobster (Homaridae), INS 14, S 14, 41; claw of, AB 177; as prey of octopus, S 116-117
Local Group of galaxies, UNV 151, *diagram* 150
Lockyer, Sir Joseph Norman, UNV 36
Locomotion: adaptions for, PRM 64, 65, 82, REP 96-97, SA 181; bipedalism, EV 149; of birds, AB 128-129, 131, 135, AUS 108, 111, 149, B 13, 14, 36, 38, 39-40, 48, 105, 148, *diagrams* 42-45, EC 152, FSH 146-147, MAM *chart* 72, SA 105, 118-119, 121; burrowing, SA 56; climbing, MAM 59-60, SA 181; comparisons of, PRM 15; of earthworms, AB 89; experiments in, AB 10, 63-64, 113, 129, 138; of fishes, AB 89-90, 108, FSH 14, 25, 30-31, 36, 37, 38, 39, 46-47, 54, 55, 61, 65, 66, 72-73, 94, 149-158, 159, 160-162, 163-167, EV 60-61, S 31, 108-110, TA 96-97; flight, INS 14, INS 12, *table* 14, 15, 41, 51, 52-53, 60, MAM 60-61, SA 105-106, 118-119, 185; gliding, AUS 102-103, 108, 109; of insects, AB 42, 108, 114, B 39, INS 12-13, 15, 40, 41, 45, 51, 52-53, 60, 104-105, 147, *diagram* 12, *table* 14, S 121, SA 150; and instinct, AB 128-129; jumping, INS 12-13, 104-105; of man, AB 138, E 182, EV 134, MAM 58, 169, PRM 64, 65, 82, 178, 184; of mammals, MAM 140-141, AUS 62, 64-65, 70, 98-99, 102-103, 105-106, 107-109, *diagram* 89, MAM 12, 24, 55-62, 63-71, 111, *charts* 72-73, PRM 28-29, REP 107, 117, 124-125, S 148, 149, SA 55, 69, TA 58; motor patterns, MAM 128-129; navigating ability, AB 108, 114, 116-117, 123, B 64; of plants, PLT 141; of prehistoric man, EM 81-82, PRM 181; of primates, EM 35, 48, 50, MAM 25, 176, PRM 11, 12-13, 14-15, 23, 24, 25, 26-27, 28, 29, 31, 37, 49, 50, 57, 60, 61, 62, 63, 64, 67, 71, 72-73, 75, 80, 81, 82, 86, 89, 90, 91, 97, 102-103, 121, 130, 135, SA 48-49; for protection, PRM 92; of reptiles, AB 108, REP 20, 25, 36, 38, 39, 40, 46-47, 57, 72-73, 82, 83, 96, 100-101, 105, 106, 107, 111, 113, 115, 116-119, 120-123, 160-161, *charts* 44-45, 72, *diagrams* 84-85, SA 130-131; saltatory, AUS 98-99; and speciation, PRM 10; and speeds, MAM *chart* 72, REP 160; of shrimp, MAM *chart* 72; of starfish, S 23, 26; tails in, MAM 58-59; of turtles, REP 20, 21, 96, 109, 117; in water, AB 152, INS 147, MAM 61-62, REP 106. *See also* specific modes of locomotion
Locust, black (tree; *Robinia pseudoacacia*), FOR 136
Locust, gregarious, or swarming (*Locusta migratoria*), INS 60, 61
Locust, honey (tree; *Gleditsia*), EC 135
Locust, seventeen-year. *See* Periodical cicada
Locust, solitary (Acrididae), INS 60
Locust, West Indian (tree; *Hymenaea courbaril*), PLT 133
Locusta migratoria. *See* Gregarious locust
Lodges, beaver, MAM 122-123, 136-138
Loess (loam), E 109, DES 32
Loewe, Fritz, POL 171
Lofoten Islands: fisheries of, FSH 100, 151, 184
Logan, Mount, Canada MT 186, *diagram* 178
Loggerhead turtle (*Caretta*), REP 156, S 107
Logging, FOR 168, 171, 176, 177, 179, 180-181, *chart* 156-157; and deforestation, FOR 7, 153-154, 159, 161, 164, 169-174, 175, 178-179; and forest boundaries, FOR 59, 118; and lumber industry, FOR 155; of sequoia, FOR 66, 163
Loh Seng Tsai, AB 140
Loma (vegetation zone of Andes), SA 10-11, 23
Lomami (river), AFR 45
Lombok (island), AUS 16, TA 86, 105
Lombok Strait, TA 106
Lomonosov Ridge, Arctic Ocean, POL 16, 80, 157, S *map* 72
London Zoo: baboons of, PRM 40, 110
Long Island, New York: beaches of, S 96-97; and shark attacks, S 139
Long-billed marsh wren (*Cistothorus palustris*), B 140
Long-crested eagle (*Lophoaetus occipitalis*), B 178
Long-distance records of fish travel, FSH 152
Long-eared owl (*Asio otus*), B 62
Longevity: of ants, INS 162; of plants, PLT 106; of queen bee, INS 128; of queen termite, INS 61; of turtles, REP 11. *See also* Life spans
Longhorn cattle (*Bos taurus*), EC 154
Long-horned beetle (insect; Cerambycidae), INS 23, TA 125, 140-141
Long-horned grasshopper (Tettigoniidae), AUS 138-139; ovipositor of, INS 56; sense organs of, INS 37, 38
Long-horned water buffalo (*Bubalus bubalis*): domestication of, TA 107, 151, 164-165
Longicorns (group of beetles), TA 125-126, 140-141
Longleaf pine (*Pinus palustris*), NA 76-77, 88
Long-legged rhinoceros (*Helaletes*), NA 128-129
Long-legged waders (birds): feet of, B 14, 37-38, 39, 61
Long-neck tortoise (*Chelodina longicollis*), AUS 134
Long-nosed bandicoot (marsupial; *Perameles nasuta*), AUS 81
Long-nosed bat (*Leptonycteris nivalis*), MAM 88-89
Long-nosed gar (fish; *Lepisosteus osseus*), FSH 74, 75
Longshore currents of the ocean, S 91
Long-tailed tenrec (mammal; *Microgale*), AFR 155
Long-tailed tit (bird; *Aegithalos caudatus*), B 142
Long-tailed tree pangolin, African. *See* African long-tailed tree pangolin
Long-tailed weasel (*Mustela frenata*), footprints of, MAM 187
Long-tongued, or nectar eater, bat (mammal; *Choeronycteris mexicana*), SA 86, 90; tongue of, MAM 88
Lookdown (fish; *Selene vomer*), FSH 103
"Looming" (light phenomenon), POL 28
Loon (Gaviidae): bill of, B 37; classification of, B 13, 16, 20; diving of, B 66; feet of, B 13, 38; speed of, MAM *chart* 72; vision of, B 35
Loon, arctic (*Gavia arctica*), B 19
Looper, cabbage (insect; *Trichoplusia ni*), PLT 176
Loops, solar, UNV 102, 103
Lopez, Eduardo, EV 129
Lophiodon (extinct mammal), EUR 13, 14
Lophius americanus. *See* Goosefish
Lophoaetus occipitalis. *See* Long-crested eagle
Lopholatilus chaemleonticeps. *See* Tilefish
Lophophorus impejanus. *See* Impeyan pheasant
Lophophorus lhuysii. *See* Chinese monal
Lophopsittacus mauritanus. *See* Broad-billed parrot
Lophortyx gambelii. *See* Gambel quail
Lophura amboinensis (lizard), REP 112
Lophura bulweri. *See* Bulwer's pheasant
Lophura diardi. *See* Fireback pheasant
Loooicea maldivica. *See* Coco de mer
Lorentz, Pieter, AFR 94
Lorenz, Konrad Z., AB 17-19, B 119, 124, 126, EUR 153
Lorikeet (bird; Psittaciformes), B 20
Lorikeet, rainbow (*Trichoglossuus moluchaematodus*), AUS 155, B 26-27, 60
Loris (lemur; Lorisidae), AFR 14, 116, EV 115, PRM 12-13, 28, 29, TA 50, 51; habitat of, PRM *map* 44-45; hand structure of, PRM 10
Loris, slender (primate; *Loris tardigradus*), TA 50
Loris tardigradus. *See* Slender loris
Lorisidae. *See* Loris
Lorisoids (suborder of lemurs), AFR 154, PRM 28, 29
Loser, Mount, TA 152
Louse, wood, or pill bug (Armadillididae), EC 127, FOR 132, 133, INS 14, 31
"Lost Park herd" of bison, NA 122
Lota lota. *See* Burbot
Lotus (flower; *Nelumbo*), PLT 94-95
Lotus seed, PLT 74, 94
Louisiana, FOR 180, NA 117
Louisiana heron (*Hydranassa tricolor*), AB 180, EC 42; niches of, EC 40
Louis Philippe, King of France, POL 54
Lovebird (*Agapornis*), AB 173, 179; B 20
Loveland Pass, MT 136
Lowdermilk, Walter C., DES 166
Lowe, George, EUR 34
Lowell, James Russell, NA 153
Lowell, Percival, UNV 77
Lowell Observatory, UNV 77
Lower California: and gray whales, S 150; and Project Mohole, S 170, 178-179
Lower Guinea forest, AFR 111
Lowery, George H., Jr., B 104
Lowestoft Fisheries Laboratory, England, FSH 154, 156
Lowland gorilla (*Gorilla gorilla gorilla*), AFR 116-117
Lowlands, southern, NA 75-82, 83-93, 96
Low-pressure cell, E *diagram* 60
Loxia curvirostra. *See* Common crossbill
Loxodonta africana. *See* African elephant
Lucanus cervus. *See* European stag beetle
Luckananee. *See* Tucunaré
Luga (prairie): ecological

165

EC Ecology; EM Early Man; EUR Eurasia; EV Evolution; FOR Forest; FSH Fishes; PRM Primates; REP Reptiles; S Sea; SA South America; TA Tropical Asia; UNV Universe

INDEX (CONTINUED)

importance of, **EUR** 133
Luki River, **AFR** 122
Lullula arborea. See Wood lark
Lumber, **FOR** 180-181, **PLT** 126; industrial history of, *chart* **FOR** 172-173; uses of, *chart* 156
Luminescence' of dinoflagellates (diatoms), **S** 106; in minerals, **E** *102-103*
Luminescence, in minerals, **E** 102-103
Luminescent toadstool (fungus; *Mycena*), **PLT** 13
Lump-nosed bat (*Plecotus*), **EV** 58
Luna moth (*Actias luna*), **INS** 14; antennae of male, **INS** *47;* wing of, **INS** *50*
Lunar eclipse, **E** 24
Lungfish, African (*Protopterus*), **AFR** 12, 34, **FSH** 71
Lungfish (Dipnoi), **FSH** 10, 44, *65,* 66; albino, **EV** *66;* evolution of, **FSH** 66, *chart* 68-69; fossils of, **FSH** 65
Lungfish, Australian (*Neoceratodus forsteri*), **AUS** 10, 132, **FSH** 65, *70*
Lungfish, South American (*Lepidosiren paradoxa*), **FSH** 65, **SA** 15, *179*, 183
Lungs: of alligator, **REP** *18;* of birds, **B** 35, 49; evolution of, **REP** 37; fishes, **FSH** 39-40, 65, *70, 71;* origin of, **EV** 112-113; of sea snakes, **REP** 113; of worm lizard, **REP** 29
Lunik III (Russian spacecraft), **E** 29
Luray Cave, **E** 109
Lutra. See River otter
Lutra canadensis. See North American otter
Lutra maculicauda. See Spotted-necked otter
Luxembourg: government-protected land in, **EUR** *chart* 176
Luyten 726-8 (star), **UNV** 135
Lycaena phlaeas. See European copper butterfly
Lycaon. See Cape hunting dog
Lycopersicum. See Tomato
Lycorea ceres (butterfly), **AB** 74
Lycosa. See Wolf spider
Lycosidae. *See* Wolf spider
Lyell, Charles, **EM** *11,* 16, 19, **EV** 12, 13, 40, 41, 45, 110
Lynch Father Joseph, **E** 50
Lynx (mammal; *Lynx*), **EC** 143, **EUR** 113-114; arctic, **POL** 110; footprints of, **MAM** *186*
Lynx, African, or caracal (*Lynx lynx caracal*), **AFR** 87, 93, *104*
Lynx, Canada (*Lynx canadensis*), **EC** *chart* 143, **MAM** 58, 110, **NA** 15, 98
Lynx, European (*Felis lynx*), **EUR** 127
Lynx canadensis. See Canada lynx
Lynx lynx caracal. See African lynx
Lynx rufa. See Bobcat
Lyot, Bernard, **UNV** 91
Lyra (constellation), **UNV** *map* 10; Ring nebula in, **UNV** *50*
Lyrebird (*Menura superba*), **AUS** 34, 153, *164-165*, **B** 16, 31, *161*
Lyretail (guppy; *Lebistes reticulatus*), **SA** *184*
Lyretail (tree; *Eucalyptus pyriformis*), see below
Lyropteryx apollonia (metalmark butterfly), **SA** *168*
Lyrurus tetrix. See Black grouse
Lysergic acid, effect on spiders of, **AB** *105*
Lysichiton camstschatcense. See Skunk cabbage
Lytta vesicatoria. See Spanish fly
Lyttelton Times, **REP** 175

M

M 31 (galaxy). *See* Andromeda: galaxy in
M numbers of galaxies and star clusters, **UNV** 146
M 3 (globular cluster), **UNV** *121,* 135
M 5 (globular cluster), **UNV** 135

M 11 (galactic cluster), **UNV** 134
M 13 (globular cluster), **UNV** 135
M 15 (globular cluster), **UNV** 146
M 33 (galaxy), **UNV** 148, *161*
M 51 (or Whirlpool galaxy), **UNV** 151, 152, *155, 162-163*
M 53 (globular cluster), **UNV** 135
M 67 (galactic cluster), **UNV** 134
M 81 (galaxy), **UNV** *56-57*
M 87 (galaxy), **UNV** 152
M 92 (globular cluster), **UNV** 135
M 104 (or Sombrero galaxy), **UNV** *157*
Macaca. See Macaque
Macaca fuscata. See Japanese macaque
Macaca irus. See Crab-eating macaque
Macaca mulatta. See Rhesus macaque
Macaca radiata. See Bonnet macaque
Macaca sylvana. See Barbary ape
Macaque (*Macaca*), **PRM** 94, **TA** *78,* 82; adaptations to captivity, **PRM** 133; adaptations to ground living, **PRM** 152; adaptations to man's residential areas, **PRM** 188; body structure of, **PRM** 11, *82-83;* bonnet, **PRM** *188;* of Cayo Santiago, **PRM** 42; communication of, **PRM** 132-133; cost of, **PRM** 161; crab-eating species, **PRM** 132; death of a leader, **PRM** 112; discipline among, **PRM** 108-109; eating habits of, **PRM** 42, 181; effects of isolation upon, **PRM** 157-158; experiments with, **PRM** 132-133, 164-165; field studies of, **PRM** 106, 111, 132, *168;* as gods, **PRM** 136, *188;* grasping ability of, **PRM** *11;* grooming by, **PRM** 168; grooming of, **PRM** 107; group behavior of, **PRM** 114, 135, 181-182; habitat of, **PRM** 106-107, 136, *map* 44-45; infants of, **PRM** *84,* 86-87; intelligence of, **MAM** 181; leadership determination, **PRM** 112; leadership of, **PRM** 111; "Lizzie," astronaut, **PRM** *173;* locomotion of, **PRM** 62, 82; nasal structure of, **PRM** *36;* number of species, **PRM** 36; physical characteristics of, **PRM** *11,* 106; protective tactics of, **PRM** 39, 132-133, 135, 152-153, *graph* 108; range limits of, **PRM** 130-131; reactions to strangers, **PRM** 131-133; on Santiago Island, **PRM** 40-41; sense organs of, **PRM** 13; sex differences in, **PRM** 114; sleeping habits of, **PRM** 135, 181; social groups of, **PRM** 42, 110, 181; status among, **PRM** 42, 106-107; temperament of, **PRM** 41, 108, 112, 132; and use of weapons, **PRM** 152-153; vision of, **PRM** 13. *See also* Rhesus macaque
Macaque, bonnet (*Macaca radiata*), **PRM** *188*
Macaque, crab-eating (monkey; *Macaca irus*), **PRM** 132-133, **TA** *78*
Macaque, rhesus. *See* Rhesus macaque
Macaw (bird; Psittacidae), **B** 20, 26, **FOR** 75, **SA** 104
Macaw, gold and blue (bird; *Ara ararauna*), **B** *19*
Macaw, hyacinth (bird; *Anadorynchus hyacinthinus*), **SA** *104*
Macaw, scarlet (bird; *Ara macao*), **SA** *104*
McCook, Henry C., **INS** 164
Macdonnell Ranges, **AUS** 11, 40
Mackay, Hugh S., **AUS** 84
McEnery, Father J., **EM** 11
Machaeroides (extinct mammal), **NA** *129*
Machilanus. See Glacier flea
Machu Picchu, Peru, **MT** 132
Mackenzie River, **POL** 154, 156, **S** *184*
Mackerel (*Scomber*), **S** 109;

evolution of, **FSH** *chart* 69, **FSH** *172-173;* in Icelandic waters, **POL** 155; schooling by, **FSH** 13, 128
Mackerel, king (*Scomberomorus cavalla*), **FSH** *54*
Mackinder, Sir Halford, **MT** 160
McKinley, Mount, **MT** *156,* 186, *diagram* 178
Macmillan, Donald, **POL** 39
Macmillan's Magazine, **EV** 42
McMurdo Sound, Antarctica, **POL** 178-179; Scott's base at, **POL** 53, 54, 55, 56, 61, *70-71;* U.S. base at, **POL** 16, 70, 73, 172, 174-175, *177, map* 13
Macrauchenia (genus of extinct ungulates), **SA** 15, *64*
Macrochelys temminckii. See Alligator snapper
Macropodidae (family of marsupials), **AUS** *diagram* 89
Macropus robustus. See Euro
Macroscelididae. *See* Jumping, or elephant, shrew
Macrosiphum pisi. See Pea aphid
Macrospores of pine cones, **PLT** 15
Macrotermes (termites), **TA** 123
Macrozoarces americanus. See Ocean pout
Madagascan baobab (tree; *Adansonia grandidieri*), **AFR** *159*
Madagascan coua, or Delalande's Madagascar coucal (extinct bird; *Coua delalandei*), **AFR** 166
Madagascar, **AFR** 151-158, *159-167;* amphibians of, **AFR** 156, 160, 161; birds of, **AFR** 156, **B** 12-13; devastation of by man, **AFR** 158; extinct animals of, **AFR** 166-167; fishes of, **AFR** 156, **FSH** 64; forms of life in, **EC** *68-69;* insectivores of, **AFR** 14, 155, *162-165;* insects of, **AFR** 153, *160-161;* mammals of, **AFR** *150,* 153-156, *162-167;* primates of, **PRM** 11, *32, 33;* reptiles of, **AFR** 156, 160, *161,* **REP** 92, **SA** 132; savannas of, **AFR** 152; ungulates of, **AFR** 156; vegetation of, **AFR** 152, *157, 159*
Madagascar Highlands, **MT** *map* 44
Madagascar, orange tree frog of (*Mantella aurantiaca*), **AFR** 160
Madagascar coucal, Delalande's. *See* Madagascan coua
Madagascar lemur, giant (extinct animal, *Megaladapis edwardi*), **AFR** 167
Madeira Abyssal Plain, **S** *map* 64
Madeira Islands, **S** *map* 64
Madeira River, South America, **S** 184, **SA** *chart* 177
Madonna lily (flower; *Lilium candidum*), **PLT** *12*
Madoqua guentheri. See Guenther's dik-dik
Madras, India: dry season in, **TA** *40*
Madurai, India: dry season in, **TA** *40-41*
Maeterlinck, Maurice, **INS** 10, 83, 86
Magadan, Siberia, gold fields of, **POL** 153
Magadi, Lake, Kenya, **AFR** *54*
Magdalena River, **S** *184*
Magdalenian period: sculptures of, **EM** *161;* tools of, **EM** *103*
Magellan, Ferdinand, **POL** 51, **S** *12*, 182
Magellan Seamounts, **S** *map* 68
Magellanic Clouds (galaxies), **UNV** 146, 147-148, 151, *map* 11
Magellanic penguin (*Spheniscus magellanicus*), **B** *93*, **POL** 76
Maggot fly, apple (*Rhagoletis pomonella*), **PLT** 176
Maggots (fly larvae), **INS** 57, 145-146, 148, **NA** 148
Magic: among aborigines, **AUS** 176, **EM** *142-143;* in art, **EM** 158-159; and cave paintings, **EM** 148; and hunting, **EM** *148-149*, 150
"Magical" plants, **PLT** 13

Magicicada septendecim. See Periodical cicada
Magma (molten rock), **E** 83-84, **MT** 57-59, *74-75*
Magnesium, **PLT** 122, **S** 11
Magnetic field of earth, **E** 42-44
Magnetic needle: first use of in navigation, **S** 182
Magnetic Poles, **E** 43-44, **S** 43
Magnetohydrodynamics, **UNV** 90
Magnetosphere, **E** 12, *20-21*, 59
Magnolia. See Magnolia
Magnolia (tree; *Magnolia*), **FOR** 45, 113, **PLT** 186; and conifers, **PLT** 15-16; flowers of, **PLT** *15;* leaf growth of, **PLT** 106; seeds in, **PLT** 16
Magnolia warbler (bird; *Dendroica magnolia*), **B** 58, **FOR** 114, 118, 153
Magpie (bird; *Pica pica*), **EUR** 64, **NA** *158*, **TA** 36, 59
Magpie, azure-winged (*Cyanopica cyanus*), **EUR** 64, *122*
Mahogany (*Swietenia mahogani*), **FOR** 59, 60, **PLT** 186
Mahseer (fish; *Barbus tor*), **TA** 86; scales of, **FSH** 38
Maidenhair tree, or ginkgo (*Ginkgo biloba*), **FOR** 44, 45, 46, *chart* 48, **PLT** 15
Maine, **FOR** 26, 153
Main-sequence stars, **UNV** 113, 187, *diagrams* 118-119
Maize (*Zea mays*), **PLT** *187;* cultivation of, **NA** 59-60; and laws of heredity, **EV** 74
Makah Indians, **NA** *180*
Makaira. See Blue marlin
Makalu (mountain peak), **MT** 186, *diagram* 179
Makapan Valley, Bechuanaland, **EM** 58
Mako shark (*Isurus oxyrinchus*), **FSH** 83; feeding frenzy of, **S** *140-141;* as game fish, **S** 134
Malacca Strait, **TA** 28, 108
Malachite (mineral), **E** *100*
Malachite kingfisher (bird; *Corythornis cristata*), **AFR** 52
Malachite sunbird, scarlet-tufted. *See* Scarlet-tufted malachite sunbird
Malaclemys. See Diamondback terrapin
Malaclemys terrapin. See Salt-marsh terrapin
Malaconotinae. *See* Bush shrike
Malagasy Republic, **AFR** 151. *See also* Madagascar
Malapterurus electricus. See Electric catfish
Malaria, **INS** 29, 42, **TA** 127
Malaria mosquito (*Anopheles quadrimaculatus*), **INS** 29, 155, **PLT** *177*
Malay Archipelago, **EV** 59, *map* 12, **FOR** 128, **TA** 10, 11-12, 14, 33
Malay Peninsula, **TA** 31, 32, 52, 57, 92, 172 *map* 11
Malaya, **TA** 102; animals of, **TA** 57-58, 147, 149, 150, 151; plants of, **TA** 25, 54, 85; temperatures in, **TA** 34
Malayan, or sun, bear (*Helarctos malayanus*), **TA** 144
Malayan climbing perch. *See* Climbing perch
Malayan tapir (*Tapirus indicus*), **EC** 12
Malays (people), **TA** 13, *172-173, 177*
Malaysia: animals of, **PRM** 20, 29, **TA** 81-82; temperatures of, **TA** 34
Maleo (fowl; *Megacephalon maleo*), **B** 146
Malic acid in fruit, **PLT** 56
Malinow, René, **PRM** *163*
Mallard duck (*Anas platyrhynchos*), **AB** 173, *177*, **B** 108, 166; feet of, **B** *38*
Mallee (dwarf eucalyptus; *Eucalypts viridis*), **AUS** 11, 41, 46, *51*, *map* 18-19, **PLT** 126
Mallee, large-fruited (tree; *Eucalyptus pyriformis*), **AUS** 51

166

AB Animal Behavior; **AFR** Africa; **AUS** Australia; **B** Birds; **DES** Desert; **E** Earth; **INS** Insects; **MAM** Mammals; **MT** Mountains; **NA** North America; **PLT** Plants; **POL** Poles;

Mallee fowl *(Leipoa ocellata)*, **AUS** 151-152, *164-165*, **B** 142, 143, 145-146
Mallotus villosus. *See* Capelin
Mallow (plant; *Malva*), **PLT** 103
Malt: as a source of diastase, **PLT** 62
Maltese dog *(Canis familiaris)*, **EV** *86*
Malthus, Thomas, **EC** 167-168, **EV** *40*
Malus. *See* Apple
Malus sylvestris. *See* Rhode Island greening apple
Malva. *See* Mallow
Malvinas Chasm, **S** *map* 66
Mamba (snake; *Dendroaspis*), **AUS** 135, **REP** 15, 69, 152
Mamba, black *(Dendroaspis polylepis)*: speed of, **MAM** *chart* 72
Mammalia. *See* Mammals
Mammals (Mammalia), **MAM** (entire vol.); abundance of, **MAM** *22-23;* Age of, **B** 11, **FSH** 63, **MAM** 37-42, **MT** 39, 40; albino, **EV** *66;* anatomy of *vs.* birds; **EV** *114-115;* antelopelike, **NA** *132-133;* aquatic, **MAM** 39, 61-62, **NA** *32*, **POL** 138, **S** 136, 144-150, *chart* 15; arctic, **POL** 74-77, 81, 82, 109-112; arctic preglacial, **POL** 108; of Australia, **AUS** 35-37, 59, 65, 66, *diagram* 62; bearlike, **NA** *134-135;* beaverlike, **NA** *132-133;* birth and development of young of, **EV** *95;* bluffing techniques of, **MAM** 104, *112-113;* brain development of, **MAM** 12; burrows of, **MAM** 122-123, *135;* characteristics of, **MAM** 10-12; circulatory system of, **MAM** 11; classification of, **MAM** 13-18, *20-21;* classification of by Linnaeus, **EV** 130; claws of, **MAM** 59; climbing techniques of, **MAM** 59-60; commensalism of with birds, **B** 58, *74-75;* defensive techniques of, **MAM** 100-104, 149, 169-170; desert, **MAM** 125, 135; early, **NA** 11-13, 15-16; eating habits of, **MAM** 75-82, *83-95;* emotions of, **MAM** 179; evolution of, **EV** 114-116, *119*, **MAM** 35-42, *43-53*, 165-172, *173-183*, **REP** 35, 40-41, *175*, *chart* 44-45, **S** *chart* 39; extinct, **NA** *128-129*, 130-131; extinction of, **AUS** 178, **MAM** 35, 48-49, **NA** 34-35; fish-eating, **MAM** 79, *80, 81;* flying, **TA** 57; footprints of, **MAM** *186-187;* fossils of, **EV** 13-14, *119*, 146; foxlike, **NA** *130-131;* fur-bearing, **MAM** 10-11; gestation period of, **MAM** *chart* 145; gliding, **MAM** 60; harems of, **MAM** 144, 152; hearing of, **AB** 42; heat control in, **POL** 73, 74-76; herbivorous, **EM** 55, **EV** *157*, **MAM** 78, **NA** *130-131, 132-133;* herbs of, **MAM** 147-149; homing instinct of, **MAM** 127; hoofed, *see* Ungulates; hunting of, **TA** *154-157;* hyenalike, **NA** *128-129, 134-135;* during Oligocene, **NA** *130-131;* jaw bones of, **MAM** 11, *14, 15;* locomotion of, **MAM** 55-62, *63-73;* of Madagascar, **AFR** *150*, 153-156, *162-167;* man, emergence of, **MAM** 165-172; mating habits of, **MAM** 141-150, *151-163;* migrations of, **MAM** *120*, 121-128, *129-139;* of mountains, **MT** 108-114; of North America, **NA** 11-13, 15-16, 18, 24, 28, *32*, 34-36, *37-38*, 53-*55*, 56-*57*, 59, 77, *79-81*, 86, *96*-101, 103-104, *108-115*, 118-*121*, 122-126, *127-131*, 134-137, *148-149*, 150, *151-154*, *156-157*, *161-171*, 174-176, *177-178*, 179-180, *182*, 188, *189-190;* number of species, **MAM** 13, *charts* 22-23; oddities among, **EV** *58-61;* offense, techniques of, **MAM** 97-100, 169-170; omnivorous, **MAM** 17, 91; orders of, **MAM** 13-18, *20-21;* origin of, **EV** 114; paw-prints of, North America, **MAM** *186-187;* piglike, **NA** *130-131, 132-133;* placental, **MAM** 13, 15-18, 145; prairie doglike, **NA** *132-133;* primitive, **MAM** *37;* reasons for survival over reptiles, **EV** 115; and reptile evolution, **MAM** 36-37, **REP** 36, 38, 40-41, 42, 85, 125; and return to the sea, **S** 145; luminent during Oligocene, **NA** *130-131;* and security deprivation, **AB** 132; sense organs in, **AB** 50, 86, 110; of South America, **SA** 13-15; squirrel-like, **NA** *130-131;* subclasses of, **MAM** 13; survival techniques of, **MAM** 97-104, *105-120;* temperature control by, **MAM** 10, *11*, 12; of tropical Asia, **TA** 56, 143-152, *153-163;* variety of, **MAM** 8-18, *19-33;* vitality of, **MAM** 12; warm-bloodedness of, **E** 139
Mammals, aquatic. *See* Aquatic mammals
Mammals, pouched. *See* Marsupials
Mammals, prehistoric, **EM** 88, **EV** *160-161*, 166, 169, **NA** 12, 13, 16; during Eocene, **NA** *128-129;* largest, **NA** *130-131, 132-133, 134-135;* during Miocene, **NA** *132-133;* during Oligocene, **NA** *130-131;* during Pliocene, **NA** *134-135*
Mammary glands: of marsupial and monotreme, **AUS** *80*
Mammoth, Columbian *(Mammuthus)*, **EC** 150
Mammoth, woolly. *See* Woolly mammoth
Mammoth Cave, **E** 109
Mammoth Cave National Park, Kentucky, **E** 187, **NA** 195
Mammoth Hot Springs, **NA** *186*
Mammoths (Mammuthinae), **EM** 10, 13, **EUR** *13*, 16, **EV** 166; carving of, **EM** *160, 161;* cave painting of, **EM** *148;* in Cro-Magnon art, **EV** 169; extinction of, **EC** 125; fossils of, **EV** *110-119;* hunted by Neanderthals, **EV** 166; hunting of, **EM** *148-149*
Mammut (ancestral elephant), **MAM** *53*
Mammuthinae. *See* Mammoths
Mammuthus primigenius. *See* Woolly mammoth
Man *(Homo sapiens)*: adaptation of, **EM** 169-176, **EV** 169, **MAM** 170-171, **PRM** 42; aggressiveness in, **AB** 158; anatomy of, **EM** *45*, **PRM** *65, 82-83;* and animal behavior, **AB** 158, 178; and animals, **AB** 9-10, 136, **TA** *175;* and apes, **EV** 116, *137-143*, 159, **PRM** 178; biological clocks in, **EC** 82; brain of, **EV** 165, *166*, **MAM** 166; chromosomes of, **EV** *88*, 94, 98; classification of, **MAM** 10, 18, *21;* climatic effects on, **EC** 128; crawling experiment with, **AB** 138; critical exterior temperature for, **POL** 74; crop dependence on, **EC** 100; diseases of, **EC** 97-100, **INS** 29, 42; displacement activity in, **AB** 91; eating habits of, **EM** 64-65, **PRM** 154; ecological damage caused by, **EC** 60-62, 165-166, **EUR** 58-61, *65-67*, 88; ecology of, **EC** 150, 163-170, **EUR** 176-180, **EV** 32, 36-37, 128; emotional conflict in, **AB** *91;* evolution of, **AB** 178, **EM** *41-45*, 55, **EV** 46, 115-116, *130-131*, *148-149*, 157, 165, *166*, 171, **PRM** 177-186, **TA** 165-170; eye of, **AB** 52; "family tree" of, **EV** 166; as food gatherer, **EC** 165-166; genealogy of, **PRM** *chart*, 18-19; genes of, **AB** 178; **EV** *173-183;* in geologic time scale, **S** 37, *chart* 39; growth patterns of, **PRM** *chart* 86; hearing in, **AB** 42; hunting by, **EC** *157;* intelligence of, **EV** 45, 171; internal programming in, **AB** 136; learning ability of, **PRM** *chart* 86; life expectancy of, **EM** *chart* 174; locomotion of, **PRM** *64*, 65, 82; migrations of, **EC** *maps* 11, 175; mobility of, **PRM** 42; and monkeys, **MAM** 166, **PRM** 136; and mutations, **EV** 170; nonverbal communication by, **AB** 162; northward move of, **POL** 151-152, 158; number in world today, **EV** *173;* origin of, **EM** 9-10, 56, **EV** 45-46, 116, **MT** 136; parasites in, **EC** 96; parental care by, **EV** *137*, **PRM** 158, 167; physical characteristics of, **EV** *38*, 45, *114*, **MAM** 166, 168-169, **PRM** 15; and plants, **PLT** 9-10, 12, 106; in polar regions, **POL** 74, 129, *160-163*, 172-176, *182-185;* as predator, **MAM** 42, 48-49, **PRM** 154, 180-181, **S** 145-146; and other primates, **MAM** *166*, 182; races of, **EC** 128, *map* 11, **EV** 169, *173-175*, **MT** 14, 136, **TA** *176-179;* recessive traits of, **EV** *176-177;* reproduction by, **EC** 79, **EV** *104-105;* sense organs of, **AB** 40, 42, 50, **PRM** 13; sexual behavior of, **MAM** 170-171; shrew's relationship to, **MAM** 20; skeleton of, **MAM** 166, **EM** *51, 81;* skin color scale of, **EV** *164;* skull of, **EV** *148-149;* and snake, **REP** 12, 152, speciation of, **PRM** 178; speed of, **MAM** *chart* 72; stance of, **MAM** 58, 169; and stimuli responses, **AB** *67;* survival problems of, **E** 165-166, **REP** 22, 69, 153; and technology, **EC** 168, **MAM** 169-170; temperament of, **PRM** 158; territorial limits of, **PRM** *chart* 130; thumb of, **MAM** 59, *166;* thought process in, **MAM** 172; use of tools by, **PRM** 183; use of weapons by, **PRM** 152-153; variation in extremities, **EV** *180-181;* vision of, **AB** 38-39, *48*, 50-51, **EC** 76, **FSH** *42*, **MAM** *167*. *See also* Anatomy; Behavior; Civilization; Culture; Genetics; Heredity; Man, prehistoric; Religion
Man, prehistoric: adaptations of, **EV** 14, *32-33;* ancestor of (Proconsul), **EV** *158*, 159; *vs.* apes, **EV** 134, 146, 148; artifacts of, **EV** *147* (*see also* Artifacts); *Australopithecus*, **EM** *43*, 53, *57-61*, *63-65*, 73, **EV** 145-149, 152, 156, 157, 159; brain capacity of, **EV** 132, 134, *166* (*see also* Brain capacity); Broken Hill man, **EM** *143;* of Bronze Age, **EM** *map* 173; cave systems of, **TA** 168-171, *map* 169; Chellean man, **EV** 152; classification of, **EV** 134, 149; Cro-Magnon man, *see* Cro-Magnon man; discoveries, in Germany of, **TA** 167; discovery sites of, **EM** *map* 78; discovery of at Fontéchevade, France, **EV** 168; ecological succession of, **EV** 130, *166;* effects of his invasion, **TA** 165-174, *175-191; Homo erectus*, **EM** 44, 71, 77, 94, *see Homo erectus;* Java man; Peking man; *Homo sapiens*, **EM** 145, **EV** 130, *153, 157, 160-161, 163*, 168-169, *see Homo sapiens;* Man, in Europe, **EV** 166-169; evolution of, **EM** 39-40, *chart* 41-45, **EV** 115-116, 145-152, *153-163* (*see also* Evolution); extinction of early African, **EV** 157; first, **EV** 148; fossils of (*see* Fossil, human); habitat, **TA** 167; hunting prowess of, **EV** 151, 166, 169; Java man, **EM** 59, 78, **EV** 131-132, 135, 136, 146, 152, *156*, 165, **TA** 166-167; La Ferrassie man, **EM** *142;* lack of representation in Paleolithic art, **EM** 161, 163; and land bridges, **EV** *168-169;* in Middle East, **EV** 166-169; migrations of, **EV** 165-166; migrations to North America, **NA** *8-9*, 13-15, 17; Monte Circeo man, **EM** *142;* Montmaurin man, **EM** *44;* Neanderthal man, **EM** 59, **EV** 130, 146, *157*, 166-168, 169, **MAM** 168; of Neolithic age, **DES** 13, 132; new concept of early, **TA** 169; paintings by early, **TA** 171; *Paranthropus*, **EM** 57, *66-67*, 73, **EV** 147-148, 157; Peking man, **EM** 14, **EV** 133-136, 146, 152, 166, **PRM** 181; pre-Darwinian views of, **EV** 45-46; presumed birthplace of, **EV** 146, 152; racial intermingling of, **TA** 172; *Ramapithecus*, **EM** 50; Rhodesian man, **EM** *44;* search for traces of, **EV** 129-136, 152 (*see also* Fossil, human; Excavation); similarity of tribe today to, **EV** 14, *32-37;* skull comparisons, **EV** *148-149;* Solo man, **EM** *44;* Steinheim man, **EM** 125, 128; Swanscombe man, **EM** 125, **EV** *160-161*, 168; tools of, **EV** 149-150, 151, *157* (*see also* Tools); variation of species of, **EV** *174-175;* Zinjanthropus, **EV** 151, 152, *153*, 154, 157
Manacor Caverns, **E** *122-123*
Manacus vitellinus. *See* Golden-collared manakin
Manakin (bird; Pipridae), **B** 125, **SA** 103
Manakin, golden-collared *(Manacus vitellinus)*, **SA** 103
Manaslu (mountain peak), **MT** 186, *diagram* 179
Manatee (sea mammal; *Trichechus*), **MAM** 11, 18, **NA** *32;* classification of, **MAM** *21*
Manatee, coastal *(Trichechus manatus)*, **SA** 146, *193*
Manatee, South American *(Trichechus inunguis)*, **S** 146, **SA** *192*
Manchester terrier (dog; *Canis familiaris*), **EV** *87*
Manchu forest, **EUR** 108
Mandarin duck *(Aix galericulata)*, **AB** *177*, **B** *18*
Mandibles of insects, **INS** 41, 45, *73*, *100, 104, 174*
Mandrake (plant; *Mandragora*), **PLT** *13*
Mandrill (baboon; *Papio sphinx*), **AFR** 116, **EV** *48*, **MAM** 142
Maned marmoset *(Leontideus rosalia)*, **PRM** *43*, **SA** *42*
Maned wolf *(Chrysocyon brachyurus)*, **EC** *136*, **SA** 82, *89*
Mangabey, crowned *(Cercocebus torquatus)*, **AFR** 114
Mangabeys (monkeys; *Cercocebus*), **AFR** 114, 116, **PRM** 37
Manganese in soil, **PLT** 122
Mangroves (trees; *Rhizophoraceae*), **TA** *85, 86*
Mangrove finch (bird; *Camarhynchus heliobates*), **EV** *30*
Mangrove, gray *(Aricennia)*, **AUS** *45*
Mangrove crab *(Scylla serrata)*, **AUS** *184-185*
Mangrove swamp, **TA** 81, *map* 18-19
Manhood ceremonies among aborigines, **AUS** *188-189*
Manidae. *See* Scaly anteater
Manihot esculenta. *See* Cassava
Manila hemp, **TA** *186-187*
Manis. *See* Pangolin
Manis gigantea. *See* Giant pangolin
Manis Palaeojavanica (extinct pangolin), **TA** 170
Manis tricuspis. *See* African long-tailed tree pangolin
Manitoba, Lake, Canada, **S** 184
Manitoba elk *(Cervus canadensis manitobensis)*, **NA** 151
Manna gum (tree; *Eucalyptus viminalis*), **AUS** 48
"Mannishness" of apes, **EM** 34
Man-of-war, Portuguese. *See* Portuguese man of war
Man-of-war bird. *See* Frigate bird
"Man-of-war fish," or Portuguese "man-of-war fish," or nomeus *(Nomeus gronovii)*, **EC** 103, **FSH** 186, **S** 106, *107*

167

EC Ecology; **EM** Early Man; **EUR** Eurasia; **EV** Evolution; **FOR** Forest; **FSH** Fishes;
PRM Primates; **REP** Reptiles; **S** Sea; **SA** South America; **TA** Tropical Asia; **UNV** Universe

INDEX (CONTINUED)

Man's Place in Nature, Huxley, **EM** 12
Manta. *See* Ray
Mantella aurantiaca. See Orange tree frog of Madagascar
Manti National Forest, Utah, **FOR** 65
Mantid *(Decimia tessellata),* **SA** 162
Mantid (insect; Mantidae), **AFR** 117, **EC** 120, **SA** 148, 162, **TA** 122
Mantid, flower (insect; *Hymenopus coronatus),* **TA** 122, 134-135
Mantis, praying. *See* Praying mantis
Mantidae. *See* Mantid
Mantis religiosa. See Praying mantis
Mantis shrimp (Squillidae), **EC** 127
Manucode, New Guinea *(Manucodia ater)* egg of, **B** 155
Manucodia ater. See Bird of paradise
Manx shearwater (bird: *Puffinus puffinus),* **B** 107
Maori wars (1860-1870), **AUS** 177
Maple (tree; *Acer),* **FOR** 23, 45, 59, 170, 174, *map* 62, **NA** 103; climax forest of, **FOR** 152. 154; color changes in, **PLT** 59; flower of, **PLT** 32; growth rate of, **FOR** 177, **PLT** 105; leaves of, **FOR** 16, 29, 98, 103, **PLT** 106
Maple, bigleaf *(Acer macrophyllum),* **FOR** 81, 90-91
Maple, red *(Acer rubrum),* **PLT** 32, **FOR** 23
Maple, silver *(Acer saccharinum),* **PLT** 50-51
Maple, sugar *(Acer saccharum),* **FOR** 12, 16, 36, 59, 96, 102, 103, 113, 172, **NA** 96, **PLT** 30, 186
Maple, vine *(Acer circinatum),* **FOR** 78, 166-167
Maps: Africa, **AFR** 20, 22, 25, 26, 30-31, 193; desert dwellers in, **DES** 129; East Africa, **AFR** 31; in 1487, **AFR** 18; discovery sites of australopithecines in, **EM** 48; of Antarctic, **POL** 175, **S** 73; bottom of the world in, **POL** 13; claims to, **POL** 171; Arctic, **S** 72; top of the world in, **POL** 12; Asia, animal distribution in southeast islands of, **TA** 102; filter bridges in, **TA** 104; geological development of, **TA** 10, 11; plant distribution in southeast islands of, **TA** 102; rainfall caused by Himalayas in, **AFR** 33; traces of early man in, **TA** 169; tropical, **TA** 194-195; vegetation of, **TA** 18-19; Atlantic Ocean, Coriolis effect, **S** 77; and Atlantic basin, **S** 64-67; migration of eels in, **FSH** 154; sea currents in, **S** 77; wind belts in, **S** 77; Australasia, **AUS** 18; Australia, **AUS** 12; Bindibu inhabitants of, **DES** 131; rocks of, **AUS** 13; vegetation of, **AUS** 18-19; distribution of early man, of dryopithecines in, **EM** 32; of *Homo erectus* and early *Homo sapiens,* **EM** 78; of Neanderthal man, **EM** 124; of Upper Paleolithic men, **EM** 146; Eurasia, **EUR** 192-193; Caspian Sea in, **EUR** 89; mountain barriers of, **EUR** 34; Palearctic zone in, **EUR** 10, 18-19; Precambrian period in, **EUR** 11; Scandinavian uplift in, **EUR** 137; steppe of, **EUR** 81, 84; taiga region in, **EUR** 130; virgin forest in, **EUR** 107; Europe, bird species in, **B** 91; climate zones in, **EUR** 18-19; Cretaceous period in, **EUR** 11; ice age vegetation in, **EUR** 14; Mediterranean Sea in, **EUR** 57; Precambrian period in, **EUR** 11; Silurian period in, **EUR** 11; New Zealand, and last home of the Tuatara, **REP** 32; North America, animal distribution in, **EC** 149, **NA** 56, 57, 174; bird species in,

B 90; biomes in, **NA** 105; changes in sea level due to ice ages, **S** 40; earthquakes in, **E** 40, 42; explorations in, **NA** 18, 20, 22, 24, 27; Gulf Stream in, **S** 81; Indians in, **NA** 14, 62-63; landlocked lamprey in Great Lakes, **EC** 60; location of cities on rivers in, **NA** 76; ocean currents in, **NA** 104; pest distribution in, **NA** 178, 179; and prehistoric seas, **E** 138-139; prevailing winds of, **NA** 104; rainfall in, **NA** 104; and water map of continental U.S., **E** 174-175; U.S. parks and reserves in, **NA** 192-193; Pacific Ocean basin, **S** 68-71; South America, **SA** 194; and Tierra del Fuego, **EV** 32; vegetation zones of, **SA** 18-19; Spain, Ambrona Valley of, **EM** 92; Universe, of Mars, **UNV** 76-77; stars of the, **UNV** 10, 11; World, commercial fishing areas of, **FSH** 170; continental drift of, **E** 88; deserts of, **DES** 10-11; forest empires of, **FOR** 62-63; habitats of primates in, **PRM** 44-45; high areas of, **MT** 44-45; and itineraries of four migratory birds, **B** 102, 103; land bridges past and present, **EV** 168, 169; lizard families in two hemispheres of, **REP** 80; major biomes of, **EC** 184-185, 186, 187; major earthquake zones of, **E** 51; man-made plant migrations in, **PLT** 162; migrations of man in, **EC** 11, **EUR** 175
Maquis (shrub growth), **EUR** 58, 60
Marabou, or red-headed, stork *(Leptoptilos crumeniferus),* **AFR** 41, 109, **B** 63, **EC** 117
Marañón River, **S** 184
Marantaceae. *See* Arrowroot
Marble Point, Antarctica, **POL** 172
Marchantia. See Liverwort
Marco Polo, **S** 182, **TA** 13
Marco Polo Range, **EUR** 38
Marco Polo's sheep, or Himalayan sheep *(Ovis ammon),* **EUR** 40
Marcus-Wake Seamounts, **S** *map* 68
Margay (cat; *Felis wiedii),* **SA** 87
Margherita, Mount, The Congo, **MT** 161, 186, *diagram* 178
Maria Teresa, Queen of Hungary and Bohemia, **EV** 178
Mariana Islands, **S** 61
Mariana Trench, **S** 11, 13, 72, *map* 68
Marie Byrd Land, Antarctica, **POL** *map* 13, **S** 72, *map* 73
Marijuana, **TA** 187
Marine animals: larvae of, **AB** 175
Marine biology: history of, **S** 182-183
Marine enemies of man, **S** 131-136
Marine exploration, **S** 182-183
Marine iguana (lizard; *Amblyrhynchus cristatus),* **EV** 15, 20-21, 22, 23, **FSH** 124, **REP** 12, 114, 116, 117
Marine landslides: and undersea canyons, **S** 54
Marine phyla, **S** 14, *chart* 15
Marine reptiles, **EV** 114, **REP** 112. *See also* Plesiosaurs
Marine sunfish (Molidae), **S** 27-29, **FSH** 66, 100-101, 123
Maringer, Johannes, **EM** 148, 151, 154
Markham, Lieutenant Albert, **POL** 36-37
Markhor (wild goat; *Capra falconeri),* **EUR** 40
Marlin, black (fish; *Istiompax marlina),* **FSH** 30-31
Marlin, blue. *See* Blue marlin
Marlin, blue (fish; *Makaira):* habitat of, **S** 27-29; speeds of, **S** 31, 109
Marlin, giant blue *(Makaira nigricans),* **FSH** 30-31
Marlock, Forrest's (flower; *Eucalyptus forrestiana),* **AUS** 50
Marlow, B. J., **AUS** 178

Marmosa. See Mouse opossum
Marmoset (monkey; Callithricidae), **PRM** 11, 43, **SA** 34, 39-40, 42, 44-45
Marmoset, maned *(Leontideus rosalia),* **PRM** 43, **SA** 42
Marmoset, pygmy *(Cebuella pygmaea),* **SA** 42
Marmot (rodent; *Marmota),* **EUR** 87, 88, **MAM** 17, **NA** 151, **POL** 76
Marmot, alpine *(Marmota marmota),* **MAM** 85
Marmot, bobac *(Marmota bobak),* **EUR** 16, 87
Marmot, hoary *(Marmota caligata),* **MAM** 135, **NA** 152
Marmota. See Marmot
Marmota bobak. See Bobac marmot
Marmota caligata. See Hoary marmot
Marmota marmota. See Alpine marmot
Marmota monax. See Woodchuck
Marquesas Fracture Zone, South Pacific, **S** *map* 71
Marquesas Islands, **S** *map* 71
Marquette, Jacques, **NA** *map* 24
Marriage: among Australian aborigines, **AUS** 170-171; among desert dwellers, **DES** 134, 135, 136, 156, 159
Mars (planet), **S** 9-10, **UNV** 65, 76-77; atmosphere of, **UNV** 65, 76; birth of, **UNV** 93; "canals" of, **UNV** 65, 77; orbit of, **UNV** 72; possibility of life on, **UNV** 65, 76-77; relative size of, **UNV** 65, 73; satellites of, **UNV** 65; symbol for, **UNV** 64
Marsh birds, **B** 15, 17, 23
Marsh deer *(Blastocerus dichotomus),* **SA** 85
Marsh frog *(Rana ribibunda),* **EUR** 77
Marsh gas (methane): and formation of life, **S** 39
Marsh rat *(Holochilus),* **SA** 78
Marsh tenrec (mammal; *Limnogale mergulus),* **AFR** 155
Marsh wren, long-billed *(Telmatodytes palustris),* **B** 140
Marshall Islands, **S** *map* 68
Marshes: **EUR** 144-145; coastal North American, **NA** 86; draining of, 108, 179-180; of Eurasia, **EUR** 132-133
Marsupial cave lion (extinct mammal; *Thylacoleo),* **AUS** 36, 84, 87, *diagram* 89
Marsupial frog, great gray *(Gastrotheca ovifera),* **SA** 135-137
Marsupial mice, (Dasyuridae) **AUS** 76, 78, 79, 81, 85, 90, 91, *diagram* 88; mammary gland of, **AUS** 80; species of, **AUS** 82
Marsupial mole *(Notoryctes typhlops),* **AUS** 35, 82, *diagram* 88 **EC** 137
Marsupial mouse, broadfoot, **AUS** 82, 91
Marsupial mouse, fat-tailed. *See* Fat-tailed marsupial mouse
Marsupial mouse, yellow-footed. *See* Yellow-footed marsupial mouse
Marsupial "wolf." *See* Tasmanian "wolf"
Marsupialia. *See* Marsupials
Marsupials: of Australia, **AUS** 76, 77-84, 85-96, 97-106, 107-125; introduction into Australia, **AUS** 36-38; birth and development of young of, **EV** 95; brains of, **AUS** 79-80; "broad-foots," **AUS** 82, 91; *Caenolestes* genus of, **AUS** 53; care of young by, **AUS** 35, 80-81; carnivorous, **AUS** 76, 77-84, 85-95, **SA** 14; characteristics of, **MAM** 13; comparison with monotremes and placentals, **AUS** 79-80; description of, **AUS** 35; diprotodont, **AUS** 78, 87; evolution of, **AUS** 36, 77, 78-79, *diagram* 88-89; extinction of species of, **AUS** 36, 40, 42,

86-87, *diagram* 88-89; **SA** 14, 59, 60-61; families of, **AUS** 78, *diagram* 88-89; feeding habits of, **AUS** 79-80, 98; fossils of, **AUS** 36, 78; gestation periods of, **MAM** 145; gliding, **AUS** 102-103, 107, 108, 109, *diagram* 89; isolated development of, **MAM** 14; mammary glands of, **AUS** 80; migrations of, **SA** 51; "narrow-foots," **AUS** 82; nursing mother, **MAM** 13; outside of Australasia, **AUS** 35, 36, 38; in Pliocene epoch, **MAM** 40; pouches of, **AUS** 35, 81, 82, 120; reproduction of, **AUS** 35, 80-81, *diagram* 63; size at birth of, **MAM** 146; of South America, **SA** 13-15, 51-53, 66-67; species of resembling placentals, **MAM** 15; tails of, **AUS** 100; teeth of, **AUS** 78, 79; temperature control in, **AUS** 63; threat to by foreign mammals, **AUS** 42; types of, **MAM** 15, 20-21; vegetarian, **AUS** 96, 97-106, 107-125; water-adapted, **SA** 11, 53. *See also* Opossums
Marten, American (mammal; *Martes americana),* **MAM** 17, **NA** 15, 175
Marten, European *(Martes martes),* **EUR** 134
Martes americana. See Marten, American
Martes pennanti. See Fisher (mammal)
Martes zibellina.. See Sable
Martial eagle *(Spizaëtus bellicosus),* **AFR** 108
Martin, Henno, **DES** 76
Martin, William Charles, **PRM** 61
Martin (bird; Hirundinidae), **AFR** 34, **B** 171
Martin, house (bird; *Delichon urbica),* **B** 140
Martin, purple (bird; *Progne subis),* **NA** 53
Martin, river *(Pseudochelidon eurystomina),* **AFR** 13
Martinique, West Indies, **MT** 38, 55, 67
Marvin, Ross, **POL** 39
Masai (people), **AFR** 174-176, 187, 189-191
Masai Amboseli Game Reserve, **AFR** 174-175, 180, *189-191*
Masai Mara Game Reserve, Kenya, **AFR** 175
Mascarenes (islands), **AFR** 156, 157, 158
Masked bobwhite (quail; *Colinus virginianus ridgwayi),* **DES** 118, **NA** 58-59
Masked shrew *(Sorex cinerus),* **MAM** 19
Mason, Revil, **EV** 149
Mass cultivation, problem of, **PLT** 166-167
Mass emigration of mammals, **MAM** 127-128
Massachusetts, **FOR** 155, 156, 170
Massachusetts Bay, **S** 94, 95
Massif Central, France, **EM** 146
Mastiff (dog; *Canis familiaris),* **EV** 87
Mastiff, Tibetan (dog; *Canis familiaris),* **EV** 87
Mastodon (extinct mammal; mastodontidae), **EC** 125, **EV** 13, 14, **MAM** 47
Mastodon, shovel-tusked *(Armebelodon),* **NA** 134-135
Mastodontidae. *See* Mastodon
Mastotermes. See Australian termite
Masudi (Arabian geographer), **S** 182
Matamata turtle *(Chelys fimbriata),* **REP** 11, 56-57, 122-123
Maternal instincts in primates, **PRM** 89, 99, 158
Mathematicians Seamounts, **S** *map* 69
Mathematics: used to disprove mutation, **EV** 90

AB Animal Behavior; **AFR** Africa; **AUS** Australia; **B** Birds; **DES** Desert; **E** Earth; **INS** Insects; **MAM** Mammals; **MT** Mountains; **NA** North America; **PLT** Plants; **POL** Poles;

Mating behavior and habits: of amphibians, **AB** 157, *159*; of birds, **AB** 13, 80, *94-95*, *98-99*, 155, *162*, 177, *182-183*, **AUS** 148, 150, 153-154, *164-165*, **B** 35, 92, *118*, 120-121, 124-126, 128, 139, *148-149*, 182, **EV** 26-27, *56-57*; of fish, **AB** *71-73*, 154, 178, **FSH** 43, 49, 98, 106, *107*, *108*, *109*, *116*; of insects, **AB** 90, 96, 157, 173, **EV** 50-51, **INS** 14, 37, 38, 47, 156-157; of mammals, **AB** 96, *97*, **EUR** 37, 39, 62, 83, 85, 86, 110-112, 113, 117, **MAM** 141-150, *151-163*; of man, **EM** 92, 99, **MAM** 170-171; of manakin birds, **SA** 103, 114; of penguins, **POL** 79, *86*; of platypuses, **AUS** 65, **MAM** 143; of primates, **PRM** 68, 93, 109, 110, 112-113; of reptiles, **REP** 29, 84, 86, 126, 127-130, *136-137*, 157, *159*. *See also* Breeding; Courtship; Dancing; Spawning
Matter: conversion to energy, **UNV** 87; in solar system, **UNV** 93
Matterhorn (mountain peak), **MT** *167*, 186, *diagram* 178; ascent of, **MT** 158-160, 167, *168-169*, 171
Matternes, Jay, **EM** 63, **SA** 60, 62
Matthiola incana. See Common stock
Maturation: and flying, **AB** 128-129
Maturity: of birds, **B** 83, 139; comparisons, **PRM** *chart* 86; of crocodilians, **REP** 16
Matuta lunaris. See Beach crab
Mau highlands, Kenya, **AFR** 141
Mauer, Germany, **EM** 14
Mauna Kea (mountain peak), **MT** 187, *diagram* 179
Mauna Loa, **MT** 56, 58
Mauritania, **DES** 135
Mauritius (island), **AFR** 156, 157, 166, *167*
Maury, Lieut. Matthew Fontaine, **S** 78, *183*
Mausim (monsoon wind), **TA** 31
Mawson, Sir Douglas, **POL** 55, *57*
Maxillae (insect mouth parts), **INS** 41, *104*
Maximilian I, Kaiser, **EV** *178*
Maxwell, Gavin, **S** 136
Maxwell, James Clerk, **UNV** 36
Maxwell's duiker (antelope; *Cephalophus maxwelli maxwelli*), **AFR** 114
Maya Indians, **SA** 106, 156; astronomical knowledge of, **UNV** 12, *19*
Mayall, N. U., **UNV** 149
Mayfield, Harold, **B** 86
Mayfly (insect; Ephemeroptera), **FOR** 23, **INS** 16, 141; ancestral, **INS** *18*; egg of, **INS** *143*; nymph of, **INS** *142*, *147*
Maynard, C. J., **MAM** 82
Mayon, Mount, **MT** 57, **TA** *26-27*
Mayr, Ernst, **EV** 111
Mazama, Mount, **MT** 59, *61*
Mbuti pygmies, **AFR** 120
Mead, Lake, **E** 108
Meadow mouse (rodent; *Microtus*), **NA** 111; footprints of, **MAM** *187*
Meadow pipit (bird; *Anthus pratensis*), **B** 144
Meadowlark (bird; *Sturnella*), **B** 122, 138, *144*, 171, **DES** 118, **FOR** *35*; habitat of, **B** *82*; song notations of, **B** *120*
Meadows; alpine, **EUR** 35, 38, **MT** 83; insects of, **INS** 103
Mechanitis messenoides (butterfly), **SA** *154*
Meckel, Johann Friedrich, **AUS** 61
Medawar, Peter Brian, **EV** 171
Medial moraines, **MT** *32*, 46
Median eyes of tuatara (reptiles), **REP** 172
Medicago sativa. See Alfalfa hay
Medicine, **DES** 134; used by early man, **TA** *170-171*
Mediterranean fruit fly (*Ceratitis capitata*), **AB** 67

Mediterranean monk seal (*Monachus monachus*), **EUR** 42
Mediterranean region: agriculture, **EUR** 59-60, *70-71*; animals of, **EUR** 22-23, 61-64; birds of, **EUR** 64; deforestation of, **EUR** 58-60, *65-67*; forests of, **EUR** 57-60, *map* 14; geology of, **EUR** 42; ice age vegetation of, **EUR** *map* 14; mountain peoples of, **MT** 134; plants of, **EUR** 58-60, *68*; rain formation in, **EUR** *diagram* 41; soil of, **EUR** 58, 60, 61, *67*, *69*; trees of, **EUR** 57-60, *58*, *59*, *65*, *66-67*, *68*; vegetation of, **EUR** *58-59*; volcanoes of, **MT** 57
Mediterranean scrub: belts of, **EUR** *map* 18-19
Mediterranean Sea, **AFR** 11, **EUR** 41, 138, *map* 57; aquatic life of, **EUR** 90; area of, **S** *184*; and Baltic compared, **EUR** 138; birds of, **EUR** 42; depth of, average and greatest, **S** *184*; facts of, **EUR** 41-42, 90; inflow of Atlantic Ocean into, **EUR** 41, *62*; origin of, **EUR** 10, 33; salinity of, **S** 60; and submarine warfare, **S** *80*; uniformity of water temperature of, **EUR** 41; water debit of, **EUR** 40-41
Mediterranean spider (*Desidiopsis*), **EUR** 41
Mediterranean trench, **EUR** 40
Medium ground finch (bird; *Geospiza fortis*), **EV** 30
Medium insectivorous tree finch (*Camarhynchus*), **EV** 30
Medulla: evolution of in man, **EV** 166
Megacephalon maleo. See Maleo
Megaderma (genus of bats), **TA** 60
Megaladapis edwardi. See Giant Madagascar lemur
Megalaima zeylanica. See Green barbet
Megaloceros hibernicus. See Irish elk
Meganeura. See Meganeuron
Meganeuron (extinct dragonfly; *Meganeura*), **FOR** 42, 50, **INS** *18*
Megapis dorsata (bee), **TA** 127-128
Megapodius. See Scrub fowl
Megaptera novaeangliae. See Humpback whale
Megatherium. See Giant ground sloth
Megatylopus (extinct mammal), **NA** *134-135*
Meinesz, Felix Andries Vening. See Vening. Meinesz, Felix Andries
Meiosis (cell division), **EV** 98, 99, 105
Mekong River, **S** *184*, **TA** 22-23
Melaleuca wilsonii. See Crimson honey-myrtle
Melanerpes uropygialis. See Gila woodpecker
Melanesian Islands, **EC** 56, 59
Melanesian man, **EV** *174*
Melanin (pigmentation factor), **EV** *178*, *179*, **FSH** 49
Melanodon (extinct mammal), **MAM** 37
Melanogrammus aeglefinus. See Haddock
Melanoplus differentialis. See Differential grasshopper
Melanotrochilus fuscus. See Dusky jacobin
Meleagris gallopavo. See Turkey
Meleagris gallopavo merriami. See Merriam's turkey
Meles meles. See European badger
Melinaea comma (butterfly), **SA** *154*
Melinaea mothone (butterfly), **SA** *154*
Meliphagidae. See Honey eater
Mellisuga helenae. See Bee hummingbird
Mellivora capensis. See Honey badger
Melons (plants; Cucurbitaceae), **NA** 66, **PLT** 187; alcohols formed in, **PLT** 58; *Tsama*, **DES** 130

Melopsittacus undulatus. See Shell parakeet
Melospiza melodia. See Song sparrow
Meltzoff, Stanley, **EM** 91
Melursus ursinus. See Sloth bear
Melville Island, Canada, **POL** 154
Membracidae. See Tree hopper
Membranes of reptile embryos, **REP** 36, 126, *140-141*
Memory of insects, **INS** 162, 163, 169
Mendel, Gregor Johann, **EV** 68, 72-73, 75, 89, 91, 92; experiments of, **EV** 68-71, *72*; and heredity, **EV** 68-72; recognition of work of, **EV** 74
Mendelian laws, **EV** *diagram* 70, 71, 72, *diagrams* 98-99
Mendelian square, **EV** *diagram* 70
Mendel's laws, **EV** *diagram* 70, 71 72, *diagrams* 98-99
Mendel's Seven Points, **EV** *71*
Mendocino Escarpment, **S** *maps* 68-69
Menemen Plain, Turkey, **DES** 167
Menhaden, American (fish; *Brevoortia tyrannus*), **S** 177
Menidia beryllina. See Tidewater silverside
Mental powers: similarity of in man and apes, **EV** 45
Mentha. See Mint
Menura novaehollandiae. See Lyrebird
Menura superba. See Lyrebird
Mephitinae. See Skunk
Mephitis mephitis. See Striped skunk
Mercator, Gerardus, **S** 13, *182*
Mercury, arctic, **POL** *table* 155
Mercury (planet), **S** 9-10, **UNV** 64; birth of, **UNV** 93; orbit of, **UNV** 72; relative size of, **UNV** 73; speed of, **UNV** 73; symbol for, **UNV** *64*; transits across sun, **UNV** 64, *71*
Merfield, Fred, **PRM** 111
Merganetta armata. See Torrent duck
Merganser, or fish duck (*Mergus*), **B** 14, 62, **NA** 32, **POL** 108
Mergus. See Merganser, or fish duck
Merian, Maria Sybilla, **SA** 155, 158
Meridensia (fossil fish), **FSH** *chart* 69
Merikalio, Einari, **B** 84
Meriones shawi. See Shaw's jird
Meristematic zone (of plant growth), **PLT** 100
Meristems (botanic cells), **PLT** 106
Merluccius bilinearis. See Silver hake
Mermaids, source of myth of, **S** 146, *153*
Mero, John L., **S** 173, *180*, *181*
Merops apiaster. See Bee eater; European bee-eater
Merriam, Clinton Hart, **B** 80
Merriam elk (*Cervus merriami*), **NA** 151
Merriam's turkey (*Meleagris gallopavo merriami*), **NA** 59, 180
Merrill, Elmer D., **TA** 38
Meru, Mount, East Africa, **AFR** 10, 136
Merychippus (ancestral horse), **EV** 112
Merychyus (extinct mammal), **NA** *132-133*
Merycodus (extinct mammal), **NA** *134-135*
Merycoidodon (extinct mammal), **NA** *130-131*
Mesa Verde, **DES** 172, **NA** 65
Mesa Verde National Park, Colorado, **E** 186, 187, **NA** *188*, 194
Mesabi Range, Minnesota, **POL** 170
Mesas (land formations), **DES** *38-39*
Mesene margaretta (metalmark butterfly), **SA** *168*
Mesohippus (ancestral horse), **EV** *112*, **MAM** 39, **NA** 130
Mesolithic age: fossils of, **EV** 147

Mesonyx (extinct mammal), **MAM** 44, **NA** 128-129
Mesopotamia: animals of, **EUR** 61-62; astronomy in, **UNV** 12; salinity of soil in, **EUR** 60, 61
Mesosaur (extinct reptile; *Mesosaurus*), **REP** 44, **S** 50
Mesosaurus. See Mesosaur
Mesosemia asa (metalmark butterfly), **SA** *168*
Mesosemia zonalis (metalmark butterfly), **SA** *168*
Mesosphere, **E** 58, *diagram* 66
Mesozoic era, **E** 135, 136, 137, 138-139; animals of, **EV** 12; climate during, **EUR** 12-13; dinosaurs of, **MT** 39; fish fossils of, **FSH** 66; land bridges to Australia during, **AUS** 129; plants of, **EUR** 12; reptiles of, **EUR** 12, **REP** 41, 42, 50, 83, 111, *chart* 44-45; vegetation of during, **FOR** 43-44, 45, *chart* 48
Mesquite (tree; *Prosopis*), **DES** 55-56, 117, 118, 169, **FOR** 60, 153; as water indicator, **PLT** 80
Message sticks of aborigines, **AUS** *175*
Messier, Charles, **UNV** 146
Messier numbers, **UNV** 146
Metabolic water, **INS** 11
Metabolism: of bats, **EV** 59; of birds, **B** 35, 49, 59; of reptiles, **REP** 85; of snakes, **REP** 65, 74
Metacheiromys (extinct mammal), **MAM** 44, **NA** 128-129
Metachirus nudicaudatus. See "Four-eyed" opossum
Metalmarks (butterflies), **SA** 153, *154*, *168-169*, 171
Metamorphic rocks, **E** 83
Metamorphosis in insects, **INS** 9, 12-14, 22, 55-62; complete, **INS** 57, *72-73*; evolution, 15, 56; experiments on, **INS** 66-69; incomplete, **INS** 56, *57*, *74-75*; and specialization, **INS** 15-16, 59
Metasequoia (tree), **EUR** 13
Meteor Seamount, **S** *map* 67
Meteoroids, **UNV** 80; showers of, **E** 15, 16
Meteoroids, **E** 15-16
Meteorites, **E** 15-16, *30-33*, **UNV** 67, 70, 80; fossils in, **E** *146*, 147; striking earth, **MT** 36
Meteoritic dust, **E** 16
Methane (marsh gas): and formation of life, **S** 39
Metopium toxiferum. See Poison-wood
Metronome, experiments with, **AB** 65
Mettur Dam, **TA** 183
Metynnis hypsauchen. See Silver dollar
Mexican beaded lizard (*Heloderma horridium*), **REP** 59
Mexican bulldog, or hare-lipped, bat (*Noctilio leporinus*), **MAM** *81*, **SA** 90-91
Mexican flat-toed salamander (*Bolitoglossa platydactyla*), **SA** *133*
Mexican freetail, or freetail, bat (*Tadarida mexicana*), **MAM** 126
Mexican hairless (dog; *Canis familiaris*), **EV** 86
Mexican Plateau, **MT** 44
Mexico: birds of, **B** 13; climate of, **DES** 13, 28; coastal marine animals of, **S** 32-33, 147, 150; deserts of, **DES** 12, 70, 74, 169; mountains of, **MT** 36, 37, 38, 57, 130, 135; plants of, **DES** 55, 65, **FOR** 59, 60, 96; and "Project Mohole," **S** 170, *178-179*
Mexico, Gulf of. See Gulf of Mexico
"Mias" (orangutan), **TA** 15
Mica: in Antarctica, **POL** 170
Mice, marsupial. See Marsupial mice
Michell, John, **E** 39
Michelson, Albert, **UNV** 171
Michigan, forest depletion, **FOR** 167, 170

EC Ecology; **EM** Early Man; **EUR** Eurasia; **EV** Evolution; **FOR** Forest; **FSH** Fishes; **PRM** Primates; **REP** Reptiles; **S** Sea; **SA** South America; **TA** Tropical Asia; **UNV** Universe

INDEX (CONTINUED)

Michigan, Lake, S 184
Michigan, University of: solar telescopes at, UNV 89
Micrathene whitneyi. See Elf owl
Microcebus murinus. See Mouse lemur
Microciona. See Redbeard sponge
Microcline (mineral), E 100
Microdipodops megacephalus. See Kangaroo mouse
Microgale. See Long-tailed tenrec
Microhierax erythrogonys. See Philippine falconet
Microhylidae. See Narrow-mouthed toad
Micrometeorites, UNV 70
Micron, PLT 55
Micronutrients (trace elements), PLT 122, 163-164
Micropterus dolomieu. See Smallmouth bass
Micropterus salmoides. See Largemouth bass
Micropterygid moths (Micropterygidae), AUS 130
Micropterygidae. See Micropterygid moths
Micropulsations, UNV 36
Microscope; compound, PLT 37; early use of, PLT 35-36; electron, PLT 38, 56, 99, 144; Hooke's, PLT 37; Leeuwenhoek's, PLT 36; light, PLT 35, 36
Microspermae (order of plant class Monocotyledoneae), PLT 187
Microtus. See Meadow mouse
Microtus agrestis. See Field vole
Microwaves, UNV 36; wave length of, UNV 60
Micrurus. See Coral snake
Mid-Atlantic Ridge, E 82, S maps 64, 65, 66, 70
Mid-Atlantic Rift, S maps 64, 67
Middle America Trench (North Pacific), S map 69
Middle East: animals of, EUR 61-64; birds of, EUR 64; deserts of, DES 31, 76, 115; evolution of man in, EV 167; fertility of, DES 13, 16, 29; forests of, EUR chart 108; irrigation in, EUR 60-61; people of, DES 70, 127; reforestation of, FOR 174
Midnight sun, POL 20-21, diagram 10
Mid-Ocean Canyon (North Atlantic), S map 64
Mid-Ocean Ridge, MT 61, S 183; of Arctic Ocean, S map 72; and deep-sea earthquakes, S 60; and submarine mountains, S 13. See also Mid-Atlantic Ridge
Mid-Pacific Mountains, S map 68
Midway Islands, S map 68
Midwest Indians, NA 72-73
Miescher, Friedrich, EV 94
Migration, B 100, DES 73-74; of animals, EUR 16, 34, MT 109; NA 11, 12-13, POL 74, 76, SA 77; Wallace's Line and, EC 12-13; and behavior, SA 153; of birds, AB map 108, 114, AUS 150, B 33, 60, 101-102, 103-104, 105, 106, 107, 122, maps 102-103, EM 124-125, EUR 34, FOR 10, 11, 13; of diseases, EC 99; diurnal, B 104-105; emigration compared with, MAM 127; to Eurasia, EUR 34; of fishes, AB 110, FSH 12, 14, 37-38, 73, 149-158, 159-167, S 112; homing ability, B 107-108, 111; of insects, DES 115-116, EUR 160, FOR 30, 32, 33, INS 167, 174, SA 152-153, 166-167, 172-173; "instinct migrants," B 105; at interglacial periods, EUR 16; of mammals, AB 124-125, AUS 37, EC 12-13, 31, 83, 147-148, EUR 134, map 126-127, MAM 92, 120, 121-128, 129-139, NA 12, 13, 96, POL 109, 110, 111, S 148, 159, SA 51; of man, EC map 11, EUR chart 175, EV 37, 169, TA 177; means of, EV 44; nocturnal, B 104, 105, 106, 108; to North America, EUR 34, NA 8-9, 11-15, 17; to oceanic islands, EV 44; and orientation, AB 120-121, 123; of parasites, EC 97; partial, B 105; of plants, EUR 16, 160, PLT 127, SA 12; of prehistoric man, EV 165-166, 168-169, NA 8-9, 13-15, 17; of primates, NA 13-16; of prosimians, PRM 11; of reptiles, EV 22-23, REP 110-111, 133-134, 174, 175, 182-185; and sensory apparati, AB 115, MAM 126; theories of, B 99-100; tracking of, B 102-103, 109, 112-113, 115, 116, EC 92-93, FSH 152; transoceanic, B 105, 106; of turtles, REP 86, 110-111, 133-134, 183, 184-185, map 133; "weather migrants," B 101, 105
Milankovitch, Milutin, E 162
Mildew (Mycophyta), PLT 144
Mildew, rose downy (Plasmopara), PLT 144
Milk, production of, MAM 10
Milkweed beetle, four-eyed (Tetraopes tetraophthalmus), INS 113
Milkweed bug (Oncopeltus fasciatus), INS 112, 113
Milkweed leaf beetle (Labidomera clivicollis), INS 112
Milkweed tussock moth (Euchaetis), INS 113
Milkwort (plant; Polygala), FOR 74
Milky Way, UNV 108-114, chart 106-107, maps 10, 11; age of, UNV 98; decline and death of, UNV 136; gas clouds in, UNV 151; mapping of, UNV 117, 166, 167; motion of, E 14, 18-19; position of sun in, UNV 117; possibility of life in other solar systems, UNV 78, 136; radio noise from nucleus of, UNV 38; size and form of, E 9, UNV 110, 116-117; stars in, UNV 110; supernovae in, UNV 135, 141; twin galaxy of, UNV 116. See also Galaxies; Stars
Miller, Stanley L., E 147, UNV 78
Miller, William, UNV 45
Millet, broomcorn (Panicum miliaceum), domestication of, EUR 158
Milling (circular motion) of fishes, FSH 128, 164-165
Millingimbi tribeswoman, AUS 180
Milne Seamount, S map 64
Milt (fish roe): and fish breeding, FSH 99
Milton, John, MT 14
Milvago chimango. See Chimango
Mimas (satellite of Saturn), UNV 75
Mimicry: Batesian, SA 154; by birds, AUS 153, B 122; experiments with, AB 146-147; insects, EV 52-53, 90, INS 28, 107, 110, 116-117, SA 154; Mullerian, SA 154; by plants, EV 50-51, 54-55, 64-65; by reptiles, REP 86-88. See also Camouflage and disguise
Mimon crenulatum. See Spearnosed bat
Mimosa or "sensitive plant" (Mimosa pudica), PLT 88-89, 121-122
Mimosa pudica. See Mimosa
Mimus polyglottos. See Mockingbird
Mindanao gum (tree; Eucalyptus deglupta), AUS 15-16
Miner, white oak leaf (insect; Lithocolletis hamadryadella), INS 124
Mineral nodules: oceanic mining for, S 13, 173, 180-181
Minerals: in Alaska, POL 154, table 155; in the arctic, POL 151, 152, 153-154, table 155; in the Antarctic, POL 170; in Antarctica, POL 170; in the continental shelves, S 172; in the earth's crust, E 83, 91-103; and formation of life, S 39; mining of, S 180-181; in the Mojave Desert, DES 14, 169; oceans and, S chart 11, 12, 13, 78-79, 80, 105, 172, 173, 180-181; and petrified wood, FOR 44; and seeds, FOR 99; in soil, DES 14, 15, 167-168, PLT 122; shortages of, E 170, 171; in Siberia, POL 151, 152, 153-154; supplies of the United States, S 172-173; and trees, FOR 95, 136; ultraviolet light and, E 102-103; in the United States, E 187. See also individual minerals
Minimum, the law of the, PLT 163
Mining, DES 14, 169, 173, 176-183, E 91-99, 170-171
Mink (Mustela), MAM 143, 162, NA 175; footprints of, MAM 187
Minkowski, Rudolph, UNV 153, 167
Minnow (Cyprinidae), DES 70, TA 86; gregariousness of, EC 146; as herbivore, FSH 12
Minot's Lighthouse, Massachusetts Bay, S 95
Mint (herb; Mentha), PLT 11, 12, 187
Miocene epoch; animals of, EUR 14-15, NA 132-133; Australian marsupials in, AUS diagram 88; birds of, B 11, 59; grasslands of, AFR 64; lower, AFR 64; mammalian development in, MAM 39-40, SA 15, 78; mountain-building in Asia during, TA map 11; North America in, E map 139; plants of, B 59, EUR 14; primates of, EM 38, EUR 15, MAM 167; seas formed during, EUR 89; forests of, EM 50
Mirabilis jalapa. See Four-o'clock
Miracula naturae (insectivorous plants), EV 64-65
Mirages, DES 34, 110-111, POL 11, 28, 29
Mirny, U.S.S.R., POL 154
Mirounga. See Elephant seal
Misery, Mount, St. Kitts Island, MT 57
"Misfiring" in animal behavior: in hens, AB 82; in man, AB 68, 83; in response to sign stimuli, AB 66, 68, 82-83; in songbirds, AB 66, 82
Misonne, Xavier, EUR 63
Missing-link theory, EM 12, 24, EV 46, 113
Mississippi River, FOR 60, MT 35, 137, NA 78-79; system of, E 106-107; delta of, E 111; erosion by, E 121; length and location, S 184
Mississippian period: fish evolution during, FSH chart 68; forms of life during, E 144
Mississippi-Missouri River system, NA 78
Mississippi-Missouri-Red Rock River, S 184
Missouri Botanical Garden, DES 59
Missouri River, S 184
Mistletoe (Phoradendron flavescens), EC 96, 102, 110, 111, PLT 143
Mistral (wind), E 63
Misumena vatia. See Common crab spider
Mite (Acarina), AFR 117, EC 37, 95, 127, FOR 117, 131, 133, 135, INS 14, 22, 30, NA 45
Mite, orange (Acarina), EC 110-111
Mitochondria (plant energy agent), PLT 45
Mitosis (cell division), EV 92-93, 97, 106-107, PLT 37-38, 48-49
Mitre Peak, New Zealand, MT 48-49
Mittelstaedt, Horst, AB 112
Mizar (double star), UNV 112
Mlanje (mountain), AFR 136, 137, 142
Moa (extinct bird; Dinornis), AFR 13, B 12; extinction of, AUS 148
Moby-Dick, Melville, AB 42
Moccasin, water. See Water moccasin
Moccasin flower (Cypripedium acaule), FOR 18
Mock eye of butterflyfish, S 124
Mockingbird (Mimus polyglottos), B 171; song of, B 121, 122; wingbeat of, B 39; zoogeographic realm of, EC map 19
Modification: Darwin's thinking on, EV 42
Modiolus demissus. See Ribbed mussel
Moenkhausia (fish; Moenkhausia oligolepis), SA 188-189
Moeritherium (ancestral elephant), MAM 39, 52
Mohawk Valley, MT 137
Mohenjo-Daro, Pakistan, DES 12
Moho (earth zone), MT 35
Mohole, Project, E 42, 54-55, MT 40, S 170, 178-179, 183
Mohorovicic, Andrija, E 40, MT 34, 40
Mohorovicic discontinuity (of earth crust), E 40-41, MT 35, S 170, 178, 179
Moisture: sources of in desert, EM 181
Mojave Desert, DES 12, 70, 71, 78, 105, 128, 171; flash floods of, DES 101; minerals of, DES 14, 169; plants of, DES 56, 62, 170; resorts of, DES 184
Molars: of early man, EM 70; function of, MAM 76
Mold, FOR 137, PLT 22-23; characteristics of, PLT 14
Mold, slime. See Slime mold
Mole (Talpidae), DES 76, 77, 78, FOR 131, 135, NA 123; classification of, MAM 16, 21; food hoarding by, MAM 81-82; hair of, MAM 11; physical characteristics of, MAM 59, 67; speed of, MAM chart 72; swimming ability of, MAM 61
Mole, golden (Amblysomus), AFR 14, 15, E 137
Mole, marsupial (Notoryctes typhlops), AUS 82, diagram 88, EC 137
Mole, star-nosed (Condylura cristata), MAM 94
Mole, water (Desmana moschata): zoogeographic realm of, EC map 20
Mole cricket (insect; Gryllotalpidae), FOR 134, INS 41
Mole rat, naked (Heterocephalus), AFR 14, 15
Mole rat, Russian (Spalax microphthalmus), EUR 87
Molecules: adhesion of, PLT 78; cohesion of, PLT 79; definition of, PLT 36; long-chain, PLT 62; and sea water, S 11, 39
Mole-vole, northern (Ellobius talpinus), EUR 87
Molidae. See Marine sunfish
Mollienesia latipinna. See Sailfin molly
Mollusca. See Mollusks; individual species
Mollusks (Mollusca), E 134, 135, EC 102; in Cambrian period, EUR 11; classification of S 22-23, chart 15; diatoms and, EC 79; eaten by fish, FSH 13; emergence of, S 41, chart 39; feet of, S 23. See also individual species
Molly, fresh-water (fish; Mollienesia), FSH 115
Molly, sailfin. See Sailfin molly
Moloch horridus. See Desert devil
Molossian (dog; Canis familiaris), EV 87
Molothrus. See Cowbird
Molothrus ater. See American cowbird
Molothrus badius. See Bay-wing cowbird
Molothrus rufoaxillaris. See Screaming cowbird
Molting: of birds, B 34-35, 54; of insects, INS 15, 57-58, 60; of lizards, REP 26, 85; of snakes, REP 26, 85, 102-103
Moluccas (islands), TA 11, 180
Molybdenum in soil, PLT 122
Momordica (herb), TA 170
Momotidae. See Motmot
Momotus momota. See

170

AB Animal Behavior; AFR Africa; AUS Australia; B Birds; DES Desert; E Earth;
INS Insects; MAM Mammals; MT Mountains; NA North America; PLT Plants; POL Poles;

Blue-crowned motmot
Mona monkey *(Cercopithecus mona)*, **AFR** 114, 116
Monachus monachus. See Mediterranean monk seal
Monachus schauinslandi. See Monk seal
Monal, Chinese (bird; *Lophophorus lhuysi*), **EUR** 38
Monarch butterfly *(Danaus plexippus)*, **FOR** 30, 32-33; pupa, **INS** 63
Monasteries, mountain, **MT** 138, 153, *154-155*
Mongolia, **DES** 12, 14; wild asses of, **EUR** 84-85
Mongolian gazelle *(Procapra gutturosa)*, **MAM** *chart* 73
Mongolian Plateau, **MT** 44
Mongolian wild ass, or kulan *(Equus hemionus hemionus)*, **EUR** 84-85, *104-105*
Mongoloid race, **EC** 128, *map* 11, **EV** 173, **MT** 14, 132-133, 136, **TA** 172; evolution of facial characteristics, **EV** 175; migration of, **EV** 169; as subgroup of man, **EV** 175
Mongols, **DES** 131, 133
Mongoose (Viverrida): classification of, **MAM** 17; offensive technique of, **MAM** *118-119*; as predators, **AFR** 87
Mongoose, dwarf *(Helogale parvula)*, **AFR** 89
Mongrelization of dogs, **EV** 86-87
Monitor, lace, or tree (lizard; *Varanus varius*), **AUS** 144
Monitor, Nilotic, or Nile (water lizard; *Varanus niloticus*), **AFR** 42, **REP** 114
Monk parakeet *(Myiopsitta monachus)*, **B** 142, **SA** 104
Monk seal *(Monachus schauinslandi)*, **EUR** 42, **REP** 110
Monk seal, Mediterranean *(Monachus monachus)*, **EUR** 42
Monkey, capuchin *(Cebus)*, **MAM** 166, **PRM** 34, 155, **SA** 37, *41, 43*
Monkey, De Brazza's *(Cercopithecus neglectus)*, **PRM** 56
Monkey, Diana *(Cercopithecus diana)*, **AFR** 114, 116
Monkey, howler *(Alouatta)*, **FOR** 75
Monkey, macaque. See Rhesus macaque
Monkey, mona *(Cercopithecus mona)*, **AFR** 114, 116
Monkey, night *(Aotus trivirgatus)*, **MAM** *175*, **SA** 38-39, 43
Monkey, owl or douroucoulis *(Aotes)*, **SA** 38-39, *42*, 43
Monkey, patas *(Erythrocebus patas)*, **PRM** 135
Monkey, proboscis. See Proboscis monkey
Monkey, putty-nosed *(Cercopithecus nictitans)*, **AFR** 116
Monkey, rhesus. See Rhesus macaque
Monkey, Schmidt's white-nosed. See Schmidt's white-nosed monkey
Monkey, snub-nosed *(Rhinopithecus roxellanae)*, **EUR** 37, *53*
Monkey, spider. See Spider monkey
Monkey, squirrel. See Squirrel monkey
Monkey, woolly spider *(Brachyteles arachnoides)*, **SA** 38
Monkey puzzle (tree; *Araucaria araucana*), **FOR** 44, **SA** *28-29*
Monkey-eating eagle *(Pithecophaga jefferyi)*, **B** 63, *71*
Monkeys (primates), **EV** 115-116, 130-135, 153, 159, **MAM** 21, 59, 135, **TA** 146-147; of Africa, **AFR** 91, 93, 114, *115*, 116, *137-149*, 157, *179*; and apes, differences between, **EM** 34-35; birth patterns of, **PRM** 85; brains of, **PRM** 14; communication methods of, **PRM** 10; community living of, **SA** 36, 38, 39; and crabs, **TA** 79; daily schedules of, **PRM** 129-130; diet of, **PRM** 49; differences in, **PRM** 35-38; discrimination ability of, **PRM** 156-157; eating habits of, **PRM** 13-14, 15; field studies of, **PRM** 87, 90, 112-113, 135; as food, **PRM** 177; as gods, **PRM** 188, 189; grasping dexterity of, **PRM** 14; growth of species, **PRM** 14; habitat of, **PRM** *map* 44-45; infants of, **PRM** 10, 85-94; intelligence of, **PRM** 35; intelligence tests for, **PRM** 69; isolation effects upon, **PRM** 157-158; laboratory experiments on, **PRM** 7; leadership among, **PRM** 10; learning ability of, **PRM** 89, 90; locomotion of, **EM** 35, 48, 50, **PRM** 14-15; maternal instincts of, **PRM** 89, 158; of Mediterranean region, **EUR** 63-64; of Miocene period, **PRM** 15; New World, *see* New World monkeys; number of species of, **PRM** 35, 47; Old World, *see* Old World monkeys; as pets, **SA** 39, 40; physical characteristics of, **EM** 34-35, **PRM** 34, 16; predators of, **PRM** 49; protective adaptations of, **PRM** 41; relationship to tarsiers, **PRM** 13, 14; sense organs of, **PRM** 13, 14; similarities of, to man, **MAM** 166, **PRM** 87, 159, 187; skin pads of, **PRM** 64; sleeping habits of, **PRM** 39; social groups of, **PRM** 9-10, 41, 49, 92; of South America, **EC** 11, **SA** 32, 33-40, *41-49*; space experiments with, **PRM** *173*; species divisions, **PRM** 43; structural handicaps of, **EM** 48; temperament of, **PRM** 158; territorial limits of, **PRM** *chart* 130; traditions of, **PRM** 130-131; types of, **EM** 35-36, **MAM** 18.
See also individual species
Monocanthidae. See Filefish
Monoceros (constellation), **UNV** 8, 134, *map* 11
Monocirrhus polyacanthus. See Amazon leaf fish
Monocline (rock formation), **E** 84, *diagram* 85
Monocots (Monocotyledones), **PLT** 19; bulb of, **PLT** 31; definition of, **PLT** 16; flowers of, **PLT** *31, 33*; leaves of, **PLT** 16, *31*; roots of, **PLT** 31; specializations, **PLT** 33; stems of, **PLT** *30*, 47
Monocotyledones. See Monocots
Monocotyledoneae (class of plant division Anthophyta), **PLT** 187
Monocular vision: in birds, **B** 35, *diagrams* 36; in fishes, **FSH** 41, *42*, 50
Monodon monoceros. See Narwhal whale
Monogamous birds of Australasia, **AUS** 148, 153
Monogamy: primitive societies and, **EM** 172
Monomorium pharaonis. See Pharaoh ant
Monotremata. See Monotremes
Monotremes (mammals; Monotremata), **EV** 61, 115; of Australia, **AUS** 35, 59-66, *67-75*; brains of, **AUS** 62; characteristics of, **AUS** 62; comparison of, with marsupials, **AUS** 79; evolution of, **AUS** 62, 65-66, **MAM** 14-15; genera of, **MAM** 14-15; level of development of, **AUS** 59-60; mammary glands of, **AUS** 80; nursing mother, **MAM** *12*; reproduction of, **AUS** 61, 63-65, 72-73, *diagrams* 62, 63; reptilian features of, **AUS** 62; senses of, **AUS** 62; teeth, lack of, **AUS** 62; temperature control in, **AUS** 62-63; types of, **MAM** 20. See also Platypus; Spiny anteater
Monotropa uniflora. See Indian pipe
Monsoon forests, **PLT** 126, **TA** 52, *map* 18-19
Monsoons, **TA** 31-38, *39-49*; *42-43*, *chart* 48-49; in Cambodia, **TA** 44; in Hindu art, **TA** *30*, 31; in India, **TA** *46-47*; winds of, **TA** 31-32
Mont Blanc, **MT** 16, 158, 166, 186, *diagram* 178
Montane meadowland of South America, **SA** *map* 18-19
Montane rain forest, **TA** 36
Montane Zone, **FOR** 61
Monte Circeo man: skull of, **EM** *142*
Monterey Fan (delta) of North Pacific, **S** *map* 69
Montezuma Castle National Monument, Arizona, **DES** 169
Montmaurin man, **EM** 44
Montpellier, France, **AB** 76
Monument Valley, Arizona, **DES** 26, 35, **E** *113*
Moon: brightness of, **E** 23; craters of, **E** *26-27*; crescent, **E** *23*; density of, **E** 15; diameter of, **E** 23; distance from earth, **E** 23; eclipse of, **E** 24; effect on earth's motions, **E** 12-13, 19; expected flight to, **E** 182; far side of photographed, **E** 14, *29*; future of, **E** *163*; influence of, **EC** 80; lack of atmosphere on, **S** 10; librations of, **E** 14; mass of, **E** 23; marine life and, **EC** 80; near side of, **E** *map* 28; orbit of, **E** 14; origin of, **E** 14; and Pacific basin theory, **S** 38-39; phases of, **E** 23; relative size of, **UNV** 73; rotation of, **E** 14; symbol for, **UNV** *64*; temperatures on, **E** 15; tidal effects of, **S** 91, 92; tidal rhythms and, **EC** 80; and tides on earth, **E** 13; topography of, **E** 14-15, *26-27*
Moon, Mountains of the. See Ruwenzori range
Moon, or Asiatic black, bear *(Selenarctos thibetanus)*, **TA** 144
Moon probes, **E** 183
Moon snail *(Polinices)*: shell of, **S** *24*
Moondogs (mock moons), **POL** 11, 28
Moonless Mountains (North Pacific), **S** *map* 69
Moons. See Satellites
Moorehead, Alan, **PRM** 65
Moorhen *(Gallinula chloropus)*, **AFR** 34
Moorish idol (fish; *Zanclus*), **FSH** *chart* 69
Moors (Requibat), **DES** 133, 135
Moort (tree; *Eucalyptus*), **AUS** 46
Moose. See European elk
Moraine (geological formation), **E** *diagram* 111, **MT** 14, 27, 32, 46, **POL** 106
Moraine Lake, **NA** 144
"Moral" standards in animal behavior, **AB** 178, **EV** 45
Moray eel (Muraenidae), **S** 136, *143*
Moray eel, dragon *(Mureana pardalis)*, **FSH** *26*
Moreau, R. E., **AFR** 112, 138, 139
Morehouse comet, **UNV** 83
Morelia variegata. See Carpet snake
Morgan, C. Lloyd, **AB** *11*
Morgan, Thomas Hunt, **EV** *90*, 92, 93
Mormolyce. See Fiddle beetle
Mormon Trail, **NA** *map* 24
Mormons, **FOR** 70, 171
Mormyrid, Ubangi (fish; *Gnathonemus petersi*), **AFR** 50, **FSH** 52
Mormyridae. See Elephant-snout fish
Morocco, **DES** 115, 135, 136, 140; Acheulian tools found in, **EM** 107; animals of, 62, 63; government protected land in, **EUR** *chart* 176
Moropus (extinct mammal), **NA** *132-133*
Morpho (butterfly; *Morpho*), **SA** 151
Morpho. See Morpho
Morrill Act of 1862, **PLT** 164
Morris, Desmond, **PRM** 155-156, 170-171
Mortensen, Christian, **B** 102
Morus. See Mulberry
Morus bassanus. See Gannet
Mosaic movement: in gulls, **AB** 90; in man, **AB** *91*
Moschops (reptiles), **REP** 47, *chart* 44
Moschus moschiferus. See Musk deer
Moslems, **DES** 20, 134-136, *142-143*, 166
Mosquito, culicine (Culicinae): larva of, **INS** 155
Mosquito, day-flying *(Haemagogus capricorni)*, **SA** 150
Mosquito, floodwater *(Aedes sticticus)*, **INS** 142
Mosquito, malaria *(Anopheles quadrimaculatus)*, **INS** 29, 155, **PLT** 177
Mosquito, yellow-fever *(Aedes aegypti)*, **SA** 150
Mosquito fish, North American *(Gambusia affinis)*, **SA** 183
Mosquito wrigglers *(Culex pipiens)*, **INS** 156-157, **NA** 148
Moss, club (Lycopodiae), **FOR** 40, *41, 42, 43*, **PLT** 14-15, *25*, 185
Moss, Irish (red alga; *Chondrus crispus*), **PLT** 183, **S** 24
Moss, Spanish. See Spanish moss
Moss campion. See Cushion pink
Moss forest, **TA** 36-38
Moss temple, Japan, **EUR** 188
Motacilla aguimp. See Pied wagtail
Motacilla flava. See Yellow wagtail
Moth (Lepidoptera), **AFR** *116-117*, **DES** 60, 70, **INS** 11, 16, 25, **TA** 124-125
Moth, atlas *(Attacus atlas)*, **INS** 11-12, **TA** 124-125, *130*
Moth, bagworm (Psychidae), **TA** 125
Moth, bell *(Aesiocopa patulana)*, **SA** 153
Moth, birch *(Oporabia autumnata)*, **EV** 52
Moth, black and white (Nocturidae), **INS** *111*
Moth, bumblebee *(Hemaris diffinis)*, **EV** 52, *53*
EC 38, **INS** *64-65*, *66-69*
Moth, codling *(Carpocapsa pomonella)*, **PLT** *177*
Moth, cecropia *(Samia cecropia)*, **INS** 25
Moth, eriocranid (Eriocraniidae), **INS** 25
Moth, eyed hawk *(Smerinthus ocellata)*, caterpillar of, **AB** *175*
Moth, fall cankerworm *(Alsophila pometaria)*: eggs of, **INS** 70
Moth, four-horned sphinx (Sphingidae): caterpillar of, **FOR** *145*
Moth, geometrid *(Mentamena determinata)*, **INS** *111*
Moth, geometrid, larva of (Geometridae), **INS** *109*
Moth, green silver-lines *(Bena prasinana)*, **INS** 25
Moth, gypsy *(Porthetria dispar)*, **AB** 67, 154, **FOR** 155-156, **NA** *179*, **PLT** *176*
Moth, handmaid *(Datana ministra)*: eggs of, **INS** 70
Moth, hawk (Sphingidae), **TA** 125; caterpillars of, **AB** 67
Moth, hornet *(Sesia apiformis)*, **INS** 25
Moth, Kentish glory *(Endromis versicolora)*: eggs of, **INS** 70
Moth, io *(Automeris io)*, **INS** 25; eggs of, **INS** 70
Moth, luna. See Luna moth
Moth, micropterygid (Micropterygidae), **AUS** 130
Moth, milkweed tussock *(Euchaetis)*, **INS** 113
Moth, owlet *(Euparthenos nubilis)*, **INS** *111*
Moth, owl-eyed *(Automeris nyctimene)*, **SA** 151
Moth, peppered *(Biston betularia)*, **AB** *175*, **EC** 123
Moth, plume *(Trichoptilus lobidactylus)*, **INS** *25*; caterpillar

INDEX (CONTINUED)

of, **INS** *115*
Moth, polyphemus (*Telea polyphemus*), **INS** *15*
Moth, "prominent" (*Notodonta stragula*), **INS** *111*
Moth, puss. *See* Puss moth
Moth, salt-marsh (*Estigmene acrea*), **PLT** *177*
Moth, silkworm (*Bombyx mori*), **AB** 154, **EC** 78; (*Sarnis walkeri*), **INS** 60, 62
Moth, South American owlet (*Acronycta longa*), **INS** 25
Moth, sphinx (*Paonias excaecatus*), **AB** 184, *185*
Moth, tobacco hornworm (*Protoparce sexta*), **PLT** *176*
Moth, tomato sphinx. *See* Tomato sphinx moth
Moth, wax (*Achroia grisella*): larva of, **INS** *139*
Moth, white-lined sphinx (*Celerio lineata*), **AB** 75
Moth Book, The, Holland, **INS** 16
Mother substitutes among primates, **PRM** 86
Mother-child relationship of primates, **PRM** 85-94
Moths (Lepidoptera), **AB** *116-117*, **AFR** *117*, **DES** 60, 70, **EV** *52-53*, **INS** 11, 16, *25*, **SA** 151, **TA** *124-125*, 130-131; antennae of, **INS** 38, *47*; behavioral adaptations of, **EC** 24; classification of, **INS** 25; defenses of, **AB** *116-117*, *185*; dispersion among, **AB** 175; as distinguished from butterflies, **INS** 25; escape of, from pupa, **INS** 60; feeding tool of, **INS** 41; hearing in, **AB** 41, 42; larvae of, **INS** 57; mating behavior of, **INS** 38; metamorphosis of, **INS** 58, *64-65*; migrations of, **SA** *172-173*; pollination by, **INS** 125; protective devices of, **INS** 106, *111*; pupae of, **INS** 58; reaction of, to light, **INS** *33*, diagram 34; sense organs of, **AB** 47, 116; sense of smell of, **INS** 38; of flight, of, **INS** 38; of South America, **SA** 152; start of flight, by heat generation, **INS** 40; wings of, **INS** 25, *50*, *51*; wing eyespots of, **AB** 66, 156, 176, *185*. *See also* specific kinds of moths
Motmot (bird; Momotidae), **B** 16, 20, **SA** *107*
Motmot, blue-crowned (bird; *Momotus momota*), **SA** *104*
Motor patterns: development of, **AB** *128-129*
"Mound springs" (aqueous volcanoes) of Australia, **AUS** 12
Mound-building ant (*Formica*), **INS** 99, 100, *178-180*
Mount. *For mountains preceded by "Mount" see names of mountains, e.g.,* Everest, Mount
Mount Kenya National Park, Kenya, **AFR** 175
Mount McKinley National Park, **E** 187, **NA** 179, 194
Mount Rainier National Park, Washington, **E** 186, **NA** 153, 195
Mount Wilson Observatory, **UNV** 33, 44, 45, 57; solar telescopes at, **UNV** 89
Mountain ash (tree; *Sorbus*), **AUS** 40, 46, 48; distribution of in Australia, **PLT** 126
Mountain-building, **MT** diagrams 36, *46-47*; causes of, **MT** 35, 36, 37-38, 41, 46, 48, 60; in the future, **E** 161; in Miocene epoch, **MAM** 40; periods of, **MT** 39-40; by volcanic activity, **MT** 37-38, *46-47*, 48, 53, 61
Mountain caribou (*Rangifer tarandus*), **POL** 110
Mountain carp (fish; *Gyrinocheilus*), **TA** 87
Mountain cushion pink (flower; *Polster roschen*), **EUR** *147*
Mountain dwellers, **MT** 14, 20,

129-138, *139-155;* Andean, **MT** 14, 131-132, 133, 139, *140-143*, *146-147*. *See also* Incas; Basques, **MT** 136, 138; biological adaptation of, **MT** 14, 131-132, 133, 140-141; Nepalese, **MT** *149*, 153; in Mediterranean basin, **MT** 134; Sherpas and Baltis, **MT** *149*, *180-181;* Swiss, **MT** 14, 16, 17; Tibetan, **MT** 14, 131, 133-134, 139, 149, 153, *154-155;* Tyrolean, **MT** *20*. *See also* Mountain living
Mountain gorilla (*Gorilla gorilla beringei*), **AFR** 116, 141-142, **PRM** 63, 65, 66, *67*, 136; territorial limits of, **PRM** chart 130
Mountain, or varying, hare (*Lepus timidus*), **EUR** 136, *141*, **MAM** 102
Mountain kangaroo. *See* Euro
Mountain laurel (plant; *Kalmia latifolia*), **MT** *102*, **NA** *107*
Mountain lion. *See* Cougar
Mountain living: and climate, **MT** 130-131; controlling factors of, **MT** 130; fuel, **MT** 132, 134; isolation of, **MT** 133-136
Mountain possum (*Trichosurus caninus*), **AUS** *108*
Mountain sheep. *See* Bighorn sheep
Mountain shrew (Soricidae), **MT** 109, 116
Mountain viscacha (rodent; *Lagidium*), **EC** 124, **SA** 57
Mountaineering, **MT** 157-167, *168-177*, *180-185*; ascent techniques, **MT** *172-173*, *175*, *177*; beginnings of, as sport, **MT** 157-158; "cult of danger" in, **MT** 166; descent techniques, **MT** *164*, *174*; equipment for, **MT** *160*, *161*, *162*; hardships of, **MT** *182-183*; oxygen lack, during, **MT** 161-162, *183*; porters used in, **MT** *180-181*; teamwork in, **MT** *160*, *172*, *173*
Mountains, **MT** (entire vol.); age of, **MT** 38-39; arctic, **POL** 170; as barriers, **EUR** map 34; beginnings of systems, **EUR** 13; climate and landscape of, **FOR** 60, 77, **TA** 36-38; creep of, **TA** *20-21;* erosion of, **DES** 30, 31-32, 35, *38-39*; formation of, **E** diagram 89. *See also* Mountain building; growth of, **MT** 11, 40; life zones in, **EUR** chart *52-53*, 135-136, **SA** 12; major types of, **MT** 37-38, *46-47*; measuring of, **MT** 11; and rainfall, **DES** 13, 29, 101; states, **MT** 133-135; submarine, **S** 56-57, *maps 64-73*. *See also* Guyot, volcanoes; support of, **E** 87; and variations of species, **FOR** 46, 61; world's highest, **MT** 12, 56, *map 44-45*; "young" vs. "old," **MT** 42-43. *See also* specific mountains and mountain chains
Mountains of the Moon. *See* Ruwenzori range
Mountmaurin man, **EM** *44*
Mourning dove (bird; *Zenaidura macroura*), **B** *157*, **DES** 15, **FOR** 13
Mourningcloak butterfly (*Nymphalis antiopa*), **FOR** 12, *144*
Mouse (rodent; *Mus*), **DES** 76, 77, 118, **FOR** 75, 80, **MAM** 17, **NA** 24, **SA** 78; bluffing techniques of, **MAM** 112; diet of, **MAM** 91; emigration of, **EC** 147; in food chain, **EC** 38; footprints of, **MAM** *187;* fossils of, **EV** 151, and Krakatoa, **EC** 60; locomotion of, **MAM** 56; longevity of, **EC** 147; maturation of, **MAM** 146-147; protective coloration of, **MAM** 102; speed of, **MAM** chart 72; swimming ability of, **MAM** 61; tail shedding by, **MAM** 103
Mouse, broadfoot marsupial (*Antechinus*), **AUS** 82
Mouse, deer. *See* Deer mouse
Mouse, delicate ("pseudo mouse"; *Leggadina delicatula*), **AUS** *91*
Mouse, European, or Old World.

See European field mouse
Mouse, fat-tailed marsupial. *See* Fat-tailed marsupial mouse
Mouse, field, European, or Old World (*Apodemus agrarius*), **MAM** 112
Mouse, forest (*Leimacomys*), **AFR** 139
Mouse, grasshopper (*Onychomys*), **DES** 97, 118, **MAM** 91
Mouse, harvest (rodent; *Reithrodontomys*), **DES** 76, **MAM** 124, *135*
Mouse, house. *See* House mouse
Mouse, jerboa (rodent; *Notomys*), **AUS** 83
Mouse, jumping (Zapodidae), **DES** 118, **MAM** 58, 59, 123
Mouse, kangaroo, of Australia (*Notomys filmeri*), **DES** 76
Mouse, kangaroo, of North America (*Microdipodops*), **DES** 118
Mouse, meadow (rodent; *Microtus*), **NA** 111; footprints of, **MAM** *187*
Mouse, Papuan arboreal (*Pogonomys*), **MAM** 59
Mouse, pocket (*Perognathus*), **DES** 76, 77, **MAM** 77, 102
Mouse, red tree (*Phenacomys longicaudus*), **MAM** 78
Mouse, white-footed (rodent; *Peromyscus*), **DES** 76, **FOR** 25, **NA** *111*
Mouse deer. *See* Chevrotain; Water chevrotain
Mouse deer, or chevrotain (*Tragulus kanchil*), **TA** 61
Mouse lemur (Cheirogaleinae), **AFR** 154; **PRM** 11-12, *24-25;* sleeping habits of, **PRM** 32
Mouse lemur (*Microcebus murinus*), **PRM** *24-25*
"Mouse opossum" (*Marmosa*), **SA** 52, *66-67*
Mouse, yellow-footed marsupial. *See* Yellow-footed marsupial mouse
Mousebird, or coly (*Colius*), **AFR** 13, **B** 16, *19*, 20
Mousebird, white-headed (*Colius leucocephalus*), **B** 19
Mousterian industry, **EM** *103*, *114*, 125, 129
Mouth parts of insects, **INS** 34, 39, 41-42, 45, 48-49, 57, *104*, 125
Mouthbreeder, Egyptian (fish; *Haplochromis strigigena*), **FSH** 103
Mouthbreeding of fishes, **FSH** 103-104, *110-111*, *112-113*
Mouths: of alligators, **REP** *18*; of fishes, **FSH** 13, 26, 29, 38-39, *46*, *52-53;* of sharks, **FSH** 77-78, 81, diagram 86; of snakes, **REP** 55, 57, 66
Movable heart in fishes, **FSH** 13
Movement: experiments with, **AB** 10, 63-64, 113
Movement toward prey: of chameleons, **AB** 108; of insects, **AB** 108, 114; of fish, **AB** 108
Movius, Hallam L., Jr., **EM** 146, *164*, *165*
Mozabites (North African Moslem sect), **DES** 20, 134, 136
Mozambique Channel, **AFR** 151, 152
Mud flats, **TA** 79-88, *89-99;* of Bako Peninsula, Sarawak, **TA** *28-29;* causes of and importance of, **TA** 79-80; effect of tide on, **TA** *90-91;* fauna, **TA** 80-88, *94-99*, flora of, *90-93;* primary and secondary fishes of, **TA** 86; range of, **TA** 79-80; size of, **TA** 80
Mud star (starfish; *Ctenodiscus crispatus*), **S** 24
Mud turtle, common (*Kinosternon subrubrum*), **REP** *108*
Mud turtle, striped (*Kinosternon baurii*), **REP** 131
Mud-dauber wasp, pipe-organ, (Trypoxylinae), **INS** *80, 81*, 89
Mudlark, or apostle bird (*Struthidea cinerea*), **AUS** *150*
Mudpots (volcanic side-effects), **MT** 61, *79*

Mudskipper (fish; *Periophthalmus*), **FSH** *37*, **TA** *81*; oxygen absorption of, **FSH** 55; speed on land, **TA** *96-97;* travel of, **FSH** *54, 55*, *72-73*
Mufumbiro Mountains, **AFR** 29
Muir, John, **NA** 36, 152, *172*
Muir Glacier, **FOR** 174
Muir Seamount (underwater mountains), **S** map 64
Muir Woods National Monument, California, **NA** 194
Mulberry (*Morus*), **PLT** 186
Mule deer (*Odocoileus hemionus*), **DES** 76, 92, *96-97*, **EC** 22, **MAM** 131, **NA** 97; in New Zealand, **EC** 61; overgrazing by, **EC** 174
Mulga parrot (*Psephotus varius*), **AUS** *157*
Mulga scrub (dwarf acacia; *Acacia aneura*), **AUS** 20, map 18-19
Mulgara (marsupial; *Dasycercus*), **AUS** 82-83
Mullard Radio Observatory, England, **UNV** 58
Müller, Fritz, **SA** 154
Muller, Hermann J., **EV** 91, 93, 94, 171, 172
Müllerian mimicry, **SA** 154
Mullidae. *See* Goatfish; Surmullet
Mullus surmuletus. *See* Red mullet
Multiple stars, **UNV** 112, *124-125*, 131, 135
Mummery, Alfred F., **MT** 166, 171
Mummichog (fish; *Fundulus*), **FSH** 19, *22-23*
Mungo Park, **AFR** 20
Munia (bird; Estrildidae), **TA** 34
Muntiacus. *See* Barking deer
Muraenidae. *See* Moray eel
Murchison Falls, Uganda, **AFR** 39, 44
Murchison Falls National Park, Uganda, **AFR** 39, *83*, 174, 175; study of patas monkeys in, **PRM** 135
Muraena pardalis. *See* Dragon Moray eel
Murgantia histrionica. *See* Harlequin cabbage bug
Murie, Adolph, **NA** 176, 179
Murmansk, Russia, **POL** 131, 152, 155
Murray, John, **EV** 41
Murray Fracture Zone, **S** maps 68-69
Murray River, Australia, **S** 184
Murray-Darling, river system of Australia, **AUS** 13
Murray tortoise (*Emydura macquari*), **AUS** 134
Murrayians (aborigines of Australia), **AUS** 172-173
Murre (bird; *Uria*), **NA** 34, 35; colony of, **B** 92; egg of, **B** 142, 155; learning ability of, **AB** 135
Murre, common (*Uria aalge*), **B** 61; egg of, **B** 154
Murre, thick-billed (*Uria lomvia*), **B** 61
Murrumbidgee (Australian town), aboriginal meaning of, **AUS** 15
Mus musculus. *See* House mouse
Musa paradisiaca. *See* Plantain
Musa rosacea. *See* Wild banana
Musa sapientum. *See* Banana
Musaceae. *See* Banana
Musca domestica. *See* House fly
Muscardinus avellanarius. *See* Dormouse
Muscarine (poison), **FOR** 147
Musci (class of plant division Bryophyta), **PLT** 185. *See also* Epiphyte moss
Muscicapidae. *See* Old World flycatcher
Musculature, of insects, **INS** 12, *45*, of birds, **B** 35, 47, 49
Musgrave Range, Australia, **AUS** 11
Mushroom (*Volvaria*), **PLT** 41
Mushroom, coral (*Clavaria fusiformis*), **FOR** 26
Mushroom, field or cultivated (*Agaricus campestris*), **PLT** 41
Mushroom, vermilion (*Hygrophorus miniatus*), **FOR** 26
Mushroom, violet (*Cortinarius*), **FOR** 26

Musical instruments of Bushmen, **EM** 189
Musk deer (*Moschus moschiferus*), **EUR** 135
Musk ox (*Ovibos moschatus*), adaptability to the cold, **POL** 73; appearance of, in North America, **NA** 11; defense techniques, **MAM** 103-104, **POL** 124-125; description of, **POL** 111-112, *124-125;* domestication of, **POL** 157; range of, **POL** 111-112; horns of, **MAM** 98; migration of, **EUR** 16, **POL** 130; food of, **POL** 82; survival of, **NA** 174, 177, **POL** 106; winter insulation of, **POL** 75
Musk turtle, Southern (*Sternotherus minor*), **REP** 107
Muskeg (bag), **POL** 154
Muskrat (*Ondatra zibethica*): **EUR** 159, **NA** 114, **POL** 106; footprints of, **MAM** *187;* introduction of, **EC** 62; population density of, **EC** 146; range of, **EC** 12; shelters of, **MAM** 123-124; swimming technique of, **MAM** 62; zoogeographic realm of, **EC** map 19
Musky rat kangaroo (*Hypsiprymnodon*), **AUS** 104-105, diagram 89
Musophagidae. See Plaintain eater
Mussel, ribbed (*Modiolus demissus*), **S** 24
Mussels (Mytilidae), **EC** 52; **S** 86-87, 108; and bitterling eggs, **FSH** 104; as fish parasites, **FSH** 127; niche of, **EC** 81; and secretion of threads, **EC** *49;* sense organs of, **AB** 47
Mustagh Tower (mountain peak), Jammu-Kashmir, **MT** 186, diagram 179
Mustard family (plant; Cruciferae), **PLT** 11, *175,* 186
Mustela. See Ferret; Weasel
Mustela erminea. See Ermine
Mustela frenata. See Long-tailed weasel
Mustela nigripes. See Black-footed ferret
Mustela putorius. See Polecat
Mustela vision. See Mink
Mutagens: man's introduction of, **EV** 170
Mutations, **EV** 90, *107,* **MAM** 36, **MT** 89-90; and adaptation, **EV** 91; avoidance of, **EV** 76-77; and behavior, **AB** 173; detrimental, **EV** 91, 170; deVries and, **EV** 73-74; and DNA, **EV** 95-96, 106; and evolution, **EV** 112, 113; experiments in, **EV** *100-101;* and fruit flies, **EV** *100-101;* and genetics, **EV** 93, 95-96, *106-107;* induced by chemicals, **EV** *106-107;* man-made, **EV** 93, 101, *106-107;* mathematical impossibility of, **EV** 90; and mimicry, **EV** 90; and mitosis, **EV** *106-107;* mountains and, **MT** 89-90; Muller and, **EV** 91; mutagens, **EV** 170; and natural selection, **EV** 91, 107; of plants, **EV** 73-74; preservation of unfavorable, **EV** 170; and radiation, **E** 157, **EV** *107;* and variations within species, **EV** 89-91; vs. natural selection, **EV** 89-90; and X-rays, **E** *157,* **EV** 91, 93, 101
Mute swan (bird; *Cygnus olor*), **B** 21
Mutica (Linnaean division of mammals), **MAM** 13
Mutton bird. See Sooty shearwater.
Mutualism: **EC** 95-104, *105-119;* of birds, **EC** 104; of fish, **FSH** 42, 91, 122, 123, 124, *127,* **S** *122;* of insects, **EC** 79, **INS** 114-115, 127, **TA** 123; of mammals, **EC** 104, *chart* 143, **MAM** 149; of plants, **EC** 102, 103, *112,* **INS** 127, **MT** 83, **PLT** 144-146, 168, **S** *122;* of reptiles, **REP** 86, 87, *170,* 172. See

also Symbiosis
Myadestes unicolor. See Slate-backed solitaire
Mycena. See Luminescent toadstool
Mycophyta. See Mildew
Mycteria americana. See Wood ibis; Wood stork
Mycteroperca venenosa. See Yellow-fin grouper
Myctophidae. See Lanternfish
Myers, George, **SA** 181, 184
Myiarchus crinitus. See Crested flycatcher
Myiarchus tuberculifer. See Olivaceous flycatcher
Myiopsitta monachus. See Monk parakeet
Myliobatidae. See Eagle ray
Mylodon. See Ground sloth
Myna, or common (bird; *Acridotheres tristis*), **TA** 36; song imitation by, **AB** 131
Myocastor coypu. See Argentine coypu
Myotis lucifugus. See Little brown bat
Myriapods (extinct insects): Devonian period, **EUR** 12
Myrica pensylvanica. See Bayberry
Myricales (order of plant class Dicotyledoneae), **PLT** 186
Myrmecia. See Bulldog ant
Myrmecobiidae (marsupials), **AUS** diagram 88
Myrmecobius fasciatus. See Banded anteater
Myrmecocystus hortosdeorum. See Honeypot ant
Myrmecodia (epiphytic plant), **TA** *124*
Myrmecophaga. See New World anteater
Myrmecophaga tridactyla. See Giant anteater; Great anteater
Myrrh (herb; *Commiphora*), **PLT** 186
Myrtaceae. See Myrtle
Myrtiflorae (order of plant class Dicotyledoneae), **PLT** 186
Myrtle (plant; Myrtaceae), **AUS** 37, 43, *52-53*
Myrtle warbler (*Dendroica coronata*), **FOR** 153
Mysore (state of India), celebration of Dasara in, **TA** *161*
Mystriosaurus (extinct crocodile), **EUR** 13
Mytikyina, Burma, **TA** 34
Mythology: birds in, **B** 174; mountains in, **MT** 138, 158; reptiles in, **REP** 146, 147-149, 151
Mytilidae. See Mussels
Myxinidae. See Hagfish
Myxomatosis (disease), **DES** 107, 119-120, **EUR** 159; and Australian rabbits, **AUS** 42, **EC** 62; Australian research on, **EC** 70
Myxomycetes (class of plant division Fungi), **PLT** 184
Mzima Springs, Kenya, **AFR** 37

N

Nabataeans (ancient people), **DES** 165-166, 172
Naemorhedus goral. See Goral
Nägeli, Karl von, **EV** 72
Nails, or claws, of mammals, **MAM** 59
Nail-tail wallaby (marsupial; *Onychogalea*), **AUS** 104
Nairobi National Park, Kenya, **AFR** 88-89, 94, 175, *179,* **PRM** 89, 134
Naivasha, Lake, **AFR** *52-53*
Naja haje. See Royal cobra
Naja nigricollis. See Black-necked cobra
Naked bulldog bat (*Cheiromeles torquatus*), **TA** 58, *120*
Naked mole rat (*Heterocephalus glaber*), **AFR** 14, *15*
Naked-backed bat (mammal; *Pteronotus*), **SA** 91

Naked-nosed wombat (marsupial; *Phascolomis ursinus*), **AUS** 115
Naked-toe gecko (lizard; *Gymnodactylus*), **REP** 98
Nama (flower; *Nama*), **DES** 61
Nama. See Nama
Names, aboriginal, for Australian towns, **AUS** 15
Namib Desert, South Africa, **DES** 12, 76, 129
Naming of animals. See Taxonomy
Nanda Devi (mountain peak), **MT** 162
Nandid (fish; *Monocirrhus polyacanthus*), **AB** 189
Nanga Parbat (mountain peak), **MT** 165, 186, diagram 179
Nannopterum harrisi. See Flightless cormorant
Nannostomus marginatus. See Dwarf pencilfish
Nansen, Fridtjof, **POL** 32, 37-39, 55, 175, **S** 183
Nansen bottle (oceanographic instrument), **S** 82
Nantucket (island): shoals of, **S** 74; tides of, **S** 92
Napo (river), **SA** 178
Napoleon Bonaparte, **MT** 57, 136, 137
Narbada River, **S** 184
Narborough Island (Galápagos), **EV** 20-21
Narcissus (flower; *Narcissus*), **PLT** 31
Narcissus. See Narcissus
Nares (nostrils): of fishes, **FSH** 46
Nares Abyssal Plain (underwater), **S** map 64
"Narrow foot" (marsupial mouse; *Sminthopsis*), **AUS** 82
Narrow-mouthed toad (Microhylida), **AFR** 12
Narváez, Pánfilo de, **NA** 18
Narwhal whale (*Monodon monoceros*), **POL** 42, 80, *102-103*
Nasalis larvatus. See Proboscis monkey
Nasca Ridge (South Pacific), **S** map 71
Nashville warbler (*Vermivora ruficapilla*), **FOR** 153
Naskapi, or Nenenot, Indians, **POL** 133
Nassau, Jason J., **UNV** 51
Nasturtium. See Watercress
Nasua. See Coati
Nasutitermes (genus of termites), **TA** 123
Natalus. See Funnel-eared bat
Natantia. See Cleaning shrimp
National Audubon Society, **B** 82, **NA** 31
National Bison Range, **NA** 123
National monuments of North America, **E** 186-187, **NA** 194-195
National Park Service, **NA** 32, 183, 187; creation of, **NA** 188
National parks: of Africa, **AFR** 37, 38, 39, *82,* 83, 88-89, 91, 94, 171, 173-175, *177, 179-191;* of North America, **E** 186-187, **EC** 150, **NA** 149-150, *181-193,* 194-195
National Radio Astronomy Observatory, **UNV** 35
National Science Foundation, **REP** 174, **S** 184
National Seashores in the United States, **E** 186-187
Native cat, or northern native cat (marsupial; *Satanellus hallucatus*), **AUS** 80, 83-84, 92, *93,* **MAM** 145
Natron, Lake, Tanzania, **AFR** 55, **EM** 55
Natural Bridges National Monument, Utah, **DES** 169, **E** 187
Natural gas resources in arctic, **POL** 154, *table* 155
Natural History of Birds, Buffon, **B** 166
Natural History of Mammals, The, Bourlière, **MAM** 127
Natural selection, **AB** 10, 11, 172, 174, 176-177, **EM** 51, 124, **EV** 40, 43-44, 46, *47-65,* 73, 89, 90, 95,

106-107, **INS** 107-108; of birds, **B** 58, 59, 63, 64, 125, **EM** 124, **EV** *26-27, 42-43;* and Darwin, **AB** 11, **AFR** 118, **EC** 100, **EM** 12, **EV** 89-90; and evolution, **EC** 11, *123,* **EV** 112-116, 166, 170-172, 175; of insects, **AFR** 118, **INS** 107-108; of mammals, **MAM** 36, 82, 102; of plants, **TA** 108. See also Darwin; Evolution
Nature (magazine, Brit.), **EV** 146
Nature Conservancy, **NA** 180
Nauclea orientalis. See Bancal tree
Naucrates ductor. See Pilotfish
Nautiloids (fossil mollusks): emergence of, **S** *chart* 39, 41; of Silurian Age, **S** *48-49*
Nautilus (mollusk; *Nautilus*), **S** 49
Nautilus. See Nautilus
Nautilus, U.S.S. (submarine), **POL** 155; travel of, **S** *168,* 169
Nautilus pompilius. See Chambered nautilus
Navaho Indians, **NA** 64, *70-71;* hogan (hut) of, **DES** 134; as subgroup of man, **EV** *174*
Navajo National Monument, Arizona, **DES** 169
Naval Research, Office of, **REP** 174
Navigation, oceanic: aids to, **S** 170; of Atlantic Ocean, **S** 76, 77, 81; history of, **S** 182-183
Navigation by animals: biological clocks in, **EC** 81; by birds, **AB** 108, 114, 123; celestial, **B** 108, 111, *diagrams 106-107;* experiments with, **B** 107-108, *110-111;* of green turtle, **REP** 111; by insects, **INS** 33-34, 36; by memory, **B** 106; research on, **EC** 92-93; theories on, **B** 107-108, 111
Navy, U.S. See U.S. Navy
Nazare Canyon, North Atlantic, **S** map 65
Neanderthal man (*Homo neanderthalensis*), **EV** 130, 146, *162, 163,* 166, 169, **MAM** 168, **TA** 166; adaptations of, **EM** 126, 128, 140; age of, **EM** 108, **EV** 167; artistic reproduction of, **EV** *162;* attitude of toward death, **EM** 130; body structure of, **EM** 45, 126; brain capacity of, **EV** 130, 166; burial customs of, **EM** 130; burial sites of, **EM** 127, *128-129,* 130; cannibalism of, **EM** *134;* ceremonies of, **EV** 166; "classic" type of, **EM** 126-127, 142; clothing of, **EM** 126; cranium of, **EM** 129; in "cradle of civilization," **EV** 167; and Cro-Magnon man compared, **EM** 170; dating of, **EV** 167; diet of, **EM** 129; differences between European and Middle East, **EM** 142; disappearance of, **EM** 126, 128, **EV** 166-168; discovery of, **EM** 12-13, 59, 127, 136, 137, 140, 141, **EV** 166, 167; distribution of, **EM** 125, 126-127, 140, map 124; in Dordogne region, **EM** 146; dwellings of, **EM** 130; emergence of social and religious sense of, **EM** 130; endurance of, **EM** 126; evolutionary tendencies of, **EM** 126; extinction of, **EV** 168; face of, **EM** 126; fire control by, **EM** 129; first appearance of, **EM** 107, footprints of, **EM** *8,* 126; fossils of, **EM** *map* 124, **EV** 130, 166, 167; gene pool of, **EM** 127; geographic dispersion of, **EV** 166, 167; height of, **EV** 166; history of, **EV** 166-168; homesite of, **EM** *122;* hunting techniques of, **EM** 129, 134-135, **EV** 166; Huxley's analysis of, **EV** 130; interbreeding of with *Homo sapiens,* **EV** 162; jaw of, **EM** *142;* later types of, **EM** 126-127; of Laugerie Basse area, **EM** 23; life expectancy of, **EM** *chart* 174; misconceptions about, **EM** 123, **EV** 130; as model of evolution refinement, **EM** 123; and modern

EC Ecology; **EM** Early Man; **EUR** Eurasia; **EV** Evolution; **FOR** Forest; **FSH** Fishes; **PRM** Primates; **REP** Reptiles; **S** Sea; **SA** South America; **TA** Tropical Asia; **UNV** Universe

INDEX (CONTINUED)

man compared, **EM** 123-124; and Mousterian tools, **EM** 125; physical appearance of, **EM** 45, 126, 127; religion of, **EV** 166; shelter of, **EM** 126, 129, 130; skulls of, **EM** 12, 17, 142-143, **EV** 149; successor of, **EV** 163; tools of, **EM** 108, 129, 131, 137, **EV** 166; transition of, **EM** 127; variations of, **EM** 126-128; weapons of, **EM** 131

Neap tides: causes of, **S** 91

Nearctic realm, **EC** map 18-19, **NA** 10, **SA** 13; compared with Palearctic, **EUR** 133; fauna in, **EC** 12-14; flora in, **EC** 14

Nebraska, **DES** 33, **FOR** 45

Nebulae (dust and gas clouds), **UNV** 50, 115, 122-123, 126-128, 135, 140-141, 146-148, 187

Necho (Egyptian monarch), and first circumnavigation of Africa, **S** 182

Necrolestidae (marsupials), **AUS** diagram 88

Necrophorus. See Sexton beetle

Nectar: as food for birds, **B** 16, 59-60, 170; and plant predation, **EV** 65

Nectar-eater bat *(Chloronycteris mexicana),* **MAM** 88

Nectarinia dartmouthi johnstonia. See Scarlet-tufted malachite sunbird

Nectariniidae. See Sunbird

Needle grass, or feather grass *(Stipa),* **EUR** 82, 83, 87

Needlebush *(Hakea victoriae),* **AUS** 53

Needles, The (Utah), **NA** 184-185

Negaprion brevirostris. See Lemon shark

Negative feedback: in behavior, **AB** 90, 92; in orientation, **AB** 110, 114

Negev Highlands, **DES** 165-166, 171, 172

Negev Institute for Arid Zone Research, **DES** 166

Negritos (aborigines), **AUS** 171-172, **FOR** 119; in Philippines, **TA** 177; as subgroup of man, **EV** 175

Negroes, **EV** 173; skin pigmentation of, **DES** 128, 129-130, **EV** 175; and slavery, **DES** 133, 134, 138

Negro River, length and location, **S** 184

Nelumbo. See Lotus

Nematistius pectoralis. See Roosterfish

Nematobrycon palmeri. See Emperor tetra

Nematoda. See Nematode

Nematode (worm; Nematoda), **FOR** 117, 154, **S** chart 15, and fungus snare of, **PLT** 154-155; parasitic, **EC** 96, 111

Nemcladus. See Threadplant cactus

Nemichthyidae. See Snipe eel

Néné, or Hawaiian goose *(Branta sandvicensis),* **B** 87, **MT** 58

Nenenot, or Naskapi, Indians, **POL** 133

Neobatrachus centralis (frog), **AUS** 143

Neoceratodus forsteri. See Australian lungfish

Neocyria zaneta (metalmark butterfly), **SA** 168

Neoglaziovia variegata. See Caroá

Neohipparion (extinct horse), **NA** 134-135

Neolithic age, **EUR** 151-160, **TA** 171-172, 173; artifacts of, **EV** 147; cave cemetery, **EV** 108; discovery of grains in, **PLT** 10; fossils of, **EV** 147; man in, **DES** 13, 132; pottery in, **TA** 172; tools of, **EV** 147; weapons of, **EV** 147

Neomorphus. See Ground cuckoo

Neophema splendida. See Scarlet-chested parrot

Neopilina (marine organism presumed extinct): recovered, **S** 183

Neornithes (true birds), **B** 10

Neoseps. See Florida sand skink

Neotoma. See Pack rat

Neotoma fuscipes. See Dusky-footed wood rat

Neotragini (tribe of antelopes), **AFR** 76

Neotragus pygmaeus. See Royal antelope

Neotropical Realm, **EC** map 18-19, **SA** 11, 12, 13

Nepa. See Water scorpion

Nepal, **MT** 148, 161, 164, 180-181, **TA** 35; animals of, **TA** 151, 156; people of, **MT** 130, 149, 153

Nepalese agamid *(Agama tuberculata),* **EUR** 50

Nepenthes. See Aerial pitcher

Nepenthes ampullaria. See Terrestrial pitcher

Nephila. See Orb weaver

Nephrolepis. See Western sword fern

Nephrurus laevis. See Kidney-tailed gecko

Neptis imitans (butterfly), **EV** 65

Neptune (planet), **UNV** 68, **S** 9-10; birth of, **UNV** 93; orbit of, **UNV** 72; Pluto as lost satellite of, **UNV** 69; relative size of, **UNV** 68, 69, 94; satellites of, **UNV** 73; symbol for, **UNV** 64

Neptunists, **E** 85

Neptunus pelagicus. See Swimming crab

Nereis. See Clamworm

Nereis succinea (worm), **EUR** 90

Nerice bidentata. See Saw-toothed elm caterpillar

Nerium oleander. See Oleander

Nerpa seal, or baikal *(Pusa sibirica),* **EUR** 138

Nervous system: of alligator, **REP** 18-19; central, **AB** 14, 37, 86-87; of fishes, **FSH** 36, 46-47; of insects, **INS** 10-11, 34-35, 44-45, 162; of sea animals, **FSH** diagram 86, **S** 27, 40, 128

Nesotragus livingstonianus. See Livingstone's suni

Nesting: of fish, **AB** 12-13, 71-73, **FSH** 105, 110, 116, **SA** 178; and ground density of birds, **B** 84, 85, 138, 140-142; of gulls, **AB** 13, 153, 176; and nest parasitism, **EC** 124; of reptiles, **EV** 120, **REP** 110-111, 126, 131, 133-134, 139, 143, 174, 175, 180, 182-185

Nestor meridionalis. See Forest kaka

Nestor notabilis. See Kea

Nests: of birds, **AB** 13, 87-88, 153, 176, **B** 20, 139-142, 156-157, **EV** 26-27, 56-57, **FOR** 18, 20, 76, **SA** 103; camouflage of, **B** 141-142; communal, **B** 141-142; evolution of, **B** 139; forest levels of, **FOR** 13-14, 118; hanging of, **B** 140, 141, 156; in holes, **B** 16, 29, 140, 143; insect as cleaners of, **EC** 104; of insects, **FOR** 117, **INS** 76, 77-82, 84-86, 87-89, 92, 93, 94-95, 96-97, 98, **SA** 70, 155, 156, **TA** 125; and instinct, **B** 142; of mammals, **FOR** 20, 21, 24, 128, **MAM** 124, 135, **PRM** 24, 32, 64, 65, 79, **SA** 52; materials for, **INS** 78; mounds, **B** 140, 143; mutual aid and, **EC** 103; mud and, **B** 140, 141; open-topped bowls, **B** 140, 157; protection of, **B** 134, 162; in sexual selection, **EV** 56-57; sizes of, **B** 139; tunnels of, **B** 140

Neujmin I (comet), **UNV** 70

Nets, fishing, **FSH** 172-175

Nettle, stinging (plant; Urticaceae), **PLT** 37

Neural spines of fishes, **FSH** 46-47

Neuroses: causes of, **PRM** 157

Neusticurus rudis. See Brown water lizard

Nevada, **DES** 12, 30, 116, 120; grain fields of, **DES** 16; hot springs of, **DES** 102

Névé (snow granules), **MT** 15

New Britain Trench, **S** map 70

New Caledonia, **S** map 70

New England, **FOR** 59, 169, 170, 172, 174; autumn in, **FOR** 15-16; climax forest of, **FOR** 152, 156; ice age in, **FOR** 46

New General Catalogue (of galaxies and star clusters), **UNV** 146. See also NGC numbers

New Guinea, aborigines of, **AUS** 171; birds of, **AUS** 148, 151, 160, 163; characteristics of, **AUS** 15-16; connections to Australia, **AUS** 37; topography of, **AUS** 10, 28-29; turtles of, **REP** 181; volcanoes in, **MT** 57; wildlife in, **AUS** 38, 61, 78, 98; and World Continent theory, **AUS** 37

New Guinea, or fresh-water, crocodile *(Crocodylus novae-guineae),* **AUS** 134

New Guinea manucode. See Bird of paradise

New Guinean spiny anteater *(Zaglossus),* **AUS** 59, 61

New Hampshire tenting ground, **NA** 181

New Hebrides Islands, **S** map 70

New Hebrides Trench, South Pacific, **S** map 70

New Jersey, **FOR** 45, 156

New Mexico, **DES** 9, 40, 43, 47, 77, 167, 169; mountain ranges in, **MT** 41; volcanoes in, **MT** 60

New World black vulture *(Coragyps atratus),* **B** 37, 63

New World monkeys, **PRM** 43, 48-49, **SA** 32, 33-40, 41-49; compared with Old World monkeys, **EM** 33; genealogy of, **PRM** chart 18-19; habitat of, **PRM** 36-42, map 44-45; nostrils of, **PRM** 36; number of species of, **PRM** 47; physical characteristics of, **PRM** 36; prehensile tails of, **PRM** 39

New York City, New York, **DES** 29

New York State, **FOR** 42, 156, 170; soil of, **FOR** 131-132

New York State Psychiatric Institute, **AB** 102

New York Zoological Society, **NA** 122; Tropical Research Station, Trinidad, **AB** 22-23

New Zealand: aborigines of, **AUS** 177-178; antarctic territorial claim of, **POL** map 171; birds of, **AUS** 133-135, 157, 158-159, 163, **B** 12, 13, 36, 37; chamois in, **EC** 61; climate of, **FOR** 58; colonization of by Polynesians, **S** 182; cordillera in, **MT** 12; discovery of, **AUS** 177, **S** 182; exploration of, **S** 13; fish farming in, **S** 173; hot springs in, **MT** 62; insects of, **AUS** 129, 130; Maori history in, **AUS** 177-178; mountains of, **MT** 48; reptiles of, **REP** map 32, see also Tuatara; Scottish deer in, **EUR** 110, 113; as signator of international treaty on Antarctica, **POL** 170; and South Pacific topography, **S** map 70; submerged banks of, **S** 59; volcanoes in, **MT** 57; wildlife of, **AUS** 34, 38-39

New Zealand Alps, **MT** 130, 166

New Zealand mountain-dwelling frog *(Leiopelma),* **AUS** 132

New Zealand wren (extinct bird; *Traversia lyalli),* **AUS** 150

Newfoundland, **POL** 33; fisheries of, **FSH** 152, 174; Grand Banks of, **S** 57, 77

Newfoundland (dog; *Canis familiaris),* **EV** 87

Newman, Robert J., **B** 104, 108

Newsprint, **FOR** chart 187; use of, **FOR** 180

Newt (reptile; Salamandridae), **AB** 43

Newton, Sir Isaac, **E** 11, 38, **EM** 10, **MT** 10; on oceanography, **S** 182;

SA 106, **UNV** 15-16, 31, 32, 46

Newtonian focus, **UNV** 32, diagram 37

NGC numbers of galaxies and star clusters, **UNV** 146

NGC 205 (galaxy), **UNV** 151, 158-159

NGC 221 (galaxy), **UNV** 151, 158-159

NGC 253 (galaxy), **UNV** 160, 161

NGC 891 (galaxy), **UNV** 116

NGC 2362 (galactic cluster), **UNV** 134

NGC 3187 (galaxy), **UNV** 152, 156

NGC 3190 (galaxy), **UNV** 152, 156

NGC 3193 (galaxy), **UNV** 156

NGC 4038 (galaxy), **UNV** 164, 165

NGC 4039 (galaxy), **UNV** 164, 165

NGC 4449 (galaxy), **UNV** 151

NGC 5128 (galaxy), **UNV** 184, 185

NGC 5195 (galaxy), **UNV** 163

NGC 6822 (galaxy), **UNV** 148

NGC 6946 (galaxy), **UNV** 148

Ngorongoro Conservation Area, Tanzania, **AFR** 175-176

Ngorongoro Crater, Tanzania, **AFR** 90, 175

Ngorongoro volcano, Tanzania, **EM** 72-73

Niah cave system, **TA** 168-171

Niaux cave, France, **EM** 160

Nicaragua, Lake, **S** 134, **S** 184

Niche of animals: definition of, **EC** 16

Nicholson, E. M., **SA** 186

Nickel: in arctic, **POL** 152, 153, table 155

Nicotiana. See Tobacco

Nictitans (third eyelid of birds), **B** 36, 50-51

Niger Canyons, North Atlantic, **S** map 65

Niger Fans (deltas), **S** map 65

Niger River, **AFR** 20, 45, **DES** 132; length and location, **S** 184

Night heron, black-crowned. See Black-crowned night heron

Night monkey *(Aotus trivirgatus),* **MAM** 175, **SA** 38-39, 43

Night-blooming cereus (cactus; *Cereus),* **DES** 54, 55, **MAM** 88-89

Nighthawk (bird; *Chordeiles),* **B** 15, 29, 38, 100, 171, **DES** 100

Nightingale (bird; *Luscinia megarhynchos),* **B** 121, 126

Nightjar, pennant-winged (bird; *Semeïophorus vexillarius),* **B** 19

Nigrosine (dye): as shark repellant, **S** 135

Nile, electric fish of *(Gymnarchus niloticus),* **AB** 44, **AFR** 35

Nile bichir (fish; *Polypterus bichir),* **AFR** 12, 34, 35, 37, **FSH** 10, 65, 66, 179, chart 69

Nile crocodile *(Crocodylus niloticus),* **AFR** 38-42, 58-59, 87, 156, **FSH** 124, **REP** 22

Nile, or Nilotic, monitor (water lizard; *Varanus niloticus),* **AFR** 42, **REP** 114

Nile perch (fish; *Lates niloticus),* **AFR** 36

Nile River, **AFR** 20, 21, 33, 36, 39, 44, 45, 46, 51, 83, **DES** 101, 102, 132, 133; Aswan Dam on, **DES** 147, 167; erosion by, **E** 118; length and location, **S** 184; as oasis, **DES** 137, 143, 146-147

Nilotic, or Nile, monitor (water lizard; *Varanus niloticus),* **AFR** 42, **REP** 114

Nimbostratus clouds, **E** 61, 71

Nindalyup (Australian town), aboriginal meaning of, **AUS** 15

Nine-banded armadillo (mammal; *Dasypus),* **EV** 63, **SA** 56, 72, 73

Nipa fruticans. See Nipa palm

Nipa palm (tree; *Nipa fruticans),* **TA** 86

Nipigon, Lake, **S** 184

Nipple galls (plant disease), **PLT** 144

Nirenberg, Marshall, **EV** 96

Nitrates, **DES** 54, 169; importance for algae in, **PLT** 13; in soil, **PLT** 122

Nitrogen, **DES** 97; and divers' bends, **S** 149; in sea water, chart **S** 11

Nitrogen cycle, **E** 110

Noah's Flood, **EV** 12, 13

Noctilio leporinus. See Mexican

AB Animal Behavior; **AFR** Africa; **AUS** Australia; **B** Birds; **DES** Desert; **E** Earth;
INS Insects; **MAM** Mammals; **MT** Mountains; **NA** North America; **PLT** Plants; **POL** Poles;

bulldog bat
Noctilucent clouds, **E** *66,* 67
Noctuidae. *See* Variegated cutworm
Noctule bat (mammal; *Nyctalus*), **MAM** 127
Nocturnal birds, **B** 15, *29,* 36, 62
Nocturnal moths, **AB** 41, *184-185;* daytime camouflage of, **INS** *111*
Noddy (tern; *Anous*), **NA** 31
Nodules, mineral: oceanic mining for, **S** 13, 173, *180-181*
Noise: as defense against sharks, **S** 135; made by fishes, **S** 110, 150; made by whales, **S** 159, 166
Nomadic birds of Australia, **AUS** 150
Nomads, **DES** 16, 24, *129-134,* 138, **POL** 130; damage caused by, **EUR** 59-60; and grazing lands, **DES** 166, 169; northland, **EUR** 132; Pushtun nomads, **EUR** *98-99;* steppe, **EUR** *91-99*
Nome, Alaska, **POL** 156
Nomeus, or "man-of-war fish" (*Nomeus gronovii*), **EC** 103, **FSH** 186, **S** 106, *107*
Nomeus gronovii. See Nomeus
Nonconvergence, evolutionary, **AUS** 83
Non-Euclidian geometry, **UNV** 172
Noösphere, **EC** 165, 170
Nordenskjöld, Baron A. E., **S** 183
Nordenskjöld, Otto, **POL** 53
Norfolk spaniel (dog; *Canis familiaris*), **EV** *86*
Norgay, Tenzing, **MT** 165, 181, *184-185*
Norilsk, Siberia, **POL** 152
Normal stars, **UNV** 113, 119
Norris, Philetus W., **NA** 187
Norse explorations, **POL** 32-33
North Africa: animals of, **EUR** 62-64; birds of, **EUR** 64; desert of, **EUR** 57; fossils in, **EV** 166, **PRM** 181; forests of, **EUR** *chart* 108; ice age vegetation of, **EUR** *map* 14. *See also* Africa
North America, **NA** (entire vol.); Asian land bridge to, **EV** 14; biomes of, **NA** 15-16, *map* 105; climate of, **FOR** 17, 29, 58, 105, 153, 174, **NA** *maps* 104-105; coasts of North America, **NA** 28-38, *39-49, 83-87;* cordilleras (mountain ranges) of, **MT** 12, *map* 45; discoverers of, **S** 182; exploration of, **NA** *maps* 18, 20, 24; "flyways" of, **B** 104; forests of, **FOR** 81, 82-83, **NA** 95-102; grasslands of, **DES** 50, 117-118, **NA** 117-126, *127-143;* ice age in, **FOR** 45-46, **MT** 90, **S** 42; land bridge to Siberia, **NA** 11, 12-15; mid-nation slope of, **NA** *119;* migration of animals in, **EUR** 34, **EV** 13-14; migration of man to, **EV** 169, **NA** *8-9,* 13-15; mountains of, **MT** *178,* **NA** 144-154, *155-171;* national monuments of, **NA** 194-195; national parks of, **NA** 194-195; ocean currents around, **NA** *maps* 104; prehistoric North America, **NA** *9-16;* prehistoric animals of, **NA** *128-135,* rain forest of, **FOR** 81, 82-83, **NA** *map* 104; rainfall of, **NA** *map* 104; mammalian population of, **EV** 14; sea covering, **E** *maps* 138, 139; shores of, **NA** *83-87;* southern lowlands of, **NA** 75-82, *83-93;* U.S. Desert National Parks and Monuments, **DES** *chart* 169; volcanic belt of, **MT** 57; weather of, **NA** *maps* 104-105; wildflowers of, **NA** *106-107;* winds of, **NA** *map* 104. *See also* United States
North American antelope. *See* Pronghorn
North American buffalo. *See* Bison
North American, or pine, marten (mammal; *Martes americana*), **NA** 175
North American mosquito fish (*Gambusia affinis*), **SA** 183
North American otter (*Lutra canadensis*), **EC** 13
North American porcupine (*Erethizon dorsatum*), **MAM** 59, 101
North American redstart (bird; *Setophaga ruticilla*), **B** 144, **FOR** *114,* 153; habitat, **B** 81, *83*
North American sheep (*Ovis canadensis*), **EV** 14
North Atlantic coast, **NA** 32-35, *43*
North Atlantic Ocean: fish migrations in, **FSH** 151-152, 158; fisheries of, **FSH** 174, 178, *182-183,* 184; plankton growth in, **FSH** 12; spawning grounds in, **FSH** 100-101, 151, 158
North Carolina, **FOR** 17, 22-23, 113, 155; dunes in, **NA** 32
North Carolina, Museum of, **E** 187
North Equatorial Current, **NA** 30; of Atlantic Ocean, **S** 77
North Fiji Basin, **S** *map* 70
North Island kiwi (bird; *Apteryx australis mantelli*): egg of, **B** 155
North Magnetic Pole, **POL** 11, 52; gap in Van Allen belt at, **POL** *diagram* 173
North Polar Basin, **POL** 9, 14, 153
North Pole, **POL** 9, 10, 11, *18-19,* 80, 153; Cook's claim to, **POL** 37; De Long search for, **POL** 34-36; location of, **S** *map* 72; Nansen's search for, **POL** 38-39; Admiral Robert Peary at, **POL** *31,* 39-40, *41, 48-49,* 55; reached by Peary, **S** 183; temperature at, **POL** 18. *See also* Poles
North Pole, The, Peary, **POL** 40
North Sea, **S** 184; depth, average and greatest, **S** 184; and fish migrations, **FSH** 151, 155
North Star, **E** 13, *diagram* 14. *See also* Polaris
North woods, **FOR** 79-80, 136
Northeast Passage, search for, **POL** 32
Northern cushion pink (flower; *Silene acaulis*), **EUR** 147
Northern fur seal. *See* Alaskan fur seal
Northern gannet (bird; *Sula bassana*), **B** 66, 124; eggs of, **B** 142; feet of, **B** 38; incubation of, **B** 145
Northern Hemisphere, **S** 13, 76, 77. *See also* Continents
Northern mole-vole (*Ellobius talpinus*), **EUR** 87
Northern native cat. *See* Native cat
Northern, or great northern, pike (*Esox lucius*) **FSH** 19, 21
Northern shrike (*Lanius excubitor*), **B** 65, 87
Northwest Passage, **POL** 33-34, 39, 51, 55; explorations of **S** 182-183
Northwest Territories, Canada, **POL** 108, *113,* 155, 165, 166
Northern Territory, Australia: forests of, **PLT** 126
Norton, Edward, **MT** 163
Norway: antarctic territorial claim of, **POL** *map* 171; climate in, **POL** 152; glaciers of, **POL** 12; Lapps of, **POL** 131, 136, *144,* 156; musk ox in, **POL** 111; as signator of international treaty on Antarctica, **POL** 170; government-protected land in, **EUR** *chart* 176; wetlands of, **EUR** 180; whaling industry of, **S** 150;
Norway brown rat (*Rattus norvegicus*), **EUR** 170
Norway lemming (*Lemmus lemmus*), **POL** *111;* "mass-suicide" legend, **EUR** 134; migration of, **EUR** 134, **MAM** 128, **POL** 109, 110, *111*
Norwegian elkhound (dog; *Canis familiaris*), **EV** *86*
Nostrils: of alligator, **REP** *18;* of crocodilians, **REP** 44, 41, 111-112; of fishes, **FSH** 43, *46-47;* of matamata (turtle), **REP** *122;* of sharks, **FSH** 79, *diagram* 86
Notaden bennetti. See Catholic frog
Notatherium (extinct marsupial), **AUS** 40, 103
Notechis scutatus. See Tiger snake
Notemigonus crysoleucas. See Golden shiner

Notharchus pectoralis. See Black-breasted puffbird
Notharctus (extinct primate), **MAM** 168
Nothofagus. See Southern hemisphere beech
Nothosaurus (extinct reptile), **REP** *chart* 44
Notochord: as forerunner of vertebrae, **FSH** 60
Notodonta stragula. See "Prominent" moth
Notogaea (zone of life), **AUS** 9
Notomys. See Jerboa mouse
Notonectidae. *See* Back swimmers
Notorhynchus. See Sevengill shark
Notornis (bird; *Notornis hochstetteri*), **B** 170
Notornis hochstetteri. See Notornis
Noteryctes typhlops. See Marsupial mole
Notoryctidae (family of marsupials), **AUS** *diagram* 88
Notoungulata (order of ungulates), **SA** 14
Nova rocket, **E** 182
Nova Scotia, **FOR** 152, 174; fisheries of, **FSH** 152, 171
Nova Scotia (ship) and shark attacks, **S** 135
Novae (exploding stars), **UNV** 114, 135, 148
Novaya Zemlya, Russia, **POL** 33, 153
Novokuznetsk, Siberia, **POL** 153
Nubian ibex (*Capra ibex nubiana*), **EUR** 75
Nucifraga. See Nutcracker
Nuclear power plants: in Antarctica and Arctic, **POL** 154, 176, *178-179;* as electricity source, **E** 176
Nucleic acid, **EV** 94; distribution in cell of, **PLT** 37; function of, **PLT** 36. *See also* DNA, RNA
Nucleotides, **EV** 94, 96, *102;* pairing of in DNA, **EV** 95
Nucleus of cell, **PLT** *45;* genetic code in, **PLT** 36-37
Nuffield Unit of Tropical Animal Ecology, **AFR** 38
Nullarbor Plain, **AUS** 11, *20-21*
Numbat. *See* Banded anteater
"Number four spot": and sickle cell anemia, **EV** 95
Numenius arquata. See Curlew
Numenius borealis. See Eskimo curlew
Numenius tahitiensis. See Curlew, bristle-thighed
Numida mitrata. See Helmeted Guinea fowl
Nunivak Island, Alaska, **POL** 111, 156
Nurse, grey (shark; *Carcharias arenarius*), **FSH** 83, *90*
"Nurse" log, **FOR** *91*
Nurse shark (*Ginglymostoma cirratum*), **FSH** 80; embryo of, **AB** *31*
Nusah Kembangan (island), **PLT** 144
Nut, betel (*Areca cathecu*), **FOR** 111, **TA** *45*
Nutation of earth's axis, **E** 13, *18*
Nutcracker (bird; *Nucifraga*), **B** 68
Nuthatch (bird; Sittidae), **B** 58, 123, **TA** 36; distribution of, **EUR** 64; environment of, **EC** 39
Nuthatch, Corsican (bird; *Sitta whiteheadi*), **EUR** 64
Nuthatch, pygmy (*Sitta pygmaea*), **B** 162
Nutrients: and artificial upwellings, **S** 173; of the oceans, **S** 78-79
Nutrition, **PLT** 105; of algae, **PLT** 13; cells of young discus fishes, **FSH** 117; deficiencies in, **PLT** 163-164; discoveries in, **PLT** 163-164; effects on fishes of, **FSH** 16; influence on growth, **PLT** 103; soil and, **PLT** 122
Nuts, **FOR** 28
Nyala (antelope; *Tragelaphus*), **AFR** 68, 141
Nyamlagira (volcano), **E** 47
Nyasa Lake, **AFR** 10, 22, 34; area and location, **S** 184
Nyasaland, **AFR** 33

Nyctalus. See Noctule bat
Nyctea scandiaca. See Snowy owl
Nyctibius. See Potoo
Nycticorax nycticorax. See Black-crowned night heron
Nyctosaurus (extinct flying reptile), **REP** *46-47*
Nyerere, Julius, **AFR** 170, 184
Nymphaea. See Water lily
Nymphalidea. *See* Brush-footed butterfly
Nymphalis antiopa. See Mourning-cloak butterfly
Nymphidium mantus (metalmark butterfly), **SA** 168
Nymphs, of insects, **AUS** 138, **INS** 56, *57,* 74; aquatic, **INS** *142-143, 151, 154, 158*

O

"O Rio Mar." *See* Amazon (river)
Oahu (island): volcanoes on, **MT** 76
Oak (tree; *Quercus*), **FOR** 18, 62, *150,* 170, 721, 174, **NA** 96, **PLT** *149,* 186; bark of, **PLT** 104; climax forest of, **FOR** 152, 153; fertilized egg of, **PLT** 37; forest community of, **EC** 41; galls of, **FOR** 117, **PLT** 145; in interglacial periods, **EUR** 16; leaf of, **FOR** 14, 106, 136; in Nearctic realm, **EC** 14-15; oak wilt, **FOR** 155; parasite of, **PLT** 110-111; in primeval Europe, **EUR** 108; roots of, **FOR** 83, 95
Oak, cork (tree; *Quercus suber*), **EUR** 58, *59, 68,* **FOR** 98
Oak, desert (*Casuarina decaisneana*), **AUS** 12, *45*
Oak, poison (*Rhus*), **FOR** *149,* **PLT** 11
Oak, red (*Quercus borealis*), **FOR** 59, 154, 155; color changes in, **PLT** 59
Oak, white (*Quercus alba*), **FOR** 37, 154, 155
Oak anisota (insect; *Anisota*), **FOR** 145
Oak apple (plant disease), **FOR** 117
Oakley, Kenneth Page, **EM** *25,* **EV** 149
Oases, **DES** *24-25,* 54, 102, *103;* and civilization, **DES** 137, 143, 146-147, 148-149; of the Sahara, **DES** 15, 102
Oat (*Avena*), **EUR** 157, 158, **PLT** 172; geotropic reaction of, **PLT** 109; growth of, **PLT** 109
Oat, red grass (Gramineae), **AFR** 64, 72
Oat, sea (*Uniola paniculata*), **NA** 85
Oates, Lawrence E. C., **POL** 56, 57, 58
Ob River, **EUR** 132, **S** 184
Obermaier, Hugo, **EM** 152
Ob-Irtysh River, **S** 184
Obsidian, **E** 84, **EM** 106, 116
Obstetrical catfish (*Aspredinichthys tibicen*), **FSH** 103
Occupation layers: Abri Pataud, **EM** *164;* Combe Grenal, **EM** *136, 137, 138, diagram,* 139; Olduvai Gorge, **EM** 71, 81; Vérteszöllös, Hungary, **EM** 104
Ocean currents, **NA** *map* 104, **S** 74, 75-80, *81-85;* causes of, **S** 75, 76, 77, 78-79, 83, 91; charting of, **S** *81, 82-83;* and convection, **EC** 78-79; ocean depths. *See* Depths of oceans and seas. *See also* Oceans; downhill motion of, **S** 75-76; harnessing of, **S** *171;* and nutrient minerals, **S** 78-79; radioactive charting of, **S** 80; types of, **S** 91; and water salinity, **S** 11
Ocean pout (fish; *Macrozoarces americanus*), **FSH** *19, 23,* 103, 150
Ocean shallows: and marine life, **S** 14, *24-26,* 104, 107-108
Ocean, or giant, sunfish (*Mola mola*), **FSH** *100-101,* 123, **S** 109
Ocean wheels (rotating currents), **S** 78, *chart* 77
Oceanic crust, **MT** 40, 58
Oceanic insects, **INS** 11, 148
Oceanic islands, **AFR** 152, **TA** 102,

INDEX (CONTINUED)

105-106; migration of life to, **EV** 44
Oceanic trenches, **MT** 60, **S** *61*
Oceanic weather systems in Australia, **AUS** 15
Oceanites oceanicus. See Wilson's petrel
Oceanographic Institution, Woods Hole. *See* Woods Hole Oceanographic Institution
Oceanography: use of bathyscaph in, **S** 13, 14, *72-73,* 170; and Darwin, **S** 183; echo sounder used in, **S** 55-56, 58; history of, **S** 182-183; instruments used in, **S** 80, *82-83;* and International Geophysical Year, **S** 63, 78, 169; measuring of Gulf Stream and, **S** *82-83;* and ocean bottoms, **S** *maps* 64-71; and Project Mohole, **S** *178-179;* and recording stations, **S** 170; seismic shooting used in, **S** 59-60; studies in laboratories, **S** *82-83*
Oceans, **DES** 29, 131, 168, **EC** *32-33,* **FOR** 41, 48; areas and depths, **S** *table* 184; bottom of, **E** 82, **S** 12, 57, *63,* 70-71, 107, 108, 170, 172, 173, *178-179, 180, 181;* climates and seasons in, **EC** 78-79, **S** 75, *76, 77;* coldest, **FSH** 14; cooling of, by antarctic bottom water, **POL** 14; crops from, **FSH** 12; crossings by land birds, **B** 88, 105, 106; deepest descent by man in, **S** 72; diatoms in, **EC** 79; distribution of on earth's surface, **E** 81-82; elements of, **S** *table* 11; erosion by, **E** *105,* 110-111, *125, 126-127;* exploration of, **S** 13, 41-42, 55-58, 59-60, 61, 63; and food chain, **FSH** *124-125,* **S** 106; hottest, **FSH** 14; pastures in, **EC** 79; rise of level of, **POL** 170, 171, 175; salt concentration in, **PLT** 79; sea covering North America, **E** *maps* 138, 139; storms, **POL** 14; submarine ridges of, **S** 60, *maps* 65, 66, 70; temperature cycle of, **E** 162; tides of, **E** 13; waves of, **E** *78-79. See also* specific oceans
Ocher, red: use of in Cro-Magnon burial, **EM** *156-157*
Ochlodes sylvanoides. See Sandhill skipper
Ochoa, Severo, **EV** 96
Ochotona. See Pika
Ochotona melanostoma. See Black-nosed pika
Ochroma lagopus. See Balsa
Ocotillo (plant; *Fouquieria*), **DES** 14, *54, 57, 108,* **EC** *134*
Octopus *(Octopus vulgaris),* **S** 14, *23, diagram* 15; eye of, **AB** 40, 41, 53, **S** *129, diagram,* **AB** 54-55; intelligence of, **AB** 40, 41; as predator, **S** *116-117*
Octopus vulgaris. See Octopus
Ocypode ceratophthalma. See Ghost crab
Odell, N. E., **MT** 164
Odobenus rosmarus. See Walrus
Odocoileus hemionus. See Mule deer
Odocoileus virginianus. See White-tailed deer
Odocoileus virginianus clavium. See Key deer
Odonata. *See* Dragonfly
Odontoceti (toothed whales): and whaling industry, **S** *165*
Odor: bitter-almond, **PLT** 11; fruity, **PLT** 57; plants identified by, **PLT** 11, 56
Odyssey, Homer, **EUR** 42
Oecanthus. See Snowy tree cricket
Oecophylla. See Weaver ant
Oecophylla smaragdina. See Tailor ant
Oedischia (extinct insect), **INS** *18*
Oenanthe oenanthe. See Wheatear
Oenothera lamarckiana. See Evening primrose
Oënpelli tribesman, **AUS** *183*
Oestrous cycles, **MAM** 142
Offensive mechanisms and tactics: of birds, **AB** 128, *162,* 176, **B** 38, 62, *72-73,* 76, *134;* of fish, **AB** 132-133, **FSH** 81-82, 83, **S** 103; of insects, **INS** 166; of mammals, **MAM** 97-100, 110-113, 115, 169-170, **S** 136, *142;* of man, **MAM** 169-170; of plants, **EV** *64-65;* posturing, **AB** *162-163;* of reptiles, **REP** 22-23, *25,* 53-62, *63-73, 76, 99, 120-123*
Office of Naval Research, **REP** 174
Ogedei (Mongol conqueror), **EUR** 84
Ohga, Ichiro, **PLT** *94*
Ohio, **FOR** 43, 155, 170, 171
Ohio River, **S** 184
Ohio State University, radio telescope at, **UNV** *59*
Oil, **DES** 16, 136, 168, 169, *182-183;* of the oceans, **S** 171, 175; deposits of, **E** *diagram* 84-85; mustard, **PLT** 11; resources of Arctic, **POL** 154, *table* 155; from seals, **POL** 92; transportation of from Arctic, **POL** 155; from whales, **POL** 92, **S** 149, *156-157,* 165, 172
Oilbird, or guacharo *(Steatornis caripensis),* **B** 29, 64, **EC** 76, *132*
Oka River, **S** 184
Okapi (mammal; *Okapia johnstoni*), **AFR** 16, *79, 119,* 120, *123,* **FOR** 115, **MAM** 18
Okapi. See Okapi
Okefenokee National Wildlife Refuge, **NA** 76
Okhotsk, Sea of, **S** 184
Oklahoma, **DES** 50
Old English rough terrier (dog; *Canis familiaris*), **EV** *87*
Old English sheep dog *(Canis familiaris)* **EV** *86*
Old squaw duck *(Clangula hyemalis),* **POL** 108
Old World field mouse. *See* European field mouse
Old World flycatcher (Muscicapidae): zoogeographic realm of, **EC** *map* 20
Old World gecko (lizard; *Gekko gekko*), **REP** 13, 86
Old World Monkeys, **PRM** 15, *36,* 37-43, 52-59, 64; callosities of, **PRM** 39; compared with New World monkeys, **EM** 33; habitat of, **PRM** *map* 44-45; teeth of, **EM** *34-35,* **SA** 34
Oldest living animal: the coelacanth as, **FSH** *74-75*
Old-man cactus (plant; *Cephalocereus senilis*), **PLT** *147*
Old-man's beard (plant; *Usnea*), **AFR** 136, **FOR** 118; seeds of, **PLT** 118
Oldowan tools, **EM** 53, 54, 55, 71, 81, *103,* 104, **EV** 150, 151, 152
Olduvai Gorge, Tanganyika, **AFR** 16, **EM** 53-55, *70, 71, 72-73, 74-75,* 81; fossils in, **EV** 149-152, **PRM** 178-179
Oleander (plant; *Nerium oleander*), **EUR** *68*
Olga, Mount, Australia, **AUS** 12, *25*
Oligocene epoch, **EM** 33, **EUR** 14; animals during, **EUR** 14, 15; birds in, **B** 11; climate during, **EUR** 14; equatorial tropics during, **TA** 34; mammalian development during, **MAM** 39; marsupials in, **AUS** *diagram* 88; plants in, **EUR** 14; primates in, **PRM** 18, **SA** 34; shields (geological formation) of, **EUR** 11
Oligochaeta. *See* Earthworm
Oligopithecus (ancestral monkey), **EM** 33, 34
Olingo (mammal; *Bassaricyon*), **SA** 79, 80
Olive colobus (monkey; *Colobus verus*), **AFR** 114, **PRM** 130
Olor columbianus. See Whistling swan
Olorgesailie archeological site, Kenya. **EM** *109*
Olympic Mountains, **NA** 153
Olympic National Park, Washington, **E** 187, **NA** 195
Olympic rain forest, **FOR** 78-80, *81, 82-83,* **MT** 13, **PLT** *91*
Olympus, Mount, **MT** 138, 186, *diagram 178*
Omega Centauri (globular cluster), **UNV** 135
Ommatidia (insect eye components), **AB** 38
Omnivorous mammals, **MAM** 76-77; adaptability of, **MAM** 91; bears as, **MAM** 17
On Safari, Denis, **AFR** 116
On the Origin of Species by Means of Natural Selection, Darwin, **AUS** 16, **B** 10, 80, **EC** 35, 121, **EM** 11-12, **EV** 10, 40-42, 45, 46, 94, 111, **MAM** 35
Ona Indians, **EV** *32-35,* 36
Onagadori (bird; *Onagadori*), **B** 166, **EV** *84,* 85
Onagadori. See Onagadori
Onager, or Persian wild ass *(Equus hemionus onager),* **EUR** 84, 155-156
Oncopeltus fasciatus. See Milkweed bug
Oncorhynchus. See Pacific salmon
Oncorhynchus keta. See Chum salmon
Oncorhynchus nerka. See Sockeye salmon
Oncorhynchus tshawytscha. See Chinook salmon
Ondatra zibethica. See Muskrat
Onega, Lake, **S** 184
O'Neill, Shirley, **S** 131-132
One-sided bottle brush (flower; *Calothamnus obtusus*), **AUS** *52*
Onion *(Allium cepa),* **EV** *78-79,* **PLT** 187; cell of, **PLT** *43;* cell division in, **PLT** *48-49;* sugar stored in, **PLT** 7, 61-62
Oniscus asellus. See Sowbug
Onobrychis viciaefolia. **See Sainfoin**
Onotragus. See Lechwe
Ontario, Canada, **FOR** 173
Ontario, Lake, **S** 184
Onychogalea. See Nail-tail wallaby
Onychomys. See Grasshopper mouse
Oodnadatta (Australian town), aboriginal meaning of, **AUS** 15
Oort, Jan, **UNV** 38, *167*
Open-sea fishes: shapes of, **S** 109
"Operation Deepfreeze," **POL** 68
"Operation Noah," **EC** *178-179*
Operation SALPAC 1966, **FSH** 156
Operculum (gill cover) of fishes, **FSH** 39, *46-47*
Opheodrys. See Rough green snake
Ophiacodon (extinct reptile), **REP** *chart* 44-45
Ophicephalus. See Chinese snakehead
Ophiodon elongatus. See Lingcod
Ophiopsis (fish), **FSH** *chart* 69
Ophisaurus ventralis. See Glass snake
Ophiuchus (constellation), **UNV** *maps* 10, 11
Ophiuroidea. *See* Brittle star
Ophrys. See Ophrys orchid
Ophrys orchid *(Ophrys),* **EV** *50-51*
Opisthocomus hoazin. See Hoatzin
Opisthognathus aurifrons. See Yellow-headed jawfish
Opisthonema oglinum. See Thread herring
Opisthoproctus soleatus (fish), **S** *29*
Oporabia autumnata. See Birch moth
Opossum (marsupial; Didelphidae), **EV** *130,* **NA** 12-13, **SA** 52, 53
Opossum, American *(Didelphis marsupialis virginiana),* **MAM** 145
Opossum, common *(Didelphis marsupialis),* **SA** 51, 52
Opossum, "four-eyed" *(Metachirus nudicaudatus),* **SA** 52, *66*
Opossum, mouse *(Marniosa),* **SA** 52, *66-67*
Opossum, water *(Chironectes minimus),* **SA** 11, *53*
Opossum, woolly *(Caluromys),* **EC** 13, **SA** 52, 66, *96*
Opossum-rats *(Caenolestes),* **MAM** 15
Opsanus tau. See Toadfish
Optomotor response, experiments with, 112-113
Opuntia. See Prickly pear cactus
Opuntiales (order of plant class Dictoyledoneae), **PLT** 186
Orange banksia (flower; *Banksia prionotes*), **AUS** *52*
Orange Canyon, South Atlantic, **S** *map* 67
Orange frog *(Mantella aurantiaca)* **AFR** *160,* 161
Orange mite (insect; Acarina), **EC** 110, *111*
Orange River, **S** 184
Orange tree *(Citrus aurantium),* **PLT** 163, *186*
Orangutan *(Pongo),* **EM** 36, **EV** 116, 130, **FOR** 128, *129,* **PLT** 160, **PRM** 62-63, *80, 81,* **TA** 15-16, *109-115;* adaptations to captivity, **PRM** 190, 191; as artists, **PRM** 155; classification of, **MAM** 18; experiments with, **PRM** *165;* habitat of, **PRM** 130; jaw of, **EV** *157;* locomotion of, **PRM** 63; and man, **MAM** 166; origin of, **EV** 116; re-education of, **TA** *112-115;* sex differences of, **PRM** 38; shelters of, **MAM** 124; survival problems of, **PRM** 136; teeth and palate of, **EM** *37;* temperament of, **PRM** 67, 80, 81; testing of, **PRM** 164, 165; tree-climbing by, **MAM** *176,* 177; young of, **MAM** *176;* zoogeographic realm of, **EC** *map* 21
Orb weaver (spider; *Nephila*), **AUS** 131
Orbanchaceae. *See* Broomrape
Orcaella brevirostris. See Irrawaddy River dolphin
Orchestia agilis. See Beach flea; Sand flea
Orchid, bearded *(Calochilus cupreus),* **AUS** *57*
Orchid, cattleya *(Cattleya),* **PLT** 165, *187*
Orchid, cowslip *(Calendia flava),* **AUS** *56*
Orchid, double tail *(Diuris longifolia),* **AUS** *56-57*
Orchid, fleshy lip *(Sarcochilus fitzgeraldi),* **AUS** *57*
Orchid, hyacinth *(Dipodium punctatum),* **AUS** *56*
Orchid, ophrys *(Ophrys),* **EV** *50-51*
Orchid, sun *(Thelymitra ixiodes),* **AUS** *57*
Orchidaceae. *See* Orchids
Orchids (Orchidaceae), **AUS** *56-57,* **EC** *59,* **FOR** 18, 75, 125, 134, **PLT** *33,* 40-41, 141, 143, *149,* 187, **TA** 38; in Colombia, **SA** 11; commensalism in, **EC** 102; *Disa erubescens,* **AFR** *146,* 147; *Galeola foliata,* **AUS** 56; on Krakatoa, **EC** 59-60, *65;* in North America, **FOR** 18; pollination of, **EV** *50-51;* seeds of, **PLT** 118, 141; vanilla from, **PLT** 165
Orcinus orca. See Killer whale
Orders of animals, **B** 12, *18-19,* 20, **MAM** 13-18, *20-21*
Ordovician period, **E** 136, 137; emergence of vertebrates during, **S** *chart* 39, 41; evolution of fishes during, **FSH** 60, *chart* 68-69; plants during, **FOR** *chart* 48
Oregon: coastal waves of, **S** 90; lava field in, **MT** 59; logging in, **FOR** 169; Pacific salmon of, **S** 112; sea otters of, **S** 146
Oregon Caves National Monument, E 187
Oregon research center, PRM *160, 161, 162, 163,* 164
Oregon Trail, MT 136, 137, **NA** *map* 24
Oreopithecus (extinct primate), **EM** 31, *33, 42,* **EUR** 15
Oreotragus. See Klipspringer
Orestiinae (cyprinodont fishes), **SA** 185, 186
Organ cactus (plant; *Pachycereus marginatus*), **DES** 55
Organ Pipe Cactus National Monument, Arizona, **DES** 169, **NA** 194
Oribi, cape (antelope; *Ourebia ourebia*), **AFR** *76*
Oriental cockroach (insect; *Blatta*

AB Animal Behavior; **AFR** Africa; **AUS** Australia; **B** Birds; **DES** Desert; **E** Earth; **INS** Insects; **MAM** Mammals; **MT** Mountains; **NA** North America; **PLT** Plants; **POL** Poles;

orientalis), **INS** *41*
Oriental realm, **EC** 20-21, *map* 12, **EUR** 34; number of species of flora and fauna of, **TA** 54
Oriental white-eye (bird; *Zosterops palpebrosa*), **TA** *71*
Orientals: as descendents of Peking man, **EV** 159
Orientation, **AB** 107, 109, 113; in birds, **AB** 108, 114, *115*, 123; experiments with, **AB** *118-119*; in fishes, **AB** 109, 110, 123; to gravity, **AB** *109*, *123*; in insects, **AB** 113, 114; to light, **AB** *109*, 123; mechanics of, **AB** 110; and migration, **AB** 120-121, 123; negative feedback in, **AB** 110-111, 114; predators, **AB** 116-117; visual, **AB** 111-113, 123
Origin of Species, The. See *On the Origin of Species by Means of Natural Selection*
Orinoco conservation program, **REP** 183
Orinoco crocodile (*Crocodylus intermedius*), **REP** 16, **SA** 131-132
Orinoco River, **FOR** 124, **SA** 9, 10, 177; length and location of, **S** 184; turtle nesting grounds of, **REP** 133, 180, *182-185*. See also Amazon-Orinoco River basin
Oriole, Baltimore (*Icterus galbula*), **B** 59, *129*, 172; egg of, **B** *154*
Orion (constellation), **UNV** *maps* 10, 11; gaseous cloud in, **UNV** *138-139*
Orionids (meteor stream), **E** 16
Orizaba or Citlalteptl (mountain peak), **MT** *178*, 186
Ornithischian group of dinosaurs, **REP** *36*, 39, *chart 44-45*
Ornithoptera brookiana (butterfly), **TA** 15, *130-131*
Ornithorhynchus anatinus. See Australian "duck-mole"
Ornithosis (bird disease), **B** 169
Orogenic islands, **TA** 102
Orohippus (ancestral horse), **NA** *128-129*
Oropendola (bird; Icteridae), **B** 140-141
Oropendola, crested (*Psarocolius decumanus*), **SA** *103*
Ortalis. See Chachalaca
Orthoptera (order of insects), **TA** 122
Orycteropus. See Aardvark
Oryctolagus cuniculus. See Rabbit
Oryx (antelope; *Oryx*), **AFR** 68, 170
Oryx. See Oryx
Oryx, scimitar (antelope; *Oryx tao*), **AFR** *76*, 170, **EUR** 164
Oryx gazella. See Gemsbok
Oryx tao. See Scimitar oryx
Oryza. See Rice
Oryzorictes. See Rice tenrec
Os coccyx (vestigial tail): as vestige in man, **EV** 45
Osborn, Henry Fairfield, **EV** 132
Osburn, William, **MT** 89
Osmeridae. See Smelt
Osmometer, **PLT** 75
Osmosis, **PLT** 75, 76, *82*
Osprey (bird; *Pandion haliaetus*), **B** 64, 66; feet of, **B** *38*; nest of, **EC** 103; soaring by, **B** 40; survival problems of, **B** 172
Ossicles, Weberian (of fishes), **FSH** 43
Osteoborus (extinct mammal), **NA** 135
Osteoglossum bicirrhosum. See Aruaná
Osteolepis (extinct fish), **FSH** *chart* 68
Østerbygd, Greenland, **POL** 33
Ostinops decumanus. See Crested oropendola
Ostracion. See Trunkfish
Ostracion tuberculatus. See Spotted trunkfish
Ostracodermi. See Shell-skinned fishes
Ostrea (sea shells), **EV** 15
Ostrich (*Struthio camelus*), **AFR** 13, 62, 171, *188*, **B** 12, 18, 20, **DES** 32,

130, 152, 153, **EC** *137*; commensalism of **B** *75*; courtship behavior of, **AUS** 149, **B** 13, 142; eggs of, **B** 11, **REP** *40*; eyes of, **B** 35; feet of, **B** 13, 38, *39*; speed of, **MAM** *chart* 72-73; stone age mural of, **B** *173*; survival problems of, **B** 169; zoogeographic realm of, **EC** *map* 20
Ostrich-like dinosaur (*Struthiomimus*), **EV** *126*, **REP** 40
Ostrya. See Hop hornbeam
Ostyaks (nomads), **EUR** 132
Oswald, Erling, **FSH** 175
Otaria byronia. See Falkland sea lion
Otariidae. See Sea Lion
Othere, or Ottar (Norse explorer), **POL** 32
Otididae. See Bustard
Otis tarda. See Great Bustard
Otis tetrax. See Little bustard
Otocyon megalotis. See Bat-eared fox
Otoliths (ear stones), **AB** 40, 109, 110, *111*; and fishes' hearing, **FSH** *46-47*
Ottar, or Othere, (Norse explorer), **POL** 32
Ottawa River, **S** 184
Otter, clawless (*Aonyx capensis*), **AFR** 38, *43*
Otter, giant river (*Pteronura brasiliensis*), **SA** 11
Otter, North American (*Lutra canadensis*), **EC** 13
Otter, river (*Lutra*), **MAM** *80*; footprints of, **MAM** *187*
Otter, sea (*Enhydra lutris*): diet of, **MAM** 80
Otter, spotted-necked (*Lutra maculicauda*), **AFR** 38
Otter boards: plan to divert Gulf Stream with, **S** 173
Otter cat, or jaguarundi (mammal; *Felis yagouraroundi*), **SA** 88
Otter hound (dog; *Canis familiaris*), **EV** *86*
Otter shrew (*Potamogale velox*), **AFR** 14
Otter trawl: and commercial fishing, **FSH** 175
Otters (*Lutra*), **NA** 175, **SA** 83, **TA** 82, 103; classification of, **MAM** 17, *20*; fishing technique of, **FSH** *134-135*; footprints of, **MAM** *187*; maternal care by, **MAM** 154; speed of, **MAM** *chart* 72; webbed feet of, **MAM** 61-62; in winter, **MAM** 92
Otus asio. See Screech owl
Ourebia ourebi. See Cape oribi
Outback (Australia "West"), **AUS** 13
Ouzel, water, or dipper (bird; *Cinclus*), **B** 119, **MT** *115*, *126*
Ovalipes ocellatus. See Lady crab
Ovary: of alligator, **REP** *19*; and egg cell in, **PLT** *105*; of flower, **PLT** *10*, 116-117
Ovenbird (warbler; Furnariidae), **B** 121, **FOR** 14, *118*, 153, **SA** *101*, 108, **EC** *map* 19; psychological barriers in, **EC** 57; zoogeographic realm of, **EC** *map* 19
Ovenbird, rufous (*Furnarius rufus*), **B** 140, *141*, 156
Ovens, Indian, **NA** 69
Overgrazing, **EUR** 58-60, *70-71*, 88
Overland travel by fishes, **FSH** 37-38, *39*, *55*, *65*, *72-73*
Overpopulation, **E** *167-169*
Overthrust fault, **E** 84, *diagram* 85
Ovibos moschatus. See Musk ox
Oviducts of reptiles, **REP** *19*, *126*, *143*
Ovipositor, **AB** 11, **FSH** 104, **INS** *44-45*, 56
Ovis ammon. See Argali; Himalayan sheep
Ovis musimon. See Mouflon
Ovoviviparous breeding in fishes, **FSH** 103
Owl, Asiatic fishing (*Ketupa*), **B** 50, **TA** 37
Owl, barn (*Tyto alba*), **B** 62, 145; **EC** 56; **EUR** *170*

Owl, barred (*Strix varia*), **B** 62
Owl, burrowing (*Speotyto cunicularia*), **DES** 73, 87, **EC** 152
Owl, elf (*Micrathene whitneyi*), **DES** *87*, 89
Owl, great horned. See Great horned owl
Owl, hawk (*Surnia ulula*), **EUR** 135
Owl, Lapland (*Strix nebulosa*), **EUR** 135
Owl, long-eared (*Asio otus*), **B** 62
Owl, pygmy (*Glaucidium passerinum*), **EUR** 136
Owl, saw-whet (*Aegolius acadicus*), **B** 36, **FOR** *15*
Owl, screech (*Otus asio*), **AB** 184, **EC** 39
Owl, short-eared. See Short-eared owl
Owl, snowy. See Snowy owl
Owl, spectacled (*Pulsatrix perspicillata*), **B** *18*
Owl butterfly (Brassolidae), **SA** 151
Owl, or douroucoulis, or night, monkey (*Aotus*), **SA** *38-39*, *42*, *43*
Owl, Tengmalm's (*Aegolius funereus*), **EUR** 135, *148-149*
Owl-eyed moth (*Automeris nyctimene*), **SA** 151
Owl-faced guenon (monkey; *Cercopithecus hamlyni*), **PRM** 57
Owlet butterfly (*Euparthenos nubilis*), **INS** *111*
Owlet moth, South American (*Acronycta longa*), **INS** 25
Ox (*Bos*), **FOR** *163*, **NA** 11
Ox, forest, or kouprey (*Bos sauveli*), **TA** 177
Ox, musk. See Musk ox
Ox, wild. See Wild ox
Oxalis. See Wood Sorrel
Oxidation, **PLT** 56-57. See also Respiration
Oxpecker, red-billed, or tick bird (*Buphagus erythrorhynchus*), **B** 74, 75, **EC** 103
Oxyaena, (extinct mammal), **MAM** 44
Oxybelis aeneus. See Vine snake
Oxydactylus (extinct mammal), **NA** 132-133
Oxygen, **FOR** 42, 98, 99; discovery of, **PLT** 60; fishes use of, **FSH** *54-55*; high-altitude, lack of, **MT** 81, 131, 161-162, 183; importance of, **PLT** 57; in photosynthesis, **PLT** 60-61; by-product of photosynthesis, **S** 39-40; in sea water, **S** 11, 82
Oxyura jamaicensis. See Ruddy duck
Oxyura leucocephala. See White-headed duck
Oxyuranus scutellatus. See Taipan
Oymakon, Siberia, **POL** 14
Oyster leaf scale (insect; *Lepidosaphes ulmi*), **FOR** 140
Oystercatcher (bird; *Haematopus ostralegus*), **AB** 81, **B** 115, 134; bill of, **B** *60*; defenses of, **AB** 80
Ozark Mountains, **FOR** 155
Ozma, Project, **E** 180
Ozone (gas), **E** 58
Ozone layer, **E** 66, 67

P

Paca (rodent; *Cuniculus*), **SA** 57, 58, 74, 83
Pacarana (rodent; *Dinomys*), **SA** 75
Paccard, Michel C., **MT** 158
Pacific Coast, **NA** 26-27, 35-38, *43*; algae of, **S** 99. See also West Coast
Pacific Ocean, **DES** 29, **S** 184; fish of, **S** 30, 34, 35; fish migrations in, **FSH** 151-155, 158, *160-161*; fish spawning in, **FSH** 151, 153, 158; fisheries of, **FSH** 13, 171-172, 175-176; Kuroshio Current of, **S** 78; and moon theory, **S** 38; Northern, **S** *maps* 68-69; ocean swells of, **S** 89; Polynesian

exploration of, **S** 182; size of, **S** 11, 13, 56; Southern, **S** *maps* 70-71; volcanic ash of, **S** 59; volcanoes of, **MT** 56-57; Western, **S** 11, 14, 73
Pacific rockfish, or bocaccio (*Sebastodes paucispinis*), **FSH** *164-165*
Pacific salmon (fish; *Oncorhynchus*), **S** 112; evolution of, **FSH** *chart* 69
Pacific sardine (fish; *Sardinops caerulea*), **FSH** 153-154
Pacific tree frog (*Hyla regilla*), **FOR** 88
Pacing (gait of mammals), **MAM** 56-57, *58*
Pack ice, **POL** *maps* 12-13, 14, *17*, 18
Pack rat (*Neotoma*), **DES** 77, 84, *121*, 123
Pacu (fish; *Myleus*), **SA** 181
Padaung woman: brass neck rings of, **TA** *177*
Paddlefish (polyodontidae), **NA** 79, evolution of, **FSH** *chart* 68-69; habitat of, **FSH** 65; of Mississippi, **FSH** 10, 13, 65; mouth of, **FSH** *74-75*
Pademelon wallaby, red-bellied (marsupial; *Thylogale billardieri*), **AUS** 104, *119*
Pademelon wallaby, short-tailed (*Setonix brachyurus*), **AUS** *119*
Paeonia. See Peony
Pagophilus groenlandicus. See Harp seal
Pahoehoe lava, **MT** 59, *74-75*
Paiche. See Giant redfish
Paine Mountains, Chile, **SA** *21*
Paintbrush, Indian (plant; *Castilleja*), **DES** 60, **PLT** *143*
Painted desert viper (*Echis coloratus*), **EUR** 77
Painted lady butterfly (*Vanessa cardui*): egg of, **INS** *70*; metamorphosis of, **INS** *57*
Painted turtle, western (*Chrysemys picta bellii*), **REP** *109*
Paired fins of fishes, **FSH** 61, 62, 66
Pakistan, **DES** 102; animals of, **TA** 151-152; government protected land in, **EUR** *chart* 176
Palaeocastor (extinct rodent), **NA** 132
Palaeolagus (extinct mammal), **NA** 131
Palaeomastodon (ancestral elephant), **MAM** 52
Palaeosyops (extinct hoofed mammal), **MAM** 45, **NA** *128-129*
Palaeothere (extinct ungulate), **EUR** 14
Palaeotragus. See Giraffid
Palalo worm (*Eunice viridis*), **EC** 80
Palawan (island), Philippines, **TA** 169
Palearctic realm, **EC** *map* 20-21
Palearctic region, **EUR** 34, *map* 10; compared with Nearctic, **EUR** 133; geologic history of, **EUR** *map* 11; life zones of, **EUR** *maps* 18-19
Paleoanthropology, definition of, **EM** 14-16, *28-29*
Paleo-Asiatic people, **POL** 130, 133
Paleocene epoch: animals of, **EM** 32-33, **SA** 13; Australian marsupials of, **AUS** *diagram* 88; birds in, **B** 11, **SA** 100; mammalian development in, **MAM** 38-39; Southeast Asian topography during, **TA** *map* 10
Paleogeographic history: and vagility of species, **REP** 82
Paleo-Indians, **NA** *14-15*
Paleolithic art, **EM** *148-149*, *158-163*
Paleolithic tools, **EM** 103, 110, 117, *118-119*, 120-121
Paleoniscids (extinct fishes), **FSH** 65
Paleontologist, work of, **EM** *29*. See also Fossils
Paleozoic era, **E** 135-138; amphibians of, **FSH** 64; evolution of fishes during, **FSH** 64; mountain-building during, **MT** 39; plants of, **FOR** *chart* 48; reptiles of, **REP** 37, 40, *chart* 44-45
Palestine, **DES** 30, 165-166

INDEX (CONTINUED)

Palestinian viper (*Vipera palestinae*), **EUR** 77
Palisade cells, of plants, **AUS** 42, **PLT** 38, 64
Palisades, of Hudson River, **E** 84
Pallas (asteroid), **UNV** 66, 80
Pallas cat (*Felis manul*), **EC** 137
Pallas' sea eagle (*Haliacetus leucoryphus*), **B** 51
Pallid bat (*Antrozous pallidus*), **MAM** 88
Palm (tree; Palmae), **AFR** 63, **EUR** 14, **PLT** 38
Palm, acrocomia (*Acrocomia armentalis*), **FOR** 110
Palm, Amazonian (Palmae), **FOR** *111*
Palm, betel-nut (*areca cathecu*), **FOR** *111*
Palm, branched (*Chrysalidocarpus lutescens*), **AFR** 157
Palm, Brazilian wax (*Copernica cerifera*), **FOR** *111*
Palm, California fan (*Washingtonia filifera*), **PLT** 80
Palm, climbing, or jacitára (*Desmoncus macroanthus*), **SA** 12
Palm, coconut (*Cocos nucifera*), **PLT** 79, 96, 187, **TA** 186-187
Palm, date (*Phoenix dactylifera*), **DES** 140, 145, 165, 171, **EUR** 69
Palm, nipa (*Nipa fruticans*), **TA** 86
Palm, peach (*Guilielma speciosa*), **FOR** 124, 126, 127
Palm, sago (plant; *Cycas revoluta*), **FOR** 43
Palm, sea (algae; *Postelia*), **S** 99
Palm, "terrible," or jacitára (climbing palm; *Desmoncus macroanthus*), **SA** 12
Palm, Washington (plant; *Washingtonia*), **DES** 170
Palm Desert, California, **DES** *185*
Palm swift (bird; *Cypsiurus parvus*), **B** 141
Palmae. See Palm
Palmer, Nathaniel, **POL** 52, 53
Palmer peninsula, Antarctica, **POL** 11, 16, 52, 56, 78, **S** map 73
Palm-nut vulture (bird; *Gypohierax angolensis*), **B** 64
Palmyra, Syria, **DES** 147, *148-149*
Palmyra Island, **S** map 68
Palomar Observatory, **UNV** 33, 45, *48-49*; Hale telescope, **UNV** 52-55; and Schmidt telescope, **UNV** 56
Paloverde, blue (tree; *Cercidium floridum*), **DES** 56
Pamir Mountains, U.S.S.R., **MT** 12; animals and birds of, **EUR** 40
Pamlico terrace, S.C., (coastal marsh), **NA** 86
Pampas (grassland regions), **SA** 13, 107-108
Pampas fox (*Dusicyon gymnocercus*), **SA** 81
Pan troglodytes. See Chimpanzee
Panama: Barro Colorado Islands of, **SA** 34-36, 52, 58, 79; Chagres river of, **SA** 34; howler monkeys of, **PRM** 168; monkey reserve of, **PRM** 39-40
Panama, Isthmus of: once submerged, map 168
Panchen Lama, **MT** 154
Panda (*Ailurus*), **MAM** 17
Panda, giant (*Ailuropoda melanoleuca*), **EC** 15, **EUR** 36, 53
Panda, lesser (*Ailurus fulgens*), **EUR** 36-37, *53*
Pandaka pygmaea. See Dwarf pygmy goby
Pandanales (order of plant class Monocotyledoneae), **PLT** 187
Pandanus. See Screw pine
Pandion haliatus. See Fish hawk; Osprey
Pangolin, or scaly anteater (*Manis*), **AFR** 13, 114, **MAM** 16, 21, 100, 115, **EC** 127, **TA** 147-148, 170
Pangolin, Chinese (*Manis pentadactyla*), **MAM** 100
Pangolin, giant (*Manis gigantea*), **EV** 62; fossils of, **TA** 170

Pangolin, tree (*Manis triscuspis*), **AFR** *124-125*
Panic grass (*Panicum*), **PLT** 31
Panicum. See Panic grass
Panicum miliaceum. See Broomcorn millet
Pansy (*Viola*), **PLT** 124
Panther, black (*Leo pardus*), **TA** 143
Pantanal, or savanna area, **SA** 26-27
Panther, American. See Cougar
Leo tigris. See Indian tiger
Pantholops hodgsoni. See Tibetan antelope
Pantotheres (primitive reptilian mammals), **AUS** 36
Panyptila. See Swallow-tailed swift
Paonias excaecatus. See Blind-eyed sphinx moth
Papago Indians, **DES** 55
Papaver. See individual poppy entries
Papaw (tree; *Asimina triloba*), **EV** 140
Papaya (tree; *Carica papaya*), **PLT** 186
Paper, **FOR** 7, 180, *chart 157*, **PLT** 62
Paper chromatography, **PLT** *56*
Paper wasp (Vespidae), **INS** 79-81, *88-89*; anatomy of, **INS** 44-45; nests of, **INS** 87-88, 94, **TA** *136*; tobacco hornworm controlled by, **PLT** *179*
Paphiopedilum godefroyae. See Godefroy's lady's-slipper
Paphiopedilum niveum. See Snowy lady's-slipper
Papilionaceae. See Spiny horror
Papilionenae. See Swallowtail butterfly
Papio leucophaeus. See Drill
Papio hamadryas. See Hamadryas baboon
Papio sphinx. See Mandrill
Papuan arboreal mouse (*Pogonomys*), **MAM** 59
Papuan man, **EV** 174
Paraceratherium (ancestral rhinoceros), **EUR** 14, **MAM** 39, 42
Paradisaea apoda. See Greater bird of paradise
Paradisaea apoda augusta-victoria. See Empress of Germany's bird of paradise
Paradisaea rubra. See Red bird of paradise
Paradise parrot (*Psephotus pulcherrimus*), **AUS** 151
Paradise whydah (bird; *Vidua paradisaea*), **AFR** 12
Paradise, red bird of (*Paradisaea rubra*), **B** 19
Paraguay: anteater of, **SA** 70; Chaco War in, **MT** 138
Paraguay River, **S** 184
Parahippus (extinct horse), **NA** *132-133*
Parakeet (bird; *Aratinga*), **AUS** 150, **B** 20, **NA** 76, 101, **SA** 104; bill of, **B** 76; as pet, **B** 167; nests of, **EC** 103; psittacosis in, **EC** 100
Parakeet, Carolina (*Conuropsis carolinensis*), **B** 170, *171*
Parakeet, monk (*Myiopsitta monachus*), **B** 142, **SA** 104
Parakeet, ring-necked (extinct bird; *Psittacula exsul*), **AFR** 167
Parakeet, shell, or budgerigar (*Melopsittacus undulatus*), **B** 26, 167
Paralichthys. See Flounder; Fluke
Parallax, **UNV** 34-35, 108, *diagram 34*
Parallel evolutions, in birds, **B** 59
Paramecium (slipper animalcule; *Paramecium aurelia*), **AB** 74-75, **EC** 43; adaptation to salt, **EC** 123; reproductive potential of, **EC** 122
Paramys (extinct mammal), **MAM** 45
Paraná River, **S** 184
Paraná-Paraguay river system **SA** 177
Parangaricutiro, Mexico, **MT** 37
Paranthropus (extinct primate, *Paranthropus robustus*), **EM** 57, 66-67, 73, *74-75*, **EV** 148, 157; age of, **EM** 52, 54; appearance of, **EM** *62*; and Australopithecus,

essential differences between, **EM** 53; body structure of, **EM** 43, 46, 52, 53, 66-67, 70; diet of, **EM** 66-67; discovery of, **EM** 52, 70-71; failure to evolve, **EM** 52-53, 55; hunting methods of, **EM** 66-67, *68-69*; at Olduvai Gorge, **EM** 55, 71, 81; reconstruction of, **EM** *62*; of man, **EC** 96; size of, **EM** 52; at Swartkans, **EM** 60; as a vegetarian, **EM** 55, 66-67
Paranthropus robustus. See *Paranthropus*
Parasites, **EC** 95-104, *110-111*; birds as, **B** 142, 143-144, *152-153*, **EC** 124; of birds, **EC** 94, 95, 96; fishes as, **FSH** 60, *126-127*, 138, *139*, **SA** 180; of fishes, **FSH** 127, **S** 119, *143*; in food chain, **EC** 37; insects as, **AB** 175, **EC** 95, **INS** 11, 39, 56, 101-103, *114-115*, 146; of man, **EC** 96; mussels, **FSH** 127; plants as, **EC** *110-111*, **FOR** 27, **PLT** 13-14, 140-141, *143*, 144, *152-153*; of plants, **EC** 101, **PLT** 144, **TA** 64-65; protective devices against, **INS** *114-115*; of rabbits, **EC** 97; of reptiles, **REP** 86; role of in malaria, **EC** 99; of shrimp, **S** *143*; worms as, **EC** 125, **FSH** 127
Parental care: "baby" look and, **AB** 67; by birds, **AB** 13, 15, 87, **B** 125, *126*, 130-131, 134, 144-145, 146, 147, *158-160*, 161, *162-163*, **SA** 107; duration of, **MAM** *chart 145*; experiments in, **PRM** 86-87, *90-91*, 158; by fishes, **AB** 152, **FSH** 105; by mammals, **AUS** 35, 64, 80-81, **MAM** 12, 146-147, 151, *154-163*, *chart 145*; by man, **PRM** 167, 184; by primates, **AB** 28-29, **EV** *137-138*, 140, *142-143*, **MAM** 146, 158, **PRM** 31, 86, 89, 90-91, 95, *98-99*, 100, 101, 110-111, *120-121*, 158, 160, *166-167*; by reptiles, **REP** 131, *132-133*, 139
Parental instinct, **AB** 67
Parhelia (sundog), **POL** 11, 28
Paricutín, Mexico: volcano in, **MT** 37, *52*, 57, 60
Paridae. See Titmouse
Parietal eye of lizard, **DES** 72
Parietales (order of plant class Dicotyledoneae), **PLT** 186
Parka, **POL** 128, 130, 174
Parkman, Francis, **NA** 96
Parks, U.S. National, **NA** 149-150, *182-193*, *194-195*
Parmelia vagans. See Lichen
Parnaíba River, **S** 184
Paroo River, Australia, **AUS** 13
Parrot (Psittacidae), **AFR** 115, 167, **DES** *158*, **FOR** 75, **NA** 101, **SA** 104; of Australasia, **AUS** 34, *146*, 150, 151, 152, *156-159*; bill of, **B** 15, 37, 68; classification of, **B** 15, 20, 26; eggs of, **B** 143; feeding habits of, **B** 60; feet of, **B** 15, 38; flightless, **AUS** 149; food call of, **B** 60, 123; incubation by, **B** 145
Parrot, broad-billed (*Lophopsittacus mauritanus*), **AFR** 167
Parrot, mulga (*Psephotus varius*), **AUS** 157
Parrot, paradise (*Psephotus pulcherrimus*), **AUS** 151
Parrot pitcher plant (*Sarracenia psittacina*), **EV** 64
Parrot, red-winged (*Aprosmictus erythropterus*), **AUS** 156
Parrot, scarlet-chested, **AUS** 156
Parrot, "Twenty-eight" (*Platycercus zonarius semitorquatus*), **AUS** 146
Parrot, wood-pecking (*Calyptorhyncus funereus*), **AUS** 152
"Parrot fever" (psittacosis) in humans, **EC** 100
Parrot finch (*Erythrura*), **AB** 167, **TA** 37
Parry, Edward, **POL** 33, 39
Parsley (*Petroselinum*), **PLT** 187
Parsnip (plant; *Pastinaca sativa*), **PLT** 11
Parsnip, cow (*Heracleum*), **MT** 87

Parsons, William. See Rosse, Earl of
Parthenium argentatum. See Guayule
Parthenocissus quinquefolia. See Virginia creeper
Parthenogenesis: among lizards, **REP** 127
Partridge (bird; Phasianidae), **B** 15, **TA** 37
Partridge, Barbary (*Alectoris barbara*), **EUR** 64
Partridge, snow (*Lerwa lerwa*), **EUR** 40
Partridge, Tibetan (*Perdix hodgsoniae*), **EUR** 40
Parula americana. See Parula warbler
Parula warbler (*Parula americana*), **FOR** 117
Parulidae. See Warbler
Parus. See Chickadee
Parus bicolor. See Tufted titmouse
Parus caeruleus. See Blue tit
Passenger pigeon (extinct bird; *Ectopistes migratorius*), **B** 170, 171, 180, *181*, 182, **NA** 76, 102
Passer domesticus. See English, or house sparrow
Passerculus princeps. See Ipswich sparrow
Passerherbulus henslowii. See Henslow's sparrow
Passeriformes (order of birds), **B** 19, 20, 30-31, 59
Passerina cyanea. See Indigo bunting
Passerines (perching birds), **B** 16, 30-31, 169-170; seed-eating, **B** 59, 169-170; of Tibet, **EUR** 40; toe-locking mechanism of, **B** 37, 38
Passes, mountain, **MT** 137-138, *chart 136*
Passiflora. See Passionflower
Passionflower (*Passaflora*), **PLT** 141
Pastinaca sativa. See Parsnip
Patagona gigas. See Hummingbird, giant
Patagonia, **SA** 13, 17, 22-23, 34; fossils in, **SA** 34; semiarid plains of, **SA** 13
Patagonian, cavy (rodent; *Dolichotis*), **SA** 13, 74
Patagonian Desert, **DES** 12, 29
Patagonian Indians, **SA** 16, 81
Patagonian plateau, Argentina, **SA** 22-23
Patas monkey (*Erythrocebus patas*), **PRM** 135
Patella vulgata. See Common European limpet
Pathfinder Seamount, **S** map 69
Patriofelis (extinct mammal), **NA** 129
Patroclus (asteroid group), **UNV** *diagram 66*
Patton, George S., Jr., **DES** 128
Patton Seamount, **S** map 68
Pauling, Linus, **EV** 95
Pavlov, Ivan, **AB** 11, 130
Pavo (constellation), **UNV** map 11
Pavy, Octave, **POL** 37
Paw, kangaroo (flower; *Anigosanthus manglesii*), **AUS** 55
Paw prints of North American mammals, **MAM** *186-187*
Paws of primates, **MAM** 177
Pea (plant; *Pisum sativum*), **EUR** 158, **PLT** 61, 141, 165, *172*
Pea, chick (*Cicer arietinum*), **EUR** 158
Pea, dwarf (*Pisum sativum humile*), **PLT** 102
Pea, sturt (flower; *Clianthus speciosus*), **AUS** *54-55*
Pea, sweet (*Lathyrus odoratus*), **EV** *78-79*
Pea aphid (insect; *Illinoia pisi*), **NA** 48
Peace River, British Columbia, **NA** *8-9*, **S** 184
Peach (tree; *Prunus persica*), **PLT** 124
Peach palm (*Guilielma utilis*), **FOR** 124, 126, 127
Peach, sea (*Halocynthia pyriformis*), **S** 25, 107

178

AB Animal Behavior; **AFR** Africa; **AUS** Australia; **B** Birds; **DES** Desert; **E** Earth; **INS** Insects; **MAM** Mammals; **MT** Mountains; **NA** North America; **PLT** Plants; **POL** Poles;

Peacock (bird; Phasianidae), **EV** 48-49, **TA** 175; courtship of, **B** 148; feathers of, **B** 52; zoogeographic realm of, **EC** map 21
Peacock, African or Congo (*Afropavo congensis*), **AFR** 119
Peacock coal, **E** 100
Peak, The (Tristan da Cunha), **MT** 57
Peaks, mountain: altitude and location, **MT** 186. *See also* specific mountains
Peanut (plant; *Arachis hypogaea*), **PLT** 99
Pear (tree; *Pyrus*), **PLT** 124
Peary Land, Greenland, **POL** 15, 39, 82
Pearce, Agnes, **EV** 136
Pearlfish (*Carapus bermudensis*), **FSH** 126, 138, 139
Pearson, Oliver P., **DES** 100, **MAM** 82
Peary, Robert E., **POL** 10, 30, 37, 39, 41, 43, 45, **S** 182; North Pole expeditions of, **POL** 39-40, 41-43, 46-49, 55
Peary caribou (*Rangifer tarandus*), **MAM** 102
Peat, **FOR** 42-43, 79
Peat forest, **TA** map 18-19
Peattie, Donald Culross, **FOR** 60
Pecan tree (*Carya illinoensis*), **PLT** 186
Peccary (extinct wild pig; *Perchoerus*), of Oligocene epoch, **NA** 130-131; *Prosthennops* of Pliocene epoch, **NA** 134-135
Peccary, collared. *See* Collared Peccary
Peccary, white-lipped, or javelina (wild pig; *Tayassu pecari*), **SA** 85
Pech-Merle caves, France, **EM** 160
Pechora River, **S** 184
Peck, Annie Smith, **MT** 170, 171
"Peck order" among mammals, **MAM** 148
Pecking: experiments with, **AB** 133, 138, 139; instinct in herring gull, **AB** 66, 67, 69
Pecos River, **DES** 167, **S** 184
Pectin (plant substance), **PLT** 58, 62, 99
Pectinidae. *See* Scallop, bay
Pectoral fins of fishes, **FSH** 36, 46-47, 54, 61-62, 66, diagram 10
Pectoral sandpiper (bird; *Erolia melanotos*), **B** 103, 105
Pedetes. *See* Jumping hare
Pedicels (basal parts of antlers), **MAM** 98
Pediments (rock formations), **DES** 30, 36-37
Pedioecetes phasianellus. See Sharptail grouse
Pedology, and paleoanthropology, **EM** 28
Peduncle of fishes, **FSH** 47
Peeper, spring (tree frog; *Hyla crucifer*), **FOR** 12
Peewee, wood (bird; *Contopus virens*), **B** 122
Pegasus (constellation), **UNV** 135, map 10
Pei, W. C., **EV** 133, 136
Peking man (*Homo erectus*; earlier *Pithecanthropus pekinensis*), **EM** 14, 77, **EV** 146, 152, **PRM** 181, **TA** 167; artistic reproduction of, **EV** 159; and *Australopithecus*, **EV** 159; brain capacity of, **EM** 79, **EV** 134, 166; cannibalism of, **EV** 159; casts as only remains of, **EV** 136; clues to, **EM** 78; compared to Java man, **EM** 78-79, **EV** 134; cranium, cast of, **EM** 76; dating of, **EV** 16; diet of, **EM** 79; discovery of, **EM** 77, **EV** 133; and evolution to savages, **EV** 159; evolutionary significance of, **EV** 133; infants of, **PRM** 184; knowledge of fire, **EM** 79, **EV** 134, 159; skull of, **EM** 78; speech of, **EV** 159; studies of, **EV** 134-135; tooth of, **EM** 78. *See also* Java man
Pekingese (dog; *Canis familiaris*), **EV** 86
Pelagic birds, **B** 60
Pelagic fishes: body structure of, **FSH** 46-47; eggs of, **FSH** 101; migrations of, **FSH** 149; schooling by, **FSH** 127; and water temperatures, **FSH** 15
Pelamis platurus. See Black and yellow sea snake
Pelea capreolus. See Vaal rhebok
Pelecaniformes. *See* Pelican
Pelecanus onocrotalus. See White pelican
Pelecanus occidentalis. See Brown pelican
Pelée, Mount, **MT** 38, 55-56, 57, 63, 66-67, 186
Pele's hair (glass threads from lava), **E** 101
Pelican (Pelecaniformes), **AFR** 34, 52-53, **B** 14, 19, 20, 60, 61, 99, 169, **FOR** 76; bill of, **B** 37; classification of, **B** 16, 20; evolution of, **B** 11; flight of, **B** 40; wingbeat of, **B** 39
Pelican, Brown. *See* Brown pelican
Pelican, white. *See* White pelican.
Pelobatidae. *See* Spade-foot toad
Pelomedusidae. *See* Hidden-necked turtle
Pelvis of primates, **EM** 35, 51
Pelycosaurs (extinct reptiles), **REP** 40, chart 44-45; mammalian features of, **MAM** 36-37
Pemmican (survival ration), **POL** 70, 173
Pencilfish, dwarf (*Nannostomus marginatus*), **SA** 16, 189
Penguin, (Spheniscidae), **POL** 72, 75, 76, 77, 78, 79, 81, 83-89; classification of, **B** 20; colonies of, **B** 83, 92, 93; communal living of, **AB** 150; evolution of, **B** 13-14; flightlessness of, **B** 12, 13-14; and killer whales, **S** 136; molting of, **B** 35, 54; parental care by, **B** 92, 162
Penguin, Adélie (*Pygoscelis adeliae*), **B** 83, 122, **POL** 72, 77, 79, 85
Penguin, Emperor. *See* Emperor penguin
Penguin, Galápagos (*Spheniscus mendiculus*), **B** 86, 92, **POL** 85
Penguin, Johnny, or gentoo (*Pygoscelis papua*), **MAM** chart 72, **POL** 76
Penguin, king (*Aptenodytes patagonica*), **B** 90-91; eye of, **B** 51
Penguin, magellanic (*Spheniscus magellanicus*), **B** 93, **POL** 76
Penguin, rockhopper (*Eudyptes crestatus*), **B** 18
Penicillin, **PLT** 14
Penn, William, **FOR** 169
Pennant-winged nightjar (bird; *Semeiophorus vexillarius*), **B** 19
Penney, Richard L., **B** 122
"Pennies, water" (beetle larvae; Psephenidae), **INS** 148
Pennine Alps, **MT** 157, 158
Pennsylvania: coal seams in, **FOR** 43; forests in, **FOR** 57-58; gypsy moth in, **FOR** 156; oak wilt in, **FOR** 155
Pennsylvanian period: fish evolution during, **FSH** 68; giant insects in, **AUS** 130; premammals in, **AUS** 65, 130
Penstemon (plant; *Pentstemon*), **DES** 60
Penstemon. See Penstemon
Peony (flower; *Paeonia*), **PLT** 106
Peperomia (succulent plant): water storage leaves of, **PLT** 141
Pepper, black (*Piper nigrum*), **PLT** 186
Pepper, chili (plant; *Capsicum frutescens longum*), **TA** 184-185
Peppered moth (*Biston betularia*), **AB** 175, **EC** 123
Pequegnat, Willis E., **S** 107
Peradorcas concinna. See Rock wallaby
Perameles gunnii. See Tasmanian barred bandicoot
Perameles nasuta. See Long-nosed bandicoot
Peramelidae. *See* Bandicoot
Perca. See Perch
Perca flavescens. See Yellow perch
Perception, extrasensory, **AB** 44
Perch (fish; *Perca*), **FOR** 31; habitat of, **FSH** 19, 20-21; and water temperatures, **FSH** 14, 15
Perch, climbing. *See* Climbing perch
Perch, Nile (fish; *Lates niloticus*), **AFR** 36
Perch, walking. *See* Climbing perch
Perch, yellow. *See* Yellow perch
Percheron horse (*Equus caballus*), **EV** 44
Perching birds, or passerines, **AUS** 149-150, **B** 16, 30-31; ascendancy of, **B** 16, 169-170; breeding of, **B** 142, 144, 145; diet of, **B** 59, 169-170; feeding of young by, **B** 159, 160; seed-eating, **B** 59, 169-170; toe-locking mechanism of, **B** 37, 38
Perchoerus. See Peccary
Percina peltata. See Shield darter
Perdix hodgsoniae. See Tibetan partridge
Père David (Father Armand David), **EUR** 34, 36-37, 46, 111, 118, **TA** 145-146
Père David's deer (*Elaphurus davidianus*), **EUR** 111, 118
Peregrine falcon (*Falco peregrinus*), **B** 62; speed of, **MAM** chart 73
Perennial plants, **PLT** 106
Perentie (lizard; *Varanus giganteus*), **AUS** 135
Perezia atacamensis (plant), **SA** 158
Peridinium (plankton), **PLT** 184
Perihelion, definition of, **UNV** 187
Periodical cicada, or seventeen-year locust (insect; *Magicicada septendecim*), **INS** 74-75
Periophthalmus. See Mudskipper
Peripatus, or "walking worm" (*Peripatus*), **INS** 17, **SA** 158, 160-161
Peripatus. See Peripatus
Perisoreus infaustus. See Siberian jay
Perissodactyla (odd-toed ungulates), **AFR** 67, **MAM** 18, 21, **NA** 128-133
Periwinkle (sea snail; *Littorina*), **EC** 16, 50, **S** 24
Permafrost (frozen land), **EUR** 132, **PCL** 15, 105, 107, 108, 117, 154, diagrams 153, map 12
Permian period, **DES** 27, **E** 136, 137, 138, 144, **EUR** 11, 12; fish evolution during, **FSH** 68; formation of Australia during, **AUS** 35; in geologic time scale, **S** 41, chart 39; insects of, **INS** 18, 143; plants of, **FOR** chart 48; reptiles of, **REP** 10, 35, 38, 42, chart 44, **S** 51-52
Pernambuco Abyssal Plain, **S** map 66
Pernis apivorus. See Honey buzzard
Perodicticus. See Potto
Perodicticus potto. See Potto, Bosman's
Perognathus. See Pocket mouse
Peromyscus. See White-footed mouse
Peromyscus maniculatus. See Deer mouse
Peron's tree frog (*Hyla peroni*), **AUS** 142-143
Peroz I, King of Persia, **EUR** 24
Perpetual Forest, The, Collins, **AFR** 114
Perrine I (comet), **UNV** 70
Perseids (meteor stream), **E** 16
Perseus (constellation), **UNV** 134, map 10
Persia, **DES** 13, 132, 144, 147
Persia, rose of (*Rosa persica*), **EUR** 101
Persian fallow deer (*Dama mesopotamica*), **EUR** 62
Persian Gulf, **DES** 140; hottest seas, **FSH** 14; origin of, **EUR** 33; temperature of, **S** 79
Persian sheepdog (*Canis familiaris*), **EV** 86
Persian wild ass, or onager (*Equus hemionus onager*), **EUR** 84, 155-156

Peru, **DES** 12, 13, 14, 29; Andes mountains of, **SA** 11, 24; bird islands of, **SA** 108; climate of, **MT** 131; desert of, **MT** 91; fertilizer industry of, **S** 79, 84-85; fishing industry in, **MT** 146, **S** 84-85, **SA** 185-186; glaciers in, **SA** 25; guano administration in, **SA** 108, 185; and guano birds, **B** 61, 84, 94-95, 167-168; and Humboldt Current, **S** 78, 79, 172; Incas of, **MT** 132; narcotic addiction in, **MT** 143; population density in, **MT** 134; sources in for the Amazon, **SA** 25; volcanoes in, **MT** 57
Peru Current, **DES** 14, 29
Peru-Chile Trench, **S** 57, map 71
Peruvian booby, or piquero (bird; *Sula variegata*), **B** 61, 94-95
Peruvian cavy (rodent; *Cavia porcellus*), **SA** 74
Peruvian Coast: fisheries of, **FSH** 16, 170
Peruvian firefly (Lampyridae), **INS** 22
Peruvian weevil (Brenthidae), **INS** 22
Pervitin (drug); effect on spiders of, **AB** 104
Peshtigo fire, **FOR** 167
Pesticides, **EUR** 176, **NA** 124; aerial spraying of, **PLT** 181; insect control by, **PLT** 166-167; problem of, **EC** 167; selective use of, **PLT** 167; spraying of, **EC** 181; in water, **EC** 173; for weeds, **PLT** 164
Pests, agricultural, **EUR** 160
Petals, structure of, **PLT** diagram 10
Petaurista petaurista. See Giant "flying" squirrel
Petaurus. See Squirrel glider
Petaurus australis. See Yellow-bellied glider
Petaurus breviceps. See Sugar glider
Peter I Island, Antarctica, **POL** 52
Peter's duiker (antelope; *Cephalophus callipygus*), **AFR** 77
Peterson, Roger Tory, **B** 20, **FOR** 153
Peterson tags for fishes, **FSH** 150
Petitcodiac River, **S** 94
Petrel. *See* Greater shearwater
Petrel, storm (Hydrobatidae), **B** 14
Petrel, Wilson's (*Oceanites oceanicus*), **B** 83, 101, **EC** 144
Petrified Forest, Arizona, **FOR** 44
Petrified Forest National Park, Arizona, **DES** 169, **E** 187, **FOR** 44, **NA** 194
Permian period, **DES** 27, **E** 136, 137, 138, 144, **EUR** 11, 12
Petrochelidon pyrrhonota. See Cliff swallow
Petrogale. See Ringed-tailed rock wallaby
Petrogale penicillata. See Brush-tailed rock wallaby
Petroleum, underwater extraction of, **EC** 163
Petroleum fly (insect; *Helaeomyia petrolei*), **INS** 11
Petrology, and paleoanthropology, **EM** 28
Petromyidae. *See* Rock rat
Petromyzon marinus. See Sea lamprey
Petroselinum. See Parsley
Pets: birds as, **B** 167; reptiles as, **REP** 13, 151-153
Pettersson, Hans, **S** 183
Pettingill, Olin Sewall, **B** 120
Petunia (*Petunia*), **PLT** 123, 124
Petunia. See Petunia
Petursson, Johann, **EV** 182
Peucephyllum. See Pygmy cedar
Peyrère, Isaac de la, **EM** 10
Pezophaps solitaria. See Solitaire, Rodriguez
PGA (phosphoglyceric acid), **PLT** 65
Phacelia (plant; *Phacelia*), **FOR** 19
Phacelia. See Phacelia
Phacochoerus aethiopicus. See Wart hog
Phaeophyta (division of plant

EC Ecology; **EM** Early Man; **EUR** Eurasia; **EV** Evolution; **FOR** Forest; **FSH** Fishes; **PRM** Primates; **REP** Reptiles; **S** Sea; **SA** South America; **TA** Tropical Asia; **UNV** Universe

INDEX (CONTINUED)

subkingdom Thallophyta), **PLT** 184
Phaëthontidae. *See* Tropic-bird
Phaethornis. See Hermit hummingbird
Phalacrocoracidae. *See* Cormorant
Phalacrocorax auritus. See Double-crested cormorant
Phalacrocorax bougainvillii. See Guanay cormorant
Phalacrocorax carbo. See Black cormorant
Phalaenoptilus nuttallii. See Poorwill
Phalanger, "flying." *See* "Flying" phalanger
Phalangida. *See* Daddy longlegs
Phalarope (bird; *Phalaropus*), **B** 38
Phalarope, arctic (*Phalaropus lobatus*), **TA** 33
Phalaropus. See Phalarope
Phalaropus lobatus. See Arctic phalarope
Phanerozoic eon, **E** 133, 135
Phantom crane fly (Ptychopteridae), **INS** 29
Pharaoh ant (*Monomorium pharaonis*), **EC** 11, **TA** 124
Pharomachrus mocino. See Quetzal
Phascogale, red-tailed (*Phascogale calura*), **AUS** 76
Phascogale calura. See Red-tailed phascogale
Phascolarctidae (family of marsupials), **AUS** diagram 89
Phascolarctos cinereus. See Koala
Phascolomis ursinus. See Naked-nosed wombat
Phaseolus. See Bean
Phaseolus vulgaris. See String bean
Phasianidae. *See* Partridge; Peacock; Pheasant
Phasmids (insects), **AFR** 117
Pheasant, argus (*Argusianus argus*), **B** 125, **TA** 146, *173*
Pheasant, blue-eared (*Crossoptilon*), **TA** 146
Pheasant, Bulwer's (*Lophura bulweri*), **TA** 146
Pheasant, double-banded argus (extinct bird; *Argusianus*), **TA** 173
Pheasant, crested fireback (*Lophura ignita*), **TA** 72
Pheasant, golden (*Chrysolophus pictus*), **B** *18-19*, **EUR** *122-123*
Pheasant, Impeyan (*Lophophorus*), **TA** 146
Pheasants (Phasianidae), **B** 165, 168
Pheasant-tailed jaçana (bird; *Hydrophasianus chirurgus*), **B** 18
Phelsuma madagascariensis. See Day gecko
Phenacodus (extinct mammal), **MAM** 44
Phenacogrammus interruptus. See Feathertail
Phenacomys longicaudus. See Red tree mouse
Phenomenon of Man, The, Teilhard de Chardin, **EV** 172
Pheromones (hormones), **AB** 154
Philanthus triangulum. See Digger wasp
Philetarius socius. See Sociable weaverbird
Philip IV, King of France, **EUR** 174, **EV** *179*
Philippines (Islands), **FOR** 7, **TA** 102, 106; animals of, **TA** 86, *104*, 106, 127; coconut exports of, **TA** 187; discovery of, **S** 12; early man in, **TA** *169;* and fish farming, **S** 173; Manila hemp cultivation in, **TA** 187; Negritos in, **TA** 172, *177*, and ocean depths, **S** 61; rice cultivation in, **PLT** *170-171;* temperatures in, **TA** 34; terraced farming in, **MT** 130; volcanoes of, **MT** 57, **TA** *26-27*
Phillips, W. W. A., **TA** 148
Philodendron (plant; *Philodendron*), **PLT** 132, 187
Philodendron. See Philodendron
Philomachus pugnax. See Ruff

Philonthus gopheri. See Slender beetle
Phipps, John H., **REP** 175
Phloem, plant part, **FOR** 97, 98, *104-105*
Phlox (flower; *Phlox*), **DES** 60
Phlox. See Phlox
Phoberomy (extinct rodent), **SA** 58
Phobos (satellite of Mars), **UNV** 65
Phoca caspica. See Caspian seal
Phoebe (bird; *Sayornis*), **B** 102, 146, 171
Phoebe (satellite of Saturn), **UNV** 68
Phoebis (butterfly), **SA** *166-167*
Phoenicians, **DES** 165, **S** 182
Phoeniconaias minor. See Lesser flamingo
Phoenicoparrus jamesi. See James's flamingo
Phoenicopteridae. *See* Flamingo
Phoenicopterus ruber. See Greater flamingo
Phoenicurus phoenicurus. See European redstart
Phoenix (constellation), **UNV** map 11
Phoenix, Arizona, **DES** 171
Phoenix dactylifera. See Date palm
Phoenix Islands, **S** map 70
Pholidophorus (extinct fish), **FSH** chart 69
Pholidota (order of placental mammals), **MAM** 16, *21*
Phoradendron flavescens. See Mistletoe
Phormia regina. See Blowfly
Phororhacos (extinct bird), **B** 11
Phosphates, **DES** 14, 169; importance for algae, **PLT** 13; sugar combined with, **PLT** 61
Phosphoglyceric acid (PGA), **PLT** 65
Phosphorite, **S** 173
Phosphorus, radioactive: concentration of, **EC** 170
Photobacteria, **PLT** 19
Photography: in astronomy, **UNV** 32, 33, 34, 37, *38, 44, 45*, 49, 51, *57;* spectral, **UNV** *31, 50, 51*
Photoperiodism, **PLT** 74, **FOR** 13
Photosphere of sun, **UNV** 88-89, 90, *96-97*
Photostomias querni (fish), **FSH** 19, *22-23*, **S** *27-29*
Photosynthesis, **DES** 56, **FOR** 14, 103, 110, 133, **PLT** 74; and algae, **EC** 36, **POL** 118, **S** 101; chemical reactions in, **FOR** 99, **PLT** 57, 59-61, *64-65;* coenzymes in, **PLT** 41; discovery of, **PLT** 60; and food, **DES** 69, 118, **FOR** 98, **S** 39-40; of orchid, **FOR** 75; importance of, **PLT** 59-60; principles of, **PLT** 60-61; stages of, **PLT** *60;* and temperature, **FOR** 16, 174, **POL** 77
Phototropism, **PLT** 103-104, *108*
Phrixothrix. See Railroad worm
Phrynarachne. See Dung spider
Phrynomeridae (frogs), **AFR** 12
Phrynosoma. See Horned lizard; Horned "toad"
Phycodurus eques. See Ribbon sea horse
Phycomycetes (class of plant division Fungi), **PLT** 184
Phyla (groups of animals), **E** 134
Phyllaria dermatodea, **S** 24
Phyllobates bicolor. See Kokoi
Phyllophaga. See June beetle
Phylloscopus. See Leaf warbler
Phylloscopus collybita. See European chiffchaff
Phyllostomatidae. *See* Leaf-nosed bat
Phymata erosa. See Ambush bug
Physalia. See Portuguese man-of-war
Physeter catodon. See Sperm whale
Physiology: of desert dwellers, **DES** 127-129; experiments in, **AB** 120-121; research in, **PRM** 160, 161, 169
Phytophtora infestans (potato fungi), **PLT** 144
Phytoplankton (plants), **POL** 78; abundance of, **FSH** 12-13; and ocean food chain, **FSH** *124*; structure of, **FSH** *120, 131*

Phytosaur (extinct reptile), **EUR** 12, **REP** *41*, 42, 111
Piazzi, Giuseppe, **UNV** 65-66
Pica pica. See Magpie
Picathartes. See Rock fowl
Piccard, Jacques, **S** *72-73*, 183
Picea. See Spruce
Picea engelmannii. See Engelmann spruce
Picea glauca. See Spruce, white
Picea mariana. See Black spruce
Picea rubens. See Red spruce
Picea sitchensis. See Sitka spruce
Pichy (armadillo; *Zaedyus pichi*), **SA** 56
Picidae. *See* Woodpecker
Piciformes (order of birds), **B** 18, 20
Picoides tridactylus. See Three-toed woodpecker
Picotee begonia (*Begonia*), **EV** 76
Picus viridis. See Green woodpecker
Pied wagtail (bird; *Motacilla aguimp*), **AFR** 34, 41
Pieris rapae. See Cabbage butterfly
Pig, bearded (*Sus barbatus*), **TA** 151
Pig, bush. *See* Bush pig
Pig, crested (*Sus scrofa cristatus*), **TA** 150
Pig, giant (extinct; Anthracotherium), **MAM** 40
Pig, guinea (rodent; *Cavia porcellus*), **EC** 12, map 18, **SA** 57-58
Pigeon (*Columba livia*), **B** 15, 20, 33; diet of, **B** 59; drinking movements of, **AB** *176-177*; feathers of, **B** 33-34; flying experiments with, **AB** 129; gliding ability of, **B** *43;* as message carrier, **B** 167; navigation study of, **B** 107; parental feeding of, **AB** 87; as transmitter of ornithosis, **B** 169; physiological experiments with, **AB** 120; racing by, **B** 167; regurgitation by, **AB** 87; wing design of, **B** *43*; wingbeat of, **B** 39
Pigeon, blue (extinct bird; *Alectroenas nitidissima*), **AFR** 167
Pigeon, domestic (*Columba livia*), **B** 167
Pigeon, green pintail (*Sphenurus oxyurus*), **B** 18
Pigeon, homing, or carrier (*Columba livia*), **B** 111, **EC** 93
Pigeon, fantail (*Columba livia*), **EV** 42
Pigeon, Jacobin (*Columba livia*), **EV** *43*
Pigeon, passenger (extinct bird; *Ectopistes migratorius*), **B** 170, 171, 180, *181*, *182*, **NA** 76, 102
Pigeon, pintail green (*Sphenurus oxyurus*), **B** 18
Pigeon, street (*Columba livia*), **EC** 166
Pigeon, Victoria crowned (*Goura victoria*), **B** 26, 50
"Pigeon milk," **B** 59, 159
Pig-footed bandicoot (*Choeropus ecaudatus*), **AUS** 89, 99, 100
Piglike mammals, **NA** *130-131, 132-133*
Pigments and pigmentation: of algae, **S** *101;* of alligator's eye, **REP** *94-95*; of fishes, **FSH** 42, *48-49*, **S** 111; of man's skin, **DES** 128-130; **EV** *178;* in plants, **PLT** 58-59, *66-69*; Von Luschan scale of, **EV** *164*.
See also Color and coloration
Pika (rodent; *Ochotona*), **EUR** 16, **MAM** 17, *20*, 81, *94*, *186*, **MT** 111, 112. *125*, **NA** 151-152
Pika, black-nosed (hare; *Ochotona melanostoma*), **EUR** 55
Pike, Zebulon, **NA** 118, 147
Pikes Peak (mountain), **MT** 82, 186, diagram 178
Pilchard (sardine; *Sardina pilchardus*), **FSH** 122, 176
Pileated woodpecker (bird;

Ceophloeus pileatus), **B** 138, 171
Pill bug, or wood louse (Armadillidae), **EC** 127, **FOR** *132, 133*, **INS** 14, *31*
Pillow lava, **MT** 59
Pilobolus kleinii (fungi), **PLT** *108-109*
Pilot whale (*Globicephala melaena*), **S** *166*
Pilotfish (*Naucrates ductor*), **FSH** 42, *91*, 122, 124, **S** *27-28*
Piltdown man (*Eoanthropus dawsoni*), **EM** 24, *25*, **EV** *133*
Pima Indians, **DES** 55
Pinchot, Gifford, **FOR** 170, 172
Pindus Mountains, Greece, **EUR** 59
Pine (tree; *Pinus*), **EUR** 14, 59, *66*, **MT** 80, 83, *84-85*, 86, 92, **NA** *88*, **PLT** *185;* bark of, **PLT** 104; characteristics of, **PLT** 15; cones of, **FOR** *106*, **PLT** *14;* decline of, **FOR** 174; depletion of, **NA** 174; distribution of, **PLT** 127; in eastern U.S. forests, **NA** 96; with edible nuts, **PLT** *114-115;* evolution of, **FOR** 40-41, 43, 44, 46; and fire, **FOR** 156; of Mediterranean region, **EUR** 59; needle of, **PLT** *52-53;* in southern U.S. lowlands, **NA** 76-77; terpens in, **PLT** 56; timber yield of, **FOR** *181*
Pine, Aleppo (*Pinus halepensis*), **EUR** 59
Pine, bristlecone (*Pinus aristata*), **FOR** *64*, 66, **PLT** 106
Pine, in Corsica (*Pinus laricio*), **EUR** 66
Pine, cypress (*Callitris*), **AUS** 13
Pine, Georgian (*Pinus*), **FOR** 172
Pine, jack (*Pinus banksiana*), **FOR** 156, 157, 176
Pine, limber (*Pinus flexilis*), **FOR** 65, **MT** *84-85*, 86
Pine, longleaf (*Pinus palustris*), **NA** *76-77*, *88*
Pine, piñon (*Pinus cembroides*), **FOR** 61, **PLT** *114-115*
Pine, pitch (*Pinus rigida*), **FOR** 96, **PLT** *150-151*
Pine, ponderosa (*Pinus ponderosa*), **FOR** 59, 61, *163*, *178*, **MT** 83
Pine, Scotch, or Scotch fir (*Pinus sylvestris*), **EV** 43
Pine, screw (*Pandanus*), **AUS** 45, **FOR** *108*, 109, 110, *111*, **TA** 62
Pine, shortleaf (*Pinus echinata*), **FOR** 60
Pine, stone (*Pinus pinea*), **EUR** 59
Pine, white. *See* White pine
Pine grosbeak (bird; *Pinicola enucleator*), **B** 87
Pine, or North American, marten (mammal; *Martes americana*), **NA** 175
Pine leaf scale (insect; *Chionaspis pinifoliae*), **FOR** 140
Pine needle sphinx (insect; *Lapara bonbycoides*), **INS** 110
Pine snake (*Pituophis*), **REP** *64-65*
Pine squirrel (*Tamiasciurus*), **MAM** 94
Pine warbler (bird; *Dendroica pinus*), **B** 121
Pine weevil (Coleoptera), **FOR** 152
Pineapple (*Ananas comosus*), **PLT** 187; alcohols formed in, **PLT** 58; diffusion of, **PLT** map 162
Pingo (geological formation), **PUL** 107, *114*
Pinguicula (plant), **PLT** 146
Pinicola enucleator. See Pine grosbeak
Pink, cushion. *See* Cushion pink
Pink, Indian (plant; *Lobelia cardinalis*), **MT** 86
Pink, mountain cushion (*Polster roschen*), **EUR** 147
Pink, northern cushion (*Silene acaulis*), **EUR** 147
Pink lady's-slipper (plant; *Cypripedium acaule*), **NA** 107
Pinnacles National Monument, California, **E** 186, **NA** 194
Pinnipeds (finned mammals), **NA** 37-38, **POL** 80-81, 92

180

AB Animal Behavior; **AFR** Africa; **AUS** Australia; **B** Birds; **DES** Desert; **E** Earth; **INS** Insects; **MAM** Mammals; **MT** Mountains; **NA** North America; **PLT** Plants; **POL** Poles;

Piñon pine (tree; Pinus cembroides), FOR 61, PLT 114-115
Pinscher, Doberman (dog; Canis familiaris), EV 87
Pintail duck (Anas acuta), AB 173, B 115, 174
Pintail green pigeon (Sphenurus oxyurus), B 18
Pinus. See Pine tree
Pinus aristata. See Bristlecone pine
Pinus banksiana. See Jack pine
Pinus cembroides. See Piñon pine
Pinus echinata. See Shortleaf pine
Pinus flexilis. See Limber pine
Pinus halepensis. See Aleppo pine
Pinus laricio. See Pine, in Corsica
Pinus monticola. See White pine
Pinus palustris. See Longleaf pine
Pinus pinea. See Stone pine
Pinus ponderosa. See Ponderosa pine
Pinus rigida. See Pitch pine
Pinus strobus. See White pine
Pinus sylvestris. See Scotch fir or Scotch pine
Pinus taeda. See Loblolly
Pioneer Ridge (North Pacific), S map 69
Pipa pipa. See Surinam toad
Pipe, Indian (plant; Monotropa uniflora), PLT 152, 153
Pipefish (Sygnathus), S 113, 114-115; breeding of, FSH 104; brood pouch of male, S 114-115; camouflage by, FSH 17; eggs of, FSH 110; scales of, FSH 38
Pipefish, banded (Dunckerocampus caulleryi chapmani), FSH 111
Pipefish, bay (Syngnathus griseolineatus), FSH 17
Piper nigrum. See Black pepper
Piperales (order of plant class Dicotyledoneae), PLT 186
Pipidae (frog family), SA 133-134
Piping plover (bird; Charadrius niatcula), B 134
Pipistrelle bat (Pipistrellus), MAM 126, 132
Pipistrellus. See Pipistrelle bat
Pipit (bird; Anthus), B 38
Pipit, meadow (Anthus pratensis), B 144
Pipit, tree (Anthus trivialis), B 152
Pipridae. See Manakin bird
Piquero, or Peruvian booby (bird; Sula variegata), B 61, 94-95
Piraibá (giant catfish; Brachyplatystoma filamentosum) SA 16, 180
Piranha (fish; Serrasalmus nattereri), FSH 11, 13, 16, 181
Pirarucú. See Giant redfish
Pisces (constellation), UNV map 10
Piscis Austrinus (constellation), UNV map 11
Pistachio (tree; Pistacia), PLT 186
Pistacia. See Pistachio
Pistia stratiotes. See Water lettuce
Pistil (flower part), PLT 116
Piston corer: for ocean bottom research, S 41-42, 43
Pisum sativum. See Pea
Pisum sativum humile. See Dwarf pea
Pit viper (snake; Crotalidae), NA 80
Pitcairn Island, S map 71
Pitch pine (Pinus rigida), FOR 96, PLT 50-51
Pitcher, aerial (plant; Nepenthes), TA 65
Pitcher, terrestrial (plant; Nepenthes ampullaria), TA 65
Pitcher plant, parrot (Sarracenia psittacina), EV 64
Pitchi-pitchi (marsupial; Dasyuridae), DES 76
Pith of dicot stem, PLT 30
Pith rays (tree parts), PLT 50-51
Pithecanthropus (extinct primate), MAM 168; comparison of skull to modern man, EV 148
Pithecanthropus pekinensis. See Peking man
Pithecanthropus erectus. See Homo erectus
Pithecophaga jefferyi. See Monkey-eating eagle
Pitt, Frances, EUR 114
Pituitary hormones, AB 86, 87
Pituophis. See Pine snake
Pizarro, Francisco, MT 138, 144, NA 75
Pizonyx vivesi. See Fish-eating bat
Placenta: function of, MAM 15; origin of, EV 115
Placentals (mammals): of Australia, AUS 35-37, 63, 79-81; characteristics of, MAM 13, 15-18; gestation periods of, MAM 145; of South America, SA 13, 14, 77, 88; types of, MAM 16-18
Placodermi. See Placoderms
Placoderms (extinct armored fishes; Placodermi); evolution of, EV 112, FSH 61, 62, chart 68-69; extinction of, FSH 66; scales of, FSH 38-39
Placodus (extinct reptile), REP 41, 48-49
Plaice, or European, flounder (fish; Pleuronectes platessa), FSH 175, 177, S 173
Plain silver polish rooster (fowl; Gallus gallus), EV 85
Plains, NA 117-126, 127-143; abyssal, S 57-58, maps 64-65, 66-67
Plains Indians of North America, NA 16, 72-73
Plains kangaroo. See Boomer
Plains viscacha (rodent; Lagostomus maximus), EC 136, SA 57
Planetaries (planetary nebulae), UNV 122-123
Planets, UNV 64-69; angular momentum of, UNV 93; and Bode's law, E 36, 37; communication from other, possibility of, UNV 136; formation and development of, E 36-37, 45, UNV 93, 104-105; gases of, S 9-10, 37-38; motion of, UNV 64; orbits of, UNV 64, 72; possibility of around other stars, UNV 135-136; possible life-bearing, UNV 78, 79, 136; relative sizes of, UNV 73; symbols of, UNV 64. See also Solar system; individual planets
Planigale (marsupial), AUS 82
Plankton, PLT 13, 184; abundance of, FSH 12; in antarctic waters, POL 78, 79, 80; in arctic waters, POL 155; of the deep ocean, S 111, 112; fertilization of, FSH 177-178; and fisheries, S 85; as food for birds, B 60-61; as food for fishes, TA 29; as food for man, POL 171; and gill rakers, FSH 13; growth of, FSH 121, 177; habitats of, S 105; human consumption of, S 174; manta rays feeding on, S 135; Mediterranean, EUR 41; numbers of, S 107; in ocean food chain, FSH 124; "red tides" produced by, EC 149, FSH 16; responses to light by, EC 77; rhythmic movements of, EC 76-77; sharks feeding on, S 133; structure of, FSH 120; whale consumption of, S 148
Plant, parrot pitcher (Sarracenia psittacina), EV 64
Plant, South American cushion (Azorella), MT 87
Plant, trumpet (Sarracenia flava), PLT 154
Plant galls and insect behavior, PLT 156-157
Plant Hybridization, Experiments in, Mendel, EV 71
Plant louse, Cretaceous, INS 19
Plantain (plant; Musa paradisiaca), DES 114, TA 186-187
Plantain eater, or touraco (bird; Musophagidae), AFR 13, 115, B 15, 20. See also individual touracos
Plantigrade stance, MAM 57-58, 187
Plants, PLT (entire vol.); of Africa, AFR 63, 136, 137, 138, 139, 143, 146-149, 171; and animal populations, DES 114, 118-120; annual, DES 54, 58-60, 114, 117, 118; and antarctic, POL 14, 16, 27, 77-78, 171; anti-social, PLT 140; aquatic, PLT 12-13, 126, 146, S 14, 39-40, 77-78, 104, 105, 107, chart 15; arctic, PLT 14, 125, POL 15, 26-27, 32, 80, 105, 106, 107-108, 113, 118-121, 125, 155, 156; and artificial selection, EV 82-83; asexual propagation of, EV 77, 81, 94; in Australia, AUS 10, 15, 16, 39, 40-42, 43-57; autotrophic, PLT 13; and carbon dioxide, S 11; and carnivorous, INS 124-125, PLT 146, 154-155; cells of, compared with animal cells, PLT 36, 38, 106; classification of, PLT 9-16, 183-187; climatic adaptation of, POL 77-78, 82; and climbing, PLT 140-143, 150-151; clothing for, PLT 9; cohesion in, PLT 79; competition among, PLT 140; cooperation between, PLT 168; in the desert, DES 10, 14, 54-60, 66, 121, 170, EUR 82-83, EV 54-55, PLT 80, 168; domestication of, EUR 156-158, 156, 157; and dormancy, DES 53-54, 56, 60; drought-resistance of, EUR 68-69; dwarf, PLT 102, 105; ecology of, EV 9; epiphytic, FOR 55, 73, 75-76, 109, PLT 136, 140-141, 142, 143, 150; evolution of, FOR chart 48, S 39-40, 41; extinct, EUR 11, 12, 13, 14, 16, map 14, NA 10; fertilization in, PLT 105; and fish farming, FSH 12; and flowering, INS 16, 19, 36, 125-126, PLT 15-16, 28-29, 39, 80, 98, 124, chart 18-19; in food chains, EC 36; as bird food, B 59-60; as food for insects, INS 123-124; giantism in, EV 82-83; Himalayan, EUR 34-36; hormones of, PLT 39, 41, 101-104, 105, 112-113, 164; and insects, INS 123-126; insectivorous, EV 64-65; on islands, EC 59-60; in Mediterranean region, EUR 58-60, 68, 160; metabolism of, PLT 61-62; medicinal, PLT 9, 12; migration of, EUR 16, 160, SA 12; and nitrogen, E 110; and other planets, PLT 128; perennial, DES 14, 54, 58, 117; poisonous, PLT 140; protective devices of, PLT 147; and pollination by insects, INS 125-126 (see also Flowering plants); propagation of, POL 82; in pyramid of numbers, EC 37; salt tolerance of, EUR 60; seashore, PLT 79, 96; slimes of, PLT 62; steppe of, EUR 82-83; succulent, EV 54-55, PLT 80, 86; and survival, PLT 128; and symbioses with insects, INS 125, 126; on Tibetan plateau, EUR 35, 38; tropical, PLT 9, 123, 125-127, 132-133, 140-141; water requirements of, DES 15, 54, 55, 56, PLT 74, 90-91. See also specific alpine; flowers; trees; plants
Plasmodium (endoparasite; Plasmodium), EC 99
Plasmodium. See Plasmodium
Plastic tags: for fishes, FSH 150
Plastron of turtle shell, REP 10, 155
Platalea alba. See Spoonbill
Platanus (extinct tree): fossil of leaf, E 143
Platanus. See Sycamore
Plateaus: world's highest, MT map 44-45
Plated dinosaur (extinct reptile; Stegosauria), REP 39
Plated lizard (Gerrhosauridae), AFR 12
Plato, EUR 58; astronomical views of, UNV 12
Plato Seamounts, S map 64
Platt National Park, Oklahoma, NA 195
Platte River, DES 33
Platter, Thomas, AB 51
Platybelodon (ancestral elephant), MAM 53
Platyberix opalescens (fish), S 27-29
Platycercus zonarius semitorquatus. See "Twenty-eight" parrot
Platycerium. See Staghorn fern
Platycerium grande. See Australian staghorn fern
Platyhelminthes. See Flatworms
Platypus (marsupial; Ornithorhynchus anatinus), AUS 34, 35, 58, 59-66, 67-71, EV 60-61, 115; bill of, AUS 62, 69; burrows of, AUS 62, 64-65, MAM 122; care of young by, AUS 64; characteristics of, MAM 14-15; classification of, AUS 60-61, MAM 20; compared with other animals, AUS 68-69; courtship of, AUS 65, MAM 143; description of, AUS 60; egg laying by, MAM 145; feeding habits of, AUS 60, 62, 67, 70-71; forefoot of, AUS 69; nursing mother, MAM 12; poison spur of, AUS 68; reproduction of, AUS 61, 64; shoulder girdle of, AUS 69; swimming of, AUS 70, EV 60-61; tail of, AUS 68; venom of, EV 60; webbed feet of, MAM 61-62, 66; zoogeographic realm of, EC map 21
Platypus, "duck-billed." See Australian "duck-mole"
Platyrrhines (monkeys), SA chart 42-43
Platysomus (fish), FSH chart 68
Plautus alle. See Dovekie
Playa (dry lake bed), DES 30-31, 36-37
Plecoptera. See Stonefly
Plecotus. See Lump-nosed bat
Plectrophenax nivalis. See Snow bunting
Plegadis falcinellus. See Glossy ibis
Pleiades (galactic cluster), UNV 120, 134, map 10
Pleione (star), UNV 111
Pleistocene epoch, E 136, 137; in Africa, AFR 63, 112, 139, 153, 156, 166; animals of, SA 15, TA 103; birds of, B 11, 106, 169, 170; in geologic time scale, S chart 39; glaciation in, EUR 15, map 14, NA 12, POL 106, 110, 112, TA 34; mammalian development in, MAM 40-42, 46-47; man's evolution during, EV 166; ocean levels during, TA 101, 102; South Asia during, TA 11
Plesiosaurs (marine reptiles), AUS 39, EUR 13, FSH 66, REP 42, 48, 107, 108-109, chart 44-45
Plesiadapis (extinct prosimian): skull of, EM 33
Pleurobrachia pileus. See Sea gooseberry
Pleurococcus. See Tree moss
Pleurodira. See Side-necked turtle
Pleuronectes platessa. See Plaice
Pliocene epoch: adaptations of apes during, EM 50; animals of, AFR 36, 156; birds of, B 11, 169, SA 100; evolutionary changes in primates during, EM 47; mammalian development during, MAM 40, NA 134-135; marsupials of, AUS diagram 88; plants of, AUS 40, EUR 15; South America during, SA 13, 14; Southeast Asian topography during, TA map 11; tropical forests of, EM 50
Pliny, DES 95, 98, INS 170, REP 149
Pliny the Elder, MT 54
Pliohippus (extinct horse), EV 113, NA 135, 136
Pliopithecus (extinct ape), EM 33, 36, 38, 41, map 32, EUR 15
Ploceidae. See Weaverbird; Widow bird
Ploceus philippinus. See Baya weaverbird
Plover (bird; Charadriidae), AFR 34, 41, B 20, 24, 61, POL 109
Plover, Egyptian (Pluvianus aegyptius), FSH 124
Plover, golden (Pluvialis dominica),

EC Ecology; EM Early Man; EUR Eurasia; EV Evolution; FOR Forest; FSH Fishes; PRM Primates; REP Reptiles; S Sea; SA South America; TA Tropical Asia; UNV Universe
181

INDEX (CONTINUED)

B 25, 101, 103, 107
Plover, piping (bird; *Charadrius hiaticula*), **B** *134*
Plover, ringed (*Charadrius hiatcula*), **B** *134*
Plover, spurwing (bird; *Hoplopterus spinosus*), **AFR** 41
Plow: discovery of, **PLT** 161; ox-drawn, **EUR** 71
Plum curculio (beetle; *Conotrachelos nenuphar*), **PLT** 176
Plumage, **AB** 175; body heat regulation by, **B** 34, 53, *114*; and courtship, **B** 35, *120-121*, 125, 148; flight adaptations of, **B** 33-34, *52-53*; fluffing of, **B** 120, *134*; molting of, **B** 34-35, 54. See also Feathers.
Plume moth (*Trichoptilus lobidactylus*), **INS** *25*; caterpillar of, **INS** 115
Plumule (stem tip), **PLT** 99
Pluto (planet), **UNV** 68-69, **S** 9-10; orbit of, **UNV** *72*; relative size of, **UNV** *73*; speed of, **UNV** 73; symbol for, **UNV** *64*
Plutonists, **E** 85
Pluvianus aegyptius. See Egyptian plover
Pluvialis dominica. See Golden plover
Plymouth rock (fowl; *Gallus gallus*), **B** 34
Po River, **MT** 24
Poaching: in Africa, **AFR** 172, *173*, *184-185*
Pocahontas, **NA** 20
Pocket gopher (Geomyidae), **EC** *136*; coloration of, **DES** 77; evolution of, **EC** 13; forelimbs of, **MAM** 59; as plant destroyers, **MT** 89; populations of, **MT** 112, **NA** 110
Pocket mouse (*Perognathus*), **DES** 76, 77, **MAM** 77, 102
Podargidae. See Frogmouth
Podargus strigoides. See Tawny frogmouth
Podiceps auritius. See Horned grebe
Podiceps cristatus. See Grebe, great crested
Podiceps grisegena. See Red-necked grebe
Podicipediformes (order of birds), **B** 19-20
Podilymbus podiceps. See Hell diver
Podocarpus. See Yellowwood
Podocnemis expansa. See Arrau, or South American river, turtle
Pods (dense groups): of fishes, **FSH** 127-130; of whales, **S** 150
Podzol, (soils), **FOR** 136
Poëbrotherium (extinct Oligocene mammal), **MA** *130-131*
Poeciliidae (family of fishes), **SA** 183
Pogonomyrmex barbatus. See Texas harvester ant
Pogonomys. See Papuan arboreal mouse
Point Barrow, Alaska, **POL** 39, 75, 152, 154
Pointer (dog; *Canis familiaris*), **EV** *86*
Pointer, German (dog; *Canis familiaris*), **EV** *86*
Pointer, German shorthaired (dog; *Canis familiaris*), **EV** *86*
Poison ivy (plant; *Rhus radicans*), **FOR** 149, **PLT** 11, 186
Poison oak (*Rhus toxicodendron*), **FOR** *149*, **PLT** 11
Poison sumac (plant; *Rhus vernix*), **FOR** *149*, **PLT** 11
Poisonous animals: frogs, **SA** *140-141*; lizards, **REP** 59; snakes, **REP** 14-16, 59-62, 65, *68-73*, 74, 153; wasps, **INS** *44*. See also Venom
Poisonous fishes, **FSH** 24, 78, *96-97*; coloration of, **FSH** 26, 42; denticles of, **FSH** 84; flesh toxicity of, **S** 34; habits of, **FSH** 141
Poisonous plants, **FOR** 96, 123, **PLT** *37*, 140, 149; of mushrooms, **FOR** 146; types of, **PLT** 11; uses of, **PLT** 12

Poisonwood (tree; *Metopium toxiferum*), **FOR** 60
Pokhara plateau, **MT** 162
Poland: early conservation practices in, **EUR** 174; forests of, **EUR** 108; forest reserves of, **EUR** 179; government protected land in, **EUR** *chart 176*; lynx population of, **EUR** 113; wildlife reserves of, **EUR** 178; wolves of, **EUR** 113
Polar bear (*Thalarctos maritimus*), **MAM** *28-29*, 58, 80, 94, 102, **NA** 15, **POL** 75, 81, *100-101*, *142*; diet of, **MAM** 80; feet of, **MAM** 58; food caches of, **MAM** 94; footprints of, **MAM** *186*; protective coloration of, **MAM** 102; speed of, **MAM** *chart 72*
Polar Continental Shelf Project, Canadian, **POL** 157
Polar day, **POL** 10
Polar Do's and Don't's, **POL** 186-187
Polar regions, **DES** 14, 28, 29; boundaries of, **POL** 10; differences between, **POL** 11, 14-16, 18; geographical comparison of, **POL** 10-11; light phenomena in, **POL** *28-29*; similarities between, **POL** 11; theories of cold condition of, **POL** 16
Polar seas: and sun's rays, **S** 10, 43; and salinity, **S** 79; and whale travels, **S** 148. See also Antarctic Ocean, Arctic Ocean
Polar trenches, **S** *maps 72, 73*
Polar wandering, **E** 163
Polaris (star; Alpha Ursae Minoris), **UNV** 109, *map 10*; as North Star, **E** 13, *diagram 14*
"Pole of inaccessibility," **POL** 12, *map 13*
Polemonium viscosum. See Sky pilot
Polecat (*Mustela putorius*), **EUR** 125
Poles (North and South), **POL** 10, *18-19*; famous mountains of, **MT** *178*; and ice ages, **S** 43; light conditions at, **POL** 11; locations of, **S** *maps 72-73*; shift of, **MT** 60, **POL** 16. See also North Pole; South Pole
Polinices. See Moon snail
Pollachius virens. See Pollack
Pollack (fish; *Pollachius virens*), **FSH** 19, *22-23*
Pollen, **FOR** 96, 106; analysis of, **EUR** 110; grains of, **EUR** *110-111*; and peat bogs, **FOR** 80; of pine cones, **PLT** 15; plant sperm produced in, **PLT** 105; windborne, **PLT** 11
Pollen tubes, of higher plants, **PLT** 105
Pollinating insects, **INS** 16, 125, 126-127
Pollination, **DES** 60, **PLT** 10-11, 105; by bats, **PLT** 11; by birds, **PLT** 11, 105; in commercial hybridization of roses, **EV** *80-81*; forms of, **FOR** 42, 44-45, 97, 178-179, **PLT** 15-16; by insects, **INS** 125-126, **PLT** 11, 15-16, 105, 144-145; of pine cones, **PLT** 15; and reproductive adaptations of flowering plants, **PLT** 16, self, **PLT** 11; by wind, **PLT** 11, 105
Pollinators, **AB** 37, 156
Pollux (star; Beta Geminorum), **UNV** 11, 131, *map 10*
Polo, Marco, **EUR** 81, *85*
Polster roschen. See Mountain cushion pink
Polyborus cheriway. See Caracara
Polydolopidae (marsupials), **AUS** *diagram 88*
Polygala. See Milkwort
Polygamy: of Australasian birds, **AUS** 153-154; of fur seals, **MAM** 144; of peahen, **EV** 48
Polygonal landscape, **POL** 107, *114-115*
Polygonales (order of plant class Dicotyledoneae), **PLT** 186
Polygonatum. See Solomon's seal
Polygonum. See Knotweed
Polynedral stone, **EM** 115

Polynesia, **FOR** 110
Polynesian rat (rodent; *Rattus exulans*), **EC** 61
Polynesians, **EV** *174*, **S** 182
Polyodon (extinct paddlefish), **FSH** *chart 69*
Polyodontidae. See Paddlefish
Polyphemus moth (insect; *Telea polyphemus*), **INS** 15
Polypodiaceae. See Ferns
Polypodium. See Resurrection fern
Polyprion americanum. See Wreckfish
Polyprotodont marsupials, **AUS** 78, 79
Polypterus bichir. See Nile bichir
Pomatomus saltatrix. See Bluefish
Pomegranate (tree; *Punica granatum*), **PLT** 186
Pomeranian (dog; *Canis familiaris*), **EV** *86*
Pomolobus pseudoharengus. See Alewife
Pomoxis annularis. See White crappie
Pomoxis nigromaculatus. See Black crappie
Pompano, African (*Alectis crinitus*), **FSH** 26, 27
Pompeii, **MT** 54, *65*
Pompeii, Last Day of (painting), **MT** *64*
Ponce de León, **NA** 20, 30
Pond fishes, **FSH** 19, *20-21*
Ponderosa pine (tree; *Pinus ponderosa*), **FOR** 59, 61, *163*, *178*, **MT** 83
Pondweed (plant; *Potamogeton*), **PLT** 31
Ponerinae. See Ponerine ant
Ponerine ant (Ponerinae), **INS** 27
Pongo. See Orangutan
Pons-Brooks (comet), **UNV** 70
Pons-Winnecke (comet), **UNV** 70
Pontic Mountains, **EUR** 62
Pony, Siberian (*Equus caballus*), **POL** 54, 56, *60*
Poodle (dog; *Canis familiaris*), **EV** *86*
"Pool of stimulation" and grayling butterfly, **AB** 64
Poorwill (bird; *Phalaenoptilus nuttallii*), **B** 100, **DES** 77, 100, *101*
Pope, Alexander, **PRM** 151
Pope, Clifford, **REP** 13, 150
Popeye goldfish, or telescope-eyed veiltail (*Carassius auratus*), **FSH** 58
Popillia japonica. See Japanese beetle
Poplar (tree; *Populus*), **FOR** 16, 45, *106*, 113, **PLT** 186
Popocatéptl (mountain peak), **MT** 38, *186*, *diagram 174*
Poppy, Arctic (*Papaver*), **POL** 120
Poppy, California (*Eschscholzia californica*), **DES** 60, **PLT** 123
Poppy, European (*Papaver*), **AB** 37
Poppy, red. See Red poppy
Populations, **DES** 114, 118-120; of animals, **AUS** 42, **EC** 40; of birds, **B** 12, *18-19*, 20, 82, 83, 84-85, 86, 87-88, 89, 95, 168, 169-170, *map 90-91*, **EC** 142; birth rate and, **B** 84-85, 86, *map 90-91*; control of, and birds, **B** 86-87, 168-169, 172; and culture, **EM** 175-176; cycles of, **B** 87-88, **EC** 143; Darwin and, **EV** 43; density of, **B** 84, 85, 95, **EC** 142, **EM** *175*, 176; and ecology, **EC** 167; explosions of, **B** 169-170, **EUR** 134, **EV** 43; diseases and, **EC** 98, 168; of frogs, **SA** 133; group stimulation and, **EC** 145; of insects, **INS** 14; Malthus and, **EV** 40; of mammals, **EC** 37, 38, 61, 143, **EUR** 134, **MAM** *chart 22-23*, **SA** 14, 38, 52, 53, 56, 58, 70, 78; of man, **AUS** 169, 170, 177, **EM** 176, *chart 175*, **EUR** *map 175*, **POL** 134; migration and, **EUR** *map 175*; and overpopulation, **E** *167-169*; pesticides and, **B** 84-85, 172; of plankton, **FSH** 12; of plants,

EC 40, **FSH** 12-13, **PLT** 16; of prehistoric man, **EC** 167, **EM** 176, *chart 175*; of primates, **PRM** 15, 24, 35, 63, **SA** 34, 40; projections of, **EM** 176, *chart 175*; rise and fall of, **EC** 141-150; territories and, **EC** 59; of world at present, **EV** 173
Populus. See Poplar
Populus. See Cottonwood
Populus tremuloides. See American aspen
Porcupine, African (*Hystrix galeata*), **AFR** *26*, **MAM** *110-101*
Porcupine, Bornean (*Hystrix crassispinis*), **TA** 144
Porcupine, North American (*Erethizon dorsatum*), **MAM** 59, *101*
Porcupinefish (*Diodon holocanthus*), **FSH** 66, 138, *98*
Porgy (fish; Sparidae), **FSH** 100
Porifena. See Sponges; Sea vases
Porkfish (*Anisotremus virginicus*), **FSH** 18, 19, **S** *118*, 119
Port (fish; *Aequidens portelegrensis*), **FSH** *105*
Port Cros (island), **EUR** 179
Port Jackson shark (*Heterodontus phillippi*), **FSH** 13, 63, 79, 93
Portheus (extinct fish), **FSH** *chart 69*, **S** *44-45*
Portheus. See Ancestral herring
Portugal: sardine fisheries of, **FSH** 174, *180-181*; wetlands of, **EUR** 180
Portuguese man-of-war (marine colony; *Physalia*), **FSH** 123, **S** 106, *107*; mutualism of, **EC** 103
Portuguese "man-of-war fish." See "Man-of-war fish"
Portolá, Gaspar de, **NA** *map 27*
Posidonius (Greek philosopher), **S** 182
Positive feedback, **EM** 51
Posner, Dr. Gerald, **B** 61
Possum, brush-tailed (*Trichosurus*), **AUS** 89, 101, 111
Possum, honey (*Tarsipes spenserae*), **AUS** 41, 102, *103*
Possum, Leadbeater's (*Gymnobelideus leadbeateri*), **AUS** 111
Possum, mountain (*Trichosurus caninus*), **AUS** *108*
Possum, pygmy, or "dormouse" (*Cercartetus concinnus*), **AUS** 41, 102, 110
Posteleia. See Sea palm
Posturing: aggressive, **AB** *163*; alarm, **AB** *162*; appeasement, **AB** 156; attack, **AB** *162*; defensive, **AB** *162*; in birds, **AB** 90, 156; of black-headed gulls, **AB** 156, 182, 183; in cichlid fishes, **AB** 152, 156-157, *163*; in man, **AB** *91*, 156; mating, **AB** *162*; threat, **AB** 90, 91, 156, *162*, 177, 182, *183*
Potala, Lhasa, **MT** 138, *153*
Potamochoerus porcus. See Bush pig
Potamogale velox. See Otter shrew
Potamogeton. See Pondweed
Potamotrygonidae (stingrays), **SA** 184
Potaro River, British Guiana, **SA** *30-31*
Potash, **DES** 14
Potassium, **DES** 14; in soil, **PLT** 122
Potassium-argon dating method, **EM** 14, *26-27*, 35, **PLT** *chart 15*
Potato (*Solanum tuberosum*), **MT** 132, 140, **PLT** 187; blight of, **EC** 168, **PLT** 163; cell-type in, **PLT** 39; diffusion of, **PLT** *map 162*; in New Zealand, **EC** 61; parasites of, **PLT** 144; photosynthesis by, **PLT** *64-65*; temperature tolerance of, **PLT** 123; wilt of, **PLT** 144
Potato, sweet (*Ipomoea batatas*), **PLT** *173*, 187
Potentilla. See Cinquefoil
Potoo (bird; *Nyctibius*), **B** 29, **SA** *100*
Potoroidae (marsupial), **AUS** *diagram 89*

AB Animal Behavior; **AFR** Africa; **AUS** Australia; **B** Birds; **DES** Desert; **E** Earth; **INS** Insects; **MAM** Mammals; **MT** Mountains; **NA** North America; **PLT** Plants; **POL** Poles;

Potos flavus. *See* Kinkajou
Potter wasp *(Eumenes flavopictus),* **INS** *81,* 89, **TA** *137*
Pottery: of American Indians, **NA** *67*
Potto (lemur; *Arctocebus*), **MAM** *174*
Potto (lemur; *Perodicticus*), **MAM** *164,* **PRM** 12, 13, 28, *30-31, map* 44-45
Potto, Bosman's (lemur; *Perodicticus potto*), **AFR** 116
Potto, golden (lemur; *Arctocebus calabarensis*), **AFR** *116*
Pouched mammals. *See* Marsupials
Pouches: of marsupials, **AUS** 65, *81,* 82, 103, *120, 121;* of spiny anteaters, **AUS** 35, 65, *72-73*
Poultry: domestication of, **EV** *84-85;* raising of, **B** *164,* 166-167
Pout, ocean (fish; *Macrozoarces americanus*), **FSH** *19, 23,* 103, 150
Powder-down feathers, **B** 34
Power sources of future, **E** *176-177*
Power supply in polar regions, **POL** 154, 172, *178-179*
Powers, Joshua B., **REP** 174
Praesepe (galactic cluster), **UNV** 134
Prah Kahn, Temple of Cambodia, **TA** *24*
Prairie chicken (fowl; *Tympanuchus*), **B** 125, 170, **NA** 125, 126
Prairie dog *(Cynomys),* **EC** *136, 152-153,* **MAM** *74,* **NA** 13, 118, 123-124; burrows of, **AB** *160;* colonies of, **MAM** 150; cooperation among, **MAM** 104; diet of, **MAM** 75; feeding habits of, **AB** *160;* shelter of, **MAM** *135;* social organization of, **EC** 148; prairie dog town, **AB** *160-161,* **NA** 123-124
Prairie dog-like mammals, **NA** *132-133*
Prairie falcon (bird; *Falco mexicanus*), **NA** *158-159*
Prairie rattlesnake *(Crotalus viridus),* **NA** *156-157*
Prairies, **EUR** *91, map* 18-19, **NA** 117-126, *127-143;* formation of, **FOR** 60; and rainfall, **PLT** *90;* of South America, **SA** *map* 18-19. *See also* Steppe
Prater, S. H., **EUR** 40
Pratincole, white-collared (bird; *Galachrysia nuchalis*), **AFR** 41
Praying mantis (Mantidae), **EC** 127, **INS** 103, *139;* binocular vision of, **AB** 114; egg-laying by, **INS** 56-57; hunting techniques of, **AB** 108, 114; hunting tool of, **INS** 41; as totem, **EC** 164
Precambrian period, **AUS** 39, **E** 136, 137, *144,* **EUR** 10, *map* 11, **S** 37, *chart* 39
Precession of earth's axis, **E** 13, *18*
Precipitation, **E** 60-64; in Antarctic, **POL** 12, 170-171; in Arctic, **POL** 82, 105, 114; erosion by, **E** 106, *113, 114, 118-119;* in Himalayas, **EUR** *diagram* 36; in mountains, **MT** 87-88; in tundra, **EUR** 132; **POL** 114. *See also* Rainfall; Snow
Precocial birds, **B** 144, *145,* 146
Precolonial Australia, **AUS** 170-176
Predators and predation, **AFR** 87-94, *95-109,* **EUR** 124-129, **MT** 109, 111; adaptations for, **PRM** 115, 180-181; by baboons, **PRM** *142, 143;* by birds, **AB** 13, 176, **AFR** 93, **B** 11, 14, 15, *22, 35, 38,* 51, 62-63, *70-71, 72-73, 76,* 119, **NA** 111 *(see also* Birds of prey); and bounties, **EC** 174; by cephalopods, **AB** 13, *14,* 176, **S** *144-145, 116-117;* and control programs, **NA** 180; defensive mechanisms and tactics against, **AB** 13, 176, *184-187,* **PRM** 145; by fishes, **AB** 108, **FSH** 13, 14, *28, 30-31, 52-53,* 64, 80-83, *85, 87, 88,* 91, 122, *132-135, 144-145,* **S** *126, 127,* 131-136; by insects, **AB** 108, *114,* **INS** *27,* 98, 101, 103, *140,* 143, *158,* 166-167, *168,* **PLT** 179, **TA** 138; in forests, **FOR** 155, 157-158; by mammals, **AB** 13, 32, *116-117, 148-149,* 176, **AFR** 87, 93, **MAM** 97-100, **POL** 78, 79, **S** 136, *142,* 149; by man, **S** 145-146; and mimicry, **AB** *146-147, 186,* **EV** *64-65;* and orientation, **AB** 116-117; by plants, **EV** 65, **PLT** 143; by reptiles, **AB** 108, **AFR** 87, **REP** 15, 22, 25, 39, 54-55, 58-59, 60-61, *65, 66-67, 72-73, 76-77,* 153; by sea anemones, **FSH** *143;* by sharks, **S** 134, *138-139;* and silhouettes of predators, **AB** *130;* in soil, **FOR** 135; and solitariness, **AB** 153; by starfishes, **FSH** *143,* **S** *102,* 103; by toads, **AB** *146-147;* and zoogeographic transplantation, **FOR** 172-173
Predmost, Czechoslovakia: evidence of Cro-Magnon hunting at, **EM** 148
Preening: of ducks, **AB** *177;* of starlings, **AB** 157
Prehensile tails, **MAM** 59, **PRM** 39, *46,* 47; of anteaters, **SA** 55, *70, 71;* of kinkajou, **MAM** 24, **SA** 11, 80, *97;* of monkeys, **SA** 11, 34, 36-37, 38, *42-43, 48-49;* of opossums, **SA** 11, 52, 53, 67, *96;* of snakes, **REP** *25, 100-101,* **SA** *127,* 129; of spider monkeys, **PRM** *39*
Prehistoric fishes: alive today, **FSH** *74-75;* structures of, **S** *109*
Prehistoric man. *See* Man, prehistoric
Prehistoric reptiles, **EV** *120-127;* of Cretaceous period, **EV** *126-127,* **S** *52-53;* of Eocene epoch, **EUR** 14, **NA** *128-129;* fossils of, **EV** *120-121;* of Jurassic period, **EUR** 13, **EV** *123,* **FSH** 66, **REP** 35, 39, 40, 41, 42, 49, 50, 107, 108, 111, *chart* 44-45; of Mesozoic era, **EUR** 12, **REP** 41, 42, 50, 83, 111, *chart* 44-45; nesting habits of, **EV** *120;* of North America, **NA** 10, 16, 80; of Oligocene epoch, **NA** 130-131; of Triassic period, **REP** 38, 41, 42, 50, 107, 111, *chart* 44-45. *See also* Reptiles
Prehistoric sea animals, **S** 12, 14, 40, *48-49*
Prehistoric wildlife, **NA** 11, *128-135*
Premammals, **AUS** 15-66, 130
Premolars: function of, **MAM** 76
Prepared core (Stone Age tool), **EM** *112*-113; development of, **EM** 106-107
Presbytis. *See* Langur
Presbytis geei. *See* Golden langur
Presidential Range, **MT** 158
Pressure-flaking method of tool-making, **EM** *110-111*
Pretty tetra (fish; *Hemigrammus pulcher*), **SA** *189*
Pretty face wallaby (marsupial; *Wallabia elegans*), **AUS** *119*
Pribilof, Gerasim, **NA** 37
Pribilof Islands, Alaska, sea mammals of, **POL** 81; **S** 146-147
Prickly lettuce (plant; *Lactuca scariola*), **PLT** *126*
Prickly-pear cactus *(Opuntia),* **AUS** 42, **DES** *55, 57, 66,* **EUR** *169,* **EV** *18-19*
Prides (social groups of lions), **AFR** 89-90
Priestley, Joseph, **PLT** 60, *61*
Primary carnivores, among fish, **FSH** 12
Primary feathers, **B** *13,* 39, 42, 44-45
Primary fishes, **AUS** 131
Primary hormones, **AB** 94
Primates, **PRM** (entire vol.), **MAM** *173-183;* ancestral, **EM** 32; body structure of, **PRM** 15, *82-83;* changing skulls of, **EM** *33;* daily schedules of, **PRM** 129-130; diet of, **MAM** 77; earliest, **EV** 158; in Eocene epoch, **MAM** 39, 44, **NA** *128-129;* evolution of, **MAM** 167, **PRM** 17, *chart* 18-19; evolution of vision of, **EV** 115; extinct, **EM** 38, **MAM** 40, 167; field studies of, **PRM** 7, 110, 141, 151, 168-169; fossils of, **EV** 116; founding of, **PRM** 21; genealogy of, **PRM** *chart* 18-19; graveyard of, **EV** *154-155;* intelligence of, **MAM** 12; limbs of, **MAM** 59, 167, *176,* 177; man and other, **MAM** 166-167, 182, **PRM** 9-10; maternal care by, **MAM** 146; migration of to North America, **NA** 13-16; oestrus cycle of, **MAM** 142; opposable thumb of, **MAM** 59; origin of, **EV** 115; origin of name of, **PRM** 17; research centers for, **PRM** 7, 161, 190; stance of, **MAM** 57; teeth of, **EM** *34-35;* territorial limits of, **PRM** 137, 144-145, 181, 185, *chart* 130, *diagram* 131, *map* 132; types of, **MAM** 18, *21.* *See also* Monkeys
Primate Laboratory, University of Wisconsin, **AB** 29
Primate Research Group, Japan, **PRM** 168
Primates, The (DeVore and Eimeri), **EM** 48
Primatology, **PRM** 9-10; a founding father of, **PRM** 69; science and, **PRM** 150-175
Primeval Man, Duke of Argyll, **EV** 45
Primitive fishes, **FSH** 64-65, *65*
Primitive insects, **INS** 15, 57
Primitive mammals, **MAM** *37*
Primitive man. *See* Man, prehistoric
Primitive plants: size of, **PLT** 76
Primrose (flower; *Primula*), **DES** *55,* 59, 60, **AB** *156*
Primrose, evening. *See* Evening primrose
Prince Albert National Park, Saskatchewan, Canada, **NA** 195
Principes (order of plant class Monocotyledoneae), **PLT** 187
Principia, Newton, **UNV** 15
Principles of Geology, Lyell, **EV** 12
Prionarce glauca. *See* Blue shark
Prionodura newtoniana. *See* Golden bowerbird
Prionopinae. *See* Helmet shrike
Prionotus. *See* Searobin
Priscacaras (fishes), **FSH** *64*
Pristidae. *See* Sawfish
Pristis (genus of fishes), **SA** 184
Proboscidea (mammals), **MAM** *21;* evolution of, **MAM** *52-53;* genera of, **MAM** 18. *See also* Elephants
Proboscis: of ambush bug, **INS** 116; of house fly, **AB** *46;* of mosquito, **INS** 42; of pollinators, **INS** 125
Proboscis monkey *(Nasalis larvatus),* **PRM** *52-53,* **TA** 116, *117;* field studies of, **PRM** 168, *169;* rehabilitation for, **PRM** *169*
Procamelus (extinct mammal), **NA** *135*
Procapra gutturosa. *See* Mongolian gazelle
Procapra picticaudata. *See* Tibetan gazelle
Procellariidae. *See* Shearwater
Procnias averano. *See* Bearded bellbird
Procnias tricarunculata. *See* Three-wattled bellbird
Proconsul. *See* Man, prehistoric
Procoptodon (extinct marsupial), **AUS** *86; diagram* 89
Procter, John, **AFR** 38
Proctor, John, **REP** 151
Procyon (star; Alpha Canis Minoris), **UNV** 11, 135, *map* 10; color of, **UNV** 131
Procyon cancrivorus. *See* Crab-eating raccoon
Procyon lotor. *See* Raccoon
Procyonidae (mammals), **SA** 78
Progne subis. *See* Purple martin
Programming, behavioral; external, **AB** 130; internal, **AB** 129-130, 132, 133, 134, 136
Project Mohole, **E** 42, *54-55,* **S** 170, *178-179,* 183
Project Ozma, **E** 180
Prolactin (hormone), **AB** 87
Promerycochoerus (extinct mammal), **NA** *132*
Promethea (moth; *Callosamia promethea*), caterpillar of, **FOR** *144*
Prominences, solar, **UNV** *84,* 85, 91, *102-103*
"Prominent" moth (insect; *Notodonta stragula*), **INS** *111*
Pronghorn, or North American antelope *(Antilocapra americana),* **EC** *136,* 150, *153,* **EV** 14, **NA** 120, *121, 136-137;* abundance of, **NA** 10; extinction of, **NA** 118; harems of, **MAM** 152; hoofprints of, **MAM** *187;* in Pliocene, **NA** *134-135;* range of, **EC** 12; saiga antelopes and, **EC** 126; warning devices of, **EC** 117; zoogeographic realm of, **EC** *map* 19
Propliopithecus (extinct monkey), **EM** 34, 35
Prosimians *(Prosmimii),* **EM** 33, **PRM** 13-14, 28; biggest, **PRM** 25; evolution of, **PRM** 11; genealogy of, **PRM** *chart 18-19;* habitat of, **PRM** *map 44-45;* link of to anthropoids, **EV** 116; skull of, **EM** *33;* traits of, **PRM** 9
Prosimii. *See* Prosimians
Prosopis. *See* Mesquite
Prosthennops. *See* Peccary
Protapirus (extinct tapir), **NA** *130-131*
Proteaceae (plants), **AUS** *52-53*
Protection of animals: birds, **B** 168, 171-172, 183, *184-185;* brown bears, **EUR** 113; elk, **EUR** 133-134; ibex, **EUR** 136; lynx, **EUR** 113; Père David's deer, **EUR** 11, saiga, **EUR** 86
Protective coloration: of birds, **AB** 155, **B** *54,* **EC** 123; of fishes, **FSH** *17, 24, 26,* 42, 49, *136-137, 139;* of insects, **AB** *170, 175,* **INS** 105-108, *110, 112-113, 114;* of mammals, **MAM** 71, 101-102, *116-117;* of reptiles, **AB** 155, **REP** *24, 25,* 86, *92-93.* *See also* Camouflage and disguise
Protein, **EV** 94, 96; **PLT** 75; in cells, **PLT** 38; enzymes as, **PLT** 61; fishes as source of, **FSH** 169; synthesis of, **EV** 96, *diagrams* 102-103; synthesis of by DNA, **EV** 96
Proteles cristatus. *See* Aardwolf
Protelinae (mammals), **AFR** 16
Protemnodon (extinct kangaroo), **AUS** *86, diagram* 89
Proteus (ship), **POL** 36, 37
Prothallia (fern parts), **PLT** 76
Protoceras (extinct mammal), **NA** *130-131*
Protoceratops (dinosaur), **REP** *chart* 44-45; fossils of eggs of, **EV** *120*
Protoearth: radioactivity of, **S** 38
Protolindenia wittei (extinct dragonfly): fossil of, **EV** *119*
Protopectin, in plant cell wall, **PLT** 57-58
Protomammals, **NA** 11
Protoplanets, **UNV** 93, 105
Protoplasm, **E** 154; alkaline state of, **PLT** 59; in cell division, **PLT** 37; characteristics of, **PLT** 36; synthesis of, **PLT** 61
Proton-proton cycle, **UNV** 87, *diagram* 86
Protoparce sexta. *See* Tobacco hornworm
Protopterus. *See* African lungfish
Protosaurus (extinct reptile), **EUR** 12, **REP** *chart* 44-45
Protostars, **UNV** 131-132
Protosuchus (extinct reptile), **REP** *chart* 44-45
Prototelytron (extinct insect), **INS** *18,* 19
Protozoa, **EC** 39, **S** *chart* 15; and malaria, **EC** 96; reproduction of, **MAM** 141; in symbiosis with insects, **INS** 84
Protragocerus (extinct antelope), **EUR** 14
Providence, H.M.S., **AUS** 61
Prunella. *See* Tibetan accentor
Prunella modularis. *See* Hedge

183

EC Ecology; **EM** Early Man; **EUR** Eurasia; **EV** Evolution; **FOR** Forest; **FSH** Fishes;
PRM Primates; **REP** Reptiles; **S** Sea; **SA** South America; **TA** Tropical Asia; **UNV** Universe

INDEX (CONTINUED)

sparrow
Prunus. See Wild cherry
Prunus amygdalus. See Almendro; Almond tree
Prunus japonica. See Japanese cherry
Prunus persica. See Peach
Przewalski, Major General Nicolai Mikhailovich **EUR** 34, *46*
Przewalski's horse (*Equus przewalskii*), **EUR** 16, 83-84, *102*
Psallus seriatus. See Cotton fleahopper
Psephenidae. See "Water pennies"
Psephotus pulcherrimus. See Paradise parrot
Psephotus varius. See Mulga parrot
Pseudaelurus (extinct mammal), **NA** *134-135*
Pseudapocyrtes (fish), **TA** 82
Pseudatteria leopardina (moth), **SA** *170*
Pseudechis prophyriacus. See Black snake
Pseudocalyptomena graueri. See Green broadbill
Pseudochelidon eurystomina. See River martin
Pseudogyps africanus. See White-backed vulture
Pseudois nayaur. See Blue sheep
Pseudomys scripta elegans. See Red-eared turtle
Pseudophryne corroboree. See Corroboree toad
Pseudopleuronectes americanus. See Winter flounder
Pseudopods, **AB** *74-75*
Pseudotsuga taxifolia. See Douglas fir
Psilophyta (division of plant subkingdom Embryophyta, **PLT** *18-19*, 185
Psilophytes (plants), **PLT** *19;* chart, **FOR** 48; early forms of, **PLT** *14-15*
Psilopsids (primitive plants), **FOR** *49*
Psilotae (class of plant division Psilophyta), **PLT** 185
Psilotum (primitive plant), **PLT** *185*
Psilotum nudum. See Whisk fern
Psittacidae. See Parrot
Psittaciformes (order of birds), **B** 17, 20
Psittacosis, **B** 169; in cockatoos, **EC** 100; in human beings, **EC** 100; in parakeets, **EC** 100
Psittacula exsul. See Ring-necked parakeet
Psychidae. See Bagworm moth
"Psychoevolution," **AB** *178*
Psychosocial evolution, **MAM** 168, 171
Ptarmigan (bird; *Lagopus*), **B** 74, **FOR** *31*, **MT** 114, **NA** 15, **POL** 109, *122-123;* characteristics of, **EUR** 135; eggs of, **B** *143;* habitat of, **EC** 56; molting of, **B** *54;* mountain and tundra species compared, **EUR** 136
Ptarmigan, rock (bird; *Lagopus mutus*), **B** *54*
Ptarmigan, willow (*Lagopus lagopus*), **B** 87, 101, **EC** *123*, **EUR** 135
Pteranodon (extinct flying reptile), **E** 139, **REP** 40, *chart 44-45;* of Cretaceous period, **S** *52-53*
Pteraspis (fish): evolution of, **FSH** *chart 68;* as vertebrate ancestors, **S** *109*
Pterichthyodes (fish), **FSH** *chart 68*
Pteroclidae. See Sandgrouse
Pterocnemia pennata. See Rhea, Darwin's
Pterodactyl, or pterosaur (extinct flying reptiles), **AUS** 39, **B** 11, **EUR** 13, **REP** *38*, 40, 41, 83, 161, *chart 44-45*
Pterodactylus elegans (extinct missing link): fossil of, **EV** *119*
Pterodroma cahow. See Cahow
Pterois. See Lionfish (Zebra fish)
Pteronotus. See Naked-backed bat
Pteronura (otter), **SA** 83
Pteronura brasiliensis. See Giant river otter

Pterophyllum altum. See Fresh-water angelfish
Pteropus. See "Flying fox," or fruit bat
Pteropus poliocephalus. See Gray-headed bat
Pterosaur, or pterodactyl (extinct flying reptile), **AUS** 39, **B** 11, **EUR** 13, **REP** *38*, 40, 41, 83, 161, *chart 44-45*
Ptilonorhynchinae. See Bowerbird
Ptilonorhynchus violaceus. See Satin bowerbird
Ptolemaeus (lunar crater), **E** 27
Ptolemaic system, **UNV** 13-15, *20*
Ptolemy, **S** 182, **UNV** *12*, 13
Ptycholepis (fish), **FSH** *chart 69*
Ptychopteridae. See Phantom crane fly
Ptychozoon kuhli. See "Flying" gecko
Pudu (deer; *Pudu pudu*), **SA** *85*
Pudu pudu. See Pudu
Pueblo Bonito (Indian building), **NA** 65
Pueblo, Walpi (Indian building), **NA** *64-65*
Pueblo Indians, **DES** 131, **NA** 51, *64-65*, *66-69*
Pueblos (buildings), **NA** *50*, 57, *64-65;* Pre-Columbian, **NA** 69
Puerto Rico, **FOR** 170; discovery of, **S** 12; monkey colony of, **PRM** 168; overpopulation in, **E** *168-169*
Puff adder, dwarf (*Bitis peringueyi*), **REP** *158-159*
Puffbird (Bucconidae), **B** 20, **EC** 57
Puffbird, black-breasted (*Notharchus pectoralis*), **SA** *127*
Puffer (Tetraodontidae), fresh-water, **AFR** 36; salt-water, **FSH** *19*, 23
Puffin (bird; *Fratercula arctica*), **B** 16, *24*, 61, *83-84*, **NA** *34*, *35*
Puffin, tufted (bird; *Fratercula cirrhata*), **FSH** *146-147*
Puffinus gravis. See Greater shearwater or petrel
Puffinus griseus. See Sooty shearwater
Puffinus puffinus. See Manx shearwater
Puffinus tenuirostris. See Slender-billed shearwater
Pug (dog; *Canis familiaris*), **EV** *86*
Puku (antelope; *Kobus*), **AFR** 68
Pulpwood, uses of, **FOR** *chart 157*
Pulsating stars, **UNV** 109, 187. See also Cepheids; RR Lyrae stars
Pulsating universe theory, **UNV** *diagram 175*
Pulsatrix perspicillata. See Spectacled owl
Puma. See Cougar
Pumice, **MT** 59
Pumpkin (*Cucurbita pepo*), **PLT** *187*
Pumpkinseed (sunfish; *Lepomis gibbosus*), **FSH** *19*, 20, *105*
Puna (vegetation zone), of Andes, **SA** *10-11*
Punans (tribesmen), **TA** 171
Puncture vine (plant; *Tribulus terrestris*), **DES** 57
Punica granatum. See Pomegranate
Punnell, R. C., **EV** 92
Punnett square, **EV** *70*
Pupa, **INS** 57, 58, 59, *72;* of cecropia moth, **INS** *64;* effects of injury to, **INS** *66*, *68;* of monarch butterfly, **INS** *63;* shedding of, **INS** 60
Pupfish (*Cyprinodon*), **DES** 70
Pupfish, Devil's Hole (Cyprinodon), **DES** 70
Puppis (constellation), **UNV** *map 11*
Purling Brook Falls, Australia, **AUS** *26*
Purple martin (*Progne subis*), **NA** 53
Purple starfish (*Asterias vulgaris*), **S** *24*
Purple sun-star (starfish; *Solaster endeca*), **S** *23*
Purse seine: and commercial fishing, **FSH** 171, *174*

Purus. See Pear
Purús River, **S** 184
Pusa hispida. See Ringed seal
Puss moth (*Cerura scitiscripta multiscripta*): larva of, **INS** *112-113*
Pussy willow (*Salix discolor*), **FOR** 98
Putagán (river), Chile, **SA** *8*
Putty-nosed monkey (*Cercopithecus nictitans*), **AFR** 116
Puzzle, monkey (tree; *Araucaria araucana*), **FOR** 44, **SA** *28-29*
Pycnodonts (fishes), **FSH** 65-66
Pycnonotus xantholaemus. See Yellow-throated bulbul
Pycnopodia helianthoides. See Sun star
Pye-dog (*Canis familiaris*), **TA** 172
Pygidiidae (catfish), **SA** 180
Pygmies, **EM** 55; **FOR** 118, *119-123*, 124, 126; **EV** *175*
Pygmy cedar (plant; *Peucephyllum*), **PLT** *80*
Pygmy falcon, or falconet, of Asia (*Microhierax erythrogonys*), **B** 63, 71
Pygmy, or feather-tailed, glider (marsupial; *Acrobates pygmaeus*), **AUS** *102-103*, 107, *108-109*
Pygmy goby, dwarf (fish; *Pandaka pygmaea*), **TA** 147
Pygmy hippopotamus (*Choeropsis liberiensis*), **AFR** 36, *166;* hoof of, **MAM** 17
Pygmy hog (*Sus salvanius*), **TA** 151
Pygmy marmoset (*Cebuella pygmaea*), **SA** 42
Pygmy nuthatch (bird; *Sitta pygmaea*), **B** 162
Pygmy owl (*Glaucidium passerinum*), **EUR** 136
Pygmy possum (marsupial; *Cercartetus nanus*), **AUS** 41, 102, *110*
Pygmy ranunculus (plant; *Ranunculus*), **MT** *103*
Pygmy tenrec (mammal; *Microgale*), **AFR** 155, *163*
Pygopodid lizard (Pygopodidae), **AUS** 133
Pygopodidae. See Pygopodid lizard
Pygoscelis adeliae. See Adélie penguin
Pygoscelis papua. See Gentoo
Pygosteus pungitius. See Ten-spined stickleback
Pyrame (dog; *Canis familiaris*), **EV** *86*
Pyramid of numbers, **EC** 37-38
Pyrausta nubilialis. See European corn borer
Pyrenees (mountains), **EUR** 59, **FOR** 44, **MT** 44; Neolithic cave cemetery in, **EV** *108;* pass through, **MT** 137-138, **MT** *chart 136;* people of, **MT** 134, 135, 136
Pyrenees, great (dog; *Canis familiaris*), **EV** *87*
Pyrite (mineral), **E** 100
Pyrophorus (beetle), **SA** 157
Pyrotheria (ungulate), **SA** 14
Pyrrhocorax graculus. See Alpine chough
Pyrrophyta (division of plant subkingdom Thallophyta), **PLT** *183-184*
Pyrus. See Pear
Pythagoras, **UNV** 12
Pytheas, **POL** 31-32, 40, **S** 182
Python (Boidae), **AUS** 135, 136, *144*, **DES** 72, **FOR** 55; brooding habits of, **REP** 132, 139; eating habits of, **TA** 144; fertility of, **REP** 131; pits (sense organs) of, **REP** 60; sizes of, **REP** 14, 25, 131, *chart 74-75*, **SA** 126; vestigial legs of, **REP** 29
Python, African rock (*Python sebae*), **REP** 131; as predator, **AFR** 87
Python, amethystine (*Liasis amethistinus*), **AUS** 135, *144*
Python, children's (*Liasis childreni*), **AUS** 136
Python, Indian (*Python molurus*), **TA** 144

Python, reticulated. See Reticulated python
Python molurus. See Indian python
Python reticulatus. See Reticulated python
Python sebae. See African rock python

Q

Qanat Irrigation System, **DES** *36-37*, 168
Qashqai nomads, **EUR** *94-95*
Quadrate bone, of snake jaw, **REP** *55*
Quagga (extinct wild ass), **MAM** *40*
Quail (*Colinus*): classification, **B** 15, 20; flight of, **B** *49;* sounds of, **B** 122
Quail, fool, or harlequin (*Cyrtonyx montezumae*), **NA** *58*, 59
Quail, Gambel (*Lophortyx gambelii*), **DES** 15, *116-117*, 120, **NA** 58
Quantasomes, **PLT** *65*
Quartz (mineral), **E** *100;* and sand, **S** *97;* tools made from, **EM** 79, 104, *116*
Quaternary period, **FOR** *chart 48*
Quebec, Canada, **POL** 153
Queen angelfish (*Holacanthus ciliaris*): transparency of scales, **FSH** *48*
Queen ant, **INS** 163, 173; functions of, **INS** *180;* longevity of, **INS** 162
Queen bee (honey bee), **INS** 130, *136;* criterion for development of, **INS** 129-130; death of, and emergence of new, **INS** 130; fertility of, **INS** 134; life span of, **INS** 128
Queen Charlotte Islands, **FSH** *160-161*
Queen Elizabeth National Park, Uganda, **AFR** 38, 183
Queen Mary Land, Antarctica, **POL** 57
Queen Maud Range, Antarctica, **POL** 16, **S** *map 73*
Queen termite, **INS** 34, *83;* fertility of, **INS** 56, 71; life span of, **INS** 61
Queen triggerfish (*Balistes vetula*), **S** *123*
Queen-Anne's-lace (*Daucus carota*), **NA** *179*
Queensland, Australia, **AUS** 98; temperatures in, **AUS** 15
Quelea (bird; *Quelea*), **AFR** 12, **B** 85
Quelea. See Quelea
Quercus. See Oak
Quercus alba. See White oak
Quercus borealis. See Red oak
Quercus ilex. See Holly oak
Quercus suber. See Cork oak
Quetzal (bird; *Pharomachrus mocino*), **B** 18, **SA** 106
Quetzalcoatl, as reptile god, **REP** *148-149*
Quill, or flight, feathers, **B** *13*, 33, *34*, 35, *53*
Quill lice, curlew (*Actornithophilus patellantus*), **EC** *94*
Quill lice, curlew (*Mallophaga*), **EC** *94*
Quills, **MAM** 13; of American porcupine, **MAM** *101;* of hedgehog, **MAM** *114;* of spiny anteater, **AUS** *74-75*
Quinine (*Cinchona*), **PLT** *187*
Quirindi (Australian town), aboriginal meaning of, **AUS** 15
Quito, Ecuador: climate of, **MT** 82
Quviut (musk ox fur), **POL** 75, 112, 157

R

Rabbit (*Oryctolagus cuniculus*), **AB** 67, **DES** 75, 78, 169, **FOR** 12; abundance of, **MAM** *chart 23;* in

AB Animal Behavior; **AFR** Africa; **AUS** Australia; **B** Birds; **DES** Desert; **E** Earth; **INS** Insects; **MAM** Mammals; **MT** Mountains; **NA** North America; **PLT** Plants; **POL** Poles;

Australia, **DES** *106-107*, 118-120; brain of, **EV** *166;* burrows of, **MAM** 122; defensive immobility of, **MAM** 104; destruction caused by, **EUR** 159, **NA** 123; diet of, **MAM** 77, 91; domestication of, **EUR** 158-159; ecological explosion of, **EC** 61; maturation of, **MAM** 154; and myxomatosis, **AUS** 42, **EC** 62; in New Zealand, **EC** 61; offensive techniques of, **MAM** 112-113; parasites of, **EC** 97; physiological experiments with, **AB** *120;* range, **EUR** 158-159; tracks of, **DES** *104*
Rabbit, black-tailed jack. *See* Black-tailed jack rabbit
Rabbit, cottontail (Sylvilagus), **FOR** *20,* **NA** 96; footprint of, **MAM** *186*
Rabbit, hare (Lagomorpha), **FOR** 80, **MAM** 17
Rabbit, jack *(Lepus),* **DES** 96, 118, **EC** 126, *136,* 154, **MAM** *20;* damage caused by, **NA** 123
Rabbit brush (plant; *Chrysothamnus),* **DES** 118
Rabbit-eared bandicoot, or bilby (marsupial; *Thylacomys lagotis),* **AUS** 89, 99, 100, **DES** 118
Rabbits (extinct), **NA** 16; (in Oligocene epoch; *Paleolagus),* **NA** *131;* (in Pliocene epoch; *Hypolagus),* **NA** *134-135*
Raccoon *(Procyon lotor),* **FOR** 15, 28, **NA** 96, 99, 104, **SA** 78, 79, 80; albino, **EV** *66;* classification of, **MAM** 17; diet of, **EC** 13; diffusion of, **EC** 13; footprints of, **MAM** *187;* maternal care by, **MAM** 155, *188;* as pets, **SA** 79
Raccoon, crab-eating *(Procyon cancrivorus),* **SA** 80
Racer, black. *See* Black racer
Racer, red (snake; *Coluber flagellum piceus),* **REP** *90-91*
Racerunner, six-lined (lizard; *Cnemidophorus),* **REP** 13
Races (human), **EM** 147, **EV** *156-157,* 169; basic types of, **EV** *173;* subdivisions of, **EV** *174-175*
Racket-tailed, or long-tailed, drongo (bird; *Dicrurus paradiseus),* **TA** 104, *116*
Radama, King of Madagascar, **AFR** 158
Radar: used for Project Mohole, **S** *179*
Radar stations: U.S.S.R. Arctic, **POL** 153
Radiating bars of fishes, **FSH** 62
Radiation: from galaxies, **UNV** 38; influence on genes, **EV** *106-107,* 170; and mutations, **E** *157;* solar, **E** 20-21, 60, **UNV** 86-88
Radiation, adaptive. *See* Adaptations and specializations
Radio astronomy, **UNV** 38-41; and discovery of galaxies, **UNV** 153; and mapping of Milky Way, **UNV** 117. *See also* Radio telescope
Radio signals, possibility of from other planets, **UNV** 136
Radio telescopes, **E** *180-181,* **UNV** 38-40, *41, 58-61, diagrams* 39, 40
Radio waves, **UNV** 36; cosmic, **UNV** 38-40, 58; from galaxies, **UNV** 152-153, 165, 184; from Sun, **UNV** 88; wave lengths of, **UNV** *60*
Radioactive dating, **E** 131, *diagrams* 132, 133
Radioactive elements in research, **PLT** 61, *63*
Radioactive fallout, **EUR** 133
Radioactive iodine, **EC** 170
Radioactive phosphorus, **EC** 170
Radioactive tagging of fishes, **FSH** 154
Radioactivity: in charting ocean currents, **S** 80; and protoearth, **S** 38
Rae, John, **POL** 34
Raffles, Sir Thomas Stamford, **TA** 14

Rafflesia (plant; *Rafflesia arnoldi),* **PLT** 143, 144, **TA** *14,* 15, *65*
Ragweed (plant; *Ambrosia artemisiifolia),* **FOR** 96
Rail (bird; *Rallidae),* **AFR** 34, 113, **AUS** 149, **B** 15, 20, 23, 119, 169
Rail, Vander Broecke's red (extinct bird; *Aphanapteryx bonasia),* **AFR** *166*
Railroad worm (*Phrixothrix*), **SA** *159*
Rain: and cloud seeding, **E** *178,* 179; and earth's formation, **S** 38; erosion by, **E** 106, *113, 114, 118-119;* formation of, **E** 64; and ocean currents, **S** 72
Rain Forests, **AUS** 13-14, **EC** 11, 126, **FOR** *70-72,* 74, 76, 77, *78-79, 81-83,* 118, 121, 125, 126, **PLT** *125-126,* 126, **TA** 35-36, *51-60, 61-77, map* **SA** 18-19; anteaters in, **SA** *71;* biomass of, **AFR** 114; birds in, **SA** 100-104; climatic effects of, **TA** 54-55; cutaway view of, **TA** *62-63;* humidity and temperature graphs, **TA** *55;* number of species of fauna, **TA** 55-56; range, **TA** *52;* reptiles and amphibians in, **SA** 16, 126; of South America, **SA** 11, *28-29, map* 18-19
Rainbow, **E** 72, 73
Rainbow Bridge National Monument, Utah, **DES** 169, **E** 187
Rainbow lorikeet (*Trichoglossus haematodus*), **AUS** 155, **B** *26-27,* 60
Rainbow trout, seagoing. *See* Steelhead trout
Rainbow wrasse (fish; *Labroides phthirophagus),* **FSH** 141
Rainfall, **B** 15-13, 15-16, *38-39,* 41, 69-70, 101-102, *108-109,* 162-163, **FOR** 59, 60, 61, 114, 171, **NA** *map* 104; annual, in five climates, **DES** *chart,* 12; average yearly, in U.S., **E** *175;* averages, **TA** 32; and bird nesting, **DES** 74-75, 116-117; in Cambodia, **TA** 44; causes of, **DES** 28-29, 110; in Ceylon, **TA** 103; and desert flowers, **DES** 10, 53-54, 61, *62-63,* 64; and ecology, **DES** 114; in forests, **TA** 36; in Himalayas, **EUR** *diagram* 36; in India, **TA** 44, *45,* 103; in Indonesia, *42-43;* in Kalahari Desert, **EM** 181; and monsoons, **TA** *31-38, 39-49;* Mount Waialeale, **PLT** 90; and mountains, **DES** 13, 29, 101; in Palestine, **DES** 165; and rabbits, **DES** 118; in rain forest, **FOR** 78, 81; "rain shadow," **DES** 29; and salt flats, **DES** 42; seed germination, **DES** 14, 59, 60; and shrimp, **DES** 105; thorn forests (Brazil), **PLT** 126; tree requirement of, **FOR** 58, 59, 70; in tropical Asia, **TA** 18, *31-38,* 52
Rainier, Mount, **MT** 57, *diagram* 178
Raja. *See* Skate
Raja Brooke's birdwing (butterfly; *Battus brookianus),* **TA** *130-131*
Raja clavata. *See* European thornback skate
Raja laevis. *See* Barndoor skate
Raja texana. *See* Texas skate
Ramapithecus (manlike primate), **EM** 38, *42,* 50; age of, **EM** 37; jaws and teeth of, **EM** *36-37*
Rampart Canyon, Alaska, **POL** 154
Ramphastidae. *See* Toucan
Ramphastos ariel. *See* Ariel toucan
Ramphomicron. *See* Thornbill hummingbird
Rams' head saddle decoration, **EUR** 29
Rana erythraea. *See* Sarawak frog
Rana ridibunda. *See* Marsh frog
Ranales (order of plant class Dicotyledoneae), **PLT** 186
Range of travel: of fishes, **FSH** 14, 37-38; of mudskipper, **FSH** 55, 72-73, **TA** 81-82, *96-97*

Ranger service, U.S. national parks, **NA** 187, *188-189*
Rangifer tarandus. *See* Barrenground caribou; Caribou; Mountain caribou; Peary caribou; Reindeer; Woodland caribou
Ranunculus. *See* Buttercup
Raphicerus. *See* Steinbok
Raphus cucullatus. *See* Dodo
Raphus solitarius. *See* White dodo
Rappelling (mountain-climbing technique), **MT** 164, 174
Raspberry (plant; *Rubus),* **FOR** 158
Rat, black. *See* Black rat
Rat, brown. *See* Brown rat
Rat, cane *(Thryonomys),* **AFR** 15
Rat, dusky-footed wood *(Neotoma),* **MAM** 124
Rat, East African mole *(Tachyoryctes),* **AFR** 14, *15,* 139
Rat, four-striped grass (*Arvicanthus pumilio minutus*), **AFR** 139
Rat, kangaroo. *See* Kangaroo rat
Rat, marsh *(Holochilus),* **SA** 78
Rat, mole *(Tachyoryctes),* **AFR** 14, *15,* 139; eyes of, **EC** *131*
Rat, naked mole (*Heterocephalus glaber*), **AFR** 14, *15*
"Rat, opossum" (Caenolestidae), **AUS** 35, *diagram* 88
Rat, Polynesian (*Rattus exulans*), **EC** 61
Rat, rock (Petromijidae), **AFR** 15
Rat, Russian mole (*Spalax microphthalmus*), **EUR** 87
Rat, spiny *(Proechimys),* **SA** 58
Rat, web-footed. *See* Web-footed rat
Rat, white. *See* White rat
Rat kangaroo *(Calopyrmnus),* **AUS** 78, *diagram* 89, *100,* 104-105, 106, *118,* **MAM** 15
Rat kangaroo, brush-tailed. *See* Brush-tailed kangaroo
Rat kangaroo, musky (*Hypsiprymnodon moschatus*), **AUS** 104-105, *diagram* 89
Rat kangaroo, rufous (*Aepyprymnus rufescens*), **AUS** 118
Rat, Malaysian giant forest *(Rattus),* **EC** 80
Rat, pack *(Neotoma),* **DES** 77, *84,* 121, 123
Rat snake *(Elaphe),* **REP** 14, 54, 55, 129, 130
Rat snake, black (*Elaphe obsoleta*), **REP** *chart* 75
Ratcliffe, Francis, **DES** 119
Ratel. *See* Honey badger
Ratfish (Chimaerae), **FSH** 63, *chart* 69; egg case of, **FSH** *79;* habitat of, **FSH** 19, 22-23
Ratites (flightless birds), **AFR** 13, **B** 12-13, 169
Rattus exulans. *See* Polynesian rat
Rattus mulleri. *See* Giant forest rat of Malaysia
Rattus norvegicus. *See* Brown rat
Rattus rattus. *See* Black rat
Rauwolfia serpentina (herb), **TA** 171
Raven (bird; *Corvus corax),* **B** 31, 81-82, 126, **EUR** 50, **MT** 114; albino, **EV** *66;* feet of, **B** 39
Raven, Tibetan *(Corvus corax tibetanus),* **EUR** 50

Raven, western (*Corvus corax*), **EC** 154
Ravenala madagascariensis. *See* Traveler's tree
Ravenglass dunes, England, **AB** *32-33*
Ray, John, **EV** 109
Ray, butterfly (fish; *Gymnura micrura*), shape of, **FSH** *83*
Ray, cow-nosed (*Rhinoptera*), **FSH** 83, *96-97, chart* 68-69, **NA** 39
Ray, eagle (Myliobatidae), **FSH** 13, 83
Ray, electric, or torpedo (Torpedinidae), **FSH** 84
Ray, European thornback. *See* European thornback ray
Ray, fresh-water sting (*Potamotrygonidae*), **SA** 184
Ray, manta, or devilfish (*Manta birostris*), **FSH** 78, **S** *27-29, 32-33,* 135
Ray, southern sting (fish; *Dasyatis americana*) of, **FSH** *96*
Ray, sting. *See* Sting ray
Ray, "sword-tailed" sting (extinct fish; *Xiphotrygon*), **FSH** *93*
Ray-finned fishes (Actinopterygii), **FSH** 64, 65, *chart* 68-69
Rays (of fishes), **FSH** *46-47*
Rays, gamma, **UNV** 36, 60, 86-88
Razor clam (*Ensis directus*): shell of, **S** 24
Rear-fanged snake (Boiginae), **REP** 14, *112-113*
Reber, Grote, **UNV** 38
Recent epoch, **TA** 168
Receptors of retina, *diagram* **AB** 54, *56-57*
Recessive traits: factors of, **EV** 69, *176-177,* 178, *maps* 98-99, 171. *See also* Heredity; Genetics
Reck, Hans, **EV** 150
Reconstruction of fossils, **EV** 110, *134,* 135
Recurvirostra. *See* Avocet
Red ant (*Formica rufa*), **NA** 160
Red banksia (flower; *Banksia coccinea*), **AUS** 53
Red bat (*Lasiurus borealis*), **AB** *116-117*, **B** *19*
Red bird of paradise (*Paradisaea rubra*), **B** *19*
"Red center" (Australia), **AUS** 12
Red colobus (monkey; *Colobus badius*), **AFR** 114
Red coral (*Corallium rubrum*), **EUR** 42
Red deer. *See* European red deer
Red deer, Scottish (*Cervus elaphus scoticus*), **EUR** 113
Red dog, or dhole (*Cuon alpinus*), **TA** 143-144
Red fox (*Vulpes*), **DES** 120, **EUR** *126,* **NA** *114-115;* food caches of, **MAM** 81; footprints of, **MAM** *186;* speed of, **MAM** *chart* 72
Red giants (stars), **UNV** 132, 133, *diagram* *118-119*
Red grouse (*Lagopus lagopus scoticus*), **B** 87
Red gum tree, river (*Eucalyptus camaldulensis*), **AUS** 40, *46-47*
Red jungle fowl (*Gallus gallus*), **B** 22, 165, 167, **EC** *map* 21, **EUR** 156
Red kangaroo. *See* Boomer
Red lechwe (antelope; *Onotragus*), **AFR** 172
Red maple (tree; *Acer rubrum*), **PLT** 32
Red mullet, or surmullet (fish; *Mullus surmuletus*), **EUR** 135
Red oak (*Quercus borealis*), **FOR** 59, 154, 155
Red oat grass (Gramineae), **AFR** 64, *73*
Red poppy (plant; *Papaver*), **PLT** *116-117*
Red racer (snake; *Coluber flagellum piceus*), **REP** *90-91*
Red rail, Van der Broecke's (extinct bird; *Aphanapteryx bonasia*), **AFR** *166*

INDEX (CONTINUED)

Red River, S 184
Red river hog, or bush pig (Potamochoerus porcus), APR 121
Red, or sockeye, Salmon (Oncorhynchus nerka), FSH 155, 159, 162, 184
Red scale, Florida (insect; Coccidae), PLT 177
Red Sea, DES 131, MT 57; area of, S 184; depth of, S 184; salinity of, S 80; temperature of, FSH 14
Red Sea Rift, S map 65
Red shift. See Doppler effect
Red spruce (Picea rubens), FOR 152
Red squirrel (Tamiasciurus), MAM 77
Red squirrel, European (Sciurus vulgaris), MAM 90, 91
Red tides (of plankton), and fish kills, FSH 16
Red tingle (tree; Eucalyptus jacksoni), AUS 46
Red tree mouse (Phenacomys longicaudus), MAM 78
Red triumph begonia (Begonia camelliaflora), EV 75
Red uakari (monkey; Cacajao rubicundus), PRM 50, 51, SA 46
Red velvet ant (Dasymutilla coccineohirta), NA 48
Red-backed spider. See Katipo
Redbeard sponge (Microciona), S 24
Red-bellied pademelon wallaby (Thylogale billardieri), AUS 119
Red-bellied snake (Storeria occipitomaculata), REP 14, 142-143
Red-bellied woodpecker (Centurus carolinus), B 138
Red-billed oxpecker, or tick bird (Buphagus erythrorhynchus), B 74, 75
Red-billed scythebill (bird; Campylopramphus trochilirostris), SA 111
Redbreast, robin. See Robin redbreast
Red-breasted goose (Branta ruficollis), EUR 20
Red-crested touraco (bird; Tauraco erythrolophus), B 19
Red-eared guenon (monkey; Cercopithecus erythrotis), PRM 57
Red-eared turtle (Pseudemys scripta elegans), REP 109
Red-eyed tree frog (Agalychnis callidryas), SA 140-141
Red-eyed vireo (Vireo olivaceus), B 81, 121, 144
Redfish (Sebastes marinus), FSH 15, 103, 150
Redfish, giant, or pirarucú (Arapaima gigas), SA 179-180, 181
Red-flowered mallee (tree; Eucalyptus erythronema), AUS 51
Red-footed booby (bird; Sula sula), EV 28
Red-headed duck (Aythya americana), B 143
Red-headed, or marabou, stork (Leptoptilos crumeniferus), AFR 41, 109, B 63, EC 117
Red-headed scorpion (lizard; Eumeces laticeps), REP 13
Redirected response: in blackbird, AB 90; in man, AB 91
Red-legged kittiwake gull (Larus brevirostris), B 61
Red-necked grebe (bird; Podiceps grisegena), B 147
Redpoll (bird; Acanthis flammea), B 87, EUR 135
Red-shouldered hawk (Buteo lineatus), B 62, EC 38, REP 88
Red-spot spider. See Red-back spider
Redstart, European (bird; Phoenicurus), B 99
Redstart, North American. See North American redstart
Red-tailed hawk (Buteo jamaicensis), B 40, 62, 72-73
Red-tailed phascogale (marsupial; Phascogale calura), AUS 76
Red-tailed skink (lizard; Eumeces onocrepis), REP 87
Red-throated diver (bird; Gavia stellata), B 156
Reduction division. See Meiosis
Redunca afundinum. See Reedbuck
Redunca redunca cottoni. See Sudan bohor reedbuck
Reduncini (tribe of antelopes), AFR 76
Red-winged blackbird (Agelaius phoeniceus), B 85, 104, 120, 138, 169
Red-winged parrot (Aprusmictus erythropteris), AUS 156
Reed, Charles, EUR 154
Reed, Walter, SA 150
Reed bunting (bird; Emberiza schoeniclus), B 109
Reed fish (Calamoichthys), AFR 35
Reedbuck (antelope; Redunca), AFR 68, 76, 100
Reedbuck, Sudan bohor (antelope; Redunca redunca cottoni), AFR 76
"Reflex automata," AB 85
Reforestation, EUR 108. See also Deforestation; Conservation
Refraction: and vision of fishes, FSH 29, 40-41
Regeneration: of entrails, S 108; of tails, REP 179, TA 57
Regent skipper (insect; Euschemon rafflesia), AUS 139
Regressive evolution: of reptiles, EV 114
Reguibat. See Moors
Regulus. See Kinglet
Regulus (star; Alpha Leonis), UNV 11, map 10; color of, UNV 131
Regulus regulus. See Goldcrest
Regurgitation, B 159; by pigeons, AB 87
Reindeer. See Caribou
Reindeer, Lake, S 184
"Reinforcement," conditioning, AB 25
Reithrodontomys. See Harvest mouse
"Relational" stimuli, AB 68
Relativity, theories of, UNV 16, 171-173, 179, diagrams 170, 171, 173
Religion: of aborigines, AUS 176; of early man, EM 147, EV 166, 169; and evolution, EV 131; of mountain peoples, MT 133, 138, 152-153, 154-155; role of reptiles in, REP 146, 147-149; and science, EV 42
Remora, or shark sucker (fish; Echeneis naucrates), FSH 62, 63, 91, 122-123, S 138
Rennell, James, S 182
Rensch, Bernhard, EV 171
Repellants: against sharks, FSH 82, S 135
Reproduction: adaptation and, PRM 183-184; of amphibians, AUS 132, 134; REP 21, 105, 110, 119, 124, 125-127, 128, 131, 134, 139, 141, 142-143, 156, 174-175, 180, 181, 182-185, map 133, SA 16, 130, 134, 136-139, TA chart 34; animal size and, EC 147; asexual, EV 77, 81, diagrams 94, 105; and behavior, AB 26-27, 86, 87, 88, 93-95; biotic potential of, EC 122; of birds, AB 83, 88, 95, 99, 142, 174, 175, 176, 182, AUS 149, 151-153, B 13, 83, 85, 134, 138, 139, 142, 143-145, 146, 150-151, 154, 155, 162, 166, 167, 168, EC 145, FOR 13, POL 79, 87-91, SA 120; breeding and: see Artificial selection; budding, EV 94; crowning and, EC 146; delayed fertilization in, INS 14, 180; of diatoms, EC 79, S 105, 119; DNA and, EV 94-95; and evolution, MAM 146; experiments in, AB 173, 174; of fishes, AB 31, 66, 70, 72-73, 108, 154, 155, 156, FSH 43, 79-80, 86, 96, 98, 99-104, 105, 106, 109-116, 119, 138, 150, 151, 155, 157, 158, 159, S 106, 111, 113-115, 132, FOR 31, SA 179, 183; and gestation periods, EV 95; group stimulation and, EC 145; hatching and, B 46, REP 131, 132, 135, 142-143, 144-145; as impediment in evolution, EV 113; and incubation, B 144-145; of insects, AB 11-12, DES 60, 70, 89, 114, FOR 32-33, 141, INS 14, 34, 47, 54, 56-57, 58-59, 62, 64, 70-71, 108, 134, 148, 149, 158, 159, 180, POL 79, 87, 88-91, REP 32, 131, 142, 172, SA 148, 153, 174-175; internal fertilization, EV 113; of krill (crustaceans), S 107; of mammals, AUS 35, 61, 64-65, 72-73, 80-81, 122-123, diagrams 62, 63, EC 41, EV 95, FOR 20, 23, 25, 31, MAM 14, 15, 124, 141-144, 146-147, chart 145, S 145-146, 148, 149, 154-155, 159, 166, SA 13; of man, EV 105, PRM 184; and migrations, S 112; and multiple births, PRM 85; oestrous cycles in, MAM 142; of peripatus, SA 161; and parthenogenesis, INS 55, 56, 129, 180, REP 127; of plankton, FSH 177-178; of plants, AB 37, DES 60, EC 123, EV 50-51, 76-77, 80-81, 94, FOR 42, 43, 44-45, 66, 97, 101, 106-107, 178-179, INS 125-127, PLT 10-11, 14-16, 36-38, 98, 105, 116-117, 127, 144-145, 161, 163, POL 82; and prevention of variations within species, EV 105; of primates, EV 158, MAM 142, PRM 24, 31, 85, 90; of protozoa, EC 122, MAM 141; of reptiles, REP 9, 12, 14, 15, 18-19, 21, 32, 36-38, 107, 108, 110-111, 113, 119, 124, 125, 126, 127, 130, 131, 132, 133-134, 135, 138-145, 170, 172, 174, 175, 180, 182-185, SA 72; seasons and, EC 79, MAM 142; by seeds, FOR 27, 40, 44, 49, 51, 133-134, PLT 15; of snails, EC 84-85; by spores, PLT 15; in tropical forests, EC 79; from tubers, EV 76-77; and ventilation of eggs, AB 12-13, 73; water and, PLT 74; weather and, AUS 15. See also Pollination
Reproductive organs of insects, INS 44, 56
Reptile serum therapy of Butantan Institute, Brazil, REP 153
Reptiles (Reptilia), REP (entire vol.); adaptations by, REP 20, 22, 25, 29, 84-85; and adaptive radiation, REP 38, 41-42; of Africa, AFR 12, 38-42, 58-59, 91, 114, 117, 155-157, 160, 161, 166, REP 11, 13, 15, 16, 152, map 80; Age of, B 11, EUR 12, EV 114-115; albino, EV 66; amphibious, evolution of, REP 36, 37, 125, 133; Antarctic lack of, REP 12, 79; arboreal, REP 83, 112, 114, 131, see also Arboreal lizards; of the Arctic, REP 79, 126; ascendancy of birds over, B 11; of Asia, REP 11, 13, 15, 16, 17, 25, map 80; of Australasia, AUS 34, 39, 133-136, 144-145; of Australia, REP 11, 15, 27, 57, 83, 89, 98, 111, 114, 124; behavioral temperature control of, REP 85, 90-91; bipedalism of, REP 36, 38, 105, 111, 160; breathing of, REP 9, 18, 37; burrowing of, REP 14, 25, 83-84, 87, 90-91; carnivorous, EV 120, 122; of Central America, REP 11, 84, 131, 160; circulatory systems of, REP 16, 18-19; classification of, MAM 10, REP 9, 18, graph 10, chart 44-45; climatic range of, REP 9-10, 79, 84, 172, 178; cold-bloodedness of, AUS 62-63, REP 18, 85, 90, SA 125-126; color patterns of, AB entire volume; and coloration used for mimicry, REP 86-88; compared with monotremes, AUS 62; conservation of, REP 152-153, 169, 170, 173, 176; danger from, REP 22, 69, 153; defensive tactics of, REP 86, 92-93, 158, 162-165; desert adaptation of, DES 15, 71-72, 80, 96, 97; desert habitats of, REP 83, 84, 90-91; desiccation of, REP 85; diet of, REP 112-113; distribution of, REP 79-81, maps 80; egg shells of, REP 37-38, 140-141; eggs of, REP 9, 18, 138-139; embryonic membranes of, REP 36, 126, 140-141; emergence of, S chart 39; escape methods of, REP 13, 158-161; of Europe, REP 11, 12, 13, 15, map 80; evolution of, E 137-139, REP 61-62; evolution of birds from, B 10, 17, 34, 35; extinction of, REP 10, 41, 42, 43, 44, 108; eyes of, REP 12, 39, 94-95, 159; feeding habits of, EV 20-23, REP 53, 54, 55-61, 63, 86; feet of, REP 96-97; fertility of, REP 125, 126, 131, 138-139; fishlike (extinct), S 51; flying, B 10, EV 114, 119; and food abstention, REP 21, 65, 74; as food for man, REP 133, 154-156, 173-174, 175, 180, 181, 183; fossils of, EV 120, REP 10, 39, 40, 41, 50, 74, 108; of Galápagos, EV 15, 18, 25; geographic range of, REP 79-81, maps 80; hearing of, AB 42, 154; hearts of, REP 16, 18-19; in heraldry, REP 151; herbivorous, EV 20-21, 120, 122, 123; insect food of, REP 35-36, 53, 54, 57; and invasion of land, REP 35-36, 54, 105-106, 112; Jacobson's organ in, AB 43; largest, EV 124, 125; lungs of, REP 18, 29; of Madagascar, AFR 156, 160, 161; mammal similarities to, REP 38, 40-41; marine, EV 114; metabolism of, REP 85; migration of to Galápagos, EV 22-23; mimicry by, REP 86-88; mutualism among, REP 86, 87; in mythology, REP 146, 147-149, 150-151; of North America, NA 12, 54, 80-81, 92-93, 128-129, 156-157, 160-161, REP 11, 14, 15, 16, map 80; numbers of species of, MAM 13, chart 22, REP 9, 11-12, 14-16, 24-25, graph 10, chart 44-45; origin of, EV 113-114; oviducts of, REP 19, 126, 143; and parasitism, REP 86; as pets, REP 13, 151-152; primitive, MAM 36-37; range of environment of, REP 79-81, maps 80; and return to water, REP 105-106, 111, 112, 114, 115; and role in religion, REP 146, 147-149; scaled skin of, MAM 10; scales of, REP 9, 12, 18, 85, 166-167; sense of smell in, AB 43; sex identification of, REP 126-127; shore habitats of, REP 112; similarities with birds, B 9, 146; skeletons of, AUS 62, B 12, 13, REP 46-47, 48-49, 50-51; skins of, REP 18-19; and skin evolution, REP 85; of South America, REP 11, 13, 14, 15, 133, 153, map 80, SA 124, 125-129, 142-147; speed of, MAM chart 72; subterranean habitats of, REP 83-84, 87; teeth of, MAM 36, 99; and temperature control, AUS 62-63, REP 85; terrestrial, REP 85; tree-climbing of, REP 83; of tropical Asia, TA 56-57, 58, 82, 103, 122, 124, 144; urination of, REP 107; venom of, MAM 82; viviparity of, REP 126, 143. See also specific reptiles
Reptiles, aquatic. See Aquatic reptiles
Reptiles, flying. See Flying reptiles
Reptiles, prehistoric. See Prehistoric reptiles
Reptiles' eggs, REP 9, 18, 124, 125, 131, 138-139, 141, SA 16, 134, 136-139; delayed fertilization of, REP 21, 126-127; description of, REP 36, 130-131, 140-141; as

AB Animal Behavior; AFR Africa; AUS Australia; B Birds; DES Desert; E Earth; INS Insects; MAM Mammals; MT Mountains; NA North America; PLT Plants; POL Poles;

food of reptiles, **REP** 57, *66-67;* hatching of, **REP** 132, *135, 142, 144;* incubation of, **REP** 32, 131, 142, 172; and internal fertilization, **REP** 38, 125, 126; laying of, **REP** *124,* 131; parental care for, **REP** 132, 139; perishing of in water, **REP** 107, 108, 114; shells of, **REP** 37-38, *140-141;* viviparous species, **REP** 126
Reptilia. *See* Reptiles
Requiem shark (Carcharhinidae), **S** 134
Rescue: signals used by man in polar regions, **POL** *186-187*
Resolution (ship), **POL** 52
Resorts, **DES** 171-172, 173, *184-185*
Respiration: of birds, **B** 35, 49; of fishes, **FSH** 39, 41, *54-55,* 65, 66, 73, **SA** 182-183, **TA** 81-82, 87; of insects, **INS** 13, 36, *44,* 45, 72, 142, *144,* 145, *146,* 153, 154, *155;* of plants, **PLT** 56, 57, 58, 60, 74; of reptiles, **REP** 20-21, 106-107, 111-112, 113, 114, 119, 120, 122, 141; of trees, **FOR** 77, 99, *109;* of whales, **S** 149
Respiratory system: of aquatic insects, **INS** 142-145, 154; of gill-breathers, **INS** 142-144, *154*
Resurrection fern *(Polypodium),* **AFR** 137
Reticulated giraffe *(Giraffa camelopardalis reticulata),* **AFR** *78*
Reticulated python, or thirty-three-foot python *(Python reticulatus),* **REP** *74-75,* 131, **TA** 144
Reticulitermes. See Eastern subterranean termite
Retina: of cat, **AB** *diagrams* 54-55, 58, 59; of frog, **AB** *diagram* 54-55, 56-57, 58, 59; of octopus, **AB** *diagram* 54-55
Retinoblastoma (eye cancer), **EV** 170, 171
Retractor lentis (muscle of fishes' eyes), **FSH** 41
Retriever, Chesapeake Bay (dog; *Canis familiaris),* **EV** 87
Retriever, curly-coated *(Canis familiaris),* **EV** 87
Retriever, golden *(Canis familiaris),* **EV** 87
Retriever, Labrador *(Canis familiaris),* **EV** 87
Retrograde motion, **UNV** 13
Retromorphosis (insect development stage), **INS** 56
Réunion (island), **AFR** 156, 157, 158, 166, 167
Revilla Gigedo Islands, **S** *map* 69
Reynolds, Hudson, **DES** 78
Rhabdoderma (extinct fish), **FSH** *chart* 68
Rhacophorus (genus of frogs), **TA** 56, 57
Rhacophorus nigropalmatus. See "Flying" frog
Rhaetian railway, **MT** 23
Rhagoletis pomonella. See Apple maggot fly
Rhamnales (order of plant class Dicotyledoneae), **PLT** 186
Rhamnus. See Buckthorn
Rhamnus purshiana. See Cascara buckthorn
Rhamphodopsis (extinct fish), **FSH** *chart* 68
Rhamphorhynchus (extinct flying reptile), **REP** 38, *chart* 44-45
Rhea (bird; *Rhea americana),* **B** 13, 16, 18, 20, 180, **EC** 137, **SA** 13, 107-108, *121;* camouflage of, **SA** 121; commercial use of feathers, **B** *178-179;* egg of, **SA** *120;* flightlessness of, **B** 12; as symbol of pampas, **SA** 107; zoogeographic realm of, **EC** *map* 19
Rhea, Darwin's *(Pterocnemia pennata),* **SA** 108
Rhea americana. See Rhea
Rhebok, vaal *(Pelea capreolus),* **AFR** 76

Rhesus macaque, or rhesus monkey *(Macaca mulatta),* **AFR** 157, **MAM** 181, **PRM** 136, *190;* brain activity of, **PRM** 159; eating habits of, **PRM** 136; experiments with, **PRM** 86-87, 157, 161; field studies of, **PRM** *168;* group behavior of, **PRM** 167; infants of, **PRM** 166-167; isolation effects upon, **PRM** 158; learning ability of, **PRM** *157;* mating habits of, **PRM** 109, 112-113; mother-child relationships of, **AB** 28-29, **MAM** 158, **PRM** *166-167;* protective tactics of, **PRM** 159, *168;* research on, **PRM** 159, 161; and scientific research, **PRM** 159; and security deprivation, **AB** 131-132; sex instincts of, **PRM** 167; and space travel, **PRM** 173; surgery for, **PRM** *162-163;* temperament of, **PRM** 166-167. *See also* Macaque
Rhesus monkey. *See* Rhesus macaque
Rhetus dysonii psecas (metalmark butterfly), **SA** *169*
Rheum nobile. See Wild rhubarb
Rheum rhaponticum. See Rhubarb
Rhincodon typus. See Whale shark
Rhine River, **FOR** 59, **S** 184
Rhineura floridana. See Florida worm lizard
Rhinichthys atratulus. See Black-nosed dace
Rhinoceros (mammal; Rhinocerotidae), **AFR** 171, 175, 188, **EM** 72-73, **EV** 12, **MAM** 18, *21;* in Cro-Magnon art, **EV** 169; extinct types, **MAM** 40, *45,* **NA** *128-135, 132-135;* fossil remains of in arctic, **POL** 108; gestation period of, **MAM** 145; hair of, **MAM** 11; hoofs of, **AFR** 67, **MAM** *17;* horns of, **MAM** 18; skin thickness of, **MAM** 100; survival problems of, **AFR** *80-81, 98-99,* 172; symbiotic relationship with oxpecker, **EC** 137
Rhinoceros, black *(Diceros bicornis),* **AFR** 67, 72, *80-81, 98-99,* 188
Rhinoceros, Indian *(Rhinoceros unicornis),* **TA** 149, *156-157*
Rhinoceros, Javan *(Rhinoceros sondaicus),* **TA** 148, *158-159*
Rhinoceros, long-legged (extinct *Helaletes),* **NA** *128-129*
Rhinoceros, Sumatran *(Didermocerus sumatrensis),* **TA** 149
Rhinoceros, white, *(Ceratotherium simum),* **AFR** 67, 80, 172, **MAM** *34*
Rhinoceros, woolly. *See* Woolly rhinoceros
Rhinoceros beetle (Dynastinae), **SA** 156-157, **TA** 126
Rhinoceros horn cups: and Oriental legends, **TA** *126*
Rhinoceros iguana *(Cyclura cornuta),* **SA** 124
Rhinoceros unicornis. See Indian rhinoceros
Rhinoceros sondaicus. See Javan rhinoceros
Rhinolophus ferrumequinum. See Horseshoe bat
Rhinopithecus roxellanae. See snub-nosed monkey
Rhinoptera. See Cow-nosed ray
Rhipidistians (extinct fishes): and Devonian Era, **FSH** 64, 65; evolution of, **FSH** *chart* 68; fins of, **FSH** 74; survival of, **FSH** 65
Rhipidura. *See* Fantail flycatcher
Rhizoids (rootlike plant parts), **PLT** 76
Rhizome (plant root), **PLT** 31
Rhizophora. See Mangrove
Rhizophora mucronata. See Gray mangrove
Rhode Island greening apple *(Malus sylvestris),* **PLT** *66*
Rhodes University, South Africa, **FSH** 64
Rhodesia, **DES** 170, **EM** 143

Rhodesia, Southern. *See* Southern Rhodesia
Rhodesian, or Broken Hill, man *(Homo sapiens),* **EM** 44, 143
Rhodeus sericeus. See Bitterling
Rhododendron (plant; *Rhododendron),* **EUR** 35, *52, 53,* **FOR** 113, **PLT** *187,* **TA** 38, 103
Rhododendron. See Azalea; Rhododendron
Rhodophyta (division of plant subkingdom Thallophyta), **PLT** 183
Rhodopsin (pigment) of alligator eyes, **REP** 95
Rhoeadales (order of plant class Dicotyledoneae), **PLT** 186
Rhone glacier, **MT** 16
Rhone River, **MT** 16
Rhubarb (plant; *Rheum rhaponticum),* **PLT** 186
Rhubarb, wild *(Rheum nobile),* **EUR** 35
Rhus. See Poison oak; Sumac
Rhus radicans. See Poison ivy
Rhus toxicodendron. See Poison oak
Rhus vernix. See Poison sumac
Rhynchocephalia (reptiles), **REP** 16, *32-33, graph* 10, *chart* 45
Rhynchochetus jubatus. See Kagu
Rhynchophora. *See* Weevil
Rhyncolestes raphanurus (marsupial), **SA** 53
Rhytisma punctatum. See Black speckled leaf spot
Ribbed mussel *(Modiolus demissus),* **S** 24
Ribbon sea horse (fish; *Phycodurus eques),* **FSH** 43
Ribbon snake *(Thamnophis sauritus),* **REP** 14
Ribonucleic acid. *See* RNA
Ribosomes (plant proteins), **PLT** *45;* and RNA in protein synthesis, **EV** 102-103
Ribs, of *Australopithecus,* **EM** 40
Rice (plant; *Oryza),* **PLT** 172; cultivation of, **PLT** *170-171,* **TA** *188-191;* paddies, **EUR** 172; Himalayan, **EUR** 35; terraces, **TA** 189, *190-191;* weevil, **PLT** 177
Rice tenrec (mammal; *Oryzorictes),* **AFR** 155
Richardson, Robert S., **UNV** 46
Richmondena cardinalis. See Cardinal
Ridges: of ocean bottom, **S** 60, *maps* 64-71. *See also* Mountains, submarine
Ridley turtle *(Lepidochelys),* **REP** 110, 114, 134, 156
Riemann, Georg Friedrich, **UNV** 172
Rifts: formation of, **AFR** *11;* underwater, **S** *maps* 64-67
Rigel (star; Beta Orionis), **UNV** 112, 113, 114, 131, *map* 11
Riggs, Elmer S., **SA** 60
Rinderpest (animal disease), **AFR** 188
Ring nebula in Lyra, **UNV** 50
"Ring of fire": and Pacific earthquakes, **AUS** 13
Ringed plover *(Charadrius hiatcula),* **B** *134*
Ringed seal *(Pusa hispida),* **EUR** 138, **POL** *79,* 80
Ringed snake *(Natrix natrix):* and red-shouldered hawk, **REP** 88
Ring-neck dove *(Streptopelia risoria),* **AB** 26
Ring-necked parakeet (extinct bird; *Psittacula exsul),* **AFR** 167
Ring-tailed cat, or cacomistle, or cacomixl *(Bassariscus astutus),* **DES** 118, **MAM** *187,* **SA** 78
Ring-tailed lemur *(Lemur catta),* **AFR** 154, **PRM** *8,* 9
Ring-tailed rock wallaby *(Petrogale xanthopus),* **AUS** *119*
Rio de Oro, North West Africa: monk seal colony of, **EUR** 42
Rio Grande Rise, **S** *map* 66
Rio Grande (river), **DES** 102, 167, **S** 184

Rio Negro (river), **SA** 30, 178
Rip currents of ocean, **S** 91
Riparia. See Martin
Riparia riparia. See Bank swallow
Ripening process: enzyme in, **PLT** 57-58; in leaves, **PLT** 59
Ripley, Suzanne, **PRM** 168
Ritchey, G. W., **UNV** 147, 148
Rituals: of Bushmen, **EM** *188;* of early man, **EM** 148, 149; of Tierra del Fuego Indians, **EV** *34-35*
River delta deposits, **MT** 35
River fishes: habitats of, **FSH** *charts* 19, 20-21
River gum. *See* River red gum
River hog. *See* Bush pig
River Indians: in arctic, **POL** 133
River martin (bird; *Pseudochelidon eurystomina),* **AFR** 13
River otter *(Lutra),* **MAM** *80;* footprints of, **MAM** *187*
River otter, giant *(Pteronura brasiliensis),* **SA** 11
River red, or river, gum (tree; *Eucalyptus camaldulensis),* **AUS** 40, *46-47*
River turtle, South American. *See* Arrau
Rivers, **DES** 11, 31, 38-39, 40, 101, 102; of Africa, **AFR** 20, 21, 22, 33-42, *43-55,* 83, 220, **MAM** 30-31; Amazon, Brazil, **SA** 9, *25,* 30, 177, 184, *190-191;* of Araguaia, Brazil, **SA** *187;* and building of sea coast, **S** 56; of Chagres, Panama, **SA** 34; and debris in sea, **S** 12; deltas of, **E** 110-111; erosion by, **E** 106-108, 115, 116-117, 118, *120-121;* length and course of, **S** 184; major, **TA** 22; and sand, **DES** 37, 49; and sharks' attacks, **S** 134; of South America, **SA** 8, 9, 10-11, *30-31, 176-177;* of tropical Asia, **TA** 22, 80; underground, **DES** 16; undersea, **S** 56. *See also* specific rivers
RNA (ribonucleic acid), **E** 154, **EV** 96, *103;* discovery of, **EV** 94, function of, **PLT** 45, **EV** *diagrams* 102-103
Roach (Blattidae), **INS** 18, 82
Roadrunner (bird; *Geococcyx californianus),* **DES** 75, 87, 118, **NA** 58, **MAM** *chart* 72
Roan antelope *(Hippotragus equinus),* **AFR** 68
Robber crab *(Birgus latro),* **TA** *95*
Robberfly (Asilidae), **AB** *146,* **INS** *102, 139*
Robert's gazelle (antelope; *Gazella granti robertsi),* **AFR** *77*
Robertson, H. P., **UNV** 174
Robin, American. *See* American robin
Robin, European. *See* Robin redbreast
Robin redbreast, or European robin (bird; *Erithacus rubecula),* **AB** 155, **B** 99, 138, **B** 120
Robinia pseudoacacia. See Black locust
Robinson, John T., **EM** 52, 54, 56, *60-61,* 63, **EV** 149
Robinson Deep gold mine, **E** *91,* 96
Reccus saxatilis. See Striped bass
Rochester, University of, **DES** 128, 129
Rock, Joseph F., **EUR** 34, *46*
Rock, or "acorn," barnacle *(Balanus perforatus),* **EC** 34-35, **S** 24
Rock crab (crustacean; *Cancer),* **S** 25
Rock dove or common pigeon (bird; *Columba livia),* **B** 167, **EUR** 156, **EV** 42
Rock fowl *(Picathartes),* **AFR** 119
Rock hyrax (rodent; *Heterohyrax syriacus),* **MT** 94
Rock lily, pink *(Dendrobium kingianum),* **AUS** 57
Rock ptarmigan (bird; *Lagopus mutus),* **B** 54
Rock python, African *(Python*

187

EC Ecology; **EM** Early Man; **EUR** Eurasia; **EV** Evolution; **FOR** Forest; **FSH** Fishes; **PRM** Primates; **REP** Reptiles; **S** Sea; **SA** South America; **TA** Tropical Asia; **UNV** Universe

INDEX (CONTINUED)

sebae), **REP** 131
Rock rat (*Petromus typicus*), **AFR** 15
Rock wallaby (marsupial; *Macropodidae*), **AUS** 104, 105, *119, diagram 89*
Rock wallaby, brush-tailed (*Petrogale penicillata*), **AUS** *diagram 89*
Rock wallaby, ring-tailed (*Petrogale*), **AUS** *119*
Rock warbler (bird; *Origma rubricata*), **B** 141
Rockall Island, **S** *map 64*
Rockefeller Foundation, **EM** 78, **EV** 132, 134
Rockets: Soviet, **POL** 153
Rockfish, Pacific, or bocaccio (*Sebastodes paucispinis*), **FSH** *164-165*
Rockhopper, or crested, penguin (bird; *Eudyptes crestatus*), **AUS** *166,* **B** *18*
Rocks, **E** *100-101,* **EUR** *184-185;* age of, **E** 131-132; of Australia, **AUS** *13, 24-25;* in Cryptozoic eon, **E** 133; erosion and weathering of, **E** 105-112, 113-129, **MT** 12; formation of, **E** 82-86, *diagrams 83, 84-85;* igneous, **E** 82-85; metamorphic, **E** 83; and mountain formation, **E** *diagram 89;* oldest known, **E** 132; pediments (rock formations), **DES** 30, *36-37;* resistance of, to erosion, **MT** 38; sedimentary, **E** 82-85, 111, *diagrams 83, 84-85;* and ultraviolet light, **E** *102-103;* volcanic, **MT** 59. *See* Fossils; Geology; Minerals
Rockweed (marine vegetation; *Fucus*), **S** *25*
Rocky Mountain elk (*Cervus canadensis nelsoni*), **NA** 151
Rocky Mountain goat (antelope: *Oreamnos americanus*), **MAM** 20, 58, **MT** *109,* 113, 114, *118,* **NA** 151; habitat of, **NA** *168-169,* 174; hoofprints of, **MAM** *187*
Rocky Mountain National Park, Colorado, **E** *187,* **NA** *194*
Rocky Mountain sheep. *See* Bighorn sheep
Rocky Mountain spotted fever, **FOR** 149
Rocky Mountain spotted fever tick (insect; *Dermacentor andersoni*), **FOR** *148*
Rocky Mountains, **DES** 12, 167, **E** 136, **FOR** 42, 60, 61, 170, **MT** 9, 12, 40, 44; animals of, **MT** 109, 113, *118-119,* 126, **NA** 119-120, 146-147; climax forest of, **FOR** 153; passes through, **MT** 137, *chart 136;* timber line of, **PLT** 125. *See also* Canadian Rockies; Colorado Rockies
Rodahl, Dr. Kaare, **POL** 173, 174
Rodentia. *See* Rodents
Rodents (Rodentia), **DES** 15, 76, 78, 101, **MT** 88-89, 111-113, **NA** 16, 53-54, 124, **POL** 76; abundance of, **MAM** *chart 23;* of Africa, **AFR** 14, *15,* 114, 115, 117, 139, 155; of Australia, **AUS** *90-91,* 98; burrowing, **EUR** 87-88, 159, **SA** 12; characteristics of, **MAM** 17; colonial, **EUR** 87-88; diet of, **MAM** 77; footprints of, **MAM** *187;* front paws of, **MAM** 86; gestation period of, **MAM** 145; of Madagascar, **AFR** 155; marsupials resembling, **MAM** 15; maternal care by, **MAM** 154; mating patterns of, **MAM** 144; Miocene epoch, **EUR** 14; shelters of, **MAM** *135;* soil improvement by, **EUR** 87-88; of South America, **SA** 11, 12, 13, 57-58, *74-75,* 77-78; steppe, **EUR** 87, 88; taiga, **EUR** *134-135;* teeth of, **MAM** *85;* types of, **MAM** 20; world's biggest, **SA** 11, 57, 58, *74*. *See also* specific rodents
Rodriguez (island), **AFR** 156, 157, 158, 167
Rodriquez solitaire (extinct bird; *Pezophaps solitaria*), **AFR** 157-158, *167*
Roe deer (*Capreolus capreolus*), **EUR** 111-112; antlers of, **MAM** 99; zoogeographic realm of, **EC** *map 20*
Roemer, Ole, **UNV** 42, 43
Rogers, Roy, **AFR** *26-27*
"Rogue" elephants, **MAM** 148
Roland, Chanson de, **MT** 137
Roller, Carolina leaf (wingless cricket; *Camptonotus carolinensis*), **INS** *90-91*
Roller, European, or common (bird; *Coracias garrulus*), **B** 16, 20, **EUR** 40, *64,* 79
Roller, lilac-breasted (*Coracias candata*), **B** *19*
Roman numerals, problems of, **UNV** 13, 15
Romanche Trench (South Atlantic), **S** *map 66-67*
Romania: government protected land in, **EUR** *chart 176*
Romans, **DES** 33, 149, 165-166
Romer, Alfred S., **EV** 111, **REP** 37
Roncesvalles, **MT** *chart 136,* 137
Ronco, or French grunt, or snorer (fish; *Haemulon flavolineatum*), **FSH** *139*
Rongbuk Glacier, **MT** *163*
Roosevelt, Theodore, **AFR** *26-27,* **EC** 77, **FOR** 157, 170
Roosevelt, S.S., **POL** 39, 40, *42-43,* 44
Roosevelt elk (*Cervus canadensis roosevelti*), **NA** 151
Roosevelt River, **S** *184*
Rooster, plain silver polish (*Gallus gallus*), **EV** *85*
Roosterfish (*Nematistius pectoralis*), **S** 27, *29*
Rosa persica. See Rose of Persia
Rosaceae. *See* Roses
Rosales (order of plant class Dicotyledoneae), **PLT** 186
Rose, brier (*Rubus coronarius*), **EC** 61
Rose, cliff (tree; *Cowania*), **FOR** 158
Rose, Floribunda (hybrid), **EV** 81
Rose cone bush (*Isopogon roseus*), **AUS** *53*
Rose mildew, **PLT** 144
Rose of China, or Chinese hibiscus (*Hibiscus rosa-sinensis*), **PLT** *134*
Rose of Persia (*Rosa persica*), **EUR** 101
Roseate spoonbill (bird; *Ajaia ajaja*), **B** *130*
Rose-colored starling (*Sturnus roseus*): sociability of, **EUR** 89
Rosemary spider flower (*Grevillea romarinafolia*), **AUS** *53*
Rose-petal bubble shell snail (*Hydatina physis*), **S** *23*
Roses (Rosaceae): temperature tolerance of, **PLT** *124*
Ross, James Clark, **POL** *52-53, 56*
Ross, Sir John, **S** *182*
Ross Ice Shelf, Antarctica, **POL** *13, 24-25,* 53, 54, 55, 56, *map 13,* **S** *map 73*
Ross Island, **MT** 56
Ross Sea, **POL** 13, 52, 53, 56, *map 13*
Ross Sea Floor, **S** *map 73*
Rosse, Earl of, **UNV** *33,* 34, *42-43,* 146, 155
Ross' goose (*Anser rossii*), **B** *106-107*
Rostrhamus sociabilis. See Everglade kite
Rostrum (snout), of shark, **FSH** *86*
Rosy boa (snake; *Lichanura roseafusca*), **REP** *8*
Rosy tetra (fish; *Hyphessobrycon rosaceus*), **SA** *189*
Rotorua (spa), New Zealand, **AUS** *30*
Rouffignac cave art, **EM** *160, 166,* 167
Rough green snake (*Opheodrys*), **REP** *15*
Rough terrier, Old English (dog; *Canis familiaris*), **EV** 87

Rough-legged hawk (*Buteo lagopus*), **B** *42,* 87
Roundworm (Nematoda), **S** *chart 15;* as fish parasites, **FSH** 127
Rousseau, Jean Jacques, **PRM** 129
Royal albatross (*Diomedea epomophora*), **B** 83
Royal antelope (*Neotragus pygmaeus*), **AFR** 114
Royal cobra (*Naja haje*), **REP** 151
Royal decrees to protect wildlife, **EUR** 174-175
Royal tern (bird; *Thalasseus maximus*), **B** *24-25*
Roze, Janis, **REP** *184*
RR Lyrae stars, **UNV** 109, 114, *diagram 121*
Rubber boa (*Charina bottae*), **REP** *163*
Rubber tree (*Hevea brasiliensis*): diffusion of, **PLT** *map 162;* exploitation of, **PLT** *126;* planting of, **FOR** 118, **PLT** 161
Rubey, William, **S** 38
Rubiaceae. *See* Madder
Rubiales (order of plant class Dicotyledoneae), **PLT** 187
Rubus. See Raspberry
Rubus coronarius. See Brier rose
Ruby sphalerite (mineral), **E** *101*
Ruby-throated hummingbird (*Archilochus colubris*), **B** 34, 39, 59, **SA** 101
Rudbeckia hirta. See Black-eyed Susan
Ruddy duck (*Oxyura jamaicensis*), **B** 142
Rudenko, S. I., **POL** 133
Rudolf, Lake, **AFR** 10, 52, **S** 184
Rue anemone (*Anemonella thalictroides*), **NA** *107*
Ruff (bird; *Philomachus pugnax*), **B** 125-126
Ruffed grouse (*Bonasa umbellus*), **FOR** 13, 153; camouflage by, **B** 134; courtship behavior of, **B** *118;* feet of, **B** *39;* in grasslands, **NA** 126; nests of, **FOR** 118; population cycle of, **B** 87, 88; "snowshoes" of, **B** *39;* winter adaptations of, **FOR** 16, 35
Ruffed lemur (*Lemur variegatus*), **AFR** *150,* **EC** 69
Rufous hornbill (bird; *Aceros nipalensis*), **B** 76
Rufous hummingbird (*Selasphorus rufus*), **SA** 101
Rufous ovenbird (*Furnarius rufus*), **B** 140, *141,* 156
Rufous piculet (bird; *Sasia abnormis*), **TA** *72*
Rufous rat kangaroo (*Aepyprymnus rufescens*), **AUS** *118*
Rugege, Mount, Ruanda, **AFR** 137
Rumex. See Bitter dock; "Camel's grass"
Rumex acetosella. See Sheep sorrel
Ruminants (cud-chewing ungulates), **EV** 14, **MAM** 76, 77, 78, 86; during Oligocene, **NA** 130-131
Rupicapra rupicapra. See Chamois
Rupicola rupicola. See Cock-of-the-rock
Rüppell's warbler (*Sylvia ruppelli*), **EUR** 64
Ruschi, Augusto, **SA** 118
Russell, H. N., **UNV** 147
Russia. *See* Union of Soviet Socialist Republics
Russian mole rat (*Spalax microphthalmus*), **EUR** 87
Russian tracker (dog; *Canis familiaris*), **EV** 87
Rust, wheat. *See* Wheat rust
Rutgers University, **FSH** 158
Ruwenzori range, **AFR** 10, *25,* 136, *148-149,* **MT** 44, *101,* 160-161; horizontal life bands of, **MT** *94-100*
Rye (grain; *Secale cereale*), **EUR** 157, 158, *182,* **FOR** 95
Rynchops flavirostris. See African skimmer
Rynchops nigra. See Black skimmer

S

Saas-Fee, Switzerland: **MT** 27
Sabellaria. See Honeycomb worm
Saber-toothed blenny (fish; *Aspidontus rhinorhynchus*), **FSH** 125, *140*
"Saber-toothed tiger." *See* Stabbing cat
Sabi Reserve, South Africa, **AFR** 171
Sable (*Martes zibellina*), **EUR** 134
Sable antelope (*Hippotragus niger*), **AFR** 27, 68, 74, 77, **EC** *map 20,* **MAM** *48-49,* 98
Sable antelope, giant (*Hippotragus niger variani*), **AFR** 74, 77, **MAM** *48-49,* 98
Sable antelope, lesser (*Hippotragus niger niger*), **AFR** 27
Sacs, yolk: of reptiles, **REP** 36, *140-141*
Saccharum officinarum. See Sugar cane
Sacramento, California, **MT** 129
Sacramento Peak Observatory, N.M., **UNV** 100
Sacramento River, **FSH** 174
Sacramento Valley, **DES** 167
Sacred cow, **TA** *175*
Sacred ibis (bird; *Threskiornis aethiopicus*), **AFR** 41
Saddle-billed stork (*Ephippiorhynchus senegalensis*), **AFR** *53*
Sade, Don, **PRM** 112
Sadong (river), **TA** 125
Safaris, **AFR** *26-27*
Saffron (plant; *Crocus sativus*), **PLT** *174*
Sage (plant; *Salvia*), **PLT** 12
Sage grouse (bird; *Centrocercus urophasianus*), **NA** *140-141;* courtship behavior of, **B** 125; in grasslands, **NA** 126
Sagebrush (plant; *Artemisia*), **DES** 57, **EUR** 82, 88, **FOR** 61, **PLT** *91,* 125
Sagitta elegans. See Arrowworm
Sagittaria. See Arrowhead
Sagittarius (constellation), **UNV** *map 11;* Trifid nebula in, **UNV** *128*
Sagittarius serpentarius. See Secretary bird
Sago palm (plant; *Cycas revoluta*), **FOR** 43
Saguaro (cactus; *Carnegiea gigantea*), **DES** *54-55, 57, 58, 59,* 66, 75, *86,* 87, **EC** 123, **FOR** 60, **NA** *52-53*
Saguaro National Monument, Arizona, **DES** 169, **NA** 194
Saguinus. See Tamarin
Saguinus oedipus. See Cotton top tamarin
Sahara Desert, **DES** 13, 20, 29, 32, 47, 129, **FOR** 59, 174; animals of, **DES** 78, 97-98; dunes of, **DES** 11, *18-19,* 34, *49;* mountains of, **DES** 11 17, 21, 22-23; oases of, **DES** 15, 102; oil in, **DES** 16, 169; people of, **DES** 128, 131-136; water tapping in, **DES** 168
Sahul Shelf (geological formation), **TA** 11
Saiga (antelope; *Saiga tartarica*), **DES** 170, **EC** 137, **EUR** 26, 85-87, *103;* early range of, **EUR** 16; as food for Cro-Magnon man, **EV** *163;* mating habits of, **EUR** 86; pronghorns and, **EC** 126
Saiga tartarica. See Saiga
Sailfin molly (fish; *Mollienisia latipinna*), skin section of, **FSH** 49
Sailfish (*Istiophorus*): habitat of, **S** *27-29;* speed of, **MAM** *chart 72,* **S** 109
Saimiri. See Squirrel monkey
Sainfoin (plant; *Onobrychis viciaefolia*), **EUR** 100
St. Acheul, France, **EM** 104
St. Bernard (dog; *Canis familiaris*), **EV** 87
St. Bernard, hospice of, **MT** 138

AB Animal Behavior; **AFR** Africa; **AUS** Australia; **B** Birds; **DES** Desert; **E** Earth; **INS** Insects; **MAM** Mammals; **MT** Mountains; **NA** North America; **PLT** Plants; **POL** Poles;

St. Brendan's Saga, **POL** 32
St. Gotthard Pass, **MT** 22, 135, 136
St. Helena, **MT** 57, **S** *map* 67
St. Hubert hound (dog; *Canis familiaris*), **EV** 87
St. John's wort, or goatweed, or klamath (plant; *Hypericum*), **EC** 72, **PLT** 162
St. Kitts Island, **MT** 57
St. Lawrence River, **S** 184
St. Patrick, **REP** 147-148
St. Paul's Rocks, Atlantic Ocean, **MT** 57, **S** *map* 64
St. Pierre, Martinique, **MT** 55-56, *67*
St. Vincent (island), **REP** 82
Saintpaulia ionantha. See African violet
Sakurajima, Japan, **MT** 62
Sala y Gomez Ridge, **S** *map* 71
Salado River, **S** 184
Salak River, **TA** 90-91
Salamander (Caudata), **AFR** 12, **DES** 70, **FOR** 44, **NA** 180, **SA** 134; albino, **EV** *66*
Salamander, cave (Caudata), **EC** *133*
Salamander, Mexican flat-toed (*Bolitoglossa platydactyla*), **SA** *133*
Salamander, tiger. See Tiger salamander
Salamandridae. See Newt
Salicales (order of plant class Dicotyledoneae), **PLT** 186
Salicornia. See Goosefoot
Sálim Ali, **TA** 149
Salinity: of African lakes, **AFR** *54*, 55; of sea water, **EUR** 61, 89, 138, **PLT** 79-80, **S** 11-12, 79, 80, 82, 105; of soil, **DES** 14, 167, **EUR** 60-61, 72-73, **PLT** 79-80
Saliva: of cave swiftlets in soup, **TA** *174*; diastase in, **PLT** 62
Salivation, **DES** 96
Salix. See Willow
Salix arctica. See Avalanche willow
Salix babylonica. See Weeping willow
Salix discolor. See Pussy willow
Salix herbacea. See Arctic willow
Salminus maxillosus. See Dorado
Salmo gairdnerii. See Steelhead trout
Salmo salar. See Atlantic salmon
Salmo trutta. See Brown trout
Salmon (Salmonidae), **NA** 29, 38, 148; and British Columbia, **FSH** 151-161; colors of, **FSH** 43; electronic experiments with **AB** *120*; engraving of, **EM** *160*; evolution of, **FSH** *chart* 68-69; and fishery, **FSH** 184, *185*; and fresh water, **FSH** 155; habitat of, **FSH** *19*, 20-21; incised figure of, **EM** *161*; international agreement on, **FSH** 184; larva of, **FSH** *110*-*111*; learned target value in, **AB** 114; races of, **EC** 57; schooling by, **FSH** 159, 164; sonic tags for, **EC** *92*; spawning of, **AB** 66, 108, **FSH** 101, 155, 157, *159*, *162*; speed of, **FSH** 157; tagging of, **FSH** *151*, 153, 154; tracking of, **FSH** 153; transplanting of, **FSH** 174-175; travels of, **FSH** 155, *160*-*161*
Salmon, Atlantic (*Salmo salar*), **FSH** 157
Salmon, chinook. See Chinook salmon
Salmon, chum (*Oncorhynchus kela*), **FSH** 155, *162*
Salmon, king. See Chinook salmon
Salmon, Pacific (*Oncorhynchus*), **S** 112
Salmon, sockeye, or red (*Oncorhynchus nerka*), **FSH** 155, *159*, *162*, 184
Salmonidae. See Salmon, or trout
SALPAC, Operation, 1966, **FSH** *156*
Salt: beds, **DES** *37*, **EUR** 61; deposits, **E** 136, 138; of deserts, **DES** 30-31; dome, **E** 85, *diagram* 84; flats, **DES** *42*, **EUR** 72-73; marshes, **NA** *86*; in ocean, **PLT** 79, **S** 11-12; in osmosis, **PLT** 79; in soil, **PLT** 79; trade in, **DES** 134, 169
Salt Lake Desert, **PLT** 79

Salt lakes: of Africa, **AFR** *54*, 55
Salt River, **DES** 167
Saltatory locomotion, **AUS** 98-99
Saltbush (*Atriplex*), **AUS** 13, *21*, **DES** *57*, 117, 118
Salt-marsh moth (*Estigmene acrea*), **PLT** *177*
Salt-marsh terrapin (*Malaclemys terrapin*), **REP** 154
Saltiness. See Salinity
Salton Sea, **DES** 30
Salt-water crocodile, Asiatic. See Asiatic salt-water crocodile
Salt-water fishes, **FSH** *12*, 40, 154; habitat of, **FSH** *19*, 22-23
Saluki (dog; *Canis familiaris*), **EV** *87*
Salvelinus alpinus. See Arctic char
Salvelinus fontinalis. See Brook trout
Salvelinus namaycush. See Lake trout
Salvia. See Sage
Salween River, **S** 184, **TA** 22, 80
Sambar (deer; *Cervus*), **EC** 61, **TA** 60
Samia walkeri. See Silkworm moth
Samoa Islands, **S** *map* 70
Samoyed (dog; *Canis familiaris*), **EV** *86*
Samoyeds (nomads), **EUR** 132, **POL** *130*, *131*, 136
San Andreas fault, **E** 38-39, **MT** 36, **S** *map* 69
San Diego, California: and Project Mohole tests, **S** 170
San Felix Islands, **S** *map* 71
San Francisco earthquake (1906), **E** 39, *53*, **MT** 37
San Joaquin Valley, **DES** 78, 167, 169, *173*
San Marino, **MT** 135
Sanctuaries. See Conservation
Sanctuary, Stokes, **AFR** 42
Sand: of Arabian Desert, **DES** 11; in Arctic, **POL** *table* 155; and desert animals, **DES** 57, 76, 77, 80; and desert plants, **DES** 55, 59; formation of, **DES** 33, 49; and formation of beaches, **S** 90, *96*-*97*; gypsum, **DES** *8*; and winds, **DES** 32-34, 47
Sand cricket (Stenopelmatinae), **INS** 37
Sand dollar (invertebrate; Clypeastroida), **S** *24*; as ocean fossil, **S** *175*
Sand dunes, **EC** 43, **INS** 101-103, **NA** 32-33
Sand flea (*Orchestia agilis*), **INS** *14*
Sand fly (*Flebotomus*) **TA** *14*, *127*
Sand fox, Tibetan (*Vulpes ferrilata*), **EUR** *55*
Sand hill crane (bird; *Grus canadensis pratnsis*), **B** 86, *168*, **NA** 82, **POL** 109
Sand launce, American (fish; *Ammodytes americanus*), **FSH** 38, 105
Sand lizard, fringe-toed (*Uma notata*), **DES** *81*, **NA** 58, **REP** 91, *96*
"Sand lover" wasp (*Ammophila*), **INS** 81-82, 87, *89*, 102
"Sand puffing" of cuttlefish, **AB** 13, *14*
Sand Reckoner, The, Archimedes, **UNV** 14
Sand shark (*Carcharias taurus*), **FSH** 85, *90*
Sand skink, Florida (lizard; *Neoseps*), **REP** 83
Sand verbena (plant; *Abronia*), **DES** *60*, *63*, **S** *97*
Sand viper (*Vipera ammodytes*), **DES** 72, **REP** 83
Sand wasp (*Bembex*), **INS** 101-102
Sandage, Allan, **UNV** 94, 130, *167*, 174
Sanderling (bird; *Crocethia alba*), **NA** *41*
Sandfish, Australian (lizard; *Scincus*), **REP** 83
Sandgrouse (bird; Pteroclidae), **B** *15*, 20, **EUR** 89
Sandhill skipper (*Ochlodes sylvanoides*), **NA** *48*, *49*
Sandpiper (bird; Scolopacidae), **AFR** 34, 41, **B** 16, 20, 24, 61; incubation of, **B** *145*; migration of, **B** *103*-104, 105

Sandpiper, Baird's (*Erolia bairdii*), **B** *104*
Sandpiper, buff-breasted (*Tryngites subruficollis*), **B** 105
Sandpiper, Eurasian, or ruff (*Philomachus pugnax*), **B** *125*-*126*
Sandpiper, pectoral (*Erolia melanotos*), **B** *103*, 105
Sandpiper, spotted (*Tringa macularia*), **EC** 43
Sandpiper, white-rumped (*Erolia fuscicollis*), **B** 103-104, 105
Sandstone, **DES** 33, *46*, **MT** 35
Sandstorms, **DES** 32-33
Sandwich Trench, South Atlantic, **S** *map* 66
Sangay (volcanic peak), **MT** 57
Sangre de Cristo Mountains, **NA** 147
Sanguinaria canadensis. See Bloodroot
Saniwa (extinct lizard), **NA** *129*
Santa Fe Trail, *map* **NA** 24
Santee-Cooper Lake, S.C., **FSH** 154-155
Santiago (island), Puerto Rico, macaques of, **PRM** 40-41
Santubong River, **TA** 90-91
São Francisco River, **S** 184
São Thomé Island, **S** *map* 65
Sap, **FOR** 12, 100, 172; acidity of, **PLT** 59; bleeding of, **PLT** 76; cell of, **PLT** 58-59
Sapindales (order of plant class Dicotyledoneae), **PLT** 186
Saprophytes, **FOR** 27; in food chain, **EC** 37; parasitic methods of, **PLT** 153
Sapwood, **FOR** 97, 105, 155
Sarawak frog (*Rana erythraea*), **TA** *chart* 34
Sarawak Island, Borneo: forests of, **TA** 54; frog breeding in, **TA** *chart* 34; green turtle nesting grounds of, **REP** 174; Oxford University expedition to, **TA** 121; mud flats of, **TA** 90-91; Niah caves of, **TA** 168-172
Sarawak Museum, **TA** 170-171
Sarcochilus fitzgeraldi. See Fleshy lip orchid
Sarcophilus harrisii. See Tasmanian "devil"
Sarcopterygii. See Lobe-finned fishes
Sarcorhamphus papa. See King vulture
Sardina pilchardus. See Pilchard
Sardine (Clupeidae), **SA** *185*; and fisheries, **FSH** 172; Pacific spawning of, **FSH** 153; Portuguese, **FSH** *180*-*181*; tagging of, **FSH** 153
Sardine, Pacific (*Sardinops caerulea*), **FSH** 153-154
Sardinops caerulea. See Pacific sardine
"Sargaço" (Portuguese grape; *Sargassum*), **S** 77
Sargasso Sea: and eel migrations, **FSH** 154, 158; as hub of North Atlantic, **S** 77-78; and spawning of eels, **S** 112
Sargassum. See "Sargaço"; Sargassum fish; Sargassum weed
Sargassum fish (*Histrio histrio*), **FSH** 43, *136*, **S** *127*
Sargassum weed (brown alga; *Sargassum*), **PLT** *184*, **S** *127*
Sarmatian Basin, **EUR** 89
Sarracenia flava. See Trumpet plant
Sarracenia psittacina. See Parrot pitcher plant
Sarraceniales (order of plant class Dicotyledoneae), **PLT** 186
Sarsaparilla, false (flower; *Hardenbergia violacea*), **AUS** *54*
Sasia abnormis. See Rufous piculet
Saskatchewan River, **S** 184
Sassaby (antelope; *Damaliscus lunatus*), **AFR** *66*, *68*, 77
Sassafras (tree; *Sassafras*), **FOR** 45
Sassafras. See Sassafras
Satellites (moons): formation of, **UNV** 93; of Jupiter, **UNV** 67, *74*; of Mars, **UNV** 65; of Neptune, **UNV** 68, 69, 94; number in solar system, **UNV** 73; recapture of,

UNV 94; of Saturn, **UNV** 68, 75; of Uranus, **UNV** 68. See also Moon
Satiation, experiments with, **AB** 91
Satin bowerbird (*Ptilonorhynchus violaceus*), **EV** *56*; eye of, **B** *50*
Saturn (planet), **UNV** *63*, 68, 74-75, **S** 9-10; atmospheric belts of, **UNV** 75; birth of, **UNV** 93; orbit of, **UNV** 72; relative size of, **UNV** *73*; rings of, **UNV** 68, 75; symbol for, **UNV** *64*
Saturn booster, **E** *182*
Saudi Arabia, **DES** 34, *182*, *183*
Sauer, E.G.F., **B** 107, 108
Sauer, Franz and Elinor, **AFR** 36
Saunders, Aretas A., **B** 120, 122
Sauria. See Lizard
Saurischian (dinosaur), **REP** 36, 38-39, *chart* 44-45
Sauromalus obesus. See Chuckwalla
Sauropods (dinosaurs), **EUR** 13, **REP** 41
Sauropterygians (extinct marine reptiles), **REP** 48-49, *chart* 44-45
Saury (fish; *Scomberesox saurus*), **FSH** *chart* 69
Saussure, Nicholas Théodore de, **PLT** 60
Saussurea leucocoma (plant), **EUR** *35*
Savanna (grassland), **NA** 87, **TA** 52, *map* 18-19; of Africa, **AFR** 60, 61-70, 71-85, 87-94, 95-109, 152, 186-191, *map* 30-31; of Australia, **AUS** 12, 41, *map* 18-19; of Madagascar, **AFR** 152; of South America, **SA** 26-27, *map* 18-19
Sawfish (*Pristidae*), **SA** *179*, 180, 184; denticles of, **FSH** 83; feeding habits of, **S** *135*; shape of, **FSH** 82; teeth of, **FSH** 83, *94*-*95*
Sawfly (insect; Tenthredinoidea), **INS** *56*; ancestral, **INS** *19*
Saw-toothed elm caterpillar (*Nerice bidentata*), **FOR** *145*
Saw-toothed, or Bermuda, grass (*Cynodon dactylon*), **AFR** 65
Saw-whet owl (*Aegolius acadicus*), **B** 36, **FOR** 15
Saxaul (plant; *Haloxylon ammondendron*), **EUR** *82*, *83*
Saxicola. See Bush chat
Saxifraga. See "Horizontal" saxifrage
Saxifrage, "horizontal" (plant; *Saxifraga*), **AUS** *14*
Sayornis phoebe. See Phoebe
Scale, Florida red (insect; Coccidae), **PLT** *177*
Scale, oyster leaf (*Lepidosaphes ulmi*), **FOR** *140*
Scale, pine leaf (*Chionaspis pinifoliae*), **FOR** *140*
Scale hair, **PLT** *142*
Scaled amphibia, **REP** 37
Scales: of alligator, **REP** *18*-*19*; of armadillo lizards, **REP** *166*-*167*; of birds, **B** 34; evolution of in fish, **FSH** 62; fish, **FSH** *36*, 38-39, 48-49; of reptiles, **MAM** 10, **REP** 9, 12, 18, 85, *166*-*167*; and snake locomotion, **REP** 84-85, 100; and turtle age, **REP** 85
Scallop, bay (mollusk; Pectinidae), **S** *25*
Scalp dance, Indian, **NA** *72*
Scaly anteater. See Pangolin
Scaly-backed fence, or swift, lizard (*Sceloporus undulatus*), **EC** 111, **REP** *12*, *13*, 80
Scaly-tailed "flying" squirrel (*Anomalurus*), **AFR** *14*, 115, *117*
Scandinavia: elks of, **EUR** *133*; in ice age, **EUR** 15; Lapps of, **POL** *130*, 131-132, *144*-*149*; lemmings of, **EUR** *134*; marine life of, **EUR** *135*; uplift, geologic, **EUR** *map* 137
Scandinavian Highlands, **MT** 11, 39, 44
Scandinavian shield, **EUR** 10, *map* 11
Scapolite (mineral), **E** *102*
Scarab (beetle; Scarabaeidae), **TA** *126*
Scarabaeidae. See Scarab
Scarlet and black broadbill (bird; *Cymbirhynchus macrorhynchos*), **TA** *88*

189

INDEX (CONTINUED)

Scarlet king snake *(Lampropeltis doliata),* **REP** 88
Scarlet macaw (bird; *Ara macao*), **SA** 104
Scarlet snake *(Cemophora coccinea),* **REP** 15, 88, *144-145*
Scarlet-chested parrot *(Neophema splendida),* **AUS** *156*
Scarlet-rumped trogon (bird; *Harpactes duvauceli*), **TA** 72
Scarlet-tufted malachite sunbird *(Nectarinia johnstoni),* **AFR** *139*
Scaup (bird; *Aythya*), **POL** 108
Scavengers, **AFR** *102-103;* birds as, **B** 57, *74-75;* sharks as, **FSH** 80-81, **S** 133
Scelidosaurus (extinct reptile), **REP** *chart* 45
Sceloporus. See Spiny lizard
Sceloporus magister. See Desert spiny lizard
Sceloporus undulatus. See Scaly-backed fence lizard
Scent, **AB** 109-110, 156; detection of, **AB** 110; as sexual attractant, **AB** 154. *See also* Smell, sense of
Schäfer, Ernst, **EUR** 36, 38, 39, *47,* 54
Schaller, George, **AFR** 116, 142, **PRM** 63, 64, 65, 66, 88, 90, 92, 135, 136
Scheelite (mineral), **E** *102*
Scheiner, Christoph, **AB** 51
Schepers, G.W.H., **EV** 148
Schiaparelli, Giovanni, **UNV** 77
Schindleria praematurus (fish), **TA** *147*
Schipperke (dog; *Canis familiaris*), **EV** *86*
Schizomycetes (class of plant division Schizophyta), **PLT** 183. *See also* Bacteria
Schizophyta (division of plant subkingdom Thallophyta), **PLT** 183
Schleiden, Matthias Jakob, **PLT** 36, 40
Schley, W.S., **POL** 37
Schmerling, P.C., **EM** 10
Schmidt, Bernhard, **UNV** 56
Schmidt, Johannes, **FSH** 158
Schmidt telescope, **UNV** 37, *56, diagram* 38
Schmidt-Nielsen, Knut and Bodil, **DES** 97, 98
Schmidt-Ott Seamount, **S** *map* 67
Schmidt's white-nosed monkey *(Cercopithecus nictitans schmidti),* **PRM** *57*
Schnauzer (dog; *Canis familiaris*), **EV** *87*
Schneirla, Theodore C., **AB** *21*
Schoinobates volans. See Greater glider
Schomburgk, Richard, **SA** 107
Schooling by fish, **FSH** *8,* 12, 13, *56,* 83, 127-130, *164-165, 166-167*
Schultz, A. H., **TA** 59
Schwann, Theodor, **PLT** 36, 40
Schwarzschild, Martin, **UNV** 94, 131
Schwassmann-Wachmann II (comet), **UNV** 70
Schweitzer, Albert, **EC** 164
Science: agricultural research, **PLT** 163-165; antarctic research, **POL** 13, 36, 58, 170-171, 172, 177, *180-181;* archaeological research, **PRM** 178-179; arctic research, **POL** 36, 38, 157-158; method of, **EV** *11;* physiological research, **PRM** *160,* 161, 165; psychological research, **PRM** 187; and religion, **EV** 42; research specialization of, **AB** 16; resistance to concepts of, **EV** 71; techniques of, **PLT** 10, 59
Scientific research. *See also* International Geophysical Year
Scilly Islands, **S** 182
Scimitar oryx (antelope; *Oryx tao*), **AFR** *76*
Scincidae. *See* Scorpion lizard
Scincus. See Australian sandfish
Scitamineae (order of plant class Monocotyledoneae), **PLT** 187
Sciuravus (extinct rodent), **NA** *128-129*
Sciuridae. *See* "Flying" squirrel
Sciurus carolinensis. See Gray squirrel
Sciurus vulgaris. See European red squirrel
Sclater, Philip L., **B** 79-80, **EC** 12
Scleropages (fish), **AUS** 131
Sclerophyll forest, Australia, **AUS** *map* 18-19
Sclerotin (exoskeletal substance), **INS** 13
Scolopacidae. *See* Sandpiper
Scolopacinae. *See* Woodcock
Scolytidae. *See* Ambrosia
Scomber. See Mackerel
Scomberesox saurus. See Saury
Scomberomorus cavalla. See King mackerel
Scopus umbretta. See Hammerhead
Scorpaena gibbosa. See Scorpion fish
Scorpion, redheaded (lizard; *Eumeces laticeps*), **REP** 13
Scorpion, stripe-tailed *(Vejovis spinigerus),* **INS** *30*
Scorpion, water (Nepidae), **AB** *42,* **INS** 41, 145, *155*
Scorpion fish *(Scorpaena gibbosa),* **FSH** *24,* 25, *137*
Scorpion lizard (Scincidae), **REP** 13
Scorpionida. *See* Scorpion
Scorpions, aquatic (Eurypterida), **AUS** 131, **S** 41
Scorpius (constellation), **UNV** *map* 11
Scotch fir or Scotch pine (tree: *Pinus sylvestris*), **EV** 43
Scotch pine or Scotch fir (tree; *Pinus sylvestris*), **EV** 43
Scoter (bird; Melanitta), **B** 61, 62
Scotland, **FOR** *38-39;* coastal weather of, **S** 94; fish cultivation in, **FSH** 175, 177; wildlife sanctuaries of, **EUR** 177
Scott, John, **B** 125
Scott, Robert Falcon, **POL** 54, 55, 56-58, 175; Antarctic expedition of, **POL** 16, 53, 56-58, *60-63,* 172, 173; base camp of, **POL** *70-71,* 174; grave of, **POL** *63*
Scottish deerhound (dog; *Canis familiaris*), **EV** *87*
Scottish Highlands, **MT** 39
Scottish red deer *(Cervus elaphus scotius),* **EUR** 110, *113*
Scottish terrier *(Canis familiaris),* **EV** *86*
Scotts Bluff National Monument, Nebraska, **E** 187
Scratching reflex in frogs, **AB** *133*
Screamer (bird; Anhimidae), **B** 20, **SA** 108
Screaming cowbird *(Molothrus rufoaxillaris),* **B** 152
Screech owl *(Otus asio),* **AB** *184,* **EC** 39
Screw pine (tree; *Pandanus*), **AUS** *45,* **FOR** *108,* 109, *110,* 111, **TA** *62*
Screw-worm fly *(Callitroga americana),* **INS** 62, **PLT** *177*
Scribbly gum (tree; *Eucalyptus haemostoma*), **AUS** *49*
Scrimshaw (carving of whale teeth), **S** 165
Scripps Institute of Oceanography, **FSH** *57,* 154, 173, **S** 172, 173, 183
Scripps Seamount, **S** *map* 68
Scrub bird, noisy *(Atrichornis clamosa),* **B** 170
Scrub jay (bird; *Aphelocoma coerulescens*), **B** 122
Scrub fowl *(Megapodius),* **B** 140; egg of, **B** *154*
Scrubland of South America, **SA** *map* 18-19
Sculpin (fish; *Artediellus*), **FSH** *chart* 68-69, *19, 22-23*
Sculpture: Cap Blanc, **EM** 150; Cro-Magnon, **EM** 150-151; of Upper Paleolithic, **EM** *160-161*
Scup (fish; *Stenotomus chrysops*), **FSH** *19, 22-23,* 150, *151,* 154
Scutisorex congicus. See Hero shrew
Scutum (constellation), **UNV** 134
Scylla serrata. See Mangrove crab
Scyphozoa. *See* Jellyfish
Scythebill, red-billed (bird; *Campylorampbus trochilirostris*), **SA** *111*
Scythians (early people), **EUR** 29
Sea: areas and depths, **S** 184; origin of, **S** 37-43; shallowness of, **TA** *28-29;* temperature extremes of, **FSH** 14; topography of bottoms of, **S** *maps* 64-73
Sea anemone (marine animal; Zoantharia), **EC** *48-49, 112,* **S** *chart* 15, **TA** 83; commensalism with hermit crab, **EC** 102, *112;* and damselfish, **S** *122;* habitat of, **S** *24-26,* 107; poison of, **S** *18,* 116; and relationship with fish, **FSH** 123, 142, 143, **S** *122;* tentacles of, **S** *116*
Sea animals: defenses of, **S** 122; habitats of, **S** *24-26;* and oxygen, **S** 11, 39-40; prehistoric, **S** 12, 14, 40, *48-49;* urination by, **REP** 107; shelled, **S** 40, 104. *See also* specific animals
Sea birds, **B** 60-61, 89; breeding age, **B** 83, 139; colonies of, **B** 83-84, 85, 89, *92-95,* 138; and feeding of young by, **B** *158-159;* migration of, **B** 101, 103; populations of, **B** 82-84, 85, 89, **SA** 14
Sea catfish *(Galeichthys felis),* **EC** 143
Sea colander (plant; *Agarum*), **S** *24*
Sea cow. *See* Dugong; Manatee
Sea cow, Steller's. *See* Steller's sea cow
Sea cucumber (echinoderm; Holothurioidea), **FSH** 126, *139,* **S** *25,* 108
Sea dragons of Cretaceous period, **S** *52-53*
Sea eagle, Pallas' *(Haliaetus leucoryphus),* **B** *51*
Sea elephant *(Mirounga),* **MAM** 62
Sea fossil finds in mountains, **MT** 10, 33, 35
Sea gooseberry (marine animal; *Pleurobrachia pileus*), **S** *106*
Sea gull. *See* specific gulls
Sea herring. *See* Herring
Sea horse, ribbon (fish; *Phycodurus eques*), **FSH** 43
Sea iguana (lizard; *Amblyrhynchus cristatus*), **EV** 15, *20-21*
Sea lamprey *(Petromyzon marinus),* **EC** 62, **FSH** 144-145, *chart* 161
Sea lancelet (marine animal; *Amphioxus*), **FSH** 60
Sea levels: changes in, **S** 75-76, 77; and coral growth, **S** 58; and ice ages, **S** 42, *maps* 40, 56; and movement of earth, **S** 39; and Sargasso Sea, **S** 77
Sea lily (echinoderm; Crinoidea), fossils of, **EV** *118,* **S** *46;* as marine animal, **S** *48-49;* tentacles of, **S** 107
Sea lion (Otariidae), **NA** *28,* 37, 38, **POL** 80, 92; breeding grounds of, **EC** *118-119,* **S** *154-155;* classification of, **MAM** 17, *20;* diet of, **MAM** 79-80; as eared seals, **S** 146-147; secondary sex characteristics, **MAM** 143; skull of, **MAM** *14. See also* Seals
Sea lion, California *(Zalophus californianus),* **EC** *118-119,* **EV** *17,* **MAM** 62, **NA** 37
Sea lion, Falkland *(Otaria byronia),* **MAM** 144
Sea lion, Steller's (mammal; *Eumetopias jubata*), **MAM** *120*
Sea mammals, **NA** 32, 34-35, **S** 144-150. *See also* Dolphin; Dugong; Manatee; Sea lion; Sea otter; Seal; Walrus; Whale
Sea monsters, **S** 14
Sea oat (grass; *Uniola paniculata*), **NA** 85
Sea otter *(Enhydra lutris),* **MAM** 80, **S** 146
Sea palm (algae; *Postelia*), **S** *99*
Sea peach *(Halocynthia pyriformis),* **S** *25,* 107
Sea pork (marine animal; *Amaroucium*), **S** *24*
Sea reptiles: and evolution, **FSH** 66
Sea scorpion (extinct; Eurypterida), **S** 41
Sea shell fossil finds on land, **EV** 13, 14-15, 109, 110
Sea slug, clown *(Triopha carpenteri),* **S** *22*
Sea snake, black-and-yellow *(Pelamis platurus),* **REP** 114
Sea snakes: diet of, **REP** 113-114; as food for man, **REP** 154; poison of, **REP** 113; locomotion of, **REP** 113, *119;* lungs of, **REP** 113; migrations of, **REP** 110, 134; reproduction by, **REP** 113, 119, 134. *See also* Reptiles
Sea turtle (Chelonidae, **REP** *20-21,* 117, 119, *124,* 131, 134; courtship and mating of, **REP** 127, 128; delayed fertilization of, **REP** 126-127; as food for man, **REP** 154, 155-156, 173-174, 175, 180, *181;* migrations of, **REP** 110-111, 134, *185;* shells of, **REP** 109, 155; sizes of, **REP** 11, 106, 109
Sea turtle, leatherback *(Dermochelys),* **REP** 11, 50, 109, 113, 117
Sea urchin, green *(Strongylocentrotus droehbachiensis),* **S** *25*
Sea urchins (echinoderm; Echinoidea), **S** 23, *98,* 108, *chart* 15; armament of, **S** 122, *123;* and evolution, **FSH** 60; habitat of, **S** *24-26*
Sea vase (sea squirt; *Ciona intestinalis*), **S** *24*
Sea worm, segmented (Annelida), **EC** 80, **S** *16,* 40, *chart* 15
Seagoing rainbow, or steelhead, trout *(Salmo gairdnerii gairdnerii),* **EC** 57, **FSH** 153
Seahorse (fish; *Hippocampus*): breeding of, **FSH** 104; brood pouch of, **FSH** *114;* camouflage by, **FSH** 43; mouth of, **EC** 122; safety devices of, **FSH** *11;* scales of, **FSH** 38; shape of, **FSH** *11*
Seahorse, Atlantic *(Hippocampus hudsonius),* **FSH** *114*
Seal, Alaskan or northern fur. *See* Alaskan fur seal
Seal, Baikal, or nerpa *(Pusa sibirica),* **EUR** 138
Seal, Caspian *(Busa caspica),* **EUR** 90
Seal, crabeater *(Lobodon carcinophagus),* **MAM** 80, **POL** *78,* 80
Seal, elephant. *See* Elephant seal
Seal, fur (Otariidae), **MAM** 143
Seal, gray *(Halichoerus grypus),* **EUR** 177
Seal, harp. *See* Harp seal
Seal, hooded *(cystophora cristata),* secondary sex characteristics of, **MAM** *143*
Seal, leopard *(Hydrurga leptonyx),* **S** 136
Seal, monk *(Monachus schauinslandi),* **EUR** 42, **REP** 110
Seal, ringed *(Pusa hispida),* **EUR** 138, **POL** *79, 80*
Seal, Solomon's (plant; *Polygonatum*), **PLT** *33*
Seal, Weddell *(Leptonychotes weddelli),* **POL** *8, 78,* 80
Seal Beach, California, **S** 94
Seamounts (submarine mountains), **E** 82; **S** *maps* 64-71
Searobin (fish; *Prionotus*), **FSH** 37, 66; habitat of, **FSH** 19, *22-23;* survival problems of, **FSH** *25;* walking of, **S** 110
Seas. *See* Oceans
Seasons: adaptations for, **PRM** 54; alpine, **MT** 84; in Arctic, **EC** 79; breeding and, **EC** 79; cause of, **E** *12, 13;* cycle of, **FOR** 17; in oceans, **EC** 78-79; physical influences of, **EC** 77-78; in rain forest, **FOR** 74; in Temperate Zone, **EC** 79, **FOR** 10
Seaweed, **EC** *46-47, 50-51,* **FOR** 49, **PLT** *184;* color changes in, **EC** *125;* of Sargasso Sea, **S** 77-78. *See also* Algae; Plants
Sebastes marinus. See Redfish
Sebastodes paucispinis. See Bocaccio
Sebastopol goose (fowl; *Gallus*

190

AB Animal Behavior; **AFR** Africa; **AUS** Australia; **B** Birds; **DES** Desert; **E** Earth;
INS Insects; **MAM** Mammals; **MT** Mountains; **NA** North America; **PLT** Plants; **POL** Poles;

gallus), **EV** *85*
Secale cereale. See Rye
Secondary hormones, **AB** 93, 95
Secondary sex characteristics of mammals, **MAM** *142, 143*
Secretary bird (*Sagittarius serpentarius*), **AFR** 13, 93, **B** 11, 63, *132-133*, **EC** *20*
Sedge (plant; *Carex*), **EUR** *144-145*
Sedge, tundra (*Kobresia*), **MT** 89
Sedgwick, Adam, **EV** 13
Sediment: and continental shelves, **S** 56-57; deposits of, **E** 82-83, 110-111, *186-187*; ocean, **S** 12, 59; of ocean trenches, **S** 61; and Project Mohole, **S** 170, *178-179*; research in, **S** 41-42, *43;* and submarine avalanches, **S** 67
Sedimentary rock, **DES** 41, **E** 82-85, 111, *84-85*, **S** 45, **E** *diagrams 83*
Sedum, or stonecrop (*Sedum*), **DES** 65, **PLT** *32*
Sedum. See Sedum
Seedeater (birds), **B** 58, 59; bill of, **B** *60, 76;* evolution of, **B** 59; population explosions, **B** 169-170
Seeds, **FOR** *chart 48;* of annuals, **DES** 14, 58-60, 75-76; at harvest of, **DES** 114-115; as bird food, **B** 58, 59; in cave economy, **EC** 37; of desert annuals, **PLT** 80; development of, **PLT** 15-16, *116-117;* diastase in, **PLT** 62; diffusion of, **EC** 59, **EV** 44, **PLT** 56-57, *118-119,* 139; early forms of, **PLT** 15; of epiphytes, **PLT** 141; evolution of, **FOR** 40-41, 45; germinating, **PLT** 62, 99; gravity and, **PLT** *102-103;* hardiness of, **PLT** 73; and hybridization, **FOR** 171-172, 179; in ice age, **FOR** 45; of lotus blossom, **PLT** 74, *94;* placement of, **PLT** 16; rainfall and germination of, **DES** 14, 59, 60; reproduction by, **FOR** 42, 43, 44, **PLT** 15; rodent harvest of, **DES** 78; and salt water, **EV** 44; soil supply of, **DES** 115, 117, 120; spring, **FOR** 12-13; storage of, **PLT** 74, *92-93;* sugar stored in, **PLT** 61; viability of, **PLT** 74, 93, 94; water requirements of, **PLT** 74
Segmented sea worm (Annelida), **EC** *16,* 40, *chart 15*
Seif (sand dune), **DES** 33-34
Seismic explosions, **S** 183
Seismic shooting, **S** 59-60, 183
Seismic waves, **S** 182
Seismograph, **E** *39,* 40, *50-51*
Seismology, **MT** 34
Seismometers, **S** 170; recording, **MT** *diagram 35*
Selachii. See Shark
Seladang, or gaur (wild ox; *Bos gaurus*), **TA** 151
Selaginella (plant), **AFR** 137, **PLT** *185*
Selasphorus rufus. See Rufous hummingbird
Selection. See Natural selection; Sexual selection; Artificial selection
Selective breeding. See Artificial selection
Selenarctos thibetanus. See Asiatic black bear
Selene vomer. See Lookdown
Seleucus (Alexandrian astronomer), **UNV** 13
Self-feeding (autotrophic) plants, **PLT** 13
Self-pollination, **PLT** 11
Selima Desert, **DES** 30
Sella, Massimo, **FSH** 152
Sella, Vittorio, **MT** 161
Selous Game Reserve, Tanganyika, **AFR** 175
Semeiophorus vexillarius. See Pennant-winged nightjar
Semenov, J. I., **EM** 103
Semionotid (extinct fish; Semionotidae), **FSH** 65
Semionotidae. See Semionotid
Semomesia capanea (metalmark butterfly), **SA** *169*
Senecio (plant; *Senecio*), **AFR** 136, *138,* 145, *148-149*, **MT** *94*
Senecio. See Senecio; Tree groundsel

Senegal, Africa, **DES** 29
Señorita, or wrasse (fish; *Oxyjulis californica*), **FSH** 126
Senses. See individual senses
"Sensitive plant," or mimosa (*Mimosa pudica*), **PLT** *88-89,* 121-122
Sensory nerve, firing rate of, **AB** 110-111
Sentinel Range, Antarctica, **POL** 170
Sepal (plant part), **PLT** *10,* 16, *116, 117*
Separation of species, **EM** 124-125
Sequoia gigantea. See General Grant Sequoia
Sequoia National Forest, **FOR** 159
Sequoia National Park, California, **E** 187, **FOR** 159, **NA** 153, *193,* 194
Serapis, temple of, **E** 106
Serengeti National Park, Tanzania, **AFR** 175, 180
Serengeti (-Mara) Plain, Tanzania, **AFR** *60,* 69, 72, 75, 170, **MAM** 131
Seriema (bird; *Cariama*), **SA** 108, *111*
Serin (bird; *Serinus serinus*), **EUR** 114
Serinus canarius. See Canary
Serinus serinus. See Serin
Serow (goat antelope; *Capricornis*), **TA** 152
Serpa tetra (fish; *Hyphessobrycon callistus*), **SA** 188
Serpens (constellation), **UNV** 135, *map 10*
Serpentine movement, **REP** *84*
Serranoid fish, **AB** *30*
Serrasalmus. See Piranha
Serums (antivenon): of Butantan Institute, Brazil, **REP** 153
Serval (cat; *Felis serval*), **AFR** 87, 93, *105,* 116
Sesarma (amphibious crab), **TA** 82, 95
Sesia apiformis. See Hornet moth
Seton, Ernest Thompson, **MAM** 128, **NA** 121, 125, 126, 194, 179
Setonix brachyurus. See Short-tailed scrub wallaby
Setophaga ruticilla. See North American redstart
Setter, English (*Canis familiaris*), **EV** 86
Setter, Gordon (*Canis familiaris*), **EV** 86
Setter, Irish (*Canis familiaris*), **EV** 86
Settlement. See Exploration and settlement
Seven Cities of Cibola, **NA** 51, 56-57
Sevengill shark (*Notorhynchus*), **FSH** *chart 69*
Seventeen-year locust. See Periodical cicada
Sevier, John, **MT** 137
Sewage, pollution of streams by, **NA** *148*
Sex: and chromosomes, **EV** 88, 105; and division of cells, **EV** 92, 99, *104-105;* and hormones, **AB** 70, 86, 87, 156; in liverworts, **FOR** 40; of mosses, **FOR** 41; organs of flowers, **FOR** *97;* of trees, **FOR** 106-107, *178*
Sex differences: **INS** *46;* of baboons, **PRM** 94, 134; of chimpanzees, **PRM** 38; of fish by colors, **FSH** 43; and genetic characteristics: **EV** 92; of gibbons, **PRM** *135;* of gorillas, **PRM** 114; identification of in reptiles, **REP** 126-127; of langurs, **PRM** 93, 94, 101, 102; of macaques, **PRM** 114; of man, **PRM** 182, 184; of orangutans, **PRM** 62; predetermination of, **FSH** 100; in primates, **PRM** 38; of reptiles, **REP** 126; in saki monkeys, **SA** *38;* secondary characteristics of mammals, **MAM** 142, 143
Sex instincts: adaptations in, **PRM** 184-185; experiments with monkeys, **PRM** 91-92; of man, 184-185; of rhesus monkeys, **PRM** 167
Sexton beetle (*Necrophorus*), **TA** *123*

Sexual behavior, **MAM** 141-147, *151-152;* and attractants of females, **AB** 75, **EV** *48-49;* of crows, **AB** 176, of ducks, **AB** 173; of fishes, **AB** 154, of gannets, **AB** 176; of graylag geese, **AB** 174; of grayling butterflies, **AB** 62-64; and hostility in primates, **PRM** 40, 62, 185; and mammal promiscuity, **MAM** 144; patterns of, **EV** 57; of sphinx moth, **AB** 75
Sexual maturity, **PRM** *chart 86;* of birds, **B** 83, 139; of crocodilians, **REP** 16
Seychelles (islands), **AFR** 156, 167
Seymouria (extinct reptile), **REP** *chart 44*
Shackleton, Sir Ernest Henry, **POL** 14, 65, 71, 174, 175, **S** 136; South Pole expeditions (1908-1909), **POL** 54-55, 57; (1914-1916), **POL** 64-67
Shad, American (fish; *Alosa sapidissima*), **FSH** 19, *20-21*
Shad, gizzard (*Dorosoma cepedianum*), **FSH** 14, 155
Shade, **FOR** 13, 152, 157
Shaft, of feathers, **B** *34*
Shale, **DES** 41, **E** 111
Shama (bird; *Copsychus malabaricus*), **TA** 60
Shane, C.D., **UNV** 149
Shanidar, Iraq: cave, **EM** 127, *141,* **EV** 167, 168; discovery of Neanderthal hunter, **EM** 127
Shanidar I (Iraqi Neanderthal man), **EM** 127; skull of, **EM** *140-141*
Shapes: and experiments with birds, **AB** *62-63, 78-79;* and travel of fishes, **S** 109
Shapiro, Harry L., **EV** 136
Shapley, Harlow, **UNV** 147-148, 149, *166*
Shark (Selachii), **AFR** 37, **S** 131-132, 135, **SA** 179; as archaic fish, **FSH** 10; of Arctic waters, **S** 134; attacks by, **FSH** 81-83, **S** 131-136; bottom-dwelling, **FSH** 63; brain of, **EV** 166, **S** 132; breeding by, **FSH** 79-80; cartilage of, **FSH** 62; as carnivores, **FSH** 91; conditioning of, **AB** *30;* eggs of, **FSH** 79-80; egg purse of, **FSH** 79; evolution of, **FSH** 62-63, *chart 68-69;* face of, **EV** *130;* feeding by, **FSH** 13, 80-83, 91, **S** 131, 174, 175, 92; and Kon-Tiki, **FSH** 83; lateral lines of, **FSH** 79, *86;* liver oils of, **FSH** 79; mouths of, **FSH** 77-79, 81, *92;* and pilotfish, **FSH** 42, 122; protection against, **S** *132;* and reactions to blood, **FSH** 44, 81, 82; repellants for, **FSH** 82; roaring of, **FSH** 79; scales of, **FSH** *38-39, 76;* as scavengers, **S** 133; sensory apparatus of, **FSH** 41, *50;* sizes of, **FSH** 63, 83; structure of, **FSH** *diagram 86;* swimming of, **FSH** 37, *94;* teeth of, **FSH** 13, *78,* 81, *85, 86, 92;* varieties of, **FSH** *80-81,* 91, **S** 133; vision of, **FSH** 79
Shark, sevengill (*Notorhynchus*), **FSH** *chart 69*
Shark Arm Murder Case, **S** 133
Shark research: divers doing, **S** 137-139; of Lerner Marine Laboratory, **S** 133; by U.S. Navy, **S** 132, 135
Shark Research Panel of American Institute of Biological Sciences, **FSH** 82
Shark sucker. See Remora
Sharp-beaked ground finch (bird; *Geospiza difficilis*), **EV** 30
Sharp-shinned hawk (*Accipiter striatus*), **B** 63, **FOR** 115
Sharptailed grouse (*Pedioecetes phasianellus*), **B** 125; in grasslands, **NA** 126
Shasta, Mount, **MT** 57
Shaula (star; Lambda Scorpii), **UNV** 11; color of, **UNV** 131

Shaw, Evelyn, **FSH** 129-130
Shaw, W.T., **DES** 78
Shaw's jird (rodent; *Meriones shawi*), **MAM** 145
Shearwater (bird; Procellariidae), **B** 101, 107
Shearwater, greater (bird; *Puffinus gravis*), **B** 101
Shearwater, Manx (*Puffinus puffinus*), **B** 107
Shearwater, slender-billed (*Puffinus tenuirostris*), **B** 101
Shearwater, sooty. See Sooty shearwater
Shedding: of fur, **MAM** 11; of snake skin, **REP** 26, 85, *102-103*
Sheep (*Ovis*), **AFR** 67, 170, 190, **DES** 16, 26, 107, 118, 119, *124,* 166, 167, 169, 170, **EC** 61, **EUR** 70, 74-75, *91, 100-101,* **EV** 25; classification of, **MAM** 18; domestication of, **EUR** 59, 154-155, *chart 154;* early distribution of, **EUR** 155; horns of, **MAM** 98; migration of, **MAM** 131; speed of, **MAM** *chart 72;* wool of, **MAM** 11; young of, **MAM** 147
Sheep, Barbary. See Aoudad
Sheep, bighorn. See Bighorn sheep
Sheep, blue, or bharal (*Pseudois nayaur*), **EUR** 37, 53
Sheep, great Tibetan, or argali (*Ovis ammon*), **EUR** 39
Sheep, Himalayan or Marco Polo's (*Ovis ammonpolii*), **EUR** 40
Sheep, mountain. See Bighorn sheep
Sheep, North American bighorn (*Ovis canadensis*), **EV** 14
Sheep, Rocky Mountain. See Bighorn sheep
Sheep sorrel (plant; *Rumex acetosella*), **PLT** 30
Sheepdog, old English (*Canis familiaris*), **EV** 86
Sheepdog, Persian (*Canis familiaris*), **EV** 86
Sheepdog, Shetland (*Canis familiaris*), **EV** 86
Sheeps fescue (plant; *Festuca ovina*), **MT** 86
Shelduck (duck; *Tadorna tadorna*), **AB** 177
Shell, file (Limidae): tentacles of, **S** *129*
Shell parakeet, or budgerigar (bird; *Melopsittacus undulatus*), **B** 26, *146-147*
Shellfish (Mollusca): of Black Sea, **EUR** 90; "diffuse light sense" of, **AB** 38; larvae of, **AB** 175; of Mediterranean Sea, **EUR** 90; and scent detection, **AB** 110, **S** 40, 104, *24-26*
Shells: fossils of, **EV** *111,* **S** 40; geographic transplantation of, **EV** 44; of reptile eggs, **REP** 37-38, *140-141;* of sea animals, **S** 12, *21, 23, 24-26,* 40
Shells, jingle (mollusks; *Anomia*), **S** *25*
Shell-skinned fishes, or ostracoderms (extinct fishes; Ostracodermi), **EUR** 12, **EV** 112, **FSH** 60, 61, 66, *chart 68*
Shelter. See Homes
Shenandoah National Park, Virginia, **E** 187, **NA** 195
Shepherd, German (*Canis familiaris*), **EV** 86
Sheridan, Gen. Philip H., **EC** 159
Sherpas (Nepalese people), **MT** 149, 161, 163, 165, *181*
Sherwood Forest, **FOR** 59
Shetland sheepdog (*Canis familiaris*), **EV** 86
Shield darter (fish; *Percina peltata*), **FSH** 136, 137
Shield volcanoes, **MT** 56, 62, *70-71, 76*
Shields (Cryptozoan rock formations), **E** 133, **EUR** 10, *map 11. See also* specific shields
Shiner, golden (fish; *Notemigonus crysoleucas*), **FSH** 19, *20-21*
Shipley, A.E., **EC** 95

191

EC Ecology; **EM** Early Man; **EUR** Eurasia; **EV** Evolution; **FOR** Forest; **FSH** Fishes; **PRM** Primates; **REP** Reptiles; **S** Sea; **SA** South America; **TA** Tropical Asia; **UNV** Universe

INDEX (CONTINUED)

Shiprock volcano, New Mexico, **MT** 60
Shipton, Eric, **MT** 164
Shipworm (Teredinidae), **EC** 124
Shire River, Nyasaland, **AFR** 33, 39
Shoals (groups): of fishes, **FSH** 44
Shock dog *(Canis familiaris)*, **EV** *86*
Shock waves: recording of, **MT** 34, *diagram* 35
Shoebill stork *(Balaeniceps rex)*, **AFR** 56, *57*, **B** *76*
Shooting stars. *See* Meteors
Shore birds, **B** 15, 24-25, 61; evolution of, **B** 11; flight speed of, **B** 105; migration of, **B** 101, 103-104, 105; removal of from game list, **B** 85, 168
Shore environments, **EC** *28*, **NA** *28-38, 39-49, 83-87;* of reptiles, **REP** 112
Short-eared owl *(Asio flammeus)*, **B** *56;* offensive mechanisms and tactics of, **B** *134;* population cycle of, **B** 88
Shorthaired pointer, German (dog; *Canis familiaris*), **EV** *86*
Shortleaf pine *(Pinus echinata)*, **FOR** 60
Short-nosed bandicoot (marsupial; *Isoodon macrourus*), **AUS** *98*
Short tailed albatross *(Diomedea albatros)*, **B** 170
Short-tailed pademelon (marsupial *Setonix brachyurus*), **AUS** *119*
Short-tailed shrew *(Blarina brevicauda)*, **MAM** 82, 143
Short-tailed snake *(Stilosoma extenuatum)*, **REP** 55
Short-tailed weasel, or ermine *(Mustela erminea)*, **MAM** 102, **NA** 175, **POL** *123*
Shoveler (bird; *Anas*), **B** 62
Shovel-nosed catfish *(Surubim lima)*, **SA** *180*
Shovel-tusked mastodon *(Armebelodon)*, **NA** *134-135*
Shreve, Forrest, **DES** 59
Shrew (mammal; Soricidae), **MAM** 20, **POL** 76; bluffing techniques of, **MAM** 112; classification of, **MAM** 16, *21;* courtship of, **MAM** 143; evolutionary importance of, **MAM** 16; footprints of, **MAM** *187;* maternal care by, **MAM** *158-159;* migrations of, **EC** 12-13
Shrew, elephant, or jumping (Macroscelididae), **AFR** 14, **MAM** 16
Shrew, hero *(Scutisorex congicus)*, **MAM** *64-65*
Shrew, Himalayan water *(Chimarrogale himalayica)*, **MAM** 62
Shrew, jumping. *See* Elephant shrew
Shrew, long-tailed *(Sorex)*, **AFR** 155
Shrew, masked *(Sorex cinereus)*, **MAM** *19*
Shrew, mountain (Soricidae), **MT** 109, 116
Shrew, otter. *See* Otter shrew
Shrew, short-tailed. *See* Short-tailed shrew
Shrew, tree. *See* Tree shrew
Shrike (bird; Laniidae), **TA** 33
Shrike, bush (bird; Malaconotinae), **AFR** 13
Shrike, helmet (Prionopinae), **AFR** 13
Shrike, Sonoran white-rump (bird; *Lanius ludovicianus sonoriensis*), **DES** 75
Shrike, northern *(Lanius excubitor)*, **B** *65*, 87
Shrimp (Natantia), **EC** 103, **NA** 34, **POL** 155, **S** *15;* camouflage of, **AB** 13, 176; cleaning by, **FSH** 124; defenses of, **AB** 13, *14;* and eel parasites, **S** *143;* gravity organ of, **AB** 40; niches of, **EC** 81; sense of balance in, **AB** 40; speed of, **MAM** *chart* 72
Shrimp, anemone (crustacean; *Hippolysmata*), **S** *20*
Shrimp, cleaning (Natantia), **FSH** 124
Shrimp, fairy *(Eubranchipus vernalis)*, **DES** 70, *105*
Shrimp, mantis (Squillidae), **EC** 127
Shrub, desert *(Ephedra)*, **PLT** *185*
Shrub, tropical, or tropical woody vine *(Gnetum)*, **PLT** 185
Shrublands, **FOR** *map* 62-63
Shrubs: deciduous, **PLT** 121; drought, **SA** 12; environment of, **EC** 41, 43-44; evolution of, **PLT** 14-16; life spans of, **PLT** 106
Shumsky, Pyotr, **POL** 170
Si River, **S** 184
Sialia. See Bluebird
Siam. *See* Thailand
Siam, Gulf of, **TA** 28
Siamang (ape; *Symphalangus syndactylus*), **TA** 59
Siamese fighting fish, or betta *(Betta splendens)*, **FSH** 55, 100, 105, 106, *116*
Siamese head-breather (fish; *Gyrinocheilus*), **TA** 87
Siamese swamp snake *(Herpeton tentaculatum)*, **REP** *116*, 117
Sibbaldus musculus. See Blue whale
Siberia: agriculture in, **POL** 156; coldest spot on earth in, **POL** 14; continental shelf of, **S** 56; development of, **POL** 152, 154, 158; exploration of, **POL** 35; ice sheets of, **S** 42; land bridge from, to Alaska, **NA** *11*, 12-15; mineral wealth of, **POL** 151, 152, 153-154; natives of, **POL** 130-131, 133; and proposal for Bering Strait dam, **S** 171; Russian expansion into, **POL** 33; tundra of, **POL** 108
Siberian bear cults, **EM** 154
Siberian chipmunk *(Eutamias sibiricus)*, **EUR** 134
Siberian jay (bird; *Perisoreus infaustus*), **B** *114*
Siberian man, **EV** *175*
Siberian pony *(Equus caballus)*, **POL** 54, 56, *60*
Siberian shield, **EUR** 10, *map* 11
Sicklebill hummingbird *(Eutoxeres aquila)*, **B** *15*
Sickle-cell anemia: and hemoglobin, **EV** 95
Side-blotched lizard *(Uta stansburiana)*, **REP** *90*
Side-necked turtle (Pleurodira), **AFR** 12, **REP** 11, 133
Sidescraper: Acheulian, **EM** *116;* mousterian, **EM** *103;* use of, **EM** *114*
Sidewinder rattlesnake *(Crotalus cerastes)*, **DES** 72-73, *80*, **REP** 78, *91, 98*, 99, 100
Sidewinding movement of snakes, **REP** *85*
Sierra chickaree, or red squirrel *(Tamiasciurus)*, **NA** 153
Sierra Leone Rise, **S** *map* 64-65
Sierra Madre Occidental (mountains), **DES** 12
Sierra Nevada Mountains, **DES** 12, 29, **E** 136, **FOR** 60, 66, **MT** 12, *42*, *map* 44-45, **PLT** 125, **NA** 14, **S** 61; as example of fault mountains, **MT** 36, 37; pass through, **MT** 136, 137
Sierra Nevada-Cascades mountain range, **NA** 147, 152
Sieve tube cells, **PLT** *39*, 41-42
Sign stimuli: "misfiring" in response to, **AB** 66, 68, *82-83;* selective response to, **AB** 66, 68
Signals. *See* Communication
Sika deer *(Cervus nippon)*, **EUR** 111, *121;* island species of, **EC** 59; in New Zealand, **EC** 61
Silene acaulis. See Northern cushion pink
Silene noctiflora. See Sticky cockle
Silent Spring, The, Carson, **PLT** 167
Silent World, The, Cousteau, **S** 134
Silica, **FOR** 44, 47; in diatoms, **FSH** *131*, **S** 105
Silkworm *(Bombyx mori)*, **EUR** *153*
Silkworm moth *(Bombyx mori)*, **AB** 154, **EC** 78; *(Sarnis walkeri)*, **INS** 60, 62
Silky, or two-toed, anteater *(Cyclopes)*, **MAM** 59, **SA** 55, *71*
Sills (rock formations), **E** 84
Silt, carried by rivers, **TA** 22
Silurian period, **E** 136, 137, **EUR** *map* 11; Australian fossils in, **AUS** 39; coral of, **S** *48-49;* fish evolution in, **FSH** *68;* and formation of Australia, **AUS** *34*, 39; in geologic time scale, **S** *chart* 39, 41; marine life in, **S** *48-49;* plants of, **FOR** *chart* 48
Siluroidea. *See* Catfish
Silver, **DES** 169; *table* **POL** 155
Silver dollar (fish; *Metynnis hypsauchen*), **SA** *188*
Silver hake (fish; *Merluccius bilinearis*), **FSH** *150*
Silver maple *(Acer saccharinum)*, **PLT** *50-51*
Silver polish rooster, plain (fowl; *Gallus gallus*), **EV** *85*
Silverfish (insect; *Lepisma saccharina*), **INS** 9, 15, *19*, 57
Silverside, tidewater, or whitebait. *See* Tidewater silverside
Silverskin (stoneplant; *Argyroderma testiculare*), **EV** *54-55*
Silver-tipped tetra (fish; *Hemigrammus nanus*), **SA** *189*
Silvery-cheeked hornbill (bird; *Bycanistes brevis*), **AFR** *113*
Simon, James, **B** 125
Simons, Elwyn L., **EM** 36, 37
Simpson, George Gaylord, **AUS** 37, 65, 66, **EV** 111, **SA** 84-85, **TA** 102, 105
Simpson, or Arunta, Desert, **AUS** 12
Simuliidae. *See* Gnat, buffalo; Gnats
Sinai, Mount, **MT** 138
Singhalese man, **EV** *175*
Single-crop agriculture, **EC** 166-167
Sinkholes, **E** *109*
Sinkiang Province, **DES** 12
Sinopa (extinct mammal), **NA** *128-129*
Sion, Switzerland, **MT** 16
Sioux Indians, **EC** 159
Siphonaptera. *See* Flea
Siple, Paul, **POL** 16, 171
Sirenia (order of aquatic mammals), **MAM** 18, *21*, 55, 56, 62
Sirenians. *See* Dugong; Manatee
Sirius (star; Alpha Canis Majoris), **UNV** *map* 11, 19, 58, 108, 135; color of, **UNV** 131; spectrum of, **UNV** 48-*49*
Sirocco (wind), **E** 63
Siskin (bird; *Spinus*), **SA** 100
Sisphonaptera. *See* Flea
Sisyrosea textula. See Slug caterpillar
Sitatunga (antelope; *Limnotragus spekii*), **AFR** 38, *67*, 68
Sitka spruce *(Picea sitchensis)*, **FOR** 59, 78
Sitophilus granaria. See Grain weevil
Sitta pygmaea. See Pygmy nuthatch
Sitta whiteheadi. See Corsican nuthatch
Sivatherium (extinct mammal), **EM** *73*
Siwalik Hills, India, **EM** 37
Six-banded armadillo *(Euphractus sexcinctus)*, **SA** *72*
Sixgill, or cow, shark *(Hexanchus)*, **FSH** 93, *chart* 69
Six-lined racerunner (lizard; *Cnemidophorus*), **REP** 13
Sixth sense of fishes, **FSH** 40, 56-57
61 Cygni (star), **UNV** 35
Size: of crocodilians, **REP** *22-23, 135;* of early reptiles, **REP** *47, 48-49;* experiments with, **AB** 62-64, *68, 78-79;* of fishes, **FSH** 13, 36, 64, 83; of fish scales, **FSH** *36, 38-39;* of insects, **INS** *13*, 16, 60, 155; of lizards, **REP** 12-13; of sea turtles, **REP** 11, 106, 109; of sharks, **FSH** *80-81, 82-83;* of skates and rays, **FSH** *82-83;* of snakes, **REP** 14, 25, *chart* 74-75; of whale sharks, **FSH** 63
Size Range: of early reptiles, **REP** 50; of fishes, **FSH** 13, 83; of fish scales, **FSH** *38-39;* of lizards, **REP** *13;* of sea turtles, **REP** 106; of sharks, **FSH** *83;* of skates and rays, **FSH** *82-83;* of snakes, **REP** 14, 25, *chart* 74-75; of whale sharks, **FSH** 63
Skagit River, Washington, **FOR** 160
Skate (fish; *Raja*), **FSH** 78, 79-80; eggs of, **FSH** 80; egg purses of, **FSH** *79;* evolution of, **FSH** *chart* 68-69; fresh-water adapted, **SA** 11; habitat of, **FSH** *19, 22-23;* mouths of, **FSH** 39; scales of, **FSH** *38;* shapes of, **FSH** 37, *82;* swimming of, **FSH** 37, *94*
Skate, barndoor *(Raja laevis)*, **FSH** 83
Skate, European thornback. *See* European thornback ray
Skate, Texas (fish; *Raja texana*), **FSH** *94*
Skate, U.S.S., **POL** 81, 155, *159*
Skeleton: of *Archaeopteryx*, **REP** *39*, 40-42; of birds, **B** *13*, 35, *41, 46, 47*, **EV** *114, 115;* of chordates, **S** 27; of dinosaur, **REP** *34*, 35; of insects, **INS** 10-15, 34, *45*, 57-58; of fishes, **FSH** *34*, 36, *45, 46-47*, 60, 62, *93*, **S** 32, 109, 111, 132; as fossils, **S** 45; of mammals, **EV** *38, 114;* of porpoises and sea lions, **S** *147;* of marine reptiles, **REP** *43, 46-47, 48-49, 50-51;* of snakes, **REP** 14; of sponges, **S** 17, *47;* of starfish, **S** 23; of turtles, **REP** 10, *11, 50-51;* of whales, **S** 165
Skhul cemetery, Palestine, **EM** 127
Skimmer, African (bird; *Rynchops flavirostris*), **AFR** 41
Skimmer, black (bird; *Rynchops nigra*), **B** 24, 76, *77;* egg of, **B** *154*
Skin: color scale of man's, **EV** *164;* of in fishes, **FSH** 54, *55;* of fishes, **S** 111; of mammals, **MAM** *11;* of reptiles, **MAM** *10*, **REP** *18-19*, 85; of sharks, **FSH** 63, *76*, 83; snake shedding of, **REP** 26, 85, *102-103*
Skin pads: of baboons, **PRM** 128, 129; of gecko (lizard) feet, **REP** 96, *97;* of old world monkeys, **PRM** 38; of orangutans, **PRM** 38-39
Skink, American (lizard; *Eumeces*), **REP** 132
Skink, blue-tongued *(Tiliqua)*, **AUS** 134, *145*
Skink, Florida or five-lined, or ground lizard *(Eumeces inexpectatus)*, **REP** 13
Skink, red-tailed (lizard; *Eumeces onocrepis*), **REP** *87*
Skinner, B. Frederic, **AB** *24*, 25
Skinner box, **AB** *24*
Skipjacks or click beetles (Elateridae), **INS** 104, *105*, **SA** 157, **TA** 126
Skipper, regent (insect; *Euschemon rafflesia*), **AUS** *139*
Skipper, sandhill *(Ochlodes sylvanoides)*, **NA** *48-49*
Skippers (butterflies; Hesperiidae), **SA** 153
Skis: invention of, **POL** 132
Skua (bird; Stercorariidae), **POL** *77*, 78, 79, 110, 171
Skull: of *Australopithecus*, **EM** *53, 58-59*, 60; of birds, **B** 37, *47;* of Broken Hill (Rhodesian) man, **EM** *143;* cap of, **EM** *17, 107*, 152-153; of chimpanzee, **EM** *81;* of Cro-Magnon girl, **EM** *165;* evolution of, **EM** *33, 81;* of *Homo erectus*, **EM** *81;* of Java man, **EM** *25;* of La Ferrassie man, **EM** *142;* of Monte Circeo man, **EM** *142;* of Neanderthal man, **EM** *142-143;* of *Oreopithecus*, **EM** *33;* of *Paranthropus*, **EM** *53;* of Peking man, **EM** 78; of Piltdown man, **EM** *24, 25;* of *Plesiadapis*, **EM** *33;* of *Pliopithecus*, **EM** *33;* of early primates, **EM** *33;* of *Proconsul*, **EM** *33;* of Shanidar I, **EM** *140-141;* of *Smilodectes*, **EM** *33;* of Spy man, **EM** *143;* of Steinheim man, **EM** *107;* of Swanscombe man, **EM** *107, 143;* of Tabun woman, **EM** *143;* of Taung baby, **EM** *59;* transitional, **EM** *107*

192

AB Animal Behavior; **AFR** Africa; **AUS** Australia; **B** Birds; **DES** Desert; **E** Earth; **INS** Insects; **MAM** Mammals; **MT** Mountains; **NA** North America; **PLT** Plants; **POL** Poles;

Skull bones: of bear, MAM 14; of beaver, MAM 136; of carnivores, MAM 14; mammalian, MAM 11; of sea lion, MAM 14; of weasel, MAM 14
Skunk (Mephitinae), DES 76, 77, 78, 92, FOR 15, 30, MAM 17, 97, 123, NA 114, SA 12; defensive techniques of, MAM 103; migration of, EC 13; footprints of, MAM 187; range of, EC 12; zoogeographic realm of, EC map 19
Skunk, spotted (Spilogale putorius), MAM 103, NA 55
Skunk, striped (Mephitis mephitis), MAM 103, 187
Skunk cabbage (plant; Lysichiton camstschatcense), FOR 12, 13, 85
Sky pilot (flower; Polemonium viscosum), MT 89
Skye terrier (dog; Canis familiaris), EV 86
Skylark (bird; Alauda arvensis): courtship flight of, B 148; migration of, B 105; song of, B 121
Slate-backed solitaire (bird; Myadestes unicolor), B 120
Slave-maker ant (Formica sanguinea), EC 126, INS 166
Slavery, DES 133, 134, 135, 138, 168
Sled dog, Eskimo, or husky (Canis familiaris), EV 86; POL 53, 56, 75, 76, 136, 137, 142-143
Sleeping habits: of aye-ayes, PRM 32; of baboons, PRM 113, 128; of bats, and squirrel, MAM 132-133; of fishes, FSH 36, S 31; of macaques, PRM 181; of gibbons, PRM 74; of gorillas, PRM 64-65; of langurs, PRM 108; of lemurs, PRM 24, 32; of monkeys, PRM 39, 130. See also Hibernation
Sleeping platforms of aborigines, AUS 176
Sleeping sickness, AFR 174, B 169, 170, DES 170, INS 29. See also Tsetse fly
Sleet, formation of, E 64
Slender beetle (Philonthus gopheri), REP 87
Slender loris (primate; Loris tardigradus), TA 50
Slender-billed shearwater (bird; Puffinus tenuirostris), B 101
Sleuth hound (dog; Canis familiaris), EV 87
Slime mold (Myxomycetes), FOR 137, PLT 23; cells in PLT 36; fruition of, PLT 108-109; life cycle of, E 152-153
Slipher, V. M., UNV 153
Slipper limpet, or boat shell (mollusk; Crepidula fornicata), S 24
Sloth (Bradypodididae), EC map 19, MAM 12, 16, 21, PRM 29, SA 15-16, 54, 55
Sloth, giant ground. See Giant ground sloth
Sloth, ground (extinct mammal; Mylodon), SA 15-16
Sloth, three-toed. See Three-toed sloth
Sloth, two-toed (Choloepus), MAM 11, 70-71, SA 54, 55
Sloth bear (Melursus ursinus), TA 144
Slowworm (lizard; Anguis), REP 13, 126
Slud, Paul, SA 101-102
Slug, clown sea (mollusk; Triopha carpenteri), S 22
Slug caterpillar (Euclea delphinii), FOR 144 left; (Sisyrosea textula), FOR 144 right
Slugs (Limacidae), EC 85
Small ground finch (bird; Geospiza fuliginosa), EV 30
Small insectivorous tree finch (Camarhynchus parvulus), EV 30
Small Magellanic Cloud (galaxy), UNV 147
Smallmouth bass (Micropterus dolomieu), FSH 19, 20-21
Smallpox: annual deaths from, EC 180; depopulation of American Indians by, EC 99
Smell, in ants, AB 74-75; in birds, B 36-37; in digger wasp, AB 89; in fishes, AB 50, FSH 43-44; food selection by, INS 38-39; in insects, INS 10, 34, 38-39; in reptiles, AB 43, REP 60-61, 110; role of, in mating, INS 34, 47; in sea animals, S 128, 132, 159; sense of, AB 43, 109-110; in sharks, FSH 44, 79, 86; in snakes, DES 73
Smelt (fish; Osmeridae), POL 106
Smelt, surf (fish; Hypomesus pretiosus), FSH 105
Smelting, and deforestation, FOR 164, 173
Smilax (plant; Smilax), PLT 149
Smilax. See Smilax
Smilodectes (extinct mammal), EM 33, NA 128-129
Smilodon. See Stabbing cat
Sminthopsis. See "Narrow foot"
Sminthopsis crassicaudata. See Fat-tailed marsupial mouse
Smith, G. Elliot, EV 131, 146
Smith, J. L. B., FSH 64
Smith, Captain John, NA map 20
Smith, William, EM 11, EV 110, 111
Smith Sound, Greenland, POL 45
Smithsonian Institution, Washington, D.C., E 187
Smog, E 73
Smoke tree (Cotinus), DES 56
Smoky bat (Furipterus horrens), SA 91
Smoky Mountains, NA 95-96
Smoky quartz, E 100
Smooth fox terrier (dog; Canis familiaris), EV 87
Smut (plant disease), PLT 14
Smuts, Jan C., EV 146, 147
Snail, land (Helix), FOR 88
Snail, rose-petal bubble shell (Hydatina physis), S 23
Snail shell, moon (Polinices), S 24
Snails (Gastropoda), AFR 117, DES 70, FOR 88, NA 148; biological clocks in, EC 85; emergence in Cambrian Age, S 41; and evolution of fishes, FSH 60; experiments on, EC 90; eyes of, AB 47; as food for birds, B 63; forest environment of, EC 41; freshwater, EC 18; on Krakatoa, EC 59; perpetuation of early form of, EC 59; reproduction of, EC 84-85; response to wetness, EC 77; sense of touch in, AB 154; in Silurian Age, S 48-49; streamlining of, EC 127
Snake, American king (Lampropeltis getulus), DES 73, REP chart 74-75
Snake, California king (Lampropeltis getulus californiae), REP 63
Snake, coral (Micrurus), REP 15, 16, 86, SA 127-128, 143; coloration of, REP 60, 61, 62, 87-88; evolution of, AUS 135; venom of, REP 69
Snake, worm (Carphophis amoena), REP 14
Snake River, S 184
Snakebird, American. See Anhinga
Snakehead (fish; Channidae), FSH 39, TA 87
Snakehead, Chinese (Ophicephalus), FSH 37
Snake-necked turtle (Chelidae), AUS 134, SA 129
Snakes (Serpentes), DES 57, 69, 71, 118, EUR 77, 125; TA 56, 57, 58, 103, 144; of Africa, AFR 12, 91, 114; anatomy of, REP 12, 29; aquatic, REP 40, 106, 110, 112, 113-114 (see also Sea snake; Swamp snake; Water snake); arboreal, REP 24-25, 40, 56, 83, 100-101, 112; of Australia, AUS 34, 135-136, 144; burrowing of, REP 14, 25, 83; camouflage by, REP 24, 25, 86, 93, 158-159, SA 142, 143; charming of, REP 150-151; classification of, REP 14-15, graph 10, chart 44-45; "combat" dance of, REP 129-130, 136; and community living, REP 84, 86; constrictor, REP 14, 39, 55-56, 61, 64-65, 131, chart 74-75; courtship and mating of, REP 127, 128; deadliness of, REP 73; defensive tactics of, REP 60, 61, 62, 68-69, 87-88; egg-eating, REP 54, 57, 66-67; eggs of, REP 130, 131, 138, 142; and environmental adaptations, REP 25, 39-40; evolution of, REP 12, 39, 42, 54, chart 44-45; experiments with poisonous, REP 72-73; eyes of, REP 12, 39, 159; fatal bites by, REP 69, 153; fear of, REP 12, 152; feeding devices and behavior of non-poisonous, REP 54, 55-56, 57-58, 63, 64-67, 76-77; feeding habits of, REP 55, 64-67, 74; food of, DES 72, 78, 83; and food abstention, REP 65, 74; fossils of, REP 74; fossils of, found with Zinjanthropus boisei, EV 151; hatching of, REP 142-143, 144-145; hearing of, REP 12; and heat, DES 96; Jacobson's sense organ of, REP 12, 19, 60-61, 98, 99, 127; jaws of, REP 55, 65, 66-67; live-bearing, REP 14, 15, 113, 119, 125, 142-143; locomotion of, REP 25, 39, 40, 82, diagrams 84-85, 100-101; of Madagascar, AFR 156; mating and courtship of, REP 127, 128; metabolism of, REP 65, 74; mimicry by, REP 87-88; molting of, REP 26, 85, 102-103; in mythology, REP 146, 147-148, 149; non-poisonous, REP 14-15, 54, 55-56, 57-58, 63, 64-65, 66-67, 76-77; numbers of species of, REP 9, 11-12, 14-16, 24-25, graph 10, chart 44-45; parental behavior of, REP 132, 139; poisonous, REP 14-16, 59-62, 65, 68-73, 74, 153, SA 127-129; prehensile tails of, REP 25, 100-101; rear-fanged, REP 14, 112-113; reproduction of, REP 12, 126; and road runners, DES 75; sand-swimming of, REP 83; scales of, REP 12, 85, 100; sense of smell of, AB 43; sizes of, REP 14, 25, chart 74-75; skeletons of, REP 14; skin-shedding of, REP 26, 85, 102-103; of South America, SA 16, 125-129, 142-147; striking position of, NA 88-89; survival problems of, REP 171; tail-shaking by, REP 87; tongues of, REP 98, 99; "typical", REP 14-15; vagility of, REP 82; vestigial legs of, REP 29; waste elimination of, REP 107
Snapper, alligator (turtle; Macrochelys temminckii), REP 56, 120-121
Snapping turtle (Chelydridae), REP 10, 142, 153, 154
Snares for animals, AFR 172, 173. See also Traps
Snipe (bird; Capella), AFR 34, B 61, 120; egg of, B 154
Snipe, common (Capella gallinago), egg of B 154
Snipe eel (Nemichthyidae), S 27-29
Snocat tractors, POL 175
Snorer, or French grunt, or ronco (fish; Haemulon flavolineatum), FSH 139
Snout beetle (Curculionidae), INS 23, 49
Snouts: of fishes, FSH 52
Snow, FOR 10, 34-35, MT 14, 88, POL 181; annual fall in Antarctica, POL 12, 170-171; effects of, MT 86-87, 88, 109, 111; formation of, E 64; glacial packing of, MT 11, 15, 46
Snow blindness, POL 173
Snow bunting (bird; Plectrophenax nivalis), POL 76
Snow buttercup (Ranunculus), MT 86-87
Snow down (ice phenomenon), POL 28
Snow goose. See Blue goose
Snow goose (Chen hyperborea), AB 122
Snow grass (Agrostis), AUS 149
Snow gum (tree; Eucalyptus niphophila), 32, 41, 48
Snow leopard (Leo uncia), MT 117
Snow partridge (Lerwa lerwa), EUR 40
Snowberry (plant; Symphoricarpos albus), FOR 28
Snowcock, Tibetan (Tetraogallus), EUR 40
Snowdrop (flower; Galanthus nivalis), FOR 18
Snowfields, DES 36-37
Snowshoe hare. See Snowshoe rabbit
Snowshoe rabbit, or snowshoe hare (Lepus americanus), EC chart 143, FOR 80; feet of, EC 125, MAM 58; footprints of, MAM 186; protective coloration of, MAM 102, MT 112
Snowy egret (bird; Egretta thula), B 172, NA 31; egg of, B 154; niche of, EC 41
Snowy lady's slipper (flower; Paphiopedilum niveum), TA 100
Snowy Mountains, Australia, AUS 27
Snowy owl (Nyctea scandiaca), B 87-88, EUR 135, POL 82, 107, 109, 110; and lemming cycle, EC 143
Snowy tree cricket (Oecanthus), INS 37
Snub-nosed monkey (Rhinopithecus roxellanae), EUR 37, 53
Soaring flight of birds, B 40, 42, diagrams 43
Sociable weaverbird (Philetairus socius), B 141-142
Social behavior, AB 151-152; in ant societies, AB 10; of baboons, EV 142-143; of birds, B 119; of chimpanzees, EV 140-141; of Cro-Magnon man, EV 169; and feeding, AB 153; among fishes, FSH 121-130; among fishes and invertebrates, FSH 143; groups and, AB 157-158; among primates, EV 45, 137-143; and rites of birds after mating, B 124, 148; and survival, AB 152-153. See also Behavior
Social hormones, AB 154, INS 84, 163
Social organization. See Community Living
Society Islands, S map 70
Society of American Foresters, FOR 59
Society of Antiquaries, EM 10
Sociotomy, AB 158
Sockeye, or red, salmon (Oncorhynchus nerka), FSH 155, 159, 162, 163, 184-185
Sodium, DES 14
Soft coral (Alcyonaria), S 25
Soft-shelled spineless turtle (Trionyx muticus), REP 21
Soft-shelled tortoise, African (Testudo tornieri), REP 131
Soft-shelled turtle, African (Trionyx triunguis), AFR 42
Softwoods: structure of, PLT 50-51
Sohm Abyssal Plain (underwater), S map 64
Soil: and agriculture, DES 15-16, 166-167; avalanches of, TA 34-35; boron deficiency in, EC 101; chernozem, EUR 82; composition of, DES 14, 15, 168, FOR 131-132, 138, PLT 122; for conifers, FOR 65; creation of, MT 12; and desert plants, DES 35, 57, 59-60; earthworm's role in, EC 40-41; and ecology, DES 114; erosion of, TA 79-80; exhaustion of, PLT 161; of forests, FOR 57, 58, 74, 131-136, 171; fungi in, EC 56; humus, PLT 14; of ice ages, FOR 46; of Mediterranean region, EUR 58, 60, 61, 67, 69; in mountain areas, MT 81, 84, 88; and nitrogen cycle, E 110; and nutrition, PLT 122; salinity of, EUR 61, chart 60, PLT 79; seed supply in, DES 115, 117, 120; and shrimp eggs, DES 70; of steppe, EUR 82, 87-88;

193

EC Ecology; EM Early Man; EUR Eurasia; EV Evolution; FOR Forest; FSH Fishes; PRM Primates; REP Reptiles; S Sea; SA South America; TA Tropical Asia; UNV Universe

INDEX (CONTINUED)

temperature of, FOR 12, MT 84; of tundra, EUR 132; volcanic, MT 53, 62, 63, 65; water in, PLT 74-75, 79, 122; worms in, FOR 138. See also Erosion
Solanum tuberosum. See Potato
Solar eclipse, E 24-25
Solar furnace, E 177
Solar heating of Sargasso Sea, S 77-78
Solar radiation: in Antarctica, POL 171
Solar system: age of, EV 111; angular momentum of, UNV 93-94: asteroids of, UNV 65-67, 72, 80, 81; comets of, UNV 69-70, 72, 82-83; formation of, E 36-37, 45, UNV 104-105; gas-cloud theory of formation of, S 37-38; planets of, UNV 64-69, 72-73; size of, UNV 63; substance of, UNV 63-64, 93. See also Sun; individual planets
Solaster endeca. See Purple sun-star
Soldanella. See Alpine soldanella
Soldanella, alpine (plant; Soldanella alpina), MT 102
Soldier crab (Dotilla mictyroides), TA 83, 94
Soldier fly (Stratiomyidae), INS 145
Soldierfish, or squirrelfish. See Squirrelfish
Sole (fish; Soleidae), FSH 10, S 110
Solecki, Ralph S., EM 140, 141, EV 167
Solecki, Rose, EUR 155
Soleidae. See Sole
Solenodon (mammal; Solenodon), MAM 50
Solenodon. See Solenodon
Solidago. See Goldenrod
Solifluction (soil flow), POL 107
Solitaire, Réunion (extinct bird; Raphus solitarius), AFR 157-158
Solitaire, Rodriguez (extinct bird; Pezophaps solitaria), AFR 157-158, 167
Solitaire, slate-backed (bird; Myadestes), B 120
Solitariness, and predators, AB 153
Solitary birds, B 119; densities of, B 84; territory of, B 86-87, 128-129, 137-139
Solitary fishes: behavior of, FSH 32-33, 127
Solitary locust (Acrididae), INS 60
Solitary wasp (Hymenoptera), INS 10, 80-82, TA 128; nest of, INS 80, 81. See also specific wasps
Solnhofen, Germany, EUR 13
Solo man. See Java man
Solo River, TA 80
Solomon, King, DES 166, INS 163
Solomon Islands, MT 57, S map 70
Solomon's seal (plant; Polygonatum), PLT 33
Solpugid (spider; Solpugida), DES 91
Solpugida. See Solpugid
Solstices (declinations of the sun), POL 10; summer and winter, E 12
Somali gerenuk (antelope; Litocranius walleri), AFR 66, 77
Somaliland, FOR 111
Somateria mollissima. See Common eider duck
Sombrero galaxy (M 104), UNV 157
Somervell, Theodore, MT 163
Somme Valley, France, EM 11, 104
Somniosus microcephalus. See Greenland shark
Sonar (sound-detection equipment): and bats, AB 116-117, MAM 61; for commercial fishing, S 177; for Project Mohole, S 179; and water temperatures, S 80
Song (of birds), FOR 13; courtship, B 120, 121, 128, 148; for territory defense, B 86, 120, 121, 128, 137; definition of, B 120; forms of notation, B 120; and learning ability, AB 131, 134; and mimicry B 122; and tape recorder studies, B 120, 122
Song sparrow (Melospiza melodia), B 82, 127, 138, 140, 144, FOR 13, 153, MT 13; adaptation to environment, B 171; newborn of, FOR 20; songs of, B 122; speciation of, EM 124-125
Song thrush (Turdus philomelos), EC 61
Songbirds, NA 96, TA 59-60; banding of, B 115; breeding age of, B 139; feathers of, B 34; gaping instincts of, AB 110; learning in, AB 131; "misfiring" in, AB 66, 82; nest-building of, AB 87-88; of South America, SA 100, 103, 109; supernormal stimulation of AB 67; territories of, B 138; vision of, B diagram 36
Sonic tags, on fish, EC 92-93, FSH 151
Sonoran Desert, DES 12, 15, 29, 66, 70, 71, 167
Sonoran white-rump shrike (bird; Lanius ludovicianus sonorensis), DES 75
Sooty shearwater, or mutton bird (Puffinus griseus), B 101; and mutualism with tuatara (reptile), REP 170
Sooty tern (bird; Sterna fuscata), B 83, 143, NA 31, 32
Sorbus. See Mountain ash
Sorex. See Shrew, long-tailed
Sorex cinerus. See Masked shrew
Sorghum (grass; Sorghum): parasites of, EC 101
Sorghum. See Sorghum
Soricidae. See Shrew
Sorrel, sheep (plant; Rumex acetosella), PLT 30
Sorrel, wood (plant; Oxalis), EUR 146, FOR 82-83, PLT 30
Soulié, Father Jean André, EUR 34
Sound. See Communication
Soupfin shark (Galeorhinus zyopterus) FSH 161
"Source 3C295" (galaxy), UNV 153, 167, 168
Sourness in fruit: causes of, PLT 56
South Africa, DES 153, 169; discovery of Australopithecus in, EM 48; fishes of, FSH 64; fossil sites, EM 49, 55; game sanctuaries in, AFR 175; Kruger National Park, AFR 82, 89, 91, 94, 171, 175, 180-181; as signator of international treaty on Antarctica, POL 170
South African ape man. See Australopithecus africanus
South African armadillo lizard (Cordylus cataphractus), REP 166-167
South African gecko (lizard; Ptneopus garrulus), REP 13
South African Plateaus, MT 44
South America, SA (entire vol.); climate of, SA 20-29; conservation in, SA 186; continental slope of, S 57; cordilleras (mountain ranges) of, MT 12, map 45; Darwin's fossil finds in, EV 13, 14-15; deserts of, DES 57, 115, SA 12, 22-23; early isolation from North America, NA 12-13; and East Pacific Rise, S 69; forest dwellers in, FOR 119, 124-127; forest land of, SA 28-29, map 18-19; fossil of, S 51; glaciers in, S 41; Indians of, EC 164; as island continent, SA 10, 13, 14, 56-57, 59, 77, 100; mammalian population of, EV 13-14; mountains of, MT 178, 186, SA 11-12, 21, 24-25; North American fauna in, EC 13; ocean currents effecting, S 78, 79, 84-85, 172; rain forest of, FOR 72, 125; rivers of, SA 8, 9, 10-11, 30-31, 176-177, 178; southern tip of, SA 20-21; and submarine mountains, S map 71; topography of, SA map 18-19; vegetation zones of, SA map 18-19; volcanic belts of, MT 56-57
South American caiman lizard (Draecaena guianensis), REP 52, 114
South American Characidae (fishes): diversity of, FSH 11
South American cushion plant (Azorella), MT 87, 91
South American lungfish (Lepidosiren paradoxa), FSH 65, SA 178, 179, 183
South American manatee (fresh-water mammal; Trichechus inunguis), SA 10-11, 146, 192
South American monkeys: compared to African, EC 11
South American owlet moth (Acronycta longa), INS 25
South American rattlesnake (Crotalus durissus), SA 128, 129
South American river turtle. See Arrau
South American tapir (ungulate; Tapirus), EV 14
South Carolina, NA 84-87, 90-91
South China Sea, S 184, TA 28
South Equatorial Current, S 78
South Fiji Basin, S map 70
South Georgia Island, POL 55, 67, 83, 90, S map 66
South Island, New Zealand, MT 48-49
South Magnetic Pole, POL 11, 52, 55, 56, 57; and Van Allen belt gap, POL 172, diagram 173; reached by David and Mawson, POL 55, 57
South Orkney Islands, S map 66
South Pacific eddy, S 78
South Pass, Wyoming, MT 136, 137
South Pole, POL 18-19; first flight to, POL 68; location of, S map 73; reached by Roald Amundsen, S 183; Shackleton's try for (1908-1909), POL 54-55, 57, 174; shifting of, E 162-163; strategic value of in space age, POL 171-172, diagram 173; temperatures at, POL 18; U.S. station at, POL 14, 58, 171-172, 175, 179. See also Poles
South Sandwich Islands, S map 66
South Shetland Islands, POL 52
South West Mau Forest Reserve, Kenya, AFR 141
Southern Cross (constellation). See Crux
Southern greater kudu (antelope; Strepsiceros strepsiceros), AFR 76
Southern green stink bug (Nezara viridula), PLT 177
Southern ground hornbill (bird; Bucorvus leadbeateri): eye of, B 50
Southern hake (fish; Urophycis floridanus), FSH 56
Southern Hemisphere, S 13, 76, 77. See also specific continents and countries
Southern hemisphere beech (tree; Nothofagus), AUS 13-14, SA 17
Southern lowlands, NA 75-82, 83-93
Southern Reserve, Kenya, AFR 186-191
Southern Rhodesia: baboons of, PRM 144, 145; game sanctuary in, AFR 175
Southern stargazer (fish; Astroscopus y-graecum), FSH 51
Southern sting ray (fish; Dasyatis americana), FSH 96
Southern toad (Bufo terrestris), AB 146-147
Soviet Air Force, POL 153
Soviet All-Union Arctic Institute, POL 157
Soviet Northern Sea Route Administration, POL 155
Soviet Union. See Union of Soviet Socialist Republics
Sovietskaya base, Antarctica, POL 175
Sowbug (Isopoda), DES 70, INS 148
Space: curvature of, UNV 173, diagrams 179; travel in, E 182-183
Space age: importance of Antarctica in, POL 171-172, diagram 173
Spadefish, Atlantic (Chaetodipterus faber), FSH 8
Spade-foot toad (Pelobatidae), DES 70, 71
Spaghetti tags for fishes, FSH 151
Spain: desert locust of, DES 115; government protected land in, EUR chart 176; wetlands of, EUR 180; wildlife reserves of, EUR 178
Spalax microphthalmus. See Russian mole rat
Spallanzani, Lazzaro, MAM 61
Spaniel, Brittany (dog; Canis familiaris), EV 86
Spaniel, cocker (Canis familiaris), EV 86, MAM 186
Spaniel, field (Canis familiaris), EV 86
Spaniel, Irish water (Canis familiaris), EV 86
Spaniel, Italian (Canis familiaris), EV 86
Spaniel, Japanese (Canis familiaris), EV 86
Spaniel, Norfolk (Canis familiaris), EV 86
Spaniel, Spanish (Canis familiaris), EV 86
Spaniel, springer (Canis familiaris), EV 86
Spanish, or weavers, broom (plant; Spartium junceum), EUR 68
Spanish fly (beetle; Lytta vesicatoria), INS 105, 120
Spanish ibex (Capra pyrenaica), EUR 137
Spanish moss (Tillandsia usenoides), EC 102, FOR 118, NA 77, PLT 142, 143, 149, 187
Spanish spaniel (dog; Canis familiaris), EV 86
Sparidae. See Porgy
Sparrow, Cape Sable (bird; Ammospiza mirabilis), NA 180
Sparrow, chipping (Spizella), B 121
Sparrow, hedge. See Hedge sparrow
Sparrow, Henslow's (Passerherbulus henslowii), B 120
Sparrow, house, or English (Passer domesticus), B 34, 53, 85, 88, EC 56, 166
Sparrow, Ipswich (Passerulus princeps), EC 56
Sparrow, song. See Song sparrow
Sparrow, white-crowned (Zonotrichia leucophrys), B 36
Sparrow hawk (Falco sparverius), B 35, 62, 134, NA 53, TA 33
Sparrow hawk, European (Accipiter nisus), B 63
Sparrows (Fringillidae), B 16, 20, 31, 43, 74, 122, 148, 153, 169; EC 56, 166; abundance of, B 169; classification of, B 16, 20; commensalism of, B 74; courtship of, B 148; gliding ability of, B 43; songs of, B 122
Spartium junceum. See Spanish broom
Spathiflorae (order of plant class Monocotyledoneae), PLT 187
Spatter cone of volcano, MT 74
Spawning: of fishes, FSH 98, 99-101, 102-105, 109, 110-111, 114, 116, 150, 158; grounds near The Bahamas, S 112; habits of eels, AB 108; of salmon, AB 66, 108, FSH 155; of stickleback, AB 73, 154, 155, 156; seasons of fishes, FSH 100
Spear-nosed bat (mammal; Mimon crenulatum), SA 91
Special creation (theory of species' origin): Darwin's questioning of, EV 31; defense of by Duke of Argyll, EV 45
Special Theory of Relativity, UNV 171-172
Specializations. See Adaptations and specializations
Species and speciation, EM 124, EV 40, PRM 35; of animals, MAM charts 22-23; in Australasia, AUS 97, 127-129; of birds, B 11-12, 16, 17, 20, 60, EM 124-125, EUR 136, EV 30-31; and convergent evolution, DES 78; current theory of, EM 125; Darwin and, EV 15-16, 31, 39, 41, 45-46; determination of, EM 124-125, FOR 9-10, 60-61, 136,

194

AB Animal Behavior; AFR Africa; AUS Australia; B Birds; DES Desert; E Earth; INS Insects; MAM Mammals; MT Mountains; NA North America; PLT Plants; POL Poles;

157-158; distribution of, **EM** 124-125; existing number of, **EV** 89; extinction of, **EV** 25; of fish, **DES** 70, **FSH** 10, 19, *25,* 66, 149-150; and flocks, **AFR** 34; in forests, **FOR** 10, 74, 152-155, 156, **TA** 55-56; in Galápagos, **EV** 15-16, 21, 22, 25, 27, 29, 31, 39-40; and genetics, **EM** 124, 127, 128; immutability of, **EV** 15-16, 31, 39-40; of insects, **DES** 115, **FOR** 116, 117, **INS** 11, 17, 82, 142, 149, 156; interdependence of, **DES** 60, 69, 73, 113-120, **FOR** 10, 131-135, 157-158; and isolation, **EM** 124-125, **EV** 15-16, *20-21, 22, 25, 27, 29, 31,* 39-40, **FOR** 46; of mammals, **AUS** 82, 97, **MAM** 17, *chart* 22-23, **S** 147, *154-155, 156-157;* and mountains, **FOR** 46, 61; origins of, **EV** 41, 42; of plants, **FOR** 48, 65, **PLT** 16; of primates, **EM** 35-36, **PRM** 10, *23,* 35, 36, 43, 47; of prosimians, **PRM** 11; of rattlesnakes, **SA** 128; of tarsoids, **PRM** 13; territorial limits of, **PRM** *diagram* 131; and theory of spontaneous creation, **EV** 9-10, 12; transmutation of, **EV** 40; of trees, **FOR** 59; variations within, **EV** 43-44, 69-74, *76-77,* 89-91, 105. *See also* Adaptation; Evolution; Taxonomy
Speckled tar spot, or black speckled leaf spot (leaf disease; *Rhytisma punctatum*), **FOR** *91*
Spectacled bear *(Tremarctos ornatus),* **SA** 83
Spectacled caiman *(Caiman crocodilus),* **REP** *23*
Spectacled cobra *(Naja naja),* **MAM** *118-119,* **REP** *60, 68*
Spectacled owl *(Pulsatrix perspicillata),* **B** *18*
Spectral photography, **UNV** *30, 50,* 51
Spectral types of stars, **UNV** *48-49,* 113-114, 131, *diagrams* 118-121
Spectrograph, **UNV** 111
Spectroscope, **UNV** 36-37, 111
Spectroscopy: and astronomy, **UNV** 46, *48-49;* coudé focus, **UNV** *48-49, diagram* 37
Spectrum: of galaxies, **UNV** *180-181;* invisible part of, **UNV** 36, *60;* of light, **UNV** 35-37, *46, 47;* spectral lines, **UNV** 36-37, *47;* of stars, **UNV** *48-51;* of sun, **UNV** 35-36, *46, 49*
Speech: of *Australopithecus,* **EV** *159;* development of, **EV** 149, 159; of Peking man, **EV** *159*
Speeds: of fishes, **FSH** *30-31, 55, 72,* 157, **S** 109; in water environment, **REP** 106; of flight, **INS** *table* 14; of sea turtles, **REP** 117
Speke, John, **AFR** 20, *21*
Spelt (plant; *Triticum spelta*), **EUR** *156*
Spence, William, **INS** 9
Spencer, Herbert, **EV** 43
Speothos. See Bush dog
Speotyto cunicularia. See Burrowing owl
Sperm whale *(Physeter catodon),* **POL** 92; ambergris of, **S** 149, 157; and giant squid, **S** *144-145;* habitat of, **S** *27-29;* hearing of, **AB** 42; and *Moby Dick,* **S** 147; oil from, **S** *157;* spermaceti of, **S** 149; teeth of, **S** *165*
Spermaceti (wax) of whales, **S** 149
Spermatheca, of insects, **INS** 14
Sphagnum (moss; *Sphagnum*), **EUR** *144-145,* **POL** 107
Sphagnum. See Sphagnum
Sphagnum frog *(Kyarrnus sphagnicolus*), **AUS** *142*
Sphalerite, ruby (mineral), **E** *101*
Sphecodina abbotti. See Abbott's sphinx
Spheniscidae. *See* Penguin
Spheniscus magellanicus. See Magellanic penguin
Spheniscus mendiculus. See Galápagos penguin
Sphenodon punctatus. See Tuatara
Sphenurus oxyurus. See Pintail green pigeon
Sphingidae. *See* Hawk moths
Sphinx: of Ramses II, **DES** *146*
Sphinx, Abbott's (caterpillar; *Sphecodina abbotti*), **AB** *186*
Sphinx, pine needle (insect; *Lapara bonbycoides*), **INS** *110*
Sphinx moth, blind-eyed *(Paonias excaecatus),* **AB** 184, *185,* **EC** *114-115*
Sphinx moth, four-horned (Sphingidae): caterpillar of, **FOR** *145*
Sphinx moth, tomato. *See* Tomato sphinx moth
Sphinx moth, white-lined *(Celerio lineata),* **AB** *75*
Sphyraena barracuda. See Great barracuda
Sphyraenidae. See Barracuda
Sphyrna diplana. See Hammerhead shark
Spica (star; Alpha Virginis), **UNV** *map* 11; color of, **UNV** 131
Spices, **PLT** *174*
Spicules (solar prominences), **UNV** 102
Spider (Araneida), **DES** 69, 70, **EC**, 37, **INS** 15; appearance of, **INS** 14; courtship behavior of, **AB** 157; drug effect on, **AB** *104-105;* place of in evolution, **FOR** 41, 42; in recolonization of Krakatoa, **EC** *65*
Spider, assassin *(Menneus unifasciatus),* **AUS** *140,* 141
Spider, black widow *(Latrodectus mactans),* **AUS** 131
Spider, common crab *(Misumena vatia),* **FOR** *89*
Spider, dung *(Phrynarchne),* **TA** *122*
Spider, funnel-web *(Atrax robustus),* **AUS** 131, *141*
Spider, garden (Argiopinae), **AB** *8*
Spider, hairy imperial angler *(Dichrostichus furcatus),* **AUS** *131*
Spider, jumping (Attidae), **AB** 155
Spider, Mediterranean *(Desidiopsis),* **EUR** 41
Spider, red-backed, or katipo *(Latrodectus hasseltii),* **AUS** 131
Spider, silk *(Nephila),* **TA** *138*
Spider, spiny-bodied *(Gasteracantha),* **TA** *139*
Spider, trap-door *(Bothriocyrtum californicum),* **INS** *30*
Spider, web, **AB** 40
Spider, wolf (Lycosidae), **AB** 45, 155, **DES** 90-91, **MT** 116
Spider flower, rosemary *(Grevillea romarinafolia),* **AUS** *53*
Spider monkey *(Ateles),* **MAM** 59, 60, **PRM** *46,* **SA** 37, 38, 39, *43, 48-49;* brachiation by, **MAM** 60; protective tactics of, **PRM** 131; tails of, **MAM** 59, **PRM** *39*
Spider monkey, woolly *(Brachyteles arachnoides),* **SA** 38
Spider's web, *8, 104-105*
Spiderwort (plant; *Tradescantia virginiana*), **NA** 106, *107*
Spike wattle (tree; *Acacia oxycedrus*), **AUS** *52*
Spilogale putorius. See Spotted skunk
Spinach *(Spinacia oleracea),* **PLT** 76, 186
Spinachia spinachia. See Fifteen-spined stickleback
Spinacia oleracea. See Spinach
Spineless soft-shelled turtle *(Trionyx muticus),* **REP** *21*
Spines: of apes and monkeys, **EM** 35; of *Australopithecus,* **EM** *40;* of cheetahs, **MAM** *50-57;* of fishes, **FSH** *34, 46-47,* 60, 63, 78, *93;* of horses, **MAM** *56-57;* triggerfish use of, **FSH** *138*
Spinifex. See Spinifex grass
Spinifex grass *(Spinifex),* **DES** 130
Spinus. See Siskin
Spiny anteater, or echidna *(Tachyglossus aculeatus),* **AUS** 35, 59-66, *72-75,* 82, **EV** 61, 115, **MAM** 14-15; classification of, **MAM** *20;* egg-laying by, **MAM** 145; feeding habits of, **AUS** 62, **MAM** 80; mammary glands of, **AUS** 80; quills of, **AUS** *74-75,* **MAM** 13; reproduction of, **AUS** 61, 64-65, *72-73, diagram* 62; temperature control by, **MAM** 12; tongue of, **EC** 127
Spiny anteater, Australian *(Tachyglossus aculeatus),* **AUS** 59, 61, *74-75*
Spiny anteater, New Guinean *(Zaglossus),* **AUS** 59, 61
Spiny dogfish, common. *See* Common spiny dogfish
Spiny fishes (Acanthodii), **FSH** *chart* 68-69
Spiny horror (plant; *Papilionaceae*), **EUR** *100*
Spiny lizard *(Sceloporus),* **REP** *90-91*
Spiny lizard, desert *(Sceloporus magister),* **DES** 118
Spiny rat *(Proëchimys),* **SA** 58
Spiny tenrec (mammal; *Echinops*), **AFR** *162-163,* **EC** *69*
Spiny-bodied spider *(Gasteracantha),* **TA** *139*
Spiny-tailed squirrel, African (Anomaluridae), **MAM** 60
Spiracles (gill openings): of fishes, **FSH** 78, *86, 94;* (tracheal openings), of insects, **INS** *44,* 142
Spiral galaxies, **UNV** *56-57, 149,* 150-152, *155-165*
Spiral-arm stars, **UNV** 150
Spitsbergen, **POL** 15, 38, 39, 111, *map* 12; discovery of, **S** 182
Spitting cobra *(Hemachatus),* **REP** 59-60, *70-71*
Spizaëtus bellicosus. See Martial eagle
Spizella passerina. See Chipping sparrow
Spokane, Mount, **FOR** 65
Sponge (Porifera), **S** *chart* 15; animals living in, **S** 17; of Cambrian period, **S** *47;* evolution of, **FSH** 60, **S** 40, 104; feeding habits of, **S** 17; fresh-water, **EUR** 138; habitats of, **S** *24-26,* 27; skeleton of, **S** 17, *47*
Sponge, Bahamian (Porifera), **S** *17*
Sponge, eyed finger *(Chalina oculata),* **S** *26*
Sponge, redbeard *(Microciona),* **S** *24*
Spontaneous behavior, **AB** 86
Spoonbill (bird; Threskiornithidae), **B** 37, 61, 159, **FOR** 76
Spoonbill (bird; *Platalea alba*), **AFR** 34
Spoonbill, roseate *(Ajaia ajaja),* **B** *130, 131,* **NA** 31
Spores: of epiphytes, **PLT** 141; inefficiency of, **PLT** 15; of pine cones, **PLT** 15; reproduction by, **PLT** 15
"Sport" (Darwinian term), **EV** 73
Spotted alfalfa aphid (insect; *Therioaphis maculata*), **PLT** *177;* natural enemies of, **PLT** *178*
Spotted bowerbird *(Chlamydera maculata),* **AV** *57*
Spotted deer *(Axis),* **TA** 60
Spotted gar (fish; *Lepisosteus productus*), **FSH** *28*
Spotted headstander (fish; *Chilodus punctatus*), **SA** *188*
Spotted sandpiper (bird; *Actitis macularia*), **EC** 43
Spotted skunk *(Spilogale putorius),* **MAM** 103, **NA** *55*
Spotted trunkfish *(Ostracion tuberculatus),* **FSH** *141*
Spotted turtle *(Clemmys guttata),* **REP** *108*
Spotted woodpecker, great *(Dendrocopus major),* **B** *68*
Spotted-necked otter *(Lutra maculicauda),* **AFR** 38
Spring, **FOR** 12-14, *18-19*
Spring beauty (flower; *Claytonia virginica*), **FOR** 12, 18
Spring peeper (tree frog; *Hyla crucifer*), **FOR** 12
Springbok (antelope; *Antidorcas marsupialis*), **AFR** 68, *69,* 70; **EC** *136;* speed of, **MAM** 57
Springbok, Angolian *(Antidorcas marsupialis angolensis),* **AFR** *77*
Springer spaniel (dog; *Canis familiaris*), **EV** *86*
Springhaas, or jumping hare *(Pedetes),* **AFR** 14, **AUS** 98, **EC** *137,* **EM** *186-187*
Springtail (insect; Collembola), **EC** 37, **FOR** 131, *133,* 135, **INS** *12,* 146, **MT** 116
Spruce (tree; *Picea*), **FOR** 40, 43, 46, **MT** 83, **NA** 174, **PLT** *27;* biome of, **EC** *22-23,* 39; characteristics of, **PLT** 15; distribution of, **PLT** 127; hybrid, **FOR** 172; in tundra, **FOR** *65*
Spruce, black *(Picea mariana),* **FOR** 79, **POL** *108*
Spruce, Engelmann *(Picae engelmannii),* **FOR** 59, 61, 114-115, 153, **MT** *92-93*
Spruce, red *(Picea rubens),* **FOR** 152
Spruce, Sitka *(Picea sitchensis),* **FOR** 59, 78
Spruce, white *(Picea glauca),* **FOR** 79
Spurwing plover (bird; *Hoplopterus spinosus*), **AFR** 41
Spy, Belgium, **EM** 13
Spy man, Neanderthal: skull of, **EM** *143*
Squall lines, **E** 61, 62
Squalus acanthias. See Common spiny dogfish
Squash *(Cucurbita),* **PLT** *173,* 187
Squatina dumerili. See Angel shark
Squaw duck, old *(Clangula hyemalis),* **POL** 108
Squeaker. *See* Rat kangaroo
Squeaker (fish; Mochocidae), **AFR** 36
Squid (Cephalopoda), **POL** 78, **S** 14, 27, 135, 144; and changing color, **S** 117; eaten by whales, **S** 149
Squid, giant *(Architeuthis princeps);* speed of, **S** 109
Squillidae. *See* Mantis shrimp
Squirrel, African ground *(Xerus),* **EC** *137*
Squirrel, African spiny-tailed *(Anomaluridae),* **MAM** 60
Squirrel, American red *(Tamiasciurus),* **EC** 76, **MAM** 77
Squirrel, antelope ground *(Ammospermophilus leucurus),* **NA** 53-54
Squirrel, Columbian ground *(Citellus colombianus),* **EC** *154*
Squirrel, eastern "flying" *(Glaucomys volans),* **MAM** *15, 70-71*
Squirrel, European red *(Sciurus vulgaris),* **MAM** *90*
Squirrel, "flying." *See* "Flying" squirrel
Squirrel, "flying," eastern *(Glaucomys volans),* **MAM** *15, 70-71*
Squirrel, Giant "flying" *(Petaurista petaurista),* **TA** *56,* 58
Squirrel, golden-mantled *(Callospermophilus),* **MT** *125*
Squirrel, gray *(Sciurus carolinensis),* **MAM** 81
Squirrel, ground. *See* Ground squirrel
Squirrel, pine *(Tamiasciurus),* **MAM** 94
Squirrel, red, or Sierra chickaree *(Tamiasciurus),* **NA** 153
Squirrel, scaly-tailed "flying" (Anomaluridae), **AFR** 14, 115, *117*
Squirrel glider *(Petaurus),* **AUS** *102-103*
Squirrel monkey *(Saimiri),* **MAM** *25,* **PRM** *48-49,* **SA** 38, 39, *42;* leaping by, **MAM** *25*
Squirrel-cage, seed separator, **FOR** *179*
Squirrelfish, or soldierfish *(Holocentrus ascensionis),* **AB** *123;* evolution of, **FSH** *chart* 69
Squirrel-like mammals, **NA** *130-131*
Sri Pada (mountain peak), **MT** 187, *diagram* 179
Stabbing cat or "Saber-toothed tiger" (extinct; *Smilodon*), **EM** 10,

EC Ecology; **EM** Early Man; **EUR** Eurasia; **EV** Evolution; **FOR** Forest; **FSH** Fishes; **PRM** Primates; **REP** Reptiles; **S** Sea; **SA** South America; **TA** Tropical Asia; **UNV** Universe

INDEX (CONTINUED)

73, **MAM** 40, 42, *46,* 99; bones found in Choukoutien cave, **EM** 79; extinction of, **MAM** 42; fossils of, **EV** 148, **POL** 108
Staffordshire terrier (dog; *Canis familiaris*), **EV** *87*
Stag beetle, European *(Lucanus cervus)*, **INS** *23, 72-73*
Stager, Kenneth, **B** 37
Staghorn, Australian (fern; *Platycerium grande*), **PLT** *136*
Staghorn fern *(Platycerium bifurcatum)*, **FOR** 75, **PLT** 142, **TA** *62-63*
Stalachtis phaedusa (metalmark butterfly), **SA** *168*
Stalactites, **E** *122-123*
Stalagmites, **E** *122-123*
Stalin Peak, **MT** 187
Stalk-finned fishes, **REP** 37
Stalking techniques of lions, **MAM** *110-111*
Stamen (plant part), **PLT** *10,* 12, 16, 116
Stanford, Major J. K., **EUR** 37
Stanley, Henry Morton, **AFR** *24-25,* 119, **MT** 94
Staph, bacillus, **PLT** *19, 21*
Star, brittle (starfish; *Ophiothrix*), **S** *24,* 107, 174
Star, mud (starfish; *Luidia*), **S** *24*
Star, sun (starfish; *Solaster endica*), **S** *24*
Star Carr, England, **EUR** 154
Starch: energy from, **PLT** 62; grains of, **PLT** *45*
Starfish *(Asterias forbesi)*, **EC** 79, **S** *102,* 108; and aquaculture, **S** 174; eating habits of, **S** 108; emergence of in Ordovician Age, **S** 41; and evolution, **FSH** 60; feet of, **S** *23,* 26; larvae of, **AB** 175; as predators, **FSH** *143,* **S** *102*
Starfish, blood or "blood red" *(Henricia sanguinolenta)*, **S** *24*
Starfish, common *(Asterias forbesi)*, **S** *24*
Starfish, feather *(Antedon)*, **TA** *89*
Starfish, purple *(Asterias vulgaris)*, **S** *24*
Stargazer (fish; Uranoscopidae), **FSH** 39
Stargazer, southern (fish; *Astroscopus y-graecum*), **FSH** *51*
Starlight, bending of, **UNV** *diagram* 179
Starling (bird; *Sturnus vulgaris*), **B** *30-31,* 85, 102, 123, **EC** 166, **NA** *178,* **TA** 108; abundance of, **B** 85; classification of, **B** 30; diffusion of, **EC** 61; displacement activity of, **AB** *90,* 157; feeding behavior of, **AB** 153; flight speed of, **B** 105; "internal clock" of, **AB** 114; migration of, **AB** *map* 108, **B** 104; navigation by, **AB** 108, **B** 107-108, *110, diagram* 106; preening of, **AB** 157; as song mimic, **B** 122; speed of, **MAM** *chart* 72; transplantation of, **B** 88
Starling, crested (extinct bird; *Fregilupus varius*), **AFR** 166
Starling, rose-colored *(Sturnus roseus)*: sociability of, **EUR** 89
Star-nosed moles *(Condylura)*, **MAM** *94*
Stars, **UNV** *maps,* 10, 11; abnormal, **UNV** 113-114, *122-123,* 130, 132, *diagram,* 118-119; apparent movement of, **UNV** *diagram* 34; balance between gravity and fusion, **UNV** 132; birth of, **UNV** 131, *138-139, 142;* brightest, **UNV** 11, 108; carbon-nitrogen cycle of, **UNV** *diagram* 87; color-brightness graphs of, **UNV** 113-114, *118-121, 132;* colors of, **UNV** 51, 127, 131; decline and death of, **UNV** 132-135, 136, *143;* determining ages of, **UNV** 112, *diagrams* 120-121; determining brightness of, **UNV** 108-109, 111-112, 113, *diagram* 108; determining composition, speed, and temperature of, **UNV** 51; determining distances from earth, **UNV** 34-35, 108-110; determining masses of, **UNV** 112; determining motions of, **UNV** 109-110; determining rotation of, **UNV** 111; determining temperatures of, **UNV** 111-112, 113; disk stars, **UNV** 130-131; distance of, **UNV** 11; double, **UNV** 112, *124,* 125; dwarfs, **UNV** 114, 119, 133-136, *diagram* 118; exploring, **UNV** 114, 134-135, 141, 143, 148; families of, **UNV** *diagram* 118-119; fusion reaction in, **UNV** 131-132; galactic (or disk) clusters, **UNV** 131, 134; giants, **UNV** 132, 133, *diagram* 118-119; globular clusters, **UNV** 110, *121,* 135; halo stars, **UNV** 130-131, 151; helium flash in, **UNV** 133, 134; hub, **UNV** 150; life cycle of, **UNV** *128,* 129-136, *137-143, diagram* 132; magnetic properties of, **UNV** 111; magnitude of, **UNV** 108; main-sequence, **UNV** 113, 187, *diagrams* 118-119; mass of, **UNV** 130; multiple, **UNV** 112, *124-125,* 135; normal, **UNV** 113, 119; North Star, **E** 13, *diagram* 14; novae, **UNV** 114, 135; number sighted and recorded, **UNV** 108; photographic exposure of, **UNV** *57;* popping of core of, **UNV** 133, 134; populations of, **UNV** 130, 149, 151; proton-proton cycle of, **UNV** *diagram,* 86; protostars, **UNV** 131-132; pulsating, **UNV** 109, 187; radio waves from, **UNV** 58; RR Lyrae, **UNV** 109, 114, *diagram* 121; sizes of, **UNV** *diagram* 118-119; spectra of, **UNV** *48-51;* spectral photographs of, **UNV** *30;* spectral types of, **UNV** 48-49, 113-114, 131, *diagrams* 118-121; spectrum of, **UNV** *48-51;* spiral-arm, **UNV** 150; supergiants, **UNV** 119, *diagrams* 118, 120; supernovae, **UNV** 114, 135, 141, 143; temperatures of, **UNV** *diagram* 118-119; variable, **UNV** 109, 150-151, *diagrams* 110. *See also* Milky Way; Sun
Starvation, problem of, **EC** 168
Star-wounds, **UNV** 67, *80*
Statocysts (organs of fish): for fish balance, **S** 109
Status: of baboons, **PRM** 107; among baboons, **PRM** 42, 111, 118, 119, 124; of females, **PRM** 110-111, 118, 119, 121, 123; influence on diet, **PRM** 142; among langurs, **PRM** 110, 136; among macaques, **PRM** 42, 106-107
Steady-state theory of universe, **UNV** 175-176, *diagram* 174
Steamer duck *(Tachyeres)*, **SA** 99-100
Steatornis caripensis. See Guacharo
Steelhead, or seagoing rainbow trout *(Salmo gairdnerii)*, **EC** 57, **FSH** 153
Stefansson, Vilhjalmur, **POL** *38,* 40, 81, 134, 156, 158, 164
Stegodon (ancestral elephant), **MAM** *52,* **TA** 167
Stegosauria. *See* Plated dinosaur
Stegosaurus (dinosaur), **E** 138, **EUR** 13, **EV** 122, *123,* **REP** *chart* 44-45
Steinbok (antelope; *Raphicerus*), **AFR** 76; hunting of, **EM** *187*
Steinheim man (early man of Western Europe), **EM** 44, *107,* 125, 128, **EV** 168
Stellar's jay (bird; Cyanocitta stelleri), **NA** 153
Stellaria decumbens (flowering plant), **EUR** *51*
Steller's sea cow (extinct mammal; *Hydrodomalis gigas*), **MAM** *40,* 62; **S** 146
Steller's sea lion (mammal; *Eumetopias jubata*), **MAM** *120*
Stem: cell-types in, **PLT** 39, 42; clematis, **PLT** *34;* of dicots, **PLT** *30, 46;* elongation of, **PLT** 100; growth zone of, **PLT** *100;* of monocots, **PLT** *30, 47;* sensitivity to light, **PLT** 103; sugar stored in, **PLT** 61; wilting and, **PLT** 75
"Stem reptiles" (cotylosaurs), **REP** 38, 40, 43, *46, chart* 44
Stenodictya (extinct insect), **INS** *18*
Stenogaster striatulus. See Stenogastrine wasp
Stenogastrine wasp *(Stenogaster striatulus)*, **TA** *125, 137*
Stenomylus (extinct mammal), **NA** *132-133*
Stenopelmatinae. *See* Sand cricket
Stenopelmatus fuscus. See Jerusalem cricket
Stenopterygius (extinct fish-lizard), **S** *51*
Stenotomus chrysops. See Scup
Step (nucleotide base), **EV** 94
Stephanoaetus coronatus. See Crowned eagle
Stephens Island, New Zealand, **REP** *178-179*
Steppe, **AUS** 10, *map* 18-19, 41; of Africa, **AFR** *map* 30-31; agriculture, and, **EUR** 88; animals, on, **EUR** 38-40, *54-55,* 83-88; belts of dry, **EUR** *map* 18-19; flowers of, **EUR** *100-101,* 82; plants, **EUR** 82, *83;* rainfall on, **PLT** *90;* rodents of, **EUR** *87*-88; routes across, **EUR** *map* 84; semidesert, **EUR** 82-83; soil of, **EUR** 82; Tibetan Gazelle and, **EUR** 38; **EUR** *map* 81
Steppe horse *(Equus caballus)*, **EM** 149
Steppe sagebrush *(Artemisia)*, **EUR** 82, 88, **FOR** 61
Steppe thistle *(Carduus uncinatus)*, **EUR** 82
Stercorariidae. *See* Skua
Stercorarius. See Jaeger
Sterkfontein, South Africa, **EM** 54, *55,* 60, 61
Sterkfontein fossils, **EM** 54, *55,* 60, *61;* **EV** 147-148, 149, *156-157*
Sterna fuscata. See Sooty tern
Sterna paradisaea. See Arctic tern
Sterna vittata. See Antarctic tern
Sternotherus. See Musk turtle; Stinkjim turtle
Sternotherus minor. See Musk turtle, Southern
Stewart, E. White, **MAM** 101
Stewart Island kiwi (bird; *Apteryx australis lawryi*), **AUS** 148-149, *163,* **B** 13, *18*
Stick insect, giant walking. *See* Giant stick
Stickleback (fish; Gasterosteidae), **FSH** *19,* 20-21; castration effect on, **AB** 86; changing colors of, **FSH** 43; nesting habits of, **AB** 12-13, 154, *155,* 156, **FSH** 106; protective spines of, **AB** 80, 130-131
Stickleback, fifteen-spined *(Spinachia spinachia)*, **FSH** *105,* 106
Stickleback, ten-spined. *See* Ten-spined stickleback
Stickleback, three-spined. *See* Three-spined stickleback
Stickweed, common (plant; *Lappula*), **PLT** 118
Sticky cockle (plant; *Silene notiflora*), **EC** *114-115*
Stigmas (plant parts), **PLT** *10,* 116
Stilosoma extenuatum. See short-tailed snake
Stilt (bird; Recurvirostridae), **B** 20
Stimulation: sensory, **AB** 35; supernormal, **AB** 67
Stimuli, **AB** 62; artificial, **AB** 11; chemical, 65, 74-75, 89, 90; configurational, **AB** 111; cumulative effect of, **AB** 64; delayed response to, **AB** 156; external, **AB** 88, 94-95, 108; graded scale of responses to, **AB** 64, 85, 111; and habituation, **AB** 130; internal, **AB** 86, 94-95, 111-112; "relational," **AB** 68; revised response to, **AB** 131; selection of, **AB** 65, 89, 92; sign stimuli, **AB** 66; unnatural, **AB** 102-105
Sting: as defense, **INS** 106, 107; of honey bee *vs.* wasp, **INS** 127; of sea anemone, **S** *122*
Sting ray (fish; Dasyatidae), **AUS** *185,* **FSH** *83,* **SA** 11, 179, 184; fossil of, **FSH** *93;* tail of, **S** 32, *124, 134;* venom of, **FSH** 78, 84
Sting ray, fresh-water (Potamotrygon), **SA** 184
Sting ray, southern *(Dasyatis americana)*, **FSH** *96*
Sting ray, "sword-tailed" (fossil fish; *Xiphotrygon*), **FSH** *93*
Stinging nettle (plant; *Urticaceae*), **PLT** *37*
Stink bug, Southern green *(Nezara viridula)*, **PLT** 177
Stink bug, Southern green *(Loxa florida)*, **PLT** 177
Stinkjim turtle *(Sternotherus)*, **REP** 10
Stipa. See Feather grass; Needle grass
Stirton, R. A., **AUS** 86, 88-89
Stoat (weasel; *Mustela erminea*), **DES** 120
Stock, common (flower; *Matthiola incana*), **PLT** 124, *table* 123
Stokes, C. S., **AFR** 37, 42, 70
Stomata (leaf pores), **FOR** 98, 103, **PLT** 78
Stone, Doris, **REP** 149
Stone Age: caves of in France, **POL** 112; life in, **POL** 129-131; tools of, **EV** *147,* 149, *150,* 152, 165, 166, 169
"Stone cells," **PLT** *39*
Stone pine (tree; *Pinus pinea*), **EUR** 59
Stone tools. *See* Tools, stone
Stonecrop, or sedum *(Sedum)*, **DES** *65,* **PLT** *32*
Stonefish (Synanceja verrucosa), **S** 34
Stonefly (Plecoptera), **INS** 142; ancestral, **INS** *18*
Stone-on-stone method of tool-making, **EM** 106, *110-111*
Stoneplants, **EV** *54-55*
Stones (meteorites), **E** 16, *31*
Stones, in arctic, **POL** *table* 155
Stonewort (green alga; Charophyceae), **PLT** 13, 183
Stony irons (meteorites), **E** 16, *31*
Storeria dekay. See DeKay's snake
Storeria occipitomaculata. See Red-bellied snake
Stork (Ciconiidae), **B** 14, 61, 99; classification of, **B** 14, 20; communication by, **B** 124; feeding of young, **B** 159; incubation of, **B** 145; migration of, **B** 104, 106, *map* 102
Stork, adjutant *(Leptoptilus dubius)*, **TA** 82
Stork, jabiru *(Jabiru mycteria)*, **SA** 100, 108
Stork, marabou. *See* Marabou stork
Stork, red-headed. *See* Marabou stork
Stork, saddle-billed *(Ephippiorhynchus senegalensis)*, **AFR** *53*
Storm petrel (bird; Hydrobatidae), **B** 14
Straficiation: of Choukoutien cave, **EM** 79; of Olduvai Gorge, **EM** 71
Straight-tusked elephant *(Elephas antiquus)*, **EM** 84, 88, *94-95*
Strain meter, **E** *49*
Strandings of whales, **AB** 43
Strangler fig (tree; *Ficus stipulata*), **AUS** 14, **EC** *134,* **FOR** *108, 110,* **TA** *63*
Strasburger, Eduard, **PLT** 78
Stratigraphic column, *chart* **EM** 14
Stratigraphic geology, **EM** 11
Stratiomyidae. *See* Soldier fly
Stratocumulus clouds, **E** *66, 70,* 71
Stratosphere, **E** 58, *diagram* 66
Strawberry *(Fragaria vesca)*, **PLT** *81*
Strawberry, wild *(Fragaria)*, **PL** 139
Strawberry Canyon, research center of, **PRM** 132
Strawflower *(Helichrysum*

AB Animal Behavior; **AFR** Africa; **AUS** Australia; **B** Birds; **DES** Desert; **E** Earth; **INS** Insects; **MAM** Mammals; **MT** Mountains; **NA** North America; **PLT** Plants; **POL** Poles;

bracteatum), **MT** *103*
Streamertail hummingbird *(Aithurus polytmus)* **B** *19*
Street pigeon *(Columba livia),* **EC** 166
Strepsiceros. See Kudu
Strepsiceros strepsiceros. See Southern greater kudu
Streptomycin, therapeutic uses of, **EC** 98
Streptopelia turtur. See Turtle dove
Stress: and aggression in modern society, **EM** 172-173; heart disease in animals and, **EC** 146; in snowshoe hare, **EC** 143
Strider, water (insect; Gerridae), **INS** 146, *147,* 148, *152,* 153
Stridulation, **INS** 37; organs for, **AB** 76, *77*
Striga. See Witchweed
Strigops habroptilus. See Kakapo
String bean *(Phaseolus vulgaris),* **PLT** 38
String figures of aborigines, **AUS** *175*
Striped anostomus (fish; *Anostomus anostomus*), **SA** *189*
Striped bass *(Roccus saxatilus),* **FSH** *19, 20-21, 46-47,* 154-155, **S** 173
Striped blue crow butterfly *(Euploea mulciber),* **EUR** *50*
Striped hyena *(Hyaena hyaena),* **EUR** 62
Striped mud turtle *(Kinosternon baurii),* **REP** 131
Striped skunk *(Mephitis mephitis),* **MAM** 103, *187*
Striped swamp snake *(Liodytes),* **REP** 114
Stripe-tailed scorpion *(Vejovis spinigerus),* **INS** *30*
Strix nebulosa. See Lapland owl
Strix varia. See Barred owl
Stromboli, **MT** 55, 57
Strongylocentrotus droehbachiensis. See Green sea urchin
Strontium (radioisotope), **EC** 90, *chart* 169; **EUR** 133
Strophanthus (plant poison; *Stropanthus*), **FOR** 123
Strophanthus. See Strophanthus
Structural handicaps of apes and monkeys, **EM** 48
Struthio camelus. See Ostrich
Struthiomimus. See Ostrich-like dinosaur
Struve, Friedrich Wilhelm, **UNV** 35
Struve, Otto, **UNV** 35
Stumpy-tailed skink (lizard; *Tiliqua rugosa*), **AUS** 134
Sturgeon (fish; *Acipenser*), **FSH** 65, 66, *chart* 69, **NA** 33
Sturgeon, giant (fish; *Huso huso*), **SA** 180
Sturgeon, Volga River (fish; *Acipenser ruthenus*), **FSH** 127
Sturnella. See Meadowlark
Sturnus roseus. See Rose-colored starling
Sturnus vulgaris. See Common starling
Sturt pea (flower; *Clianthus speciosus*), **AUS** *54-55*
Style (part of flower), **PLT** *10,* 116, 118
Stylinodon (extinct mammal), **NA** *128-129*
Stylodipus telum. See Three-toed jerboa
Styracosaurus (dinosaur), **EV** *122,* 123
Subalpine warbler (bird; *Sylvia cantillans*), **EUR** 64
Subalpine Zone, **FOR** 61
Subclasses of mammals, **MAM** 13
Subhyracodon (extinct mammal), **NA** *130-131*
Submarine mountains, **S** 56-57, *maps* 64-73
Submarines, **S** 13, 110; nuclear, **S** *168,* 169; nuclear, in Arctic, **POL** 81, 155 *159;* record dives of, **S** *72;* and water density or temperature, **S** *80;* Wilkins' try for North Pole in, **POL** 39
Submerged areas of the earth, **S** *maps* 64-73
Substitute mothers: for rhesus monkeys, **PRM** *166-167*
Subterranean insects, **INS** 98
Subterranean termite, eastern *(Reticulitermes),* **PLT** *176*
Succulents (plants), **DES** 54, *64-65, 66-67,* **PLT** 80
Sucker, common (fish; Catostomidae), **FSH** 39
Sucker, humpback *(Xyrauchen texanus),* **NA** *146*
Sucker, white (Catostomidae), **FSH** *19, 20-21*
Suckermouth catfish, armored *(Ancistrus),* **SA** *180*
Suckling: (process) of baboons, **EV** *142;* origin of, **EV** 115
Sudan, **DES** 133
Sudan bohor reedbuck (antelope; *Redunca redunca cottoni*), **AFR** *76*
Sugar, **FOR** 11, 114, 133, **PLT** 58; in adult cells, **PLT** 38; alcohol formed from, **PLT** 14; anthocyanins and, **PLT** 59; from breakdown of starch, **PLT** 62; cellular accumulation of, **PLT** 56, 75; chemical energy from, **PLT** 56-57; combined with hydrocyanic acid, **PLT** 11; formation of, **PLT** 60-61, 64; in grapes, **PLT** 58; in osmosis, **PLT** 75; phosphate combined with, **PLT** 61; as products of photosynthesis, **PLT** 60-61; quantity produced by plants, **PLT** 60; transportation by sieve tubes, **PLT** 41-42; types of, **PLT** 62
Sugar beet. *See* Beet, sugar
Sugar cane *(Saccharum officinarum),* **EC** 59, *65;* parasites of, **EC** 101
Sugar glider (marsupial; *Petaurus breviceps*), **AUS** 102-103, *108, diagram* 89, **FOR** 116, **MAM** 14, 15
Sugar maple (tree; *Acer saccharum*), **FOR** 12, 16, *36,* 59, 96, *102,* 103, 113, 172, **NA** 96, **PLT** *30, 186*
Suez Canal, **DES** 55
Suina (extinct mammal), **NA** *128-129*
Sula. See Booby
Sula bassana. See Northern gannet
Sula nebouxii. See Blue-footed booby
Sula sula. See Red-footed booby
Sula variegata. See Piquero
Sulidae. *See* Gannet
Sulphate layer, **E** *66,* 67
Sulphur dioxide fumes: effects of, **EC** *171*
Sultan rooster, frizzled (fowl; *Gallus gallus*), **EV** *84-85*
Sulu Island, fishes of, **TA** 86
Sumac (plant; *Rhus*), **FOR** 16, *149,* 186, **PLT** 186; color changes in, **PLT** 59
Sumac, poison *(Rhus vernix),* **FOR** *149,* **PLT** 11
Sumatra, **TA** 14, 16, 102; animals of, **PRM** 63, **TA** 86, 111, *126,* 144-145, 148-149, *150,* 152; Krakatoa blast, effects of, **MT** 68; mud flats of, **TA** 80; plants of, **TA** 37-38, 52, 54
Sumatran rhinoceros *(Didermocerus sumatrensis),* **TA** 149
Sumbawa (volcanic island): fishes of, **TA** 86; volcanic explosion on, **MT** 55
Summer, **FOR** 14-15, *22-23;* arctic, **POL** 15, 82; in Temperate Zone, **FOR** 10
Sumerian civilization, **EUR** 60
Summer solstice, **E** 12, **POL** 10
Sun, **UNV** 85-94, *95-103;* age of, **UNV** 92; angular momentum of, **UNV** 93; arches, **UNV** *102-103;* atmosphere of, **UNV** *84,* 101, *102-103;* birth and eventual death of, **UNV** 92-94, *98-99;* chromosphere of, **UNV** 89, 92, *96-97;* compared with nearby stars, **UNV** 114; corona of, **UNV** 91-92, *96-97;* diameter of, **UNV** 85; eclipses of, **E** 24-25, **UNV** *84;* and effects on planets, **S** 10, 174; elements found in, **UNV** 89; energy of, **UNV** 85-89, 94, *diagrams* 86, 87; flares, **UNV** 91, *96-97;* flash phenomena of, **E** *68-69;* formation of, **S** 37-38; future of, **E** *164,* 165-166; interior of, **UNV** *96-97;* location in Milky Way, **UNV** 110, *117;* magnetic poles of, **UNV** 90; motion of in Milky Way, **E** 14, *18-19,* **UNV** 110; photosphere of, **UNV** 88-89, 90, *96-97;* place of in universe, **E** 9; power from, **E** *177;* prominences of, **UNV** *84,* 91, *102-103;* radiation from, **E** *20-21,* 60, **UNV** 86-88, 92; rotation of, **UNV** 89-90, *diagram* 92; and sea level, **S** 75-76, *77,* 83; solar loops of, **UNV** 102, *103;* spectrum of, **UNV** 35-36, *46, 49;* sunspots, **UNV** *71,* 90-91, *93, 96, 97,* 101, *diagrams* 94; symbol for, **UNV** *64;* telescopes for observing, **UNV** 89, *100-101, diagram* 91; temperature of, **E** 42, **UNV** 85, 90; tidal effects of, **S** *91;* and water formation, **S** 9-10. *See also* Solar system
Sun, or Malayan, bear *(Helarctos malayanus),* **TA** 144
Sun Chan (mountain peak), **MT** 138
Sun orchid (plant; *Thelymitra ixiodes*), **AUS** *57*
Sunbird (Nectariniidae), **B** 59-60, **TA** 36
Sunbird, scarlet-tufted malachite *(Nectarinic johnstonia),* **AFR** *139*
Sunbittern (bird; *Eurypyga helias*), **SA** 108, *112-113*
Sunda Islands, Lesser, **TA** 11, 32, 52, 86, 105, *118-119*
Sunda Shelf (geological formation), **TA** 11, 28, 79, 80
Sunda Strait, **MT** 55
Sundarbans (swamp region in Ganges Delta): fishing methods in, **TA** 88
Sundew (plant; *Drosera*), **EC** *105,* **EV** *64,* **PLT** 186
Sundials, **UNV** *24*
Sundogs (parhelia), **POL** 11, *28*
Sunfish, marine (Molidae), **S** 27-29, **FSH** 66, *100-101,* 123
Sunfish, bluegill *(Lepomis macrochirus),* **FSH** *14, 15*
Sunfish, freshwater (Centrarchidae), **FSH** 14-15, 133
Sunfish, giant. *See* Ocean sunfish
Sunfish, ocean. *See* Ocean sunfish
Sunflower *(Helianthus),* **DES** 57, 59, 60, **EUR** *169,* **MT** 90, **NA** 106, **PLT** *187*
Suni, Livingstone's (antelope; *Nesotragus livingstonianus*), **AFR** *76*
Sunlight, **FOR** 57, 114; and auxin, **FOR** 100; and beginnings of life, **S** 39; and conifers, **FOR** 78, 152, 154, 157; desert absorption of, **DES** *chart* 14-15; desert plants and, **DES** 53, 69; and birds, **DES** 74; and rain forest, **FOR** 74, 76; and spring, **FOR** 12-13
Sunset, **E** *67*
Sunset begonia (plant; *Begonia*), **EV** *77*
Sunset Crater National Monument, Arizona, **E** 186, **NA** 194
"Sunspot" theory, **POL** 16
Sunspots, **UNV** *71,* 90-91, *93, 96,* 97, 101, *diagrams* 94
Sun-star (starfish; *Pycnopodia helianthoides*), **S**, *24*
Sun-star, purple *(Solaster endeca),* **S** *23*
Supergiants (stars), **UNV** 119, *diagrams* 118, *120*
Superior, Lake, **S** 184
Supernormal stimulation, **AB** 67, 78-79, *186-187*
Supernovae (exploding stars), **UNV** 114, 135, 141, *143*
Surf smelt (fish; *Hypomesus pretiosus*), **FSH** 105
Surface fishes (salt-water): habitats of, **FSH** 14, *19, 22-23*
Surgeon, yellow (fish; *Zebrasoma Flavescens*), **S** *134*
Surgeonfish *(Acanthuridae)*; switch blades of, **FSH** 138, *139;* wrasse cleaning of, **FSH** *141*
Surinam toad *(Pipa pipa),* **SA** 133, 134
Surmullet, or red mullet (fish; *Mullus surmuletus*), **FSH** 43
Surnia ulula. See Hawk owl
Surubim lima. See Shovel-nosed catfish
Surveying of mountains, **MT** 11
Survival: and adaptive radiation, **MAM** 88; of birds, **B** 172, **NA** 96, **SA** 111; and chance, **EV** 115; diet and, **MAM** 82, 83; by fertility, **S** 104, 119; of fish, **EC** 61, **FSH** *25;* of insects, **INS** 11, 12-14, 19, 42; of mammals, **MAM** 97-104, *105-119;* of man, **E** 165-166, **EM** 128, 175, **POL** *70,* 173; and mutation, **EV** *106-107;* of pine trees, **NA** 174; in polar regions, **POL** 186-187; of plants, **E** 110, **PLT** 128; of reptiles, **EV** *22-23,* **REP** 89-103, 153, 169-176; of snakes, **REP** 171; and social behavior, **AB** 152-153; and starvation, **EC** 168; of Tierra del Fuego Indians, **EV** *32-33;* of tortoises, **EV** *24-25;* of Yahgan Indians, **EV** 36-37. *See also* Adaptations; Defensive equipment and tactics
Survival of fittest: and Darwin, **EV** 40, 42, 43; man's transcendence over, **EV** 170. *See also* Natural selection
Sus barbatus. See Bearded pig
Sus salvanius. See Pygmy hog
Sus scrofa. See Wild boar
Sus scrofa cristatus. See Crested pig
Suslik. *See* Ground squirrel
Sutton, W. S., **EV** 92
Sverdrup, Otto, **POL** 38
Swallow (bird; Hirundinidae), **AFR** 34, **B** 99, 102, 104, 138, 140, 157, 171, **DES** 73, **FOR** 18; classification of, **B** 20; diet of, **B** 58; feet of, **B** 38; flight speed of, **B** 105; gliding by, **B** 40; wing design of, **B** *42*
Swallow, bank *(Riparia riparia),* **B** 171
Swallow, barn *(Hirundo rustica),* **B** 104, 171
Swallow, cliff *(Petrochelidon pyrrhonota),* **B** 140, 162, 171
Swallow float used in oceanography, **S** *82*
Swallow, tree *(Iridoprocne bicolor),* **B** 171
Swallower, black (fish; *Chiasmodon niger*), **FSH** *19, 22-23*
Swallowtail butterfly (Papilioninae), **INS** *49,* **SA** 153
Swallow-tailed gull *(Larus furcatus),* **EV** *29*
Swallow-tailed kite (bird; *Elanoides forficatus*), **B** 88
Swallow-tailed swift (bird; *Panyptila*), **B** 141
Swamp cypress *(Taxodium),* **FOR** *68,* **PLT** 124, 125
Swamp snake, Siamese *(Herpeton tentaculatum),* **REP** *116,* 117
Swamp snake, striped *(Liodytes alleni),* **REP** 114
Swamps: carboniferous, **FOR** *52-53;* and evolution, **FOR** 41-42; forests of, **TA** 52, 54, *map* 18-19; fresh-water, **NA** 87; mesozoic, **FOR** 44; tertiary, **FOR** *54*
Swan, Lawrence W., **MT** 116
Swan *(Anserinae),* **B** 14, *62,* 104; classification of, **B** 14, 20; feathers of, **B** 34; young of **B** *162-163*
Swan, black *(Cygnus atratus),* **AUS** 34, *166*
Swan, black-necked *(Cygnus melanocoryphus),* **SA** 99
Swan, mute (bird; *Cygnus olor*), **B** *21*
Swan, trumpeter *(Cygnus buccinator),* **B** 88, **NA** 150, 175
Swan, whistling *(Olor columbianus),* **B** 34
Swanscombe man (early man of England), **EM** 44, 125, **EV** *160-161,* 168; age of, **EM** 107; skull of, **EM** *107, 143*

197

EC Ecology; **EM** Early Man; **EUR** Eurasia; **EV** Evolution; **FOR** Forest; **FSH** Fishes; **PRM** Primates; **REP** Reptiles; **S** Sea; **SA** South America; **TA** Tropical Asia; **UNV** Universe

INDEX (CONTINUED)

Swarming, or gregarious, locust (*Locusta migratoria*), **INS** *60*, 61
Swartkrans, South Africa, cave at, **EM** 60-61
Sweat bee (insect; *Halictus*), **TA** 14
Sweating: as cooling system, **DES** 96, 98; human rate of, **DES** 32, 127, 128, 129; as form of temperature control, **MAM** 12
Sweden: fish of: **S** *113*, *114-115;* forests of, **FOR** 172, 173; government protected land in, **EUR** *chart* 176; lynx population of, **EUR** 113; mountain peaks in, **MT** 11; wetlands of, **EUR** 180; wildlife reserves of, **EUR** 178
Swedenborg, Emanuel, **UNV** 146
Swedish Deep Sea Expedition (1947), **S** 183
"Sweepstakes route," in island hopping, **TA** 105
Sweet gum (tree; *Liquidambar styraciflua*), **FOR** 174, **PLT** 59, 148
Sweet pea (flower; *Lathyrus odoratus*), **EV** 78-79
Sweet potato (*Ipomoea batatas*), **FOR** 124, **PLT** *173*, 187; photosynthesis by, **PLT** *64-65*
"Sweet-after-death," or vanilla leaf (plant; *Achlys triphylla*), **FOR** 84
Swietenia mahogoni. See Mahogany
Swift, Jonathan, **EC** 96
Swift (bird; Apodidae), **B** 15-16, 20, 38, 138, 171, **DES** 73, 100; bill of, **B** 15; diet of, **B** 58; eggs of, **B** 143; eyesight of, **B** 51; fcct of, **B** 15, 38; homing ability of, **B** 107; nests of, **B** 139, 141, 156; torpor of, **B** 100; wing action of, **B** 39
Swift, black (*Cypseloides niger*), **MT** 115
Swift, chimney (*Chaetura pelagica*), **B** 141
Swift, common European (*Apus apus*), **B** 100, 107
Swift, crested tree (*Hemiprocne*), **B** 139
Swift, Indian (*Hemiprocne longipennis*), **NAM** *chart* 73
Swift, palm (*Cypsiurus parvus*), **B** 141
Swift, swallow-tailed (*Panyptila*), **B** 141
Swift, white-throated (*Aeronautes saxatalis*), **B** 141
Swift, scaly-backed or scaly-backed fence, lizard (*Sceloporus*), **REP** *12*, *13*, 80
Swiftlet, cave (bird; *Collocalia*): and birds' nest soup, **B** 141, **TA** 174
Swim bladders: of fishes, **FSH** 39-40, **S** 109-110, 112
Swimmers, back (insects; Notonectidae), **INS** *146*, 147, *150-151*
Swimming birds: feet of, **B** *38;* "totipalmate," **B** 14; "tube-nosed," **B** 14, 36; tufted puffins as, **FSH** *146-147;* waterfowl, **B** 14; web-footed, **B** 14
Swimming crab (crustacean; *Neptunus pelagicus*), **TA** *94*
Swimming habits: of fishes, **AB** 89-90, **FSH** 36, 37, *46-47*, 61, 66, *94*, **S** 31, *108-110*, 111; and jet propulsion of fishes, **FSH** *54;* of kangaroos, **AUS** 117; of whales, **S** *148*, 149
Swiss Alps, **MT** *17-19*, *26-29*, 80, 120, *167;* glaciers of, **MT** 14-15, *16*, *26-27;* man's life in, **MT** 14, *16*, 17, 134, 135; transportation in, **MT** *22-23*. See also Alps
Switzerland, **MT** 14, 145; avalanches in, **MT** 30; government protected land, **EUR** *chart* 176; mountain climbing in, **MT** 173; mountains of, **MT** 27; railways in, **MT** *23;* wetlands of, **EUR** 180; wildlife reserve of, **EUR** 178; wolves of, **EUR** 112
Switch cane (plant; *Arundinaria tecta*): leaf of, **PLT** *31*
Sword fern, western (*Dryopteris*), **FOR** *82-83*
Swordbill (hummingbird; *Ensifera ensifera*), **B** *15*, **SA** 115
Swordfish (*Xiphias gladius*), **FSH** 19, *22-23*, **FSH** 160, **S** *135*
Swordtail (fish; *Xiphophorus helleri*), **SA** *188-189*, **FSH** 100
Swordtail characin (fish; *Corynopoma riisei*), **SA** 189
"Sword-tailed" sting ray (fish; *Xiphotrygon*), **FSH** 93
Sycamore (tree; *Platanus*), **FOR** 45, 98, **NA** 78, 96, **PLT** 186; bark of, **PLT** 104; leaf growth of, **PLT** 106; stem of, **PLT** *46*
Sygnathus. See Pipefish
Sylbaris, Ludger, **MT** 67
Sylvia borin. See Garden warbler
Sylvia cantillans. See Subalpine warbler
Sylvania Seamount, **S** *map* 68
Sylvia ruppelli. See Rüppell's warbler
Sylvicapra grimmia. See Duikerbok
Sylvilagus. See Cottontail rabbit
Symbiosis, **EC** 101; of algae, **EC** 96, **SA** 54, *55*, 69; of ants, **INS** 38, 115, 125, 165, *168-169*, **SA** *155;* of aphids, **INS** 38, 115, *168-169;* of bacteriae, **DES** 96-97, **PLT** 140; of birds, **EC** 103; of cockroaches, **INS** *84;* of fishes, **FSH** 123-126, *127*, *140-141;* of insects, **EC** 100-101, 104, **INS** 115, **PLT** 142; of lichens, **PLT** 14; of mutualism, **EC** 103; of plants, **EC** 56, **INS** *125-126*, *127*, 145, 165, **PLT** 140, 142, **SA** *155;* of protozoans, **INS** *84;* of oxpeckers, **EC** 103; of ruminants, **DES** 96-97; of sloths, **SA** 54, *55*, 69; of termites, **INS** *84;* of yucca moths, **INS** *126*, *127*. See also Mutualism; Communalism; Parasitism
Symbols of planets, **UNV** *64*
Symphalangus syndactylus. See Siamang
Symphoricarpos albus. See Snowberry
Symphysodon discus. See Amazonian discus fish
Synanceja verrucosa. See Stonefish
Synanthae (order of plant class Monocotyledoneae), **PLT** 187
Synapsid (premammal; Synapsida), **AUS** 65
Syncerus caffer. See Cape buffalo
Syncline (rock formation), **E** *diagram* 84, **MT** 46
Syndyoceras (extinct mammal), **MAM** 39, **NA** *132-133*
Syngnathus griseolineatus. See Bay pipefish
Synodontis migriventris. See Upside-down catfish
Synthetoceras (extinct mammal), **MAM** 40, **NA** *134-135*
Syr Darya River, **S** 184
Syria, **DES** 147, *148-149*
Syrphidae. See Hornet fly; Hover fly
Systema Naturae, Linnaeus, **B** 100, **EV** 130, **MAM** 13
Syzygium aromaticum. See Clove
Szechwan, China: animals of, **EUR** *53;* birds of, **EUR** 37; biotic zones of, **EUR** 36, *52-53;* mountains of, **EUR** 35, *52*

T

T (thymine), **EV** 94, *102*
Taal (volcanic peak), **MT** 57
Tabanus. See Horse fly
Table Bay, South Africa, **AFR** *19*
Table Mountain, South Africa, **AFR** *19*
Tabūn woman (Neanderthal fossil), **EM** 127, *143*
Tachyeres. See Steamer duck
Tachyglossus aculeatus. See Australian spiny anteater
Tachyoryctes. See East African mole rat

Tachyoryctes. See Mole rat
Taconite (rock), **E** 170, 171
Tadarida mexicana. See Mexican freetail bat
Tadorna tadorna. See Shelduck
Tadpole: instinctive behavior in, **AB** 127; internal programming in, **AB** 133
Tagging: of Caribbean turtles, **REP** *map* 133; of fishes, **FSH** *150-151*, 150-155
Tahiti: tides of, **S** 92
Tahitian fern (plant; *Alsophila*), **PLT** 26
T'ai Shan (mountain peak), **MT** 138
Taiga (forest belt), **EUR** *130-131*, **FOR** 58, *map* **SA** 18-19; animals of, **EUR** 133-138, *140-141;* birds of, **EUR** 135-136; characteristics of, **EUR** 132-133; forests of, **EUR** 132-133; population paucity of, **EUR** 132
Tail, lamb's (flower; *Trichinium rotundifolium*), **AUS** 55
Tailor ant (*Oecophylla*), **AFR** *130-131*
Tails: as balancing organs, **SA** 39, 53; of birds, **AUS** *108-109*, 153, **B** 53, **SA** *104;* of butterflies, **SA** 153; directing function of by eels, **SA** *182-183;* fins of fishes as, **FSH** 37, *46-47*, 60, 66, *diagram* 86; of mammals, **MAM** 24, 62, **SA** 55; in man, **EV** *45;* of marsupials, **AUS** *100;* prehensile, **MAM** 24, 59, **PRM** 39, *46*, 47, **REP** 25, *100-101*, **SA** 11, 34, *36-37*, 38, *42-43*, *48-49*, 52, 53, 55, 67, 70, 71, 80, *96*, *97;* regeneration of reptilian, **REP** 179; of reptiles, **REP** 12, *13*, 25, *100-101*, **SA** 127, 129; shaking of by snakes, **REP** 87; shedding of, **B** 35, **MAM** 103; of sting rays, **S** 32, *124*, *134;* used in locomotion, **MAM** 58-59; venom-covered, **SA** 184
Taipan (snake; *Oxyuranus scutellatus*), **AUS** 34, 136, **REP** 15
Takhin Shar Nuru (Mongolia), **EUR** 83
Takin (antelope; *Budorcas taxicolor*), **EUR** 37, 53 **TA** 152
Takla Makan Desert, **DES** 12
Talang Talang, Borneo, **REP** 181
Talbot, Lee Merriam, **TA** 145
Talbott hound (dog; *Canis familiaris*), **EV** 87
Talhund (dog; *Canis familiaris*), **EV** 87
Talkeetna, Alaska, **POL** 160
Talons, hooked, of birds of prey, **B** 14, 15, 22, *38*, 71
Talpidae. See Mole
Tamandua. See Three-toed anteater
Tamandua tetradactyla. See Lesser anteater
Tamarack (tree; *Larix*), **FOR** 43, 46
Tamarau (buffalo; *Anoa mindorensis*), **TA** 106
Tamarin (marmoset; *Saguinus*), **SA** 40, *42*, 44, 45
Tamarin, cotton top (marmoset; *Saguinus oedipus*), **SA** 45
Tamarisk (tree; *Tamarix*), **DES** 170, **EUR** 73
Tamarix. See Tamarisk
Tambora (volcanic peak), **MT** 55, 57
Tanager (bird; Thraupidae), **B** 122, **NA** 12, **SA** 100, 101, 102, 103; evolutionary diversification of, **EC** 12
Tanager, blue-gray (bird; *Thraupis episcopus*), **SA** 109
Tanganyika: antelopes of, **AFR** 68; conservation in, **AFR** *175-176;* fossils in, **PRM** 178-179; game parks in, **AFR** 175; Olduvai Gorge of, **AFR** 16; Serengeti (-Mara) Plain, **AFR** *60*, 69, 72, 75, 170
Tanganyika, Lake, **AFR** 10, 20, 31, **S** 184
Tangara. See Tanager
Tanner, James, **B** 138
Tannin (tannic acid), **FOR** 16, 66, 136; in cell, **PLT** 75
Tano Nimri Forest Reserve, Ghana,

AFR 114
Tantilla. See Crown snake
Tapajos (river), **SA** 178
Tapang, or koompassia, or "honey" tree (*Koompassia excelsa*), **TA** 53, *63*, 127
Tapeworm (*Cestoda*), **FSH** 127
Tapir, Baird's (*Tapirus bairdi*), **SA** 84
Tapir, Brazilian (*Tapirus terrestris*), **SA** 84, *85*
Tapir, Malayan (*Tapirus indicus*), **EC** 12, **TA** *150*
Tapir, South American (*Tapirus*), **EV** 14
Tapirus. See South American tapir
Tapirus bairdi. See Baird's tapir
Tapirus indicus. See Malayan tapir
Tapirus terrestris. See Brazilian tapir
Tarantula, hairy (spider; Avicularioidae), **SA** 157-158
Taraxacum. See Dandelion
"Target value" (in animal behavior), **AB** 111-114
Tarpon (fish; *Tarpon atlanticus*); **FSH** 13; migration of, **FSH** 148; speed of, **MAM** *chart* 72; **SA** 179
Tarpon atlanticus. See Tarpon
Tarsier (lemur; *Tarsius*), **EC** 12-13, **EV** *144*, **PRM** 13, *14*, 15, 22-23, **TA** 106; fingers of, **MAM** 66; forerunners of, **EM** 32; vision of, **PRM** 15; hand structure of, **PRM** *10;* as link between apes and men, **EV** 145; as link between prosimians and modern anthropoids, **EV** 116; toes of, **MAM** 59
Tarsipes spenserae. See Honey possum
Tarsius. See Tarsier
Tartangan culture, **AUS** 172
Tashtagol, Siberia, **POL** 153
Tasman, Abel Janzoon, **AUS** 177, **S** 13, 182
Tasmanian barred bandicoot (*Perameles gunnii*), **AUS** 89
"Tasmanian" brush wallaby (*Wallabia rufogrisea frutrea*), **AUS** 118
Tasmanian devil (marsupial; *Sarcophilus harrisii*), **AUS** 36, 84, *95*, *diagram* 88, **MAM** 15
Tasmanian, or marsupial, "wolf," or thylacine (*Thylacinus cynocephalus*), **AUS** 82, 83, 84, *diagram* 88, *94*, **EC** 137, **MAM** 48, compared with wolf, **EC** 127
Tasmania, **AUS** 15, 36, 113; discovery of, **S** 182; forests of, **PLT** 126; mountains of, **AUS** 28; topography of, **AUS** *28-29;* wildlife of, **AUS** 42, 61, 84
Tasmantis (hypothetical continent), **AUS** 38-39
Tassili-n-Ajjer (plateau), **DES** 132
Taste, sense of, **AB** 43; in birds, **B** 36; in fishes, **FSH** 44; in insects, **AB** 37, **INS** 38, 39-40, 105, 106; in sea animals, **S** 128
Tata, Hungary, **EM** 130
Tau Ceti (star), **UNV** 136
Taugwalder, Peter, **MT** 159-160
Taung baby (*Australopithecus africanus*), **EM** 48-49, 52; skull of, **EM** 59, **EV** 145-146, 147, *148*
Tauraco erythrolophus. See Red-crested touraco
Tauraco leucotis donaldsoni. See Donaldson's touraco
Taurotragus. See Eland
Taurotragus derbianus. See Giant eland
Taurotragus oryx. See Common eland
Taurotragus oryx pattersonianus. See East African eland
Taurus (constellation), **UNV** 134, 135, *map* 10
Tautog (fish; *Tautoga onitis*), **FSH** 19, *22-23*
Tautoga onitis. See Tautog
Tawny frogmouth (bird; *Podargus strigoides*), **B** 28

AB Animal Behavior; **AFR** Africa; **AUS** Australia; **B** Birds; **DES** Desert; **E** Earth; **INS** Insects; **MAM** Mammals; **MT** Mountains; **NA** North America; **PLT** Plants; **POL** Poles;

Taxidea taxus. See American badger
Taxodium. See Swamp cypress
Taxonomy: anatomy as basis, **EV** 10; of birds, **B** 12-16, *18-19, 20-30*; development of, **MAM** 13; by diet, **MAM** 76; of fishes, **FSH** 62-64, *chart* 68-69; of insects, **INS** 14, 22, 25, 27, 29; of invertebrates, **EV** 11; Lamarck and, **EV** 11; Linnaeus and, **EV** 130, **MAM** 13, **PLT** 12; of mammals, **AUS** 60-61, **EV** 130, **MAM** 13, 14-18, *20-21,* 81; of plant kingdom, **PLT** 183-187; of primates, **MAM** 18, 21, 62; of reptiles, **REP** 9, 12-16, *graph* 10, *chart* 44-45; and teeth, **EM** 34; of turtles, **REP** 11, *graph* 10, *chart* 44-45
Taxus. See Yew
Tayassu pecari. See White-lipped peccary
Tayassu tajacu. See Collared peccary
Taylor Dry Valley, Antarctica, **POL** 172
Tea (tree; *Thea*), **PLT** 186; introduction and cultivation of, **TA** 180-181
Tea rose (hybrid), **EV** 81
Tea tree, crimson-flowered (*Melaleuca steedmanii*), **AUS** *53*
Teak (tree; *Tectona grandis*), **FOR** 59, **TA** 52, **AUS** *44*
Teak forests, India, **PLT** 126
Teal, John J. Jr., **POL** *164,* 165
Teal (bird; *Anas*), **POL** 108
Techichi (dog; *Canis familiaris*), **EV** 86
Technology: and ecology, **EC** 170; importance of, **MAM** 169-170; limitations of, **EC** 168; Neolithic, **EC** 164
Tectona grandis. See Teak
Teda (tribe), **DES** 17, *133,* 134-135
Teeth: as aid to classification, **EM** 34; bilophodont pattern of, **EM** 33, 34; as clue to diet, **EM** 66; durability of, **EM** 33; of early man, **EM** 33-34, *35, 36-37,* 46, *48, 49, 53,* 61, *66-67,* 70, 78, *82, 142;* of fishes, **FSH** *12, 13,* 14, *26,* 30-31, *52, 53,* 63, *76,* 78, *81,* 83, *85, 92, 94-95, 144-145, diagram* 86, **S** *30,* 111, *133;* of mammals, **EM** 49, **MAM** 11, 16, 17, 36-37, 76, 77, *84, 85,* 99, **S** 147, 149, *165*, **SA** 56; of marsupials, **AUS** 105, **SA** *189;* molars, **EM** *35;* as necklaces, **EM** *147;* of primates, **EM** 33, *34-35, 37,* 49, **SA** 34, 39, *47;* of reptiles, **MAM** 36, 99, **REP** 110; transition from reptilian to mammalian, **EV** 114; of ungulates, **AFR** 64-65; as weapons, **MAM** 99-100; "Y-5" pattern, **EM** 35
Tehauntepec Ridge, **S** *map* 13
Tehuantepec, Isthmus of, **NA** 12
Teilhard de Chardin, Père Pierre, **EV** 152, 172
Tejbir (Gurkha climber), **MT** 163
Tektites (meteorites), **E** *30*
Telea polyphemus. See Polyphemus moth
Teleoceras (extinct mammal), **NA** *134-135*
Telescope, Hale. See Hale telescope
Telescope-eyed veiltail, or popeye goldfish (*Carassius auratus*), **FSH** *58*
Telescopes: early, **UNV** *32-33, 42, 43;* Galileo's use of, **UNV** 28; Kitt Peak, **UNV** 89, *101, diagram* 91; modern, **UNV** 33-34; radio telescopes, **E** 180-181, **UNV** 38-40, *41, 58-61, diagrams* 39, 40; reflecting, **UNV** *32, 33, diagrams* 37; refracting, **UNV** 32, 33, *diagram* 36; Schmidt telescope, **UNV** 37, 56, *diagram* 38; solar, **UNV** 89, *100-101, diagram* 91; and spectroscopy, **UNV** 48-49. See also Hale telescope
Telescopic vision of fishes, **FSH** 51
Telmatodytes palustris. See Long-billed marsh wren
Telopea speciosissima. See Waratah
Temki Kundu (hills), **AFR** 45
Temminck's tragopan (bird; *Tragopan temmincki*), **EUR** 37-38
Temperament of primates, **PRM** 21, 37, 39-41, 51, 65-67, 70, 77, 81, 90, 107, 108, 111, 112, 132, 156, 158, 166-167, 171, *182-183*
Temperate Zone, **FOR** 70; angiosperms of, **FOR** 98· deciduous forests of, **EC** 24, **FOR** 15-16, 58-59, 62; and fish scales, **FSH** 38; fishes of, **FSH** 15, 36; plants of, **PLT** 123-127; rain forest of, **FOR** 77-78; and reptile habitats, **REP** 79, 172, 178; seasons in, **EC** 79, **FOR** 10-16; warming of, **FOR** 174
Temperature control: by bees, **INS** 40, 129, *137;* by mammals, **MAM** 10, 12; by reptiles, **MAM** 10, **REP** 85, *90-91;* by termites, **INS** 84, 86, *diagram* 85
Temperatures: adaptations for, **MT** 85, **PRM** 12; and altitude, **MT** 13, 82; antarctic, **POL** 14, 18, 77, 171; and ants, **DES** 114; arctic, **POL** 14-15, 18; of Australia, **AUS** 14-15; and birds, **DES** 73-74, 96; of bodies of water, **EUR** 41, **FSH** 14-15, **REP** 106, **S** 75-76, 77, 78, 79-80; and burrows, **DES** 77, 96, 99; and fishes, **FSH** 14, *15,* 19, *36,* 100, 149-150, 152; endurance of, **DES** 71-72, 77, 95-96, 127, 128, **INS** 11, 56; in forests, **TA** 34, 54, *chart* 55; highest, **DES** 15, **FSH** 14; and insects, **INS** 11, 34, 38, 40, 56; lowest, **FSH** 14, **POL** 14, 18, 182; in Malaysia, **TA** 54; of Mediterranean Sea, **EUR** 41; of moon, **E** 15; in mountains, **MT** 84, **TA** 36; of ocean bottom, **S** 70-71; of ocean water, **E** 162, **FSH** 14, **S** 75-76, 77, 79-80, *82;* of Persian Gulf, **S** 79; and photosynthesis, **FOR** 16, 174; and plants, **PLT** 122-124, 165, *table* 123, **MT** 85; and rainfall, **DES** 10-11; and rats, **MAM** 12; and rocks, **DES** 38-39; of soil, **DES** 59-60, *chart* 14-15, **MT** 84; and sweating, **MAM** 12; and trees, **PLT** 124, 127; of water, **S** 10, 38; world-wide changes in, **POL** 170, 171
Template RNA, **EV** 102-103
Temples of Angkor, **TA** 24-25
Tendrils, **PLT** 141
Tenebrio antricola. See Darkling beetle
Tengmalm's, or blind, owl (*Aegolius funereus*), **EUR** 148-149
Tengri Khan (mountain peak), **MT** 187, *diagram* 179
Tennessee forests, **FOR** 22, 113, 151; Copper Basin of, **FOR** 164, 173-174
Tennessee River, **S** 134
Tenrec (mammal; Tenrecidae), **AFR** 14, 155, *162-165.* See also Centetes
Tenrec, long-tailed (*Microgale*), **AFR** 155
Tenrec, marsh (*Limnogale mergulus*), **AFR** 155
Tenrec, pygmy (*Microgale*), **AFR** 155, *163*
Tenrec, rice (*Oryzorictes*), **AFR** 155
Tenrec, spiny (*Echinops telfairi*), **AFR** *162-163,* **EC** 69
Tenrecidae. See Tenrec
Ten-spined stickleback (fish; *Pygostus pungitius*): breeding of, **FSH** 106; coloration of, **AB** *173;* defenses of, **AB** 173; spines of, **AB** 173
Tentacles: of chambered nautilus, **S** *49;* of file fish, **S** *129;* of marine animals, **S** 23, *106,* 107; of octopus, **S** 23, **S** 115-117; of sea anemone, **S** *19,* 116, 122, 128
Tenthredinoidea. See Sawfly
Teosinte (cornlike grass), **PLT** 160
Terblanche, Gert, **EV** 147
Teredinidae. See Shipworm
Terminal moraines, **MT** 14
Termite (Isoptera), **AFR** 117, **AUS** 130, *137,* **FOR** 132, **INS** 11, 82-83, 101, **SA** 155; community living of, **AFR** *128-129,* **REP** 84, 86, **TA** 123; digestion of cellulose by, **PLT** 62; forest environment of, **EC** 41; known species of, **INS** 82; nests of, **AFR** *126-127,* **AUS** 137, 151, **INS** 84-86, 92, *93,* 98, **SA** 70, **TA** 123; nocturnal habits of, **EC** 76; protective devices of, **INS** 83, 105, 120; social organization of, **AUS** 130, **INS** 10, *83,* 84, 86; sociotomy among, **AB** 158; soil creation by, **EC** 43; symbiosis of, with protozoa, **INS** 84
Termite, Australian (*Mastotermes*), **AUS** 130, 151
Termite, Eastern subterranean (*Reticulitermes*), **INS** 83, 105
Tern (bird; Laridae), **AFR** 34, **B** 15, 20, 24, *32,* 60, 64, 85, 138, **NA** 31-32; bill of, **B** 37; colonies of, **B** 83, 85; courtship of, **B** 124; defense of young by, **B** 162; fertility of, **B** 83; incubation of, **B** 145; migration by, **B** 33, *102,* 103; molting by, **B** *54;* nesting grounds of, **B** 85, 138, 139, 141, *156*
Tern, antarctic (*Sterna vittata*), **POL** 79
Tern, arctic (*Sterna paradisaea*), **B** 33, *102, 103,* 156, **POL** 76
Tern, fairy or white (*Gygis alba*), **B** 16
Tern, royal (*Thalasseus maximus*), **B** *24-25*
Tern, sooty (*Sterna fuscata*), **B** 83, 143, **NA** 31, 32
Terra australis incognita. See Antarctic continent
Terrace farming, **EUR** 187
Terrapene. See Box turtle
Terrapene carolina triunguis. See Three-toed box turtle
Terrapin, diamondback (tortoise; *Malaclemys*), **REP** 126, 152, 154
Terrapin, salt-marsh (*Malaclemys terrapin*), **REP** 154
Terre Adélie. See Adélie Land
Terrestrial pitcher (plant; *Nepenthes ampullaria*), **TA** 65
"Terrible" palm, or jacitára or climbing palm (*Desmoncus macroanthus*), **SA** 12
Terrier, airedale (dog; *Canis familiaris*), **EV** 86
Terrier, Bedlington (*Canis familiaris*), **EV** 87
Terrier, Boston (*Canis familiaris*), **EV** 87
Terrier, bull (*Canis familiaris*), **EV** 87
Terrier, cairn (*Canis familiaris*), **EV** 87
Terrier, Dandie Dinmont (*Canis familiaris*), **EV** 87
Terrier, Irish (*Canis familiaris*), **EV** 87
Terrier, Kerry blue (*Canis familiaris*), **EV** 87
Terrier, Lhassa (*Canis familiaris*), **EV** 86
Terrier, Manchester (*Canis familiaris*), **EV** 87
Terrier, old English rough (*Canis familiaris*), **EV** 87
Terrier, Scottish (*Canis familiaris*), **EV** 86
Terrier, Skye (*Canis familiaris*), **EV** 86
Terrier, smooth fox (*Canis familiaris*), **EV** 87
Terrier, Staffordshire (*Canis familiaris*), **EV** 87
Terrier, Welsh (*Canis familiaris*), **EV** 86
Terrier, West Highland white (*Canis familiaris*), **EV** 86
Terrier, white English (*Canis familiaris*), **EV** 87
Terrier, wire fox (*Canis familiaris*), **EV** 87
Terrier, Yorkshire (*Canis familiaris*), **EV** 86
Territorial animals, **AB** 156-157, 175
Territory: of birds, **B** 86-87, 120, 121, 125, *128-129,* 137-139, **EC** 41, 144; of primates, **PRM** 137, 144-145, 181, 185, *chart* 130, *diagram* 131, *map* 132, **SA** 36-37, 38
Tertiary period, **E** 136, 137; animals of, **NA** 11-13; bats' emergence during, **SA** 90; deserts of, **DES** 27; fish evolution during, **FSH** 69; geologic changes during, **AUS** 39; in geologic time scale, **S** *chart* 39; middle, **NA** 81; plants of, **FOR** *54-55, chart* 48; primates of, **EM** 33
Terror, H.M.S., **POL** 34, 56
"Testimony of the rocks," **EM** 11
Testudinarmia elephantites. See Bi
Testudo tornieri. See Soft-shelled tortoise
Testudo. See Galápagos giant turtle
Tethys Sea, **AFR** 11, **EUR** 10, 12, 89; as barrier, **EUR** 33-34
Tethyum pyriforme. See Sea peach
Teton Range, Wyoming, **MT** *8,* 37, 166, **NA** 174
Tetonius (extinct primate), **MAM** 44
Tetra, black (fish; *Gymnocorymbus ternetzi*), **SA** *188*-189
Tetra, Buenos Aires (*Hemigrammus caudovittatus*), **SA** 189
Tetra, cardinal (*Cheirodon axelrodi*), **SA** *189*
Tetra, emperor (*Nematobrycon palmeri*), **SA** 189
Tetra, glowlight (*Hemigrammus erythrozonus*), **SA** 189
Tetra, gold (*Hemigrammus armstrongi*), **SA** 189
Tetra, lemon (*Hyphessobrycon pulchripinnus*), **SA** 189
Tetra, neon (*Hyphessobrycon innesi*), **SA** 16, 184, *189*
Tetra, pretty (*Hemigrammus pulcher*), **SA** 189
Tetra, rosy (*Hyphessobrycon rosaceus*), **SA** 189
Tetra, serpa (*Hyphessobrycon callistus*), **SA** *188*-189
Tetra, silver-tipped (*Hemigrammus nanus*), **SA** 189
Tetraogallus tibetanus. See Tibetan snowcock
Tetraonidae. See Grouse
Tetrao urogallus. See Capercaillie
Tetraopes tetraophthalmus. See Milkweed beetle, four-eyed
Tetrapods (four-footed animals), **MAM** 55-58; and return to water, **REP** 107
Tetraponera. See Fire ant
Tevis, Lloyd, Jr., **DES** 114, 115
Texas: deserts of, **DES** 12, 50, 55, 117, 167, 169; fish catastrophes in, **FSH** 16; tropical forest in, **FOR** 60
Texas harvester ant (*Pogonomyrmex barbatus*), **INS** 165
Texas skate (fish; *Raja texana*), **FSH** *94*
Thailand, **TA** 102; fishes of, **TA** 87; rain forest in, **TA** 52; rice paddies of, **TA** 8-9; tapirs of, **TA** 150
Thailand-Cambodian shield, **EUR** 10, *map* 11
Thalarctos maritimus. See Polar bear
Thalasseus maximus. See Royal tern
Thalerophys richardi. See Green tree snake
Thales, **EV** 10, 12, **UNV** 12
Thallophyta (subkingdom of plant kingdom), **PLT** 183-185; evolution of, **PLT** *chart* 18-19
Thamnophis sauritus. See Ribbon snake
Thamnophis sirtalis. See Garter snake
Thar, The (The Great Indian Desert), **DES** 12

199

INDEX (CONTINUED)

That Vanishing Eden, Barbour, **REP** 171
Thea. See Tea
Thecodonts (extinct reptiles), **B** 10, **FOR** 44, **REP** *chart* 44-45
Thelodus (extinct fish), as vertebrate ancestor, **S** *109*
Thelymitra ixioides. See Sun orchid
Theobroma cacao. See Cacao
Therapsid (primitive reptile): mammalian features of, **MAM** 36-37; and origin of mammals, **EV** 114-115
Therioaphis maculata. See Spotted alfalfa aphid
Thermobia domestica. See Firebrat
Thermocline (transitional zone): and water temperatures, **FSH** 15
Thermopylae Pass, **MT** 136, 137
Theropithecus gelada. See Gelada baboon
Theta Orionis (gaseous cloud), **UNV** *138-139*
Thick-billed murre (bird; *Uria lomvia*), **B** 61
Third Interglacial Period, **EM** 125, 126, 129
Thirty-three-foot python. See Reticulated python
Thistle, steppe (*Carduus uncinatus*), **EUR** 82
Thistle, wavy (plant; *Cirsium*), **DES** 57
Thomas, Elizabeth Marshall, **DES** 130
Thompson, Francis, **EC** 75
Thomson, Sir Charles Wyville, **S** 183
Thomson's gazelle (*Gazella thomsoni*), **AB** *191*, **AFR** 68, 72-73, 78, 92, *187*; speed of, **MAM** 57
Thopha saccata. See Double-drummer cicada
Thorax of insects, **INS** 14, 15, 34, 43, *45*
Thoreau, Henry David, **FOR** 169, **NA** 33
Thorn, crucifix (*Holacanthus emoryi*), **DES** 57
Thorn bush (*Acacia*), **AFR** 73
Thorn forest, **TA** *map* 18-19, 52; of Brazil (caatinga), **PLT** 126
Thornback ray or skate, European. See European thornback ray
Thornbill hummingbird (*Ramphomicron*), **B** 15
Thorns, **DES** 55, 57-58, **PLT** *141*; of jacitára palm, **SA** *12*
Thraupinae. See Tanager
Thraupis episcopus. See Blue-gray tanager
Thread herring (*Opisthonema oglinum*), **FSH** *166-167*
Threadplant (*Nemacladus*), **DES** 55
Threadworm (*Enterobius vermicularis*), **FSH** 127
Threat posture, **AB** 177; in birds, **AB** 90, 162, 182, *183*; in man, **AB** *91*, 156. See also Posturing
Three-awn grass (*Aristida pennata*), **EUR** 83
Three-banded armadillo (*Tolypeutes*), **MAM** *115*, **SA** *56*
3C295 (galaxy), **UNV** 153, *167, 168, 172*
Three Tickets to Adventure, Durrell, **SA** 134
Three Visits to Madagascar, Ellis, **AFR** 158
Three-spined stickleback (fish; *Gasterosteus aculeatus*), **FSH** 106; coloration of, **AB** 70-73, *173*; courtship dance of, **AB** 178; fighting behavior of, **AB** 132-133; spawning habits of, **AB** 70-73; spines of, **AB** 173
Three-toed, or lesser, anteater or tamandua (*Tamandua tetradactyla*), **SA** *55*, 70
Three-toed box turtle (*Terrapene carolina triunguis*), **REP** *109*
Three-toed jerboa (rodent; *Dipus sagitta*), **MAM** *123*
Three-toed sloth (*Bradypus tridactylus*), **EC** *124*, **MAM** 11, *64*, 158, **SA** *50*, *54*, 55, 68-69, *190*
Three-toed woodpecker (bird; *Picoïdes tridactylus*), **EUR** *135*
Three-wattled bellbird (*Procnias tricarunculata*), **SA** *106*
Thresher shark (*Alopias*), **FSH** 13, 78, *80*, 81
Threshold of pain: in fishes, **FSH** 44
Threskiornis aethiopica. See Sacred ibis
Threskiornithidae. See Ibis
Thrip (insect; *Idolothrips spectrum*), **AUS** 130
Throat pouches in birds, **B** 14
Throwing sticks, **AUS** *172-173*
Thrush (bird; Turdinae), **B** 20, **FOR** 28, 118, 153, **TA** 33; gaping instincts of, **AB** 109; sense of gravity of, **AB** 109; ocean crossings by, **B** 105; song of, **B** 120, *121*, 122; visual discrimination by, **AB** 68
Thrush, dusky (*Turdus naumanni*), **TA** 33
Thrush, hermit (*Hylocichla guttata*), **FOR** 118
Thrush, olive-backed (*Hylocichla ustulata*), **FOR** 153
Thrush, song (*Turdus philomelos*), **EC** 61
Thryonomys. See Cane rat
Thryothorus ludovicianus. See Carolina wren
Thule, Greenland, **POL** 133, *151*, 153, *154*, *167*
Thumbs, opposable, **MAM** 59, *166*, *177*
Thunder, **E** 74
Thunnus alalunga. See Albacore
Thunnus albacares. See Yellowfin tuna
Thunnus thynnus. See Bluefin tuna
Thylacinus cynocephalus. See Tasmanian wolf, or thylacine
Thylacinidae (family of marsupials), **AUS** *diagram* 88
Thylacinus cynocephalus. See Tasmanian "wolf"
Thylacoleo. See Marsupial cave lion
Thylacoleonidae (family of marsupials), **AUS** *diagram* 89
Thylacomys lagotis. See Rabbit-eared bandicoot
Thylacosmilus (extinct marsupial), **SA** 14, *59*, 60-61
Thylogale billardieri. See Redbellied pademelon wallaby
Thymalus. See Grayling
Thymine (nucleotide base), **EV** *94*, 102
Thynnidae. See Flower wasp
Thyroptera discifera. See Disk-winged bat
Thysanotus multiflorus. See Fringed violet
Thysanura. See Bristletail
Tibesti Mountains, **DES** 133, *135*; *map* **MT** 44
Tibet: animals of, **EUR** *38-39*; biotic zones of, **EUR** 36; birds of, **EUR** 40; climate of, **EUR** 38; environmental belts of, **EUR** 38-40; mountains of, **MT** 12, 44, 133, 161, 164; people of, **MT** 14, 131, 133-134, *139*, *140*, *149*, 153, *154*
Tibetan accentor (bird; *Prunella*), **EUR** 40
Tibetan antelope, or chiru (*Pantholops hodgsoni*), **EUR** 39, 55
Tibetan gazelle (*Procapra picticaudata*), **EUR** 38, *54-55*
Tibetan Gazelle Steppe, **EUR** 38, *54-55*
Tibetan mastiff (dog; *Canis familiaris*), **EV** *87*
Tibetan partridge (*Perdix hodgsoniae*), **EUR** 40
Tibetan raven (bird; *Corvus corax tibetanus*), **EUR** *50*
Tibetan sand fox (*Vulpes ferrilata*), **EUR** 55
Tibetan sheep, great, or argali (*Ovis ammon*), **EUR** 39
Tibetan snowcock (*Tetraogallus tibetanus*), **EUR** 40
Tibetan wild ass, or kiang (*Equus hemionus kiang*), **EUR** 38-39, *54*
Tichodroma muraria. See Wall creeper
Tick, beggar's (plant; *Bidens*), **PLT** 118
Tick, Rocky Mountain spotted fever (*Dermacentor andersoni*), **FOR** 148
Tick bird, or red-billed oxpecker (*Buphagus erythrorhynchus*), **AFR** 13, **B** 74, *75*
Tidal basins, **S** 92
Tidal bores, **S** 92, *94*
Tidal waves (tsunamis), destruction by, **S** 87, 92, *94*
Tidal zones, **EC** 15, *46-47*
Tidewater silverside, or whitebait (fish; *Menidia beryllina*), **FSH** 19, 22, 129-130, *157*
Tides, **E** 13, **EC** 80, **S** 92, *chart* 91; and fishes, **EC** 82, **FSH** *105*; and mud flats, **TA** 90-91; and segmented worms, **EC** 80-81
Tien Shan Mountains, **DES** 169, **MT** *16*, 44
Tierra del Fuego, **MT** 12, **POL** 51, 172, **SA** *20*; Darwin in, **EV** 14, 32; Indians of, **EV** 14, 32-37
Tiger, saber-toothed. See Stabbing cat
Tiger, water (water beetle; *Dytiscus marginalis*): larva of, **INS** 150, *151*
Tiger beetle (Cicindelidae), **INS** 48, *102*
Tiger fish (*Hydrocyon*), **AFR** 36
Tiger, or banded, hornet (insect; *Vespa tropica*), **TA** *128*
Tiger salamander (*Ambystoma tigrinum*), **FSH** *65*; zoogeographic realm of, **EC** *map* 19
Tiger shark (*Galeocerdo cuvier*), as man-eater, **S** 133, 134; as scavenger, **FSH** *80-81*, 83; teeth of, **FSH** *92*, **S** *130*, 131
Tiger snake (*Notechis scutatus*), **AUS** 34, *136*, **REP** 15, 113
Tigris River, **DES** 16, 102, **S** 184
Tilapia nilotica. See Bolti
Tilefish (*Lopholatilus chmaeleonticeps*), **FSH** 15
Tilghman, Billy, **EC** *159*
Tilia. See Basswood
Tillamook Rock, Oregon, **S** *90*
Tillandz, Elias E., **NA** 77
Tiliqua rugosa. See Stumpy-tailed skink
Tiliqua scincoides. See Skink, blue-tongued
Tillandsia usneoides. See Spanish moss
Timber Culture Act (1873), **FOR** 172
Timber line, **MT** 83, *92-93*, **PLT** 125
Timber wolf, Alaskan (*Canis lupus*), **AUS** 82, **MAM** 96
Timbuktu, **DES** 133, *135*
Time scale, geologic, **S** 37, *chart* 39
Times (London newspaper), **EV** 46
Timpanagos Cave National Monument, Oregon, **E** 187
Tinamiformes (order of birds), **B** *18*, 20
Tinamou, crested (bird; *Eudromia elegans*), **B** *18*; egg of, **B** *155*
Tinbergen, Niko, **AB** 1, 32-33, 39, 62, 68, **B** 119, 121, 124, 125, 146
Tindale, Norman B., **AUS** 171-173, 174
Tingle, red (tree; *Eucalyptus jacksoni*), **AUS** 46
"Tippling Tommy," or ambrosia beetle (Scolytidae), **INS** 96-97
Tipulidae. See Crane fly
Tirich Mir (mountain peak), **MT** *186*, *diagram* 179
Tiros weather satellites, **E** *179*
"T-islands" (ice formation), **POL** 153
Tissue cultures, definition of, **PLT** 39
Tit, blue (bird; *Parus caeruleus*), **B** 142
Tit, long-tailed (*Aegithalos caudatus*), **B** 142
Titan (satellite of Saturn), **UNV** *62-63*, 68
Titanotheres (primitive mammals), **MAM** 38, 42
Titi (monkey; *Callicebus*), **SA** 38, 39, *42*
Titicaca, Lake, Peru, **MT** *146*, **S** 184
Titmouse (bird; Paridae), **B** 123, 140
Tjimanuk (river), **TA** 80
Toad, corroboree (*Pseudophryne corroboree*), **AUS** 132, *142*
Toad, giant (*Bufo marinus*), **SA** *134*
"Toad," horned. See Horned lizard
Toad, narrow-mouthed (Microhylida), **AFR** 12
Toad, southern (*Bufo terrestris*), **AB** *146-147*
Toad, spade-foot (Pelobatidae), **DES** 70, *71*
Toad, Surinam (*Pipa pipa*), **SA** 133, *134*
Toadfish (*Opsanus tau*), **S** 34
Toad-headed agamid lizard of Arabia (*Phrynocephalus nejdensis*), **REP** *158-159*
Toads: Bufonidae, **DES** 57, 70, **TA** *34*; Procoela, **FOR** 12, 14, 75; Salientia, **AB** 42, 157, *159*, **SA** 133, *134*
Toadstool, luminescent (fungus; *Mycena*), **PLT** *23*
Toadstool Park, Nebraska, **E** *118-119*
Tobacco (*Nicotiana tabacum*), **FOR** 124, 172, **PLT** *187*; callus tissue of, **PLT** *40*; diseases of, **PLT** *144*; insect predators of, **PLT** *179*; use of by Bushmen, **EM** *189*
Tobacco hornworm (*Protoparce sexta*), **PLT** 177, *179*; moth of, **PLT** *176*
Tobol River, **S** 184
Tocantins River, **S** 184
Todus. See Tody
Tody (bird; *Todus*), **B** 16, 20
Toe-locking mechanism in birds, **B** 37, 38
Toes: of Australian animals, **AUS** *98*, 99, 100; of ungulates, **MAM** *17*, 18
Tokay gecko (lizard; *Gekko gecko*), **REP** *17*
Tokelau Islands, **S** *map* 70
Tolypeutes. See Three-banded armadillo
Tomarctus (prototype dog), **EV** 86
Tomato (*Lycopersicum esculentum*), **DES** 102, **PLT** 128, 187; optimum temperature for, *table* **PLT** 123; production of, and climate, **PLT** 123; temperature tolerance of, **PLT** 123, *165*
Tomato sphinx moth (*Protoparce quinquemaculatus*): caterpillar stage of, **INS** *114*
Tombaugh, Clyde, **UNV** 68
Tomostoma schlegeli. See False gavial
Tonga Islands, **S** *map* 70, **SA** 132
Tonga-Kermadec Trench, **S** 71, *map* 70
Tongue-rolling: as dominant trait, **EV** *179*
Tongues: of birds, **B** *58*, 59, 60, 68; of mammals, **MAM** 80, 82, *86*; of reptiles, **REP** 18, 56, 58, 98-99, 120-121
Tonto National Monument, Arizona, **DES** *169*
Tool kits, **EM** 102; Acheulian, **EM** 116; discovered at Combe Grenal, **EM** 137; of Neanderthal man, **EM** 108; significance of, **EM** 129
Toolmaking, by early man, **EM** 106, *110-111*; evolution of, **EM** 101-108; methods of, **EM** 104-106, *110-111*, 112-113, *118-119*
Tools, **EV** 129; Acheulian, **EM** 100, 103, 106, 111, 116, *118-119*; animal parts used as, by first men, **EV** 149; antler, **EM** 116, *117*, *118-119*; Australopithecine,

AB Animal Behavior; **AFR** Africa; **AUS** Australia; **B** Birds; **DES** Desert; **E** Earth; **INS** Insects; **MAM** Mammals; **MT** Mountains; **NA** North America; **PLT** Plants; **POL** Poles;

200

EM 59, **EV** 149, *157;* and bipedalism, **EV** 149; bone, **EM** *103, 111,* 116, *117;* carved, **EM** *161;* Chellean, **EV** 152; chopping, **EM** 102-103, *118-119;* from Combe Grenal, **EM** *138-139;* Cro-Magnon, **EM** *103,* **EV** 169; denticular, **EM** *115;* early discoveries of, **EM** 10, 11; essential in determination of human status, **EV** 134, 149; evolution of, **EM** *charts* 14, 55, 103, **EV** 149, 157; of fishes, **FSH** 38, *60,* 61; for fishing, **FSH** 171-176; from Iron Age, **EV** *147;* leaf point, **EM** *111;* from Mesolithic age, **EV** *147;* man's dependence on, **EM** 102; Mousterian, **EM** 125; of Neanderthals, **EV** 166; from Neolithic age, **EV** *147;* Oldewan, **EV** 150, 151, 152; Paleolithic, **EM** *117, 120-121;* of Peking man, **EM** 79, **EV** 134; of jasper, **EM** *116;* raw materials for, **EM** *116;* of shaped stones, **EV** *157;* from Stekfontein, **EV** *156;* Stone Age, **EV** *147, 150,* 165, 166; transportation of, **EM** 79; wear patterns of, **EM** 121; wood, **EM** 116

Tools, stone, **EM** *14,* 87, *116-117;* abundance of, **EM** 102; Acheulian cleaver, **EM** *100;* from Ambrona Valley, **EM** 90, 91; of Australopithecines, **EM** 110; axes, **EM** *91, 117,* 120; categories of, **EM** 105; of chalcedony, **EM** *116;* of chart, **EM** 79, 116; classification of, **EM** 103; cleavers, **EM** *120-121;* as clues to cultures, **EM** 103; core of, **EM** 105-106; of Cro-Magnon man, **EM** 110; distinguishing marks of, **EM** *102-103;* earliest types of, **EM** 10, *101-103;* of flint, **EM** *116,* 164; identification of, **EM** 103; of jasper, **EM** *116;* of lava, **EM** *116;* of mylonite, **EM** *100;* of obsidian, **EM** 116; from Olduvai Gorge, **EM** 71; from Olorgesailie site, **EM** *109;* of quartz, **EM** 79, 104, 116; of quartzite, **EM** 104, *116;* scrapers, **EM** *131;* from Sterkfontein, **EM** 54; use of, **EM** *114-115*

Tools Makyth Man, Oakley, **EV** 149

Tool-use: and bipedalism, **EM** 50-54; and brain development, **EM** 55; experiments in, **EM** 103; and posture, **EM** 50

Toothwort (plant; *Dentaria*), **PLT** 32

Topaz hummingbird (*Topaza pella*), **SA** *117*

Topaza pella. See Topaz hummingbird

Topi (antelope; *Damaliscus korrigum*), **AFR** 68, 72, *187,* **EM** *64-65*

Topography: of Africa, **AFR** 10, *map* 30-31; of Antarctica, **POL** 10-11, 16, 170, *map* 13; of Australia, **AUS** 10-13, 20, 21, *map* 18-19; of Dordogne region, France, **EM** 146; and Lyell's theory, **EV** 12; of Mars, **UNV** *76-77;* of the moon, **E** 14-15, *26-27;* of New Guinea, **AUS** 10, *28-29;* of New Zealand, **AUS** 10, *30-31;* of ocean bottom, **S** *maps* 64-73; of South America, *map* 18-19; of submerged areas of earth, **S** *maps* 64-73; of Tasmania, **AUS** *28-29*

Topsword guppy (fish; *Lebistes reticulatus*), **SA** *184*

Tornadoes, **E** 62, 76-77, **NA** *142-143*

Torpedinidae. See Torpedo ray

Torpedo batfish (*Halieutaea retifera*), **FSH** *54*

Torpedo, or electric, ray (fish; Torpedinidae), **FSH** 84, 96

Torpor: of lungfish, **SA** *178.* See also Hibernation

Torralba, Spain, **EM** 86, *94-95,* 116

Torrens, Lake, Australia, **S** 184

Torrent duck (*Merganetta armata*), **SA** *99*

Torry Research Station, Scotland, **FSH** 129

Tortoise, African soft-shelled (*Testudo tornieri*), **REP** 131

Tortoise, desert (*Gopherus agassizii*), **DES** 71, **REP** *21,* 152

Tortoise, Galápagos (*Testudo porteri*), **EV** 15, 16, *24-25,* **RE** 11, *96,* 154

Tortoise, giant (*Testudo*), **AFR** 156-157, *166,* **EV** 25

Tortoise, gopher (*Gopherus polyphemus*), **REP** 10, 83, 84, 87, 154

Tortoise, long-neck (*Chelodina longicollis*), **AUS** 134

Tortoise, Murray (*Emydura macquari*), **AUS** 134

Tortoise shell, or carey, **REP** 155, 156

Tortoises. See Turtles and tortoises

Tortoise-shell limpet (*Acmaea testudinalis*), **S** 26

Tortuguero, Costa Rica, **REP** 174, 175, *map* 133

Toscanelli, Paolo dal Pozzo, **UNV** 14

Totemism, **EC** 163-164

"Totipalmate swimmers" (order of birds), **B** 14

Toubkal (mountain peak), **MT** 186, *diagram* 178

Toucan (bird; Ramphastidae), **B** 16, 20, **SA** *104;* bill of, **B** 37, *76;* eggs of, **B** 142; psychological barriers in, **EC** 57; in rain forests, **FOR** 75; zoogeographic realm of, **EC** *map* 19

Toucan, ariel (*Ramphastos ariel*), **B** *76*

Toucan, red-breasted (Ramphastidae), **B** *18*

Touch, sense of: and communication, **AB** 154; in digger wasp, **AB** 89; in fishes, **AB** 50, **FSH** 43; and gravity, **AB** 40; in insects, **AB** 40, **INS** 38, 40; in man, **AB** 40; in marine animals, **S** 109, 128, 133; in web spider, **AB** 40

Touch-me-not (flower; *Impatiens*), **AFR** *147,* **FOR** 23, **PLT** 128

Touraco. See Plantain eater

Touraco, Donaldson's (bird; *Tauraco leucotis donaldsoni*), **B** 27

Touraco, red-crested (*Tauraco erythrolophus*), **B** *19*

Tourists, in national parks, **NA** 190

Tournefortia (shrub; *Tournefortia*), **EC** 65

Tournefortia. See Tournefortia

Town names (Australian), meanings of, **AUS** 15

Toxodon (extinct mammal), **EV** 13, **SA** *65;* skull of, **EV** *12*

Toxotes jaculatrix. See Archerfish

Trace elements (micronutrients), in soil, **PLT** 122; function of, **PLT** 163-164

Tracheae: of insects, **INS** 44, 154; of alligator, **REP** *18;* in plants, **PLT** 41-42

Trachodon. See Trachodont

Trachodont (extinct reptile; *Trachodon*), **REP** *chart* 44-45

Tracker, Russian (dog; *Canis familiaris*), **EV** 87

Tracking, of birds by dyeing, **B** *116-117;* of fish by tagging, **FSH** 150-155, *150-151;* of turtle migrations, **REP** *133, 184-185.* See also Banding of birds

Tractors: for ocean farming use, **S** 174

Trade winds, **E** 12, 60, 63, *map* **NA** 104; direction of, **S** 76

Tradescantia virginiana. See Spiderwort

Tragelaphini (tribe of antelopes), **AFR** 76

Tragelaphus. See Nyala

Tragelaphus scriptus. See Bushbuck

Tragelaphus spekeii. See Sitatunga

Tragopan temmincki. See Temminck's tragopan

Tragopan, Temminck's (bird; *Tragopan temmincki*), **EUR** 37

Tragulus. See Chevrotain, or mouse deer

Trainbearer, black-tailed (hummingbird; *Lesbia victoriae*), **SA** *114*

"Transfer" RNA, **EV** *102-103*

Transition zones, **EC** 39-40

Transitional creatures of evolution, **FSH** 65

Transparency of fishes, **FSH** *45,* 48

Transpiration, definition of, **PLT** 77; from leaves, **PLT** 77-78, *83*

Transplanting, of fishes, **FSH** 174-175, **S** 173

Transvaal, caves of, **EM** 55, 61

Transylvanian Alps, **MT** 137

Trap-door spider (*Bothriocyrtum californium*), **INS** 30

Tragulus. See Mouse deer

Transportation, **EV** 44; alpine, **MT** *22-23;* in Antarctica, **POL** 56, 58, 60, *168,* 175; in Arctic, **POL** 9-10, 132, *136,* 137, *142-143,* 151, 154-155, *160;* in the desert, **DES** 9, 129, 140. See also Land bridges; Zoological transportation, and specific modes

Traveler's tree (*Ravenala madagascariensis*), **AFR** 157

Traversia lyalli. See New Zealand wren

Trawl fishing equipment, **FSH** 15, 171, 175, 184

Treatise on Electricity and Magnetism, Maxwell, **UNV** 36

Tree, tea (*Melaleuca*), **AUS** 52

Tree boa, Cook's (snake; *Boa hortulana cooki*), **SA** 143

Tree boa, emerald (*Boa canina*), **SA** *127,* 143

Tree creeper (bird; *Certhia familiaris*), **B** 123

Tree duck (bird; Dendrocygnini), **B** 148, 162

Tree duck, white-faced (*Dendrocygna viduata*), **AFR** 41

Tree fern (*Cyathea*), **AFR** 136, 137, **FOR** 40, 70, *71,* **TA** 25

Tree finch, large insectivorous (bird; *Camarhynchus psittacula*), **EV** 30

Tree finch, small insectivorous (*Camarhynchus*), **EV** 30

Tree finch, medium insectivorous (*Camarhynchus*), **EV** 30

Tree frog (Hylidae), **AFR** 12, **FOR** 115

Tree frog, brown (*Hyla ewingi*), **AUS** *133*

Tree frog, Pacific (*Hyla regilla*), **FOR** *88*

Tree frog, Peron's (*Hyla peroni*), **AUS** *142-143*

Tree frog, red-eyed (*Agalychnis callidryas*), **SA** *140-141*

Tree groundsel (plant; *Senecio*), **MT** *99*

Tree heath (plant; *Erica arborea*), **AFR** 136, *143*

Tree hopper. See Treehopper

Tree iguana (*Iguana iguana*), **REP** *52-54,* 112, 131, 153-154

Tree kangaroo (*Dendrolagus*), **AUS** 104, 105, 119, *diagram* 89

Tree line, arctic, **POL** *map* 12, 105, 107, 156

Tree, or lace, monitor (lizard; *Varanus varius*), **AUS** 144

Tree mouse, red (*Phenacomys longicaudus*), **MAM** 78

Tree pangolin (mammal; *Manis tricuspis*), **AFR** *124-125*

Tree pangolin, African long-tailed. See African long-tailed tree pangolin

Tree pipit (bird; *Anthus trivialis*), **B** 152

Tree shrew (mammal; *Tupaia*), **EM** 32, **MAM** 18, *21, 173,* **PRM** *10,* 13, 20, 28, **TA** 56; feeding habits of, **AUS** 79; hand of, *166;* origin of, **EV** 115; vision of, **MAM** *167;* zoogeographic realm of, **EC** *map* 21

Tree snake (Dipsadinae), **REP** 57

Tree snake, blunt-headed (*Imantodes cenchoa*), **REP** *100-101*

Tree snake, green (*Thalerophis richardi*), **REP** *24*

Tree squirrels (Sciuridae), **MAM** 17

Tree swallow (*Iridoprocne bicolor*), **B** 171

Tree swift, crested (bird; Hemiprocne), **B** 139

Tree-climbing techniques, **MAM** 59-60

Tree-dwelling, **EM** 49-50

Treehopper (insect; Membracidae), **EV** 52, **SA** *154-155;* herded by dairy ant, **INS** *173;* jump of, **INS** *diagram* 12

Treehopper, glassy-winged (*Bocydium globulare*), **SA** *162*

Treetops Hotel (game-viewing station), **AFR** 173

Trees, **FOR** 93-100, *101-111,* **DES** 55; cambium layer in, **FOR** 97, **PLT** 104-105; cells of, **PLT** 39, 40, 104; Cenozoic era, **EUR** *map* 14; climbing plants and, **PLT** 140-141; color changes in, **PLT** 59; coniferous, **NA** 103, 174, 175; cork layer in, **PLT** 104; Cretaceous period, **EUR** 13; deciduous, **EUR** 13, **FOR** *map* 62-63, *chart* 172; development of, **EUR** *13-14;* distribution of, **PLT** 127; drought resistant, **EUR** *58-59;* dwarf or bonsai, **PLT** 105; Eocene period, **EUR** *map* 14; evolution of, **FOR** 49, 50-51, *52-55,* **PLT** 14-16; formation of, **FOR** 96-98, 99, *104-105,* 171, **PLT** 101, 104-106; and grasslands, **NA** 118-119; growth rings of, **FOR** 97, 153, 174, **NA** *60,* **PLT** 104, 105; hard and soft wood, **PLT** 50-51; heartwood of, **FOR** 96-97, 105; Himalayan, **AFR** 35; identified by cells, **PLT** 40; and interglacial periods, **EUR** 16; largest, **PLT** 79, *126-127;* life spans of, **PLT** 106; living portions of, **PLT** 106; of Malaya, **TA** 25; of Mediterranean region, **EUR** 57, *58, 59,* 60, *66-67, 68, 69;* in North Temperate Zone, **PLT** 126-127; and partnership with fungi, **EC** 56; petrified, **FOR** 44, *47;* of primeval Europe, **EUR** *graph* 108; in rain forest, **AFR** 135, 137, **FOR** 74, **PLT** *125-126,* **SA** *28-29,* **TA** *62-63;* root system of, **FOR** 94; sapwood of, **FOR** 97, 105, 155; of South America, **SA** *28-29,* 155; in southern lowlands, **NA** 82; temperature zoning system of, **AFR** 135-136, **MT** 83; timber line, and, **AFR** 136, **MT** *92-93,* **PLT** 125, **POL** 107, 108; tracheae in, **PLT** 41-42; in tundra, **EUR** 132, **NA** 174, **POL** 15; and wasps, **TA** 15. See also individual species and specific forests

Tremarctos ornatus. See Spectacled bear

Trenches, submarine, **S** 56, 57, 58, 60-61, 63, *maps* 64-73

Trense, Werner, **EUR** 62

Triaenodon obesus. See White-tipped shark

Triakis semifasciata. See Leopard shark

Triangle guppy (fish; *Pocilia*), **SA** *184*

Triangulum Australe (constellation), **UNV** 161, *map* 11

Triassic period, **E** 136, 137; animals of, **EUR** 12; Australian mammals of, **AUS** 9, 66; fish evolution during, **FSH** 63, *chart* 68-69; insects of, **INS** 19; in geologic time scale, **S** *chart* 39; marine life of, **S** *51,* **TA** 84; plants of, **FOR** *chart* 48; reptiles of, **AUS** 9, **REP** 38, 41, 42, 50,

201

INDEX (CONTINUED)

107, 111, *chart* 44-45, **S** *51*
Triassochelys (extinct reptile), **REP** *chart 44*
Tribes of aborigines, **AUS** 170, 180
Tribulus terrestris. See Puncture vine
Triceratium (alga, diatom, Bacillariophyceae), **PLT** *184*
Triceratops (dinosaur), **EV** *122, 123*
Trichechus manatus. See Coastal manatee
Trichinium rotundifolium. See Lamb's tail
Trichoglossus haematodus. See Rainbow lorikeet
Trichoplusia ni. See Cabbage looper
Trichoprosopon (mosquito), **SA** *174-175*
Trichoptilus lobidactylus. See Plume moth
Trichosurus caninus. See Mountain possum
Trichosurus vulpecula. See "Adelaide chinchilla"
Tricolored blackbird (*Agelaius tricolor*), **B** *84*
Trieste (bathyscaph): and underwater exploration, **S** *13, 14, 72-73*
Trifid nebula, **UNV** *128*
Trifolium. See Clover
Triggerfish, common (*Balistes carolinensis*), **FSH** *37*, 138, *chart 69*
Triggerfish, undulate (*Balistapus undulatus*), **FSH** *138*
Trigona (Bee), **SA** 156
Trigonias (extinct mammal), **NA** *130*
Trigonoceps occipitalis. See White-headed vulture
Trillium (plant; *Trillium*), **FOR** 12, **NA** *106-107*; chlorophyll in, **PLT** *66*
Trillium. See Trillium
Trilobite (extinct arthropod; Trilobitomorpha), **E** 136, 138, **EC** *127*, **FSH** 60, **S** *39, 41, 46, 47, 48*; extinction of, **EV** 150
Trilobite, giant (*Isoteleus*), **S** *46*
Trilobitomorpha. See Trilobite
Tringa melanoleuca. See Yellowleg
Trinidad, **SA** 86
Trinidad Seamount Line, **S** *map 66*
Trichechus inunguis. See South American manatee
Trionyx muticus. See Spineless soft-shelled turtle
Trionyx triunguis. See African soft-shelled turtle
Triopha carpenteri. See Clown sea slug
Tripsacum (grass), **PLT** *160*
Tristan da Cunha Islands (South Atlantic volcanic island chain), **MT** 57, **S** *map 67*
Tritemnodon (extinct mammal), **MAM** *45*
Triticum. See Drought-resistant wheat
Triticum aestivum. See Wheat
Triticum dicoccum. See Emmer
Triticum monococcum. See Einkorn
Triticum spelta. See Spelt
Triton (satellite of Neptune), **UNV** *68, 69, 94*
Troglodytes aedon. See House wren
Troglodytidae. See Wren
Trogon (bird; Trogonidae), **B** 16, 20, **REP** 148, **SA** 106
Trogon, scarlet-rumped (*Harpactes duvauceli*), **TA** *72*
Trogonidae. See Trogon
Trogoniformes (order of birds), **B** *18*, 20
Trogosus (extinct mammal), **NA** *128-129*
Trojan asteroids, **UNV** *66, 73*
Trophallaxis (food exchange), **INS** 163, *178-179*
Tropic bird (Phäethontidae), **B** 20, 83
Tropic of Cancer, **DES** 10, 14
Tropic of Capricorn, **DES** 10
Tropical American lizard. See Central American basilisk
Tropical Asia, **TA** (entire vol.); animals of, **TA** 56, 57-58, 82-84, *142*, 143-152, *153-164*; agriculture in, **TA** 172-173, *180-182, 184-191*; avalanches in, **TA** 34-35; development of man in, **TA** 165-174; development of trade in, **TA** 13-14, 173, 174; earthquakes in, **TA** 34; fishes of, **TA** 56, 86-88; flowers of, **TA** 55; forests of, **TA** 13, 25, 35-36, 51-60; frogs of, **TA** 56; geographical development of, **TA** *maps* 10, 11; ice ages in, **TA** 11, 101, 103; insects of, **TA** 121-128; islands of, **TA** 101-108, *109-119*; jungles of, **TA** 13, 55, 60; monsoons in, **TA** 31-34, 39-49; mountains of, **TA** 11, 12, *20-21, 26-27*, 34, 36-38; mud flats of, **TA** 79-88; peoples of, **TA** 165-174, *176-179*; rain forest of, **TA** 51-60; rainfall in, **TA** 31-38; rivers of, **TA** 22, 80; songbirds of, **TA** 59-60; temperatures in, **TA** 34; trees of, **TA** 54; vegetation of, **TA** *map* 18-19; wettest spot of, **TA** 44
Tropical plants, **PLT** *132-133*; in Amazon jungles, **PLT** 9; climbing, **PLT** 140-141; in Temperate Zone, **PLT** 127; temperature tolerance of, **PLT** 123; variety of, **PLT** 125-126
Tropical shrub (*Gnetum*), **PLT** *185*
Tropics, **NA** *174*; birds of, **B** 85, 89, **NA** 31; fishes of, **FSH** 15; forests of, **EC** *25, 79*, **SA** 11, 13; monkeys of, **EC** 11; in Nearctic realm, **EC** 14; plant-animal ratio in, **EC** 40; and reptile habitats of, **REP** 79; seasons in, **EC** 78; winds of, **NA** *map* 104; zones of, **FOR** *59, 62, 70*, 110-111. *See also* Tropical Asia; Tropical plants
Tropopause (atmospheric boundary), **E** 58
Troposphere (atmospheric layer), **E** 58, 60, *diagram* 66
Trottoir (coastal formation), **EUR** 41
Troughton, Ellis, **AUS** 101
Troupial (bird; *Icterus*), **B** 139
Trout (fish; Salmonidae), **NA** 148; changing colors of, **FSH** *43*; destruction by lampreys, **EC** 61; feeding adaptations of, **EC** 122; spawning of, **FSH** 101; varieties of, **EC** 57; and water temperatures, **FSH** *14, 15*, 19
Trout, brook (*Salvelinus fontinalis*), **EC** 15, **FSH** *19, 20-21*, **FOR** *31*
Trout, brown (fish, *Salmo trutta*), **FSH** *19, 20-21*
Trout, lake. See Lake trout
Trout, rainbow. See Rainbow trout
Trout, steelhead, or seagoing rainbow (*Salmo gairdneri*), **EC** 57, **FSH** 153
Truckee Pass, California, **MT** 137
True birds (Neornithes), **B** 10
True dog (*Canis*): number of species of, **EV** *86-87*
True liverwort (plant; *Marchantia*), **FOR** 40, **PLT** *25, 185*, *chart* 19
Trumpet fish (Aulostomidae): camouflage by, **S** *125*
Trumpet plant (*Sarracenia flava*), **PLT** *154*
Trumpeter swan (*Cygnus buccinator*), **B** *88*, **NA** 150, 175
Trunk (tree): bark of, **FOR** *66*, 98; cells of, **FOR** *92*; growth of, **FOR** 14, 64, *104-105*; structure of, **FOR** *36-37, 96-98, 110-111*
Trunk, elephant, **MAM** *87*
Trunkfish (Ostraciidae), **FSH** *26*, 38, **S** 109

Trunkfish, spotted (*Ostracion tuberculatus*), **FSH** *141*
Trunkback sea turtle. See Leatherback sea turtle
Trunk skeleton, of apes and monkeys, **EM** 34
Tryngites subruficollis. See Buff-breasted sandpiper
Trypanosome (blood parasite), **DES** 170
Tsalikis, Mike, **SA** *145-147*
Tsama melons, **DES** 130
Tsavo National Park, Kenya, **AFR** *37, 82, 175*
Tschermak, Erich, **EV** 74
Tsetse fly (*Glossina*), **AFR** *106-107*, 172, 174, **DES** *170*, **INS** 56
Tsientang River, China, **S** 94
Tsimshian Indians, **NA** *180*
Tsuga. See Hemlock
Tsunamis (tidal waves): destruction by, **S** 87, 92, *94*
T-Tauri stars, **UNV** 142, *diagram* 120
Tuamotu Islands, and *Kon-Tiki* raft, **S** 78; of South Pacific, **S** *map* 71
Tuan. See Brush-tailed phascogale
Tuareg (tribe), **DES** 24, *126*, 133, 134, 135, *137-139*
Tuart (tree; *Eucalyptus*), **AUS** 46
Tuatara (reptile; *Sphenodon punctatus*), **REP** 9, 16, *32-33*, 171-172, *173*, 177, *graph* 10; anatomy of, **REP** 32, 172; of Australasia, **AUS** 9-10, 34, 133; ecology of, **REP** 170, 171, *173*; evolution of, **REP** 42, 172, *chart* 45; habitat of, **REP** 170, 172, *map* 32; mutualism of with shearwater (bird), **REP** 170, 172; reproduction of, **REP** 32, 126, 142, 143, 172; sanctuaries for, **REP** 152, 173, 175-176; survival problems of, **REP** 172-173; tail regeneration by, **REP** *179*; temperature tolerance of, **REP** 79, 172, 178; zoogeographic realm of, **EC** *map* 21
Tube mouths of fishes, **FSH** *26, 52*
Tube-nosed swimmers, **B** 14, 36
Tuberculosis, **INS** 29; control of, **EC** 98; and preservation of unfavorable mutations, **EV** 170
Tubers, **DES** 58, 130; and reproduction, **EV** *76-77*
Tubiflorae (order of plant class Dicotyledoneae), **PLT** 187
Tubulidentata (order of mammals), **MAM** *21*; characteristics of, **MAM** 16. *See also* Aardvark
Tucana (constellation), **UNV** 135, *map* 11
Tuco-tuco (rodent; *Ctenomys*), **EC** 136, **SA** 12, 58
Tucson, Arizona, **DES** 102, 171
Tucunare, or Luckananee (fish; *Cichla ocellaris* and *Cichla temensis*), **SA** 181
Tuff (volcanic ash), **MT** 59
Tufted deer (*Elaphodus cephalophus*), **MAM** 98
Tularosa Basin, **DES** *43*, 77
Tule, or "dwarf," elk (*Cervus nannodes*), **NA** 151
Tulip (*Tulipa*), **PLT** *11*; in tropics, **PLT** 124
Tulip tree (*Liriodendron tulipifera*), **FOR** 113
Tulipa. See Tulip
Tuna (Scombridae), commission on, **FSH** 154; habitat of, **FSH** *19, 22-23*; limits on, **FSH** 171; migrations of, **FSH** 152; schooling by, **FSH** 130, 160, *165*; and sleeplessness of, **S** 110; swimming of, **S** 109; tagging of, **FSH** 152, 153, 154
Tuna, bluefin. See Bluefin tuna
Tuna, yellowfin (*Thunnus albacares*), **FSH** 13, 152, 154, 171-172
Tundra, **EC** 29, **EUR** 145, **FOR** 58, 174, *map* 62-63, **NA** 15, *174*, *map* 104-105, **POL** 12, 112, 113-117; alpine, **MT** *83-84*, 88-89,

90; animals of, **EUR** 133-138, *140-141*, **NA** *174-179*, **POL** *104*, 106, 109-113, *122-127*; animal domestication possibilities of, **POL** 156-157; bird life of, **EC** 56, **POL** 76, 108-109; foxes of, **EC** 142-143; frost action in, **POL** 106-107, *114-115*; of Palearctic Eurasia, **EUR** *map* 18-19; permafrost, **EUR** 132; plants of, **PLT** 127, **POL** 15, *26-27*, 82, 105, 106, 107-108, 113, *118-121*, *125*; precipitation, **EUR** 132; soil, **EUR** 132, **POL** 15, 118; of South America, **SA** *map* 18-19; traces of ice age in, **EUR** *map* 14, **POL** 106, *115*, 117
Tundra blueberry (*Vaccinium*), **POL** 108
Tundra sedge (*Kobresia*), **MT** 89
Tungus (tribe), **POL** 130, 131
Tunisia, **DES** 147, *150-151*; government protected land in, **EUR** *chart* 176
Tunnels: excavated by rodents, **EUR** 87
Tupaia. See Tree shrew
Tur (Caucasian ibex; *Capra caucasica*), **EUR** 137
Turbans, **DES** *126, 134*
Turbidity currents, **S** 57, 58
Turboprop planes, **POL** 154
Turdus. See Thrush
Turdus merula. See Blackbird
Turdus migratorius. See American robin
Turdus philomelos. See Song thrush
Turdus pilaris. See Fieldfare
Turgor (plant cell distention), **PLT** *75*, 99; changes in, **PLT** 122; demonstrated, *86*
Turkana (tribe), **AFR** 173
Turkestan, **DES** 11-12
Turkey: irrigation in, **DES** 167; government protected land in, **EUR** *chart* 176
Turkey, domestic (fowl; *Meleagris gallopavo*), **B** 14-15, 20, 22, **EUR** 156; alarm behavior in, **AB** 130; domestication of, **B** *164*, 165, *166-167*; embryonic development of, **B** *150-151*
Turkey, Merriam's (*Meleagris gallopavo merriami*), **NA** 59, 180
Turkey, wild. See Wild turkey
Turkey vulture (*Cathartes aura*), **B** 37, 40, **DES** *88, 90*, **SA** 104
Turkeyfish, or lionfish, or zebra fish (*Pterois*), **FSH** 37, **S** *35*
Turkish gecko (reptile; *Hemidactylus turcicus*), **REP** *138-139*
Turkmenistan, U.S.S.R.: Badkhyz game reserve, **EUR** 84, *179*; horsemen of, **EUR** *80*
Turk's-cap lily (*Lilium martagon*), **PLT** *87*
Turnbull, Colin, **AFR** 120
Turner, Myles, **AFR** *184*
Turnip (plant; *Brassica rapa*), **EC** 61
Turnip (Brassica), **PLT** *175*
Turnstone (bird; *Arenaria*), **B** 105
Turpentine, **PLT** 56
Turratella (sea shells), **EV** 15
Tursiops truncatus. See Bottle-nosed dolphin
Turtle, African soft-shelled (*Trionyx triunguis*), **AFR** 42
Turtle, *Archelon* (extinct), **REP** *50-51*
Turtle, arrau, or South American river. See Arrau, or South American river turtle
Turtle, box (*Terrapene*), **EC** 77, **FOR** *24*, **REP** 10, 57
Turtle, common mud (*Kinosternon*), **REP** 108
Turtle, dome-shelled water, or cooter (Emydidae), **REP** 10, *128, 139*
Turtle, Galápagos giant (*Testudo porteri*), **REP** 11, *96*, 154, **EV** *24-25*
Turtle, green. See Green turtle
Turtle, hawksbill (*Eretmochelys*),

202

AB Animal Behavior; **AFR** Africa; **AUS** Australia; **B** Birds; **DES** Desert; **E** Earth; **INS** Insects; **MAM** Mammals; **MT** Mountains; **NA** North America; **PLT** Plants; **POL** Poles;

REP *20,* 131, 134, 156
Turtle, hidden-necked (Cryptodira), **REP** 11, 50
Turtle, loggerhead *(Caretta),* **REP** 156, **S** 107
Turtle, matamata *(Chelys fimbriata),* **REP** 11, 56-57, *122-123*
Turtle, musk *(Sternotherus),* **REP** 107
Turtle, painted western *(Chrysemys picta belli),* **REP** *109*
Turtle, red-eared *(Pseudomys scripta elegans),* **REP** *109*
Turtle, ridley *(Lepidochelys),* **REP** 110, 114, 134, 156
Turtle, side-necked (Pleurodira), **AFR** 12, **REP** 11, 133
Turtle, snake-necked (Chelidae), **SA** 129
Turtle, snapping (Chelydridae), **REP** 10, 142, *153,* 154
Turtle, soft-shelled spineless *(Trionyx muticus),* **REP** *21*
Turtle, South American river. *See* Arrau
Turtle, spotted *(Clemmys guttata),* **REP** *108*
Turtle, stinkjim *(Sternotherus),* **REP** 10
Turtle, striped mud *(Kinosternon baurii),* **REP** 131
Turtle, three-toed box *(Terrapene carolina triunguis),* **REP** *109*
Turtle, Western painted *(Chrysemys picta belli),* **REP** *109*
Turtle dove *(Streptopelia turtur),* **B** 99
Turtle frog *(Myobatrachus gouldi),* **AUS** *143*
Turtles and tortoises (Testudinata); of Africa, **AFR** 12, 42, 156-157; albino, **EV** *66;* anatomy of, **REP** 10, *11,* 19; aquatic, **REP** 10, 107, 109; of Australasia, **AUS** 133-134; branding of, **REP** 183, *184;* breathing of, aquatic, **REP** 20-21, 107; burrowing of, land, **REP** 83, *87;* camouflage by, **REP** 56-57; classification of, **REP** 11, *chart* 44-45; courtship and mating of, **REP** 127-128; defenses of, **REP** 10, *11, 20-21;* eggs of, **REP** *124,* 131, *139,* 141, **SA** 130; embryos of, **REP** 10; in Eocene epoch, **NA** *128-129;* evolution of, **REP** 10, *11,* 38, 42, *50-51,* 108-109, 111, *chart* 44-45; feeding devices of, **REP** 56-57, 58; feet of, **REP** *96;* and food abstention, **REP** 21; as food for man, **REP** 154; fresh-water, **REP** 127-128, 133, 183, *184-185;* growth rings of, **REP** 85; hatchlings of, **REP** *142, 180, 184;* largest, **EC** 59; learning ability of, **AB** *138;* life span of, **REP** 11; locomotion of, **REP** 20, 21, 96, 101; of Madagascar, **AFR** 156; migrations of, **REP** 86, 110-111, *133-134,* 183, *184-185;* in mythology, **REP** *146,* 148, 151; nesting of, **REP** 110, 131, 133-134, 142-143, 174, 175, *182-185;* as pets, **REP** 152; reproduction of, **REP** 21, 119, *124,* 125-126; sensory perception of, **REP** 21, 110-111; sexual maturity of, **REP** 11; shells of, **REP** 10, *11, 20-21,* 85, *108-109,* 155; skeletons of, **REP** 10, *11, 50-51;* social behavior of, **REP** 84, *86;* soft-shelled, **REP** 10, 11, 20, 57, *153;* of South America, **SA** 129-131; species of, **REP** *graph* 10, *chart* 44-45; terrestrial, **REP** 10; tongues of, **REP** 99; waste elimination by, **REP** 19, 107; weight range of, **REP** 11; in winter, **FOR** *31. See also* Sea turtle; individual species
Tusks: in Cro-Magnon burial, **EM** *156-157;* elephant, **MAM** 42, 76, 99-100; of pigs, **MAM** 100; of walrus, **MAM** 86, 99, **S** 147
Tussock moth, milkweed (Euchaetis) **INS** *113*
Tuttle I (comet), **UNV** 70
Tuttle-Giacobini-Kresak (comet), **UNV** 70
Tuzigoot National Monument, Arizona, **DES** 169
Twain, Mark, **INS** 170
Tweedie, M.W.F., **TA** 57
"Twenty-eight" parrot *(Platycercus zonarius semitorquatus),* **AUS** *146*
Twig caterpillar (Geometridae), **AB** *189,* **INS** 106, 108, *109*
Two-stomached ant *(Hypomyces),* **INS** *179*
Two-toed, or silky, anteater *(Cyclopes didactylus),* **MAM** 59, **SA** 55, *71*
Two-toed sloth *(Choloepus),* **MAM** 11, *70-71,* **SA** 54, *55*
Tympanocryptis maculosa. See White salt dragon
Tympanuchus. See Prairie chicken
Tylosaurus (extinct marine reptile), **REP** *chart* 45, **S** *52-53*
Tympanuchus cupido. See Prairie chicken
Tympanuchus cupido cupido. See Heath hen
Typha latifolia. See Cattail
Typhlichthys subterraneus. See Typhlithys
Typhlithys (cave fish; *Typhlichthys subterraneus*), **EC** *132-133*
Typhoid, **INS** 29
Typhoons, **E** 63, 78
Typhus, epidemics of, **EC** 99
Tyrannidae. *See* Flycatcher
Tyrannosaurus rex (dinosaur), **REP** 39, *chart* 45, **EV** *126-127;* as an erect reptile, **EV** 122
Tyrannus tyrannus. See Kingbird
Tyree, David M., **POL** 172
Tyrol, **MT** 30; farming in, **MT** 20-21
Tyrolean traverse, **MT** *174-175*
Tyto alba. See Barn owl

U

U (uracil), **EV** 96
U Cephei (double star), **UNV** *124,* 125
Uakari, black (monkey; *Cacajao melanocephalus*), **SA** *47*
Uakari, red *(Cacajao rubicundus),* **PRM** *50, 51,* **SA** *46*
Ubangi mormyrid (fish; *Gnathonemus petersi*), **AFR** *50,* **FSH** *52*
Uca. See Fiddler crab; Yellow-clawed crab
Ucayali River, Peru, **S** 184
Udjong Kulon Reserve, **TA** 148, 158
Uganda: crocodile ecology in, **AFR** 39; fish-catching in, **AFR** *41;* game sanctuary in, **AFR** 175; gorillas in, **PRM** 63; Murchison Falls, **AFR** 39, *44;* Murchison Falls National Park, **AFR** 39, *83,* 174, 175; patas monkeys of, **PRM** 135; Queen Elizabeth National Park, **AFR** 38, 183
Uganda kob *(Adenota kob thomasi),* **AB** 96, *97,* **AFR** *71*
Uintacyon (extinct mammal), **E** 143
Uintathere (extinct mammal; *Uintatherium*), **MAM** 38-39, 45, **NA** *128-129*
Uintatherium. See Uintathere
Ulmaceae. *See* Elm
Ulmus americana. See American elm
Ultima Thule, **POL** 32
Ultrasonic sound, **AB** 42
Ultrasonic wave sensitivity, **INS** 36
Ultraviolet light, **AB** 37, 48; effect on rocks and minerals, **E** *102-103*
Ultraviolet waves, **UNV** 36, 88; sensitivity, **INS** 36; wave length of, **UNV** *60*
Uma notata. See Fringe-toe sand lizard
Umbellifers (plants; Ammiaceae): identification of, **PLT** 11
Umbelliflorae (order of plant class Dicotyledoneae), **PLT** 187
Umbilicus: of fishes, **FSH** 103; in reptile egg, **REP** *140-141*
Umbrellabird, bare-necked *(Cephalopterus ornatus),* **SA** *107*
Unauna (island), **TA** 106-107
Unconformity (rock formation), **E** 84, 111, *diagram* 85
Underground water supply of Australia, **AUS** *12*
Undertow: and longshore currents, **S** 91
Underwater: man's observation, **S** 55-61; mining equipment, **S** 180, *181;* recording station equipment, **S** *82,* 170; vision of fishes, **FSH** 41
Undina (extinct fish), **FSH** *chart* 69
Undulate triggerfish *(Balistapus undulatus),* **FSH** *138*
UNESCO (United Nations Educational, Scientific and Cultural Organization), **DES** 166, **EV** 25
Ungava Bay, Canada, **POL** 133, 153
Ungulates (hoofed mammals), **MT** 110, *118-119,* **NA** *127-137,* **MAM** *17,* 18, **PRM** 134, **SA** 14-15, 83-84, *85;* of Africa, **AFR** 15, *27,* 36-38, 63-70, 88-89, 114, 119, *121,* 156, 173, *188-191;* characteristics of, **MAM** 13, *17,* 18; classification of, **MAM** 13, 18, *20-21;* cud-chewing, *see* Ruminants; extinct, **SA** 64-65; feet of, **AFR** 65; Himalayan, **EUR** 37-39; hoofprints of, **MAM** *187;* hoofs of, **MAM** *17;* odd-toed hoofs of, **MAM** *17,* 18; of Madagascar, **AFR** 156; mating patterns of, **MAM** 144; of Mediterranean region, **EUR** 62-63; migrations of, **MAM** 125-126; progenitors of, **MAM** 44-45; shelters of, **MAM** 124; of steppe, **EUR** 83, 87; of taiga, **EUR** 133; young of, **MAM** 147. *See also* Even-toed ungulates; Odd-toed ungulates
Unguligrade stance (of mammals), **MAM** 58, 187
Unicorn (mythical beast), **POL** 102
Uniformitarianism, theory of, **EM** 11
Uniola paniculata. See Sea oat
Union of Soviet Socialist Republics (Russia), **DES** 11-12, 77, 171, **POL** 53, 170; antarctic bases of, **POL** 14, 170, 174, 175, *map* 13; arctic bases of, **POL** 38, 153; arctic defense system of, **POL** 153; arctic development by, **POL** 151, 152, 153-154, 156, 158; arctic explorations by, **POL** 33; arctic population of, **POL** 152; arctic research by, **POL** 157-158; and damming of Bering Strait, **S** 171; dams of, **DES** 167; dunes in, **DES** 33-34; fishing industry of, **FSH** 15, 170, 171, 176, 182, 184; forest areas in, **FOR** *chart* 58; forest reserves of, **EUR** 179; government protected land in, **EUR** *chart* 176; and International Geophysical Year, **S** 64, 71; locusts of, **DES** 115; rubber production in, **DES** 169; as signatory of international treaty on Antarctica, **POL** 170; soil of, **FOR** 136; wildlife reserves in, **EUR** 178-179; wolves, extermination of in, **EUR** 113
United Nations: antimalaria spraying techniques of, **EC** *181;* and fisheries treaties, **FSH** 173
United Nations Educational, Scientific and Cultural Organization. *See* UNESCO
United Nations Food and Agricultural Organization, **DES** 16, 167, **FOR** 174, **FSH** 173, 175, 176, 177
United States, **POL** 38, 153, 166, 176; arctic defense system of, **POL** 153, *166-167;* bird protection in, **B** 168, 171, 172, 183; climate of, **FOR** 10, 60-61; cordilleras (mountain ranges) of, **MT** 12; deforestation of, **FOR** 7, 159, 169-174, *chart* 172-173, **FOR** *178-179;* estimated bird population of, **B** 82; fishing industry of, **FSH** 170, 176, 183; fishing laws of, **FSH** 176; forests of, **FOR** 170-171, *map* 62-63, **PLT** 126; geological upheavals in, **MT** 39, 42; government protected land in, **EUR** *chart* 176; mineral supplies of, **S** 172-173; mountains of, **MT** 12, 13, 39, 42, 57, 137, *chart* 136; national monuments in, **E** 186-187, **NA** 194-195; national parks in, **E** 186-187, **NA** 194-195; population densities of birds in, **B** 84; poultry raising in, **B** 166; rainfall in, **E** 175; vegetation zones in, **PLT** *90-91;* volcanoes of, **MT** 57; water supply in, **E** *map* 174-175; wood use in, **FOR** *chart* 156-157; yield per acre in, **PLT** 166
U.S. Air Force: arctic bases of, **POL** 153, *166*
U.S. Army: in Arctic, **POL** *150,* 154, 176; polar expedition of (1881-1884), **POL** 36-37, 38
U.S. Coast and Geodetic Survey, **S** 92
U.S. Department of Agriculture, **AB** 67
U.S. Fish and Wildlife Service, **B** 86, 115, 168, **S** 78
U.S. Forest Service, **NA** 36
U.S. Geological Survey, **S** 171
U.S. International Cooperation Administration, **FSH** 176
U.S. Maritime Administration, **POL** 155
U.S. National Park Service, **NA** 32, 183, 188
U.S. National Parks, **NA** 149-150, *182-189, 192-193,* 194-195
U.S. Navy: antarctic expeditions of, **POL** 68, *168;* arctic oil option of, **POL** 154; and coral drilling, **S** 58; green turtle research by, **REP** 174, 175; and marine research, **S** 80, 110, 136; and shark research, **S** 132, 135
United States Steel Corp., **POL** 153
U.S. Weather Bureau, **POL** 158
U.S.-Canada Salmon Treaty, **FSH** 184, 185
Universe: boundlessness of, **UNV** 170, 175; curvature of, **UNV** 173-175, *diagrams* 174-175; mathematical models of, **UNV** 171; possible age of, **UNV** 154; size of, **UNV** *182-183;* theories of creation of, **UNV** *diagrams* 174-175; validity of scientific law throughout, **UNV** 170
University of California: experiments with monkeys, **PRM** 132-133; fossil research of, **PRM** 178
University of Washington, Fisheries Research Institute of, **FSH** 154
University of Wisconsin: behavior experiments, **AB** 131-132; experiments with rhesus monkeys, **PRM** 86; laboratory tests of learning processes, **PRM** 156-157
University of Witwatersrand, archeological researchers of, **PRM** 178
Upper Guinea forest, **AFR** 111
Upper Paleolithic period. *See* Paleolithic, Upper
Upright posture: as criterion of man, **EV** 134, 149; evolutionary changes needed for, **EV** 134
Upside-down catfish *(Synodontis nigriventris),* **AFR** *50-51*
Upupa epops. See Hoopoe
Upwellings (ocean); and marine life, **S** 80; and nutrients of sea, **S** 173
Uracil (Nucleotide), **EV** 96
Ural Mountains, **EUR** 11, **MT** 37, 39, 44, 136
Ural River, **S** 184
Ural-Altaic people, **POL** 130
"Uralgae" (pre-Cambrian plants),

203

EC Ecology; **EM** Early Man; **EUR** Eurasia; **EV** Evolution; **FOR** Forest; **FSH** Fishes;
PRM Primates; **REP** Reptiles; **S** Sea; **SA** South America; **TA** Tropical Asia; **UNV** Universe

INDEX (CONTINUED)

PLT 18-19
Uralian Sea, **EUR** 10, 12
Uranium, **DES** 169, **POL** 170; arctic resources, **POL** 153, *table* 155; decay of, **E** 132; mining and refining of, **E** *98-99*
Uranus (planet), **S** 9-10; birth of, **UNV** 93; orbit of, **UNV** *72*; relative size of, **UNV** *73*; satellites of, **UNV** 68; symbol for, **UNV** *64*
Urbanization: concentration, **EUR** 174; effects on, **EC** 166
Urchin, green sea (*Strongylocentrotus droebachiensis*), **S** 25
Urchin, sea. *See* Sea urchin
Urechis caupo. See "Innkeeper" worm
Urey, Harold, **E** 162, **S** 183
Uria aalge. See Murre
Uria lomvia. See Thick-billed murre
Urine, **DES** 97, 98-99; of foxes, **AB** 32; of reptiles, **REP** 107
Urmia, Lake, **S** 184
Urocyon. See Gray fox
Uronemus (extinct fish), **FSH** *chart* 68
Urophycis floridanus. See Southern hake
Uroplatus. See Frilled gecko
Uroplatus fimbriatus. See Leaftailed gecko
Ursa Major (constellation). *See* Big Dipper
Ursa Minor (constellation). *See* Little Dipper
Ursidae. *See* Bear
Ursus americanus. See Black bear
Ursus arctos. See specific bears
Ursus arctos horribilis. See Grizzly bear
Urticaceae. *See* Stinging nettle
Urticales (order of plant class Dicotyledoneae), **PLT** 186
Utricularia. See Bladderwort
Uruguay River, **S** 184
Urunga (Australian town), aboriginal meaning of, **AUS** 15
Usambara Mountains, **AFR** 138
Ushuaia, Argentina, **SA** 20
Usnea. See Old-man's beard
Ussher, Archbishop James, **E** 35, **EM** 10, *19*, **EV** 12
U.S.S.R. *See* Union of Soviet Socialist Republics
Uta stansburiana. See Side-blotched lizard
Utah: deserts of, **DES** 12, 14, 30, 38-39, 40, 46-47, 169, **FOR** 65; erosion in, **FOR** 171; mountains of, **MT** 36, 38
Ute Indians, **DES** 70
Uttar Pradesh (state of India), **TA** 40
UV Ceti stars, **UNV** 122
UV Puppis (star), **UNV** 112
Uvalaria. See Bellwort
UW Canis Majoris (star), **UNV** 112

V

Vaal rhebok (antelope; *Pelea capreolus*), **AFR** 76
Vaccines, **EC** 98
Vaccinium. See Cranberry
Vacuole (plant cell cavity), **PLT** *44-45*; substances in, **PLT** 75
"Vacuum behavior," **AB** 86
Vacuum cleaner mouth of fishes, **FSH** *13, 53*
Vagility: definition of, **REP** 81; of reptiles, **REP** 82
Valine (amino acid): and hemoglobin molecule, **EV** 95
Valley of Tombs, Palmyra, **DES** *148-149*
Valleys: of California, **S** 61; formation of, **MT** *27, 46-47*; graben, *diagram* **MT** 36
Valves of reptile breathing apparatus, **REP** 111-112, 114
Vampire bat (*Desmodus rotundus*), **EV** *59*, **MAM** 89, **SA** 85, 86, *91*
Vampire bat, American false (*Vampyrum spectrum*), **SA** 91
Vampire bat, false (*Megaderma*), **TA** 60
Vampyrum spectrum. See False vampire bat, American
Van, Lake, **S** 184
Van Allen, James, **E** 20
Van Allen radiation belts, **E** 12, 20-21, **POL** 172, *diagram* 173, **UNV** 68
Van Loon, Hendrik, **E** 132
Vandellia cirrhosa. See Candirú
Vane, or web, of feathers, **B** 33, 34
Vanellus. See Lapwing
Vanellus coronatus. See Crowned lapwing
Vänern, Lake, **S** 184
Vanessa cardui. See Painted lady butterfly
Vanga (bird; Vangidae), **AFR** 156
Vangidae. *See* Vanga
Vanguard I (satellite), **E** 11
Vanilla leaf, or "Sweet-after-death" (plant; *Achlys triphylla*), **FOR** 84
Varanus. See Goanna
Varanus giganteus. See Perentie
Varanus komodoensis. See Komodo dragon
Varanus niloticus. See Nilotic or Nile monitor
Varanus varius. See Lace monitor
Variable stars, **UNV** 109, 150-151, *diagrams* 110. *See also* Cepheids: RR Lyrae stars
Variations within species: of dogs, **EV** *chart* 86-87; in ears of man, **EV** *181*; of fauna, **TA** 102-108, *116*; and heredity, **EV** 69-74; molecular basis of, **EV** 94-95, 96, 103; and mutation, **EV** 89-91; and natural selection, **EV** 43-44, *73*; and polydactyly, **EV** *180-181*; prevention of, **EV** 76-77; and reproduction, **EV** 105
Variegated cutworm (Noctuidae), **PLT** 176
Variscite (mineral), **E** 101
Varying, or mountain, hare (*Lepus timidus*), **EUR** 136, *141*, **MAM** 102
Vasco da Gama, **AFR** 18
Vascular plants: evolution of, **PLT** 14-16
Vase, sea (marine animal; *Cionia intestinalis*), **S** 24
Vedda: as subgroup of man, **EV** 175
Vega (star; Alpha Lyrae), **UNV** 11, 35, *map* 10; color of, **UNV** 131; as North Star, **E** 13, *diagram* 14; spectrum of, **UNV** 51
Vegetables, giant, **EV** *82-83*
Vegetarianism, of *Paranthropus*, **EM** 53, *66-67*
Vegetation: of Australia, **AUS** *map* 18-19; diffusion of, **EC** 55; growing conditions for, **SA** 11; of sea and shore, **S** *100-101*; of Tropical Asia, **TA** *map* 18-19; zones of South America, **SA** *map* 18-19
Veil nebula, **UNV** *126-127*
Veiltail, telescope-eyed, or popeye goldfish (*Carassius auratus*), **FSH** 58
Vejovis spinigerus. See Stripe-tailed scorpion
Vela (constellation), **UNV** *map* 11
Veld, **AFR** 62, 69, 171. *See also* Savannas
Velocities (wind): Beaufort Scale of, **S** *chart* 90
Velvet ant (*Dasymutilla occidentalis*), **INS** *43*, 102
Velvet ant, red (*Dasymutilla coccinohirta*), **NA** 48
Vema Gap (underwater), **S** *map* 64
Vema Seamount, **S** *map* 67
Vendee hound (*Canis familiaris*), **EV** 87
Venezuela: and Cariaco Trench, **S** 63; Casiquiare Canal of, **SA** 178; discovery of, **S** 12
Vening Meinesz, Felix Andreas, **MT** 61, **S** 183
Venom: digestive function of snake, **REP** 61; *of fish*, **FSH** 24, 78, *96-97*, **S** 34, 35; of rear-fanged snake, **REP** 112-113; of reptiles, **REP** 14, *59*, 60, 61-62, 65, 69, 70-71, 73, 112-113; of sea anemone, **S** 122; of sea urchin, **S** 123; of shrews, **MAM** 82; of starfish, **S** 103; of stingrays, **S**.124, 134
Venomous fishes. *See* Poisonous fishes
Venomous snakes of Australia, **AUS** 136, 145
Ventilation of eggs, **AB** 12-13, *73*
Ventral plates: of blunt-headed tree snake, **REP** 100
Venus (planet), **UNV** 64-65; atmosphere on, **UNV** *79*; birth of, **UNV** 93; distortion of light from, **E** 68, *69*; orbit of, **UNV** *72*; phases of, **UNV** 15, *79*; relative size of, **UNV** *73*; symbol for, **UNV** *64*; transits across sun, **UNV** 64
Venus (Cro-Magnon sculpture), **EM** 155
Venus of Abri Pataud (sculpture), **EM** *164*
Venus of Laussel (sculpture), **EM** *162*
Venus of Vestonice (sculpture), **EM** *163*
Venus of Willendorf (sculpture), **EM** 151, *163*
Venus's-flytrap (plant; *Dionaea muscipula*), **PLT** 146, 186
Verbena (*Verbena*), **FOR** 74
Verbena. See Verbena
Verbena, sand (plant; *Abronia*), **DES** 63, **S** 97
Verbena (plant; *Verbena*), **DES** 60
Verbiest, Ferdinand, **UNV** 22
Verdin (bird; *Auriparus flaviceps*), **DES** 15
Vérendrye, Pierre de la, **NA** 24
Verkhoyansk, Siberia, **POL** 14-15, 131
Vermiform appendix: as vestige in man, **EV** 45
Vermilion mushroom (*Hygrophorus miniatus*), **FOR** 26
Vermivora ruficapilla. See Nashville warbler
Vermont: forests of, **FOR** 156; mountains of, **MT** 43; musk ox in, **POL** 157, *165*
Verrazano, Giovanni da, **NA** *15*, 32-33, 38, 95, *map* 20
Verreaux's eagle (*Aquila verreauxi*), **AFR** 108
Verschurin, Jacques, **AFR** 180
Vertebrae: of eels, **FSH** 158; of fish, **FSH** 34, 36, 60, **MAM** 11; of sharks, **FSH** 93; of skates, **FSH** 93
Vertebrata. *See* Vertebrates
Vertebrate paleontology, **EM** 11
Vertebrates (Vertebrata), **B** 16; birth of, **EV** 95; and chordates, **FSH** 60; classes of, **E** 134; definition of, **MAM** 10; ears of, **AB** 109; emergence of, **FSH** *chart* 39, 40, 41; evolution of, **E** 136-139, **S** 108-109, **REP** 37; evolution and fossils of, **REP** 14, 112-113, 116; eye of, **AB** 52; glandular behavior of, **AB** 87; hearing of, **AB** 42; number of species, **MAM** 13; sense of balance in, **AB** 40; sex hormones of, **AB** 86; vision in, **AB** 38. *See also* Amphibians, birds, fish, mammals, reptiles
Vértesszöllös, Hungary, **EM** 104
Vervet (monkey; *Cercopithecus aethiops*), **PRM** 152; albino, **EV** *66*
Vespa crabro. See European hornet
Vespa tropica. See Banded hornet
Vespertilionidae. *See* Desert bat
Vespidae. *See* Paper wasp
Vespucci, Amerigo, **NA** 38, **S** 182
Vespula. See Yellow-jacket wasp
Vesta (asteroid), **UNV** 66, *80*
Vestal, Elden H., **MAM** 124
Vesterbygd, Greenland, **POL** 33
Vestigial organs: and evolution, **EV** 29; of legs in Yahgan Indians, **EV** 36; legs of reptiles, **REP** 29; of man, **EV** 45
Vestonice, *Venus of* (sculpture), **EM** *163*
Vesuvius, Mount, **MT** 38, 54, 55, 56, 57, 59, *63*, 65, 186, *diagram* 178
Vézère River valley, France, **EM** 146
Viburnum (plant; *Viburnum*), **FOR** 113
Viburnum. See Viburnum
Viburnum alnifolium. See Hobble-bush
Vicia faba. See Broad bean
Victor Emmanuel II, King of Italy, **EUR** 136, **MT** 120
Victoria, Queen of England, **MT** 168; and family, **EV** *177*
Victoria, Australia, **AUS** 15, **DES** 118, 120
Victoria, Lake, **AFR** 10, *20*, 38, 51, 52, **S** 184
Victoria Channel, Arctic Ocean, **POL** 35
Victoria crowned pigeon (*Goura victoria*), **B** 26, *50*
Victoria Falls, **AFR** *22-23*
Victoria Falls National Park, Rhodesia, **AFR** 175
Victoria Land (Antarctica), **POL** 53, 56, **S** *map* 73
Victoria Nile (river), **AFR** 33, 36, 39, *44, 46, 83*. *See also* Nile
Vicuña (*Vicugna vicugna*), **SA** 12, 84, 85, *92, 93*; hemoglobin of, **EC** 124
Vidua paradisaea. See Paradise whydah
Viduinae. *See* Widow bird
Vietnamese: as subgroup of man, **EV** *174*
Vilyuy River (Asia), **S** 184
Vinci, Leonardo da, **MT** 157
Vine (plant; Vitaceae), **FOR** 53, 73, **PLT** 140
Vine, puncture (*Tribulus terrestris*), **DES** 57
Vine maple (*Acer circinatum*), **FOR** 78, *166-167*
Vine snake (*Oxybelis*), **REP** *64*, 86, **SA** 127, *142*
Vinegar fly (Drosophilidae), **INS** 39
Vinson Massif, Antarctica, **POL** 11
Viola. See Pansy; Violet
Viola, African (*Saintpaulia ionantha*), **PLT** 69, *table* 123
Violet (plant; *Viola*), **AB** 156, **PLT** *32*, 106, 186
Violet, African (*Saintpaulia ionantha*), **PLT** 69, *table* 123
Violet, fringed (*Thysanotus multiflorus*), **AUS** 55
Violet mushroom (*Cortinarius*), **FOR** 26
Viper, European or asp (reptile; *Vipera aspis*), **REP** *126*, 80
Viper, eyelash (*Bothrops schlegelii*), **REP** *25*
Viper, painted desert (*Echis coloratus*), **EUR** 77
Viper, pit (Crotalidae), **NA** 80, **REP** 15, 60. *See also* Rattlesnake
Viper, sand (*Vipera ammodytes*), **DES** 72, **REP** 83
Vipera ammodytes. See Sand viper
Vipera aspis. See European viper
Vipera palestinae. See Palestinian viper
Viperfish (Chauliodus), **FSH** *chart* 69; habitat of, **S** 27-29; teeth of, **S** 111
Vipers (snakes; Viperidae), **REP** 14, 15, 59, 129, **SA** 127, 128; absence of in Australia, **AUS** 135-136; early medicinal use of, **REP** 149; fangs of, **REP** 60; poison glands of, **REP** 59; reproduction of, **REP** 132
Virchow, Rudolf, **EM** 13, **EV** 130
Vireo (bird; Vireonidae), **B** 58, 122, **DES** 15, **FOR** 117, 153; nests of, **B** 140
Vireo. See Vireo
Vireo, red-eyed (*Vireo olivaceus*), **B** 81, 144; song of, 121
Vireo olivaceus. See Red-eyed Vireo
Virgil, **FOR** 14, 15
Virgin Islands National Park, **E** 187
Virginia anisota (caterpillar; *Anisota*

virginiensis), **FOR** *145*
Virginia creeper (plant; *Parthenocissus quinquefolia*), **PLT** 59, 186
Virgo (constellation), **UNV** *maps* 10, 11; galaxy cluster in, **UNV** 152, 153, *180-181*
Virunga Volcanoes, **AFR** 136, 142
Viruses, **E** *150-151*, **PLT** 144; diseases caused by, **EC** 97-98; and DNA, **EV** 94
Viscacha, mountain (rodent; *Lagidium*), **EC** 124, *136*
Viscacha, plains *(Lagostomus maximus)*, **EC** *136*, **SA** 57
Viscera, of apes and monkeys, **EM** 35
Vishniac, Roman, **AB** 51, **S** 121
Vishnu, **MT** 138
Vision, **AB** 37-39, *52-59;* adaptations for, **SA** 39; of alligators, **REP** *94-95;* of bees, **AB** 20, 36, 37, 38, *48;* binocular, **AB** 114, **B** 35, *diagrams* 36, **EV** *131*, **FSH** 41, *42*, **MAM** *diagram* 167, **REP** *94-95;* of birds, **B** 22, *35*-37, *50-51*, 62, *68*, 70, *diagram* 36; centers of the brain, **PRM** 13; color, **AB** 20, 37-38, 64, **INS** 36; and "diffused light sense," **AB** 38; evolution of, **AB** 43, **EM** 50, **EV** 115, 116, **PRM** 13, *15*, 21, 140-141; of fishes, **FSH** *29*, 40-41, *42*, *43*, *50-51*, 79, 129; in glowworms, **AB** *50-51;* of insects, **AB** 64-65, 114, **INS** 10, 35-36, 38, *diagram* 37; of man, **AB** 38-39, *48*, 50-51, **FSH** *42*, **INS** *diagram* 36, **MAM** 167; monocular, **B** 35, *diagrams* 36, **FSH** 41, *42*, *50;* and moving objects, **AB** 39, 113; night, **REP** *95;* of octopus, **AB** *40*, *41;* and orientation, **AB** 111-112, 113, 123; of primates, **MAM** *167*, 174-175; role of eye in, **AB** 52; of sea animals, **S** 128, *129*, 132-133, 159; stereoscopic, **EM** 50; telescopic, **FSH** *51;* theories about, **AB** 50-51
Visor-bearer, hooded (bird; *Augastes lumachellus*), **SA** *116*, *117*
Vistula River, **S** 184
Visual adaptation: of birds, **B** *diagram* 36
Visual stimuli experiments: with color, **AB** 62-64, 78-79; with distance, **AB** 63; with movement, **AB** 63-64, 113; with shapes, **AB** 62-63, 78-79; with sizes, **AB** 62-64, *68*, 78-79
Vitaceae. *See* Vine
Vitamins: A, **DES** 117; B_1, effect of on growth, **PLT** 112; from fungi, **PLT** 14; from whale liver, **S** 165
Vitiaz Trench (South Pacific), **S** *map* 70
Vitis. See Grape
Viviparous breeding in fishes, **FSH** 103
Viviparous Quadrupeds of North America, The, Audubon and Bachman, **MAM** 127
Vladivostok (U.S.S.R.), **POL** 155
Vocal "language" of whales, **AB** 42, 165
Vogt, William, **B** 120-121
Voguls (nomads), **EUR** 132
Voices: of crocodilians, **REP** 16, 23; of geckos (lizards), **REP** 13; of tuatara (reptile), **REP** 172; of turtles, **REP** 21
Volcanic activity: cause of, **MT** 54, 58, 60-61; cinder activity, **MT** *54*, 58-59; danger signals of, **MT** 62; eruption forms **MT** *54*, 55, 56, 58, *63*, *66-75;* eruption products, **MT** 58-59, 74; lava flow, **MT** *54*, 59, 70, *74-75;* mechanics of, **MT** 58; mountain-building by, **MT** 37-38, *46-47*, 48, 53, 61
Volcanic ash, **FOR** 44, 47, **S** 59
Volcanic belts, **MT** 56-57, 60
Volcanic bomb, **MT** 59
Volcanic cones, **MT** 38, 54-55, 56; cinder, **MT** *52*, 58-59, *68;* composite, **MT** *54*, 59; spatter, **MT** *74*
Volcanic dikes, **MT** 46, *47*, 60
Volcanic fissures, **MT** 60-61
Volcanic islands, **MT** *57*, 61, **S** *61*
Volcanic pit ("caldera"), **MT** *61*
Volcanic plugs, **MT** 46, *47*, 60
Volcanoes: **DES** 21, 46, 62, **E** *46-47*, 83, **EM** *72-73*, **MT** 34, 38, *47*, *50-51*, 53, 57, 62, *63*, *66-73*, 128; active, **MT** 56; of Africa, **AFR** 10, 136, 142; in Antarctica, **POL** 16, 53, 56; benefits of, **MT** 61-62, 63, 65; cones of, **MT** *52*, *54-55*, 56, 58-59, *68;* and coral atolls, **S** *chart* 58; erosion of, **MT** 46, 59-60; explosive *vs.* quiet, **MT** 54-55; location of, **MT** 56-57; material of, **MT** 57-59; number of, **TA** 26; shield domes of, **MT** 56, 62, *70-71;* submarine, **S** 38, 39, 58, *65*, *charts* 56, 61, *maps*, 63-71; of tropical Asia, **TA** 12, *26-27;* in the United States, **E** 186; victims of, **MT** 54
Vole (rodent; Cricetidae), **EUR** 87, **MAM** 77, **POL** 76
Vole, field *(Microtus agrestis)*, **EUR** *140*
Volga River, **DES** 167, **S** 184
Volga River sturgeon (fish; *Acipenser ruthenus*), **FSH** 127
Voltaire, **MT** 10, 33
Volvaria. See Mushroom
Vombatidae. *See* Wombat
Von Luschan skin color scale, **EV** *164*
Vonnegut, Bernard, **E** *178*
Vosges Mountains, **MT** 136
Vostok, Antarctica, Soviet base at, **POL** 14, 174, *map* 13
Voyage of the Beagle, The, Darwin, **EV** 39
Vredefort Ring (astrobleme), **UNV** 80
Vulcan (volcanic mountain), **MT** 57
Vulpecula (constellation), Dumb-Bell nebula in, **UNV** *122-123*
Vulpes. See Fox
Vulpes corsac. See Corsac fox
Vulpes ferrilata. See Tibetan sand fox
Vultur gryphus. See Andean condor
Vulture (bird; Falconiformes), **AFR** 93, 102, **B** 14, 19, 20, 22, 62, 63, **DES** 73, 75, *88*, **EC** *117*, 144, **MT** 114, **NA** 82, **SA** 104-105; adaptation of, **B** 14; bill of, **B** *76;* eye of, **B** *51;* flight of, **B** 40; hygiene of, **B** 63; offensive mechanisms and tactics of, **B** 62; sense of smell of, **B** 37; soaring by, **B** 40; as scavenger, **B** 57; vision of, **B** 35, 37; wing and tail design of, **B** 40
Vulture, king *(Sarcoramphus papa)*, **NA** 82; beak of, **B** *76;* eye of, **B** *51*
Vulture, New World black, *(Coragyps atratus)*, **B** 37, 63
Vulture, palm-nut *(Gypohierax angolensis)*, **B** 64
Vulture, turkey *(Cathartes aura)*, **B** 37, 40, **DES** *88*, **SA** 104
Vulture, white-backed *(Pseudogyps africanus)*, **EC** *117*
Vulture, white-headed *(Trigonoceps occipitalis)*, **B** 19
Vulturelike birds, **EM** *72-73*

W

Waders, long-legged (birds): feet of, **B** 14, 37-38, *39*, 61
Wadi Jerat, Algeria, **DES** 132
Wadjak skulls, **EV** 131, 132
Wagenia tribesmen, **AFR** *24*
Wagtail, pied (bird; *Motacilla aguimp*), **AFR** 34, 41
Wagtail, yellow. *See* Yellow wagtail
Wahlberg's eagle *(Aquila wahlbergi)*, **AFR** 108
Waialeale (volcanic mountain), **MT** 87, **PLT** 90, **TA** 32
Waidup (Australian town), aboriginal meaning of, **AUS** 15
"Wait-a-bit" rattan (vine; *Calamus*), **TA** 37
Waitomo Caves, New Zealand, **AUS** 130, **INS** *118-119*
Waitomo fly *(Arachnocampa luminosa)*, **INS** 118, *119*
Walam Olum (Indian epic), **NA** *14-15*
Wald, Hermann, **AFR** 8-9
Walden Two, Skinner, **AB** 25
Wales: wildlife sanctuaries in, **EUR** 177
Walk-about (of aborigine), **AUS** 181
Walker, Theodore, **FSH** *56*
Walker, Thomas, **NA** *22*, 23
Walking. *See* Locomotion
Walking cycle, **INS** *41;* by birds, **B** 38, *39*
Walking perch. *See* Climbing perch
Walking stick, giant. *See* Giant walking stick
"Walking worm," or peripatus (Onychophora), **INS** *17*, **SA** 158, *160-161*
Wall creeper (bird; *Tichodroma muraria*), **EUR** 136
Wallabia. See "Tasmanian" brush wallaby
Wallabia agilis. See Agile wallaby
Wallabia elegans. See Pretty face wallaby
Wallabia rufogrisea frutica. See Bennett's wallaby
Wallabia rufogrisea frutrea. See "Tasmanian" brush wallaby
Wallaby *(Macropodidae)*, **AUS** 104, 105, **DES** 72, 78, 96, 118, 159; of Australia, **AUS** 78, *diagram* 89, 104, 105-106; as food, **AUS** *184;* size of, **MAM** 15. *See also* Kangaroos
Wallaby, agile *(Wallabia agilis)*, **AUS** *118*
Wallaby, banded hare (kangaroo; *Lagostrophus fasciatus*), **AUS** *119*, *diagram* 89
Wallaby, Bennett's (marsupial; *Wallabia rufogrisea*), **EV** *66*
Wallaby, brush-tailed rock *(Petrogale penicillata)*, **AUS** *diagram* 89
Wallaby, hare *(Lagorchestes)*, **AUS** 104, 105, 106
Wallaby, nail-tail *(Onychogalea)*, **AUS** 104
Wallaby, pretty face *(Wallabia elegans)*, **AUS** *119*
Wallaby, red-bellied pademelon *(Thylogale billardierii)*, **AUS** 104, *119*
Wallaby, ringed-tail rock *(Petrogale)*, **AUS** *119*
Wallaby, rock (marsupial; *Peradorcas concinna*), **AUS** 104, 105, *119*, *diagram* 89
Wallaby, short-tailed pademelon *(Setonix brachyurus)*, **AUS** 104, *119*
Wallaby, "Tasmanian" brush *(Wallabia rufogrisea frutica)*, **AUS** *118*
Wallace, Alfred Russel, **AUS** 16, 101, **EC** 12, 100, **EV** *41*, 45, 46, 74, **SA** 132; explorations of, **TA** 9-10, 15-16, 57, 60, 67, *102*, 106, *140-141*, 125-126, 169
Wallace, George, **B** 172
Wallace's Line, **TA**, *chart* 102; definition, **TA** 106; in ornithology, **AUS** 16, 151
Wallace's ornithoptera (butterfly; *Ornithoptera brookeana*), **TA** 15
Wallace's realms, **EC** *map* 12, 18-21; divisions of, **EC** 12; migrations across, **EC** 12-13
Wallaroo. *See* Euro
Walnut (tree; *Juglans*), **FOR** 95, 96, 170, **PLT** 186
Walnut, black *(Juglans nigra)*, **PLT** 140
Walnut Canyon National Monument, Arizona, **DES** 169, **E** 187
Walnut caterpillar (insect; *Datana integerrima*), **FOR** *145*
Walpi Pueblo, Ariz., **NA** *64-65*
Walrus *(Odobenus rosmarus)*, **MAM** 17, **NA** 15, 35, **POL** 80, *81*, 92, *96-99*, 101, 164; characteristics of, **MAM** 27; classification of, **MAM** 17; ears of, **S** 146; feeding habits of, **MAM** 86; herd of, **MAM** *27;* hunting of, **S** 147; linking seal groups, **S** 154; rear flippers of, **MAM** *66;* swimming technique of, **MAM** 62; tusks of, **MAM** 86, 99
Walsh, Lieut. Don, **S** *72-73*, 183
Walton, Izaak, **B** 61
Walvis Ridge, **S** *map* 67
Wandering albatross *(Diomedea exulans)*, **B** 14, *148-149*
Wandoo (tree; *Eucalyptus redunca*), **AUS** 46
Wandorobo (tribe), **AFR** 141
Wankie National Park, Rhodesia, **AFR** *106*
Wapiti. *See* American elk
Waratah (shrub; *Telopea speciosissima*), **AUS** *55*
Warble fly (insect; *Cuterebridae*), **POL** 111
Warbler (bird; Parulidae), **B** 20, 102, 146, **DES** 73, **EUR** 64, **FOR** 13, 14, 28, *114*, 117-118, 153, **NA** 180, **TA** 33, 36; backward flight of, **B** 39; bill of, **B** 12; diet of, **B** 58; eggs of, **EC** *124;* evolutionary diversification of, **EC** 59; migration of, **B** 105, 122; navigation study, *diagrams* **B** 107; nests, **B** 140-141; nocturnal migration of, **EC** 77; ocean crossings, **B** 105; songs of, **B** 121, 122; territory of, **B** 87, 138; vision of, **B** 35; Old World, zoogeographic realm of, **EC** *map* 20
Warbler, bay-breasted *(Dendroica castanea)*, **B** 87
Warbler, Blackburnian, *(Dendroica fusca)*, **FOR** 114, 118, 153
Warbler, black-throated *(Gerygone palpebrosa)*, **FOR** 153
Warbler, black-throated green *(Dendroica virens)*, **B** 80, *160*
Warbler, Cape May *(Dendroica tigrina)*, **FOR** 153
Warbler, chestnut-sided *(Dendroica pensylvanica)*, **FOR** 114, 153
Warbler, garden *(Sylvia borin)*, **EC** 124
Warbler, great reed *(Acrocephalus arundinaceus)*, **EC** 124
Warbler, Kirtland's *(Dendroica kirtlandii)*, **B** 86, **NA** 180
Warbler, leaf *(Phylloscopus)*, **B** 121
Warbler, magnolia *(Dendroica magnolia)*, **B** 58, **FOR** 114, 118, 153
Warbler, myrtle *(Dendroica coronata)*, **FOR** 153
Warbler, Nashville *(Vermivora ruficapilla)*, **FOR** 153
Warbler, parula *(Parula americana)*, **FOR** 117
Warbler, pine *(Dendroica pinus)*, **B** 121
Warbler, rock *(Origma rubricata)*, **B** 141
Warbler, Rüppell's *(Sylvia rüppelli)*, **EUR** 64
Warbler, subalpine *(Sylvia cantillans)*, **EUR** 64
Warbler, yellow *(Dendroica petechia)*, **B** 171
Warbler, yellowthroat *(Geothlypis trichas)*, **B** 120-121
Warbler finch (bird; *Certhidea olivacea*), **EV** *30*
Ward, Frank Kingdon, **EUR** 34, *48*
Warm front, **E** 61, *diagram* 59
Warm-blooded animals, **E** 137, 139, **EV** 115; mammals, **MAM** 11-12; monotremes, **AUS** 62-63; and return to sea, **S** 147. *See also* Temperature control.
Warning system against earthquake effects, **S** 92
Warrumbungle Range, Australia, **AUS** *27*
Wart hog *(Phacochoerus aethiopicus)*, **AFR** *27*, 67, **EC** *179*, **MAM** 100, *170*, **EV** 148
Wasatch Mountains, Utah, **FOR** 171

EC Ecology; **EM** Early Man; **EUR** Eurasia; **EV** Evolution; **FOR** Forest; **FSH** Fishes;
PRM Primates; **REP** Reptiles; **S** Sea; **SA** South America; **TA** Tropical Asia; **UNV** Universe

205

INDEX (CONTINUED)

Washburn, Sherwood L., EM 50, 54, MAM 149, PRM 7, 89, 132-133, 178
Washburn, Stanley, EM *179*
Washington, George, NA 36
Washington, Mount, MT 86, 158, *diagram* 178
Washington, University of, FSH 154
Washington palm (plant; *Washingtonia*), DES 170
Washington State: forests of, FOR 65, 160; irrigation in, DES 167, 169; mountains of, MT 13, 59, 109; and Pacific salmon, S 112; plants of, FOR 78, 81-83, 166-167; rains in, S 78; tree-farming in, FOR *176, 177*
Washingtonia. See Washington palm
Wasp (Hymenoptera), EV *50-51,* FOR 117, INS *115,* SA 154; attempt to mate with flower, EV *50-51;* behavior patterns of, INS 10-11; communities of, AB 158; diurnal habits of, EC 76; pollination by, INS 125; protective coloration of, INS 107; social organization of, EC 145; speed of, *table* INS 14; sting of, EC 123, INS *44,* 127; wings of, INS 51. *See also* Hornets
Wasp, cicada-killer *(Sphecius speciosus),* INS *52-53*
Wasp, digger. *See* Digger wasp
Wasp, flower (Thynnidae), AUS 130
Wasp, gall (Cynipinae), PLT 145
Wasp, ichneumon (Ichneumonoidae), FOR *141,* INS *27,* 56
Wasp, mud-dauber (Hymenoptera), INS *80,* 81, 89
Wasp, paper. *See* Paper wasp
Wasp, potter *(Eumenes),* INS *81,* 89, TA *137*
Wasp, sand *(Bembex),* INS 101-102, NA 46
Wasp, "Sand lover" *(Ammophila),* INS 81-82, *89,* 102
Wasp, solitary. *See* Solitary wasp
Wasp, stenogaster *(Stenogaster striatulus),* TA *125, 137*
Wasp, yellow-jacket *(Vespula),* INS 79
Waste elimination: by animals, DES 97, 98-99; by aquatic reptiles, REP 19, 107; of embryonic reptiles, REP 141
Watchung Mountains, New Jersey, MT 11
Water: adhesion of, PLT *78;* and animals, DES 76, 77, 83, 95-102; and birds, DES 74; cohesion of, PLT *79,* 99-100; density of, S 31, 57, 109; desert plants and, PLT 80; and erosion, DES 35, 38-39, 49, E *105,* 105-112, 113-129, MT 12; evaporation of, DES 14, 96-97, 99, 101, 167, EUR 40-41; and fishes, FSH *12,* 16, 40, 54; formation of, S 10, 38; indicators of, PLT 80; and life, PLT 73-74, S 39; and man, DES 16, 127, 128, 146-147, 153, 159, 162-163, 168; man's body content, S 11; metabolic, DES 97-98, 101, INS 11; movement of, FOR 99, PLT 73-80, *81-95;* pesticides in, EC 173; in photosynthesis, PLT 60-61; and plants, FOR 39-40, PLT 73-80, *90-91,* 122; pollution of, E 172, EC *172-173,* EUR 159, NA *148,* 180; proportion of, to earth, S 9, 11, 12-13; and reptiles, DES 71, REP 85, 106, 107; return of reptiles to, REP 105-106, 111, 112, 114, 115; and resorts, DES 171; salinity of, DES 168, PLT 79-80, S 11; and seeds, DES 59; in soil, PLT 79, 122; storage of, EM 180-181, FOR 10-11, FSH 73, PLT 75, 80; supply of, AUS *map* 12, E *map* 174-175, FOR 171, MT 61, 63, S 171-172, 173; and trees, FOR 68; water table, E 109; weight of, S 76, 79
Water beetle *(Dytiscus marginalis),* AB 64-65
Water beetles (Coleoptera), INS 41, 145, *146-147,* 148
Water birds, B 35, 54, 61-62; evolution of, B 10
Water boatman (insect; Corixidae), INS *146,* 147, *150-151*
Water buffalo *(Bubalus bubalis),* EC 12, FSH 124, TA *107,* 151, *164-165*
Water buffalo, dwarf *(Anoa),* TA *107*
Water bug, giant (Belostomatidae), INS 104
Water, or African, chevrotain (mouse deer; *Hyemoschus aquaticus*), AFR 38
Water clock, UNV *14*
Water deer, Chinese *(Hydropotes inermis),* MAM 98
Water dikkop (bird; *Burhinus vermiculatus*), AFR 41
Water flea *(Daphnia),* AB 153
Water holding frog *(Cyclorana platycephalus),* AUS 133
Water holes, DES 70, 76, *92,* 97, 129
Water hyacinth (plant; *Eichhornia crassipes*), EC *72-73*
Water lettuce *(Pistia stratiotes),* PLT *132-133*
Water lily (plant; *Nymphaea*), NA *177*
Water lizard *(Neusticurus rudis),* REP 114
Water mite *(Hydrachnidea),* EC 127, NA *45*
Water moccasin, or cottonmouth (snake; *Agkistrodon piscivorus*), REP 16; "dancing" by, REP 129-130
Water mole *(Desmana moschata):* zoogeographic realm of, EC *map* 20
Water opossum, or yapock *(Chironectes minimus),* SA 11, *53;* swimming technique of, MAM 62
Water ouzel, or dipper (bird; *Cinclus*), B 119, MT *115, 126*
"Water pennies" (beetle larvae; Psephenidae), INS 148
Water pollution: and fishes, FSH 16, 54
Water scorpion *(Nepa),* AB *42,* INS 41, 145, *155*
Water shrew, Himalayan *(Chimarrogale himalayica),* MAM 62
Water spaniel, Irish (dog; *Canis familiaris*), EV *86*
Water strider (insect; Gerridae), INS 146, *147,* 148, *152,* 153
Water surface dwellers, INS 146-147, *152-153*
Water table (land formation), E *109*
Water tiger (water beetle; *Dytiscus marginalis*): larva of, INS 150, *151*
Water turtle, dome-shelled, or cooter (Emydidae), REP 10, 128, *139*
Waterbuck (antelope; *Kobus*), AFR *27,* 68, *188,* MAM *8-9*
Watercress *(Nasturtium),* EC 61, PLT 175
Waterfalls: Murchison, Uganda, AFR 39, *44;* Potaro, British Guiana, SA *30-31;* Victoria, Africa, AFR *22-23*
Waterman, Alan T., E 42
Watermelon *(Citrullus vulgaris),* DES 102
Waterproofing of skeleton, INS 13
Waterspout (oceanic tornado), E *56,* 62
Watson, James D., EV 94
Wattle (tree; *Acacia*), AUS 10, *44,* 45, *52*
Wattle, black *(Acacia decurrens),* AUS *44*
Wattle, spike *(Acacia oxycedrus),* AUS *52*
Watutsi tribe, EV 182
Waves (ocean), E *78-79;* action of, S 87-92; breaking of, S 87-88, *chart* 89, 90, *93;* and coastal changes, S 90-91, 93, *96-97;* dimensions of, S 88, *chart* 89; and formation of beaches, S *97;* motion of, S *chart* 88; sizes of, S 90-91, 94
"Waves of determinism," INS 58-59
Wavy thistle (plant; *Cirsium*), DES *57*
Wax (spermaceti) of whales, S 149
Wax moth *(Galleria mellonella):* larva of, INS 139
Wax palm, Brazilian (tree; *Copernica cerifera*), FOR *111*
Waxbill (bird; *Estrilda*), B 152
Waxwing (bird; Bombycillinae), B 60, 104
Waxwing, Bohemian *(Bombycilla garrulus),* B 60, 87
Waxwing, cedar *(Bombycilla cedrorum),* B 60
Weakfish *(Cynoscion regalis):* habitat of, FSH *19, 22-23*
Weaning: of langurs, PRM 92-93; of monkeys, PRM 87
Weapons, EM *131;* of Australopithecines, EV *157;* of Australopithecus, EM *59, 68-69;* bones, EM *59;* bow and arrow, EM *186-187;* of Bushmen, EM *186-187;* of Cro-Magnon man, EM 148, EV *163,* 169; harpoon heads, EM *117;* of Mesolithic Age, EV *147;* of Neolithic Age, EV *147;* of Ona Indians, EV *32-33;* of *Paranthropus,* EM *66-67;* poisoned arrow, EM 186; use of by chimpanzees, EV *141;* use by man, PRM 152-153; wooden, EM *90, 98-99,* 108, *120, 131*
Weasel *(Mustela),* AB 190, DES 92, 120, EUR *115,* MT 111, NA 11, 175, POL 82, 110, *123,* SA 12, TA 103; breeding season of, MAM 142; color changes of, EC 78, MAM *102-103;* locomotion of, MAM 57; in New Zealand, EC 61; as predator, AFR 87, POL 82, 110, SA 12; response to light changes of, EC 78; response to temperature changes, POL 75; secondary sex characteristics of, MAM 143; skulls of, MAM *14;* shelter of, MAM *134;* speed of, MAM *chart* 72; swimming ability of, MAM 61. *See also* Ermine
Weasel, long-tailed *(Mustela frenata),* footprints of, MAM *187*
Weasel, short-tailed. *See* Ermine
Weather: control of, E *178-179;* cycles of Australia, AUS 15; effect of Andes on, SA *chart* 10-11; forecasting of, E 160; and clouds, E *70-71;* in North America, NA *maps* 104-105; role of atmosphere in, E 60-64; and World Continent theory, AUS 37, 38
Weather satellites, E *179*
Weathering, process of, E 106, 109-110, *diagram* 109
Weaver ant *(Oecophylla),* INS 173
Weaver finch (bird; Estrildidae), B 85
Weaverbird (Ploceidae), AFR 13, 34, B 169; nests of, AFR *91,* B 139, *140,* 141, *156*
Weaverbird, baya *(Ploceus philippinus),* B *156*
Weaverbird, buffalo *(Bubalornis albirostris),* AFR 13
Weaverbird, sociable *(Philetairus socius),* B 141-142
Weavers, or Spanish, broom (plant; *Spartium junceum*), EUR *68*
Web making, AB 9
Web, or vane, of feathers, B 33, 34
Weberian ossicles of fishes, FSH 43
Weber's Line, TA 106
Web-footed swimmers (birds), B 14
Webs of spiders, TA *138*
Webster, F. A., AB 117
Weddell Sea, Antarctica, POL 53, 54, 55, 56, S *map* 73
Weddell seal *(Leptonychotes weddelli),* POL *8, 78,* 80
Wedge-tailed eagle *(Aquila audax),* and kangaroos, AUS 121
Wedgwood, Josiah, EV 11
Weed, sargassum (brown alga; *Sargassum*), PLT 184, S 127
Weeds, PLT 140, 161; chemical control of, PLT 164; definition of, PLT 162; problem of, PLT 162
Weeping willow *(Salix babylonica),* PLT *186*
"Weeping woods" of Colombia, SA 11
Weevil (insect; Rhynchophora), INS 13
Weevil, acorn *(Balaninus),* INS *49*
Weevil, alfalfa *(Hypera postica),* PLT *177*
Weevil, boll *(Anthonomus grandis),* PLT *176*
Weevil, European, or birch leaf roller *(Deporaus betulae),* INS *125*
Weevil, grain *(Sitophilus granaria),* INS 11
Weevil, Peruvian *(Brenthidae),* INS *22*
Weevil, pine (Coleoptera), FOR 152
Wegener, Alfred, AUS 38, E 88, 89, MT 60
Weidenreich, Franz, EM *76,* 79, EV 134-135, 136, 149
Weimaraner (dog; *Canis familiaris*), EV *86*
Weiner, J. S., EM 25
Weinstein, Benjamin, PRM 157
Weirs (baskets): fishing with, FSH *168*
Weisshorn (mountain), MT 16
Weizsäcker, Carl von, UNV 130
Weka (bird; *Gallirallus australis*), AUS 149
Welland Canal, FSH 145
Weller, Milton, B 143
Wells, Carveth, TA 80-81
Wells: in deserts, DES 16, *37*
Welsh, James, DES *105*
Welsh terrier (dog; *Canis familiaris*), EV *86*
Welwitschia mirabilis (plant), AFR *171,* PLT 185
Wenner Gren Foundation, EV 152
Went, Frits, DES 59, PLT *92-93,* 111
West African eel cat (catfish; *Channallabes apus*), AFR 36
West coast of United States, S 61, *87,* 88, 90, *97,* 131-132, 146
West Germany: government protected land in, EUR *chart* 176
West Highland white terrier *(Canis familiaris),* EV *86*
West Indian locust (tree; *Hymenaea courbaril*), PLT *133*
West Indies: discovery of, S 12; and North Atlantic eddy, S 77; and ocean depths, S 61
West Spitsbergen (island), POL 15
West Virginia, FOR 43, 152; mountains of, MT 135
West Wind Drift of Pacific Ocean, S 78
Westerly winds, NA *map* 104
Western collared lizard *(Crotaphytus collaris baileyi),* AB *160-161,* REP 160
Western diamondback rattlesnake *(Crotalus atrox),* REP *90*-91
Western Hemisphere: discovery of, S 12; zoogeographic realms of, EC *map* 18-19. *See also* continents and countries
Western painted turtle *(Chrysemys picta bellii),* REP *109*
Western raven *(Corvus corax),* EC 154
Western sword fern *(Nephrolepis),* FOR *82-83*
Westphal's comet, UNV 70
Weta, or camel cricket *(Hemideina megacephala),* AUS 130
Wetar (island): birds of, TA 105
Wetlands, EUR 179-180
Wetmore, Alexander, B 34
Wetterhorn (mountain peak), MT 158, 186
Wexler, Harry, POL 158
Whale (mammal; Cetacea), MAM *20,* POL 78; "arm" bone structure, compared with man, dog, bird, EV *114;* brain size and weight of, EV 134; communication of, AB 165; and plankton, S *148;* courtship of, MAM 144; eating habits of, S *148;* eyes of, S *158;* forelimbs of, MAM 55, 56; growth of, S 148, 149;

AB Animal Behavior; AFR Africa; AUS Australia; B Birds; DES Desert; E Earth; INS Insects; MAM Mammals; MT Mountains; NA North America; PLT Plants; POL Poles;

insulation of, **MAM** 11; hearing of, **AB** 42-43, *165;* mammal comparison, **MAM** 17; migrations of, **MAM** 131, *map* 126; neck vertebrae of, **MAM** 11; oestrous cycle of, **MAM** 142; oil from, **S** 149, *156-157,* 165; as sea mammals, **S** 145-150; sensory apparatus of, **S** *158,* 159; and sharks, **S** 132; size of, **MAM** 19, **S** 148, *156-157, 159, 160, 163, 165;* skeletons of, **S** 165; sounds of, **AB** 42, *165,* **S** 159, 166; species of, **S** 147, *156-157;* speed of, **MAM** *chart* 72, **S** 148; spermaceti of, **S** 149; stranding of, **AB** 43; streamlining of, **EC** 127, **S** 147-148; swimming technique of, **MAM** 62; teeth of, **S** 147, 149, *165;* "language" of, **AB** 42, *165*
Whale, baleen *(Balaenoptera),* **MAM** 86, **POL** 78, 79, **S** 147, *148,* 150, *165*
Whale, blue. *See* Blue whale
Whale, gray *(Eschrichtius glaucus),* **MAM** 126, **S** 150, *159*
Whale, humpback. *See* Humpback whale
Whale, killer *(Orcinus orca),* **MAM** 12, **POL** 78, 79, **S** 136, *142*
Whale, narwhal *(Monodon monoceros),* **POL** *42,* 80, *102-103*
Whale, pilot *(Clobicephala melaena),* **S** *166*
Whale, sperm. *See* Sperm whale
Whale shark *(Rhincodon typus),* **FSH** 13, 63, 80, 83, *91,* **S** 133
Whaler shark *(Carcharhinus macrurus),* **FSH** 83
Whaler shark, Australian *(Carcharhinus macrurus),* **FSH** 83
Whales, Bay of, Antarctica, **POL** 55, 56
Whaling industry, **POL** 80, **S** 147, 149, 150, 159; and Bering Sea, **S** 146, 159; and fishing power, **FSH** 178; founding of modern, **S** 183; techniques of, **S** *160-166*
Wheat *(Triticum aestivum),* **DES** 165; **EC** 167; **PLT** *8, 11, 33,* 163, 165; dependence on man, **EC** 166; domestication, **EUR** *156,* 157; drought-resistant, **EC** 123; germ of, **PLT** 38; hybridization of, **PLT** 128; kernels of, **PLT** *172;* parasites of, **PLT** 144
Wheat grass, crested *(Agropyron cristatum),* **DES** 169
Wheat rust: control of, **PLT** 144; crop resistance to, **PLT** 163, 165
Wheatear (bird; *Oenanthe oenanthe*), **B** 106
Whelk, dog (mollusk; *Nucella lapillus*), **EC** 52, **S** *24*
Whelk egg case (mollusk; *Buccinum undatum*), **S** *25*
Whelk, dog (mollusk; *Nucella lapillus*), **S** *24*
Whip snake *(Coluber),* **REP** 14
Whippet (dog; *Canis familiaris*), **EV** *87*
Whipple, John, **UNV** 37
Whipple's comet, **UNV** 70
Whippoorwill (bird; *Caprimulgus vociferus*), **B** 15, 29, 38, 64, 121
Whirligig beetle (insect; Gyrinidae), **AB** 41, **EC** *116,* **INS** 36, *147,* 152, *153*
Whirlpool galaxy (M 51), **UNV** 151, 152, *155, 162-163*
Whirlpools, ocean, **S** 75-76, *77,* 78
Whirlwinds, **E** 62
Whisk fern *(Psilotum nudum),* **PLT** *25*
Whistling swan *(Olor columbianus),* **B** 34
White, Gilbert, **B** 100, **FOR** 132-133
White bat, Honduran (mammal; *Ectophylla alba*), **SA** *90,* 91
White begonia *(Begonia),* **EV** *76*
White cistus (plant; *Cistus*), **EUR** *68*
White crappie (fish; *Pomoxis annularis*), **FSH** *19, 21*
White dodo (extinct bird; *Raphus solitarius*), **AFR** *166-167*
White duck, crested *(Anas platyrhynchos),* **EV** *85*
White dwarfs (stars), **UNV** 114, 119, 133-134, 135, *diagram* 118
White, or common, egret (bird; *Egretta alba*), **AB** *84, 180, 181;* **EC** 42
White English terrier *(Canis familiaris),* **EV** *87*
White fir (tree; *Abies concolor*), **FOR** 59
White heron, great *(Ardea occidentalis),* **EC** 42
White leghorn (fowl; *Gallus gallus*), **EV** *85*
White Mountains, California, **FOR** *64*
White Mountains, New Hampshire, **PLT** 125
White oak *(Quercus alba),* **FOR** *37,* 154, 155
White oak leaf miner (insect; *Lithocolletis hamadryadella*), **INS** *124*
White pelican *(Pelecanus erythrorhynchos):* egg of, **B** *155;* feeding techniques of, **EC** 145
White pine (tree; *Pinus strobus*), **FOR** 60, 116, 134, 151-152, 154, 155, *179*
White rhinoceros *(Ceratotherium simum),* **AFR** 67, *80,* 172, **MAM** *34*
White Rim (rock formation), Utah, **NA** *185*
White River, North America, **S** 184
White salt dragon (lizard; *Tympanocryptis maculosa*), **AUS** 135
White Sands National Monument, New Mexico, **DES** *8-9,* 169, **E** 186, **NA** 195
White Sea, Arctic Ocean, **POL** 32
White shark *(Carcharodon carcharias),* **S** 132, 133, 134; as man-eater, **FSH** 83; size of, **FSH** *80-81;* and teeth, **FSH** 13
White spruce *(Picea glauca),* **FOR** 79
White sucker (fish; Catostomidae), **FSH** 19, *20-21*
White, or fairy, tern (bird; *Gygis alba*), **B** 16
White terrier, West Highland *(Canis familiaris),* **EV** *86*
White whale, or beluga *(Delphinapterus leucas),* **S** *167*
White-backed vulture *(Pseudogyps africanus),* **EC** *117*
Whitebait, or Tidewater silverside. *See* Tidewater silverside
White-collared pratincole (bird; *Galachrysia nuchalis*), **AFR** 41
White-crowned sparrow *(Zonotrichia leucophrys),* **B** 36; vision of, **B** *diagram* 36
White-eye, oriental (bird; *Zosterops palpebrosa*), **TA** *71*
White-faced tree duck (bird; *Dendrocygna viduata*), **AFR** 41
Whitefish (Coregonidae), **POL** 106; and water temperature, **FSH** *14, 15*
White-footed mouse (rodent; *Peromyscus*), **DES** 76, **FOR** *25,* **NA** *111*
White-headed duck *(Oxyura leucocephala),* **EUR** 64
White-headed mousebird *(Colius leucocephalus),* **B** *19*
White-headed vulture *(Trigonoceps occipitalis),* **B** *19*
White-lined sphinx moth *(Celerio lineata),* **AB** 75
White-lipped peccary, or javelina (wild pig; *Tayassu pecari*), **SA** 85
Whitemarsh, R. P., **S** 89
White-nosed monkey, Schmidt's *(Cercopithecus nictitans schmidti),* **MAM** 77, **PRM** *57*
"White-out" (light phenomenon), **POL** 28, 173
White-rump shrike, Sonoran (bird; *Lanius ludovicianus sonorensis*), **DES** 75
White-rumped sandpiper (bird; *Erolia fuscicollis*), **B** 103-104, 105
White-tailed deer *(Odocoileus virginianus),* **DES** 76, 78, **FOR** *24,* **MAM** *30;* antlers of, **MAM** *99;* in eastern forests, **NA** 97; fawns, **MAM** *30;* in New Zealand, **EC** 61
White-throated swift (bird; *Aeronautes saxatalis*), **B** 100
White-tipped shark *(Triaenodon obesus):* breeding habits of, **FSH** 80; feeding frenzy of, **S** *140-141;* habitat of, **S** *27-29*
White-toothed shrew, European. *See* European white-toothed shrew
White-winged dove *(Zenaida asiatica),* **DES** *86*
Whiting, European (fish; *Gadus merlangus*), **FSH** 123
Whitney, Mount, **MT** *42,* 186, *diagram* 178
Whooping crane (bird; *Grus americana*), **B** 85-86, 88, 170, *182-183,* **NA** 76, 81, 174, 180
Whydah, Jackson's dancing (bird; Ploceidae), **B** 125
Whydah, paradise *(Vidua paradisaea),* **AFR** 12
Whymper, Edward, **MT** 158-160, 166, *168*
Wichita Game Preserve, **NA** 122
Widgeon (bird; *Anas penelope*), **B** 62, 64
Widow bird (Viduinae), **AB** 166, **AFR** 13, **B** 152
Wied's frog *(Ceratophrys varia),* **SA** *134*
Wilberforce, Samuel, **EV** 42
Wild ass *(Equus asinus),* **AFR** 67, **EC** *20,* **MAM** *28-29*
Wild ass, Mongolian, or kulan *(Equus hemionus hemionus),* **EUR** 84-85, *104-105*
Wild ass, Persian, or onager *(Equus hemionus onager),* **EUR** 84, 155-156
Wild ass, Tibetan, or kiang *(Equus hemionus kiang),* **EUR** 38-39, *54*
Wild banana *(Musa rosacea),* **PLT** *132, 137*
Wild Beasts and Their Ways, Baker, **AFR** 37
Wild begonia (flower; *Begonia*), **EV** *76*
Wild boar *(Sus scrofa),* **EUR** *127,* **FOR** 115, **NA** 77, **TA** 150; characteristics of, **EUR** 112
Wild cherry *(Prunus),* **PLT** 11
Wild dog. *See* Dingo
Wild flowers, **AFR** *146-147,* **NA** *106-107*
Wild goat *(Capra hircus),* **EC** 61, **EUR** 40, 113-114, *118, 120-121;* adaptability of, **EUR** 63; in ancient times, **EUR** *27;* distribution of, **EUR** 62; horn cores of, **EUR** *158;* horns of, **MAM** 98
Wild goat, or bezoar *(Capra aegagrus),* **EUR** *75,* **MAM** 98; Himalayan, **EUR** 40; Persian, **EUR** *27*
Wild hunting dog (African; *Lycaon pictus*), **MAM** 79
Wild oxen (Bovidae): in Cro-Magnon art, **EV** 169; horns of, **MAM** 98
Wild pigs or hogs (Suidae), **EM** *72-73,* **EUR** 112, *127,* **NA** 77, **TA** *106,* 150-151; of Africa, **AFR** *27,* 38, 67, 119, *121,* **FOR** 115
Wild rhubarb (plant; *Rheum nobile*), **EUR** *35*
Wild sheep *(Ovis),* **EUR** *24-25,* 63, *74, 75,* 119; horns of, **MAM** 98; hunting scene, **EUR** *24-25*
Wild strawberry *(Fragaria virginiana),* **PLT** 139
Wild turkey (Meleagrididae), **B** 165, 166, **FOR** 28, **MAM** 78, **NA** 100-101; arena behavior of, **B** 124; early, **NA** 15; range of, **EC** 12; speed of, **MAM** *chart* 72; zoogeographic realm of, **EC** *map* 18
Wild yak *(Bos grunniens),* **DES** 131; **EUR** 39, *55;* **MT** 134, *135,* 149; **POL** 132
Wild Yak Steppe, Tibet, **EUR** 38, *55*
Wild yam (plant; *Dioscorea*), **PLT** *31*
Wildcat, African *(Felis catus),* **EUR** 114, 156
Wildcat, European *(Felis catus),* **EUR** 114
Wildebeeste. *See* Gnu
Wilderness Bill (U.S. legislation), **NA** 150, 180
Wilkes, Charles, **POL** 52, *55*
Wilkes Land (Antarctica), **POL** 55, **S** *map* 73
Wilkes Station, Antarctica, **POL** 176, *184*
Wilkins, Sir Hubert, **POL** *39,* **S** 183
Willamette (meteorite), **E** *30*
Willemite (mineral), **E** *102, 103*
Willendorf, Venus of (figurine), **EM** 151, *163*
Williams, Carroll, **INS** 66, 68
Willow (tree; *Salix*): **FOR** 14, 45, 61, 98-99, 107, 158; **NA** 96, 174; **PLT** 127, 186
Willow, arctic *(Salix),* **FOR** 58, **POL** 107, *108,* 109
Willow, pussy *(Salix discolor),* **FOR** 98
Willow, weeping *(Salix babylonica),* **PLT** *186*
Willow ptarmigan (bird; *Lagopus lagopus*), **B** 87, 101, **EC** 123, **EUR** 135
Wills, Sir Alfred, **MT** 158
Wilson, Alexander, **B** *166,* 171, **NA** 102
Wilson, Bates, **NA** *185*
Wilson, E. H., **EUR** 34
Wilson, E. O., **TA** 107
Wilson, Edward A., **POL** 56, 57, 174
Wilson, J. Tuzo, **MT** 61, **POL** 152, **S** 60
Wilson, Maurice, **EV** 159
Wilson's petrel *(Oceanites oceanicus),* **B** 83, 101, **EC** 144
Wilting of plants, **PLT** *75,* 78-79, *86, 89*
Wind, **DES** 32-34, 35, 47, 49, 156, **E** 60-63, *76-79,* **NA** *map,* 104; Beaufort velocities scale, **S** *chart* 90; and dehydration, **DES** 37, 129; diffusion of vegetation by, **EC** 59; and Dust Bowls, **DES** *50-51;* erosion by, **E** 109, 118, 119, **MT** 12; influence of mountains on, **MT** 12-13; monsoon, **DES** 12; motion of, **S** 76, 79, 83, 88; mountain, **MT** 81, 83, 86; and ocean currents, **S** 76; pollination by, **PLT** 11, 16, 105; self-protection of plants against, **MT** 83, 85, 86, 87, 92; in Tierra del Fuego, **EV** *33;* and waves, **S** 87-89, 93, 94
Wind Cave National Park, South Dakota, **E** 187, **NA** 195
Windbreaks, **PLT** 128; and soil fungi, **EC** 56
Windmill *(Allionia),* **DES** *54*
"Window" plants, **EV** *55*
Winds, trade. *See* Trade winds
Windward Road, The, Carr, **REP** 174, **SA** 54
Wines, production of, **PLT** 58
Wing, Leonard, **B** 82
Wingbeat: of birds, **B** 39, 48; of insects, **B** 39
Wing-cleaning movements of flies, **AB** 85-86
Wingless mosquito (Diptera), **POL** 79
Wings, **INS** 27, 60; of bats, **MAM** 60, *63;* bats and birds structure compared, **EV** *115;* of birds, **B** *13,* 14, 38-40, *42,* 43, *44-45, 148, diagrams* 42-45; bone of, **B** *13, 47;* of bumble bee, **INS** *51;* control of, **INS** 34; development of, **INS** 15; evolution of folding mechanism of, **INS** 16; feather, **B** *53;* of "flying" lizards, **REP** *160-161;* hairs on, **INS** 34; of insects, **INS** 14, 60; of locusts, **INS** 60; of Luna moth, **INS** *50;* of mosquito, **INS** *51;* of paper wasp, **INS** *44-45;* scaly, **INS** 25; sheath, **INS** 22, *23;* of two-winged insects, **INS** 29
Winkler, Georges, **MT** 16
Winnipeg, Lake, **S** 184
Winnipegosis, Lake, **S** 184
Winter flounder *(Pseudopleuronectes americanus),* **FSH** *19, 20-23*
"Winter" forest, **FOR** 59
Winter solstice, **E** 12, **POL** *diagram* 10

207

EC Ecology; **EM** Early Man; **EUR** Eurasia; **EV** Evolution; **FOR** Forest; **FSH** Fishes;
PRM Primates; **REP** Reptiles; **S** Sea; **SA** South America; **TA** Tropical Asia; **UNV** Universe

INDEX (CONTINUED)

Wire fox terrier (dog; *Canis familiaris*), **EV** 87
Wisconsin: forests of, **FOR** 35, 155, 156, 167, 170, 175; in ice ages, **S** 42, 43
Wisconsin glaciation, **NA** 11
Wisconsin Regional Primate Center, **PRM** 166-167
Wisconsin Society for Ornithology, **NA** 102
Wisdom teeth: as vestige in man, **EV** 45
Wisent. *See* European bison
Wisteria (*Wisteria*): **PLT** 78, 141, *186*
Wisteria. *See* Wisteria
Witch hazel (tree; *Hamamelis*), **PLT** 118
Witch-hobble, or hobble-bush (*Viburnum alnifolium*), **FOR** 28
Witchweed (plant parasite; *Striga*), **EC** 111
Witt, Peter, **AB** 104
Witwatersrand, University of, Johannesburg, **EM** 48
Wizard Island, Crater Lake, **MT** *50-51*
Woburn Abbey, England, deer of, **EUR** 111, 118
Wolf (*Canis lupus*), **DES** 78, **EC** 150, *153*, **EUR** *128-129*, 134; **FOR** 80, 157, 158, **MAM** 14, 20, *96*, **MT** 110, **NA** 178; ancestor of, **EV** 86; characteristics common with dogs, **EM** 34; cooperative hunting by, **MAM** 12, *106-108*; cubs of, **MAM** *93*; decline in number of, **EC** 174, **NA** 97, 124, 154, 174, 175, 179; distribution of, **TA** 143; early, **NA** 16; extermination campaigns against, **EUR** 62, 112-113; food hoarding by, **MAM** 81; footprints of, **MAM** *186*; fur of, **EC** 125; on Great Plains, **EC** 166; hierarchy among, **MAM** 148; Indian mask of, **NA** 180; mating habits of, **MAM** 144; in Pleistocene epoch, **MAM** 46; as predecessor of dog, **EUR** 154; range of, **MAM** 125; social behavior of, **EC** 145; Tasmanian "wolf" compared with, **EC** 127; teeth of, **MAM** 77
Wolf, Alaskan timber (*Canis lupus*), **AUS** 82, **MAM** 96
Wolf, Arctic. *See* Arctic wolf
Wolf, dire (extinct; *Canis dirus*), **EC** 150, **MAM** 46
Wolf, maned (*Chrysocyon brachyurus*), **EC** *136*, **SA** 82, 89
"Wolf," marsupial. *See* Tasmanian "wolf"
"Wolf," Tasmanian. *See* Tasmanian "wolf"
Wolf eel (*Anarhichthys ocellatus*), **FSH** 53
Wolf fish, common (*Anarhichas lupus*), **FSH** 13
Wolf meteorite crater, Australia, **UNV** 80
Wolf I (comet), **UNV** 70
Wolf spider (Lycosidae), **AB** 45, 155, **DES** *90*, **MT** 116
Wolfhound, Irish (dog; *Canis familiaris*), **EV** 87
Wolverine (*Gulo gulo*), **EUR** 134, *139, 140*, **FOR** 80, **MAM** 11, *197*, **NA** 15, 174, 175-176, **POL** 76
Wombat (marsupial; Vombatidae), **AUS** 97, **EC** *137;* of Australia, **AUS** 35, 78, 89, *diagram* 98, 99, 103-104; resemblance to groundhog, **MAM** 15
Wombat, hairy-nosed (marsupial; *Lasiorhinus latifrons*), **AUS** 115
Wombat, naked-nosed (*Phascolomis ursinus*), **AUS** *114-115*
Wombs: and embryonic protection, **EV** 95
Women: place in Cro-Magnon society, **EM** 151-152; representation in Paleolithic art, **EM** *162-163*
Wood: Lumber, **FOR** *chart* 156-157; timber uses of, **FOR** 7. *See also* Forests; Trees
Wood bison (*Bison bison*), **NA** 15

Wood-boring beetles (Coleoptera), **EC** 100-101, **TA** 126
Wood Buffalo Park (Canada), **NA** 81
Wood duck (*Aix sponsa*), **FOR** *18*, 80
Wood ibis, or wood stork (bird; *Mycteria americana*), **NA** 31
Wood lark (bird; *Lullula arborea*), **B** 105
Wood lily (plant; *Lilium philadelphicum*), **PLT** *33*
Wood louse, or pill bug (Armadillididae), **EC** 127, **FOR** *132*, 133, **INS** 14, *31*
Wood peewee (bird; *Contopus virens*), **B** 122
Wood rat dusky-footed (*Neotoma fuscipes*), **MAM** 124
Wood sorrel (plant; *Oxalis*), **EUR** 146, **FOR** *82-83*, **PLT** *30*
Wood stork, or wood ibis (bird; *Mycteria americana*), **NA** 31
Wood warbler (*Phylloscopus sibilatrix*), **B** 58, 105, 122, **FOR** 14
Woodchuck, or ground hog (*Marmota*), **NA** 96, *112-113*; footprints of, **MAM** *187*; hibernation of, **FOR** 11, **MAM** 123
Woodcock (bird; Scolopacinae), **B** 120, 148; bill of, **B** 37; vision of, **B** 36
Woodland caribou (*Rangifer tarandus*), **POL** 110
Woodpecker (bird; Picidae), **FOR** 12, 13, 14
Woodpecker, downy (*Dendrocopos pubescens*), **FOR** 30
Woodpecker, Gila (*Melanerpes uropygialis*), **DES** 75, 87
Woodpecker, great spotted (*Dendrocopos major*), **B** 68
Woodpecker, green (*Picus viridis*), **B** 68
Woodpecker, hairy (*Dendrocopus villosus*), **B** 83
Woodpecker, ivory-billed. *See* Ivory-billed woodpecker
Woodpecker, pileated (*Ceophloeus pileatus*), **B** 138, 171
Woodpecker, red-bellied (*Centurus carolinus*), **B** 138
Woodpecker, three-toed (*Picoïdes tridactylus*), **EUR** 135
Woodpecker finch (bird; *Camarhynchus pallidus*), **B** 58-59, **PRM** 154
Woods Hole: and U.S. Bureau of Commercial Fisheries Biological Laboratory, **FSH** 150, 154, 173
Woods Hole Oceanographic Institution, **FSH** 175; and bathythermographs, **S** 80, *81;* ocean light-recording by **S** 111; and research in ocean echoes, **S** 112; and sea-floor sediment, **S** 41, 63; and submarine detection, **S** 80
Woodward, Sir Arthur Smith, **EV** 146
Woodward's blackbutt (tree; *Eucalyptus woodwardi*), **AUS** *51*
Woody climber (flower; *Macropsychanthus lauterbachii*), **AUS** 55
Woolly banksia (flower; *Banksia daveni*), **AUS** 53
Woolly mammoth (extinct mammal; *Mammuthus primigenius*), **MAM** 41, 47, *52*; carving of, **EM** *160*; extinction of, **EC** 150; fossil remains of in Arctic, **POL** 108
Woolly monkey (*Lagothrix*), **MAM** 59, **PRM** *36, 47, 176*, **SA** *35, 37-38*, 39, *43*
Woolly opossum (*Caluromys*), **EC** 13, **SA** 52, 56, *96*
Woolly rhinoceros (extinct; *Dicerorhinus*), **EM** 10, 13, **EUR** 16, *17*, **MAM** 41; cave painting of, **EUR** *17*; extinction of, **EC** 125; hunting of, **EM** 134-135, 149, *chart* 151, **EV** 166; in interglacial periods, **EUR** 16
Woolly spider monkey (*Brachyteles*

arachnoides), **SA** 38
Woomera (spear thrower), **AUS** 173
World continent, theory of Australia's link to, **AUS** 36, 37, 39
World Health Organization, **TA** 127; spraying programs of, **EC** 180
World of Birds, The, Fisher and Peterson, **B** 20
World War I, ocean depth measurement, **S** 55
World War II, **DES** 128, 131, 171; and ocean depth charting, **S** 55-56; coral "guyot" discovery, **S** 58; sound detection devices of, **S** 80, 110
Worm, cabbage (*Pieris rapae*), **EUR** 160
Worm, honeycomb (*Sabellaria alveolata*), **EC** *52-53*
Worm, "innkeeper" (*Urechis caupo*), **EC** *101*
Worm, palalo (*Eunice viridis*), **EC** 80
Worm, railroad (*Phrixothrix*), **SA** *159*
Worm, segmented sea (Annelida), **EC** 80, **S** *16*, 40, *chart* 15
Worm lizard (Amphisbaenidae), **REP** 13, *28-29*, 80, 83-84, 94
Worm lizard, Florida (*Rhineura floridana*), **REP** 13, *28-29*, 80, 84
Worm snake (*Carphaphis amoena*), **REP** 14
"Worm, walking," or peripatus (Onychophora), **INS** 17, **SA** 158, *160-161*
Worship of animals, **EM** 153-154
Worst Journey in the World, The, Cherry-Garrard, **POL** 115
Wrasse, or señorita fish (*Oxyjulis californica*), **FSH** 126
Wrasse, birdfish (fish; *Gomphosus varius*), **FSH** *52*
Wrasse, cuckoo (fish; *Labrus ossifagus*), **FSH** 43, *108*
Wrasse, Hawaiian rainbow (fish; *Labroides phthirophagus*), **FSH** *141*
Wrasse, lipfish (*Labroides dimidiatus*), **FSH** *141*
Wreckfish (*Polyprion americanum*), **FSH** 122
Wren (bird; Troglodytidae), **B** 16, 20
Wren, cactus. *See* Cactus wren
Wren, Carolina (*Thryothorus ludovicianus*), **B** 88
Wren, house (*Troglodytes aedon*), **B** 171
Wren, New Zealand (extinct bird; *Traversia lyalli*), **AUS** 150
Wrestling: by snakes, **AUS** *134*, 136, **REP** *136*
Wright, Bruce S., **AFR** 89, 90, 92, 94
Wright, Sewell, **EV** 90, 93
Wright, Thomas, **UNV** 146
Wrigglers, mosquito (*Culex pipiens*), **INS** *156-157*, **NA** 148
Wrinkle-faced bat (mammal; *Centurio senex*), **SA** *90*
Wrists: of apes and monkeys, **EM** 35
Wryneck, European (bird; *Jynx torquila*), **B** 144
Wulfenite, yellow (mineral), **E** *100*
Wupatki National Monument, Arizona, **DES** 169
Wüst Seamount, South Atlantic, **S** *map* 67
Wyoming: forests of, **FOR** 136; mountains of, **MT** 37, 137, 176

X

X rays, **UNV** 36, 88; and mutation, **EV** 91, 101; wave length of, **UNV** 60
Xanthium. *See* Cocklebur
Xanthophyceae (class of plant division Chrysophyta), **PLT** 184
Xanthorrhoea. *See* Grass tree
Xenarchus, **INS** 37

Xenopus laevis. *See* African clawed frog
Xerus. *See* African ground squirrel
Xestobium rufovillosum. *See* Death watch beetle
Xingú (river), **S** 184, **SA** 177
Xiphias gladius. *See* Swordfish
Xiphophorus helleri. *See* Swordtail
Xiphotrygon. *See* Sword-tailed sting ray
Xylem (plant cell), **FOR** 97, 98, 99, 105
Xylocopa. *See* Carpenter bee
Xyrauchen texanus. *See* Humpback sucker

Y

Yak, wild. *See* Wild yak
Yakut, Siberia, **POL** 131, 154
Yakuts (tribe), **POL** 130-131
Yale University: expeditions to Fayum, Egypt, **EM** 35
Yam (vegetable; *Dioscorea*), **FOR** 124, **PLT** *31*
Yangtze River, **S** 184
Yangtze valley, **EUR** 43
Yantra (observatory), **UNV** 22
Yapock. *See* Water opossum
Yarrow (plant; *Achillea*), **MT** *12*, 89
Yeagley, Henry L., **B** 107
Yeast, **PLT** *23*; fermentation by, **PLT** 62; formation of alcohol by, **PLT** 14
Yellow angler fish (*Antennarius moluccensis*), **FSH** *25*
Yellow aspalathus (*Alhagi*), **EUR** 68
Yellow bullhead (*Ictalurus natalis*), **FSH** 19, *20-21*
Yellow fever, **INS** 29, 42, **SA** 150
"Yellow mutant" fly (*Drosophila melanogaster*), **AB** 173
Yellow perch (*Perca flavescens*), **FSH** *60;* and teleost fishes, **FSH** *60*
Yellow pigment, **PLT** 58
Yellow River. *See* Hwang Ho River
Yellow Sea, **S** 184
Yellow surgeon (fish; *Zebrasoma flavescens*), **S** *134*
Yellow wagtail (bird; *Motacilla flava*), **TA** *72*
Yellow warbler (bird; *Dendroica petechia*), **B** 171
Yellow wulfenite (mineral), **E** *100*
Yellow-bellied glider (marsupial; *Petaurus australis*), **AUS** *102*
Yellow-billed cuckoo (*Coccyzus americanus*), **B** 144
Yellow-clawed crab (crustacean; *Uca*), **TA** *83*
Yellow-eyed babbler (bird; *Chrysomma sinensis*), **B** 157
Yellow-fever mosquito (*Aedes aegypti*), **SA** 150
Yellow-fin grouper (fish; *Mycteroperca venenosa*), **S** 125
Yellowfin tuna (fish; *Thunnus albacares*), **FSH** 13, 152, 154, 171-172
Yellow-footed marsupial mouse (*Antechinus flavipes*), **AUS** 79, 80, *85;* adaptation to habitat by, **AUS** 82, 83; weaning time of, **AUS** 81
Yellowhammer (bird; *Emberiza citrinella*), **B** 136
Yellow-headed jawfish (*Opisthognathus aurifrons*), **FSH** *107*
Yellow-jacket wasp (*Vespula*), **INS** *79*
Yellowleg (bird; *Tringa melanoleuca*), **B** 115
Yellowleg, lesser (*Tringa flavipes*), **B** 115
Yellow-necked caterpillar (*Datana ministra*), **FOR** *145*
Yellowstone National Park, **E** 186, 187, **FOR** 172, **MT** 61, **NA** *183*, *186-187, 191;* bison range in, **EC** 149, 160; conservation in, **NA** 149-150
Yellowstone River, **E** *121*, **S** 184
Yellowtail flounder (fish; *Limanda*

ferruginea), **FSH** 154
Yellow-tailed cockatoo (wood-pecking parrot; *Calyptorhynchus funereus*), **AUS** *152*
Yellowthroat warbler (bird; *Geothlypis trichas*), **B** 120-121
Yellow-throated bulbul (*Pycnonotus xantholaemus*). **TA** 60
Yellowwood (tree; *Podocarpus*), **AFR** 136
Yemen, **MT** 133
Yerkes, Robert M., Prof., **PRM** 69
Yerkes Observatory, **UNV** 33
Yerkes Regional Primate Center, **PRM** 164-165
Yesiney River, Asia, **S** 184
Yew (tree; *Taxus*), **FOR** *101*
"Y-5" pattern of teeth, **EM** 35
Yin Shan (mountains), **MT** 136
Yolk sacs: of fishes, **FSH** 80, 102; of reptiles, **REP** 36, *140-141*
Yorkshire terrier (dog; *Canis familiaris*), **EV** *86*
Yosemite Half Dome, **MT** *49*
Yosemite National Park, California, **E** *187*, **NA** 153, *182-183, 186-187*, 194
Yoshiba, K., **TA** 16
You and the Universe, Berrill, **S** 104
Younghusband, Sir Francis, **MT** 161
Youngina (extinct reptile), **REP** *chart 44-45*
Yount, Harry, **NA** 187
Yucatan, Central America: and sea levels, **S** 77
Yucca (plant; *Yucca*), **DES** 8, 60, **FOR** 70-71, **PLT** *91*
Yucca. *See* Yucca
Yucca brevifolia. *See* Joshua tree

Yugoslavia: government protected land in, **EUR** *chart 176*; wildlife reserves of, **EUR** 178
Yukaghir (nomads), **EUR** 132, **POL** 130
Yukon, **POL** 154; mineral production in, **POL** *table* 155
Yukon River, **POL** 154, **S** 184
Yunnan (province of China), **TA** 36
Yurts (nomad houses), **EUR** *96-97*

Z

Zaedyus pichi. *See* Pichy
Zagros mountains, **MT** *44*; forests on, **EUR** 57
Zailisky glacier (Asia), **MT** 16
Zalophus californianus. *See* California sea lion
Zambezi (river), **AFR** 22, 48, 51, **S** 184
Zamia (genus of plants), **PLT** *185*
Zantedeschia aethiopica. *See* Arum lily
Zanzibar: monkeys of, **PRM** 55
Zapodidae. *See* Jumping mouse
Zawi Chemi (archeological site, Iraq), **EUR** 155
Zayan-deh Rud River, **DES** *144*
Zea. *See* Corn
Zea mays. *See* Maize
Zebra, Burchell's (*Equus burchelli*), **AFR** *79*, **MAM** *8-9*
Zebra, Grant's (*Equus burchelli bohmi*), **AFR** *186*

Zebra, Grevy's (*Equus grevyi*), **AFR** *79*
Zebra fish, or lionfish, or turkeyfish (*Pterois*), **FSH** 37, **S** *35*
Zebrasoma flavescens. *See* Yellow surgeon
Zenaida asiatica. *See* White-winged dove
Zenaidura macroura. *See* Mourning dove
Zenobia, Queen of Palmyra, **DES** 149
Zermatt, Switzerland, **MT** 17, 158, *159*
Zeta Cancri (star system), **UNV** 125
Zeuglodon (extinct whale), **MAM** 39
Zeuner, Frederick, **EUR** 153-154
Zeus faber. *See* John Dory
Ziller Valley, Austria-Italy, **MT** *20-21*
Zinc: in Antarctica, **POL** 170; in arctic, *table* **POL** 155; in soil, **PLT** 122; nutritional importance of, **PLT** 163
Zinderen Bakker, E. M. van, **AFR** 112, 139
Zingiber officanale. *See* Ginger
Zinjanthropus boisei (Stone-Age man), **EV** 151, 152, 154, 157; dating of, **EV** 151; discovery of, **EV** 150-151; extinction of, **EV** 157; skull of, **EV** *153*; tools of, **EV** 149, 150, 152
Zinnia (flower; *Zinnia*), **PLT** 124, *table* 123
Zinnia. *See* Zinnia
Zinsser, Hans, **EC** 99
Zion Canyon, **E** *diagram* 115
Zion National Park, Utah, **DES** 169,

E *186, 187*, **NA** 195
Ziziphus. *See* Jujube
Zoantharia. *See* Sea anemone
Zoarces viviparus. *See* Eelpout
Zodiac, **UNV** 17, *20-21*, 187
Zones, geologic fracture of North Pacific, **S** *maps 68-69*
Zonotrichius leucophrys. *See* White-crowned sparrow
Zoogeography: ecological differences, **EV** 14; systematization of by Wallace, **EV** *41*; transplantation of animals, **NA** 97, 150
Zoogeography, Darlington, **AFR** 11
Zoogeographic realm: Australian, **EC** *maps* 12, *20-21*; of Eastern Hemisphere, **EC** *map 20-21*; and regions, Sclater's, **B** 79-80, **EC** 12; of Western Hemisphere, **EC** *map 18-19*. *See also* Wallace's realms; Biomes
Zoogeographic transplantation: natural means of, **EV** 44
Zoological Evidences as to Man's Place in Nature, Huxley, **EV** 130
Zoology: organization of facts by Aristotle, **EV** 10
Zoonomia, Eramus Darwin, **EV** 10-11
Zooplankton: abundance of, **FSH** 12; responses to light, **EC** 77; rhythmic movements of, **EC** 76-77; structure of, **FSH** 120, 124
Zosterops palpebrosa. *See* Oriental white-eye
Zuider Zee: salty soils of, **PLT** 79
Zuñi pueblos, **NA** 57
Zurich, Switzerland, **MT** 157
Zygoptera. *See* Damselfly

Credits

The sources for the illustrations in this book are shown below. Credits for pictures from left to right are separated by commas, top to bottom by dashes.

Cover photo by Seymour Mednick—Harry Pederson, Brett Weston from Rapho-Guillumette, Andreas Feininger, Ray Atkeson, Emil Schulthess from Black Star, Ray Manley from Shostal—Mount Wilson and Palomar Observatories photo by William C. Miller © 1959 California Institute of Technology, Robert I. Bowman, Hermann Eisenbeiss from Photo Researchers Inc., Don Ollis, Nina Leen, Robert B. Goodman from Black Star—Nina Leen, Alfred Eisenstaedt, N. R. Farbman, James Burke, Graham Pizzey, Carl W. Rettenmeyer—W. Jeffrey Smith from Photo Researchers Inc., Marilyn Silverstone from the Nancy Palmer Photo Agency, Willis Peterson, Treat Davidson from the National Audubon Society, Larry Burrows, Lee Boltin and Paul Jensen Courtesy William Howells; Peabody Museum Harvard University
6, 7—Steven C. Wilson
10—Lee Boltin
17—Hans Hammerskjold of Tio Fotografiers
18 through 21—drawings by Sam Maitin
22—drawing by A. Petruccelli
23—drawing by Matt Greene
24, 25—Walter Dawn—drawing by Matt Greene
26, 27—Walter Dawn—drawings by Matt Greene, Ben Goode (2)
28—drawings by Ben Goode
29—drawing by Ben Goode—Walter Dawn
30—drawing by Ben Goode—Walter Dawn Courtesy Charles Pfizer & Co. Inc.
31—drawings by Ben Goode
32—Walter Dawn, drawings by Ben Goode
33—Walter Dawn
34, 35—Douglas Faulkner—drawing by Matt Greene
36, 37—drawing by George V. Kelvin
38, 39—Raniero Maltini—drawing by Matt Greene
40, 41—Raniero Maltini—drawings by Matt Greene, Otto van Eersel—Enid Kotschnig (3)
42—Raniero Maltini, drawing by Otto van Eersel—Enid Kotschnig (3)
43—Raniero Maltini—drawings by Otto van Eersel, Enid Kotschnig
44, 45—Walter Dawn, Raniero Maltini—Douglas Faulkner
46—left drawing by Otto van Eersel—Ben Goode (3), right Otto van Eersel—Ben Goode—Otto van Eersel—Ben Goode
47—Walter Dawn
48, 49—photo Walter Dawn, drawing by Otto van Eersel—Ben Goode (5)
50—drawings by Ben Goode except top Otto van Eersel
51—Walter Dawn, drawings by Otto van Eersel—Ben Goode—Otto van Eersel—Ben Goode
52, 53—photo Douglas Faulkner drawings by Otto van Eersel—Enid Kotschnig (2)—Matt Greene, Enid Kotschnig, Matt Greene, Enid Kotschnig
54, 55—Douglas Faulkner except *Neopilina galatheae* Valdemar Christensen Courtesy Zoological Museum of the University of Copenhagen
56, 57—photo Roman Vishniac drawings by Otto van Eersel—Ben Goode (3)
58, 59—Raniero Maltini
60, 61—Douglas Faulkner, drawings by Otto van Eersel
62, 63—drawings by Rudolf Freund except *Sun Spider* by Jack J. Kunz
64 through 67—drawings by Jack J. Kunz
68, 69—photo Roman Vishniac drawings by Otto van Eersel—Ben Goode—Otto van Eersel, Ben Goode, Otto van Eersel, Ben Goode
70, 71—photo Walter Dawn, drawings from left to right: Otto van Eersel (2)—Enid Kotschnig (2)—Otto van Eersel (2)—Enid Kotschnig, Otto van Eersel, Enid Kotschnig (2)
72—photos Raniero Maltini, drawings by Otto van Eersel—Enid Kotschnig (3)
73—Douglas Faulkner—drawings by Enid Kotschnig
74—Raniero Maltini
75—drawings by Otto van Eersel—Enid Kotschnig (3)
76, 77—drawings by Rene Martin
78 through 81—drawings by Guy Tudor
82—Edmund B. Gerard
84, 85—drawings by Lowell Hess
86 through 99—Lee Boltin
100, 101—Paul Jensen, Ralph J. Holmes
102, 103—Lee Boltin except center drawing by Lowell Hess
104, 105—Lee Boltin except bottom left drawing by Lowell Hess
106—Lee Boltin (2)—Lee Boltin, Paul Jensen—Lee Boltin (2), Paul Jensen—Paul Jensen, Lee Boltin
107—drawing by Lowell Hess
Back Cover Otto van Eersel

Acknowledgments

The editors of this book are particularly indebted to Robert D. Barnes, Associate Professor of Biology, Gettysburg College, who played a major role in its planning and preparation. They also wish to thank the following associates of The American Museum of Natural History: James W. Atz, Associate Curator, Department of Ichthyology; Dorothy E. Bliss, Associate Curator, Department of Living Invertebrates; Edwin H. Colbert, Chairman and Curator, Department of Vertebrate Paleontology; Eugene Eisenmann, Research Associate, Department of Ornithology; Kenneth Franklin, Astronomer, Hayden Planetarium; Willis J. Gertsch, Curator, Department of Entomology; Karl F. Koopman, Assistant Curator, Department of Mammalogy; Jerome G. Rozen, Chairman and Associate Curator, Department of Entomology; Richard G. Van Gelder, Chairman and Associate Curator, Department of Mammalogy; Richard G. Zweifel, Curator, Department of Herpetology; and the following associates of the Smithsonian Institution, U.S. National Museum: Paul E. Desautels, Associate Curator in charge, Department of Mineral Sciences; William G. Melson, Associate Curator in charge, Division of Petrology; George S. Switzer, Chairman, Department of Mineral Sciences; John S. White Jr., Museum Specialist, Department of Mineral Sciences. Others who helped in their special fields are Wallace Broecker, Professor of Geology, Lamont Geological Observatory, Columbia University; Willard D. Hartman, Associate Professor of Biology and Curator of Invertebrate Zoology, Peabody Museum of Natural History, Yale University; Ralph J. Holmes, Professor of Geology, Columbia University; Richard Howard, Director, Arnold Arboretum, Harvard University; Howard F. Irwin, Associate Curator, New York Botanical Garden; E. Ruffin Jones, Professor of Biology, University of Florida, Gainesville; Richard M. Klein, Curator of Plant Physiology, New York Botanical Garden; Alexander B. Klots, Professor of Biology, The City College of New York; Ross F. Nigrelli, Professor of Biology, New York University, and Director, Laboratory of Marine Biology, New York Zoological Society; Robert Robertson, Assistant Curator, Academy of Natural Sciences of Philadelphia and Carl L. Withner, Professor of Biology, Brooklyn College.

PRODUCTION STAFF FOR TIME INCORPORATED
John L. Hallenbeck (Vice President and Director of Production), Robert E. Foy, Caroline Ferri and Robert E. Fraser
Text photocomposed under the direction of Albert J. Dunn and Arthur J. Dunn
Four-color scanned separations by Printing Developments Incorporated, Stamford, Connecticut

x

Printed by R. R. Donnelley & Sons Company, Crawfordsville, Indiana,
and Livermore and Knight Co., a division of Printing Corporation of America, Providence, Rhode Island
Bound by R. R. Donnelley & Sons Company, Crawfordsville, Indiana
Paper by The Mead Corporation, Dayton, Ohio